嵌入式Linux应用开发完全手册

韦东山 编著

人民邮电出版社
北京

图书在版编目（CIP）数据

嵌入式 Linux 应用开发完全手册 / 韦东山编著. —北京：
人民邮电出版社，2008.8（2023.8重印）
ISBN 978-7-115-18262-3

Ⅰ．嵌… Ⅱ．韦… Ⅲ．Linux 操作系统—程序设计—技术手册　Ⅳ．TP316.89-62

中国版本图书馆 CIP 数据核字（2008）第 082991 号

内 容 提 要

本书全面介绍了嵌入式 Linux 系统开发过程中，从底层系统支持到上层 GUI 应用的方方面面，内容涵盖 Linux 操作系统的安装及相关工具的使用、配置，嵌入式编程所需要的基础知识（交叉编译工具的选项设置、Makefile 语法、ARM 汇编指令等），硬件部件的使用及编程（囊括了常见硬件，比如 UART、I^2C、LCD 等），U-Boot、Linux 内核的分析、配置和移植，根文件系统的构造（包括移植 busybox、glibc、制作映象文件等），内核调试技术（比如添加 kgdb 补丁、栈回溯等），驱动程序编写及移植（LED、按键、扩展串口、网卡、硬盘、SD 卡、LCD 和 USB 等），GUI 系统的移植（包含两个 GUI 系统：基于 Qtopia 和基于 X），应用程序调试技术。

本书从最简单的点亮一个 LED 开始，由浅入深地讲解，使读者最终可以配置、移植、裁剪内核，编写驱动程序，移植 GUI 系统，掌握整个嵌入式 Linux 系统的开发方法。

本书由浅入深，循序渐进，适合刚接触嵌入式 Linux 的初学者学习，也可作为大、中专院校嵌入式相关专业本科生、研究生的教材。

嵌入式 Linux 应用开发完全手册

◆ 编　著　韦东山
　　责任编辑　黄　焱

◆ 人民邮电出版社出版发行　北京市丰台区成寿寺路 11 号
　邮编　100164　电子邮件　315@ptpress.com.cn
　网址　https://www.ptpress.com.cn
　北京天宇星印刷厂印刷

◆ 开本：787×1092　1/16
　印张：37.25　　　　　　　　2008 年 8 月第 1 版
　字数：908 千字　　　　　　2023 年 8 月北京第 55 次印刷

ISBN 978-7-115-18262-3/TP
定价：89.80 元（附光盘）
读者服务热线：(010)81055410　印装质量热线：(010)81055316
反盗版热线：(010)81055315

前言

背景知识

嵌入式 Linux 在嵌入式领域发展迅速、需求旺盛,但是嵌入式 Linux 的入门很难。初学者多是自己琢磨,效率不高。学习过程中碰到的问题千奇百怪,解决后却往往发现是极其低级的错误,以作者为例,初学时在论坛疯狂发帖求教,现在回头一看不免感叹:怎么会提出这么弱智的问题?但是,当时就是被这类问题折磨得寝食难安。

相对于嵌入式 Linux 常识的匮乏,更大的困难是缺乏完善的知识结构:只了解硬件,或是只了解软件。对于有志于从事底层系统开发(比如改造 Bootloader、钻研内核、为新硬件编写驱动程序)的人,对于想从上层软件开发转到底层软件开发的人,应该看得懂电路原理图,看得懂芯片数据手册,清楚地知道软件是怎样和硬件发生作用的。

同样,对于想从硬件岗位转到软件岗位的人,对于想从传统单片机(比如 51 单片机)编程进一步学习"有操作系统的"嵌入式编程的人,需要找到一个学习的切入点:先掌握各个硬件部件的简单编程,再将它们组合起来构成一个相对复杂的软件系统——比如 Bootloader,进而编写基于操作系统的驱动程序,最后深入钻研操作系统内核。

对于尚未参加工作的在校生来说,缺乏实际的操作经验可能是就业的最大障碍。很多人买了开发板想进一步练习,却发现不知从何入手。

鉴于上述种种困难及需求,作者结合自己的学习经历、工作心得写成此书,期望能帮助读者加快嵌入式 Linux 的入门速度,并体会到深入学习嵌入式 Linux 的乐趣。

关于本书

本书以 S3C2410、S3C2440 开发板为例,从分析硬件上电执行的第一条指令开始,到构造出一个类似 PDA、基于 Linux 的桌面 GUI 系统,带领读者学习、掌握从最底层到最高层的软件编写方法。

本书主要涉及以下主题:

- 开发环境的搭建(包括安装 Linux 系统及日常使用的工具);
- 开发板上各硬件部件的使用方法及实际的编程操作;

- 嵌入式 Linux 系统的构造（包括 Bootloader、内核、文件系统等）；
- 嵌入式 Linux 驱动程序的编写方法及大量实例；
- GUI 系统的移植（两个 GUI 系统：基于 Qtopia 和基于 X）；
- 调试技术（包括内核调试技术和应用程序调试技术）。

本书所有章节都以理论结合代码的方式进行讲解，并可按照书中说明进行实际操作，力求让读者"知其然，也知其所以然"。

本书内容及组织方式

本书按照嵌入式 Linux 初学者的学习过程，从简单到复杂，从底层软件到上层软件进行讲解，全书分 5 篇，共 27 章。

第 1 篇（第 1 章至第 4 章）为嵌入式 Linux 开发环境构建篇，主要讲解以下内容。

- 第 1 章介绍基于 ARM 的嵌入式 Linux 系统的基本概念。
- 第 2 章讲解嵌入式开发环境的建立，包括在 PC 上安装、配置 Linux 操作系统，安装随书光盘。
- 第 3 章介绍交叉编译工具的选项、Makefile 的语法以及本书用到的 ARM 汇编指令及相关知识，这章可以当作阅读后续章节时的参考手册。
- 第 4 章介绍了一些日常工作要用到工具，比如源码阅读、编辑工具等。

第 2 篇（第 5 章至第 14 章）为 ARM9 嵌入式系统基础实例篇，具体内容如下。

本篇首先根据 S3C2410、S3C2440 的数据手册介绍各硬件部件的使用方法，然后介绍怎样编写程序来操作它们。文中穿插介绍了连接器的很多使用技巧，读者可以由此接触到"程序的内部结构"，这是单纯的上层开发人员所缺乏的。通过读写各个硬件部件的寄存器来操作硬件，读者还可以深刻体会到"软件"和"硬件"是怎样发生作用的，是第 3 篇、第 4 篇的基础。

第 3 篇（第 15 章至第 18 章）为嵌入式 Linux 系统移植篇，主要讲解以下内容。

- 第 15 章深入分析 U-Boot（它负责引导内核）的代码结构，并详细介绍了将它移植到开发板上的方法。
- 第 16 章首先分析了内核的代码结构，然后深入分析它的启动过程，最后将它移植到开发板上。
- 第 17 章先从整体上介绍了 Linux 文件系统的目录结构——FHS 标准。然后构造文件系统：移植常用工具的集合 Busybox，移植 glibc 库，建立各个目录，建立配置文件。最后修改、编译一些工具，使用它们来制作 yaffs、jffs2 文件系统映象文件。
- 第 18 章介绍了 3 种内核调试技术：printk、kgdb 补丁、使用 Oops 信息进行栈回溯。

第 4 篇（第 19 章至第 24 章）为嵌入式 Linux 设备驱动开发篇，具体内容如下。

在第 19 章中总体介绍了驱动程序的编写、移植方法，在第 20 章介绍了内核的异常处理体系结构——就是怎样使用中断。

其他章节都是一些例子：先总体介绍相关硬件的驱动程序架构，然后根据开发板的特性进行修改。

第 5 篇（第 25 章至第 27 章）为嵌入式 Linux 系统应用开发篇，主要讲解以下内容。

- 第 25 章移植了一个基于 Qtopia 的 GUI 系统，并且以简单的 "Hello, world" 程序为例编写、调试 GUI 程序。

- 第 26 章移植了一个基于 X 的 GUI 系统，里面涉及众多软件，读者可以体会到上层应用的开发过程，并且获得移植大型软件的经验。这章还介绍了一个名为 Scratchbox 的交叉编译工具包，它虚拟出一个可以直接编译软件的目标机器，使得"交叉编译"变为"本地编译"，大幅减少了为非 x86 平台移植软件所需的工作量。
- 第 27 章介绍了几种简便的应用程序调试技术，包括使用 strace 工具跟踪系统调用和信号，使用 memwatch 检查程序的内存漏洞，使用库函数 backtrace 和 backtrace_symbols 来定位段错误。

本书特色

- 由浅入深，从最简单的点亮 LED 讲起直至移植 GUI 系统。
- 实例丰富，每个实例都详尽地介绍原理及分析代码。
- 结构合理，先总体介绍概念、架构，然后进行具体操作。
- 包括初学者所碰到的常见问题。

参与本书编写的人员

本书由韦东山负责编写并统编全部书稿，陈汉仪、于明俭对本书的写作提供了大力支持，在此表示感谢。

感谢我的父母和女友，在本书写作过程中给了我强大的精神支持，鼓励、支持我，使我能够坚持写完本书。

同时参与编写的还有柴作朋、单辉、丁鹏、冯发勇、付贤会、葛仕明、何国宝、何圆明、何化成、黄永华、李志宏、廖娟、林清妹、陆江萍、祁晓璐、谭爱华、魏明辉、张帮芹、周霜、朱旭琪等，在此一并表示感谢。

我们为本书开通了专用的网站，网址是 http://www.100ask.net，读者可以直接同我们交流，共同学习和提高。

由于水平有限，书中难免遗漏和不足之处，恳请广大读者提出宝贵意见。本书责任编辑的联系方式是 huangyan@ptpress.com.cn，欢迎来信交流。

编　者
2008 年 6 月

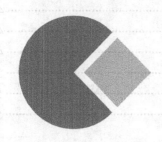

目 录

第1篇 嵌入式 Linux 开发环境构建篇

第1章 嵌入式 Linux 开发概述 ··········2
1.1 嵌入式系统介绍 ··········2
1.1.1 嵌入式系统的定义和特点 ··········2
1.1.2 嵌入式技术的发展历史 ··········3
1.2 基于 ARM 处理器的嵌入式 Linux 系统 ··········5
1.2.1 ARM 处理器介绍 ··········5
1.2.2 在嵌入式系统中选择嵌入式 Linux 的理由 ··········8

第2章 嵌入式 Linux 开发环境构建 ··········10
2.1 硬件环境构建 ··········10
2.1.1 主机与目标板结合的交叉开发模式 ··········10
2.1.2 硬件要求 ··········11
2.2 软件环境构建 ··········12
2.2.1 主机 Linux 操作系统的安装 ··········12
2.2.2 主机 Linux 操作系统上网络服务的配置与启动 ··········18
2.2.3 在主机 Linux 操作系统中安装基本的开发环境 ··········23
2.2.4 光盘的内容结构及安装 ··········23
2.2.5 安装交叉编译工具链 ··········25
2.2.6 书中写作风格的约定 ··········28

第3章 嵌入式编程基础知识 ··········29
3.1 交叉编译工具选项说明 ··········29
3.1.1 arm-linux-gcc 选项 ··········29
3.1.2 arm-linux-ld 选项 ··········38

3.1.3 arm-linux-objcopy 选项 ... 41
3.1.4 arm-linux-objdump 选项 ... 43
3.1.5 汇编代码、机器码和存储器的关系以及数据的表示 ... 44
3.2 Makefile 介绍 ... 45
3.2.1 Makefile 规则 ... 45
3.2.2 Makefile 文件里的赋值方法 ... 46
3.2.3 Makefile 常用函数 ... 46
3.3 常用 ARM 汇编指令及 ATPCS 规则 ... 52
3.3.1 本书使用的所有汇编指令 ... 52
3.3.2 ARM-THUMB 子程序调用规则 ATPCS ... 55

第 4 章 Windows、Linux 环境下相关工具、命令的使用 ... 58

4.1 Windows 环境下的工具介绍 ... 58
4.1.1 代码阅读、编辑工具 Source Insight ... 58
4.1.2 文件传输工具 Cuteftp ... 63
4.1.3 远程登录工具 SecureCRT ... 63
4.1.4 TFTP 服务器软件 Tftpd32 ... 64
4.2 Linux 环境下的工具、命令介绍 ... 65
4.2.1 代码阅读、编辑工具 KScope ... 65
4.2.2 远程登录工具 C-kermit ... 69
4.2.3 编辑命令 vi ... 69
4.2.4 查找命令 grep、find 命令 ... 71
4.2.5 在线手册查看命令 man ... 72
4.2.6 其他命令：tar、diff、patch ... 73

第 2 篇　ARM9 嵌入式系统基础实例篇

第 5 章 GPIO 接口 ... 76

5.1 GPIO 硬件介绍 ... 76
5.1.1 通过寄存器来操作 GPIO 引脚 ... 76
5.1.2 怎样使用软件来访问硬件 ... 77
5.2 GPIO 操作实例：LED 和按键 ... 80
5.2.1 硬件设计 ... 80
5.2.2 程序设计及代码详解 ... 80
5.2.3 实例测试 ... 86

第 6 章 存储器控制 ... 87

6.1 使用存储控制器访问外设的原理 ... 87

6.1.1　S3C2410/S3C2440 的地址空间 ················· 87
　　　6.1.2　存储控制器与外设的关系 ····················· 89
　　　6.1.3　存储控制器的寄存器使用方法 ················· 91
　6.2　存储控制器操作实例：使用 SDRAM ··················· 94
　　　6.2.1　代码详解及程序的复制、跳转过程 ·············· 94
　　　6.2.2　实例测试 ································· 97

第 7 章　内存管理单元 MMU ······························· 98

　7.1　内存管理单元 MMU 介绍 ···························· 98
　　　7.1.1　S3C2410/S3C2440 MMU 特性 ··················· 98
　　　7.1.2　S3C2410/S3C2440 MMU 地址变换过程 ············ 99
　　　7.1.3　内存的访问权限检查 ························ 107
　　　7.1.4　TLB 的作用 ······························ 109
　　　7.1.5　Cache 的作用 ···························· 110
　　　7.1.6　S3C2410/S3C2440 MMU、TLB、Cache 的控制指令 ··· 113
　7.2　MMU 使用实例：地址映射 ························ 113
　　　7.2.1　程序设计 ································ 113
　　　7.2.2　代码详解 ································ 114
　　　7.2.3　实例测试 ································ 124

第 8 章　NAND Flash 控制器 ···························· 125

　8.1　NAND Flash 介绍和 NAND Flash 控制器使用 ············ 125
　　　8.1.1　Flash 介绍 ······························· 125
　　　8.1.2　NAND Flash 的物理结构 ····················· 127
　　　8.1.3　NAND Flash 访问方法 ······················ 128
　　　8.1.4　S3C2410/S3C2440 NAND Flash 控制器介绍 ······· 134
　8.2　NAND Flash 控制器操作实例：读 Flash ················ 135
　　　8.2.1　读 NAND Flash 的步骤 ····················· 135
　　　8.2.2　代码详解 ································ 137

第 9 章　中断体系结构 ································ 143

　9.1　S3C2410/S3C2440 中断体系结构 ····················· 143
　　　9.1.1　ARM 体系 CPU 的 7 种工作模式 ··············· 143
　　　9.1.2　S3C2410/S3C2440 中断控制器 ················ 146
　　　9.1.3　中断控制器寄存器 ························· 149
　9.2　中断控制器操作实例：外部中断 ···················· 151
　　　9.2.1　按键中断代码详解 ························· 151
　　　9.2.2　实例测试 ································ 158

第10章 系统时钟和定时器 159

10.1 时钟体系及各类时钟部件 159
10.1.1 S3C2410/S3C2440 时钟体系 159
10.1.2 PWM 定时器 161
10.1.3 WATCHDOG 定时器 164

10.2 MPLL 和定时器操作实例 166
10.2.1 程序设计 166
10.2.2 代码详解 166
10.2.3 实例测试 170

第11章 通用异步收发器 UART 171

11.1 UART 原理及 UART 部件使用方法 171
11.1.1 UART 原理说明 171
11.1.2 S3C2410/S3C2440 UART 的特性 172
11.1.3 S3C2410/S3C2440 UART 的使用 173

11.2 UART 操作实例 177
11.2.1 代码详解 177
11.2.2 实例测试 180

第12章 I²C 接口 181

12.1 I²C 总线协议及硬件介绍 181
12.1.1 I²C 总线协议 181
12.1.2 S3C2410/S3C2440 I²C 总线控制器 184

12.2 I²C 总线操作实例 187
12.2.1 I²C 接口 RTC 芯片 M41t11 的操作方法 187
12.2.2 程序设计 188
12.2.3 设置/读取 M41t11 的源码详解 188
12.2.4 I²C 实例的连接脚本 195
12.2.5 实例测试 196

第13章 LCD 控制器 197

13.1 LCD 和 LCD 控制器 197
13.1.1 LCD 显示器 197
13.1.2 S3C2410/S3C2440 LCD 控制器介绍 199

13.2 TFT LCD 显示实例 210
13.2.1 程序设计 210
13.2.2 代码详解 210
13.2.3 实例测试 221

第14章 ADC 和触摸屏接口 222

14.1 ADC 和触摸屏硬件介绍及使用 222
- 14.1.1 S3C2410/S3C2440 ADC 和触摸屏接口概述 222
- 14.1.2 S3C2410/S3C2440 ADC 接口的使用方法 224
- 14.1.3 触摸屏原理及接口 226

14.2 ADC 和触摸屏操作实例 230
- 14.2.1 硬件设计 230
- 14.2.2 程序设计 230
- 14.2.3 测试 ADC 的代码详解 230
- 14.2.4 测试触摸屏的代码详解 232
- 14.2.5 实例测试 237

第3篇 嵌入式 Linux 系统移植篇

第15章 移植 U-Boot 240

15.1 Bootloader 简介 240
- 15.1.1 Bootloader 的概念 240
- 15.1.2 Bootloader 的结构和启动过程 241
- 15.1.3 常用 Bootloader 介绍 246

15.2 U-Boot 分析与移植 246
- 15.2.1 U-Boot 工程简介 246
- 15.2.2 U-Boot 源码结构 247
- 15.2.3 U-Boot 的配置、编译、连接过程 249
- 15.2.4 U-Boot 的启动过程源码分析 257
- 15.2.5 U-Boot 的移植 264
- 15.2.6 U-Boot 的常用命令 288
- 15.2.7 使用 U-Boot 来执行程序 292

第16章 移植 Linux 内核 293

16.1 Linux 版本及特点 293
16.2 Linux 移植准备 294
- 16.2.1 获取内核源码 294
- 16.2.2 内核源码结构及 Makefile 分析 295
- 16.2.3 内核的 Kconfig 分析 304
- 16.2.4 Linux 内核配置选项 309

16.3 Linux 内核移植 313

16.3.1 Linux 内核启动过程概述 ··· 313
16.3.2 修改内核以支持 S3C2410/S3C2440 开发板 ····························· 314
16.3.3 修改 MTD 分区 ··· 327
16.3.4 移植 YAFFS 文件系统 ··· 330
16.3.5 编译、烧写、启动内核 ··· 333

第 17 章 构建 Linux 根文件系统 ··· 335

17.1 Linux 文件系统概述 ·· 335
17.1.1 Linux 文件系统的特点 ··· 335
17.1.2 Linux 根文件系统目录结构 ··· 336
17.1.3 Linux 文件属性介绍 ·· 340
17.2 移植 Busybox ·· 341
17.2.1 Busybox 概述 ··· 341
17.2.2 init 进程介绍及用户程序启动过程 ··· 342
17.2.3 编译/安装 Busybox ·· 346
17.3 使用 glibc 库 ··· 350
17.3.1 glibc 库的组成 ·· 350
17.3.2 安装 glibc 库 ·· 351
17.4 构建根文件系统 ··· 352
17.4.1 构建 etc 目录 ·· 352
17.4.2 构建 dev 目录 ··· 354
17.4.3 构建其他目录 ··· 356
17.4.4 制作/使用 yaffs 文件系统映象文件 ·· 356
17.4.5 制作/使用 jffs2 文件系统映象文件 ··· 360

第 18 章 Linux 内核调试技术 ·· 362

18.1 内核打印函数 printk ··· 362
18.1.1 printk 的使用 ··· 362
18.1.2 串口控制台 ·· 364
18.2 内核源码级别的调试方法 ··· 366
18.2.1 内核调试工具 KGDB 的作用与原理 ······································ 366
18.2.2 给内核添加 KGDB 功能支持 S3C2410/S3C2440 ······················· 367
18.2.3 结合可视化图形前端 DDD 和 gdb 来调试内核 ························· 372
18.3 Oops 信息及栈回溯 ·· 375
18.3.1 Oops 信息来源及格式 ·· 375
18.3.2 配置内核使 Oops 信息的栈回溯信息更直观 ···························· 376
18.3.3 使用 Oops 信息调试内核的实例 ··· 376
18.3.4 使用 Oops 的栈信息手工进行栈回溯 ····································· 380

第4篇　嵌入式 Linux 设备驱动开发篇

第 19 章　字符设备驱动程序 384

19.1　Linux 驱动程序开发概述 384
- 19.1.1　应用程序、库、内核、驱动程序的关系 384
- 19.1.2　Linux 驱动程序的分类和开发步骤 385
- 19.1.3　驱动程序的加载和卸载 387

19.2　字符设备驱动程序开发 387
- 19.2.1　字符设备驱动程序中重要的数据结构和函数 387
- 19.2.2　LED 驱动程序源码分析 389

第 20 章　Linux 异常处理体系结构 396

20.1　Linux 异常处理体系结构概述 396
- 20.1.1　Linux 异常处理的层次结构 396
- 20.1.2　常见的异常 400

20.2　Linux 中断处理体系结构 401
- 20.2.1　中断处理体系结构的初始化 401
- 20.2.2　用户注册中断处理函数的过程 404
- 20.2.3　中断的处理过程 406
- 20.2.4　卸载中断处理函数 409

20.3　使用中断的驱动程序示例 410
- 20.3.1　按键驱动程序源码分析 410
- 20.3.2　测试程序情景分析 415

第 21 章　扩展串口驱动程序移植 419

21.1　串口驱动程序框架概述 419
- 21.1.1　串口驱动程序术语介绍 419
- 21.1.2　串口驱动程序的 4 层结构 420

21.2　扩展串口驱动程序移植 423
- 21.2.1　串口驱动程序低层代码分析 423
- 21.2.2　修改代码以支持扩展串口 425
- 21.2.3　测试扩展串口 429

第 22 章　网卡驱动程序移植 431

22.1　CS8900A 网卡驱动程序移植 431
- 22.1.1　CS8900A 网卡特性 431
- 22.1.2　CS8900A 网卡驱动程序修改 432

22.2　DM9000 网卡驱动程序移植 ………………………………………………… 441
　　22.2.1　DM9000 网卡特性 ……………………………………………………… 441
　　22.2.2　DM9000 网卡驱动程序修改 …………………………………………… 442

第 23 章　IDE 接口和 SD 卡驱动程序移植 …………………………………………… 450

23.1　IDE 接口驱动程序移植 ……………………………………………………… 450
　　23.1.1　IDE 接口相关概念介绍 ………………………………………………… 450
　　23.1.2　IDE 接口驱动程序移植 ………………………………………………… 452
　　23.1.3　IDE 接口驱动程序测试 ………………………………………………… 461
23.2　SD 卡驱动程序移植 ………………………………………………………… 464
　　23.2.1　SD 卡相关概念介绍 ……………………………………………………… 464
　　23.2.2　SD 卡驱动程序移植 ……………………………………………………… 465
　　23.2.3　SD 卡驱动程序测试 ……………………………………………………… 472
　　23.2.4　磁盘分区表 ……………………………………………………………… 473

第 24 章　LCD 和 USB 驱动程序移植 ………………………………………………… 475

24.1　LCD 驱动程序移植 …………………………………………………………… 475
　　24.1.1　LCD 和 USB 键盘驱动程序框架 ………………………………………… 475
　　24.1.2　S3C2410/S3C2440 LCD 控制器驱动程序移植 …………………………… 479
24.2　USB 驱动程序移植 …………………………………………………………… 489
　　24.2.1　USB 驱动程序概述 ……………………………………………………… 489
　　24.2.2　配置内核支持 USB 键盘、USB 鼠标和 USB 硬盘 ……………………… 491
　　24.2.3　USB 设备的使用 ………………………………………………………… 492

第 5 篇　嵌入式 Linux 系统应用开发篇

第 25 章　基于 Qtopia 的 GUI 开发 …………………………………………………… 496

25.1　嵌入式 GUI 介绍 ……………………………………………………………… 496
　　25.1.1　Linux 桌面 GUI 系统的发展 …………………………………………… 496
　　25.1.2　嵌入式 Linux 中的几种 GUI …………………………………………… 499
25.2　Qtopia 移植 ………………………………………………………………… 501
　　25.2.1　主机开发环境的搭建 …………………………………………………… 501
　　25.2.2　交叉编译、安装 Qtopia 2.2.0 …………………………………………… 502
　　25.2.3　开发自己的 Qt GUI 程序 ……………………………………………… 514
　　25.2.4　在主机上使用模拟软件开发、调试嵌入式 Qt GUI 程序 ……………… 518

第 26 章　基于 X 的 GUI 开发 ………………………………………………………… 524

26.1　X Window 概述 ……………………………………………………………… 524

- 26.1.1 X 协议介绍 ... 524
- 26.1.2 窗口管理器（Window manager） ... 526
- 26.1.3 桌面环境（Desktop environment） ... 526
- 26.2 交叉编译工具包 Scratchbox ... 526
  - 26.2.1 Scratchbox 介绍 ... 527
  - 26.2.2 安装 Scratchbox 及编译工具 ... 528
  - 26.2.3 在 Scratchbox 里安装交叉编译工具链 ... 529
  - 26.2.4 安装其他开发工具 ... 535
- 26.3 移植 X ... 536
  - 26.3.1 编译软件的基本知识 ... 536
  - 26.3.2 编译 X 的依赖软件 ... 539
  - 26.3.3 编译 Xorg ... 542
- 26.4 移植 Matchbox ... 547
  - 26.4.1 下载源代码 ... 548
  - 26.4.2 编译 Matchbox ... 548
  - 26.4.3 运行、试验 Matchbox ... 550
- 26.5 移植 GTK+ ... 553
  - 26.5.1 GTK+介绍 ... 553
  - 26.5.2 GTK+移植 ... 553
- 26.6 移植基于 GTK+/X 的 GUI 程序 ... 555
  - 26.6.1 xterm 移植 ... 556
  - 26.6.2 gtkboard 移植 ... 557
  - 26.6.3 裁剪文件系统 ... 560

第 27 章 Linux 应用程序调试技术 ... 564

- 27.1 使用 strace 工具跟踪系统调用和信号 ... 564
  - 27.1.1 strace 介绍及移植 ... 564
  - 27.1.2 使用 strace 来调试程序 ... 565
- 27.2 内存调试工具 ... 568
  - 27.2.1 使用 memwatch 进行内存调试 ... 568
  - 27.2.2 其他内存工具介绍：mtrace、dmalloc、yamd ... 571
- 27.3 段错误的调试方法 ... 573
  - 27.3.1 使用库函数 backtrace 和 backtrace_symbols 定位段错误 ... 573
  - 27.3.2 段错误调试实例 ... 574

参考文献 ... 578

第1篇 嵌入式 Linux 开发环境构建篇

嵌入式 Linux 开发概述
嵌入式 Linux 开发环境构建
嵌入式编程基础知识
Windows、Linux 环境下相关工具、命令的使用

第1章 嵌入式 Linux 开发概述

本章目标

- 了解嵌入式系统的概念及发展历史
- 了解 ARM 处理器
- 了解各类嵌入式操作系统

1.1 嵌入式系统介绍

1.1.1 嵌入式系统的定义和特点

1. 嵌入式系统的定义

嵌入式系统的定义为：以应用为中心、以计算机技术为基础、软硬件可裁剪、适用于应用系统，对功能、可靠性、成本、体积、功耗严格要求的专用计算机系统。它的主要特点是嵌入、专用。

从 20 世纪 70 年代起，微型机以小型、价廉、高速数值计算等特点迅速走向市场，它所具备的智能化水平在工业控制领域发挥了作用，常被组装成各种形状，"嵌入"到一个对象体系中，进行某类智能化的控制。这样一来，计算机便失去了原来的形态与"通用"的功能，为区别于通用计算机系统，将这类为了某个"专用"的目的，而"嵌入"到对象体系中的计算机系统，称为嵌入式计算机系统，简称嵌入式系统。

含有嵌入式系统的设备称为嵌入式设备，这在生活中随处可见：电子表、手机、MP3 播放器、摇控器等，涵盖了生产、工业控制、通信、网络、消费电子、汽车电子、军工等领域。从通俗、广义的角度来说，除电脑、超级计算机等具备比较强大计算能力及系统资源（比如内存、存储器等）的电子系统之外，凡具备计算能力的设备都可称为嵌入式设备。随着技术的进步，嵌入式设备的性能越来越高，一个相对高级的 PDA 的性能并不弱于一般的电脑。

2. 嵌入式系统的特点

嵌入式设备常应用于"特定"场合，与"通用的"个人电脑相比，具备以下特点。

（1）软件、硬件可裁剪。

将市面上的手机拆开，会发现虽然它们的功能是相似的，但是所用芯片多种多样，所用的操作系统也有多种，操作界面更是千变万化，操作的便利性各有千秋。这不同于个人电脑，CPU 除了 INTEL 就是 AMD 公司的，操作系统多用 Windows。功能、成本、开发效率等条件决定了嵌入式设备的选材多样化，软件、硬件可裁剪，即当不需要某项功能时，可以去除相关的软硬件。

（2）对功能、可靠性、成本、体积、功耗严格要求。

功能、可靠性、功耗这 3 点是软件开发人员最关注的地方。仍以手机为例，当选定硬件平台之后，处理器的性能已经被限定了，怎样使得手机的操作更人性化、菜单响应更快捷、具备更多更好的功能，这完全取决于软件。需要驱动程序和应用程序配合，最大程度地发挥硬件的性能。

也许读者见过这类手机，它的屏幕总是经过很长时间才熄灭，这使得它的电池很快耗光，只要在编写软件时进行改进，就可能成倍地延长电池的使用时间。一个优秀的嵌入式系统，对硬件性能的"压榨"、对软件的细致调节，已经到了精益求益的地步。有时候甚至为了节省几秒的启动时间而大动脑筋，调整程序的启动顺序让耗时的程序稍后运行、改变程序的存储方式以便更快地加载等，甚至通过显示一个进度条让用户觉得时间没那么长。

1.1.2 嵌入式技术的发展历史

嵌入式技术在 20 世纪 70 年代起源于微型机，从此之后，通用计算机与嵌入式计算机就走上了两条不同的道路。通用计算机系统的技术要求是高速、海量的数值计算；技术发展方向是总线速度的无限提升，存储容量的无限扩大。而嵌入式计算机系统的技术要求则是对象的智能化控制能力；技术发展方向是与对象系统密切相关的嵌入性能、控制能力与控制的可靠性。

嵌入式技术的发展日新月异，经历了单片机（SCM）、微控制器（MCU）、系统级芯片（SoC）3 个阶段。

1. SCM（Single Chip Microcomputer）

又称单片微型计算机，简称单片机，随着大规模集成电路的出现及其发展，计算机的 CPU、RAM、ROM、定时数器和多种 I/O 接口集成在一片芯片上，形成芯片级的计算机。

这个阶段主要是"寻求"单片形态嵌入式系统的最佳体系结构，也是从这个阶段起，嵌入式计算机技术与通用计算机技术走上两条不同的道路。

2. MCU（Micro Controller Unit）

MCU 即微控制器阶段的特征是："满足"各类嵌入式应用，根据对象系统要求扩展各种外围电路与接口电路，突显其对象的智能化控制能力。它所涉及的领域都与对象系统相关，因此，发展 MCU 的重任不可避免地落在电气、电子技术厂家的身上。

实际上，MCU、SCM 之间的概念在日常工作中并不严格区分，很多时候一概以"单片机"称呼。随着能够运行更复杂软件（比如操作系统）的 SoC 的出现，"单片机"通常是指不运行操作系统、功能相对单一的嵌入式系统，但这不是绝对的，比如 8051 上就可以运行 RTX51 实时操作系统，它的大小只有 6kB，相比于嵌入式 Linux、Windows CE

等操作系统而言比较简单。

3. SoC（System on a Chip）

随着设计与制造技术的发展，集成电路设计从晶体管的集成发展到逻辑门的集成，现在又发展到 IP 的集成，即 SoC（System on a Chip）设计技术。SoC 可以有效地降低电子/信息系统产品的开发成本，缩短开发周期，提高产品的竞争力，是未来工业界将采用的最主要的产品开发方式。

虽然 SoC 一词多年前就已出现，但到底什么是 SoC 则有各种不同的说法。在经过了多年的争论后，专家们就 SoC 的定义达成了一致意见。这个定义虽然不是非常严格，但明确地表明了 SoC 的特征。

① 实现复杂系统功能的 VLSI；
② 采用超深亚微米工艺技术；
③ 使用一个以上嵌入式 CPU/数字信号处理器（DSP）；
④ 外部可以对芯片进行编程；
⑤ 主要采用第三方 IP 进行设计。

从上述 SoC 的特征来看，SoC 中包含了微处理器/微控制器、存储器以及其他专用功能逻辑，但并不是包含了微处理器、存储器以及其他专用功能逻辑的芯片就是 SoC，8051 就集成了微处理器、存储器时部件，它不属于 SoC。SoC 技术被广泛认同的根本原因，并不在于 SoC 可以集成多少个晶体管，而在于 SoC 可以用较短时间设计出来，这是 SoC 的主要价值所在——缩短产品的上市周期。

因此，SoC 更合理的定义为：SoC 是在一个芯片上由于广泛使用预定制模块 IP（Intellectual Property）而得以快速开发的集成电路。

本书介绍的 S3C2410/S3C2440 就属于 SoC，它们集成了处理器、内存管理单元（MMU）、NAND Flash 控制器等部件，而处理器是基于 ARM 公司的 IP 设计的。

嵌入式软件随着硬件的发展，也发生了很大的变化。在 SCM、MCU 阶段，嵌入式软件的编写通常由相关行业的电气、电子技术专家编写，计算机专业队伍并没有真正进入单片机应用领域。因此，电子技术应用工程师以自己习惯性的电子技术应用模式从事单片机的应用开发。这种应用模式最重要的特点是：软、硬件的底层性和随意性；对象系统专业技术的密切相关性；缺少计算机工程设计方法。

随着嵌入式处理器性能的快速提高，网络、通信、多媒体技术得以发展，很多嵌入式设备都具备收发邮件、编写文档、视听等功能，计算机专业人士开始进入嵌入式领域。这形成了明显的技术特点：基于操作系统、以网络、通信为主的"非嵌入式底层"应用——除要完成的功能比较特殊、性能比较苛刻外，嵌入式应用软件的开发已经与普通软件开发没有差别。实际上，很多基于操作系统的嵌入式应用程序就是先在 PC 上模拟验证，最后才移入嵌入式设备的。

以一个简单的例子加以说明：以前基于单片机编写的软件，通常是在 main 函数中定义一个无限循环，然后在里面查询各类输入事件，并作出相应处理，它直接操作硬件；而基于 SoC 的软件多是在操作系统上面运行，通过驱动程序操作硬件，这使得软件开发以分工的形式进行。

1.2 基于 ARM 处理器的嵌入式 Linux 系统

1.2.1 ARM 处理器介绍

1. ARM 的概念

嵌入式处理器种类繁多，有 ARM、MIPS、PPC 等多种架构。ARM 处理器的文档丰富，各类嵌入式软件大多（往往首选）支持 ARM 处理器，使用 ARM 开发板来学习嵌入式开发是个好选择。基于不同架构 CPU 的开发是相通的，掌握 ARM 架构之后，在使用其他 CPU 时也会很快上手。当然，作为产品进行选材时，需要考虑的因素就非常多了，这不在本书的介绍范围之内。

ARM（Advanced RISC Machine），既可以认为是一个公司的名字，也可以认为是对一类微处理器的通称，还可以认为是一种技术的名字。ARM 公司是 32 位嵌入式 RISC 微处理器技术的领导者，自从 1990 年创办公司以来，基于 ARM 技术 IP 核的微处理器的销售量已经超过了 100 亿。

ARM 公司并不生产芯片，而是出售芯片技术授权。其合作公司针对不同需求搭配各类硬件部件，比如 UART、SDI、I^2C 等，设计出不同的 SoC 芯片。

ARM 公司在技术上的开放性使得它的合作伙伴既有世界顶级的半导体公司，也有各类中、小型公司。随着合作伙伴的增多，也使得 ARM 处理器可以得到更多的第三方工具、制造和软件支持，又使整个系统成本降低，使新品上市时间加快，从而具有更大的竞争优势。

基于 ARM 的处理器以其高速度、低功耗、价格低等优点得到非常广泛的应用，它可以应用于以下领域：

① 为无线通信、消费电子、成像设备等产品提供可运行复杂操作系统的开放应用平台；
② 在海量存储、汽车电子、工业控制和网络应用等领域提供实时嵌入式应用；
③ 安全系统，比如信用卡、SIM 卡等。

2. ARM 体系架构的版本

ARM 体系架构的版本就是它所使用的指令集的版本。ARM 架构支持 32 位的 ARM 指令集和 16 位的 Thumb 指令集，后者使得代码的存储空间大大减小。还提供了一些扩展功能，比如 Java 加速器（Jazelle）、用以提高安全性能的 TrustZone 技术、智能能源管理（IEM，Intelligent Energy Manager）、SIMD 和 NEONTM 等技术。

还在使用的 ARM 指令集（ISA，Instruction Set Architecture）有以下版本。

（1）ARMv4。

这是当今市场上最老的版本，ARMv4 只支持 32 位的指令集，支持 32 位的地址空间。一些 ARM7 系列的处理器和 Intel 公司的 StrongARM 处理采用 ARMv4 指令集。

（2）ARMv4T。

增加了 16 位的 Thumb 指令集，它可以产生更紧凑的代码，与相同功能的 ARM 代码相比，可以节省超过 35%的存储空间，同时具备 32 位代码的所有优点。

（3）ARMv5TE。

在 1999 年，ARMv5TE 版本改进了 Thumb 指令集，增加了一些"增强型 DSP 指令"，简称为 E 指令集。

这些指令用于增强处理器对一些典型的 DSP 算法的处理性能，使得音频 DSP 应用可以提升 70%的性能。许多系统在使用微控制器来进行各类控制的同时，还需要具备数据处理能力，传统的做法要么是使用更高级的处理器（这使得成本增加），要么是使用多个处理器（这使得系统复杂度增高）。通过 E 指令集可以在一个普通 CPU 中增加 DSP 的功能，这在成本、性能、简化设计等方面都有优势。

（4）ARMv5TEJ。

在 2000 年，ARMv5TEJ 版本中增加了 Jazelle 技术用于提供 Java 加速功能。相比于仅用软件实现的 Java 虚拟机，Jazelle 技术使得 Java 代码的运行速度提高 8 位，而功耗降低 80%。

Jazelle 技术使得可以在一个单核的处理器上运行 Java 程序、已经建立好的操作系统和应用程序。

（5）ARMv6。

在 2001 年，ARMv6 问世。它在很多方面都有改进：存储系统、异常处理，最重要的是增加了对多媒体功能的支持。ARMv6 中包含了一些媒体指令以支持 SIMD 媒体功能扩展。SIMD 媒体功能扩展为音频/视频的处理提供了优化功能，可以使音频/视频的处理性能提高 4 倍。

ARMv6 中还引入了 Thumb-2 和 TrustZone 技术，这是两个可选的技术。之前的版本中，ARM 指令和 Thumb 指令分别运行于不同的处理器状态，执行不同指令集的指令前要进行切换。Thumb-2 技术增加了混合模式的功能，定义了一个新的 32 位指令集，可以运行 32 位指令与传统 16 位指令的混合代码。这能够提供"ARM 指令级别的性能"与"Thumb 指令级别的代码密度"。TrustZone 技术在硬件上提供了两个隔离的地址空间：安全域（secure world）和非安全域（non-secure world），给系统提供了一个安全机制。

（6）ARMv7。

ARMv7 架构使用 Thumb-2 技术，还使用了 NEON 技术，将 DSP 和媒体处理能力提高了近 4 倍，并支持改良的浮点运算，满足下一代 3D 图形、游戏物理应用以及传统嵌入式控制应用的需求。

> **总结** 版本名中的 T 表示 Thumb 指令集，E 表示增强型 DSP 指令，J 表示 Java 加速器。

3．ARM 处理器系列

在相同指令集下，搭配不同部件就可以组装出具有不同功能的处理器，比如有无内存管理单元、有无调试功能等。它们可以分为 8 个系列，系列名中有 7 个后缀，这些后缀可以组合，含义如下。

① T：表示支持 Thumb 指令集。
② D：表示支持片上调试（Debug）。
③ M：表示内嵌硬件乘法器（Multiplier）。
④ I：支持片上断点和调试点。

⑤ E：表示支持增强型 DSP 功能。
⑥ J：表示支持 Jazelle 技术，即 Java 加速器。
⑦ S：表示全合成式（full synthesizable）。

这 8 个系列中，ARM7、ARM9、ARM9E 和 ARM10 为通用处理器系列，每一个系列提供一套相对独特的性能来满足不同应用领域的需求。SecurCore 系列专门为安全要求较高的应用而设计。

下面简要说明它们的特点，要了解更详细的信息请参考 ARM 公司的网站。（http://www.arm.com）

（1）ARM7。

ARM7 系列处理器是低功耗的 32 位 RISC 微处理器，它主要用于对成本、功耗特别敏感的产品。最高可以达到 130MIPS，支持 Thumb 16 位指令集和 ARM 32 位指令集。

ARM7 系列微处理器包括如下几种类型的核：ARM7TDMI、ARM7TDMI-S、ARM720T、ARM7EJ-S。其中，ARM7TMDI 是目前使用最广泛的 32 位嵌入式 RISC 处理器，属于低端 ARM 处理器核。

ARM7 系列的处理器没有内存管理单元（MMU）。

（2）ARM9。

与 ARM7 相比，ARM9 的最大差别在于：有 MMU 和 Cache。它的指令执行效率较 ARM7 有较大提高，最高可达到 300MIPS。

ARM9 系列微处理器有 ARM920T 和 ARM922T 两种类型。

（3）ARM9E。

ARM9E 系列微处理器在单一的处理器内核上提供了微控制器、DSP、Java 应用系统的解决方案，极大地减少了芯片的面积和系统的复杂程度。ARM9E 系列微处理器提供了增强的 DSP 处理能力，适合于那些需要同时使用 DSP 和微控制器的应用场合。

ARM9E 系列微处理器有 ARM926EJ-S、ARM946E-S、ARM966E-S、ARM968E-S 和 ARM996HS 共 5 种类型。

（4）ARM10E。

ARM10E 系列微处理器具有更加杰出的高性能、低功耗特点，由于使用了新的体系结构，它拥有所有 ARM 系列中最高的主频。ARM10E 系列微处理器采用了一种新的省电模式，支持 "64-bit load-store micro-architecture"，含有浮点运算协处理器（符合 IEEE 754 标准，支持向量运算）。

ARM10E 系列微处理器有 ARM1020E、ARM1022E 和 ARM1026EJ-S 共 3 种类型。

（5）ARM11。

ARM11 系列微处理器是 ARM 公司近年推出的新一代 RISC 处理器，它是 ARM 新指令架构——ARMv6 的第一代设计实现。ARM11 的媒体处理能力和低功耗特点特别适用于无线和消费类电子产品，其高数据吞吐量和高性能的结合非常适合网络处理应用。另外，在实时性能和浮点处理等方面 ARM11 可以满足汽车电子应用的需求。基于 AMRv6 体系结构的 ARM11 系列处理器将在上述领域发挥巨大的作用。

ARM11 系列微处理器有这 4 种类型：ARM11 MPCore，ARM1136J(F)-S，ARM1156T2(F)-S 和 ARM1176JZ(F)-S。

(6) Cortex。

Cortex 系列处理器是基于 ARMv7 架构的，分为 Cortex-A、Cortex-R 和 Cortex-M 共 3 类。Cortex-A 为传统的、基于虚拟存储的操作系统和应用程序而设计，支持 ARM、Thumb 和 Thumb-2 指令集；Cortex-R 针对实时系统设计，支持 ARM、Thumb 和 Thumb-2 指令集；Cortex-M 为对价格敏感的产品设计，只支持 Thumb-2 指令集。

(7) SecurCore。

SecurCore 系列微处理器专为安全需要而设计，提供了完善的 32 位 RISC 技术的安全解决方案，因此，SecurCore 系列微处理器除了具有 ARM 体系结构的低功耗、高性能的特点外，还具有其独特的优势，即提供了对安全解决方案的支持。

SecurCore 系列微处理器有如下类型：SecurCoreSC100、SecurCore SC200。

(8) OptimoDE Data Engines。

这是一个新的 IP 核，针对高性能的嵌入式信号处理应用而设计。

另外，Intel 公司的 StrongARM、Xscale 系列处理器也属于 ARM 架构。Intel StrongARM 处理器是便携式通信产品和消费类电子产品的理想选择，已成功应用于多家公司的掌上电脑系列产品。Xscale 处理器是基于 ARMv5TE 体系结构的解决方案，是一款全性能、高性价比、低功耗的处理器。它支持 16 位的 Thumb 指令和 DSP 指令集，已使用在数字移动电话、个人数字助理和网络产品等场合。

本书使用 S3C2410、S3C2440 芯片，它们的处理器都属于 ARM920T 系列，版本为 ARMv4T。

1.2.2 在嵌入式系统中选择嵌入式 Linux 的理由

随着技术的发展及人们需求的增加，各种消费类电子产品的功能越来越强大，随身携带的电子设备变得"等同于 PC"：上面有键盘、触摸屏、LCD 等输入、输出设备，可以观看视频、听音乐，可以浏览网站、接收邮件，可以查看、编辑文档等。在工业控制领域，系统级芯片（SoC）以更低廉的价格提供了更丰富的功能，使得一个嵌入式系统可以同时完成更多的控制功能。

当系统越来越大、应用越来越多，使用操作系统很有必要。操作系统的作用有：统一管理系统资源、为用户提供访问硬件的接口、调度多个应用程序、管理文件系统等。在嵌入式领域可以选择的操作系统有很多，比如：嵌入式 Linux、VxWorks、Windows CE、μC/OS-II 等。

- VxWorks 是美国 WindRiver 公司开发的嵌入式实时操作系统。单就性能而言，它是非常优秀的操作系统，具有可裁剪的微内核结构、高效的任务管理、灵活的任务间通信、微秒级的中断处理，支持 POSIX 1003.1b 实时扩展标准，支持多种物理介质及标准、完整的 TCP/IP 网络协议等。缺点是它支持的硬件相对较少，并且源代码不开放，需要专门的技术人员进行开发和维护，并且授权费比较高。
- Windows CE 是微软公司针对嵌入式设备开发的 32 位、多任务、多线程的操作系统。它支持 x86、ARM、MIPS、SH 等架构的 CPU，硬件驱动程序丰富，比如支持 WiFi、USB 2.0 等新型设备，并具有强大的多媒体功能；可以灵活裁剪以减小系统体积；与 PC 上的 Windows 操作系统相通，开发、调试工具使用方便，应用程序的开发流程与 PC 上的 Windows 程序的开发流程相似，就开发的便利性而言（特别是对于习惯在

Windows 下开发的程序员），Windows CE 是最好的，但是，其源代码没有开放（目前开放了一小部分），开发人员难以进行更细致的定制；占用比较多的内存，整个系统相对庞大；版权许可费用也比较高。

- μC/OS-II 是 Micrium 公司开发的操作系统，可用于 8 位、16 位和 32 位处理器。可裁剪，对硬件要求较低；可以运行最多 64 个任务；调度方式为抢占式，即总是运行最高优先级的就绪任务。用户可以获得μC/OS-II 的全部代码，但它不是开放源码的免费软件，作为研究和学习，可以通过购买相关书籍获得源码，用于商业目的时，必须购买其商业授权。相对于其他按照每个产品收费的操作系统，μC/OS-II 采用一次性的收费方式，价格低廉。需要说明的是，μC/OS-II 仅是一个实时内核，用户需要完成其他更多的工作，比如编写硬件驱动程序、实现文件系统操作（使用文件的话）等。
- Linux 是遵循 GPL 协议的开放源码的操作系统，使用时无需交纳许可费用。内核可任意裁剪，几乎支持所有的 32 位、64 位 CPU；内核中支持的硬件种类繁多，几乎可以从网络上找到所有硬件驱动程序；支持几乎所有网络协议；有大量的应用程序可用，从编译工具、调试工具到 GUI 程序，几乎都有遵循 GPL 协议的相关版本；有庞大的开发人员群体，有数量众多的技术论坛，大多问题都可以得到快速而免费的解答。

Linux 的缺点在于实时性，虽然 2.6 版本的 Linux 在实时性方面有较大改进，但是仍无法称为实时操作系统。有不少变种 Linux 在实时性方面做了很大改进，比如 RTLinux 达到了硬实时，TimeSys Linux 提高了实时性。这些改进的 Linux 版本既有遵循 GPL 协议的免费版本，也有要付费的商业版本。

正是由于 Linux 开放源代码、易于移植、资源丰富、免费等优点，使得它在嵌入式领域越来越流行。更重要的一点，由于嵌入式 Linux 与 PC Linux 源于同一套内核代码，只是裁剪的程度不一样，这使得很多为 PC 开发的软件再次编译之后，可以直接在嵌入式设备上运行，这使得软件资源"极大"非富，比如各类实用的函数库、小游戏等。

第2章 嵌入式 Linux 开发环境构建

本章目标

- 了解嵌入式 Linux 开发的交叉开发模式
- 搭建硬件、软件开发环境
- 掌握制作工具链的方法

2.1 硬件环境构建

2.1.1 主机与目标板结合的交叉开发模式

开发 PC 机上的软件时，可以直接在 PC 机上编辑、编译、调试软件，最终发布的软件也在 PC 机上运行。对于嵌入式开发，最初的嵌入式设备是一个空白的系统，需要通过主机为它构建基本的软件系统，并烧写到设备中；另外，嵌入式设备的资源并不足以用来开发软件。所以需要用到交叉开发模式：在主机上编辑、编译软件，然后在目标板上运行、验证程序。

主机指 PC 机，目标板指嵌入式设备，在本书中，目标板就是 S3C2410、S3C2440 开发板。

对于 S3C2410、S3C2440 开发板，进行嵌入式 Linux 开发时一般可以分为以下 3 个步骤。

（1）在主机上编译 Bootloader，然后通过 JTAG 烧入单板。

通过 JTAG 接口烧写程序的效率非常低，它适用于烧写空白单板。为方便开发，通常选用具有串口传输、网络传输、烧写 Flash 功能的 Bootloader，它可以快速地从主机获取可执行代码，然后烧入单板，或者直接运行。

（2）在主机上编译嵌入式 Linux 内核，通过 Bootloader 烧入单板或直接启动。

一个可以在单板上运行的嵌入式 Linux 内核是进行后续开发的基础，为方便调试，内核应该支持网络文件系统（NFS），即将应用程序放在主机上，单板启动嵌入式 Linux 内核后，通过网络来获取程序，然后运行。

（3）在主机上编译各类应用程序，单板启动内核后通过 NFS 运行它们，经过验证后再烧入单板。

烧写、启动 Bootloader 后，就可以通过 Bootloader 的各类命令来下载、烧写、运行程序了。启动嵌入式 Linux 后，也是通过执行各种命令来启动应用程序的。怎么输入这些命令、查看命令运行的结果呢？一般通过串口来进行输入/输出。所以交叉开发模式中，主机与目标板通常需要 3 种连接：JTAG、串口、网络，如图 2.1 所示。

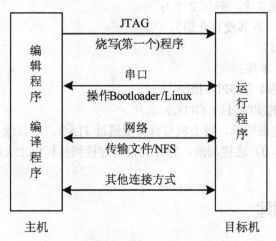

图 2.1　交叉开发模式

> **注意**　JTAG 接口本来是用来调试程序的，但是本书中是通过它来烧写程序。

2.1.2　硬件要求

1. 主机要求

一般的 PC 就可以用来进行嵌入式 Linux 开发，它应该满足以下要求。
① 有一个 25 针的并口接口，它用来接 JTAG 连线；
② 有一个 9 针的 RS-232 串行接口；
③ 支持网络；
④ 至少 20GB 的硬盘。

对于台式机，这 3 项要求一般都能满足；对于笔记本电脑，如果没有并口则需要使用其他电脑来烧写程序，如果没有串口，则可以使用 USB-串口转换器。幸运的是，如果不是调试 Bootloader，使用 JTAG 接口的次数会很少：只需要烧写一次 Bootloader——当它启动后，就可以通过串口或网络下载程序，然后烧入单板。

2. 目标板要求

本书的例子适用于两种开发板：S3C2410 或 S3C2440。市场上 S3C2410、S3C2440 开发板的原理图、配置基本相同，即使在细节上有所差异，理解代码后稍作修改即可使用。

开发板上对于 S3C2410/S3C2440 的每个硬件部件（UART、NAND Flash 控制器、I^{2}C 接口等）基本都外接了相关器件，有如下部件。

① 64MB SDRAM；
② 1MB NOR Flash；
③ 64MB NAND Flash；
④ 两个网卡（10MB 和 100MB）；
⑤ 5 个串口（内置 3 个，外扩 2 个）；
⑥ 音频输入输出（本书没有介绍）；
⑦ 2.5 寸 IDE 接口；
⑧ 标准 SD/MMC 卡座；
⑨ 4 个 GPIO 按键/4 个 GPIO 按键；
⑩ 外接 I^2C 接口的实时时钟（RTC）芯片。

硬件开发环境搭建很简单，将主机与目标板通过 JTAG、串口线（接单板上的串口 0）、网线（接单板上的网卡 0）连接起来，将各类设备连接到目标板上去即可。

2.2 软件环境构建

2.2.1 主机 Linux 操作系统的安装

1. 在 Windows 上安装虚拟机

本书基于 Ubuntu 7.10 进行开发，它是一个很容易安装和使用的 Linux 发行版。光盘映象文件的下载地址为 http://relenses.ubuntu.com/7.10/。

安装方法有好几种：将映象文件刻录成光盘后安装，通过网络安装等。不熟悉 Linux 的读者可以通过 VMware 虚拟机软件使用映象文件安装，这样可以在 Windows 中使用 Linux（反过来也是可以的），安装 Linux 后，再使用 VMware 安装 windows，这样就可以在 Linux 中同时使用 Windows。

这几种安装方法基本相同，下面介绍在 Windows 中通过 VMware 来安装 Linux 的方法。不管是哪种方法，都建议单独使用一个分区来存放本书所涉及的源码、编译结果，这样可以避免当系统出错、系统重装时破坏学习成果。

本书使用 3 个分区：1GB 的交换分区（swap）、5GB 的根分区（root）、15GB 的工作分区（work）。swap 分区被用来暂时存储数据，它可以提高系统性能；root 分区被用来存放整个 Linux 系统；work 分区的内容来自本书光盘，以后将在这个分区上编辑、编译、调试软件。

从 VMware 的官方网站 http://www.vmware.com 下载到 VMware 工具，安装后，参照以下方法安装、设置 Linux。

建立一个虚拟机器需要指定硬盘、内存、网络。在 VMware 中可以使用实际的硬盘，也可以使用文件来模拟硬盘。本书使用文件来模拟硬盘：一个表示交换分区（swap），一个表示根分区（root），一个表示工作分区（work）。依照下面的一系列图形就能建立虚拟机。

① 启动 VMware，如图 2.2 所示。

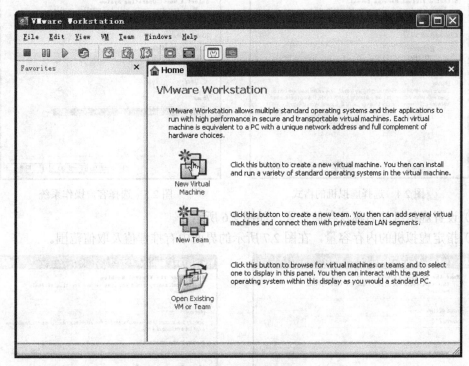

图 2.2　启动 VMware

② 在后续界面中使用默认选项，直到出现如图 2.3 所示的界面，选择"Custom"自己定制虚拟机。

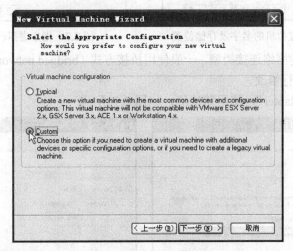

图 2.3　选择定制虚拟机

③ 选择虚拟机的格式，使用默认选项即可，如图 2.4 所示。

④ 在 Windows 中使用 VMware 安装 Linux，Windows 被称为"Host Operatins System"（主机操作系统），Linux 被称为"Guest Operatins System"（客户操作系统）。选择 Linux 作为客户操作系统，版本为"Other Linux 2.6.x kernel"，如图 2.5 所示。

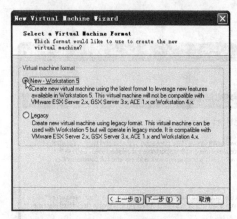

图 2.4 选择虚拟机的格式　　　　　　　图 2.5 选择客户操作系统

⑤ 设置虚拟机的名称及存储位置，如图 2.6 所示。
⑥ 指定虚拟机的内存容量，在图 2.7 所示的界面中有推荐值及取值范围。

图 2.6 设置虚拟机的名字及存储位置　　　图 2.7 指定虚拟机的内存容量

⑦ 指定虚拟机的网络连接类型，一般使用桥接方式（bridged networking），如图 2.8 所示。安装完毕后可以再进行修改。
⑧ 选择"I/O Adapter"，使用默认值，如图 2.9 所示。

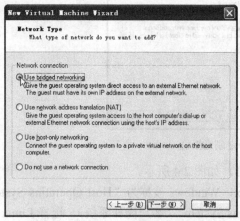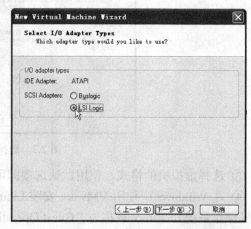

图 2.8 指定虚拟机的网络连接类型　　　　图 2.9 选择"I/O Adapter"

⑨ 图 2.10～图 2.13 所示为创建虚拟硬盘的过程，在创建完虚拟机后，还会重复这 4 个步骤创建另外两个虚拟硬盘。在图 2.12 中，"Split disk into 2GB files 选项表示使用多个 2GB 的文件来表示一个很大的虚拟硬盘。如果 Windows 的碰盘格式为 FAT32，因为它支持的最大文件只有 4GB，所以要选择这个选项；如果是 NTFS 格式，则无需选择这个选项。

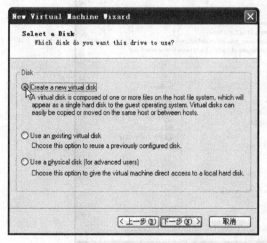

图 2.10　选择创建新的虚拟硬盘　　　　图 2.11　选择硬盘（使用默认类型）

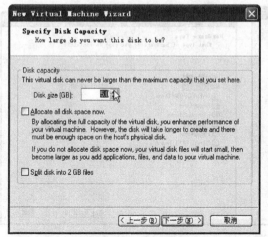

图 2.12　指定硬盘容量（这个硬盘将用来安装　　图 2.13　设置虚拟硬盘的名字（在 Windows 下将
　　　　　Linux，推荐大小为 5GB）　　　　　　　　　　新建一个文件来表示这个虚拟硬盘）

⑩ 单击"完成"按钮后，就创建了一个虚拟机，得到如图 2.14 所示的界面。

还要创建两个硬盘，单击图 2.14 中的"Edit virtual machine settings"进行设置。参照图 2.14～图 2.16 及步骤⑨连续增加两个虚拟硬盘，一个容量为 15GB，命名为 work.vmdk（用来作为工作硬盘）；另一个容量为 1GB，命名为 swap.vmdk（在上面创建交换分区）。

以后的步骤就和前面的步骤⑨一样了。

2．在虚拟机上安装 Linux

本书使用 Ubuntu 7.10 的光盘文件 ubuntu-7.10-desktop-i386.iso 进行安装。下面简单介绍

关键步骤，其他步骤可以参看安装时出现的说明。

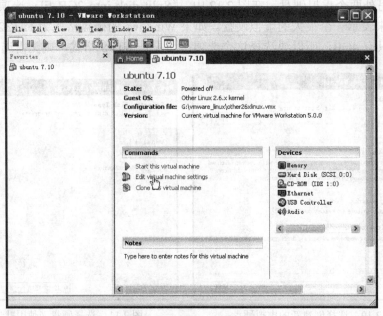

图 2.14 修改虚拟机的设置

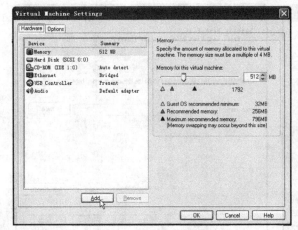

图 2.15 增加新硬件

图 2.16 选择增加硬盘

（1）在虚拟机上使用光盘文件。

如图 2.17 所示，进入虚拟机的编辑界面，选中 "CD-ROM"，在右边的界面中选择 "Connect at power on"（表示开启虚拟机时就连接光盘）；然后选择 "Use ISO image"，如果有实际的光盘，可以选择 "Use physical drive"（在安装随书光盘中的代码时就是这样设置的）。

（2）启动虚拟机，它使用前面设置的光盘文件启动，这时候即可开始安装 Linux。

在虚拟机启动后，桌面有个名为 "install" 的图标，双击它进行安装。前面几个步骤是选择语言、键盘等，使用默认设置，先不要使用中文（以后远程登录时，中文不好显示）。当出现如图 2.18 所示的界面时，选择 "Manual"。

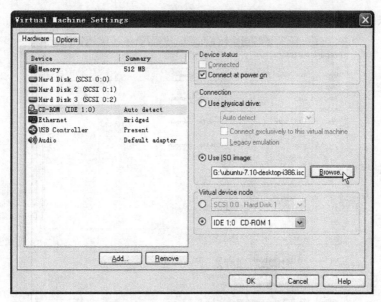

图 2.17 在虚拟机上使用光盘文件

> **注意**　在 VMware 的操作系统中，要将鼠标光标释放出来（回到 Windows 中），按 "Ctrl+Alt" 键即可。

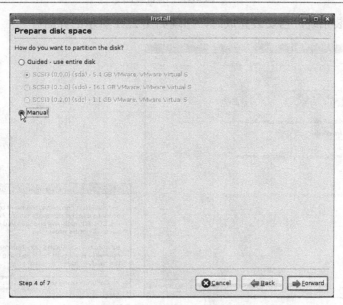

图 2.18 通过"手动"来使用硬盘

（3）在紧接着出现的界面中对硬盘进行分区、选择文件格式、选择挂载点。

本书设置的虚拟机使用 3 个虚拟硬盘，每个硬盘只划分一个分区。设置其中容量为 5GB 的分区的挂载点为"/"，在里面安装 Linux 系统；设置容量为 15GB 的分区的挂载点为"/work"，以后的代码、编译结果都放在/work 目录下；设置容量为 1GB 的分区为 swap 分区，它不需要设置挂载点，也不需要设置文件格式。设置的结果如图 2.19 所示。

（4）然后在后续的界面中使用默认值，安装程序会进行格式化虚拟硬盘等操作。当出现如图 2.20 所示的界面时，在里面设置用户名及密码。

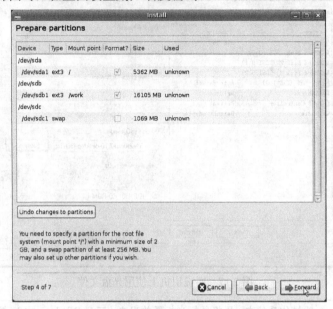

图 2.19　准备分区

（5）开始安装系统，当安装完成时，出现如图 2.21 所示的界面。

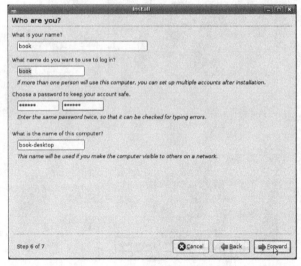

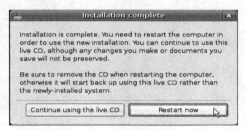

图 2.20　设置用户名和密码　　　　　　图 2.21　安装结束

如果从 VMware 的菜单"VM"→"Setting..."进入虚拟机的设置界面时，在"CD-ROM"的设置界面去掉"Connect at power on"选项（参考图 2.17），此时单击图 2.21 所示的"Restart now"按钮即可（如果不能重启，直接关闭 VMware 后再启动）。

2.2.2　主机 Linux 操作系统上网络服务的配置与启动

下面配置 Linux，启动 FTP、SSH、NFS 这 3 个服务。如果不是通过远程登录 Linux，而是直接在 Linux 中进行开发，则 FTP、SSH 这两个服务不用开启。

1. 设置网络

这涉及 3 方面的设置：主操作系统 Windows、VMware、客户操作系统 Linux。

本书假设：主操作系统 Windows 的 IP 为 192.168.1.11，客户操作系统 Linux 的 IP 为 192.168.1.57。

VMware 提供 4 种网络连接方式：网桥网络（Bridged）、网络地址翻译网络（NAT）、仅为主机网络（Host-only）和客户网络。常用的方式是前两种，网桥网络需要接上网线才可使用，当主机与目标板间需要进行网络通信时使用这种方式，它相当于 3 台处于同一网段的计算机：主机（Windows）、虚拟机（Linux）、目标板。没有接网线时，可以使用 NAT 网络在主操作系统 Windows 与客户操作系统 Linux 间进行通信。

（1）设置客户操作系统 Linux 的 IP 地址。

选择 Linux 的启动栏执行"System"→"Administration"→"Network"命令，在对话框中选中"Connections"选项卡的"Wired connection"项，然后单击"Properties"按钮。设置 eth0 的 IP 为 192.168.1.57，网关为 192.168.1.2，然后重新启动即可，如图 2.22 所示。

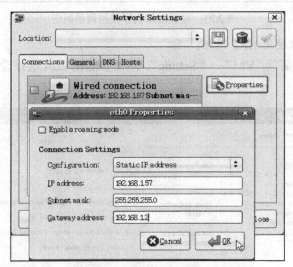

图 2.22　设置 Linux 的 IP 地址

（2）使用网桥网络时，设置主操作系统 Windows 和 VMware。

使用网桥网络时，主操作系统 Windows 和 Linux 的 IP 必须属于同一个网段。

- 将主操作系统 Windows 的网卡 IP 设为 192.168.1.11。
- 在 VMware 中，执行"VM"→"Setting"命令，然后参照图 2.23 设置以使用网桥网络（"Connect at power on"一定要选上）。

（3）使用 NAT 网络时，设置 VMware。

使用 NAT 网络时，首先要确保主操作系统 Windows 的 IP 和 Linux 的 IP 不在同一个网段。由于 Linux 的 IP 已经设为 192.168.1.57，需要修改 Windows 的 IP 让它不处于 192.168.1.x 网段。

然后分 3 步设置：修改虚拟机的设置使它使用 NAT 网络，修改 NAT 网络的 IP 地址范围，设置 NAT 网络的网关地址。VMware 提供 9 个虚拟网卡：VMnet0～VMnet8，VMnet8 用于 NAT 网络，其他的在本书中都不需要自己设置。

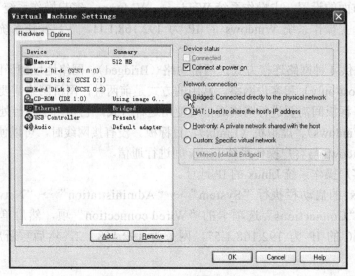

图 2.23　设置虚拟机以使用网桥网络

- 设置虚拟机以使用 NAT 网络。

选择 VMware 的菜单"VM"→"Setting"，然后参照图 2.24 进行设置（"Connect at power on"一定要选上）。

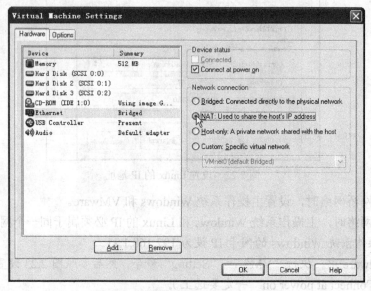

图 2.24　设置虚拟机以使用 NAT 网络

- 修改 NAT 网络的 IP 地址范围。

选择 VMware 的菜单"Edit"→"Virtual Network Setting..."，然后参照图 2.25 设置。

- 设置 NAT 网络的网关地址。

选择 VMware 的菜单"Edit"→"Virtual Network Setting..."，然后参照图 2.26 进行

设置。

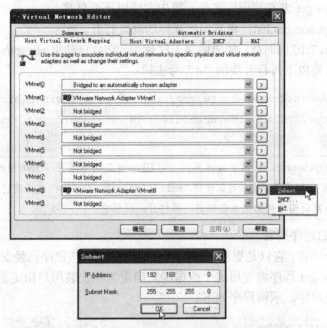

图 2.25 修改 NAT 网络的 IP 地址范围

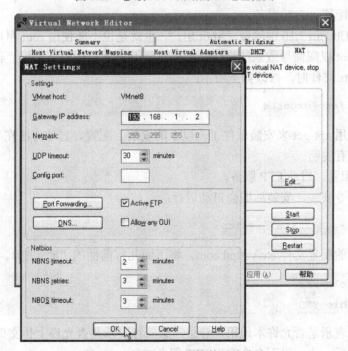

图 2.26 设置 NAT 网络的网关地址

2. 安装、配置、启动 FTP、SSH 或 NFS 服务

（1）准备使用软件维护工具 apt-get。

Ubuntu 7.10 中没有安装 FTP、SSH、NFS 服务器软件，它提供了一个很方便的安装、升级、维护软件的工具 apt-get。apt-get 从光盘、网络上下载程序并安装。

第一次使用 apt-get 来安装程序之前,要先完成以下两件事。

① 修改/etc/apt/sources.list,将其中注释掉的网址打开。

在安装 Ubuntu 7.10 的时候,如果网络无法使用,它会自动将/etc/apt/sources.list 中各项注释去掉。比如需要将以下两行开头的 "#" 号去掉:

```
#deb http://cn.archive.ubuntu.com/ubuntu/ gutsy main restricted
#deb-src http://cn.archive.ubuntu.com/ubuntu/ gutsy main restricted
……
```

> **注意** 由于/etc/apt/sources.list 属于 root 用户,而 Ubuntu 7.10 中屏蔽了 root 用户的使用,要修改它,需要使用 sudo 命令。比如可以使用 "sudo vi /etc/apt/sources.list" 来修改它,或者使用 "sudo gedit &" 命令启动图形化的文本编辑器,再打开、编辑它。

② 更新可用的程序列表。

执行如下命令即可,它只是更新内部的数据库以确定哪些程序已经安装、哪些没有安装、哪些有新版本。apt-get 程序将使用这个数据库来确定怎样安装用户指定的程序,并找到和安装它所依赖的其他程序。示例程序如下。

```
$ sudo apt-get update
```

(2)安装、配置、启动服务。

首先说明,Ubuntu 7.10 中隐藏了 root 用户,也就是说不能使用 root 用户登录,这可以避免不小心使用 root 权限而导致系统崩溃。当需要使用 root 权限时,使用 "sudo" 命令,比如要修改/etc/exports 文件时,修改如下所示:

```
# sudo vi /etc/exports
```

现在可以使用 apt-get 来安装软件了,以下的安装、配置、启动方法在 Ubuntu 7.10 自带的帮助文档中都有说明。

① 安装、配置、启动 FTP 服务。

执行以下命令安装,安装后即会自动运行:

```
$ sudo apt-get install vsftpd
```

修改 vsftpd 的配置文件/etc/vsftpd.conf,将下面几行前面的 "#" 去掉。

```
#local_enable=YES
#write_enable=YES
```

上面第一行表示是否允许本地用户登录,第二行表示是否允许上传文件。

修改完毕之后,执行以下命令重启 FTP 服务:

```
$ sudo /etc/init.d/vsftpd restart
```

② 安装、配置、启动 ssh 服务。

执行以下命令安装 ssh 服务,安装后即会自动运行:

```
$ sudo apt-get install openssh-server
```

它的配置文件为/etc/ssh/sshd_config，使用默认配置即可。

③ 安装、配置、启动 NFS 服务。

执行以下命令安装 nfs 服务，安装后即会自动运行：

```
$ sudo apt-get install nfs-kernel-server portmap
```

它的配置文件为/etc/exports，在里面增加以下内容，以后将通过网络文件系统访问/work/nfs_root 目录。

```
/work/nfs_root  *(rw,sync,no_root_squash)
```

修改完毕之后，执行以下命令重启 NFS 服务：

```
$ sudo /etc/init.d/nfs-kernel-server restart
```

以上 3 个服务使用 apt-get 安装后已经启动，并且以后每次开机都会自动启动。如果要取消某个服务，可以在 Linux 的启动栏菜单执行"System"→"系统管理"→"网络"命令，在对话框中取消。

2.2.3 在主机 Linux 操作系统中安装基本的开发环境

使用光盘安装的 Ubuntu 7.10 是一个比较精简的 Linux 发行版，它缺乏一些开发用的工具、文件，比如标准 C 库的头文件、g++编译器等。

先按照图 2.17 所示挂接上 Ubuntu 7.10 的安装光盘，然后使用以下命令安装基本的开发环境：

```
$ sudo apt-get install build-essential
```

还要安装工具 bison、flex，它们分别是语法、词法分析器：

```
$ sudo apt-get install bison flex
```

安装 C 函数库的 man 手册，以后就可以通过类似"man read"的命令查看函数的用法了：

```
$ sudo apt-get install manpages-dev
```

2.2.4 光盘的内容结构及安装

1. 光盘的内容结构

光盘内容分为 8 部分：硬件实验（hardware）、系统移植（system）、驱动和测试程序（drivers_and_test）、GUI、工具（tools）、scratchbox（这也是一个工具）、网络文件系统（nfs_root）、调试工具（debug），目录结构如图 2.27 所示。

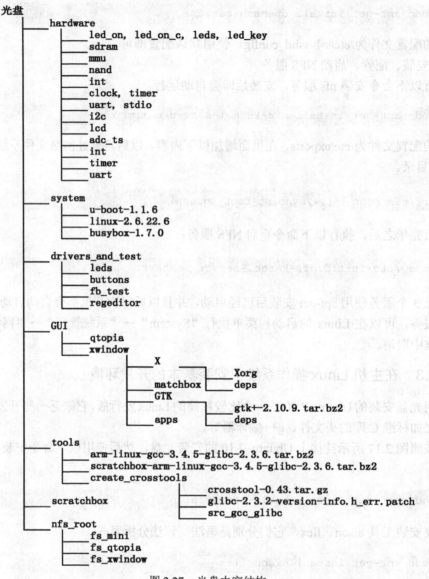

图 2.27 光盘内容结构

> **注意** 光盘中几乎所有文件都制作成压缩包，比如光盘根目录中有一个文件 hardware.tar.bz2，它对应图 2.27 中的 hardware 目录，解压即得此目录。

hardware 目录下是各个硬件部件的实验代码，进入子目录后执行 make 命令即可生成可执行二进制程序（名字为子目录名加上后缀".bin"），烧入开发板的 NAND Flash 中即可运行。

U-Boot、Linux 内核、根据 busybox 创建的文件系统这 3 部分构成了基本的、最小的嵌入式 Linux 系统，它们的代码在 system 目录下。本书中介绍的驱动也全部包含在 system/linux-2.6.22 内核代码中，drivers_and_test 主要是测试程序。

本书介绍两种 GUI 系统：qtopia、X window。GUI/xwindow 目录下有 4 个子目录。

- X 目录中主要是 Xorg 的代码，它提供 X server；
- matchbox 是一个基于 X 的、用于嵌入式系统的小型 GUI 环境，它包括一个窗口管理

器、一个面板、一个桌面、一个共享功能程序库和一些小的面板应用程序;
- GTK 目录下是 GTK+库,GTK+是一个用于创建图形用户界面的多平台工具,它包含有基本的控件和一些很复杂的控件,比如文件选择控件和颜色选择控件;
- apps 目录下是几个基于 X、GTK+的应用程序。

tools 目录下是运行于主机上的工具,主要是交叉编译工具。arm-linux-gcc-3.4.5-glibc-2.3.6.tar.bz2 和 scratchbox-arm-linux-gcc-3.4.5-glibc-2.3.6.tar.bz2 都是使用 create_crosstools 目录中的软件编译出来的交叉编译工具链,前一个是在主机上直接运行;后一个是当主机上启动 scratchbox 后,在 scratchbox 里面运行。这两个工具编译出来的代码是完全一样的。

scratchbox 是一个交叉编译工具包,它的目的是使嵌入式 Linux 开发变得像开发 PC Linux 软件一样容易。在移植 X window 时将用到它。

nfs_root 目录下是 4 个子目录:最小的根文件系统 fs_mini、使用 mdev 机制的根文件系统 fs_min_mdev、含有 qtopia 图形程序的根文件系统 fs_qtopia、含有 X window 图形程序的根文件系统 fs_xwindow。在开发阶段,单板上的内核启动后可以通过 NFS 挂接它们中的某一个,然后执行其中的程序;开发完成后,将所用的整个子目录制作为映象文件,烧入开发板。

2. 安装光盘

安装光盘前先使用以下的命令改变/work 目录的拥有者及所属组名:

```
$ sudo chown book:book /work -R
```

然后将光盘中所有内容复制到 Linux 的/work 目录中,有以下 3 种方法:
① 在 Windows 下,可以通过 cuteFTP 等工具登录 Linux,然后上传文件;
② 如果是通过 VMware 运行 Linux,则在 VMware 中挂接光盘后(如图 2.17 所示),Linux 中会自动弹出光盘的目录,将它的内容复制到/work 目录下;
③ 如果是直接运行 Linux,在光驱中放入光盘后,Linux 中也会自动弹出光盘的目录,将它的内容复制到/work 目录下。

2.2.5 安装交叉编译工具链

首先约定:在主机上执行的命令提示符为"$";在主机中启动 scratchbox,然后在 scratchbox 里执行的命令,提示符为">";在单板上执行的命令,提示符为"#"。比如同是执行"ls"命令,用下面 3 行表示:

```
$ ls
> ls
# ls
```

1. 使用制作好的工具链

刚开始学习时,建议使用已经制作好工具链,使用以下命令解压得到 gcc-3.4.5-glibc-2.3.6 目录。

```
$ cd /work/tools
$ tar xjf arm-linux-gcc-3.4.5-glibc-2.3.6.tar.bz2
```

然后在环境变量 PATH 中增加路径，如下所示：

```
$ export PATH=$PATH:/work/tools/gcc-3.4.5-glibc-2.3.6/bin
```

这使得可以直接运行这个目录下的程序，而不需要指定目录位置。

为了不要每次使用时都手工设置 PATH，可以在/etc/environment 中修改 PATH 的值如下所示：

```
PATH="/usr/local/sbin:/usr/local/bin:/usr/sbin:/usr/bin:/sbin:/bin:/usr/games:/work/tools/gcc-3.4.5-glibc-2.3.6/bin "
```

安装 ncurses，ncurses 是一个能提供功能键定义（快捷键）、屏幕绘制以及基于文本终端的图形互动功能的动态库。如果没有它，在执行"make menuconfig"命令配置程序时会出错。使用以下命令安装：

```
$ cd /work/tools/
$ tar xzf ncurses.tar.gz
$ cd ncurses-5.6
$ ./configure --with-shared --prefix=/usr
$ make
$ sudo make install
```

2. 自己制作工具链

用户也可以自己编译工具链。如果要基于 gcc 和 glibc 来制作工具链，可以使用 crosstool 来进行编译；如果要基于 gcc 和 uClibc 来制作工具链，可以使用 buildroot 来进行编译。如果不借助于这些工具，编译过程是非常繁锁的。uClibc 比 glibc 小，在已有的接口上是兼容的，更适用于嵌入式系统。但是 uClibc 并没有包括 glibc 中的所有接口实现，因此有些应用可能在 uClibc 中不能编译。基于这个原因，本书使用 glibc，当对系统很熟悉后，或是在开发资源很受限制的产品时，可以使用 uClibc。

下面将使用/work/tools/create_crosstools 目录下的 crosstool-0.43.tar.gz 工具来编译工具链，它运行时，会自动从网上下载源码，然后编译。也可以先自己下载源码，再运行 crosstool。本书已经将源码放在 src_gcc_glibc 目录下。

crosstool 官方网站为 http://kegel.com/crosstool/，可以参考其中的 crosstool-how to.html 选择、配置、编译工具链。

下面分步讲解。

（1）修改 crosstool 脚本。

执行以下命令解压缩：

```
$ tar xzf crosstool-0.43.tar.gz
```

glibc-2.3.6-version-info.h_err.patch 是一个补丁文件，它修改 glibc-2.3.6/csu/Makefile，里面的一个小错误，导致自动生成的 version-info.h 文件编译出错。将它复制到 crosstool 的补丁目录下：

```
$ cp glibc-2.3.6-version-info.h_err.patch crosstool-0.43/patches/glibc-2.3.6/
```

> **注意** 另一个补丁文件 ld-2.15-scratchbox_NATIVE.patch 在第 26 章制作运行在 scratchbox 上的交叉编译工具链时才用到。

后面将执行 crosstool-0.43 目录下的 demo-arm-softfloat.sh 脚本来进行编译,摘取它的部分内容如下:

```
07 TARBALLS_DIR=$HOME/downloads
08 RESULT_TOP=/opt/crosstool
09 export TARBALLS_DIR RESULT_TOP
10 GCC_LANGUAGES="c,c++"
……
26 #eval 'cat arm-softfloat.dat gcc-3.3.6-glibc-2.3.2-tls.dat' sh all.sh --notest
27 #eval 'cat arm-softfloat.dat gcc-3.4.5-glibc-2.2.5.dat' sh all.sh --notest
28 #eval 'cat arm-softfloat.dat gcc-3.4.5-glibc-2.3.5.dat' sh all.sh --notest
29 eval 'cat arm-softfloat.dat gcc-3.4.5-glibc-2.3.6.dat' sh all.sh --notest
```

第 7 行的 TARBALLS_DIR 表示源码存放的位置。

第 8 行的 RESULT_TOP 表示编译结果存放的位置。

第 10 行的 GCC_LANGUAGES 表示制作出来的工具链支持 C、C++语言,如果要支持其他语言,可以在里面增加。比如下面一行表示支持 Java:

```
GCC_LANGUAGES="c,c++,java"
```

从第 26~29 行可知,可以选择多种 gcc、glibc 版本,本书使用默认版本:gcc-3.4.5 和 glibc-2.3.6。执行 demo-arm-softfloat.sh 脚本后,它将根据 arm-softfloat.dat、gcc-3.4.5-glibc-2.3.6.dat 这两个文件中定义的环境变量调用 all.sh 脚本进行编译。gcc-3.4.5-glibc-2.3.6.dat 文件指明了要下载或使用的文件。

需要修改 demo-arm-softfloat.sh、arm-softfloat.dat、all.sh 这 3 个文件。

① 修改 demo-arm-softfloat.sh,修改后的内容如下:

```
07 TARBALLS_DIR=/work/tools/create_crosstools/src_gcc_glibc
08 RESULT_TOP=/work/tools
```

② 修改 arm-softfloat.dat,修改如下:

```
02 TARGET=arm-softfloat-linux-gnu
```

改为:

```
02 TARGET=arm-linux
```

它表示编译出来的工具样式为 arm-linux-gcc、arm-linux-ld 等,这是常用的名字。

③ 修改 all.sh。

如果现在就执行 demo-arm-softfloat.sh,最终结果将存放在/work/tools/gcc-3.4.5-glibc-2.3.6/arm-linux 目录下。为简洁起见,修改 all.sh,将结果存放在/work/tools/gcc-3.4.5-glibc-2.3.6 目录下。

```
70 PREFIX=${PREFIX-$RESULT_TOP/$TOOLCOMBO/$TARGET}
```
改为：
```
70 PREFIX=${PREFIX-$RESULT_TOP/$TOOLCOMBO}
```

（2）编译、安装工具链。

执行以下命令：
```
$ cd crosstool-0.43/
$ ./demo-arm-softfloat.sh
```

编译 2、3 个小时后，将在/work/tools/目录下生成 gcc-3.4.5-glibc-2.3.6 子目录，交叉编译器、库、头文件都包含在里面。设置 PATH 环境变量即可使用。使用下面命令测评一下：

```
$ arm-linux-gcc -v
```

现在，基本的开发环境已经建立，在后续开发过程中，要使用到其他工具时，再进行安装。

2.2.6　书中写作风格的约定

2.2.5 小节开头部分约定：使用"$"、">"、"#"这 3 个提示符分别表示在主机、scratchbox、或者在开发板上执行命令。

另外一个约定是关于"函数调用"的。阅读 Linux 源代码最大的困难是各个函数之间的调用关系很复杂，内核中常常有这种调用方式：函数 A 调用函数 B，不是在 A 的代码里直接调用 B，而是通过某个函数指针（它在其他地方被赋值为 B）间接调用。

编者在阅读代码时，常使用以下的方式标记函数调用关系，在书中也使用同样的方式。假设有 A、B、C、D 共 4 个函数，它们分别处于 a.c、b.c、c.c、d.c 这 4 个文件中，A 调用 B 和 C，B 调用 D，则使用以下的缩进方式表示：

```
A(a.c) ->
    B(b.c)  //可以加一些注释->
        D(d.c)
    C(c.c)
```

B 比 A 缩进一格，表示 B 在 A 中被调用；相同的缩进表示同处于一个函数中，比如 B、C 都是在 A 中被调用；"//"号后可以加一些注释；"->"起辅助作用，表示"调用"。

第3章 嵌入式编程基础知识

本章目标

- 了解交叉编译工具链的各种选项 ☐
- 掌握连接脚本的编译方法 ☐
- 了解 Makefile 文件中常用的函数 ☐
- 了解几个常用的 ARM 汇编指令 ☐
- 了解汇编程序调用 C 函数所遵循的 ATPCS 规则 ☐

3.1 交叉编译工具选项说明

源文件需要经过编译才能生成可执行文件。在 Windows 下进行开发时，只需要单击几个按钮即可编译，集成开发环境（比如 Visual studio）已经将各种编译工具的使用封装好了。Linux 下也有很优秀的集成开发工具，但是更多的时候是直接使用编译工具；即使使用集成开发工具，也需要掌握一些编译选项。

PC 上的编译工具链为 gcc、ld、objcopy、objdump 等，它们编译出来的程序在 x86 平台上运行。要编译出能在 ARM 平台上运行的程序，必须使用交叉编译工具 arm-linux-gcc、arm-linux-ld 等，下面分别介绍。

3.1.1 arm-linux-gcc 选项

一个 C/C++文件要经过预处理（preprocessing）、编译（compilation）、汇编（assembly）和连接（linking）等 4 步才能变成可执行文件，如表 3.1 所示。在日常交流中通常使用"编译"统称这 4 个步骤，如果不是特指这 4 个步骤中的某一个，本书也依惯例使用"编译"这个统称。

（1）预处理。

C/C++源文件中，以"#"开头的命令被称为预处理命令，如包含命令"#include"、宏定义命令"#define"、条件编译命令"#if"、"#ifdef"等。预处理就是将要包含（include）的文件插入原文件中、将宏定义展开、根据条件编译命令选择要使用的代码，最后将这些代码输出到一个".i"文件中等待进一步处理。预处理将用到 arm-linux-cpp 工具。

（2）编译。

编译就是把 C/C++代码（比如上述的 ".i" 文件）"翻译"成汇编代码，所用到的工具为 cc1（它的名字就是 cc1，不是 arm-linux-cc1）。

（3）汇编。

汇编就是将第二步输出的汇编代码翻译成符合一定格式的机器代码，在 Linux 系统上一般表现为 ELF 目标文件（OBJ 文件），用到的工具为 arm-linux-as。"反汇编"是指将机器代码转换为汇编代码，这在调试程序时常常用到。

（4）连接。

连接就是将上步生成的 OBJ 文件和系统库的 OBJ 文件、库文件连接起来，最终生成可以在特定平台运行的可执行文件，用到的工具为 arm-linux-ld。

编译器利用这 4 个步骤中的一个或多个来处理输入文件，源文件的后缀名表示源文件所用的语言，后缀名控制着编译器的默认动作，如表 3.1 所示。

表 3.1　　　　　　　　　文件后缀名与编译器的默认动作对应表

后　缀　名	语 言 种 类	后 期 操 作
.c	C 源程序	预处理、编译、汇编
.C	C++源程序	预处理、编译、汇编
.cc	C++源程序	预处理、编译、汇编
.cxx	C++源程序	预处理、编译、汇编
.m	Objective-C 源程序	预处理、编译、汇编
.i	预处理后的 C 文件	编译、汇编
.ii	预处理后的 C++文件	编译、汇编
.s	汇编语言源程序	汇编
.S	汇编语言源程序	预处理、汇编
.h	预处理器文件	通常不出现在命令行上

其他后缀名的文件被传递给连接器（linker），通常包括以下两种。

.o：目标文件（Object file，OBJ 文件）。

.a：归档库文件（Archive file）。

在编译过程中，除非使用了 "-c"、"-S" 或 "-E" 选项（或者编译错误阻止了完整的过程），否则最后的步骤总是连接。在连接阶段中，所有对应于源程序的.o 文件、"-l" 选项指定的库文件、无法识别的文件名（包括指定的 ".o" 目标文件和 ".a" 库文件）按命令行中的顺序传递给连接器。

以一个简单的 "Hello,world!" C 程序为例，代码在/work/hardware/hello 目录下。它的代码如下，功能为打印 "Hello World!" 字符串。

```
01 /* File: hello.c */
02 #include <stdio.h>
03 int main(int argc, char *argv[])
04 {
```

```
05      printf("Hello World!\n");
06      return 0;
07 }
```

使用 arm-linux-gcc,只需要一个命令就可以生成可执行文件 hello,它包含了上述 4 个步骤:

```
$ arm-linux-gcc -o hello hello.c
```

加上"-v"选项,即使用"arm-linux-gcc -v -o hello hello.c"命令可以观看编译的细节,下面摘取关键部分:

```
cc1 hello.c -o /tmp/cctETob7.s
as -o /tmp/ccvv2KbL.o /tmp/cctETob7.s
collect2 -o hello crt1.o crti.o crtbegin.o /tmp/ccvv2KbL.o crtend.o crtn.o
```

以上 3 个命令分别对应于编译步骤中的预处理+编译、汇编和连接,ld 被 collect2 调用来连接程序。预处理和编译被放在了一个命令(cc1)中进行,可以把它再次拆分为以下两步:

```
cpp -o hello.i hello.c
cc1 hello.i -o /tmp/cctETob7.s
```

可以通过各种选项来控制 arm-linux-gcc 的动作,下面介绍一些常用的选项。

1. 总体选项(Overall Option)

(1)-c。

预处理、编译和汇编源文件,但是不作连接,编译器根据源文件生成 OBJ 文件。默认情况下,GCC 通过用".o"替换源文件名的后缀".c"、".i"、".s"等,产生 OBJ 文件名。可以使用"-o"选项选择其他名字。GCC 忽略"-c"选项后面任何无法识别的输入文件。

(2)-S。

编译后即停止,不进行汇编。对于每个输入的非汇编语言文件,输出结果是汇编语言文件。默认情况下,GCC 通过用".s"替换源文件名后缀".c"、".i"等,产生汇编文件名。可以使用"-o"选项选择其他名字。GCC 忽略任何不需要汇编的输入文件。

(3)-E。

预处理后即停止,不进行编译。预处理后的代码送往标准输出。GCC 忽略任何不需要预处理的输入文件。

(4)-o file。

指定输出文件为 file。无论是预处理、编译、汇编还是连接,这个选项都可以使用。如果没有使用"-o"选项,默认的输出结果是:可执行文件为"a.out";修改输入文件的名称是"source.suffix",则它的 OBJ 文件是"source.o",汇编文件是"source.s",而预处理后的 C 源代码送往标准输出。

(5)-v。

显示制作 GCC 工具自身时的配置命令;同时显示编译器驱动程序、预处理器、编译器的版本号。

以一个程序为例,它包含 3 个文件,代码在/work/hardware/options 目录下。下面列出源码:

```
File: main.c
01 #include <stdio.h>
02 #include "sub.h"
03
04 int main(int argc, char *argv[])
05 {
06        int i;
07        printf("Main fun!\n");
08        sub_fun();
09        return 0;
10 }
11
```

```
File: sub.h
01 void sub_fun(void);
02
```

```
File: sub.c
01 void sub_fun(void)
02 {
03        printf("Sub fun!\n");
04 }
05
```

arm-linux-gcc、arm-linux-ld 等工具与 gcc、ld 等工具的使用方法相似，很多选项是一样的。本节使用 gcc、ld 等工具进行编译、连接，这样可以在 PC 上直接看到运行结果。使用上面介绍的选项进行编译，命令如下：

```
$ gcc -c -o main.o main.c
$ gcc -c -o sub.o sub.c
$ gcc -o test main.o sub.o
```

其中，main.o、sub.o 是经过了预处理、编译、汇编后生成的 OBJ 文件，它们还没有被连接成可执行文件；最后一步将它们连接成可执行文件 test，可以直接运行以下命令：

```
$ ./test
Main fun!
Sub fun!
```

现在试试其他选项，以下命令生成的 main.s 是 main.c 的汇编语言文件：

```
$ gcc -S -o main.s main.c
```

以下命令对 main.c 进行预处理，并将得到的结果打印出来。里面扩展了所有包含的文件、

所有定义的宏。在编写程序时,有时候查找某个宏定义是非常繁琐的事,可以使用"-dM -E"选项来查看。命令如下:

```
$ gcc -E main.c
```

2. 警告选项(Warning Option)

"-Wall"选项基本打开了所有需要注意的警告信息,比如没有指定类型的声明、在声明之前就使用的函数、局部变量除了声明就没再使用等。

上面的 main.c 文件中,第 6 行定义的变量 i 没有被使用,但是使用"gcc -c -o main.o main.c"进行编译时并没有出现提示。

可以加上"-Wall"选项,例子如下:

```
$ gcc -Wall -c main.c
```

执行上述命令后,得到如下警告信息:

```
main.c: In function 'main':
main.c:6: warning: unused variable 'i'
```

这个警告虽然对程序没有坏的影响,但是有些警告需要加以关注,比如类型匹配的警告等。

3. 调试选项(Debugging Option)

-g:以操作系统的本地格式(stabs、COFF、XCOFF 或 DWARF)产生调试信息,GDB 能够使用这些调试信息。在大多数使用 stabs 格式的系统上,"-g"选项加入只有 GDB 才使用的额外调试信息。可以使用下面的选项来生成额外的信息:"-gstabs+"、"-gstabs"、"-gxcoff+"、"-gxcoff"、"-gdwarf+"和"-gdwarf",具体用法请读者参考 GCC 手册。

4. 优化选项(Optimization Option)

(1)-O 或-O1。

优化:对于大函数,优化编译的过程将占用较长时间和相当大的内存。不使用"-O"选项的目的是减少编译的开销,使编译结果能够调试、语句是独立的。如果在两条语句之间用断点中止程序,可以对任何变量重新赋值,或者在函数体内把程序计数器指到其他语句,以及从源程序中精确地获取所期待的结果。

不使用"-O"或"-O1"选项时,只有声明了 register 的变量才分配使用寄存器。

使用了"-O"或"-O1"选项时,编译器会试图减少目标码的大小和执行时间。如果指定了"-O"或"-O1"选项,"-fthread-jumps"和"-fdefer-pop"选项将被打开。在有 delay slot 的机器上,"-fdelayed-branch"选项将被打开。在既没有帧指针(frame pointer)又支持调试的机器上,"-fomit-frame-pointer"选项将被打开。某些机器上还可能会打开其他选项。

(2)-O2。

多优化一些。除了涉及空间和速度交换的优化选项,执行几乎所有的优化工作。例如不进行循环展开(loop unrolling)和函数内嵌(inlining)。和"-O"选项相比,这个选项既增加了编译时间,也提高了生成代码的运行效果。

(3) -O3。

优化的更多。除了打开"-O2"所做的一切,它还打开了"-finline-functions"选项。

(4) -O0。

不优化。

如果指定了多个"-O"选项,不管带不带数字,生效的是最后一个选项。

在一般应用中,经常使用"-O2"选项,比如对于 options 程序:

```
$ gcc -O2 -c -o main.o main.c
$ gcc -O2 -c -o sub.o sub.c
$ gcc -o test main.o sub.o
```

5. 连接器选项(Linker Option)

下面的选项用于连接 OBJ 文件,输出可执行文件或库文件。

(1) object-file-name。

如果某些文件没有特别明确的后缀(a special recognized suffix),GCC 就认为它们是 OBJ 文件或库文件(根据文件内容,连接器能够区分 OBJ 文件和库文件)。如果 GCC 执行连接操作,这些 OBJ 文件将成为连接器的输入文件。

比如上面的"gcc -o test main.o sub.o"中,main.o、sub.o 就是输入的文件。

(2) -llibrary。

连接名为 library 的库文件。

连接器在标准搜索目录中寻找这个库文件,库文件的真正名字是"liblibrary.a"。搜索目录除了一些系统标准目录外,还包括用户以"-L"选项指定的路径。一般说来用这个方法找到的文件是库文件——即由 OBJ 文件组成的归档文件(archive file)。连接器处理归档文件的方法是:扫描归档文件,寻找某些成员,这些成员的符号目前已被引用,不过还没有被定义。但是,如果连接器找到普通的 OBJ 文件,而不是库文件,就把这个 OBJ 文件按平常方式连接进来。指定"-l"选项和指定文件名的唯一区别是,"-l"选项用"lib"和".a"把 library 包裹起来,而且搜索一些目录。

即使不明显地使用"-llibrary"选项,一些默认的库也被连接进去,可以使用"-v"选项看到这点:

```
$ gcc -v -o test main.o sub.o
```

输出的信息如下:

```
/usr/lib/gcc-lib/i386-redhat-linux/3.2.2/collect2 --eh-frame-hdr -m elf_i386
-dynamic-linker /lib/ld-linux.so.2
-o test
/usr/lib/gcc-lib/i386-redhat-linux/3.2.2/../../../crt1.o
/usr/lib/gcc-lib/i386-redhat-linux/3.2.2/../../../crti.o
/usr/lib/gcc-lib/i386-redhat-linux/3.2.2/crtbegin.o
-L/usr/lib/gcc-lib/i386-redhat-linux/3.2.2
```

```
-L/usr/lib/gcc-lib/i386-redhat-linux/3.2.2/../../..
main.o
sub.o
-lgcc -lgcc_eh -lc -lgcc -lgcc_eh
/usr/lib/gcc-lib/i386-redhat-linux/3.2.2/crtend.o
/usr/lib/gcc-lib/i386-redhat-linux/3.2.2/../../../crtn.o
```

可以看见，除了 main.o、sub.o 两个文件外，还连接了启动文件 crt1.o、crti.o、crtend.o、crtn.o，还有一些库文件（-lgcc、-lgcc_eh、-lc–lgcc、-lgcc_eh）。

（3）-nostartfiles。

不连接系统标准启动文件，而标准库文件仍然正常使用：

```
$ gcc -v -nostartfiles -o test main.o sub.o
```

输出的信息如下：

```
/usr/lib/gcc-lib/i386-redhat-linux/3.2.2/collect2 --eh-frame-hdr -m elf_i386
-dynamic-linker
/lib/ld-linux.so.2
-o test
-L/usr/lib/gcc-lib/i386-redhat-linux/3.2.2
-L/usr/lib/gcc-lib/i386-redhat-linux/3.2.2/../../..
main.o
sub.o
-lgcc -lgcc_eh -lc -lgcc -lgcc_eh
/usr/bin/ld: warning: cannot find entry symbol _start; defaulting to 08048184
```

可以看见启动文件 crt1.o、crti.o、crtend.o、crtn.o 没有被连接进去。需要说明的是，对于一般应用程序，这些启动文件是必需的，这里仅是作为例子（这样编译出来的 test 文件无法执行）。在编译 bootloader、内核时，将用到这个选项。

（4）-nostdlib。

不连接系统标准启动文件和标准库文件，只把指定的文件传递给连接器。这个选项常用于编译内核、bootloader 等程序，它们不需要启动文件、标准库文件。

仍以 options 程序作为例子：

```
$ gcc -v -nostdlib -o test main.o sub.o
```

输出的信息如下：

```
/usr/lib/gcc-lib/i386-redhat-linux/3.2.2/collect2 --eh-frame-hdr -m elf_i386
-dynamic-linker /lib/ld-linux.so.2
-o test
-L/usr/lib/gcc-lib/i386-redhat-linux/3.2.2
-L/usr/lib/gcc-lib/i386-redhat-linux/3.2.2/../../..
```

```
main.o
sub.o
/usr/bin/ld: warning: cannot find entry symbol _start; defaulting to 08048074
main.o(.text+0x19): In function `main":
: undefined reference to `printf"
sub.o(.text+0xf): In function `sub_fun":
: undefined reference to `printf"
collect2: ld returned 1 exit status
```

出现了一大堆错误，因为 printf 等函数是在库文件中实现的。在编译 bootloader、内核时，用到这个选项，它们用到的很多函数是自包含的。

（5）-static。

在支持动态连接（dynamic linking）的系统上阻止连接共享库。

仍以 options 程序为例，使用和不使用"-static"选项编译出来的可执行程序大小相差巨大：

```
$ gcc -c -o main.c
$ gcc -c -o sub.c
$ gcc -o test main.o sub.o
$ gcc -o test_static main.o sub.o -static
$ ls -l test test_static
-rwxr-xr-x 1 book book   6591 Jan 16 23:51 test
-rwxr-xr-x 1 book book 546479 Jan 16 23:51 test_static
```

其中 test 文件为 6591 字节，test_static 文件为 546479 字节。当不使用"-static"编译文件时，程序执行前要连接共享库文件，所以还需要将共享库文件放入文件系统中。

（6）-shared。

生成一个共享 OBJ 文件，它可以和其他 OBJ 文件连接产生可执行文件。只有部分系统支持该选项。

当不想以源代码发布程序时，可以使用"-shared"选项生成库文件，比如对于 options 程序，可以如下制作库文件：

```
$ gcc -c -o sub.o sub.c
$ gcc -shared -o sub.a sub.o
```

以后要使用 sub.c 中的函数 sub_fun 时，在连接程序时，将 sub.a 加入即可，比如：

```
$ gcc -o test main.o ./sub.a
```

可以将多个文件制作为一个库文件，比如：

```
$ gcc -shared -o sub.a sub.o sub2.o sub3.o
```

（7）-Xlinker option。

把选项 option 传递给连接器。可以用来传递系统特定的连接选项，GCC 无法识别这些选项。如果需要传递携带参数的选项，必须使用两次"-Xlinker"，一次传递选项，另一次传递其参数。例如，如果传递"-assert definitions"，要写成"-Xlinker -assert -Xlinker definitions"，而不能写成-"Xlinker"-assert definitions""，因为这样会把整个字符串当做一个参数传递，显然这不是连接器期待的。

(8) -Wl, option。

把选项 option 传递给连接器。如果 option 中含有逗号，就在逗号处分割成多个选项。连接器通常是通过 gcc、arm-linux-gcc 等命令间接启动的，要向它传入参数时，参数前面加上"-Wl,"。

(9) -u symbol。

使连接器认为取消了 symbol 的符号定义，从而连接库模块以取得定义。可以使用多个"-u"选项，各自跟上不同的符号，使得连接器调入附加的库模块。

6. 目录选项（Directory Option）

下列选项指定搜索路径，用于查找头文件、库文件或编译器的某些成员。

(1) -Idir。

在头文件的搜索路径列表中添加 dir 目录。

头文件的搜索方法为：如果以"#include < >"包含文件，则只在标准库目录开始搜索（包括使用-Idir 选项定义的目录）；如果以"#include"包含文件，则先从用户的工作目录开始搜索，再搜索标准库目录。

(2) -I-。

任何在"-I-"前面用"-I"选项指定的搜索路径只适用于"#include"file""这种情况；它们不能用来搜索"#include <file>"包含的头文件。如果用"-I"选项指定的搜索路径位于"-I-"选项后面，就可以在这些路径中搜索所有的"#include"指令（一般说来"-I-"选项就是这么用的）。"-I"选项能够阻止当前目录（存放当前输入文件的地方）成为搜索"#include "file""的第一选择。

"-I-"不影响使用系统标准目录，因此，"-I-"和"-nostdinc"是不同的选项。

(3) -Ldir。

在"-I"选项的搜索路径列表中添加 dir 目录。

仍使用 options 程序进行说明，先制作库文件 libsub.a：

```
$ gcc -c -o sub.o sub.c
$ gcc -shared -o libsub.a sub.o
```

编译 main.c：

```
$ gcc -c -o main.o main.c
```

连接程序，下面的指令将出错，提示找不到库文件：

```
$ gcc -o test main.o -lsub
/usr/bin/ld: cannot find -lsub
collect2: ld returned 1 exit status
```

可以使用"-Ldir"选项将当前目录加入搜索路径，如下则连接成功：

```
$ gcc -L. -o test main.o -lsub
```

（4）-Bprefix。

这个选项指出在何处寻找可执行文件、库文件以及编译器自己的数据文件。编译器驱动程序需要使用某些工具，比如：cpp、cc1 （或 C++的 cc1plus）、as 和 ld。它把 prefix 当作欲执行的工具的前缀，这个前缀可以用来指定目录，也可以用来修改工具名字。

对于要运行的工具，编译器驱动程序首先试着加上"-B"前缀（如果存在），如果没有找到文件或没有指定"-B"选项，编译器接着会试验两个标准前缀/usr/lib/gcc/ 和 /usr/local/lib/gcc-lib/。如果仍然没能够找到所需文件，编译器就在"PATH"环境变量指定的路径中寻找没加任何前缀的文件名。如果有需要，运行时（run-time）支持文件 libgcc.a 也在"-B"前缀的搜索范围之内。如果这里没有找到，就在上面提到的两个标准前缀中寻找。如果上述方法没有找到这个文件，就不连接它了。多数情况的多数机器上，libgcc.a 并非必不可少。

可以通过环境变量 GCC_EXEC_PREFIX 获得近似的效果；如果定义了这个变量，其值就和上面说的一样被用作前缀。如果同时指定了"-B"选项和 GCC_EXEC_PREFIX 变量，编译器首先使用"-B"选项，然后才尝试环境变量值。

3.1.2 arm-linux-ld 选项

arm-linux-ld 用于将多个目标文件、库文件连接成可执行文件，它的大多数选项已经在 3.1.1 小节中介绍了。

本小节介绍"-T"选项，可以直接使用它来指定代码段、数据段、bss 段的起始地址，也可以用来指定一个连接脚本，在连接脚本中进行更复杂的地址设置。

"-T"选项只用于连接 Bootloader、内核等"没有底层软件支持"的软件；连接运行于操作系统之上的应用程序时，无需指定"-T"选项，它们使用默认的方式进行连接。

1. 直接指定代码段、数据段、bss 段的起始地址

格式如下：

```
-Ttext startaddr
-Tdata startaddr
-Tbss  startaddr
```

其中的"startaddr"分别表示代码段、数据段和 bss 段的起始地址，它是一个十六进制数。在/work/hardware/led_on/Makefile 中，有如下语句：

```
arm-linux-ld -Ttext 0x0000000 -g led_on.o -o led_on_elf
```

它表示代码段的运行地址为 0x0000000，由于没有定义数据段、bss 段的起始地址，它们被依次放在代码段的后面。

以一个例子来说明"-Ttext"选项的作用。在/work/hardware/link 目录下有个 link.s 文件，内容如下：

```
01 .text
02 .global _start
03 _start:
```

```
04          b   step1
05 step1:
06          ldr pc, =step2
07 step2:
08    b step2
```

使用下面的命令编译、连接、反汇编:

```
arm-linux-gcc  -c -o link.o link.s
arm-linux-ld -Ttext 0x00000000   link.o -o link_elf_0x00000000
arm-linux-ld -Ttext 0x30000000   link.o -o link_elf_0x30000000
arm-linux-objdump -D link_elf_0x00000000 > link_0x00000000.dis
arm-linux-objdump -D link_elf_0x30000000 > link_0x30000000.dis
```

link.s 中用到两种跳转方法: b 跳转指令、直接向 pc 寄存器赋值。先列出不同 "-Ttext" 选项下生成的反汇编文件,再详细分析由于不同运行地址带来的差异及影响。这两个反汇编文件如下:

```
link_0x00000000.dis:                      link_0x30000000.dis:
0:  eaffffff  b    0x4                    0:  eaffffff  b    0x4
4:  e59ff000  ldr pc, [pc, #0] ; 0xc      4:  e59ff000  ldr pc, [pc, #0] ; 0xc
8:  eafffffe  b    0x8                    8:  eafffffe  b    0x8
c:  00000008  andeq r0, r0, r8            c:  30000008  tsteq r0, #8  ; 0x8
```

先看 link.s 中第一条指令 "b step1"。b 跳转指令是个相对跳转指令,其机器码格式如下:

Cond	1	0	1	L	Offset

① [31:28]位是条件码。

② [27:24]位为 "1010" 时,表示 b 跳转指令;为 "1011" 时,表示 bl 跳转指令。

③ [23:0]表示偏移地址。

使用 b 或 bl 跳转时,下一条指令的地址是这样计算的:将指令中 24 位带符号的补码扩展为 32 位(扩展其符号位);将此 32 位数左移两位;将得到的值加到 pc 寄存器中,即得到跳转的目标地址。

第一条指令 "b step1" 的机器码为 eaffffff。

① 24 位带符号的补码为 0xffffff,将它扩展为 32 位得到 0xffffffff。

② 将此 32 位数左移两位得到 0xfffffffc,其值就是-4。

③ pc 的值是当前指令的下两条指令的地址,加上步骤②得到的-4,这恰好是第二条指令 step1 的地址。

请读者不要被反汇编代码中的 "b 0x4" 迷惑,它不是指跳到绝对地址 0x4 处执行,绝对地址需要按照上述 3 个步骤计算。可以发现,b 跳转指令依赖于当前 pc 寄存器的值,这个特性使得使用 b 指令的程序不依赖于代码存储的位置——即不管这条代码放在什么位置,b 指令都可以跳到正确的位置。这类指令被称为位置无关码,使用不同的 "-Ttext" 选项,生成的代码仍是一样的。

再看第二条指令"ldr pc, =step2"。从汇编码"ldr pc, [pc, #0]"可以看出，这条指令从内存的某个位置读出数据，并赋给 pc 寄存器。这个位置的地址是当前 pc 寄存器的值加上偏移值 0，其中存放的值依赖于连接命令的"-Ttext"选项。执行这条指令后，对于 link_0x00000000.dis，pc=0x00000008；对于 link_0x30000000.dis，pc=0x30000008。执行第三条指令"b step2"后，程序的运行地址就不同了：分别是 0x00000008、0x30000008。

Bootloader、内核等程序刚开始执行时，它们所处的地址通常不等于运行地址。在程序的开头，先使用 b、bl、mov 等"位置无关"的指令将代码从 Flash 等设备中复制到内存的"运行地址"处，然后再跳到"运行地址"去执行。

2．使用连接脚本设置地址

以/work/source/hardware/timer 目录下的程序为例，它的 Makefile 中有以下代码：

```
arm-linux-ld -Ttimer.lds -o timer_elf $^
```

其中的"$^"表示"head.o init.o interrupt.o main.o"（为何如此暂时不用管），所以这句代码就变为：

```
arm-linux-ld -Ttimer.lds -o timer_elf head.o init.o interrupt.o main.o
```

它使用连接脚本 timer.lds 来设置可执行文件 timer_elf 的地址信息，timer_elf 文件内容如下：

```
01 SECTIONS {
02     . = 0x30000000;
03     .text      :   { *(.text) }
04     .rodata ALIGN(4) : {*(.rodata) }
05     .data ALIGN(4) : { *(.data) }
06     .bss ALIGN(4)  : { *(.bss)  *(COMMON) }
07 }
```

解析 timer_elf 文件之前，先讲解连接脚本的格式。连接脚本的基本命令是 SECTIONS 命令，它描述了输出文件的"映射图"：输出文件中各段、各文件怎么放置。一个 SECTIONS 命令内部包含一个或多个段，段（Section）是连接脚本的基本单元，它表示输入文件中的某部分怎么放置。

完整的连接脚本格式如下，它的核心部分是段（Section）：

```
SECTIONS {
...
secname start ALIGN(align) (NOLOAD) : AT(ldadr)
   { contents } >region :phdr =fill
...
}
```

secname 和 contents 是必需的，前者用来命名这个段，后者用来确定代码中的什么部分放在这个段中。

start 是这个段重定位地址,也称为运行地址。如果代码中有位置相关的指令,程序在运行时,这个段必须放在这个地址上。

ALIGN(align):虽然 start 指定了运行地址,但是仍可以使用 BLOCK(align)来指定对齐的要求——这个对齐的地址才是真正的运行地址。

(NOLOAD):用来告诉加载器,在运行时不用加载这个段。显然,这个选项只有在有操作系统的情况下才有意义。

AT(ldadr):指定这个段在编译出来的映象文件中的地址——加载地址(load address)。如果不使用这个选项,则加载地址等于运行地址。通过这个选项,可以控制各段分别保存输出文件中不同的位置,便于把文件保存到到单板上:A 段放在 A 处,B 段放在 B 处,运行前再把 A、B 段分别读出来组装成一个完整的执行程序。

后面的 3 个选项">region :phdr =fill"在本书中没有用到,这里不再介绍。

现在,可以明白前面的连接脚本 timer.lds 的含义了。

① 第 2 行表示设置"当前运行地址"为 0x30000000。

② 第 3 行定义了一个名为".text"的段,它的内容为"*(.text)",表示所有输入文件的代码段。这些代码段被集合在一起,起始运行地址为 0x30000000。

③ 第 4 行定义了一个名为".rodata"的段,在输出文件 timer_elf 中,它紧挨着".text"段存放。其中的"ALIGN(4)"表示起始运行地址为 4 字节对齐。假设前面".text"段的地址范围是 0x30000000~0x300003f1,则".rodata"段的地址是 4 字节对齐后的 0x300003f4。

④ 第 5、6 行的含义与第 4 行类似。

3.1.3 arm-linux-objcopy 选项

arm-linux-objcopy 被用来复制一个目标文件的内容到另一个文件中,可以使用不同于源文件的格式来输出目的文件,即可以进行格式转换。

在本书中,常用 arm-linux-objcopy 来将 ELF 格式的可执行文件转换为二进制文件。

arm-linux-objcopy 的使用格式如下:

```
arm-linux-objcopy    [ -F bfdname | --target=bfdname ]
                     [ -I bfdname | --input-target=bfdname ]
                     [ -O bfdname | --output-target= bfdname ]
                     [ -S | --strip-all ] [ -g | --strip-debug ]
                     [ -K symbolname | --keep-symbol= symbolname ]
                     [ -N symbolname | --strip-symbol= symbolname ]
                     [ -L symbolname | --localize-symbol= symbolname ]
                     [ -W symbolname | --weaken-symbol= symbolname ]
                     [ -x | --discard-all ] [ -X | --discard-locals ]
                     [ -b byte | --byte= byte ]
                     [ -i interleave | --interleave= interleave ]
                     [ -R sectionname | --remove-section= sectionname ]
                     [ -p | --preserve-dates ] [ --debugging ]
```

```
                    [ --gap-fill= val ] [ --pad-to= address ]
                    [ --set-start= val ] [ --adjust-start= incr ]
                    [ --change-address= incr ]
                    [ --change-section-address= section{=,+,-} val ]
                    [ --change-warnings ] [ --no-change-warnings ]
                    [ --set-section-flags= section= flags ]
                    [ --add-section= sectionname= filename ]
                    [ --change-leading char ] [--remove-leading-char ]
                    [ --weaken ]
                    [ -v | --verbose ] [ -V | --version ] [ --help ]
                    input-file [ outfile ]
```

下面讲解常用的选项。

1．input-file、outfile

参数 input-file 和 outfile 分别表示输入目标文件（源目标文件）和输出目标文件（目的目标文件）。如果在命令行中没有明确地指定 outfile，那么 arm-linux-objcopy 将创建一个临时文件来存放目标结果，然后使用 input-file 的名字来重命名这个临时文件（这时候，原来的 input-file 将被覆盖）。

2．-I bfdname 或--input-target=bfdname

用来指明源文件的格式，bfdname 是 BFD 库中描述的标准格式名。如果不指明源文件格式，arm-linux-objcopy 会自己去分析源文件的格式，然后去和 BFD 中描述的各种格式比较，从而得知源文件的目标格式名。

3．-O bfdname 或--output-target=bfdname

使用指定的格式来输出文件，bfdname 是 BFD 库中描述的标准格式名。

4．-F bfdname 或--target=bfdname

同时指明源文件、目的文件的格式。将源目标文件中的内容复制到目的目标文件的过程中，只进行复制不做格式转换，源目标文件是什么格式，目的目标文件就是什么格式。

5．-R sectionname 或--remove-section=sectionname

从输出文件中删掉所有名为 sectionname 的段。这个选项可以多次使用。

> 注意　不恰当地使用这个选项可能会导致输出文件不可用。

6．-S 或--strip-all

不从源文件中复制重定位信息和符号信息到目标文件中去。

7．-g 或--strip-debug

不从源文件中复制调试符号到目标文件中去。

在编译 bootloader、内核时，常用 arm-linux-objcopy 命令将 ELF 格式的生成结果转换为二进制文件，比如：

```
$ arm-linux-objcopy -O binary -S elf_file bin_file
```

3.1.4 arm-linux-objdump 选项

arm-linux-objdump 用于显示二进制文件信息，本书中常用来查看反汇编代码。
使用格式如下：

```
arm-linux-objdump  [-a] [-b bfdname | --target=bfdname]
                   [-C] [--debugging]
                   [-d] [-D]
                   [--disassemble-zeroes]
                   [-EB|-EL|--endian={big|little}] [-f]
                   [-h] [-i|--info]
                   [-j section | --section=section]
                   [-l] [-m machine ] [--prefix-addresses]
                   [-r] [-R]
                   [-s|--full-contents] [-S|--source]
                   [--[no-]show-raw-insn] [--stabs] [-t]
                   [-T] [-x]
                   [--start-address=address] [--stop-address=address]
                   [--adjust-vma=offset] [--version] [--help]
                   objfile...
```

下面讲解常用的选项：

1．-b bfdname 或--target=bfdname

指定目标码格式。这不是必须的，arm-linux-objdump 能自动识别许多格式。可以使用"arm-linux-objdump –i"命令查看支持的目标码格式列表。

2．--disassemble 或-d

反汇编可执行段（executable sections）。

3．--disassemble-all 或-D

与"-d"类似，反汇编所有段。

4．-EB 或-EL 或--endian={big|little}

指定字节序。

5．--file-headers 或-f

显示文件的整体头部摘要信息。

6．--section-headers、--headers 或-h

显示目标文件各个段的头部摘要信息。

7．--info 或-i

显示支持的目标文件格式和 CPU 架构，它们在 "-b"、"-m" 选项中用到。

8．--section=name 或-j name

仅显示指定 section 的信息。

9．--architecture=machine 或-m machine

指定反汇编目标文件时使用的架构，当待反汇编文件本身没有描述架构信息的时候（比如 S-records），这个选项很有用。可以用 "-i" 选项列出这里能够指定的架构。

在调试程序时，常用 arm-linux-objdump 命令来得到汇编代码。本书使用这两个命令：

① 将 ELF 格式的文件转换为反汇编文件：

```
$ arm-linux-objdump -D elf_file > dis_file
```

② 将二进制文件转换为反汇编文件：

```
$ arm-linux-objdump -D -b binary -m arm bin_file > dis_file
```

3.1.5 汇编代码、机器码和存储器的关系以及数据的表示

即使使用 C/C++或者其他高级语言编程，最后也会被编译工具转换为汇编代码，并最终作为机器码存储在内存、硬盘或者其他存储器上。在调试程序时，经常需要阅读它的汇编代码，以下面的汇编代码为例：

```
4bc:    e3a0244e    mov r2, #1308622848  ; 0x4e000000
4c0:    e3a0344e    mov r3, #1308622848  ; 0x4e000000
4c4:    e5933000    ldr r3, [r3]
```

4bc、4c0、4c4 是这些代码在的运行地址，就是说运行前，这些指令必须位于内存中的这些地址上；e3a0244e、e3a0344e、e5933000 是机器码。运行地址、机器码都以十六进制表示。CPU 用到的、内存中保存的都是机器码，图 3.1 是这几条指令在内存中的示意图。

"mov r2, #1308622848"、"mov r3, #1308622848"、"ldr r3, [r3]" 是这几个机器码的汇编代码——所谓汇编代码仅仅是为了方便读、写而引入的，机器码和汇编代码之间也仅仅是简单的转换关系。

......	......
0x4bc	0xe3a0244e
0x4c0	0xe3a0344e
0x4c4	0xe5933000
......	......

图 3.1 内存中的机器码

参考 CPU 的数据手册可知，ARM 的数据处理指令格式为：

31	28 27 26 25 24	21 20 19	16 15	12 11	0
Cond	00 L	OpCode S	Rn	Rd	Operand2

以机器码 0xe3a0244e 为例。

① [31:28] = 0b1110，表示这条指令无条件执行。
② [25] = 0b1，表示 Operand2 是一个立即数。
③ [24:21] = 0b1101，表示这是 MOV 指令，即 Rd : = Op2。
④ [20] = 0b0，表示这条指令执行时不影响状态位。
⑤ [15:12] = 0b0010，表示 Rd 就是 r2。
⑥ [11:0] = 0x44e，这是一个立即数。

立即数占据机器码中的低 12 位表示：最低 8 位的值称为 immed_8，高 4 位称为 rotate_imm。立即数的数值计算方法为：<immediate>=immed_8 循环右移（2*rotate_imm）。对于"[11:0] = 0x44e"，其中 immed_8=0x4e、rotate_imm=0x4，所以此立即数等于 0x4e000000。

综上所述，机器码 0xe3a0244e 的汇编代码为：

```
mov r2, #0x4e000000
即
mov r2, #1308622848
```

上面的 0x4e000000 和 1308622848 是一样的，之所以强调这点，是因为很多初学者问这样的问题："计算机中怎么以十六进制保存数据？以十六进制、十进制保存数据有什么区别？"这类问题与如下问题相似：桌子上有 12 个苹果，吃了一个，请问现在还有几个？你可以回答 11 个、0xb 个、十一个、eleven 个、拾壹个。所谓十六进制、十进制、八进制、二进制，都仅仅是对同一个数据的不同表达形式而已，这些不同的表达形式也仅仅是为了方便读写而已，它们所表示的数值及它在计算机中的保存方式是完全一样的。

3.2 Makefile 介绍

在 Linux 中使用 make 命令来编译程序，特别是大程序；而 make 命令所执行的动作依赖于 Makefile 文件。最简单的 Makefile 文件如下：

```
hello: hello.c
    gcc -o hello hello.c
clean:
    rm -f hello
```

将上述 4 行存为 Makefile 文件（注意必须以 Tab 键缩进第 2、4 行，不能以空格键缩进），放入/work/hardware/hello 目录下，然后直接执行 make 命令即可编译程序，执行"make clean"即可清除编译出来的结果。

make 命令根据文件更新的时间戳来决定哪些文件需要重新编译，这使得可以避免编译已经编译过的、没有变化的程序，可以大大提高编译效率。

要想完整地了解 Makefile 的规则，请参考《GNU Make 使用手册》，以下仅粗略介绍。

3.2.1 Makefile 规则

一个简单的 Makefile 文件包含一系列的"规则"，其样式如下：

```
目标(target)…: 依赖(prerequiries)…
<tab>命令(command)
```

目标（target）通常是要生成的文件的名称，可以是可执行文件或 OBJ 文件，也可以是一个执行的动作名称，诸如"clean"。

依赖是用来产生目标的材料（比如源文件），一个目标经常有几个依赖。

命令是生成目标时执行的动作，一个规则可以含有几个命令，每个命令占一行。

> **注意** 每个命令行前面必须是一个 Tab 字符，即命令行第一个字符是 Tab。这是容易出错的地方。

通常，如果一个依赖发生了变化，就需要规则调用命令以更新或创建目标。但是并非所有的目标都有依赖，例如，目标"clean"的作用是清除文件，它没有依赖。

规则一般是用于解释怎样和何时重建目标。make 首先调用命令处理依赖，进而才能创建或更新目标。当然，一个规则也可以是用于解释怎样和何时执行一个动作，即打印提示信息。

一个 Makefile 文件可以包含规则以外的其他文本，但一个简单的 Makefile 文件仅仅需要包含规则。虽然真正的规则比这里展示的例子复杂，但格式是完全一样的。

对于上面的 Makefile，执行"make"命令时，仅当 hello.c 文件比 hello 文件新，才会执行命令"arm-linux-gcc –o hello hello.c"生成可执行文件 hello；如果还没有 hello 文件，这个命令也会执行。

运行"make clean"时，由于目标 clean 没有依赖，它的命令"rm -f hello"将被强制执行。

3.2.2 Makefile 文件里的赋值方法

变量的定义语法形式如下：

```
immediate = deferred
immediate ?= deferred
immediate := immediate
immediate += deferred or immediate
define immediate
deferred
endef
```

在 GNU make 中对变量的赋值有两种方式：延时变量、立即变量。区别在于它们的定义方式和扩展时的方式不同，前者在这个变量使用时才扩展开，意即当真正使用时这个变量的值才确定；后者在定义时它的值就已经确定了。使用"="、"?="定义或使用 define 指令定义的变量是延时变量；使用":="定义的变量是立即变量。需要注意的一点是"?="仅仅在变量还没有定义的情况下有效，即"?="用来定义第一次出现的延时变量。

对于附加操作符"+="，右边变量如果在前面使用(:=)定义为立即变量则它也是立即变量，否则均为延时变量。

3.2.3 Makefile 常用函数

函数调用的格式如下：

```
$(function arguments)
```

这里"function"是函数名,"arguments"是该函数的参数。参数和函数名之间用空格或 Tab 隔开,如果有多个参数,它们之间用逗号隔开。这些空格和逗号不是参数值的一部分。

内核的 Makefile 中用到大量的函数,现在介绍一些常用的。

1. 字符串替换和分析函数

(1) $(subst from,to,text)。

在文本"text"中使用"to"替换每一处"from"。

比如:

```
$(subst ee,EE,feet on the street)
```

结果为"fEEt on the strEEt"。

(2) $(patsubst pattern,replacement,text)。

寻找"text"中符合格式"pattern"的字,用"replacement"替换它们。"pattern"和"replacement"中可以使用通配符。

比如:

```
$(patsubst %.c,%.o,x.c.c bar.c)
```

结果为:"x.c.o bar.o"。

(3) $(strip string)。

去掉前导和结尾空格,并将中间的多个空格压缩为单个空格。

比如:

```
$(strip a    b c )
```

结果为"a b c"。

(4) $(findstring find,in)。

在字符串"in"中搜寻"find",如果找到,则返回值是"find",否则返回值为空。

比如:

```
$(findstring a,a b c)
$(findstring a,b c)
```

将分别产生值"a"和" "。

(5) $(filter pattern...,text)。

返回在"text"中由空格隔开且匹配格式"pattern..."的字,去除不符合格式"pattern..."的字。

比如:

```
$(filter %.c %.s,foo.c bar.c baz.s ugh.h)
```

结果为"foo.c bar.c baz.s"。

(6) $(filter-out pattern...,text)。

返回在"text"中由空格隔开且不匹配格式"pattern..."的字,去除符合格式"pattern..."

的字。它是函数 filter 的反函数。

比如：

```
$(filter %.c %.s,foo.c bar.c baz.s ugh.h)
```

结果为"ugh.h"。

(7) $（sort list）。

将"list"中的字按字母顺序排序，并去掉重复的字。输出由单个空格隔开的字的列表。

比如：

```
$(sort foo bar lose)
```

返回值是"bar foo lose"。

2．文件名函数

(1) $（dir names...）。

抽取"names..."中每一个文件名的路径部分，文件名的路径部分包括从文件名的首字符到最后一个斜杠（含斜杠）之前的一切字符。

比如：

```
$(dir src/foo.c hacks)
```

结果为"src/ ./"。

(2) $（notdir names...）。

抽取"names..."中每一个文件名中除路径部分外一切字符（真正的文件名）。

比如：

```
$(notdir src/foo.c hacks)
```

结果为"foo.c hacks"。

(3) $（suffix names...）。

抽取"names..."中每一个文件名的后缀。

比如：

```
$(suffix src/foo.c src-1.0/bar.c hacks)
```

结果为".c .c"。

(4) $（basename names...）。

抽取"names..."中每一个文件名中除后缀外一切字符。

比如：

```
$(basename src/foo.c src-1.0/bar hacks)
```

结果为"src/foo src-1.0/bar hacks"。

(5) $（addsuffix suffix,names...）。

参数"names..."是一系列的文件名，文件名之间用空格隔开；suffix 是一个后缀名。将 suffix（后缀）的值附加在每一个独立文件名的后面，完成后将文件名串联起来，它们之间用单个空格隔开。

比如:

```
$(addsuffix .c,foo bar)
```

结果为"foo.c bar.c"。

(6) $(addprefix prefix,names...)。

参数"names"是一系列的文件名,文件名之间用空格隔开;prefix 是一个前缀名。将 preffix(前缀)的值附加在每一个独立文件名的前面,完成后将文件名串联起来,它们之间用单个空格隔开。

比如:

```
$(addprefix src/,foo bar)
```

结果为"src/foo src/bar"。

(7) $(wildcard pattern)。

参数"pattern"是一个文件名格式,包含有通配符(通配符和 shell 中的用法一样)。函数 wildcard 的结果是一列和格式匹配且真实存在的文件的名称,文件名之间用一个空格隔开。

比如若当前目录下有文件 1.c、2.c、1.h、2.h,则:

```
c_src := $(wildcard *.c)
```

结果为"1.c 2.c"。

3. 其他函数

(1) $(foreach var,list,text)。

前两个参数,"var"和"list"将首先扩展,最后一个参数"text"此时不扩展;接着,"list"扩展所得的每个字都赋给"var"变量;然后"text"引用该变量进行扩展,因此"text"每次扩展都不相同。

函数的结果是由空格隔开的"text"在"list"中多次扩展后,得到的新的"list",就是说:"text"多次扩展的字串联起来,字与字之间由空格隔开,如此就产生了函数 foreach 的返回值。

下面是一个简单的例子,将变量"files"的值设置为"dirs"中的所有目录下的所有文件的列表:

```
dirs := a b c d
files := $(foreach dir,$(dirs),$(wildcard $(dir)/*))
```

这里"text"是"$(wildcard $(dir)/*)",它的扩展过程如下。

① 第一个赋给变量 dir 的值是"a",扩展结果为"$(wildcard a/*)";
② 第二个赋给变量 dir 的值是"b",扩展结果为"$(wildcard b/*)";
③ 第三个赋给变量 dir 的值是"c",扩展结果为"$(wildcard c/*)";
④ 如此继续扩展。

这个例子和下面的例子有共同的结果：

```
files := $(wildcard a/* b/* c/* d/*)
```

（2）$（if condition,then-part[,else-part]）。

首先把第一个参数"condition"的前导空格、结尾空格去掉，然后扩展。如果扩展为非空字符串，则条件"condition"为真；如果扩展为空字符串，则条件"condition"为假。

如果条件"condition"为真，那么计算第二个参数"then-part"的值，并将该值作为整个函数 if 的值。

如果条件"condition"为假，并且第三个参数存在，则计算第三个参数"else-part"的值，并将该值作为整个函数 if 的值；如果第三个参数不存在，函数 if 将什么也不计算，返回空值。

> **注意** 仅能计算"then-part"和"else-part"二者之一，不能同时计算。这样有可能产生副作用（例如函数 shell 的调用）。

（3）$（origin variable）。

变量"variable"是一个查询变量的名称，不是对该变量的引用。所以，不能采用"$"和圆括号的格式书写该变量，当然，如果需要使用非常量的文件名，可以在文件名中使用变量引用。

函数 origin 的结果是一个字符串，该字符串变量的定义如下：

```
undefined                    : 变量"variable"从来没有定义；
default                      : 变量"variable"是默认定义；
environment                  : 变量"variable"作为环境变量定义，选项"-e"没有打开；
environment override         : 变量"variable"作为环境变量定义，选项"-e"已打开；
file                         : 变量"variable"在 Makefile 中定义；
command line                 : 变量"variable"在命令行中定义；
override                     : 变量"variable"在 Makefile 中用 override 指令定义；
automatic                    : 变量"variable"是自动变量
```

（4）$（shell command arguments）。

函数 shell 是 make 与外部环境的通信工具。函数 shell 的执行结果和在控制台上执行"command arguments"的结果相似。不过如果"command arguments"的结果含有换行符（和回车符），则在函数 shell 的返回结果中将把它们处理为单个空格，若返回结果最后是换行符（和回车符）则被去掉。

比如当前目录下有文件 1.c、2.c、1.h、2.h，则：

```
c_src := $(shell ls *.c)
```

结果为"1.c 2.c"。

本节可以在阅读内核、Bootloader、应用程序的 Makefile 文件时作为手册来查询。下面以 options 程序的 Makefile 作为例进行演示，Makefile 的内容如下：

```
File: Makefile
01 src  := $(shell ls *.c)
02 objs := $(patsubst %.c,%.o,$(src))
03
04 test: $(objs)
05     gcc -o $@ $^
06
07 %.o:%.c
08     gcc -c -o $@ $<
09
10 clean:
11     rm -f test *.o
```

上述 Makefile 中"$@"、"$^"、"$<"称为自动变量。"$@"表示规则的目标文件名;"$^"表示所有依赖的名字,名字之间用空格隔开;"$<"表示第一个依赖的文件名。"%"是通配符,它和一个字符串中任意个数的字符相匹配。

options 目录下所有的文件为 main.c, Makefile, sub.c 和 sub.h,下面一行行地分析。

① 第 1 行 src 变量的值为"main.c sub.c"。

② 第 2 行 objs 变量的值为"main.o sub.o",是 src 变量经过 patsubst 函数处理后得到的。

③ 第 4 行实际上就是:

```
test : main.o sub.o
```

目标 test 的依赖为 main.o 和 sub.o。开始时这两个文件还没有生成,在执行生成 test 的命令之前先将 main.o、sub.o 作为目标查找到合适的规则,以生成 main.o、sub.o。

④ 第 7、8 行就是用来生成 main.o、sub.o 的规则。
对于 main.o 这个规则就是:

```
main.o:main.c
    gcc -c -o main.o main.c
```

对于 sub.o 这个规则就是:

```
sub.o:sub.c
    gcc -c -o sub.o sub.c
```

这样,test 的依赖 main.o 和 sub.o 就生成了。

⑤ 第 5 行的命令在生成 main.o、sub.o 后得以执行。
在 options 目录下第一次执行 make 命令可以看到如下信息:

```
gcc -c -o main.o main.c
gcc -c -o sub.o sub.c
gcc -o test main.o sub.o
```

然后修改 sub.c 文件，再次执行 make 命令，可以看到如下信息：

```
gcc -c -o sub.o sub.c
gcc -o test main.o sub.o
```

可见，只编译了更新过的 sub.c 文件，对 main.c 文件不用再次编译，节省了编译的时间。

3.3 常用 ARM 汇编指令及 ATPCS 规则

3.3.1 本书使用的所有汇编指令

在嵌入式开发中，汇编程序常常用于非常关键的地方，比如系统启动时的初始化、进出中断时的环境保存、恢复，对性能要求非常苛刻的函数等。

在 S3C2410、S3C2440 的数据手册中，对各种汇编指令的作用及使用方法都有详细说明。本书用到的汇编指令比较少，下面分别介绍。

1. 相对跳转指令：b、bl

这两条指令的不同之处在于 bl 指令除了跳转之外，还将返回地址（bl 的下一条指令的地址）保存在 lr 寄存器中。

这两条指令的可跳转范围是当前指令的前后 32MB。

它们是位置无关的指令。

使用示例：

```
    b fun1
……
fun1:
    bl fun2
……
fun2:
……
```

2. 数据传送指令 mov，地址读取伪指令 ldr

mov 指令可以把一个寄存器的值赋给另一个寄存器，或者把一个常数赋给寄存器。例子如下：

```
mov r1, r2              /* r1=r2  */
mov r1, #4096           /* r1=4096 */
```

mov 指令传送的常数必须能用立即数来表示。

当不知道一个数能否用"立即数"来表示时，可以使用 ldr 命令来赋值。ldr 是伪指令，它不是真实存在的指令，编译器会把它扩展成真正的指令：如果该常数能用"立即数"来表示，则使用 mov 指令；否则编译时将该常数保存在某个位置，使用内存读取指令把它读出来。

例子如下：

```
ldr r1, =4097          /* r1=4097 */
```

ldr 本意为"大范围的地址读取伪指令"，上面的例子使用它来将常数赋给寄存器 r1。下面的例子是获得代码的绝对地址：

```
    ldr r1, =label
label:
……
```

3. 内存访问指令：ldr、str、ldm、stm

> **注意** ldr 指令既可能是前面所述的大范围的地址读取伪指令，也可能是内存访问指令。当它的第二个参数前面有"="时，表示伪指令，否则表示内存访问指令。

ldr 指令从内存中读取数据到寄存器，str 指令把寄存器的值存储到内存中，它们操作的数据都是 32 位的。示例如下：

```
ldr r1, [r2, #4]     /* 将地址为 r2+4 的内存单元数据读取到 r1 中 */
ldr r1, [r2]         /* 将地址为 r2 的内存单元位数据读取到 r1 中 */
ldr r1, [r2], #4     /* 将地址为 r2 的内存单元数据读取到 r1 中，然后 r2=r2+4 */
str r1, [r2, #4]     /* 将 r1 的数据保存到地址为 r2+4 的内存单元中 */
str r1, [r2]         /* 将 r1 的数据保存到地址为 r2 的内存单元中 */
str r1, [r2], #4     /* 将 r1 的数据保存到地址为 r2 的内存单元中，然后 r2=r2+4 */
```

ldm 和 stm 属于批量内存访问指令，只用一条指令就可以读写多个数据。它们的格式如下：

```
ldm{cond}<addressing_mode> <rn>{!} <register list>{^}
stm{cond}<addressing_mode> <rn>{!} <register list>{^}
```

其中{cond}表示指令的执行条件，参考表 3.2。

<addressing_mode>表示地址变化模式，有以下 4 种方式。

① ia（Increment After）：事后递增方式。
② ib（Increment Before）：事先递增方式。
③ da（Decrement After）：事后递减方式。
④ db（Decrement Before）：事先递减方式。

<rn>中保存内存的地址，如果后面加上了感叹号，指令执行后，rn 的值会更新，等于下一个内存单元的地址。

<register list>表示寄存器列表，对于 ldm 指令，从<rn>所对应的内存块中取出数据，写入这些寄存器；对于 stm 指令，把这些寄存器的值写入<rn>所对应的内存块中。

{^}有两种含义：如果<register list>中有 pc 寄存器，它表示指令执行后，spsr 寄存器的值将自动复制到 cpsr 寄存器中——这常用于从中断处理函数中返回；如果<register list>中没有 pc 寄存器，{^}表示操作的是用户模式下的寄存器，而不是当前特权模式的寄存器。

指令中寄存器列表和内存单元的对应关系为：编号低的寄存器对应内存中的低地址单

元，编号高的寄存器对应内存中的高地址单元。

ldm 和 stm 指令示例如下：

```
01 HandleIRQ:                              @ 中断入口函数
02     sub lr, lr, #4                      @ 计算返回地址
03     stmdb   sp!,    { r0-r12,lr }       @ 保存使用到的寄存器
04                                         @ r0-r12,lr 被保存在 sp 表示的内存中
05                                         @ "!" 使得指令执行后 sp=sp-14*4
06
07     ldr lr, =int_return                 @ 设置调用 IRQ_Handle 函数后的返回地址
08     ldr pc, =IRQ_Handle                 @ 调用中断分发函数
09 int_return:
10     ldmia   sp!,    { r0-r12,pc }^      @ 中断返回，"^"表示将 spsr 的值复制到 cpsr
11                                         @ 于是从 irq 模式返回被中断的工作模式
12                                         @ "!" 使得指令执行后 sp=sp+14*4
```

4．加减指令：add、sub

例子如下：

```
add r1, r2, #1        /* 表示 r1=r2+1，即寄存器 r1 的值等于寄存器 r2 的值加上 1 */
sub r1, r2, #1        /* 表示 r1=r2-1 */
```

5．程序状态寄存器的访问指令：msr、mrs

ARM 处理器有一个程序状态寄存器（cpsr），它用来控制处理器的工作模式、设置中断的总开关。示例如下：

```
msr cpsr, r0        /* 复制 r0 到 cpsr 中 */
mrs r0, cpsr        /* 复制 cpsr 到 r0 中 */
```

在第 9 章会描述 cpsr 寄存器的格式。

6．其他伪指令

在本书的汇编程序中，常常见到如下语句：

```
.extern     main
.text
.global _start
_start:
```

".extern" 定义一个外部符号（可以是变量也可以是函数），上面的代码表示本文件中引用的 main 是一个外部函数。

".text" 表示下面的语句都属于代码段。

".global" 将本文件中的某个程序标号定义为全局的，比如上面的代码表示_start 个全局函数。

7. 汇编指令的执行条件

大多数 ARM 指令都可以条件执行,即根据 cpsr 寄存器中的条件标志位决定是否执行该指令:如果条件不满足,该指令相当于一条 nop 指令。

每条 ARM 指令包含 4 位的条件码域,这表明可以定义 16 个执行条件。可以将这些执行条件的助记符附加在汇编指令后,比如 moveq、movgt 等。这 16 个条件码和它们的助记符、含义如表 3.2 所示。

表 3.2 指令的条件码

条件码(cond)	助记符	含义	cpsr 中条件标志位
0000	eq	相等	Z = 1
0001	ne	不相等	Z = 0
0010	cs/hs	无符号数大于/等于	C = 1
0011	cc/lo	无符号数小于	C = 0
0100	mi	负数	N = 1
0101	pl	非负数	N = 0
0110	vs	上溢出	V = 1
0111	vc	没有上溢出	V = 0
1000	hi	无符号数大于	C = 1 且 Z = 0
1001	ls	无符号数小于等于	C = 0 或 Z = 1
1010	ge	带符号数大于等于	N = 1, V = 1 或 N = 0, V = 0
1011	lt	带符号数小于	N = 1, V = 0 或 N = 0, V = 1
1100	gt	带符号数大于	Z = 0 且 N = V
1101	le	带符号数小于/等于	Z = 1 或 N! = V
1110	al	无条件执行	-
1111	nv	从不执行	-

表中的 cpsr 条件标志位 N、Z、C、V 分别表示 Negative、Zero、Carry、oVerflow。影响条件标志位的因素比较多,比如比较指令 cmp、cmn、teq 及 tst 等。

3.3.2 ARM-THUMB 子程序调用规则 ATPCS

为了使 C 语言程序和汇编程序之间能够互相调用,必须为子程序间的调用制定规则,在 ARM 处理器中,这个规则被称为 ATPCS:ARM 程序和 Thumb 程序中子程序调用的规则。基本的 ATPCS 规则包括寄存器使用规则、数据栈使用规则、参数传递规则。

1. 寄存器使用规则

ARM 处理器中有 r0~r15 共 16 个寄存器,它们的用途有一些约定的习惯,并依据这些用途定义了别名,如表 3.3 所示。

表 3.3　　　　　　　　　　ATPCS 中各寄存器的使用规则及其名称

寄 存 器	别 　 名	使 用 规 则
r15	pc	程序计数器
r14	lr	连接寄存器
r13	sp	数据栈指针
r12	ip	子程序内部调用的 scratch 寄存器
r11	v8	ARM 状态局部变量寄存器 8
r10	v7、sl	ARM 状态局部变量寄存器 7、在支持数据栈检查的 ATPCS 中为数据栈限制指针
r9	v6、sb	ARM 状态局部变量寄存器 6、在支持 RWPI 的 ATPCS 中为静态基址寄存器
r8	v5	ARM 状态局部变量寄存器 5
r7	v4、wr	ARM 状态局部变量寄存器 4、Thumb 状态工作寄存器
r6	v3	ARM 状态局部变量寄存器 3
r5	v2	ARM 状态局部变量寄存器 2
r4	v1	ARM 状态局部变量寄存器 1
r3	a4	参数/结果/scratch 寄存器 4
r2	a3	参数/结果/scratch 寄存器 3
r1	a2	参数/结果/scratch 寄存器 2
r0	a1	参数/结果/scratch 寄存器 1

寄存器的使用规则总结如下。

- 子程序间通过寄存器 r0～r3 来传递参数，这时可以使用它们的别名 a1～a4。被调用的子程序返回前无需恢复 r0～r3 的内容。
- 在子程序中，使用 r4～r11 来保存局部变量，这时可以使用它们的别名 v1～v8。如果在子程序中使用了它们的某些寄存器，子程序进入时要保存这些寄存器的值，在返回前恢复它们；对于子程序中没有使用到的寄存器，则不必进行这些操作。在 Thumb 程序中，通常只能使用寄存器 r4～r7 来保存局部变量。
- 寄存器 r12 用作子程序间 scratch 寄存器，别名为 ip。
- 寄存器 r13 用作数据栈指针，别名为 sp。在子程序中寄存器 r13 不能用作其他用途。它的值在进入、退出子程序时必须相等。
- 寄存器 r14 称为连接寄存器，别名为 lr。它用于保存子程序的返回地址。如果在子程序中保存了返回地址（比如将 lr 值保存到数据栈中），r14 可以用作其他用途。
- 寄存器 r15 是程序计数器，别名为 pc。它不能用作其他用途。

2. 数据栈使用规则

数据栈有两个增长方向：向内存地址减小的方向增长时，称为 DESCENDING 栈；向内地址增加的方向增长时，称为 ASCENDING 栈。

所谓数据栈的增长就是移动栈指针。当栈指针指向栈顶元素（最后一个入栈的数据）时，称为 FULL 栈；当栈指针指向栈顶元素（最后一个入栈的数据）相邻的一个空的数据单元时，称为 EMPTY 栈。

综合这两个特点，数据栈可以分为以下 4 种。

① FD：Full Descending，满递减。
② ED：Empty Descending，空递减。
③ FA：Full Ascending，满递增。
④ EA：Empty Ascending，空递增。

ATPCS 规定数据栈为 FD 类型，并且对数据栈的操作是 8 字节对齐的。使用 stmdb/ldmia 批量内存访问指令来操作 FD 数据栈。

使用 stmdb 命令往数据栈中保存内容时，先递减 sp 指针，再保存数据，使用 ldmia 命令从数据栈中恢复数据时，先获得数据，再递增 sp 指针，sp 指针总是指向栈顶元素，这刚好是 FD 栈的定义。

3. 参数传递规则

一般来说，当参数个数不超过 4 个时，使用 r0~r3 这 4 个寄存器来传递参数；如果参数个数超过 4 个，剩余的参数通过数据栈来传递。

对于一般的返回结果，通常使用 a0~a3 来传递。

示例：

假设 CopyCode2SDRAM 函数是用 C 语言实现的，它的数据原型如下：

```
int CopyCode2SDRAM(unsigned char *buf, unsigned long start_addr, int size)
```

在汇编代码中，使用下面的代码调用它，并判断返回值。

```
01 ldr r0, =0x30000000      @ 1. 目标地址 = 0x30000000，这是 SDRAM 的起始地址
02 mov r1, #0               @ 2. 源地址   = 0
03 mov r2, #16*1024         @ 3. 复制长度 = 16K
04 bl  CopyCode2SDRAM       @ 调用 C 函数 CopyCode2SDRAM
05 cmp a0, #0               @ 判断函数返回值
……
```

第 1 行将 r0 设为 0x30000000，则 CopyCode2SDRAM 函数执行时，它的第一个参数 buf 的指向的内存地址为 0x30000000。

第 2 行将 r1 设为 0，CopyCode2SDRAM 函数的第二个参数 start_addr 等于 0。

第 3 行将 r2 设为 16*1024，CopyCode2SDRAM 函数的第三个参数 size 等于 16*1024。

第 5 行判断返回值。

第4章 Windows、Linux 环境下相关工具、命令的使用

本章目标

- 掌握 Windows 下的代码阅读、编辑工具 Source Insight
- 掌握在 Windows 下与 Linux 进行交互的工具：Cuteftp、SecureCRT
- 掌握 Linux 下的代码阅读、编辑工具 KScope，串口工具 C-kermit
- 掌握一些常用的 Linux 命令

4.1 Windows 环境下的工具介绍

仅仅将 Linux 作为服务器来进行开发时（比如使用 VMware 运行 Linux 以提供编译环境，日常工作仍然在 Windows 下进行），可以使用 Windows 下的几款优秀工具提高工作效率。比如使用 Source Insight 阅读、编辑代码；使用 Cuteftp 与 Linux 服务器进行文件传输；使用 SecureCRT 远程登录 Linux 进行各类操作。

4.1.1 代码阅读、编辑工具 Source Insight

Source Insight 是一款极具革命性的代码阅读、编辑工具，它内建了 C/C++、C#、Java 等多种编程语言的分析器。Source Insight 会自动分析源代码，动态地生成、更新一个数据库，并通过丰富而有效的表现形式使得阅读、编辑代码非常方便、高效。比如它会将 C 语言中全局变量、局部变量标上不同的颜色；光标移到某个变量、函数上时，窗口下方会自动显示它们的定义；借助于不断更新的数据库，可以快速地找到函数的调用关系；编辑代码时，变量名、函数名会自动补全。

基于这些功能，在 Windows 下阅读 Linux 内核源码这类庞大的软件时，使用 Source Insight 有助于理清各类综错复杂的变量、函数之间的关系。

从网址 http://www.sourceinsight.com/ 上可以下载一个试用版本，它具有正式版的全部功能，试用期为 30 天。

下面以 Linux 内核源码为例介绍 Source Insight 的使用。

1. 创建一个 Source Insight 工程

启动 Source Insight 之后，它默认的支持文件中没有以 ".S" 结尾的汇编语言文件，单击菜单"Options"→"Document Options"，在弹出的对话框中选择"Document Type"为"C Source File"，在"File filter"中添加"*.S"类型，如图 4.1 所示。

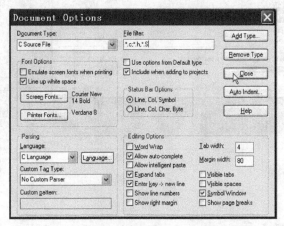

图 4.1　设置 Source Insight 支持的文件类型

然后单击菜单"Project"→"New Project"，开始建立一个新的工程，界面如图 4.2 所示。

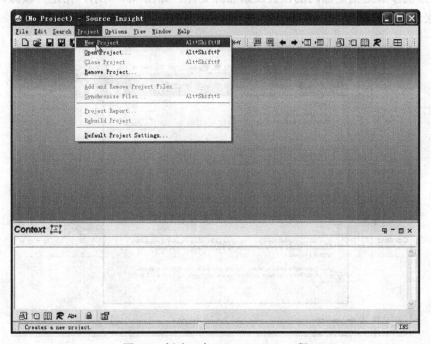

图 4.2　新建一个 Source Insight 工程

在随后出现的界面中，输入工程的名称和工程数据的存放位置。本小节中，假设内核源码位置为 E:\kernel_projects\linux-2.6.22.6，将要建立的 Source Insight 工程命名为

linux-2.6.22.6，在 E:\kernel_projects\sc 目录下存放工程数据，则如图 4.3 一样设置，然后单击"OK"按钮（如果 E:\kernel_projects\sc 目录还不存在，会提示是否创建这个目录）。

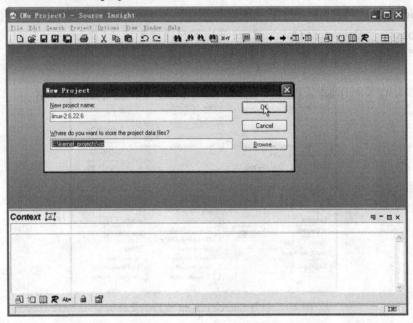

图 4.3　输入 Source Insight 工程名称及保存位置

接下来的步骤是指定源码的位置及添加源文件。如图 4.4 所示，指定内核源码位置后，单击"OK"按钮进入下一个设置界面。

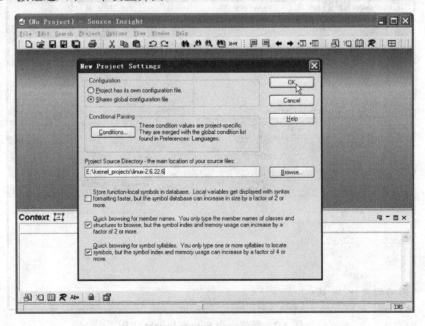

图 4.4　指定源码位置

图 4.5 是添加源文件的操作界面：先单击"Add All"按钮，在弹出的对话框中选中"Include top level sub-directories"（表示将添加第一层子目录中的文件）、"Recursively add lower sub-directories"（表示递归地加入底层的子目录，即加入所有子目录中的文件）；然后单击"OK"按钮控制开始加入内核的所有源文件。

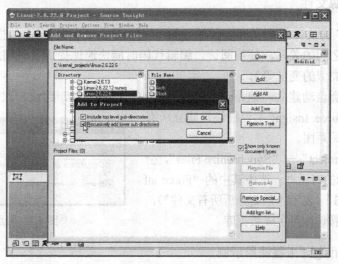

图 4.5　添加源文件

实际上，由于内核支持多个架构的 CPU、多个型号的目标板，而本书只关心 S3C2410、S3C2440 目标板，所以可以在 Source Insight 工程中去除其他不相关的文件。仍然在与图 4.5 相似的界面中（可以单击菜单"Projects"→"Add and Remove Project Files"进入），选择某个目录后，单击"Remove Tree"按钮将整个目录下的文件从工程中移除。

要移除的目录如下，操作的示例界面如图 4.6 所示。

① arch 目录下除 arm 外的所有子目录；
② arch/arm 目录下以"mach-"开头的目录（mach-s3c2410、mach-s3c2440 除外）；
③ arch/arm 目录下以"plat-"开头的目录（plat-s3c24xx 除外）；
④ include 目录下以"asm-"开头的目录（asm-arm、asm-generic 除外）；
⑤ include/asm-arm 目录下以"arch-"开头的目录（arch-s3c2410 除外）。

图 4.6　移除源文件

至此，Source Insight 工程建立完毕。

2. "同步"源文件

所谓"同步"源文件就是在 Source Insight 工程中建立一个数据库，它里面保存有源文件中各变量、函数之间的关系，使得阅读、编辑代码时能快速地提供各种辅助信息（比如以不同颜色显示不同类型的变量等）。

这个数据库会自动建立，但是对于比较庞大的源码的工程，建议初次使用时手工建立数据库，这使得 Source Insight 工程很快地建立所有源码的、全面的关系图。

单击菜单"Project"→"Synchronize Files"，会弹出如图 4.7 所示的对话框，选中其中的"Force all files to be re-parsed"（表示"强制分析所有文件"），然后单击"OK"按钮即可生成数据库。

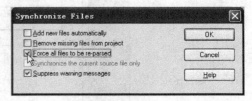

图 4.7　同步源文件

3. Source Insight 工程使用示例

在 Source Insight 右边的文件列表中选择打开 s3c2410fb.c 文件，可以得到如图 4.8 所示的界面，它的中间是主窗口，可以在里面阅读、编辑代码；左边是"Symbol window"（符号窗口），可以从中快速地找到当前文件中的变量、函数、宏定义等；下边是"Context window"（上下文窗口），在主窗口中将光标放在某个变量、函数、宏上面时，会在这个窗口中显示它们的定义，比如在图 4.8 中，这个窗口中显示了 request_irq 函数的定义。

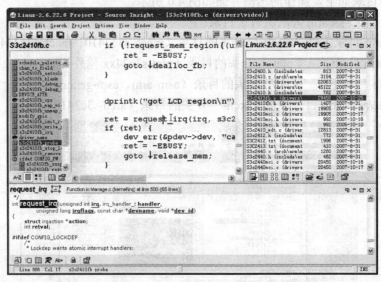

图 4.8　Source Insight 的使用界面

在主窗口中，按住"Ctrl"键的同时，单击某个变量、函数、宏，就可以跳到定义它们的位置；双击上下文窗口也可以达到同样的效果。

同时按住"Alt"、","键可以令主窗口退回上一画面，同时按住"Alt"、"."键可以令主窗口前进到前一个画面。

在某个变量、函数、宏上单击右键，在弹出的菜单中选择"Lookup References"，可以快速地在所有源文件中找到对它们的引用，这比搜索整个源码目录快多了。

Source Insight 还有很多使用技巧，上面只介绍了几种常用的技巧，读者在使用过程中可以通过各个菜单了解更多。

4.1.2 文件传输工具 Cuteftp

Cuteftp 是一款 FTP 客户端软件，只要在 Linux 上安装、启动了 FTP 服务，就可以使用 Cuteftp 在 Windows 与 Linux 之间进行文件传输。

Cuteftp 专业版可以从网址 http://www.cuteftp.com/downloads/cuteftppro.aspx 中下载，有 30 天的免费试用期。

安装、启动 Cuteftp 后，跳过前面的设置向导。假设 Linux 服务器的 IP 为 192.168.1.57，用户名为 book，密码为 123456，如图 4.9 所示在"Host"、"Username"、"Password"中分别填入 192.168.1.57、book、123456，然后回车就可以连接上 Linux 服务器了。

在如图 4.9 所示界面中，可以在左、右两边的窗口中拖拽文件进行上传、下载。

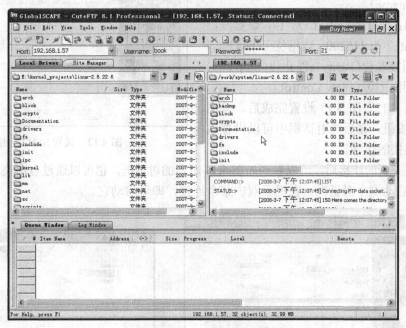

图 4.9　Cuteftp 的使用界面

4.1.3 远程登录工具 SecureCRT

SecureCRT 支持多种协议，比如 SSH2、SSH1、Telnet、Serial 等。可以用它来连接 Linux 服务器，作为一个远程控制台进行各类操作；也可以用它来连接串口，操作目标板。

SecureCRT 可以从网址 http://www.vandyke.com/products/securecrt/中下载，有 30 天的免费试用期。

安装、启动 SecureCRT 后，跳过初始设置界面。单击菜单"File"→"connect"，出现如图 4.10 所示的界面，单击"New Session"按钮，开始建立新的连接。

在随后出现的对话框中选择传输协议：SSH2 或 Serial，如图 4.11 所示。

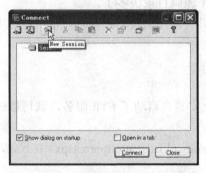
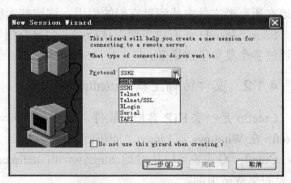

图 4.10　SecurtCRT 新建连接的界面　　　　图 4.11　选择传输协议

在图 4.11 所示的对话框中单击"下一步"按钮，进行更详细的设置。对于 SSH2、Serial 协议，请分别参考图 4.12、图 4.13 进行设置。

图 4.12：输入服务器 IP（Hostname）、用户名（Username）。

图 4.13：选择串口 1（COM1），设置波特率（Baud rate）为 115200、数据位（Data bits）为 8、不使用校验位（Parity）、停止位（Stop bits）为 1，不使用流控（Flow Control）。

按照图 4.12、图 4.13 设置完成后，单击"下一步"按钮，在后续对话框中可以设置这个新建的连接的名字。

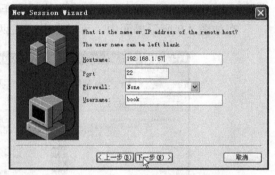

图 4.12　设置 SSH2 连接

当建立完新的连接后，可以看到如图 4.14 所示的对话框，也可以通过点击菜单"File"→"connect"启动这个对话框。在里面双击某个连接，即可启动它。

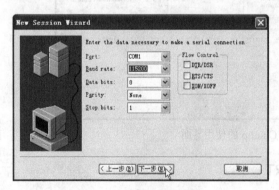
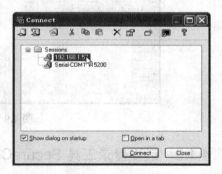

图 4.13　设置 Serial 连接　　　　　　　图 4.14　启动连接

4.1.4　TFTP 服务器软件 Tftpd32

Tftpd32 是一款轻便的 DHCP、TFTP、SNTP 和 Syslog 服务器软件，同时也是一款 TFTP 客户端软件。使用 U-Boot 时可以使用它的 TFTP 服务器功能下载软件到目标板中（也可以使用 Linux 中的 NFS 服务代替）。

Tftpd32 可以从网址 http://tftpd32.jounin.net/tftpd32_download.html 中下载。它可以直接运行，参考图 4.15 进行设置：选择服务器的目录（要传输的文件放在这个目录中）、选择 IP 地址（对于有多个 IP 的系统而言，要从中选择一个）。

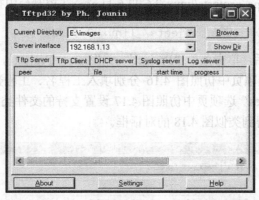

图 4.15　设置 Tftpd32 的 TFTP 服务

设置完毕后，以后 U-Boot 就可以通过 tftp 命令从 Windows 系统中获取文件了。

4.2　Linux 环境下的工具、命令介绍

如果读者直接在 Linux 环境下工作，可以使用本节介绍的几个工具、命令，它们与 4.1 节中介绍的工具功能相似，它们是免费的。

4.2.1　代码阅读、编辑工具 KScope

KScope 的作用与 Source Insight 几乎一样，它也是一款源代码阅读、编辑工具。KScope 使用 Cscope 作为源代码的分析引擎，可以为编码人员提供一些有价值的信息，特别适用于使用 C 语言编写的大型项目。

下面依次介绍 KScope 的安装、使用方法。

1. 安装 KScope

确保 Linux 能连上网络，然后使用以下命令进行安装，会得到一个 kscope 命令，并且在 Linux 桌面菜单"Applications"→"Programming"下生成了一个启动项"KScope"：

```
$ sudo apt-get install kscope
```

要启动 KScope，可以在控制台中运行 kscope 命令，或者单击菜单"Applications"→"Programming"→"KScope"。

2. 建立 KScope 工程

建立 KScope 工程的步骤与建立 Source Insight 工程的步骤相似，也分为这几步：设置工程名，指定工程数据的存放位置，设置支持的文件类型，指定源码的位置，添加、移除源文件，建立数据库。

以内核源码为例,假设内核源码位置为/work/system/linux-2.6.22.6,将要建立的 KScope 工程命名为 linux-2.6.22.6,在 /work/kscope_projects/ linux-2.6.22.6 目录下存放工程数据。

先建立 /work/kscope_projects/linux-2.6.22.6 目录,在控制台中执行以下命令:

```
$ mkdir -p/ work/kscope_projects/ linux-2.6.22.6
```

然后启动 KScope 后,单击菜单"Project"→"Create Project",弹出如图 4.16 所示的对话框。先在"Detail"选项页中仿照图 4.16 分别填入工程名、工程数据的存放位置、源码的位置;然后在"File Types"选项页中仿照图 4.17 设置支持的文件类型为:*.c、*.h 和*.S;最后单击"Create"按钮得到类似图 4.18 的对话框。

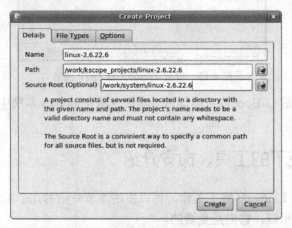

图 4.16　新建一个 KScope 工程

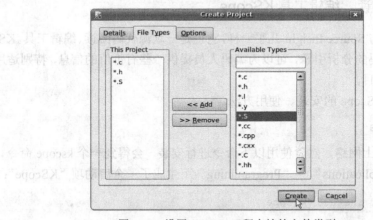

图 4.17　设置 KScope 工程支持的文件类型

类似图 4.18 的对话框,也可以通过菜单"Project"→"Add/Remove Files"来启动,在这个对话框中进行源文件的添加、移除。

图 4.18 中,"Files"、"Directory"、"Tree"按钮分别表示添加、移除的操作以文件、目录(表示目录下的文件,不包括它的子目录)、整个目录树为单位。移除操作中的"Dircectory"、"Tree"按钮还没有实现,可以在左边的文件框中选择要去除的文件,然后单击"Selected"按钮。为了方便,不妨在建立工程之前先删除不需要的目录、文件,以本书为例,这些不需

要目录如下。

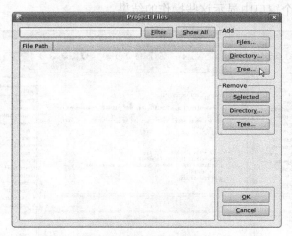

图 4.18　添加/移除源文件

① arch 目录下除 arm 外的所有子目录。
② arch/arm 目录下以"mach-"开头的目录（mach-s3c2410、mach-s3c2440 除外）。
③ arch/arm 目录下以"plat-"开头的目录（plat-s3c24xx 除外）。
④ include 目录下以"asm-"开头的目录（asm-arm、asm-generic 除外）。
⑤ include/asm-arm 目录下以"arch-"开头的目录（arch-s3c2410 除外）。

在图 4.18 中，单击"Add"框中的"Tree"按钮，弹出如图 4.19 所示的对话框。在"Folders"框中选择内核的根目录，然后单击"OK"按钮开始添加源文件。

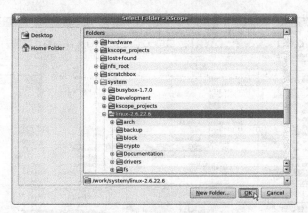

图 4.19　添加源文件目录树

源文件添加完毕后，单击图 4.18 中的"OK"按钮，KScope 即会自动生成数据库。
至此，KScope 工程建立完毕。

3. KScope 工程使用示例

在 KScope 右边的文件列表中选择打开 s3c2410fb.c 文件，可以得到如图 4.20 所示的界面，它的中间是主窗口，可以在里面阅读、编辑代码；左边是"Tag List"（Tag 列表），可以从中快速地找到当前文件中的变量、函数、宏定义等；下边是"Query Window"（查询结果窗口），在主窗口中将光标放在某个变量、函数、宏上面，然后使用右键单击选择某些操作或者按住某些快捷键，会在这个窗口中显示这些操作的结果。

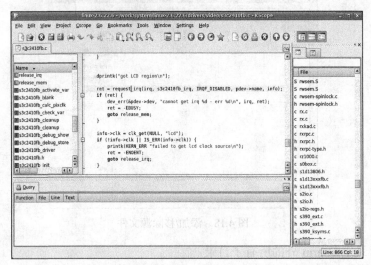

图 4.20　KScope 的使用界面

下面介绍一些简单的操作示例。

在主窗口中，单击某个函数，比如单击 s3c2410fb.c 中的"request_irq"字样，然后单击鼠标右键，将弹出一个菜单，选择其中的"Cscope"→"Quick Definition"即可快速找到它的定义。将光标移到"request_irq"字样上，然后按下快捷键"Ctrl+]"也可以达到同样的效果。

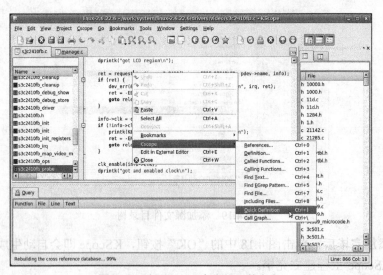

图 4.21　在 KScope 中查找函数定义

同时按住"Alt"、左箭头键可以令主窗口退回上一画面，同时按住"Alt"、右箭头键可以令主窗口前进到前一个画面。

KScope 还有很多使用技巧，上面只介绍了几种常用的技巧，读者在使用过程中可以通过各个菜单了解更多。

4.2.2 远程登录工具 C-kermit

C-Kermit 是一款集成了网络通信、串口通信的工具，它有如下多种功能（本书中，只用到它的串口通信功能）。
- 支持 Kermit 文件传输协议。
- 自定义了一种脚本语言，它强大而易于使用，可用于自动化工作。
- 无论是网络通信、还是串口通信，操作是一致的，并支持多种硬件、软件平台。
- 有安全认证、加密功能。
- 内建 FTP、HTTP 客户端功能及 SSH 接口。
- 支持字符集转换。

下面介绍在 Linux 下安装、使用 C-kermit 的方法。

确保 Linux 能连上网络，然后使用以下命令进行安装，会得到一个 kermit 命令：

```
$ sudo apt-get install ckermit
```

使用 kermit 之前，先在/home/book（假设用户名为 book）目录下创建一个名为.kermrc 的配置文件，内容如下：

```
set line /dev/ttyS0
set speed 115200
set carrier-watch off
set handshake none
set flow-control none
robust
set file type bin
set file name lit
set rec pack 1000
set send pack 1000
set window 5
```

然后，运行"$ sudo kermit -c"命令即可启动串口；要想关闭串口，先同时按住"Ctrl"和"\"键，然后松开再按"C"键，最后输入"exit"并回车。

在 Linux 中，可以使用 kermit 连接串口以操作目标板。

4.2.3 编辑命令 vi

vi 命令是字符终端下的一个文本编辑工具。对文本进行少量修改时使用 vi 命令很方便，特别是在使用 SecureCRT 等工具远程登录 Linux 时。

vi 可以执行输出、删除、查找、替换、块操作等众多文本操作，它没有菜单，只有命令，且命令繁多。

在控制台中输入"vi"或"vi filename"就可以启动 vi，后者将打开或新建文件。它有 3 种基本工作模式：命令行模式、文本输入模式和末行模式。

1. 命令行模式

vi 一被启动，它就处于命令行模式；另外，任何时候、任何模式下，只要按"Esc"键，即可使 vi 进入命令行模式。在"命令行模式"下，可以直接使用某些按键完成相应操作。

常用的命令如表 4.1 所示。

表 4.1　　　　　　　　　　　　　　vi 中常用的命令

	命令（按键）	作　　用	命令（按键）	作　　用
光标移动命令	Ctrl+f	向文件尾翻一屏	Ctrl+b	向文件首翻一屏
	n+	光标下移 n 行（n 为数字）	n-	光标上移 n 行（n 为数字）
	0（数字零）	光标移至当前行首	$	光标移至当前行尾
	nG	光标移至第 n 行的行首（n 为数字）	:n	光标移至第 n 行的行首（n 为数字）
文本插入命令	i	在光标前开始插入文本	a	在光标后开始插入文本
	o	在当前行之下新开一行	O	在当前行之上新开一行
文本删除命令	d0	删至行首	d$或者 D	删至行尾
	x	删除光标后的一个字符	X	删除光标前的一个字符
	ndd	删除当前行及其后 n-1 行		
搜索及替换命令	/pattern	从光标开始处向文件尾搜索 pattern	?pattern	从光标开始处向文件首搜索 pattern
	n	在同一方向重复上一次搜索命令	N	在反方向上重复上一次搜索命令
	:s/p1/p2/g	将当前行中所有 p1 均用 p2 替代	:n1,n2s/p1/p2/g	将第 n1 至 n2 行中所有 p1 均用 p2 替代
	:g/p1/s//p2/g	将文件中所有 p1 均用 p2 替换		
退出/保存命令	:w	保存文件	:wq	保存文件并退出 vi
	:q	退出 vi	:q!	退出 vi，但是不保存文件

注：（1）"搜索及替换命令"中的"pattern"、"p1"、"p2"表示一个正则表达式，可以用来匹配某些字符串，比如"[0-9][0-9]"表示两位数。通常直接使用字符串，比如使用命令"/lib"在文件中查找"lib"字样。

（2）":"开头的命令是"末行模式"中的用法，这里是为了方便读者参考才放在一起。

2. 文本输入模式

在命令模式下输入表 4.1 中的文本插入命令时，就会进入文本输入模式。在该模式下，用户输入的任何字符都被 vi 当做文件内容保存起来，并在屏幕上显示。在文本输入过程中，按"Esc"键即可回到命令模式。

3. 末行模式

在 vi 中，命令通常只包含几个按键，如表 4.1 所示；要想输入更长的命令，要进入"末行模式"。在命令模式下,用户按":"键即可进入末行模式,此时 vi 会在显示窗口的最后一行显示一个":"作为末行模式的提示符,等待用户输入命令。输入完成后回车,命令即会执行,然后 vi 自动回到命令模式。

末行模式下常用的命令如表 4.1 所示。

4.2.4 查找命令 grep、find 命令

在 Linux 下,常用 grep 命令列出含有某个字符串的文件,常用 find 命令查找匹配给定文件名的文件。

1. grep 命令

grep 命令的用法为:

```
grep [options] PATTERN [FILE...]
```

以几个例子介绍它的常用格式。
(1) 在内核目录下查找包含 "request_irq" 字样的文件。

```
$ cd /work/system/linux-2.6.22.6/
// *表示查找当前目录下的所有文件、目录,-R表示递归查找子目录
$ grep "request_irq" * -R
```

(2) 在内核的 kernel 目录下查找包含 "request_irq" 字样的文件。

```
$ cd /work/system/linux-2.6.22.6/
// kernel 表示在当前目录的 kernel 子目录下查找,-R表示递归查找它的所有子目录
$ grep "request_irq" kernel -R
```

2. find 命令

find 命令的用法为:

```
find [-H] [-L] [-P] [path...] [expression]
```

以几个例子介绍它的常用格式。
(1) 在内核目录下查找文件名中包含 "fb" 字样的文件。

```
$ cd /work/system/linux-2.6.22.6/
$ find -name "*fb*"
```

(2) 在内核的 drivers/net 目录下查找文件名中包含 "fb" 字样的文件。

```
$ cd /work/system/linux-2.6.22.6/
$ find drivers/net -name "*fb*"              // "drivers/net" 必须是 find 命令
```
的第一个参数

依照上面介绍的 grep、find 命令的使用例子,基本可以满足在 Linux 下对代码、文件的查找工作。

4.2.5 在线手册查看命令 man

Linux 中包含了种类繁多的在线手册,从各种命令、各种函数的使用,到一些配置文件的设置。可以使用 man 命令查看这些手册,比如执行"man grep"命令即可看到 grep 命令的使用方法。

man 命令的基本用法为:

```
man [section] name
```

其中的"section"被称为区号,当直接使用"man name"命令没有查到需要的手册时,可以指定区号。比如想查看"open"函数的用法,使用"man open"命令得到的却是一个名为 openvt 的程序的用法,这时可以使用"man 2 open"命令,表示要查看第 2 区(它表示系统调用)中的手册。

Linux 在线手册按照区号进行分类,如表 4.2 所示。

表 4.2　　　　　　　　　　　Linux 在线手册的区号及类别

区 号	类 别
1	命令,比如 ls、grep、find 等
2	系统调用,比如 open、read、socket 等
3	库调用,比如 fopen、fread 等
4	特殊文件,比如/dev/目录下的文件等
5	文件格式和惯例,比如/etc/passwd 等
6	游戏
7	其他
8	系统管理命令,类似 mount 等只有系统管理员才能执行的命令
9	内核例程(这个区号基本没被使用)

最后介绍使用 man 命令的阅读技巧,即启动 man 命令后,可以通过一些热键进行翻页等操作,如表 4.3 所示。

表 4.3　　　　　　　　　　　man 命令的热键

热 键	作 用
h	显示帮助信息
j	前进一行
k	后退一行
空格或 f	向前翻页
b	向后翻页
g	跳转到手册的第一行
G	跳转到手册的最后一行
?string	向后搜索字符串 string

续表

热 键	作 用
/string	向前搜索字符串 string
r	刷屏
q	退出

4.2.6 其他命令：tar、diff、patch

1. tar 命令

tar 命令具有打包、解包、压缩、解压缩 4 种功能，在本书中使用的频率很高。它常用的压缩、解压缩方式有两种：gzip、bzip2。一般而言，以 ".gz"、"z" 结尾的文件是用 gzip 方式进行压缩的，以 ".bz2" 结尾的文件是用 bzip2 方式进行压缩的，后缀名中有 "tar" 字样时表示这是一个文件包。

tar 命令有 5 个常用的选项。
① "c"：表示创建，用来生成文件包。
② "x"：表示提取，从文件包中提取文件。
③ "z"：使用 gzip 方式进行处理，它与 "c" 结合就表示压缩，与 "x" 结合就表示解压缩。
④ "j"：使用 bzip2 方式进行处理，它与 "c" 结合就表示压缩，与 "x" 结合就表示解压缩。
⑤ "f"：表示文件，后面接着一个文件名。

以例子说明 tar 命令的使用方法。
① 将某个目录 dirA 制作为压缩包。

```
$ tar czf dirA.tar.gz dirA      // 将目录 dirA 压缩为文件包 dirA.tar.gz，以 gzip
方式进行压缩
$ tar cjf dirA.tar.bz2 dirA     // 将目录 dirA 压缩为文件包 dirA.tar.bz2，以 bzip2
方式进行压缩
```

② 将某个压缩包文件 dirA.tar.gz 解开。

```
$ tar xzf dirA.tar.gz      // 在当前目录下解开 dirA.tar.gz，先使用 gzip 方式解压缩，
然后解包
$ tar xjf dirA.tar.bz2     // 在当前目录下解开 dirA.tar.bzip2，先使用 bzip2 方式解压
缩，然后解包
$ tar xzf dirA.tar.gz   -C <dir>  // 将 dirA.tar.gz 解开到<dir>目录下
$ tar xjf dirA.tar.bz2  -C <dir>  // 将 dirA.tar.bz2 解开到<dir>目录下
```

2. diff、patch 命令

diff 命令常用来比较文件、目录，也可以用来制作补丁文件。所谓 "补丁文件" 就是 "修改后的文件" 与 "原始文件" 的差别。

常用的选项如下。

① "-u":表示在比较结果中输出上下文中一些相同的行,这有利于人工定位。
② "-r":表示递归比较各个子目录下的文件。
③ "-N":将不存在的文件当作空文件。
④ "-w":忽略对空格的比较。
⑤ "-B":忽略对空行的比较。

例如:假设 linux-2.6.22.6 目录中是原始的内核,linux-2.6.22.6_ok 目录中是修改过的内核,可以使用以下命令制作补丁文件 linux-2.6.22.6_ok.diff(原始目录在前,修改过的目录在后)。

```
$ diff -urNwB linux-2.6.22.6 linux-2.6.22.6_ok > linux-2.6.22.6_ok.diff
```

由于 linux-2.6.22.6 是标准的代码,可以从网上自由下载,要发布 linux-2.6.22.6_ok 中所做的修改时,只需要提供补丁文件 linux-2.6.22.6_ok.diff(它通常是很小的)。

patch 命令被用来打补丁——就是依据补丁文件来修改原始文件。比如对于上面的例子,可以使用以下命令将补丁文件 linux-2.6.22.6_ok.diff 应用到原始目录 linux-2.6.22.6 上去。假设 linux-2.6.22.6_ok.diff 和 linux-2.6.22.6 位于同一个目录下。

```
$ cd linux-2.6.22.6
$ patch -p1 < ../linux-2.6.22.6_ok.diff
```

patch 命令中最重要的选项是"-pn":补丁文件中指明了要修改的文件的路径,"-pn"表示忽略路径中第 n 个斜线之前的目录。假设 linux-2.6.22.6_ok.diff 中有如下几行:

```
diff -urNwB linux-2.6.22.6/A/B/C.h linux-2.6.22.6_ok/A/B/C.h
--- linux-2.6.22.6/A/B/C.h 2007-08-31 02:21:01.000000000 -0400
+++ linux-2.6.22.6_ok/A/B/C.h   2007-09-20 18:11:46.000000000 -0400
……
```

使用上述命令打补丁时,patch 命令根据"linux-2.6.22.6/A/B/C.h"寻找源文件,"-p1"表示忽略第 1 个斜线之前的目录,所以要修改的源文件是当前目录下的:A/B/C.h。

第 2 篇　ARM9 嵌入式系统基础实例篇

- GPIO 接口
- 存储控制器
- 内存管理单元 MMU
- NAND Flash 控制器
- 中断体系结构
- 系统时钟和定时器
- 通用异步收发器 UART
- I²C 接口
- LCD 控制器
- ADC 和触摸屏接口

第 5 章 GPIO 接口

本章目标

掌握嵌入式开发的步骤：编程、编译、烧写程序、运行

通过 GPIO 的操作了解软件如何控制硬件

5.1 GPIO 硬件介绍

GPIO（General Purpose I/O Ports）意思为通用输入/输出端口，通俗地说，就是一些引脚，可以通过它们输出高低电平或者通过它们读入引脚的状态——是高电平还是低电平。

S3C2410 有 117 个 I/O 端口，共分为 A～H 共 8 组：GPA、GPB、...、GPH。S3C2440 有 130 个 I/O 端口，分为 A～J 共 9 组：GPA、GPB、...、GPJ。可以通过设置寄存器来确定某个引脚用于输入、输出还是其他特殊功能。比如可以设置 GPH6 作为一般的输入、输出引脚，或者用于串口。

GPIO 的操作是所有硬件操作的基础，由此扩展开来可以了解所有硬件的操作，这是底层开发人员必须掌握的。

5.1.1 通过寄存器来操作 GPIO 引脚

既然一个引脚可以用于输入、输出或其他特殊功能，那么一定有寄存器用来选择这些功能；对于输入，一定可以通过读取某个寄存器来确定引脚的电平是高还是低；对于输出，一定可以通过写入某个寄存器来让这个引脚输出高电平或低电平；对于其他特殊功能，则有另外的寄存器来控制它。

对于这几组 GPIO 引脚，它们的寄存器是相似的：GPxCON 用于选择引脚功能，GPxDAT 用于读/写引脚数据；另外，GPxUP 用于确定是否使用内部上拉电阻。x 为 A、B、...、H/J，没有 GPAUP 寄存器。

1. GPxCON 寄存器

从寄存器的名字即可看出，它用于配置（Configure）——选择引脚的功能。
PORT A 与 PORT B~PORT H/J 在功能选择方面有所不同，GPACON 中每一位对应一根引脚(共 23 根引脚)。当某位被设为 0 时,相应引脚为输出引脚,此时我们可以在 GPADAT 中相应位写入 0 或 1 让此引脚输出低电平或高电平;当某位被设为 1 时,相应引脚为地址线或用于地址控制,此时 GPADAT 无用。一般而言 GPACON 通常被设为全 1,以便访问外部存储器件。本章不使用 PORT A。

PORT B~PORT H/J 在寄存器操作方面完全相同。GPxCON 中每两位控制一根引脚:00 表示输入、01 表示输出、10 表示特殊功能、11 保留不用。

2. GPxDAT 寄存器

GPxDAT 用于读/写引脚:当引脚被设为输入时,读此寄存器可知相应引脚的电平状态是高还是低;当引脚被设为输出时,写此寄存器相应位可令此引脚输出高电平或低电平。

3. GPxUP 寄存器

GPxUP:某位为 1 时,相应引脚无内部上拉电阻;为 0 时,相应引脚使用内部上拉电阻。上拉电阻、下拉电阻如图 5.1 所示:

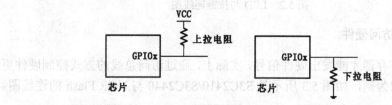

图 5.1 上拉电阻和下拉电阻

上拉电阻、下拉电阻的作用在于,当 GPIO 引脚处于第三态(既不是输出高电平,也不是输出低电平,而是呈高阻态,即相当于没接芯片)时,它的电平状态由上拉电阻、下拉电阻确定。

5.1.2 怎样使用软件来访问硬件

1. 访问单个引脚

单个引脚的操作无外乎 3 种:输出高低电平、检测引脚状态、中断。对某个引脚的操作一般通过读、写寄存器来完成。

比如对于如图 5.2 所示的电路,可以设置 GPBCON 寄存器将 GPB5、GPB6、GPB7 和 GPB8 设为输出功能,然后写 GPBDAT 寄存器的相应位使得这 4 个引脚输出高电平或低电平:输出高电平时,相应的 LED 熄灭;输出低电平时,相应的 LED 点亮。

还可以设置 GPFCON 寄存器将 GPF0、GPF2、GPG3 和 GPG11 设为输入功能,然后通过读出 GPFDAT/GPGDAT 寄存器并判断相应位是 0 还是 1 来确定各个按键是否被按下:某个按键被按下时,相应引脚电平为低,GPFDAT/GPGDAT 寄存器中相应位为 0;否则为 1。

那么,怎么访问这些寄存器呢?通过软件,读写它们的地址。比如,S3C2410 和 S3C2440 的 GPBCON、GPBDAT 寄存器地址都是 0x56000010、0x56000014,可以通过如下的指令让 GPB5 输出低电平,点亮 LED1。

```
#define GPBCON            (*(volatile unsigned long *)0x56000010)
#define GPBDAT            (*(volatile unsigned long *)0x56000014)
#define GPB5_out          (1<<(5*2))
GPBCON = GPB5_out;        // GPB5 引脚设为输出
GPBDAT &= ~(1<<5);        // GPB5 输出低电平
```

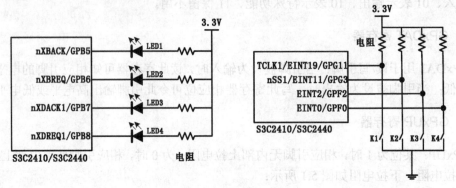

图 5.2　LED 与按键连线图

2．以总线方式访问硬件

并非只能通过寄存器才能发出硬件信号，实际上，通过访问总线的方式控制硬件更常见。以 NOR Flash 的访问为例，如图 5.3 所示是 S3C2410/S3C2440 与 NOR Flash 的连线图。

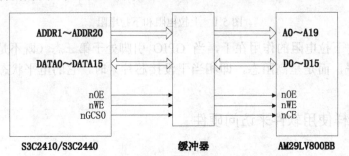

图 5.3　S3C2410/S3C2440 与 NOR Flash 的连线图

图中，缓冲器的作用为提高驱动能力、隔离前后级信号。NOR Flash AM29LV800BB 的片选信号使用 S3C2410/S3C2440 的 nGCS0 信号，当 CPU 发出的地址信号处于 0x00000000～0x07FFFFFF 之间时，nGCS0 信号有效（为低电平），于是 NOR Flash 被选中。这时，CPU 发出的地址信号传到 NOR Flash；进行写操作时，nWE 信号为低，数据信号从 CPU 发给 NOR Flash；进行读操作时，nWE 信号为高，数据信号从 NOR Flash 发给 CPU。如图 5.3 所示的硬件连线决定了读写操作都是以 16 位为单位的。

软件如何发起读写操作呢？下面通过几个实例的代码进行讲解。

【例 5.1】 地址对齐的 16 位读操作。

```
unsigned short * pwAddr = (unsigned short *)0x2;
unsigned short wVal;
wVal = *pwAddr;
```

上述代码就会向 NOR Flash 发起读操作：CPU 发出的读地址为 0x2，则地址总线 ADDR1~ADDR20、A0~A19 的信号都是 1、0、…、0（CPU 的 ADDR0 为 0，不过 ADDR0 没有接到 NOR Flash 上）。NOR Flash 接收到的地址就是 0x1，NOR Flash 在稍后的时间里将此址上的 16 位数据取出，并通过数据总线 D0~D15 发给 CPU。

【例 5.2】 地址不对齐的 16 位读操作。

```
unsigned short * pwAddr = (unsigned short *)0x1;
unsigned short wVal;
wVal = *pwAddr;
```

由于地址为 0x1，不是 2 对齐的，但是 BANK0 的位宽被设为 16，这将导致异常。我们可以设置异常处理函数来处理这种情况。在异常处理函数中，使用 0x0、0x2 发起两次读操作，然后将两个结果组合起来：使用地址 0x0 的两字节数据 D0、D1；再使用地址 0x2 读到 D2、D3；最后，D1、D2 组合成一个 16 位的数返回给 wVal。如果没有设置地址不对齐的异常处理函数，那么上述代码将出错。如果某个 BANK 被的位宽被设为 n，访问此 BANK 时，在总线上永远只会看到地址对齐的 n 位操作。

【例 5.3】 8 位读操作。

```
unsigned char * pucAddr = (unsigned char *)0x6;
unsigned char ucVal;
ucVal = *pucAddr;
```

CPU 首先使用地址 0x6 对 NOR Flash 发起 16 位的读操作，得到两字节的数据，假设为 D0、D1；然后将 D0 取出赋给变量 ucVal。在读操作期间，地址总线 ADDR1~ADDR20、A0~A19 的信号都是 1、1、…、0（CPU 的 ADDR0 为 0，不过 ADDR0 没有接到 NOR Flash 上）。CPU 会自动丢弃 D1。

【例 5.4】 32 位读操作。

```
unsigned int * pdwAddr = (unsigned int *)0x6;
unsigned int udwVal;
udwVal = *pdwAddr;
```

CPU 首先使用地址 0x6 对 NOR Flash 发起 16 位的读操作，得到两字节的数据，假设为 D0、D1；再使用地址 0x8 发起读操作，得到两字节的数据，假设为 D2、D3；最后将这 4 个数据组合后赋给变量 dwVal。

由于 NOR Flash 的特性，使得对 NOR Flash 的写操作比较复杂——比如要先发出特定的地址信号通知 NOR Flash 准备接收数据，然后才发出数据等。不过，其总线上的电信号与软件指令的关系与读操作类似，只是数据的传输方向相反，如例 5.5 所示。

【例 5.5】 16 位写操作。

```
unsigned short * pwAddr = (unsigned short *)0x6;
*pwAddr = 0x1234;
```

CPU 发起一次对 NOR Flash 的写操作，地址总线 ADDR1~ADDR20、A0~A19 的信号都

是 1、1、…、0（CPU 的 ADDR0 为 0，不过 ADDR0 没有接到 NOR Flash 上）；数据总线 DATA0~DATA15、D0~D15 的信号为 0、0、1、0、1、1、0、0、0、1、0、0、1、0、0、0。

由此可见，CPU 使用某个地址进行访问时，这个 32 位的地址值和 ADDR0~ADDR31 一一对应（也许 CPU 没有引出那么多地址信号，比如 S3C2410/S3C2440 只引出了 ADDR0~ADDR26 共 27 根地址线）。外接的设备可以以 8 位、16 位、32 位进行操作——这取决于硬件设计：如果以 8 位进行操作，则数值出现在数据信号 DATA0~DATA7 上；如果以 16 位进行操作，则数值出现在数据信号 DATA0~DATA15 上；如果以 32 位进行操作，则数值出现在数据信号 DATA0~DATA31 上。

5.2 GPIO 操作实例：LED 和按键

从本节开始，将涉及在开发板上运行程序了，下面用几个例子由简到繁地介绍。

首先约定：本文的所有程序均在 hardware 目录下的各级子目录中，生成的可执行文件名为相应目录名的加上后缀 ".bin"，比如 leds 目录下的可执行文件为 leds.bin。

5.2.1 硬件设计

LED 和按键与处理器的电路连接如图 5.2 所示。

5.2.2 程序设计及代码详解

本小节有 3 个实例，通过读写 GPIO 寄存器来驱动 LED、获得按键状态。先使用汇编程序编写一个简单的点亮 LED 的程序，然后使用 C 语言实现了更复杂的功能。

1. 实例 1：使用汇编代码点亮一个 LED

源程序为 /work/hardware/led_on/led_on.S。它只有 7 条指令，只是简单地点亮发光二极管 LED1。本实例的目的是让读者对开发流程有个基本概念。

操作步骤：

（1）把 PC 并口和开发板 JTAG 接口连起来，确保插上 NAND_BOOT 跳线、上电。

（2）进入 led_on 目录后，执行如下命令生成可执行文件 led_on.bin：

```
$ make
```

（3）执行如下命令将 led_on.bin 写入 NAND Flash。

sjf2410.exe、sjf2440.exe 是 Windows 烧写开发板的 JTAG 工具，嵌入式 Linux 下的工具名为 Jflash-s3c2410、Jflash-s3c2440，它们的用法相似，直接执行这些命令就可以看到使用说明。这些工具位于 /work/tools/jtag 目录下，在 Windows 上使用前要先安装驱动程序，它在 /work/tools/jtag/for_windows/jtag_driver 目录下。

以 Windows 下的工具为例。

① 对于 S3C2410，执行以下命令：

```
$ sjf2410.exe /f:led_on.bin /d=5
```

对于 S3C2440，执行以下命令：

```
$ sjf2440.exe /f:led_on.bin /d=5
```

5.2 GPIO 操作实例：LED 和按键

> **注意**　在 Linux 下，Jflash-s3c2410、Jflash-s3c2440 还不支持对 NOR Flash 的操作。幸运的是：使用 JTAG 工具对 NOR Flash 进行烧写只需要进行一次——烧写 U-Boot 时，这时可以借助 Windows 下的工具。另外，使用 Jflash-s3c2410、Jflash-s3c2440 时，要在前面加上 "sudo"。

当出现如图 5.4 所示的提示时，输入 "0" 选择 NAND Flash K9F1208，并回车。

```
[SJF Main Menu]
0:K9S1208 prog      1:28F128J3A prog    2:AM29LV800 Prog    3:Memory Rd/Wr
4:k9f2gxxu0m Program 5:Exit
Select the function to test:0
```

图 5.4　提示 1

② 当出现如图 5.5 所示的提示时，输入 "0" 表示烧写 NAND Flash K9F1208，并回车：

```
[K9S1208 NAND Flash JTAG Programmer]
K9S1208 is detected. ID=0xec76
 0:K9S1208 Program          1:K9S1208 Pr BlkPage    2:Exit
Select the function to test :0
```

图 5.5　提示 2

③ 当出现如图 5.6 所示的提示时，输入 "0" 表示从第 0 块开始烧写，并回车：

```
[SMC(K9S1208V0M) NAND Flash Writing Program]
Source size:0h~23h

Available target block number: 0~4095
Input target block number:0
```

图 5.6　提示 3

④ 当再次出现与步骤②相同的提示时，输入 "2" 并按 "回车" 键退出。

以后不再重复讲述如何烧写程序，直接运行 Jflash-s3c2410 或 Jflash-s3c2440 即可看到提示。

（4）按开发板上的复位键后可看见 LED1 被点亮了。

实例分为 4 个步骤：编写源程序、生成可执行程序、烧写程序、运行程序。

先看看源程序 led_on.S：

```
01 .text
02 .global _start
03 _start:
04         LDR     R0,=0x56000010       @ R0 设为 GPBCON 寄存器。此寄存器
05                                      @ 用于选择端口 B 各引脚的功能
06                                      @ 是输出、是输入、还是其他
07         MOV     R1,# 0x00000400
08         STR     R1,[R0]              @ 设置 GPB5 为输出口，位[11:10]=0b01
09         LDR     R0,=0x56000014       @ R0 设为 GPBDAT 寄存器。此寄存器
10                                      @ 用于读/写端口 B 各引脚的数据
11         MOV     R1,#0x00000000       @ 此值改为 0x00000020,
12                                      @ 可让 LED1 熄灭
13         STR     R1,[R0]              @ GPB5 输出 0，LED1 点亮
```

```
14 MAIN_LOOP:
15          B       MAIN_LOOP
```

程序很简单,第 4、7、8 行 3 条指令用于将 LED1 对应的引脚 GPB5 设成输出引脚;第 9、11、13 行这 3 条指令让这个引脚输出 0;第 15 行的指令是个死循环。

操作步骤(2)中,指令 make 的作用就是编译 led_on.S 源程序。Makefile 的内容如下:

```
01 led_on.bin:led_on.S
02         arm-linux-gcc -g -c -o led_on.o led_on.S
03         arm-linux-ld -Ttext 0x0000000 -g led_on.o -o led_on_elf
04         arm-linux-objcopy -O binary -S led_on_elf led_on.bin
05 clean:
06         rm -f  led_on.bin led_on_elf *.o
```

make 指令比较第 1 行中文件 led_on.bin 和文件 led_on.S 的时间,如果 led_on.S 的时间比 led_on.bin 的时间新(led_on.bin 未生成时,此条件默认成立),则执行第 2、3、4 行的命令重新生成 led_on.bin。也可以不用指令 make,而直接一条一条地执行 2、3、4 行的指令,但是这样效率比较低。

第 2 行的指令是编译,第 3 行是连接,第 4 行是把 ELF 格式的可执行文件 led_on_elf 转换成二进制格式文件 led_on.bin。

执行"make clean"时强制执行第 6 行的删除命令。

> 注意 Makefile 文件中相应的命令行前一定要有一个制表符(TAB)。

汇编语言可读性差,实例 2 用 C 语言来实现了同样的功能,以后的实例也尽量用 C 语言实现。

2. 实例 2:使用 C 语言代码点亮一个 LED

源程序位于/work/hardware/led_on_c 目录下。

C 语言程序执行的第一条指令,并不在 main 函数中。生成一个 C 程序的可执行文件时,编译器通常会在我们的代码中加上几个被称为启动文件的代码——crt1.o、crti.o、crtend.o、crtn.o 等,它们是标准库文件。这些代码设置 C 程序的堆栈等,然后调用 main 函数。它们依赖于操作系统,在裸板上这些代码无法执行,所以需要自己写一个。

这段代码很简单,只有 6 条指令。自己编写的 crt0.S 文件内容如下:

```
01 @************************************************************
02 @ File: crt0.S
03 @ 功能: 通过它转入 C 程序
04 @************************************************************
05
06 .text
07 .global _start
08 _start:
```

```
09              ldr     r0, =0x53000000      @ WATCHDOG 寄存器地址
10              mov     r1, #0x0
11              str     r1, [r0]             @ 写入 0，禁止 WATCHDOG，否则 CPU 会不断重启
12
13              ldr     sp, =1024*4          @ 设置堆栈，注意：不能大于 4KB，因为现在可
用的内存只有 4KB
14                                           @ NAND Flash 中的代码在复位后会移到内部
ram(只有 4KB)
15              bl      main                 @ 调用 C 程序中的 main 函数
16 halt_loop:
17              b       halt_loop
```

它在第 13 行设置好栈指针后，就可以通过第 15 行调用 C 函数 main 了。C 函数执行前，必须设置栈。

现在，可以很容易写出控制 LED 的程序了。main 函数在 led_on_c.c 文件中，代码如下：

```
01 #define GPBCON       (*(volatile unsigned long *)0x56000010)
02 #define GPBDAT       (*(volatile unsigned long *)0x56000014)
03
04 int main()
05 {
06      GPBCON = 0x00000400;       // 设置 GPB5 为输出端口，位[11:10]=0b01
07      GPBDAT = 0x00000000;       // GPB5 输出 0，LED1 点亮
08
09      return 0;
10 }
```

最后来看看 Makefile：

```
01 led_on_c.bin : crt0.S  led_on_c.c
02      arm-linux-gcc -g -c -o crt0.o crt0.S
03      arm-linux-gcc -g -c -o led_on_c.o led_on_c.c
04      arm-linux-ld -Ttext 0x0000000 -g crt0.o led_on_c.o -o led_on_c_elf
05      arm-linux-objcopy -O binary -S led_on_c_elf led_on_c.bin
06      arm-linux-objdump -D -m arm  led_on_c_elf > led_on_c.dis
07 clean:
08      rm -f led_on_c.dis led_on_c.bin led_on_c_elf *.o
```

第 2、3 行分别编译源程序 crt0.S、led_on_c.c（还没有连接）。
第 4 行将编译得到的结果连接起来。
第 5 行把连接得到的 ELF 格式可执行文件 led_on_c_elf 转换成二进制格式文件 led_on_c.bin。
第 6 行将结果转换为汇编码以供查看。

操作步骤如下。

（1）进入 led_on_c 目录后，执行如下命令生成可执行文件 led_on_c.bin：

```
$ make
```

（2）如同上面烧写 led_on.bin 一样，使用 JTAG 工具将 led_on_c.bin 写入 NAND Flash。

（3）按开发板上复位键后可看见 LED1 被点亮了。

目录 leds 中的程序是使用 4 个 LED 从 0～15 轮流计数，操作步骤如下。

（1）进入 leds 目录后执行 make 命令。

（2）烧写程序到 NAND Flash：

```
$ sjf2410.exe /f:leds.bin /d=5
```

或

```
$ sjf2440.exe /f:leds.bin /d=5
```

（3）按开发板上复位键运行。

另外，如果有兴趣，可以使用如下命令看看二进制可执行文件的汇编码：

```
$ arm-linux-objdump -D -b binary -m arm  xxxxx(二进制可执行文件名)
```

3. 实例3：使用按键来控制 LED

目录 /work/hardware/key_led 中的程序功能为：当 K1～K4 中某个按键被按下时，点亮 LED1～LED4 中相应的 LED。

key_led.c 代码如下：

```
01 #define GPBCON      (*(volatile unsigned long *)0x56000010)
02 #define GPBDAT      (*(volatile unsigned long *)0x56000014)
03
04 #define GPFCON      (*(volatile unsigned long *)0x56000050)
05 #define GPFDAT      (*(volatile unsigned long *)0x56000054)
06
07 #define GPGCON      (*(volatile unsigned long *)0x56000060)
08 #define GPGDAT      (*(volatile unsigned long *)0x56000064)
09
10 /*
11  * LED1-4 对应 GPB5、GPB6、GPB7、GPB8
12  */
13 #define GPB5_out    (1<<(5*2))
14 #define GPB6_out    (1<<(6*2))
15 #define GPB7_out    (1<<(7*2))
16 #define GPB8_out    (1<<(8*2))
17
18 /*
```

```
19  * K1-K4 对应 GPG11、GPG3、GPF2、GPF0
20  */
21 #define GPG11_in     ~(3<<(11*2))
22 #define GPG3_in      ~(3<<(3*2))
23 #define GPF2_in      ~(3<<(2*2))
24 #define GPF0_in      ~(3<<(0*2))
25
26 int main()
27 {
28         unsigned long dwDat;
29         // LED~1LED4 对应的 4 根引脚设为输出
30         GPBCON = GPB5_out | GPB6_out | GPB7_out | GPB8_out ;
31
32         // K1~K2 对应的 2 根引脚设为输入
33         GPGCON = GPG11_in & GPG3_in ;
34
35         // K3~K4 对应的 2 根引脚设为输入
36         GPFCON = GPF2_in & GPF0_in ;
37
38         while(1){
39             //若 Kn 为 0(表示按下)，则令 LEDn 为 0(表示点亮)
40             dwDat = GPGDAT;              // 读取 GPG 管脚电平状态
41
42             if (dwDat & (1<<11))         // K1 没有按下
43                 GPBDAT |= (1<<5);        // LED1 熄灭
44             else
45                 GPBDAT &= ~(1<<5);       // LED1 点亮
46
47             if (dwDat & (1<<3))          // K2 没有按下
48                 GPBDAT |= (1<<6);        // LED2 熄灭
49             else
50                 GPBDAT &= ~(1<<6);       // LED2 点亮
51
52             dwDat = GPFDAT;              // 读取 GPF 管脚电平状态
53
54             if (dwDat & (1<<2))          // K3 没有按下
55                 GPBDAT |= (1<<7);        // LED3 熄灭
56             else
57                 GPBDAT &= ~(1<<7);       // LED3 点亮
```

```
58
59            if (dwDat & (1<<0))        // K4 没有按下
60                GPBDAT |= (1<<8);      // LED4 熄灭
61            else
62                GPBDAT &= ~(1<<8);     // LED4 点亮
63        }
64
65    return 0;
66 }
```

第 30 行将 LED1～4 对应的引脚 GPB5～GPB8 设为输出引脚。

第 33 行将 K1、K2 对应的引脚 GPG11、GPG3 设为输入引脚。

第 36 行将 K3、K4 对应的引脚 GPF2、GPF0 设为输入引脚。

下面就是个无穷循环，读取 GPGDAT、GPFDAT 寄存器，从中判断 K1、K2、K3、K4 是否按下，若按下则点亮相应的 LED，否则熄灭相应的 LED。

操作步骤如下。

（1）进入目录 key_led，运行 make 命令生成 key_led.bin。

（2）烧写程序到 NAND Flash：

```
$ sjf2410.exe /f:key_led.bin /d=5
或
$ sjf2440.exe /f:key_led.bin /d=5
```

（3）按下复位键运行程序后，按下、松开按钮 K1～K4 可以看见 LED1～LED4 相应亮灭。

5.2.3 实例测试

本章所有程序的测试方法在上节都有所说明了，在烧写程序时一再强调"烧写到 NAND Flash"中去，这是有原因的：S3C2410、S3C2440 中有被称为"Steppingstone"的 4KB 内部 RAM；当选择从 NAND Flash 启动 CPU 时，CPU 会通过内部的硬件将 NAND Flash 开始的 4KB 字节数据复制到这 4KB 的内部 RAM 中（此时内部 RAM 的起始地址为 0），然后跳到地址 0 开始执行。

通过设置 S3C2410/S3C2440 的 OM1、OM0 引脚，可以选择从 NAND Flash 还是从 NOR Flash 启动。开发板插上 NAND_BOOT 跳线时，CPU 从 NAND Flash 启动；否则从 NOR Flash 启动。NOR Flash 虽然可以像内存一样进行读操作，却不可以像内存一样进行写操作，所以从 NOR Flash 启动时，一般先在代码的开始部分使用汇编指令初始化外接的内存器件（外存），然后将代码复制到外存中，最后跳到外存中继续执行。对于小程序，一般将它烧入 NAND Flash 中，借助 CPU 的内部 RAM 直接运行。

"ARM9 嵌入式系统基础实例篇"的所有实例都是在没有操作系统的裸板上运行的，只能通过 JTAG 工具烧写。

Windows、Linux 下的 JTAG 工具使用相似，直接运行它们即可看到使用方法，此处不再赘述。

第6章 存储控制器

本章目标

☐ 了解 S3C2410/S3C2440 地址空间的布局
☐ 掌握如何通过总线形式访问扩展的外设，比如内存、NOR Flash、网卡等

总线的使用方法是嵌入式底层开发的基础，了解它之后，再根据外设的具体特性，就可以驱动该外设了。

6.1 使用存储控制器访问外设的原理

6.1.1 S3C2410/S3C2440 的地址空间

S3C2410/S3C2440 的"存储控制器"提供了访问外部设备所需的信号，它有如下特性：

- 支持小字节序、大字节序（通过软件选择）；
- 每个 BANK 的地址空间为 128MB，总共 1GB（8 BANKs）；
- 可编程控制的总线位宽（8/16/32-bit），不过 BANK0 只能选择两种位宽（16/32-bit）；
- 总共 8 个 BANK，BANK0~BANK 5 可以支持外接 ROM、SRAM 等，BANK6~BANK7 除可以支持 ROM、SRAM 外，还支持 SDRAM 等；
- BANK0~BANK6 共 7 个 BANK 的起始地址是固定的；
- BANK7 的起始地址可编程选择；
- BANK6、BANK7 的地址空间大小是可编程控制的；
- 每个 BANK 的访问周期均可编程控制；
- 可以通过外部的"wait"信号延长总线的访问周期；
- 在外接 SDRAM 时，支持自刷新（self-refresh）和省电模式（power down mode）。

S3C2410/S3C2440 对外引出的 27 根地址线 ADDR0~ADDR26 的访问范围只有 128MB，那么如何达到上面所说的 1GB 的访问空间呢？CPU 对外还引出了 8 根片选信号 nGCS0~nGCS7，对应于 BANK0~BANK7，当访问 BANKx 的地址空间时，nGCSx 引脚输出低电平用来选中外接的设备。这样，每个 nGCSx 对应 128MB 地址空间，8 个 nGCSx 信号总共就对应了 1GB 的地址空间。这 8 个 BANK 的地址空间如图 6.1 所示。

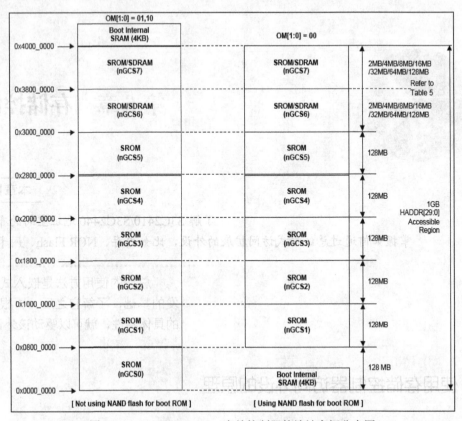

图 6.1　S3C2410/S3C2440 存储控制器的地址空间分布图

如图 6.1 所示，左边对应不使用 NAND Flash 作为启动设备（单板上不接 NAND_BOOT 跳线）时的地址空间布局，右边对应使用 NAND Flash 作为启动设备（单板上接 NAND_BOOT 跳线）时的地址空间布局。

S3C2410/S3C2440 作为 32 位的 CPU，可以使用的地址范围理论上达到 4GB。除去上述用于连接外设的 1GB 地址空间外，还有一部分是 CPU 内部寄存器的地址，剩下的地址空间没有使用。

> 注意　这里说的是物理地址。

S3C2410/S3C2440 的寄存器地址范围都处于 0x4800000~0x5FFFFFFF，各功能部件的寄存器大体相同，如表 6.1 所示。

表 6.1　　S3C2410/S3C2440 功能部件的寄存器地址范围对照表

功能部件	S3C2410		S3C2440	
	起始地址	结束地址	起始地址	结束地址
存储控制器	0x48000000	0x48000030	0x48000000	0x48000030
USB Host 控制器	0x49000000	0x49000058	-	-
中断控制器	0x4A000000	0x4A00001C		

续表

功能部件	S3C2410 起始地址	S3C2410 结束地址	S3C2440 起始地址	S3C2440 结束地址
DMA	0x4B000000	0x4B0000E0	-	-
时钟和电源管理	0x4C000000	0x4C000014	-	0x4C000018
LCD 控制器	0x4D000000	0x4D000060	-	-
NAND Flash 控制器	0x4E000000	0x4E000014	-	0x4E00003C
摄像头接口	无	无	0x4F000000	0x4F0000A0
UART	0x50000000	0x50008028	-	-
脉宽调制计时器	0x51000000	0x51000040	-	-
USB 设备	0x52000140	0x5200026F	-	-
WATCHDOG 计时器	0x53000000	0x53000008	-	-
IIC 控制器	0x54000000	0x5400000C	-	0x54000010
IIS 控制器	0x55000000	0x55000012	-	-
I/O 端口	0x56000000	0x560000B0	-	0x560000CC
实时时钟 RTC	0x57000040	0x5700008B	-	-
A/D 转换器	0x58000000	0x58000010	-	0x58000014
SPI	0x59000000	0x59000034	-	-
SD 接口	0x5A000000	0x5A000040	-	0x5A000043
AC97 音频编码接口	无	无	0x5B000000	0x5B00001C

注："-"表示 S3C2440 的寄存器地址与 S3C2410 相同；"无"表示没有相应功能部件。

6.1.2 存储控制器与外设的关系

本书所用开发板使用了存储控制器的 BANK0~BANK6，分别外接了如下设备：NOR Flash、IDE 接口、10M 网卡 CS8900A、100M 网卡 DM9000、扩展串口芯片 16C2550、SDRAM，连线方式如图 6.2 所示。

根据图 6.1 可以知道各个 BANK 的起始地址，但还需要结合图 6.2 中用到的地址线才能确定相关外设的访问地址。这些地址线所确定的地址值，再加上这个 BANK 的起始地址，就是这个外设的访问地址。

选一个相对复杂的 BANK——扩展串口作为例子。

（1）它使用 nGCS5，起始地址为 0x28000000。

（2）nCSA=ADDR24 || nGCS5，nCSB = !ADDR24 || nGCS5。当 ADDR24 和 nGCS5 均为低电平时选中扩展串口 A；当 ADDR24 为高电平、nGCS5 为低电平时选中扩展串口 B。

（3）CPU 的 ADDR0~ADDR2 连接到扩展串口的 A0~A2，所以访问空间为 8 字节。

综上所述，扩展串口 A 的访问空间为：0x28000000~0x28000007；扩展串口 B 的访问空间为：0x29000000~0x29000007（bit24 为 1）。

第 6 章 存储控制器

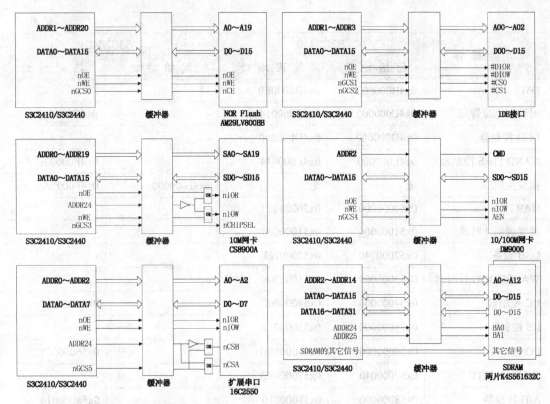

图 6.2　S3C2410/S3C2440 与外设的连线图

BANK0~BANK5 的连接方式都是相似的，BANK6 连接 SDRAM 时复杂一点，CPU 提供了一组用于 SDRAM 的信号。

- SDRAM 时钟有效信号 SCKE；
- SDRAM 时钟信号 SCLK0/SCLK1；
- 数据掩码信号 DQM0/DQM1/DQM2/DQM3；
- SDRAM 片选信号 nSCS0（它与 nGCS6 是同一引脚的两个功能）；
- SDRAM 行地址选通脉冲信号 nSRAS；
- SDRAM 列地址选通脉冲信号 nSCAS；
- 写允许信号 nWE（它不是专用于 SDRAM 的）。

SDRAM 的内部是一个存储阵列，阵列就如同表格一样，将数据"填"进去。和表格的检索原理一样，先指定一个行（Row），再指定一个列（Column），就可以准确地找到所需要的单元格，这就是 SDRAM 寻址的基本原理。这个单元格被称为存储单元，这个表格（存储阵列）就是逻辑 Bank（Logical Bank，下文简称 L-Bank），SDRAM 一般含有 4 个 L-Bank。SDRAM 的逻辑结构如图 6.3 所示。

可以想象，对 SDRAM 的访问可以分为如下 4

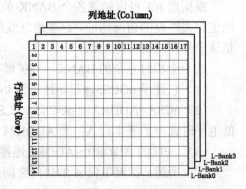

图 6.3　SDRAM 存储结构逻辑图

个步骤。

（1）CPU 发出的片选信号 nSCS0 有效，它选中 SDRAM 芯片。

（2）SDRAM 中有 4 个 L-Bank，需要两根地址信号来选中其中一个，从图 6.2 可知使用 ADDR24、ADDR25 作为 L-Bank 的选择信号。

（3）对被选中的芯片进行统一的行/列（存储单元）寻址。

根据 SDRAM 芯片的列地址线数目设置 CPU 的相关寄存器后，CPU 就会从 32 位的地址中自动分出 L-Bank 选择信号、行地址信号、列地址信号，然后先后发出行地址信号、列地址信号。L-Bank 选择信号在发出行地址信号的同时发出，并维持到列地址信号结束。

在图 6.2 中，行地址、列地址共用地址线 ADDR2～ADDR14（BANK6 位宽为 32，ADDR0/1 没有使用），使用 nSRAS、nSCAS 两个信号来区分它们。比如本开发板中，使用两根地址线 ADDR24、ADDR25 作为 L-Bank 的选择信号；SDRAM 芯片 K4S561632 的行地址数为 13，列地址数为 9，所以当 nSRAS 信号有效时，ADDR2～ADDR14 上发出的是行地址信号，它对应 32 位地址空间的 bit[23:11]；当 nSCAS 信号有效时，ADDR2～ADDR10 上发出的是列地址信号，它对应 32 位地址空间的 bit[10:2]；由于图 6.2 中 BANK6 以 32 位的宽度外接 SDRAM，ADDR0、ADDR1 恒为 0，不参与译码。

（4）找到了存储单元后，被选中的芯片就要进行统一的数据传输了。

开发板中使用两片 16 位的 SDRAM 芯片并联组成 32 位的位宽，与 CPU 的 32 根数据线（DATA0～DATA31）相连。

BANK6 的起始地址为 0x30000000，所以 SDRAM 的访问地址为 0x30000000～0x33FFFFFF，共 64MB。

对图 6.2 中连接的外设，它们的访问地址（物理地址）如表 6.2 所示。

表 6.2　　　　　　　　　　　　存储控制器所接外设的访问地址

BANKx	外设名称	起始地址	结束地址	大小（字节）	位宽
BANK0	NOR Flash	0x00000000	0x001FFFFF	2M	16
BANK1	IDE 接口命令块寄存器	0x08000000	0x0800000F	16	16
BANK2	IDE 接口控制块寄存器	0x10000000	0x1000000F	16	16
BANK3	10M 网卡 CS8900A	0x19000000	0x190FFFFF	1M	16
BANK4	10/100M 网卡 DM9000	只有两个地址 0x20000000 和 0x20000004			16
BANK5	扩展串口 A	0x28000000	0x28000007	8	8
BANK5	扩展串口 B	0x29000000	0x29000007	8	8
BANK6	SDRAM	0x30000000	0x33FFFFFF	64M	32

注：10M 网卡 CS8900A 使用 nIOR、nIOW 作为读/写使能信号时，ADDR24 必须为 1。

6.1.3　存储控制器的寄存器使用方法

存储控制器共有 13 个寄存器，BANK0～BANK5 只需要设置 BWSCON 和 BANKCONx（x 为 0～5）两个寄存器；BANK6、BANK7 外接 SDRAM 时，除 BWSCON 和 BANKCONx

(x 为 6、7）外，还要设置 REFRESH、BANKSIZE、MRSRB6、MRSRB7 等 4 个寄存器。下面分类说明（"[y:x]"表示占据了寄存器的位 x、x+1、……、y）：

1. 位宽和等待控制寄存器 BWSCON（BUS WIDTH & WAIT CONTROL REGISTER）

BWSCON 中每 4 位控制一个 BANK，最高 4 位对应 BANK7、接下来 4 位对应 BANK6，依此类推。

（1）STx：启动/禁止 SDRAM 的数据掩码引脚，对于 SDRAM，此位为 0；对于 SRAM，此位为 1。

（2）WSx：是否使用存储器的 WAIT 信号，通常设为 0。

（3）DWx：使用两位来设置相应 BANK 的位宽，0b00 对应 8 位，0b01 对应 16 位，0b10 对应 32 位，0b11 表示保留。

比较特殊的是 BANK0，它没有 ST0 和 WS0，DW0（[2:1]）只读——由硬件跳线决定：0b01 表示 16 位，0b10 表示 32 位，BANK0 只支持 16、32 两种位宽。

对于本开发板，没有使用 BANK7，根据表 6.2 可以确定 BWSCON 寄存器的值为：0x22011110。

2. BANK 控制寄存器 BANKCONx（BANK CONTROL REGISTER，x 为 0~5）

这几个寄存器用来控制 BANK0~BANK5 外接设备的访问时序，使用默认的 0x0700 即可满足本开发板所接各外设的要求。

3. BANK 控制寄存器 BANKCONx（BANK CONTROL REGISTER，x 为 6~7）

在 8 个 BANK 中，只有 BANK6 和 BANK7 可以外接 SRAM 或 SDRAM，所以 BANKCON6~BANKCON7 与 BANKCON0~BANK5 有点不同。

（1）MT（[16:15]）：用于设置本 BANK 外接的是 ROM/SRAM 还是 SDRAM。SRAM-0b00，SDRAM-0b11。

当 MT=0b00 时，此寄存器与 BANKCON0~BANKCON5 类似，不再赘述。

当 MT=0b11 时，此寄存器其他值如下设置。

（2）Trcd（[3:2]）：RAS to CAS delay，设为推荐值 0b01。

（3）SCAN（[1:0]）：SDRAM 的列地址位数，对于本开发板使用的 SDRAM K4S561632，列地址位数为 9，所以 SCAN = 0b01。如果使用其他型号的 SDRAM，需要查看其数据手册来决定 SCAN 的取值。0b00 表示 8 位，0b01 表示 9 位，0b10 表示 10 位。

综上所述，本开发板中 BANKCON6/7 均设为 0x00018005。

4. 刷新控制寄存器 REFRESH（REFRESH CONTROL REGISTER）：设为 0x008C0000 + R_CNT

（1）REFEN（[23]）：0 = 禁止 SDRAM 的刷新功能，1 = 开启 SDRAM 的刷新功能。

（2）TREFMD（[22]）：SDRAM 的刷新模式，0 = CBR/Auto Refresh，1 = Self Refresh（一般在系统休眠时使用）。

（3）Trp([21:20])：设为 0 即可。
（4）Tsrc([19:18])：设为默认值 0b11 即可。
（5）Refresh Counter([10:0])：即上述的 R_CNT。
R_CNT 可如下计算（SDRAM 时钟频率就是 HCLK）：

```
R_CNT = 2^11 + 1 - SDRAM 时钟频率(MHz) * SDRAM 刷新周期(uS)
```

SDRAM 的刷新周期在 SDRAM 的数据手册上有标明，在本开发板使用的 SDRAM K4S561632 的数据手册上，可看见这么一行 "64ms refresh period (8K Cycle)"。所以，刷新周期 = 64ms/8192 = 7.8125 µs。

在未使用 PLL 时，SDRAM 时钟频率等于晶振频率 12MHz。

现在可以计算：R_CNT = 2^11 + 1 −12 * 7.8125 = 1955。

所以，在未使用 PLL 时，REFRESH = 0x008C0000 + 1955 = 0x008C07A3。

5. BANKSIZE 寄存器 REFRESH（BANKSIZE REGISTER）

（1）BURST_EN([7])。
　　0 = ARM 核禁止突发传输，1 = ARM 核支持突发传输。
（2）SCKE_EN([5])。
　　0 = 不使用 SCKE 信号令 SDRAM 进入省电模式，1=使用 SCKE 信号令 SDRAM 进入省电模式。
（3）SCLK_EN([4])。
　　0 = 时刻发出 SCLK 信号，1 = 仅在访问 SDRAM 期间发出 SCLK 信号（推荐）。
（4）BK76MAP([2:0])：设置 BANK6/7 的大小。

BANK6/7 对应的地址空间与 BANK0～5 不同。BANK0～5 的地址空间大小都是固定的 128MB，地址范围是（x*128M）到（x+1)*128M−1，x 表示 0 到 5。BANK6/7 的大小是可变的，以保持这两个空间的地址连续，即 BANK7 的起始地址会随它们的大小变化。BK76MAP 的取值意义如下：

```
0b010 = 128MB/128MB，0b001 = 64MB/64MB，0b000 = 32M/32M，
0b111 = 16M/16M，0b110 = 8M/8M，0b101 = 4M/4M，0b100 = 2M/2M
```

本开发板 BANK6 外接 64MB 的 SDRAM，令[2:0]=0b001（64M/64M），表示 BANK6/7 的容量都是 64MB，虽然 BANK7 没有使用。

综上所述，本开发板 BANKSIZE 寄存器的值可算得 0xB1。

6. SDRAM 模式设置寄存器 MRSRBx（SDRAM MODE REGISTER SET REGISTER，x 为 6～7）

能修改的只有位 CL([6:4])，这是 SDRAM 时序的一个时间参数：

```
[work]0b000 = 1 clock，0b010 = 2 clocks，0b011=3 clocks
```

SDRAM K4S561632 不支持 CL = 1 的情况，所以位[6:4]取值为 0b010（CL = 2）或 0b011（CL = 3）。本开发板取最保守的值 0b011，所以 MRSRB6/7 的值为 0x30。

6.2 存储控制器操作实例：使用 SDRAM

6.2.1 代码详解及程序的复制、跳转过程

从 NAND Flash 启动 CPU 时，CPU 会通过内部的硬件将 NAND Flash 开始的 4KB 数据复制到称为 "Steppingstone" 的 4KB 的内部 RAM 中（起始地址为 0），然后跳到地址 0 开始执行。

本实例先使用汇编语言设置好存储控制器，使外接的 SDRAM 可用；然后把程序本身从 Steppingstone 复制到 SDRAM 处；最后跳到 SDRAM 中执行。

源代码在/work/hardware/sdram 目录中，包含两个文件 head.S、leds.c。其中 leds.c 和第 5 章中的 leds 的代码完全一样，也是让 4 个 LED 从 0～15 轮流计数。

重点在 head.S，它的作用是设置 SDRAM，将程序复制到 SDRAM，然后跳到 SDRAM 继续执行。head.S 的代码如下：

```
01  @************************************************************
02  @ File: head.S
03  @ 功能: 设置SDRAM，将程序复制到SDRAM，然后跳到SDRAM继续执行
04  @************************************************************
05
06  .equ        MEM_CTL_BASE,       0x48000000
07  .equ        SDRAM_BASE,         0x30000000
08
09  .text
10  .global _start
11  _start:
12      bl   disable_watch_dog              @ 关闭WATCHDOG，否则CPU会不断重启
13      bl   memsetup                       @ 设置存储控制器
14      bl   copy_steppingstone_to_sdram    @ 复制代码到SDRAM中
15      ldr  pc, =on_sdram                  @ 跳到SDRAM中继续执行
16  on_sdram:
17      ldr  sp, =0x34000000                @ 设置栈
18      bl   main
19  halt_loop:
20      b    halt_loop
21
22  disable_watch_dog:
23      @ 往WATCHDOG寄存器写0即可
24      mov  r1,    #0x53000000
```

```
25      mov r2,     #0x0
26      str r2,     [r1]
27      mov pc,     lr      @ 返回
28
29 copy_steppingstone_to_sdram:
30      @ 将 Steppingstone 的 4KB 数据全部复制到 SDRAM 中去
31      @ Steppingstone 起始地址为 0x00000000,SDRAM 中起始地址为 0x30000000
32
33      mov r1, #0
34      ldr r2, =SDRAM_BASE
35      mov r3, #4*1024
36 1:
37      ldr r4, [r1],#4     @ 从 Steppingstone 读取 4 字节的数据,并让源地址加 4
38      str r4, [r2],#4     @ 将此 4 字节的数据复制到 SDRAM 中,并让目地地址加 4
39      cmp r1, r3          @ 判断是否完成:源地址等于 Steppingstone 的末地址?
40      bne 1b              @ 若没有复制完,继续
41      mov pc,     lr      @ 返回
42
43 memsetup:
44      @ 设置存储控制器以便使用 SDRAM 等外设
45
46      mov r1,     #MEM_CTL_BASE       @ 存储控制器的 13 个寄存器的开始地址
47      adrl    r2, mem_cfg_val         @ 这 13 个值的起始存储地址
48      add r3,     r1, #52             @ 13*4 = 52
49 1:
50      ldr r4,     [r2], #4            @ 读取设置值,并让 r2 加 4
51      str r4,     [r1], #4            @ 将此值写入寄存器,并让 r1 加 4
52      cmp r1,     r3                  @ 判断是否设置完所有 13 个寄存器
53      bne 1b                          @ 若没有写成,继续
54      mov pc,     lr                  @ 返回
55
56
57 .align 4
58 mem_cfg_val:
59      @ 存储控制器 13 个寄存器的设置值
60      .long   0x22011110      @ BWSCON
61      .long   0x00000700      @ BANKCON0
62      .long   0x00000700      @ BANKCON1
63      .long   0x00000700      @ BANKCON2
```

```
64          .long   0x00000700      @ BANKCON3
65          .long   0x00000700      @ BANKCON4
66          .long   0x00000700      @ BANKCON5
67          .long   0x00018005      @ BANKCON6
68          .long   0x00018005      @ BANKCON7
69          .long   0x008C07A3      @ REFRESH
70          .long   0x000000B1      @ BANKSIZE
71          .long   0x00000030      @ MRSRB6
72          .long   0x00000030      @ MRSRB7
```

第12~18行是程序的主体，为了使得程序结构明了，主要使用了函数调用的方式。

（1）第12行禁止WATCHDOG，否则WATCHDOG会不断地重启系统。往WTCON寄存器（地址0x53000000）写入0即可禁止WATCHDOG。

（2）第13行设置存储控制器的13个寄存器，以便使用SDRAM。

（3）第14行将Steppingstone中的代码复制到SDRAM中（起始地址为0x30000000）。

（4）第15行向pc寄存器直接赋值跳到SDRAM中执行下一条指令"ldr sp,=0x34000000"。

（5）第17行设置栈，调用C函数之前必须设好栈。

（6）第18行调用C函数main。

程序是如何从Steppingstone跳到SDRAM中去执行的呢？

这是通过第15行的"ldr pc,=on_sdram"指令来完成的。程序标号"on_sdram"这个地址值在连接程序时被确定为0x30000010（这是SDRAM的地址），执行"ldr pc,=on_sdram"后，程序一下子就跳到SDRAM中去了。

"on_sdram"这个地址值为什么等于0x30000010？

Makefile中连接程序的命令为"arm-linux-ld -Ttext 0x30000000 head.o sdram.o -o sdram_elf"，意思就是代码段的起始地址为0x30000000，即程序的第一条指令（第12行）的连接地址为0x30000000，第二条指令（第13行）的连接地址为0x30000004，…，第五条指令（第17行）的连接地址为0x30000010，其程序标号"on_sdram"的值即为0x30000010。

虽然第12~14行指令的连接地址都在SDRAM中，但是由于它们都是位置无关的相对跳转指令，所以可以在Steppingstone里执行。

Makefile如下（注意第4行，"-Ttext 0x30000000"指定了代码段的起始地址）：

```
01 sdram.bin : head.S leds.c
02      arm-linux-gcc -c -o head.o head.S
03      arm-linux-gcc -c -o leds.o leds.c
04      arm-linux-ld -Ttext 0x30000000 head.o leds.o -o sdram_elf
05      arm-linux-objcopy -O binary -S sdram_elf sdram.bin
06      arm-linux-objdump -D -m arm  sdram_elf > sdram.dis
07 clean:
08      rm -f   sdram.dis sdram.bin sdram_elf *.o
```

为了更形象地了解本程序，下面用图6.4来演示程序的复制、跳转过程。

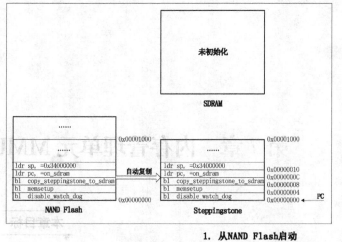

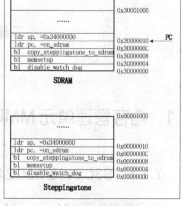

图 6.4　程序从 Steppingstone 到 SDRAM 的执行过程

6.2.2　实例测试

在 sdram 目录下执行 make 指令生成可执行文件 sdram.bin 后，下载到板子上运行。可以发现与 leds 程序相比，LED 闪烁得更慢，原因是外部 SDRAM 的性能比内部 SRAM 差一些。

把程序从性能更好的内部 SRAM 移到外部 SDRAM 中去，是否多此一举呢？内部 SRAM 只有 4KB 大小，如果程序大于 4KB，那么就不能指望完全利用内部 SRAM 来运行了，得想办法把存储在 NAND Flash 中的代码复制到 SDRAM 中去。对于 NAND Flash 中的前 4KB，芯片自动把它复制到内部 SRAM 中，可以很轻松地再把它复制到 SDRAM 中（实验代码中的函数 copy_steppingstone_to_sdram 就有此功能），要复制 4KB 后面的代码需要使用 NAND Flash 控制器来读取 NAND Flash，这是第 8 章的内容。

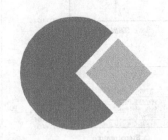

第 7 章 内存管理单元 MMU

本章目标

- 了解虚拟地址和物理地址的关系
- 掌握如何通过设置 MMU 来控制虚拟地址到物理地址的转化
- 了解 MMU 的内存访问权限机制
- 了解 TLB、Cache、Write buffer 的原理，使用时的注意事项
- 通过实例深刻掌握上述要点

7.1 内存管理单元 MMU 介绍

7.1.1 S3C2410/S3C2440 MMU 特性

内存管理单元（Memory Management Unit）简称 MMU，它负责虚拟地址到物理地址的映射，并提供硬件机制的内存访问权限检查。现代的多用户多进程操作系统通过 MMU 使得各个用户进程都拥有自己独立的地址空间：地址映射功能使得各进程拥有"看起来"一样的地址空间，而内存访问权限的检查可以保护每个进程所用的内存不会被其他进程破坏。

S3C2410/S3C2440 有如下特性。

- 与 ARM V4 兼容的映射长度、域、访问权限检查机制。
- 4 种映射长度：段（1MB）、大页（64kB）、小页（4kB）、极小页（1kB）。
- 对每段都可以设置访问权限。
- 大页、小页的每个子页（sub-page，即被映射页的 1/4）都可以单独设置访问权限。
- 硬件实现的 16 个域。
- 指令 TLB（含 64 个条目）、数据 TLB（含 64 个条目）。
- 硬件访问页表（地址映射、权限检查由硬件自动进行）。
- TLB 中条目的替换采用 round-robin 算法（也称 cyclic 算法）。
- 可以使无效整个 TLB。
- 可以单独使无效某个 TLB 条目。
- 可以在 TLB 中锁定某个条目，指令 TLB、数据 TLB 互相独立。

本章的重点在于地址映射：页表的结构与建立、映射的过程，对于访问权限、TLB、Cache 只粗略介绍。

7.1.2 S3C2410/S3C2440 MMU 地址变换过程

1. 地址的分类

以前的程序是非常小的，可以全部装入内存中。随着技术的发展，出现了以下两种情况。
（1）有的程序很大，它所要求的内存空间超过了内存总容量，不能一次性装入内存；
（2）多道系统中有很多程序需要同时执行，它们要求的内存空间超过了内存总容量，不能把所有程序全部装入内存。

实际上，一个程序在运行之前，没有必要全部装入内存，而仅需要将那些当前要运行的部分先装入内存，其余部分在用到时再从磁盘调入，而当内存耗光时再将暂时不用的部分调出到磁盘。这使得一个大程序可以在较小的内存空间中运行，也使得内存中可以同时装入更多的程序并发执行，从用户的角度看，该系统所具有的内存容量将比实际内存容量大得多，人们把这样的存储器称为虚拟存储器。

虚拟存储器从逻辑上对内存容量进行了扩充，用户看到的大容量只是一种感觉，是虚的，在 32 位的 CPU 系统中，这个虚拟内存地址范围为 0～0xFFFFFFFF，我们把这个地址范围称为虚拟地址空间，其中的某个地址称为虚拟地址。与虚拟地址空间、虚拟地址对应的是物理地址空间、物理地址，它们对应实际的内存。

虚拟地址最终需要转换为物理地址才能读写实际的数据，这通过将虚拟地址空间、物理地址空间划分为同样大小的一块块小空间（称为段或页），然后为这两类小空间建立映射关系。由于虚拟地址空间远大于物理空间，有可能多块虚拟地址空间映射到同一块物理地址空间，或者有些虚拟地址空间没有映射到具体的物理地址空间上去（可以在使用到时再映射）。如图 7.1 所示为这些映射关系。

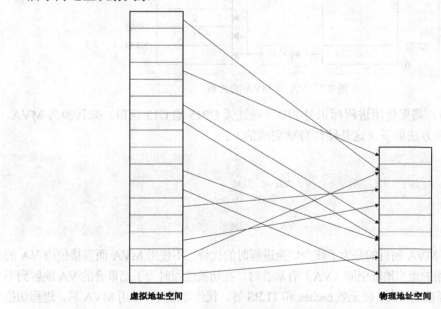

图 7.1 虚拟地址空间和物理地址空间的映射

第 7 章 内存管理单元 MMU

ARM CPU 上的地址转换过程涉及 3 个概念：虚拟地址（VA，Virtual Address）、变换后的虚拟地址（MVA，Modified Virtual Address）、物理地址（PA，Physical Address）。

没启动 MMU 时，CPU 核、cache、MMU、外设等所有部件使用的都是物理地址。

启动 MMU 后，CPU 核对外发出虚拟地址 VA；VA 被转换为 MVA 供 cache、MMU 使用，在这里 MVA 被转换为 PA；最后使用 PA 读写实际设备（S3C2410/S3C2440 内部寄存器或外接的设备）：

（1）CPU 核看到的、用到的只是虚拟地址 VA，至于 VA 如何最终落实到物理地址 PA 上，CPU 核是不理会的。

（2）而 caches 和 MMU 也是看不见 VA 的，它们利用由 MVA 转换得到 PA。

（3）实际设备看不到 VA、MVA，读写它们时使用的是物理地址 PA。

MVA 是除 CPU 核外的其他部分看见的虚拟地址，VA 与 MVA 之间的变换关系如图 7.2 所示。

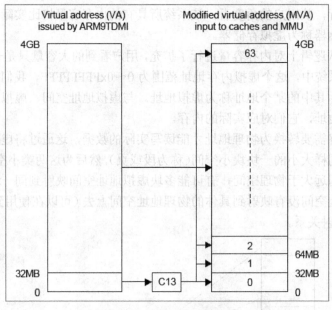

图 7.2 VA 与 MVA 的关系

如果 VA<32M，需要使用进程标识号 PID（通过读 CP15 的 C13 获得）来转换为 MVA。VA 与 MVA 的转换方法如下（这是硬件自动完成的）：

```
if(VA < 32M) then
    MVA = VA | (PID << 25)        // VA < 32M
else
    MVA = VA                      // VA >= 32M
```

利用 PID 生成 MVA 的目的是为了减少切换进程时的代价：不使用 MVA 而直接使用 VA 的话，当两个进程所用的虚拟地址空间（VA）有重叠时，在切换进程时为了把重叠的 VA 映射到不同的 PA 上去，需要重建页表、使无效 caches 和 TLBS 等，代价非常大。使用 MVA 后，进程切换就省事多了：假设两个进程 1、2 运行时的 VA 都是 0～（32M-1），但是它们的 MVA 并不重叠，分别是 0x02000000～0x03ffffff、0x04000000～0x05ffffff，这样就不必进行重建页表等工作了。

下面说到的虚拟地址，若没有特别指出，就是指 MVA。

2. 虚拟地址到物理地址的转换过程

将一个虚拟地址转换为物理地址，一般有两个办法：用一个确定的数学公式进行转换或用表格存储虚拟地址对应的物理地址。这类表格称为页表（Page table），页表由一个个条目（Entry）组成；每个条目存储了一段虚拟地址对应的物理地址及其访问权限，或者下一级页表的地址。

在 ARM CPU 中使用第二种方法。S3C2410/S3C2440 最多会用到两级页表：以段（Section，1MB）的方式进行转换时只用到一级页表，以页（Page）的方式进行转换时用到两级页表。页的大小有 3 种：大页（64KB）、小页（4KB）、极小页（1KB）。条目也称为"描述符"（Descriptor），有：段描述符、大页描述符、小页描述符、极小页描述符——它们保存段、大页、小页或极小页的起始物理地址；粗页表描述符、细页表描述符——它们保存二级页表的物理地址。

大概的转换过程如下，请参考图 7.3、图 7.4（图 7.3 是通用的转换过程，图 7.4 是针对 ARM CPU 细化的转换过程）：

（1）根据给定的虚拟地址找到一级页表中的条目；
（2）如果此条目是段描述符，则返回物理地址，转换结束；
（3）否则如果此条目是二级页表描述符，继续利用虚拟地址在此二级页表中找到下一个条目；
（4）如果这第二个条目是页描述符，则返回物理地址，转换结束；
（5）其他情况出错。

1. 只有一级页表的地址变换流程

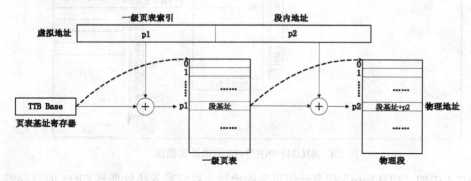

2. 具有两级页表的地址变换流程

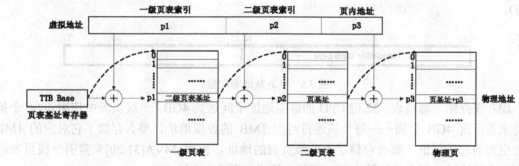

图 7.3　使用页表的地址转换图

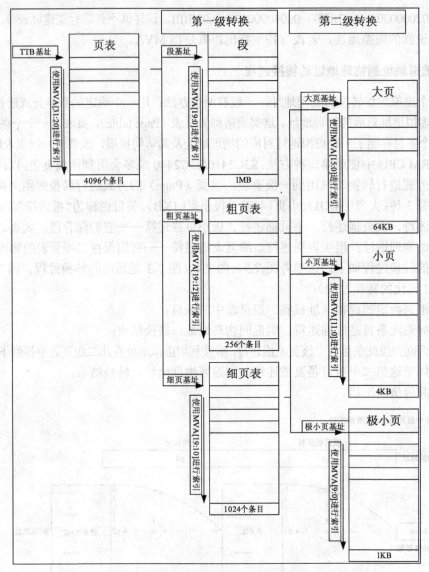

图 7.4　S3C2410/S3C2440 的地址转换图

图 7.3/7.4 中的 "TTB base" 代表一级页表的地址，将它写入协处理器 CP15 的寄存器 C2（称为页表基址寄存器）即可，如图 7.5 所示，一级页表的地址必须是 16K 对齐的（位[14:0] 为 0）。

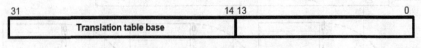

图 7.5　页表基址寄存器

现在先介绍一级页表。32 位 CPU 的虚拟地址空间达到 4GB，一级页表中使用 4096 个描述符来表示这 4GB 空间——每个描述符对应 1MB 的虚拟地址，要么存储了它对应的 1MB 物理空间的起始地址，要么存储了下一级页表的地址。使用 MVA[31:20] 来索引一级页表，得到一个描述符，每个描述符占据 4 字节，格式如图 7.6 所示。

7.1 内存管理单元 MMU 介绍

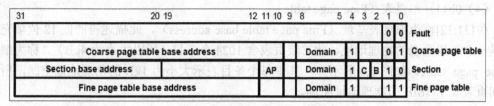

图 7.6 一级页表的描述符格式

根据一级描述符的最低两位，可分为以下 4 种。

（1）0b00：无效。

（2）0b01：粗页表（Coarse page table）。

位[31:10]称为粗页表基址（Coarse page table base address），此描述符的低 10 位填充 0 后就是一个二级页表的物理地址。此二级页表含 256 个条目（所以大小为 1KB），称为粗页表（Coarse page table，见图 7.4）。其中每个条目表示大小为 4KB 的物理地址空间，所以一个粗页表表示 1MB 的物理地址空间。

（3）0b10：段（Section）。

位[31:20]称为段基址（Section base），此描述符的低 20 位填充 0 后就是一块 1MB 物理地址空间的起始地址。MVA[19:0]用来在这 1MB 空间中寻址。所以，描述符的位[31:20]和 MVA[19:0]就构成了这个虚拟地址 MVA 对应的物理地址。

以段的方式进行映射时，虚拟地址 MVA 到物理地址 PA 的转换过程如下（参考图 7.7）。

① 页表基址寄存器位[31:14]和 MVA[31:20]组成一个低两位为 0 的 32 位地址，MMU 利用这个地址找到段描述符。

② 取出段描述符的位[31:20]——即段基址，它和 MVA[19:0]组成一个 32 位的物理地址——这就是 MVA 对应的 PA。

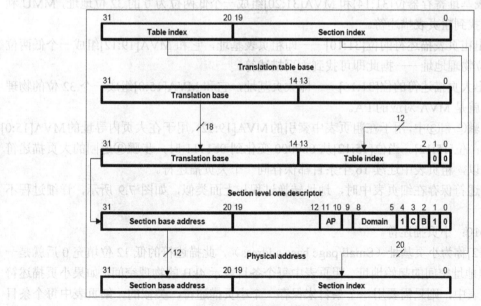

图 7.7 段的地址转换过程

（4）0b11：细页表（Fine page table）

位[31:12]称为细页表基址（Fine page table base address），此描述符的低 12 位填充 0 后就是一个二级页表的物理地址。此二级页表含 1024 个条目（所以大小为 4kB），称为细页表（Fine page table，如图 7.4 所示）。其中每个条目表示大小为 1kB 的物理地址空间，所以一个细页表表示 1MB 的物理地址空间。

以大页（64kB）、小页（4kB）或极小页（1kB）进行地址映射时，需要用到两级页表。二级页表有粗页表、细页表两种，图 7.4 中"Coarse page table"和"Fine page table"就是这两种页表。二级页表中描述符的格式如图 7.8 所示。

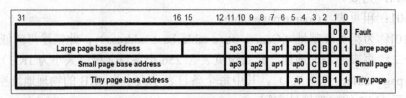

图 7.8　二级页表的描述符格式

根据二级描述符的最低两位，可分为以下 4 种情况。

（1）0b00：无效。

（2）0b01：大页描述符。

位[31:16]称为大页基址（Large page base address），此描述符的低 16 位填充 0 后就是一块 64kB 物理地址空间的起始地址。粗页表中每个条目只能表示 4KB 的物理空间，如果大页描述符保存在粗页表中，则连续 16 个条目都保存同一个大页描述符。类似的，细页表中每个条目只能表示 1kB 的物理空间，如果大页描述符保存在细页表中，则连续 64 个条目都保存同一个大页描述符。

下面以保存在粗页表中的大页描述符为例，说明地址转换的过程（参考图 7.9）。

① 页表基址寄存器位[31:14]和 MVA[31:20]组成一个低两位为 0 的 32 位地址，MMU 利用这个地址找到粗页表描述符。

② 取出粗页表描述符的位[31:10]——即粗页表基址，它和 MVA[19:12]组成一个低两位为 0 的 32 位物理地址——据此即可找到大页描述符。

③ 取出大页描述符的位[31:16]——即大页基址，它和 MVA[15:0]组成一个 32 位的物理地址——这就是 MVA 对应的 PA。

上面步骤②和③中，用于在粗页表中索引的 MVA[19:12]、用于在大页内寻址的 MVA[15:0]有重合的位：位[15:12]。当位[15:12]从 0b0000 变化到 0b1111 时，步骤②返回的大页描述符相同——所以，粗页表中连续 16 个条目都保存同一个大页描述符。

大页描述符保存在细页表中时，地址转换过程与上面类似，如图 7.9 所示，详细过程不再赘述。

（3）0b10：小页描述符。

位[31:12]称为小页基址（Small page base address），此描述符的低 12 位填充 0 后就是一块 4kB 物理地址空间的起始地址。粗页表中每个条目表示 4kB 的物理空间，如果小页描述符保存在粗页表中，则只需要用一个条目来保存一个小页描述符。类似的，细页表中每个条目只能表示 1kB 的物理空间，如果小页描述符保存在细页表中，则连续 4 个条目都保存同一个小页描述符。

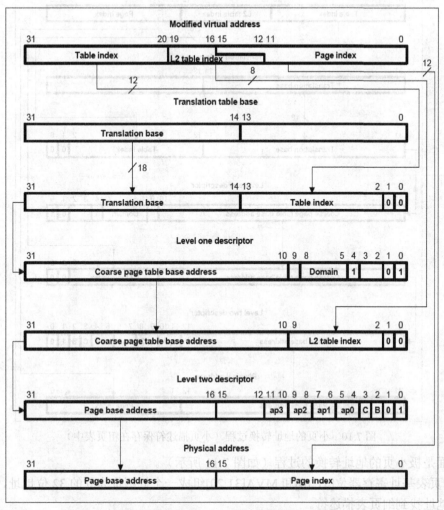

图7.9 大页的地址转换过程（大页描述符保存在粗页表中）

下面以保存在粗页表中的小页描述符为例，说明地址转换的过程（参考图7.10）。

① 页表基址寄存器位[31:14]和MVA[31:20]组成一个低两位为0的32位地址，MMU利用这个地址找到粗页表描述符。

② 取出粗页表描述符的位[31:10]——即粗页表基址，它和MVA[19:12]组成一个低两位为0的32位物理地址——据此即可找到小页描述符。

③ 取出小页描述符的位[31:12]——即小页基址，它和MVA[11:0]组成一个32位的物理地址——这就是MVA对应的PA。

小页描述符保存在细页表中时，地址转换过程与上面类似，不再赘述。

（4）0b11：极小页描述符。

位[31:10]称为极小页基址（Tiny page base address），此描述符的低10位填充0后就是一块1KB物理地址空间的起始地址。极小页描述符只能保存在细页表中，用一个条目来保存一个极小页描述符。

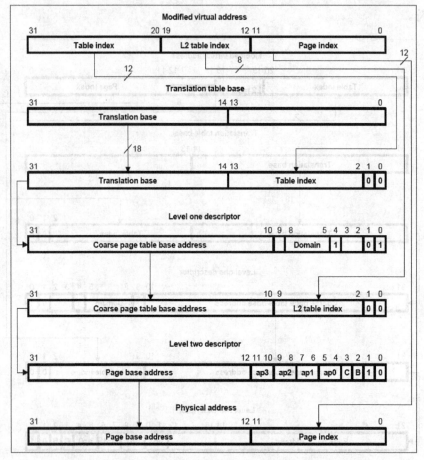

图 7.10　小页的地址转换过程（小页描述符保存在粗页表中）

下面是极小页的地址转换的过程（如图 7.11 所示）。

① 页表基址寄存器位[31:14]和 MVA[31:20]组成一个低两位为 0 的 32 位地址，MMU 利用这个地址找到细页表描述符。

② 取出细页表描述符的位[31:12]——即细页表基址，它和 MVA[19:10]组成一个低两位为 0 的 32 位物理地址——据此即可找到极小页描述符。

③ 取出极小页描述符的位[31:10]——即极小页基址，它和 MVA[9:0]组成一个 32 位的物理地址——这就是 MVA 对应的 PA。

从段、大页、小页、极小页的地址转换过程可知。

（1）以段进行映射时，通过 MVA[31:20]结合页表得到一段（1MB）的起始物理地址，MVA[19:0]用来在段中寻址。

（2）以大页进行映射时，通过 MVA[31:16]结合页表得到一个大页（64kB）的起始物理地址，MVA[15:0]用来在大页中寻址。

（3）以小页进行映射时，通过 MVA[31:12]结合页表得到一个小页（4kB）的起始物理地址，MVA[11:0]用来在小页中寻址。

（4）以极小页进行映射时，通过 MVA[31:10]结合页表得到一个极小页（1kB）的起始物理地址，MVA[9:0]用来在极小页中寻址。

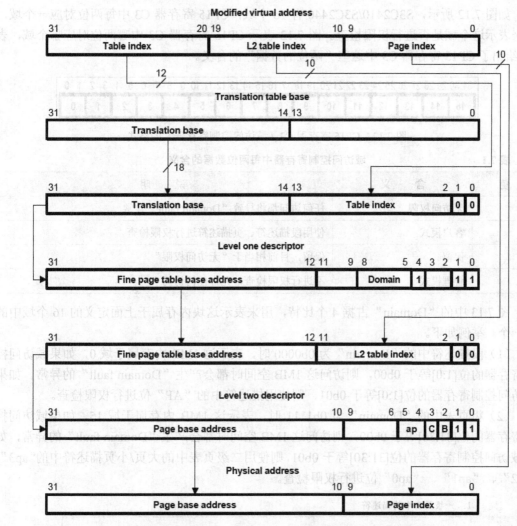

图 7.11　极小页的地址转换过程（极小页描述符保存在粗页表中）

7.1.3　内存的访问权限检查

内存的访问权限检查是 MMU 的主要功能之一，简单地说，它就是决定一块内存是否允许读、是否允许写。这由 CP15 寄存器 C3（域访问控制）、描述符的域（Domain）、CP15 寄存器 C1 的 R/S/A 位、描述符的 AP 位等联合作用。

CP15 寄存器 C1 中的 A 位表示是否对地址进行对齐检查。所谓对齐检查就是，访问字（4 字节的数据）时地址是否为 4 字节对齐，访问半字（2 字节的数据）时地址是否 2 字节对齐，如果地址不对齐则产生 "Alignment fault" 异常。无论 MMU 是否被开启，都可以进行对齐检查。CPU 读取指令时不进行对齐检查，以字节为单位访问时也不进行对齐检查。对齐检查在 MMU 的权限检查、地址映射前进行。

内存的访问权限检查可以概括为以下两点。
（1）"域"决定是否对某块内存进行权限检查。
（2）"AP"决定如何对某块内存进行权限检查。

如图 7.12 所示，S3C2410/S3C2440 有 16 个域，CP15 寄存器 C3 中每两位对应一个域，用来表示这个域是否进行权限检查。图 7.12 表示 CP15 寄存器 C3 中哪两位对应哪个域，表 7.1 给出了 CP15 寄存器 C3 中这些"两位的数据"的含义。

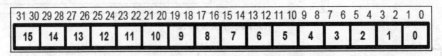

图 7.12 CP15 寄存器 C3（域访问控制寄存器）的格式

表 7.1 域访问控制寄存器中每两位数据的含义

值	含 义	说 明
00	无访问权限	任何访问都将导致"Domain fault"异常
01	客户模式	使用段描述符、页描述符进行权限检查
10	保留	保留，目前相当于"无访问权限"
11	管理模式	不进行权限检查，允许任何访问

图 7.13 中的"Domain"占据 4 个比特，用来表示这块内存属于上面定义的 16 个域中的哪一个。举例如下。

（1）段描述符中的"Domain"为 0b0000 时，表示这 1MB 内存属于域 0，如果域访问控制寄存器的位[1:0]等于 0b00，则访问这 1MB 空间时都会产生"Domain fault"的异常，如果域访问控制寄存器的位[1:0]等于 0b01，则使用描述符中的"AP"位进行权限检查。

（2）粗页表中的"Domain"为 0b1111 时，表示这 1MB 内存属于域 15，如果域访问控制寄存器的位[31:30]等于 0b00，则访问这 1MB 空间时都会产生"Domain fault"的异常，如果域访问控制寄存器的位[31:30]等于 0b01，则使用二级页表中的大页/小页描述符中的"ap3"、"ap2"、"ap1"、"ap0"位进行权限检查。

1. 一级页表中的描述符

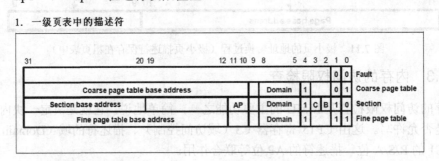

2. 二级页表中的描述符

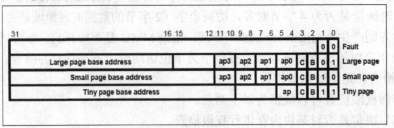

图 7.13 页表描述符中的访问权限控制

图 7.13 中的"AP"、"ap3"、"ap2"、"ap1"、"ap0"结合 CP15 寄存器 C1 的 R/S 位，决定如何进行访问权限检查。首先说明，段描述符中的"AP"控制整个段（1MB）的访问权限；大页描述符中的每个"apx"（x 为 0~3）控制一个大页（64kB）中 1/4 内存的访问权限，即"ap3"对应大页高端的 16KB，"ap0"对应大页低端的 16kB；小页描述符与大页描述符相似，每个"apx"控制一个小页（4kB）的 1/4 内存的访问权限；极小页中的"ap"就控制整个极小页（1kB）的访问权限。

如表 7.2 所示，AP 位、S 位和 R 位的组合，可以产生多种访问权限。需要指出的是，ARM CPU 有 7 种工作模式，其中 6 种属于特权模式，1 种属于用户模式。在特权模式和用户模式下，相同的 AP 位、S 位和 R 位的组合，其访问权限也不相同。

表 7.2 AP 位、S、R 位的访问权限对照表

AP	S	R	特权模式	用户模式	说 明
00	0	0	无访问权限	无访问权限	任何访问将产生"Permission fault"异常
00	1	0	只读	无访问权限	在超级权限下可以进行读操作
00	0	1	只读	只读	任何写操作将产生"Permission fault"异常
00	1	1	保留	—	—
01	x	x	读/写	无访问权限	只允许在超级模式下访问
10	x	x	读/写	只读	在用户模式下进行写操作将产生"Permission fault"异常
11	x	x	读/写	读/写	在所有模式下允许任何访问
xx	1	1	保留	—	—

7.1.4 TLB 的作用

从虚拟地址到物理地址的转换过程可知：使用一级页表进行地址转换时，每次读/写数据需要访问两次内存，第一次访问一级页表获得物理地址，第二次才是真正的读/写数据；使用两级页表时，每次读/写数据需要访问 3 次内存，访问两次页表（一级页表和二级页表）获得物理地址，第三次才是真正的读/写数据。

上述的地址转换过程大大降低了 CPU 的性能，有没有办法改进呢？程序执行过程中，所用到的指令、数据的地址往往集中在一个很小的范围内，其中的地址、数据经常多次使用，这称为程序访问的局部性。由此，通过使用一个高速、容量相对较小的存储器来存储近期用到的页表条目（段/大页/小页/极小页描述符），以避免每次地址转换时都到主存去查找，这样可以大幅度地提高性能。这个存储器用来帮助快速地进行地址转换，称为"转译查找缓存"（Translation Lookaside Buffers，TLB）。

当 CPU 发出一个虚拟地址时，MMU 首先访问 TLB。如果 TLB 中含有能转换这个虚拟地址的描述符，则直接利用此描述符进行地址转换和权限检查；否则 MMU 访问页表找到描述符后再进行地址转换和权限检查，并将这个描述符填入 TLB 中（如果 TLB 已满，则利用 round-robin 算法找到一个条目，然后覆盖它），下次再使用这个虚拟地址时就可以直接使用 TLB 中的描述符了。

使用 TLB 需要保证 TLB 中的内容与页表一致，在启动 MMU 之前、在页表中的内容发生变化后，尤其要注意这点。S3C2410/S3C2440 可以使无效（Invalidate）整个 TLB，或者通过某个虚拟地址使无效 TLB 中的某个条目。一般的做法是：在启动 MMU 之前使无效整个 TLB，改变页表时，使无效所涉及的虚拟地址对应的 TLB 中的条目。

7.1.5 Cache 的作用

同样基于程序访问的局部性，在主存和 CPU 通用寄存器之间设置一个高速的、容量相对较小的存储器，把正在执行的指令地址附近的一部分指令或数据从主存调入这个存储器，供 CPU 在一段时间内使用，这对提高程序的运行速度有很大的作用。这个介于主存和 CPU 之间的高速小容量存储器称作高速缓冲存储器（Cache）。

启用 Cache 后，CPU 读取数据时，如果 Cache 中有这个数据的复本则直接返回，否则从主存中读入数据，并存入 Cache 中，下次再使用（读/写）这个数据时，可以直接使用 Cache 中的复本。

启用 Cache 后，CPU 写数据时有写穿式和回写式两种方式。

（1）写穿式（Write Through）。

任一从 CPU 发出的写信号送到 Cache 的同时，也写入主存，以保证主存的数据能同步地更新。它的优点是操作简单，但由于主存的慢速，降低了系统的写速度并占用了总线的时间。

（2）回写式（Write Back）。

为了克服写穿式中每次数据写入时都要访问主存，从而导致系统写速度降低并占用总线时间，尽量减少对主存的访问次数，又有了回写式。

它是这样工作的：数据一般只写到 Cache，这样有可能出现 Cache 中的数据得到更新而主存中的数据不变（数据陈旧）的情况。但此时可在 Cache 中设一标志地址及数据陈旧的信息，只有当 Cache 中的数据被换出或强制进行"清空"操作时，才将原更新的数据写入主存相应的单元中。这样保证了 Cache 和主存中的数据保持一致。

先介绍 Cache 的两个操作。

（1）"清空"（clean）：把 Cache 或 Write buffer 中已经脏的（修改过，但未写入主存）数据写入主存。

（2）"使无效"（Invalidate）：使之不能再使用，并不将脏的数据写入主存。

S3C2410/S3C244 内置了指令 Cache（ICaches）、数据 Cache（DCaches）、写缓存（Write buffer）。下面的内容需要用到页表中描述符的 C、B 位，为了方便读者，先把这些描述符用图 7.14 表示出来。下文中，描述符中的 C 位称为 Ctt，B 位称为 Btt。

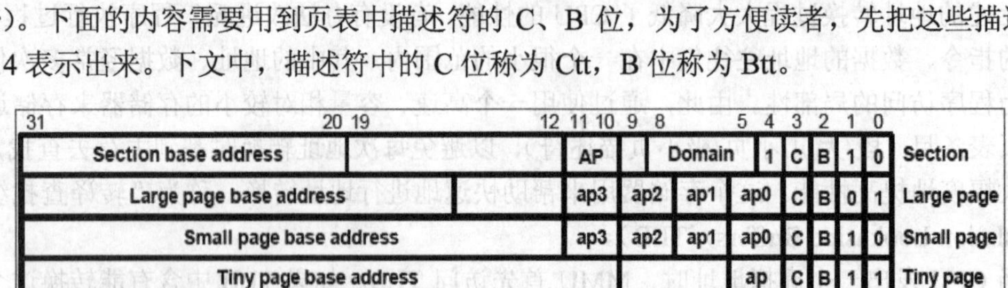

31	20 19	12 11 10 9 8	5 4 3 2 1 0	
Section base address		AP	Domain	1 C B 1 0	Section
Large page base address		ap3 ap2 ap1 ap0	C B 0 1	Large page
Small page base address		ap3 ap2 ap1 ap0	C B 1 0	Small page
Tiny page base address		ap	C B 1 1	Tiny page

图 7.14 段/大页/小页/极小页描述符

1. 指令 Cache（ICaches）

ICaches 的使用比较简单。系统刚上电或复位时，ICaches 中的内容是无效的，并且 ICaches

功能是关闭着的。往 Icr 位（即 CP15 协处理器中寄存器 1 的第 12 位）写 1 可以启动 ICaches，写 0 可以停止 ICaches。

ICaches 一般在 MMU 开启之后被使用，此时页表中描述符的 C 位（称为 Ctt）用来表示一段内存是否可以被 Cache。若 Ctt=1,则允许 Cache,否则不允许被 Cache。但是，即使 MMU 没有开启，ICaches 也是可以被使用的，这时 CPU 读取指令（以后简称"取指"）时所涉及的内存都被当作是允许 Cache 的。

ICaches 被关闭时，CPU 每次取指都要读取主存，性能非常低。所以，通常尽早启动 ICaches。

ICaches 被开启后，CPU 每次取指时都会先在 ICaches 中查看是否能找到所要的指令，而不管 Ctt 是 0 还是 1。如果找到了，称为 Cache 命中（Cache hit）；如果找不到，称为 Cache 缺失（Cache miss）。ICaches 被开启后，CPU 的取指分为如下 3 种情况。

（1）Cache 命中且 Ctt 为 1 时，从 ICaches 中取出指令，返回 CPU。

（2）Cache 缺失且 Ctt 为 1 时，CPU 从主存中读出指令。同时，一个称为"8-word linefill"的动作将发生，这个动作把该指令所处区域的 8 个 word 写进 ICaches 的某个条目中。这有可能会覆盖某个条目，可以使用 Pseudo-random 算法或 round-robin 算法在 ICaches 中选出某个没有被锁定的条目。可以通过 CP15 协处理器中寄存器 1 的第 14 位来选择使用哪种算法。

（3）Ctt 为 0 时，CPU 从主存中读出指令。

2. 数据 Cache（DCaches）

与 ICaches 相似，系统刚上电或复位时，DCaches 中的内容也是无效的，并且 DCaches 功能也是关闭着的，而 Write buffer 中的内容也是被废弃不用的。往 Ccr 位（即 CP15 协处理器中寄存器 1 的第 2 位）写 1 可以启动 DCaches,写 0 可以停止 DCaches。Write buffer 与 DCaches 紧密结合，没有专门的控制位来开启、停止它。

与 ICaches 不同，DCaches 功能必须在 MMU 开启之后才能被使用，因为开启 MMU 之后，才能使用页表中的描述符来定义一块内存如何使用 DCaches 和 Write buffer。

DCaches 被关闭时，CPU 每次读写数据都要操作主存，DCaches 和 Write buffer 被完全忽略。

DCaches 被开启后，CPU 每次读写数据时都会先在 DCaches 中查看是否能找到所要的数据，而不管 Ctt 是 0 还是 1。如果找到了，称为 Cache 命中（Cache hit）；如果找不到，称为 Cache 缺失（Cache miss）。

通过表 7.3 可以知道 DCaches 和 Write buffer 在 CCr、Ctt 和 Btt 的各种取值下，如何工作。表中"Ctt and Ccr"一项里面的值是 Ctt 与 Ccr 进行逻辑与之后的值（Ctt && Ccr）。

表 7.3　　　　　　　　　　DCaches 和 Write buffer 配置表

Ctt and Ccr	Btt	DCaches、Write buffer 和主存的访问方式
0	0	Non-cached, non-buffered （NCNB） 读写数据时都是直接操作主存，并且可以被外设中止； 写数据时不使用 Write buffer，CPU 会等待写操作完成； 不会出现 Cache 命中

续表

Ctt and Ccr	Btt	DCaches、Write buffer 和主存的访问方式
0	1	Non-cached buffered（NCB） 读数据时都是直接操作主存； 不会出现 Cache 命中； 写数据时，数据先存入 Write buffer，并在随后写入主存； 数据存入 Write buffer 后，CPU 立即继续执行； 读数据时，可以被外设中止； 写数据时，无法被外设中止
1	0	Cached, write-through（WT，写通）mode 读数据时，如果 Cache 命中则从 Cache 中返回数据，不读取主存； 读数据时，如果 Cache 缺失则从读主存中返回数据，并导致"linefill"的动作； 写数据时，数据先存入 Write buffer，并在随后写入主存； 数据存入 Write buffer 后，CPU 立即继续执行； 写数据时，如果 Cache 命中则新数据也写入 Cache 中； 写数据时，无法被外设中止
1	1	Cached, write-back（WB，写回）mode 读数据时，如果 Cache 命中则从 Cache 中返回数据，不读取主存； 读数据时，如果 Cache 缺失则从读主存中返回数据，并导致"linefill"的动作； 写数据时，如果 Cache 缺失则将数据先存入 Write buffer，存储完毕后 CPU 立即继续执行，这些数据在随后写入主存； 写数据时，如果 Cache 命中则在 Cache 中更新数据，并设置这些数据为"脏的"，但是不会写入主存； 无论 Cache 命中与否，写数据都无法被外设中止

与 TLB 类似，使用 Cache 时需要保证 Cache、Write buffer 的内容和主存内容保持一致，需要遵循如下两个原则。

（1）清空 DCaches，使得主存数据得到更新。

（2）使无效 ICaches，使得 CPU 取指时重新读取主存。

在实际编写程序时，要注意如下几点。

（1）开启 MMU 前，使无效 ICaches、DCaches 和 Write buffer。

（2）关闭 MMU 前，清空 ICaches、DCaches，即将"脏"数据写到主存上。

（3）如果代码有变，使无效 ICaches，这样 CPU 取指时会重新读取主存。

（4）使用 DMA 操作可以被 Cache 的内存时：将内存的数据发送出去时，要清空 Cache；将内存的数据读入时，要使无效 Cache。

（5）改变页表中地址映射关系时也要慎重考虑。

（6）开启 ICaches 或 DCaches 时，要考虑 ICaches 或 DCaches 中的内容是否与主存保持一致。

（7）对于 I/O 地址空间，不使用 Cache 和 Write buffer。所谓 I/O 地址空间，就是对于其中的地址连续两次的写操作不能合并在一起，每次读/写操作都必须直接访问设备，否则程序的运行结果无法预料。比如寄存器、非内存的外设（扩展串口、网卡等）。

S3C2410/S3C2440 提供了相关指令来操作 Cache 和 Write buffer，可以使无效整个 ICaches

或其中的某个条目,可以清空、使无效整个DCaches或其中的某个条目。这些指令在后面介绍。

7.1.6　S3C2410/S3C2440 MMU、TLB、Cache的控制指令

S3C2410/S3C2440中,除了有一个ARM920T的CPU核外,还有若干个协处理器。协处理器也是一个微处理器,它被用来帮助主CPU完成一些特殊功能,比如浮点计算等。对MMU、TLB、Cache等的操作就涉及协处理器。CPU核与协处理器间传送数据时使用这两条指令:MRC和MCR,它们的格式如下:

```
<MCR|MRC>{cond} p#,<expression1>,Rd,cn,cm{,<expression2>}
MRC                //从协处理器获得数据,传给ARM920T CPU核的寄存器
MCR                //数据从ARM920T CPU核的寄存器传给协处理器
{cond}             //执行条件,省略时表示无条件执行
p#                 //协处理器序号
<expression1>      //一个常数
Rd                 //ARM920T CPU核的寄存器
cn 和 cm           //协处理器中的寄存器
<expression2>      //一个常数
```

其中,<expression1>、cn、cm、<expression2>仅供协处理器使用,它们的作用如何取决于具体的协处理器。

7.2　MMU使用实例:地址映射

7.2.1　程序设计

程序源码位于/work/hardware/mmu目录下。

本开发板SDRAM的物理地址范围处于0x30000000～0x33FFFFFF,S3C2410/S3C2440的寄存器地址范围都处于0x48000000～0x5FFFFFFF。在第5章中,通过往GPBCON和GPBDAT这两个寄存器的物理地址0x56000010、0x56000014写入特定的数据来驱动4个LED。

本章的实例将开启MMU,并将虚拟地址空间0xA0000000～0xA0100000映射到物理地址空间0x56000000～0x56100000上,这样,就可以通过操作地址0xA0000010、0xA0000014来达到驱动这4个LED的同样效果。

另外,将虚拟地址空间0xB0000000～0xB3FFFFFF映射到物理地址空间0x30000000～0x33FFFFFF上,并在连接程序时将一部分代码的运行地址指定为0xB0004000(这个数值有点奇怪,看下去就会明白),看看能否令程序跳转到0xB0004000处执行。

本章程序只使用一级页表,以段的方式进行地址映射。32位CPU的虚拟地址空间达到4GB,一级页表中使用4096个描述符来表示这4GB空间(每个描述符对应1MB的虚拟地址),每个描述符占用4字节,所以一级页表占16KB。本实例使用SDRAM的开始16KB来存放一级页表,所以剩下的内存开始物理地址为0x30004000。

将程序代码分为两部分：第一部分的运行地址设为 0，它用来初始化 SDRAM、复制第二部分的代码到 SDRAM 中（存放在 0x30004000 开始处）、设置页表、启动 MMU，最后跳到 SDRAM 中（地址 0xB0004000）去继续执行；第二部分的运行地址设为 0xB0004000，它用来驱动 LED。

根据上面的叙述，程序流程如图 7.15 所示。

图 7.15　MMU 实例程序流程

7.2.2　代码详解

1. 第一部分代码分析

程序源码分 3 个文件：head.S、init.c、leds.c。

（1）head.S 代码详解。

head.S 文件如下：

```
01 @***************************************************************
02 @ File: head.S
03 @ 功能: 设置 SDRAM，将第二部分代码复制到 SDRAM，设置页表，启动 MMU,
04 @       然后跳到 SDRAM 继续执行
05 @***************************************************************
06
```

```
07  .text
08  .global _start
09  _start:
10      ldr  sp, =4096                  @ 设置栈指针,以下都是C函数,调用前需要设好栈
11      bl   disable_watch_dog          @ 关闭WATCHDOG,否则CPU会不断重启
12      bl   memsetup                   @ 设置存储控制器以使用SDRAM
13      bl   copy_2th_to_sdram          @ 将第二部分代码复制到SDRAM
14      bl   create_page_table          @ 设置页表
15      bl   mmu_init                   @ 启动MMU
16      ldr  sp, =0xB4000000            @ 重设栈指针,指向SDRAM顶端(使用虚拟地址)
17      ldr  pc, =0xB0004000            @ 跳到SDRAM中继续执行第二部分代码
18  halt_loop:
19      b    halt_loop
20
```

head.S 中调用的函数都在 init.c 中实现。

值得注意的是,在第 15 行开启 MMU 之后,无论是 CPU 取指还是 CPU 读写数据,使用的都是虚拟地址。

在第 14 行设置页表时,在 create_page_table 函数中令 head.S、init.c 程序所在内存的虚拟地址和物理地址一样,这使得 head.S 和 init.c 中的代码在开启 MMU 后能够没有任何障碍地继续运行。

(2) init.c 代码详解。

init.c 中的 disable_watch_dog、memsetup 函数实现的功能在前面两章已经讨论过,不再重复,下面列出代码以方便读者查阅。

```
001  /*
002   * init.c: 进行一些初始化,在Steppingstone中运行
003   * 它和head.S同属第一部分程序,此时MMU未开启,使用物理地址
004   */
005
006  /* WATCHDOG寄存器 */
007  #define WTCON           (*(volatile unsigned long *)0x53000000)
008  /* 存储控制器的寄存器起始地址 */
009  #define MEM_CTL_BASE    0x48000000
010
011
012  /*
013   * 关闭WATCHDOG,否则CPU会不断重启
014   */
015  void disable_watch_dog(void)
016  {
```

```
017     WTCON = 0;  // 关闭WATCHDOG很简单，往这个寄存器写0即可
018 }
019
020 /*
021  * 设置存储控制器以使用SDRAM
022  */
023 void memsetup(void)
024 {
025     /* SDRAM 13个寄存器的值 */
026     unsigned long const   mem_cfg_val[]={ 0x22011110,    //BWSCON
027                                           0x00000700,    //BANKCON0
028                                           0x00000700,    //BANKCON1
029                                           0x00000700,    //BANKCON2
030                                           0x00000700,    //BANKCON3
031                                           0x00000700,    //BANKCON4
032                                           0x00000700,    //BANKCON5
033                                           0x00018005,    //BANKCON6
034                                           0x00018005,    //BANKCON7
035                                           0x008C07A3,    //REFRESH
036                                           0x000000B1,    //BANKSIZE
037                                           0x00000030,    //MRSRB6
038                                           0x00000030,    //MRSRB7
039                                         };
040     int    i = 0;
041     volatile unsigned long *p = (volatile unsigned long *)MEM_CTL_BASE;
042     for(; i < 13; i++)
043         p[i] = mem_cfg_val[i];
044 }
045
```

copy_2th_to_sdram 函数用来将第二部分代码（即由 leds.c 编译得来的代码）从 Steppingstone 中复制到 SDRAM 中。在连接程序时，第二部分代码的加载地址被指定为 2048，重定位地址为 0xB0004000。所以系统从 NAND Flash 启动后，第二部分代码就存储在 Steppingstone 中地址 2048 之后，需要把它复制到 0x30004000 处（此时尚未开启 MMU，虚拟地址 0xB0004000 对应的物理地址在后面设为 0x30004000）。Steppingstone 总大小为 4KB，不妨把地址 2048 之后的所有数据复制到 SDRAM 中，所以源数据的结束地址为 4096。copy_2th_to_sdram 函数的代码如下：

```
046 /*
047  * 将第二部分代码复制到SDRAM
```

```
048    */
049    void copy_2th_to_sdram(void)
050    {
051        unsigned int *pdwSrc  = (unsigned int *)2048;
052        unsigned int *pdwDest = (unsigned int *)0x30004000;
053
054        while (pdwSrc < (unsigned int *)4096)
055        {
056            *pdwDest = *pdwSrc;
057            pdwDest++;
058            pdwSrc++;
059        }
060    }
061
```

剩下的 create_page_table、mmu_init 就是本章的重点了，前者用来设置页表，后者用来开启 MMU。

先看看 create_page_table 函数。它用于设置 3 个区域的地址映射关系。

（1）将虚拟地址 0～（1M-1）映射到同样的物理地址去，Steppingstone（从 0 地址开始的 4KB 内存）就处于这个范围中。使虚拟地址等于物理地址，可以让 Steppingstone 中的程序（head.s 和 init.c）在开启 MMU 前后不需要考虑太多的事情。

（2）GPIO 寄存器的起始物理地址范围为 0x56000000，将虚拟地址 0xA0000000～(0xA0000000+ 1M-1)映射到物理地址 0x56000000～(0x56000000+1M-1)。

（3）本开发板中 SDRAM 的物理地址范围为 0x30000000～0x33FFFFFF，将虚拟地址 0xB0000000～0xB3FFFFFF 映射到物理地址 0x30000000～0x33FFFFFF。

create_page_table 函数代码如下：

```
062    /*
063     * 设置页表
064     */
065    void create_page_table(void)
066    {
067
068    /*
069     * 用于段描述符的一些宏定义
070     */
071    #define MMU_FULL_ACCESS     (3 << 10)   /* 访问权限 */
072    #define MMU_DOMAIN          (0 << 5)    /* 属于哪个域 */
073    #define MMU_SPECIAL         (1 << 4)    /* 必须是 1 */
074    #define MMU_CACHEABLE       (1 << 3)    /* cacheable */
```

```c
075 #define MMU_BUFFERABLE          (1 << 2)    /* bufferable */
076 #define MMU_SECTION             (2)         /* 表示这是段描述符 */
077 #define MMU_SECDESC             (MMU_FULL_ACCESS | MMU_DOMAIN | MMU_SPECIAL | \
078                                  MMU_SECTION)
079 #define MMU_SECDESC_WB          (MMU_FULL_ACCESS | MMU_DOMAIN | MMU_SPECIAL | \
080                                  MMU_CACHEABLE | MMU_BUFFERABLE | MMU_SECTION)
081 #define MMU_SECTION_SIZE        0x00100000
082
083     unsigned long virtuladdr, physicaladdr;
084     unsigned long *mmu_tlb_base = (unsigned long *)0x30000000;
085
086     /*
087      * Steppingstone 的起始物理地址为 0，第一部分程序的起始运行地址也是 0，
088      * 为了在开启 MMU 后仍能运行第一部分的程序，
089      * 将 0~1M 的虚拟地址映射到同样的物理地址
090      */
091     virtuladdr = 0;
092     physicaladdr = 0;
093     *(mmu_tlb_base + (virtuladdr >> 20)) = (physicaladdr & 0xFFF00000) | \
094                                             MMU_SECDESC_WB;
095
096     /*
097      * 0x56000000 是 GPIO 寄存器的起始物理地址，
098      * GPBCON 和 GPBDAT 这两个寄存器的物理地址 0x56000010、0x56000014，
099      * 为了在第二部分程序中能以地址 0xA0000010、0xA0000014 来操作 GPBCON、GPBDAT，
100      * 把从 0xA0000000 开始的 1MB 虚拟地址空间映射到从 0x56000000 开始的 1MB 物理地址空间
101      */
102     virtuladdr = 0xA0000000;
103     physicaladdr = 0x56000000;
104     *(mmu_tlb_base + (virtuladdr >> 20)) = (physicaladdr & 0xFFF00000) | \
105                                             MMU_SECDESC;
106
107     /*
108      * SDRAM 的物理地址范围是 0x30000000~0x33FFFFFF，
109      * 将虚拟地址 0xB0000000~0xB3FFFFFF 映射到物理地址 0x30000000~0x33FFFFFF 上，
110      * 总共 64MB，涉及 64 个段描述符
111      */
112     virtuladdr = 0xB0000000;
113     physicaladdr = 0x30000000;
```

```
114        while (virtuladdr < 0xB4000000)
115        {
116            *(mmu_tlb_base + (virtuladdr >> 20)) = (physicaladdr & 0xFFF00000) | \
117                                       MMU_SECDESC_WB;
118            virtuladdr   += 0x100000;
119            physicaladdr += 0x100000;
120        }
121    }
122
```

mmu_tlb_base 被定义为 unsigned long 指针，所指向的内存为 4 字节，刚好是一个描述符的大小。在 SDRAM 的开始存放页表——第 84 行令 mmu_tlb_base 指向 SDRAM 的起始地址 0x30000000。其中最能体现页表结构的代码是第 93、104、116 行。

```
093    *(mmu_tlb_base + (virtuladdr >> 20)) = (physicaladdr & 0xFFF00000) | \
094                               MMU_SECDESC_WB;


104    *(mmu_tlb_base + (virtuladdr >> 20)) = (physicaladdr & 0xFFF00000) | \
105                               MMU_SECDESC;


116    *(mmu_tlb_base + (virtuladdr >> 20)) = (physicaladdr & 0xFFF00000) | \
117                               MMU_SECDESC_WB;
```

虚拟地址的位[31:20]用于索引一级页表，找到它所对应的描述符，对应于"(virtuladdr >> 20)"。

如图 7.13 所示，段描述符中位[31:20]中保存段的物理地址，对应于"(physicaladdr & 0xFFF00000)"。

位[11:0]中用来设置段的访问权限，包括所属的域、AP 位、C 位（是否可 Cache）、B 位（是否使用 Write buffer）——这对应"MMU_SECDESC"或"MMU_SECDESC_WB"，它们的域都被设为 0，AP 位被设为 0b11（根据表 7.2 可知它所在的域进行权限检查，则读写操作都被允许）。"MMU_SECDESC"中 C/B 位都没有设置，表示不使用 Cache 和 Write buffer，所以映射寄存器空间时使用"MMU_SECDESC"。"MMU_SECDESC_WB"中 C/B 位都设置了，表示使用 Cache 和 Write buffer，即所谓的回写式，在映射 Steppingstone 和 SDRAM 等内存时使用"MMU_SECDESC_WB"。

现在来看看 mmu_init 函数。create_page_table 函数设置好了页表，还需要把页表地址告诉 CPU，并且在开启 MMU 之前做好一些准备工作，比如使无效 ICaches、DCaches，设置域访问控制寄存器等。代码的注释就可以帮助读者很好地理解 mmu_init 函数，不再重复。代码如下：

```
123    /*
124     * 启动 MMU
125     */
```

```c
126 void mmu_init(void)
127 {
128     unsigned long ttb = 0x30000000;
129
130     __asm__(
131     "mov    r0, #0\n"
132     "mcr    p15, 0, r0, c7, c7, 0\n"    /* 使无效 ICaches 和 DCaches */
133
134     "mcr    p15, 0, r0, c7, c10, 4\n"   /* drain write buffer on v4 */
135     "mcr    p15, 0, r0, c8, c7, 0\n"    /* 使无效指令、数据 TLB */
136
137     "mov    r4, %0\n"                    /* r4 = 页表基址 */
138     "mcr    p15, 0, r4, c2, c0, 0\n"    /* 设置页表基址寄存器 */
139
140     "mvn    r0, #0\n"
141     "mcr    p15, 0, r0, c3, c0, 0\n"    /* 域访问控制寄存器设为 0xFFFFFFFF,
142                                          * 不进行权限检查
143                                          */
144     /*
145      * 对于控制寄存器,先读出其值,在这基础上修改感兴趣的位,
146      * 然后再写入
147      */
148     "mrc    p15, 0, r0, c1, c0, 0\n"    /* 读出控制寄存器的值 */
149
150     /* 控制寄存器的低 16 位含义为: .RVI ..RS B... .CAM
151      * R : 表示换出 Cache 中的条目时使用的算法,
152      *     0 = Random replacement; 1 = Round robin replacement
153      * V : 表示异常向量表所在的位置,
154      *     0 = Low addresses = 0x00000000; 1 = High addresses = 0xFFFF0000
155      * I : 0 = 关闭 ICaches; 1 = 开启 ICaches
156      * R、S : 用来与页表中的描述符一起确定内存的访问权限
157      * B : 0 = CPU 为小字节序; 1 = CPU 为大字节序
158      * C : 0 = 关闭 DCaches; 1 = 开启 DCaches
159      * A : 0 = 数据访问时不进行地址对齐检查; 1 = 数据访问时进行地址对齐检查
160      * M : 0 = 关闭 MMU; 1 = 开启 MMU
161      */
162
163     /*
164      * 先清除不需要的位,往下若需要则重新设置它们
```

```
165              */
166                                           /* .RVI ..RS B... .CAM */
167       "bic    r0, r0, #0x3000\n"          /*  ..11 ........... 清除V、I位 */
168       "bic    r0, r0, #0x0300\n"          /*  .....  ..11 ....... 清除R、S位 */
169       "bic    r0, r0, #0x0087\n"          /*  .... .... 1... .111 清除 B/C/A/M */
170
171       /*
172        * 设置需要的位
173        */
174       "orr    r0, r0, #0x0002\n"          /* .... .... ....1. 开启对齐检查 */
175       "orr    r0, r0, #0x0004\n"          /* .... .... .....1.. 开启DCaches */
176       "orr    r0, r0, #0x1000\n"          /* ...1 .... .... 开启ICaches */
177       "orr    r0, r0, #0x0001\n"          /* .... .... .... ...1 使能MMU */
178
179       "mcr    p15, 0, r0, c1, c0, 0\n"    /* 将修改的值写入控制寄存器 */
180       : /* 无输出 */
181       : "r" (ttb) );
182 }
```

mmu_init 函数在 C 语言中嵌入了汇编指令。

2. 第二部分代码分析

第二部分代码 leds.c 中只有两个函数：wait 和 main。wait 函数用来延迟时间，main 函数用来循环点亮 4 个 LED。与前面两章所用的 leds.c 有两点不同。

（1）操作 GPBCON、GPBDAT 两个寄存器时使用虚拟地址 0xA0000010、0xA0000014，在 init.c 中已经把虚拟地址 0xA0000000～(0xA0000000+ 1M–1)映射到物理地址 0x56000000～(0x56000000+1M–1)；

（2）在定义 wait 函数时使用了一点小技巧，将它定义成"static inline"类型，原因在源码的第 15 行给出。

leds.c 代码如下：

```
01 /*
02  * leds.c：循环点亮 4 个 LED
03  * 属于第二部分程序，此时 MMU 已开启，使用虚拟地址
04  */
05
06 #define GPBCON      (*(volatile unsigned long *)0xA0000010)   // 物理地址 0x56000010
07 #define GPBDAT      (*(volatile unsigned long *)0xA0000014)   // 物理地址
```

```
08  0x56000014
09  #define GPB5_out    (1<<(5*2))
10  #define GPB6_out    (1<<(6*2))
11  #define GPB7_out    (1<<(7*2))
12  #define GPB8_out    (1<<(8*2))
13
14  /*
15   * wait 函数加上"static inline"是有原因的,
16   * 这样可以使得编译 leds.c 时, wait 嵌入 main 中, 编译结果中只有 main 一个函数。
17   * 于是在连接时, main 函数的地址就是由连接文件指定的运行地址。
18   * 而连接文件 mmu.lds 中, 指定了 leds.o 的运行时装载地址为 0xB0004000,
19   * 这样, head.S 中的"ldr pc, =0xB0004000"就是跳去执行 main 函数。
20   */
21  static inline void wait(unsigned long dly)
22  {
23      for(; dly > 0; dly--);
24  }
25
26  int main(void)
27  {
28      unsigned long i = 0;
29
30      // 将 LED1NLED4 对应的 GPB5GPB8 引脚设为输出
31      GPBCON = GPB5_out|GPB6_out|GPB7_out|GPB8_out;
32
33      while(1){
34          wait(3000000);
35          GPBDAT = (~(i<<5));        // 根据 i 的值, 点亮 LED1~LED4
36          if(++i == 16)
37              i = 0;
38      }
39
40      return 0;
41  }
42
```

3. Makefile 和连接脚本 mmu.lds

Makefile 内容如下:

```
01 objs := head.o init.o leds.o
02
03 mmu.bin: $(objs)
04         arm-linux-ld -Tmmu.lds -o mmu_elf $^
05         arm-linux-objcopy -O binary -S mmu_elf $@
06         arm-linux-objdump -D -m arm mmu_elf > mmu.dis
07
08 %.o:%.c
09         arm-linux-gcc -Wall -O2 -c -o $@ $<
10
11 %.o:%.S
12         arm-linux-gcc -Wall -O2 -c -o $@ $<
13
14 clean:
15         rm -f mmu.bin mmu_elf mmu.dis *.o
16
```

在源代码目录下执行 make 命令时，make 命令读取 Makefile 文件发现目标文件 mmu.bin 不存在，所以试图使用它的依赖文件 head.o、init.o、leds.o 来生成 mmu.bin；可是，这些依赖文件也不存在，于是先使用其他规则来生成这些文件：使用第 11、12 行的规则来编译 head.S 以生成 head.o，使用第 8、9 行的规则来编译 init.c 以生成 init.o、编译 leds.c 以生成 leds.o；最后，调用第 4、5、6 行的命令来生成 mmu.bin。

Makefile 中第 4 行命令用来连接程序，它使用连接脚本 mmu.lds 来控制连接器的行为。文件 mmu.lds 内容如下：

```
01 SECTIONS {
02     firtst   0x00000000 : { head.o init.o }
03     second   0xB0004000 : AT(2048) { leds.o }
04 }
05
```

连接脚本 mmu.lds 将程序分为两个段：first 和 second。前者由 head.o 和 init.o 组成，它的加载地址和运行地址都是 0，所以运行前不需要重新移动代码。后者由 leds.o 组成，它的加载地址为 2048，重定位地址为 0xB0004000，这表明段 second 存放在编译所得映象文件地址 2048 处，在运行前需要将它复制到地址 0xB0004000 处，这由 init.c 中的 copy_2th_to_sdram 函数完成（注意，此函数将代码复制开始地址为 0x30004000 的内存中，这是开启 MMU 后虚拟地址 0xB0004000 对应的物理地址）。

本实例程序中涉及代码的复制、开启 MMU 前使用物理地址寻址，开启 MMU 后使用虚拟地址寻址，相对复杂。为了更形象地讲解本程序，下面用图 7.16 来演示代码的执行过程。

第7章 内存管理单元 MMU

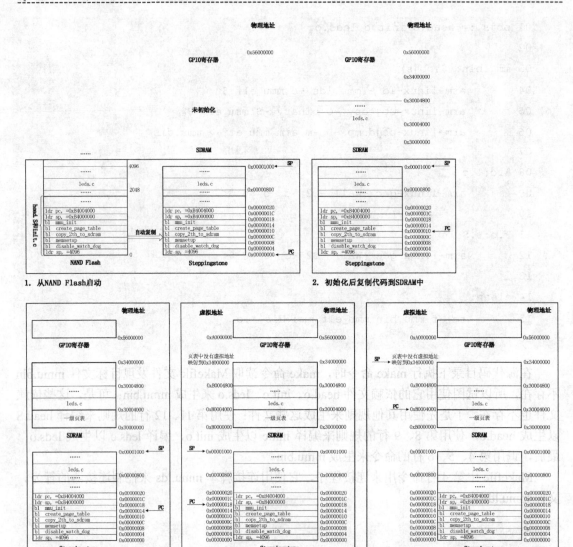

图 7.16 程序复制代码、设置页表、启动 MMU 的执行过程

7.2.3 实例测试

在源码目录下执行 make 命令生成可执行程序 mmu.bin，使用 JTAG 工具烧入 NAND Flash 后，按复位键启动系统。可以看见 4 个 LED 被轮流点亮，用来从 0～15 重复计数。LED 闪烁的速度比第 6 章的 SDRAM 实验快，这是因为开启了 Cache。

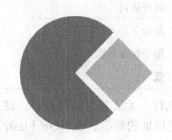

第 8 章　NAND Flash 控制器

本章目标

- 了解 NAND Flash 芯片的接口
- 掌握通过 NAND Flash 控制器访问 NAND Flash 的方法

8.1　NAND Flash 介绍和 NAND Flash 控制器使用

NAND Flash 在嵌入式系统中的地位与 PC 上的硬盘类似，用于保存系统运行所必需的操作系统、应用程序、用户数据、运行过程中产生的各类数据。与内存掉电后数据丢失不同，NAND Flash 中的数据在掉电后仍可永久保存。

8.1.1　Flash 介绍

常用的 Flash 类型有 NOR Flash 和 NAND Flash 两种。NOR Flash 由 Intel 公司在 1988 年发明，以替代当时在市场上占据主要地位的 EPROM 和 E²PROM。NAND Flash 由 Toshiba 公司在 1989 年发明。两者的主要差别如表 8.1 所示。

表 8.1　　　　　　　　　　**NOR/NAND Flash 的差别**

		NOR	NAND
容量		1MB～32MB	16MB～512MB
XIP		Yes	No
性能	擦除	非常慢（5s）	快（3ms）
	写	慢	快
	读	快	快
可靠性		比较高，位反转的比例小于 NAND Flash 的 10%	比较低，位反转比较常见，必需有校验措施，比如TNR必须有坏块管理措施
可擦除次数		10000～100000	100000～1000000
生命周期		低于 NAND Flash 的 10%	是 NOR Flash 的 10 倍以上

续表

	NOR	NAND
接口	与 RAM 接口相同	I/O 接口
访问方法	随机访问	顺序访问
易用性	容易	复杂
主要用途	常用于保存代码和关键数据	用于保存数据
价格	高	低

NOR Flash 支持 XIP，即代码可以直接在 NOR Flash 上执行，无需复制到内存中。这是由于 NOR Flash 的接口与 RAM 完全相同，可以随机访问任意地址的数据。在 NOR Flash 上进行读操作的效率非常高，但是擦除和写操作的效率很低；另外，NOR Flash 的容量一般比较小。NAND Flash 进行擦除和写操作的效率更高，并且容量更大。一般而言，NOR Flash 用于存储程序，NAND Flash 用于存储数据。基于 NAND Flash 的设备通常也要搭配 NOR Flash 以存储程序。

Flash 存储器件由擦除单元（也称为块）组成，当要写某个块时，需要确保这个块已经被擦除。NOR Flash 的块大小范围为 64kB～128kB；NAND Flash 的块大小范围为 8kB～64kB，擦/写一个 NOR Flash 块需 4s，而擦/写一个 NAND Flash 块仅需 2ms。NOR Flash 的块太大，不仅增加了擦写时间，对于给定的写操作，NOR Flash 也需要更多的擦除操作——特别是小文件，比如一个文件只有 1kB，但是为了保存它却需要擦除大小为 64kB～128kB 的 NOR Flash 块。

NOR Flash 的接口与 RAM 完全相同，可以随意访问任意地址的数据。而 NAND Flash 的接口仅仅包含几个 I/O 引脚，需要串行地访问。NAND Flash 一般以 512 字节为单位进行读写。这使得 NOR Flash 适合于运行程序，而 NAND Flash 更适合于存储数据。

容量相同的情况下，NAND Flash 的体积更小，对于空间有严格要求的系统，NAND Flash 可以节省更多空间。市场上 NOR Flash 的容量通常为 1MB～4MB（也有 32MB 的 NOR Flash），NAND Flash 的容量为 8MB～512MB。容量的差别也使得 NOR Flash 多用于存储程序，NAND Flash 多用于存储数据。

对于 Flash 存储器件的可靠性需要考虑 3 点：位反转、坏块和可擦除次数。所有 Flash 器件都遭遇位反转的问题：由于 Flash 固有的电器特性，在读写数据过程中，偶然会产生一位或几位数据错误（这种概率很低），而 NAND Flash 出现的概率远大于 NOR Flash。当位反转发生在关键的代码、数据上时，有可能导致系统崩溃。当仅仅是报告位反转，重新读取即可；如果确实发生了位反转，则必须有相应的错误检测/恢复措施。在 NAND Flash 上发生位反转的概率更高，推荐使用 EDC/ECC 进行错误检测和恢复。NAND Flash 上面会有坏块随机分布，在使用前需要将坏块扫描出来，确保不再使用它们，否则会使产品含有严重的故障。NAND Flash 每块的可擦除次数通常在 100000 次左右，是 NOR Flash 的 10 倍。另外，因为 NAND Flash 的块大小通常是 NOR Flash 的 1/8，所以 NAND Flash 的寿命远远超过 NOR Flash。

嵌入式 Linux 对 NOR、NAND Flash 的软件支持都很成熟。在 NOR Flash 上常用 jffs2 文件系统，而在 NAND Flash 上常用 yaffs 文件系统。在更底层，有 MTD 驱动程序实现对它们的读、写、擦除操作，它也实现了 EDC/ECC 校验。

8.1.2 NAND Flash 的物理结构

以 NAND Flash K9F1208U0M 为例，K9F1208U0M 是三星公司生产的容量为 64MB 的 NAND Flash，常用于手持设备等消费电子产品。它的封装及外部引脚如图 8.1 所示。

引脚名称	引脚功能
I/O0 ~ I/O7	数据输入/输出
CLE	命令锁存使能
ALE	地址锁存使能
$\overline{CE}$	芯片使能
$\overline{RE}$	读使能
$\overline{WE}$	写使能
$\overline{WP}$	写保护
R/$\overline{B}$	就绪/忙输出信号
Vcc	电源
Vss	地
N.C	不接

图 8.1 NAND Flash 封装及引脚

K9F1208U0M 的功能结构图如图 8.2 所示。

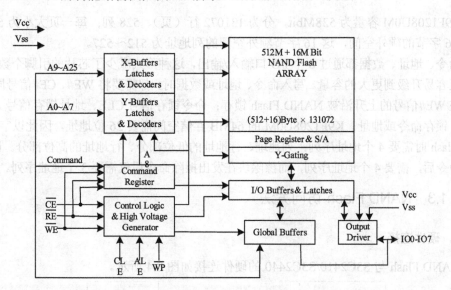

图 8.2 NAND Flash K9F1208U0M 功能结构

K9F1208U0M 的内部结构分为 10 个功能部件。

① X-Buffers Latche & Decoders：用于行地址。
② Y-Buffers Latche & Decoders：用于列地址。
③ Command Register：用于命令字。
④ Control Logic & High Voltage Generator：控制逻辑及产生 Flash 所需高压。
⑤ Nand Flash Array：存储部件。
⑥ Page Register & S/A：页寄存器，当读、写某页时，会将数据先读入/写入此寄存器，

大小为 528 字节。

⑦ Y-Gating。
⑧ I/O Buffers & Latches。
⑨ Global Buffers。
⑩ Output Driver。

NAND Flash 存储单元组织结构如图 8.3 所示。

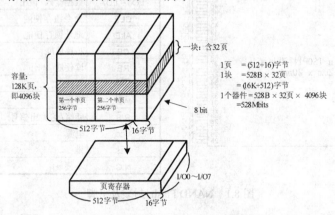

图 8.3　NAND Flash K9F1208U0M 存储单元组织结构

K9F1208U0M 容量为 528Mbit，分为 131072 行（页）、528 列；每一页大小为 512 字节，外加 16 字节的额外空间，这 16 字节额外空间的列地址为 512～527。

命令、地址、数据都通过 8 个 I/O 口输入/输出，这种形式减少了芯片的引脚个数，并使得系统很容易升级到更大的容量。写入命令、地址或数据时，都需要将 WE#、CE#信号同时拉低。数据在 WE#信号的上升沿被 NAND Flash 锁存；命令锁存信号 CLE、地址锁存信号 ALE 用来分辨、锁存命令或地址。K9F1208U0M 的 64MB 存储空间需要 26 位地址，因此以字节为单位访问 Flash 时需要 4 个地址序列：列地址、行地址的低位部分、行地址的高位部分。读/写页在发出命令后，需要 4 个地址序列，而擦除块在发出擦除命令后仅需 3 个地址序列。

8.1.3　NAND Flash 访问方法

1．硬件连接

NAND Flash 与 S3C2410/S3C2440 的硬件连接如图 8.4 所示。

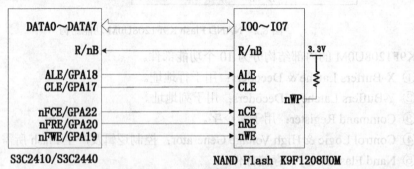

图 8.4　NAND Flash 与 S3C2410/S3C2440 的硬件连线

NAND Flash 与 S3C2410/SC32440 的连线比较少：8 个 I/O 引脚（IO0～IO7）、5 个使能信号（nWE、ALE、CLE、nCE、nRE）、1 个状态引脚（RDY/B）、1 个写保护引脚（nWP）。地址、数据和命令都是在这些使能信号的配合下，通过 8 个 I/O 引脚传输。写地址、数据、命令时，nCE、nWE 信号必须为低电平，它们在 nWE 信号的上升沿被锁存。命令锁存使能信号 CLE 和地址锁存信号 ALE 用来区分 I/O 引脚上传输的是命令还是地址。

2．命令字及操作方法

操作 NAND Flash 时，先传输命令，然后传输地址，最后读/写数据，期间要检查 Flash 的状态。对于 K9F1208U0M，它的容量为 64MB，需要一个 26 位的地址。发出命令后，后面要紧跟着 4 个地址序列。比如读 Flash 时，发出读命令和 4 个地址序列后，后续的读操作就可以得到这个地址及其后续地址的数据。相应的命令字和地址序列如表 8.2、8.3 所示。

表 8.2　　　　　　　　　NAND Flash K9F1208U0M 的命令字

命　　令	第 1 个访问周期	第 2 个访问周期	第 3 个访问周期
Read 1（读）	00h/01h	-	-
Read 2（读）	50h	-	-
Read ID（读芯片 ID）	90h	-	-
Page Program（写页）	80h	10h	-
Block Erase（擦除块）	60h	D0h	-
Read Status（读状态）	70h	-	-
Read Multi-Plane Status（读多层的状态）	71h	-	-
Reset（复位）	FFh	-	-
Page Program（Dummy）	80h	11h	-
Copy-Back Program（True）	00h	8Ah	10h
Copy-Back Program（Dummy）	03h	8Ah	11h
Multi-Plane Block Erase	60h-60h	D0h	-

表 8.3　　　　　　　　　NAND Flash K9F1208U0M 的地址序列

	I/O 0	I/O 1	I/O 2	I/O 3	I/O 4	I/O 5	I/O 6	I/O 7	备　　注
第 1 个地址序列	A0	A1	A2	A3	A4	A5	A6	A7	列地址
第 2 个地址序列	A9	A10	A11	A12	A13	A14	A15	A16	行地址 即：页地址
第 3 个地址序列	A17	A18	A19	A20	A21	A22	A23	A24	
第 4 个地址序列	A25	L	L	L	L	L	L	L	

注：① K9F1208U0M 一页大小为 512 字节，分为两部分：上半部、下半部。
　　② 列地址用来在半页（256 字节）中寻址。
　　③ 当发出读命令 00h 时，表示列地址将在上半部寻址。
　　　　当发出读命令 01h 时，表示列地址将在下半部寻址。
　　④ A8 被读命令 00h 设为低电平，被 01h 设为高电平。
　　⑤ L 表示低电平。

K9F1208U0M 一页大小为 528 字节，而列地址 A0~A7 可以寻址的范围是 256 字节，所以必须辅以其他手段才能完全寻址这 528 字节。将一页分为 A、B、C 三个区：A 区为 0~255 字节，B 区为 256~511 字节，C 区为 512~527 字节。访问某页时，需要选定特定的区，这称为"使地址指针指向特定的区"。这通过 3 个命令来实现：命令 00h 让地址指针指向 A 区、命令 01h 让地址指针指向 B 区、命令 50h 让地址指针指向 C 区。命令 00h 和 50h 会使得访问 Flash 的地址指针一直从 A 区或 C 区开始，除非发出了其他的修改地址指针的命令。命令 01h 的效果只能维持一次，当前的读、写、擦除、复位或者上电操作完成后，地址指针重新指向 A 区。写 A 区或 C 区的数据时，必须在发出命令 80h 之前发出命令 00h 或者 50h；写 B 区的数据时，发出命令 01h 后必须紧接着就发出命令 80h。图 8.5 形象地表示了 K9F1208U0M 的这个特性。

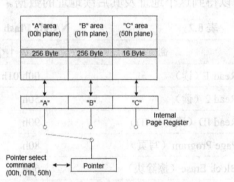

图 8.5 SAMSUNG NAND Flash 地址指针操作

下面逐个讲解表 8.2 的命令字。

（1）Read 1：命令字为 00h 或 01h。

如图 8.5 所示，发出命令 00h 或 01h 后，就选定了读操作是从 A 区还是 B 区开始。从表 8.3 可知，列地址 A0~A7 可以寻址的范围是 256 字节，命令 00h 和 01h 使得可以在 512 字节大小的页内任意寻址——这相当于 A8 被命令 00h 设为 0，而被命令 01h 设为 1。

发出命令字后，依据表 8.3 发出 4 个地址序列，然后就可以检测 R/nB 引脚以确定 Flash 是否准备好。如果准备好了，就可以发起读操作依次读入数据。

（2）Read 2：命令字为 50h。

与 Read 1 命令类似，不过读取的是 C 区数据，操作序列为：发出命令字 50h、发出 4 个地址序列、等待 R/nB 引脚为高，最后读取数据。不同的是，地址序列中 A0~A3 用于设定 C 区（大小为 16 字节）要读取的起始地址，A4~A7 被忽略。

（3）Read ID：命令字为 90h。

发出命令字 90h，发出 4 个地址序列（都设为 0），然后就可以连续读入 5 个数据，分别表示：厂商代码（对于 SAMSUNG 公司为 Ech）、设备代码（对于 K9F1208U0M 为 76h）、保留的字节（对于 K9F1208U0M 为 A5h）、多层操作代码（C0h 表示支持多层操作）。

（4）Reset：命令字为 FFh。

发出命令字 FFh 即可复位 NAND Flash 芯片。如果芯片正处于读、写、擦除状态，复位命令会终止这些命令。

（5）Page Program(True)：命令字分两阶段，80h 和 10h。它的操作序列如图 8.6 所示。

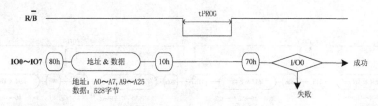

图 8.6 NAND Flash 写操作

NAND Flash 的写操作一般是以页为单位的，但是可以只写一页中的一部分。发出命令字 80h 后，紧接着是 4 个地址序列，然后向 Flash 发送数据（最大可以达到 528 字节），然后发出命令字 10h 启动写操作，此时 Flash 内部会自动完成写、校验操作。一旦发出命令字 10h 后，就可以通过读状态命令 70h 获知当前写操作是否完成、是否成功。

（6）Page Program(Dummy)：命令字分两阶段，80h 和 11h。

NAND Flash K9F1208U0M 分为 4 个 128Mbit 的存储层（plane），每个存储层包含 1024 个 block 和 528 字节的寄存器。这使得可以同时写多个页（page）或者同时擦除多个块（block）。块的地址经过精心安排，可以在 4 个连续的块内同时进行写或者擦除操作。

如图 8.7 所示为 K9F1208U0M 的块组织图。

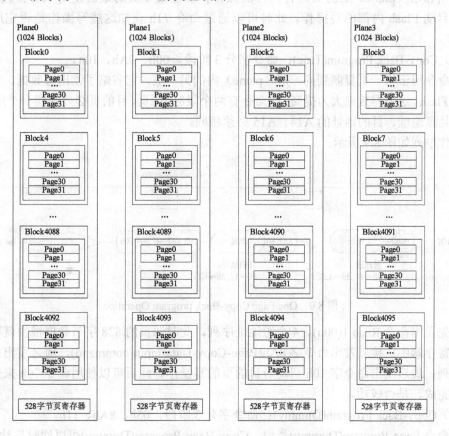

图 8.7 K9F1208U0M 的 block 组织结构

命令 Page Program(Dummy)正是在这种结构下对命令 Page Program(True)的扩展，后者仅能对一页进行写操作，前者可以同时写 4 页。命令 Page Program(Dummy)的操作序列如图 8.8 所示。

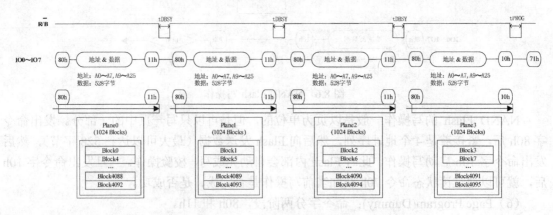

图 8.8 Four-Plane Page Program

发出命令字 80h、4 个地址序列及最多 528 字节的数据之后，发出命令字 11h（11h 称为"Dummy Page Program command"，相对地，10h 称为"True Page Program Command"）；接着对相邻层（plane）上的页进行同样的操作；仅在第 4 页的最后使用 10h 替代 11h，这样即可启动 Flash 内部的写操作。此时可以通过命令 71h 获知这些写操作是否完成、是否成功。

（7）Copy-Back Program(True)：命令字分 3 阶段，00h、8Ah、10h。

此命令用于将一页复制到同一层（plane）内的另一页，它省略了读出源数据、将数据重新载入 Flash，这使得效率大为提高。此命令有两个限制：源页、目的页必须在同一个层（plane）中，并且源地址、目的地址的 A14、A15 必须相同。

操作序列如图 8.9 所示。

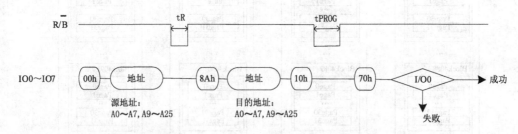

图 8.9 One Page Copy-Back program Operation

首先发出命令 Read 1(00h)、4 个源地址序列，此时源页的 528 字节数据很快就被全部读入内部寄存器中；接着发出命令字 8Ah(Page-Copy Data-input command)，随之发出 4 个目的地址序列；最后发出命令字 10h 启动对目的页的写操作。此后可以使用命令 70h 来查看此操作是否完成、是否成功。

（8）Copy-Back Program(Dummy)：命令字分 3 阶段，03h、8Ah、11h。

与命令 Page Program(Dummy)类似，Copy-Back Program(Dummy)可以同时启动对多达 4

个连续 plane 内的 Copy-Back Program 操作。操作序列如图 8.10 所示。

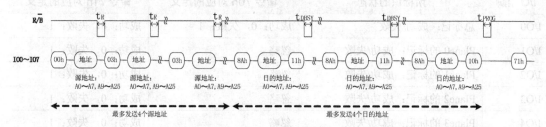

图 8.10 Four-Plane Copy-Back Page Program

从图 8.10 可知，首先发出命令字 00h、源页地址，这使得源页的 528 字节数据被读入所在 plane 的寄存器；对于随后的其他 plane 的源页，发出命令字 03h 和相应的源页地址将数据读入该 plane 的寄存器；按照前述说明读出最多 4 页的数据到寄存器后，发出命令字 8Ah、目的地址、命令字 11h，在发出最后一页的地址后，用 10h 代替 11h 以启动写操作。

（9）Block Erase：命令字分 3 阶段，60h、D0h。

此命令用于擦除 NAND Flash 块（block，大小为 16KB）。发出命令字 60h 之后，发出 block 地址——仅需要 3 个地址序列（请参考表 8.3，仅需要发出 2、3、4 cycle 所示地址），并且 A9～A13 被忽略。操作序列如图 8.11 所示。

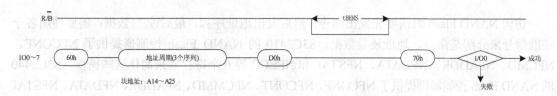

图 8.11 Block Erase Operation

（10）Multi-Plane Block Erase：60h----60h D0h

此命令用于同时擦除不同 plane 中的块。发出命令字 60h 之后，紧接着发出 block 地址序列，如此最多可以发出 4 个 block 地址，最后发出命令字 D0h 启动擦除操作。操作序列如图 8.12 所示。

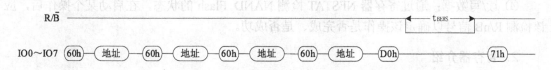

图 8.12 Four-Plane Block Erase Operation

（11）读状态命令有以下两种：

① Read Status：命令字为 70h。

② Read Multi-Plane Status：命令字为 71h。

Flash 中有状态寄存器，发出命令字 70h 或者 71h 之后，启动读操作即可读入此寄存器。状态寄存器中各位的含义如表 8.4 所示。

表 8.4　　　　　　　　　NAND Flash 读状态寄存器时各数据位的定义

I/O 引脚	所标识的状态	命令 70h 对应的定义	命令 71h 对应的定义
I/O0	总标记：成功/失败	成功：0，失败：1	成功：0，失败：1
I/O1	Plane0 的标记：成功/失败	忽略	成功：0，失败：1
I/O2	Plane1 的标记：成功/失败	忽略	成功：0，失败：1
I/O3	Plane2 的标记：成功/失败	忽略	成功：0，失败：1
I/O4	Plane3 的标记：成功/失败	忽略	成功：0，失败：1
I/O5	保留	忽略	忽略
I/O6	设备状态	忙：0，就绪：1	成功：0，失败：1
I/O7	写保护状态	保护：0，没有保护：1	保护：0，没有保护：1

注：① I/O0 是所有 Plane 的"总标记"，只要有一个 Plane 的操作是失败的，I/O0 就会被设为"失败"。
　　② I/O0～I/O4 引脚只标记它对应的 Plane。

8.1.4　S3C2410/S3C2440 NAND Flash 控制器介绍

NAND Flash 控制器提供几个寄存器来简化对 NAND Flash 的操作。比如要发出读命令时，只需要往 NFCMD 寄存器中写入 0 即可，NAND Flash 控制器会自动发出各种控制信号。

1．操作方法概述

访问 NAND Flash 时需要先发出命令，然后发出地址序列，最后读/写数据；需要使用各个使能信号来分辨是命令、地址还是数据。S3C2410 的 NAND Flash 控制器提供了 NFCONF、NFCMD、NFADDR、NFDATA、NFSTAT 和 NFECC 等 6 个寄存器来简化这些操作。S3C2440 的 NAND Flash 控制器则提供了 NFCONF、NFCONT、NFCMMD、NFADDR、NFDATA、NFSTAT 和其他与 ECC 有关的寄存器。对 NAND Flash 控制器的操作，S3C2410 和 S3C2440 有一点小差别：有些寄存器的地址不一样，有些寄存器的内容不一样，这在实例程序中会体现出来。

NAND Flash 的读写操作次序如下。

① 设置 NFCONF（对于 S3C2440，还要设置 NFCONT)寄存器，配置 NAND Flash。
② 向 NFCMD 寄存器写入命令，这些命令字可参考表 8.2。
③ 向 NFADDR 寄存器写入地址。
④ 读/写数据：通过寄存器 NFSTAT 检测 NAND Flash 的状态，在启动某个操作后，应该检测 R/nB 信号以确定该操作是否完成、是否成功。

2．寄存器介绍

下面讲解这些寄存器的功能及具体用法。

（1）NFCONF：NAND Flash 配置寄存器。

这个寄存器在 S3C2410、S3C2440 上功能有所不同。

① S3C2410 的 NFCONF 寄存器。

被用来使能/禁止 NAND Flash 控制器、使能/禁止控制引脚信号 nFCE、初始化 ECC、设置 NAND Flash 的时序参数等。

TACLS、TWRPH0 和 TWRPH1 这 3 个参数控制的是 NAND Flash 信号线 CLE/ALE 与写控制信号 nWE 的时序关系，如图 8.13 所示。

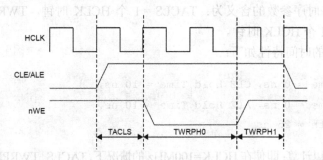

图 8.13　NAND FLASH MEMORY TIMING（TACLS = 0, TWRPH0 = 1, TWRPH1 = 0）

② S3C2440 的 NFCONF 寄存器。

被用来设置 NAND Flash 的时序参数 TACLS、TWRPH0、TWRPH1，设置数据位宽；还有一些只读位，用来指示是否支持其他大小的页（比如一页大小为 256/512/1024/2048 字节）。

它没有实现 S3C2410 的 NFCONF 寄存器的控制功能，这些功能在 S3C2440 的 NFCONT 寄存器里实现。

（2）NFCONT：NAND Flash 控制寄存器，S3C2410 没有这个寄存器。

被用来使能/禁止 NAND Flash 控制器、使能/禁止控制引脚信号 nFCE、初始化 ECC。它还有其他功能，在一般的应用中用不到，比如锁定 NAND Flash。

（3）NFCMD：NAND Flash 命令寄存器。

对于不同型号的 Flash，操作命令一般不一样。对于本板使用的 K9F1208U0M，请参考表 8.2。

（4）NFADDR：NAND Flash 地址寄存器。

当写这个寄存器时，它将对 Flash 发出地址信号。

（5）NFDATA：NAND Flash 数据寄存器。

只用到低 8 位，读、写此寄存器将启动对 NAND Flash 的读数据、写数据操作。

（6）NFSTAT：NAND Flash 状态寄存器。

只用到位 0，0:busy，1:ready。

8.2　NAND Flash 控制器操作实例：读 Flash

本实例讲述如何读取 NAND Flash，擦除、写 Flash 的操作与读 Flash 类似，读者可以自行编写程序。

8.2.1　读 NAND Flash 的步骤

下面讲述如何从 NAND Flash 中读出数据，假设读地址为 addr。

1. **设置 NFCONF（对于 S3C2440，还要设置 NFCONT）**

（1）对于 S3C2410。

在本章实例中设为 0x9830——使能 NAND Flash 控制器、初始化 ECC、NAND Flash 片选信号 nFCE = 1 (inactive，真正使用时再让它等于 0)，设置 TACLS = 0，TWRPH0 = 3，TWRPH1 = 0。这些时序参数的含义为：TACLS = 1 个 HCLK 时钟，TWRPH0 = 4 个 HCLK 时钟，TWRPH1 = 1 个 HCLK 时钟。

K9F1208U0M 的时间特性如下：

```
CLE setup Time = 0 ns, CLE Hold Time = 10 ns,
ALE setup Time = 0 ns, ALE Hold Time = 10 ns,
WE Pulse Width = 25 ns
```

参考图 8.13，可以计算：即使在 HCLK=100MHz 的情况下，TACLS+TWRPH0+TWRPH1=6/100 μS = 60ns，也是可以满足 NAND Flash K9F1208U0M 的时序要求的。

(2) 对于 S3C2440。

时间参数也设为：TACLS=0，TWRPH0=3，TWRPH1=0。NFCONF 寄存器的值如下：

```
NFCONF = 0x300
```

NFCONT 寄存器的取值如下，表示使能 NAND Flash 控制器、禁止控制引脚信号 nFCE、初始化 ECC。

```
NFCONT = (1<<4)|(1<<1)|(1<<0)
```

2. 在第一次操作 NAND Flash 前，通常复位一下 NAND Flash

(1) 对于 S3C2410。

```
NFCONF &= ~(1<<11)  (发出片选信号)
NFCMD  = 0xff       (reset 命令)
```

然后循环查询 NFSTAT 位 0，直到它等于 1。

最后禁止片选信号，在实际使用 NAND Flash 时再使能。

```
NFCONF |= (1<<11)   (禁止 NAND Flash)
```

(2) 对于 S3C2440。

```
NFCONT &= ~(1<<1)   (发出片选信号)
NFCMD  = 0xff       (reset 命令)
```

然后循环查询 NFSTAT 位 0，直到它等于 1。

最后禁止片选信号，在实际使用 NAND Flash 时再使能。

```
NFCONT |= 0x2       (禁止 NAND Flash)
```

3. 发出读命令

先使能 NAND Flash，然后发出读命令。

(1) 对于 S3C2410。

```
NFCONF &= ~(1<<11)    (发出片选信号)
NFCMD  = 0   (读命令)
```

(2) 对于 S3C2440。

```
NFCONT &= ~(1<<1)    (发出片选信号)
NFCMD  = 0   (读命令)
```

4. 发出地址信号

这步请注意，表 8.3 列出了在地址操作的 4 个步骤对应的地址线，没用到 A8（它由读命令设置，当读命令为 0 时，A8=0；当读命令为 1 时，A8=1），如下所示：

```
NFADDR = addr & 0xff
NFADDR = (addr>>9) & 0xff      (右移 9 位，不是 8 位)
NFADDR = (addr>>17) & 0xff     (右移 17 位，不是 16 位)
NFADDR = (addr>>25) & 0xff     (右移 25 位，不是 24 位)
```

5. 循环查询 NFSTAT 位 0，直到它等于 1，这时可以读取数据了

6. 连续读 NFDATA 寄存器 512 次，得到一页数据（512 字节）

循环执行第 3、4、5、6 这 4 个步骤，直到读出所要求的所有数据。

7. 最后，禁止 NAND Flash 的片选信号

(1) 对于 S3C2410。

```
NFCONF |= (1<<11)
```

(2) 对于 S3C2440。

```
NFCONT |= (1<<1)
```

8.2.2 代码详解

实验代码在/work/hardware/nand 目录下，源文件为 head.S、init.c 和 main.c。本实例的目的是把一部分代码存放在 NAND Flash 地址 4096 之后，当程序启动后通过 NAND Flash 控制器将它们读出来、执行。以前的代码都小于 4096 字节，开发板启动后它们被自动复制进"Steppingstone"中。

连接脚本 nand.lds 把它们分为两部分，nand.lds 代码如下：

```
01 SECTIONS {
02    firtst     0x00000000 : { head.o init.o nand.o }
03    second 0x30000000 : AT(4096) { main.o }
```

```
04  }
05
```

第 2 行表示 head.o、init.o、nand.o 这 3 个文件的运行地址为 0，它们在生成的映象文件中的偏移地址也为 0（从 0 开始存放）。

第 3 行表示 main.o 的运行地址为 0x30000000，它在生成的映象文件中的偏移地址为 4096。

head.S 调用 init.c 中的函数来关 WATCH DOG、初始化 SDRAM；调用 nand.c 中的函数来初始化 NAND Flash，然后将 main.c 中的代码从 NAND Flash 地址 4096 开始处复制到 SDRAM 中；最后跳到 main.c 中的 main 函数继续执行。

由于 S3C2410、S3C2440 的 NAND Flash 控制器并非完全一样，这个程序要既能处理 S3C2410，也能处理 S3C2440，首先需要分辨出是 S3C2410 还是 S3C2440，然后使用不同的函数进行处理。读取 GSTATUS1 寄存器，如果它的值为 0x32410000 或 0x32410002，就表示处理器是 S3C2410，否则是 S3C2440。

nand.c 向外引出两个函数：用来初始化 NAND Flash 的 nand_init 函数、用来将数据从 NAND Flash 读到 SDRAM 的 nand_read 函数。

1. nand_init 函数分析

代码如下：

```
252  /* 初始化 NAND Flash */
253  void nand_init(void)
254  {
255  #define TACLS    0
256  #define TWRPH0   3
257  #define TWRPH1   0
258
259      /* 判断是 S3C2410 还是 S3C2440 */
260      if ((GSTATUS1 == 0x32410000) || (GSTATUS1 == 0x32410002))
261      {
262          nand_chip.nand_reset          = s3c2410_nand_reset;
263          nand_chip.wait_idle           = s3c2410_wait_idle;
264          nand_chip.nand_select_chip    = s3c2410_nand_select_chip;
265          nand_chip.nand_deselect_chip  = s3c2410_nand_deselect_chip;
266          nand_chip.write_cmd           = s3c2410_write_cmd;
267          nand_chip.write_addr          = s3c2410_write_addr;
268          nand_chip.read_data           = s3c2410_read_data;
269
270          /* 使能 NAND Flash 控制器，初始化 ECC，禁止片选，设置时序 */
271          s3c2410nand->NFCONF = (1<<15)|(1<<12)|(1<<11)|(TACLS<<8)|(TWRPH0
```

```
    <<4)|(TWRPH1<<0);
272     }
273     else
274     {
275         nand_chip.nand_reset           = s3c2440_nand_reset;
276         nand_chip.wait_idle            = s3c2440_wait_idle;
277         nand_chip.nand_select_chip     = s3c2440_nand_select_chip;
278         nand_chip.nand_deselect_chip   = s3c2440_nand_deselect_chip;
279         nand_chip.write_cmd            = s3c2440_write_cmd;
280         nand_chip.write_addr           = s3c2440_write_addr;
281         nand_chip.read_data            = s3c2440_read_data;
282
283         /* 设置时序 */
284         s3c2440nand->NFCONF = (TACLS<<12)|(TWRPH0<<8)|(TWRPH1<<4);
285         /* 使能 NAND Flash 控制器，初始化 ECC，禁止片选 */
286         s3c2440nand->NFCONT = (1<<4)|(1<<1)|(1<<0);
287     }
288
289     /* 复位 NAND Flash */
290     nand_reset();
291 }
```

第 260 行读取 GSTATUS1 寄存器来判断为 S3C2410 还是 S3C2440，然后分别处理：S3C2410、S3C2440 的 NAND Flash 控制器中，有一些寄存器的功能是相同的，但是它们的地址不一样；有一些寄存器的功能已经发生变化。所以使用两套函数来进行处理。

第 262~268 行设置 S3C2410 的 NAND Flash 处理函数，第 275~281 行设置 S3C2440 的 NAND Flash 处理函数，把这些函数赋给 nand_chip 结构，以后通过这个结构来调用。这只是一个编程技巧，代码的关键还是 s3c2410_nand_reset、s3c2440_nand_reset 等函数。

如果处理器是 S3C2410，则调用第 271 行的代码设置 NFCONF 寄存器：使能 NAND Flash 控制器，初始化 ECC，禁止片选，设置时序。如果处理器是 S3C2440，则使用第 284、286 两行代码来进行相同的设置（涉及两个寄存器：NFCONF 和 NFCONT）。

最后，第 290 行调用 nand_reset 函数复位 NAND Flash。在第一次使用之前通常复位一下。

其中涉及的各个函数都只有几行，主要是读写寄存器。

2. nand_read 函数分析

它的原型如下，表示从 NAND Flash 位置 start_addr 开始，将数据复制到 SDRAM 地址 buf 处，共复制 size 字节。

```
void nand_read(unsigned char *buf, unsigned long start_addr, int size)
```

代码如下:

```
297 /* 读函数 */
298 void nand_read(unsigned char *buf, unsigned long start_addr, int size)
299 {
300     int i, j;
301
302     if ((start_addr & NAND_BLOCK_MASK) || (size & NAND_BLOCK_MASK)) {
303         return ;    /* 地址或长度不对齐 */
304     }
305
306     /* 选中芯片 */
307     nand_select_chip();
308
309     for(i=start_addr; i < (start_addr + size);) {
310         /* 发出 READ0 命令 */
311         write_cmd(0);
312
313         /* Write Address */
314         write_addr(i);
315         wait_idle();
316
317         for(j=0; j < NAND_SECTOR_SIZE; j++, i++) {
318             *buf = read_data();
319             buf++;
320         }
321     }
322
323     /* 取消片选信号 */
324     nand_deselect_chip();
325
326     return ;
327 }
```

可以看到，读 NAND Flash 的操作分为 6 步。
① 选择芯片（第 307 行）。
② 发出读命令（第 311 行）。
③ 发出地址（第 314 行）。
④ 等待数据就绪（第 315 行）。
⑤ 读取数据（第 318 行）。

⑥ 结束后，取消片选信号（第 324 行）。
流程如图 8.14 所示。

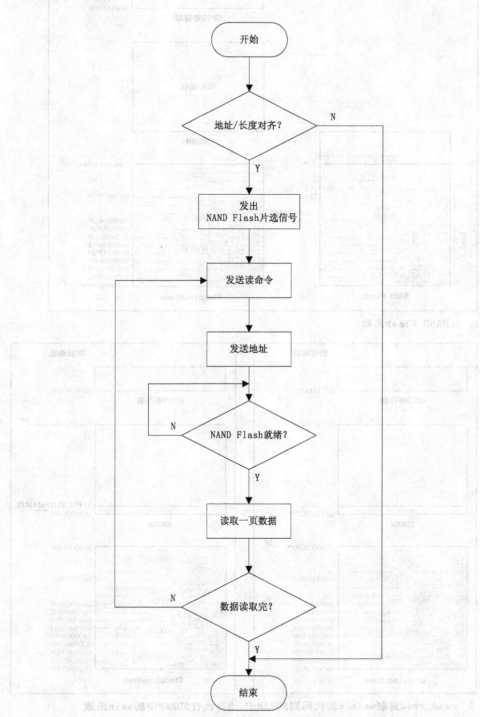

图 8.14　NAND Flash 读操作流程

为了更形象地了解程序执行时代码复制、程序执行位置，请参考图 8.15。

第 8 章 NAND Flash 控制器

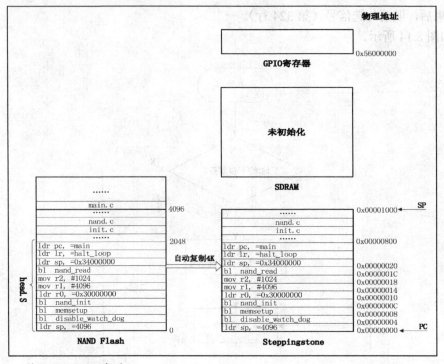

1. 从NAND Flash启动

2. nand_read复制main.c的代码到SDRAM中

3. 执行SDRAM中的main函数

图 8.15 从 NAND Flash 复制代码到 SDRAM 并执行的过程

第 9 章 中断体系结构

本章目标

- 了解 ARM 体系 CPU 的 7 种工作模式
- 了解 S3C2410/S3C2440 中断体系结构
- 掌握 S3C2410/S3C2440 的中断服务程序的编写方法

9.1 S3C2410/S3C2440 中断体系结构

9.1.1 ARM 体系 CPU 的 7 种工作模式

ARM 体系的 CPU 有以下 7 种工作模式。
- 用户模式（usr）：ARM 处理器正常的程序执行状态。
- 快速中断模式（fiq）：用于高速数据传输或通道处理。
- 中断模式（irq）：用于通用的中断处理。
- 管理模式（svc）：操作系统使用的保护模式。
- 数据访问终止模式（abt）：当数据或指令预取终止时进入该模式，可用于虚拟存储及存储保护。
- 系统模式（sys）：运行具有特权的操作系统任务。
- 未定义指令中止模式（und）：当未定义的指令执行时进入该模式，可用于支持硬件协处理器的软件仿真。

可以通过软件来进行模式切换，或者发生各类中断、异常时 CPU 自动进入相应的模式。除用户模式外，其他 6 种工作模式都属于特权模式。大多数程序运行于用户模式，进入特权模式是为了处理中断、异常，或者访问被保护的系统资源。

另外，ARM 体系的 CPU 有以下两种工作状态。
- ARM 状态：此时处理器执行 32 位的字对齐的 ARM 指令。
- Thumb 状态：此时处理器执行 16 位的、半字对齐的 Thumb 指令。

实际上，本书所有程序都是在 ARM 状态下运行，而 CPU 一上电就处于 ARM 状态，所以无需关心 CPU 的工作状态。

ARM920T 有 31 个通用的 32 位寄存器和 6 个程序状态寄存器。这 37 个寄存器分为 7 组，进入某个工作模式时就使用它那组的寄存器。有些寄存器，不同的工作模式下有自己的副本，当切换到另一个工作模式时，那个工作模式的寄存器副本将被使用：这些寄存器被称为备份寄存器（图 9.1 中使用灰色三角形标记的寄存器）。

在 ARM 状态下，每种工作模式都有 16 个通用寄存器和 1 个（或 2 个，这取决于工作模式）程序状态寄存器。图 9.1 列出了 ARM 状态下不同工作模式所使用的寄存器。

ARM状态下的通用寄存器和程序计数器

系统/用户模式	快中断模式	管理模式	数据访问中止模式	中断模式	未定义指令中止模式
r0	r0	r0	r0	r0	r0
r1	r1	r1	r1	r1	r1
r2	r2	r2	r2	r2	r2
r3	r3	r3	r3	r3	r3
r4	r4	r4	r4	r4	r4
r5	r5	r5	r5	r5	r5
r6	r6	r6	r6	r6	r6
r7	r7	r7	r7	r7	r7
r8	r8_fiq	r8	r8	r8	r8
r9	r9_fiq	r9	r9	r9	r9
r10	r10_fiq	r10	r10	r10	r10
r11	r11_fiq	r11	r11	r11	r11
r12	r12_fiq	r12	r12	r12	r12
r13	r13_fiq	r13_svc	r13_abt	r13_irq	r13_und
r14	r14_fiq	r14_svc	r14_abt	r14_irq	r14_und
r15 (PC)	r15 (PC)	r15 (PC)	r15 (PC)	r15 (PC)	r15 (PC)

ARM状态下的程序状态寄存器

CPSR	CPSR	CPSR	CPSR	CPSR	CPSR
	SPSR_fiq	SPSR_svc	SPSR_abt	SPSR_irq	SPSR_und

▲ = 备份寄存器

图 9.1　ARM 状态下各工作模式使用的寄存器

图中 R0～R15 可以直接访问，这些寄存器中除 R15 外都是通用寄存器，即它们既可以用于保存数据也可以用于保存地址。另外，R13～R15 稍有特殊。R13 又被称为栈指针寄存器，通常被用于保存栈指针。R14 又被称为程序连接寄存器（subroutine Link Register）或连接寄存器，当执行 BL 子程序调用指令时，R14 中得到 R15（程序计数器 PC）的备份。而当发生中断或异常时，对应的 R14_svc、R14_irq、R14_fiq、R14_abt 或 R14_und 中保存 R15 返回值。R15 是程序计数器。

快速中断模式有 7 个备份寄存器 R8～R14（即 R8_fiq～R14_fiq），这使得进入快速中断模式执行很大部分程序时（只要它们不改变 R0～R7），甚至不需要保存任何寄存器。用户模式、管理模式、数据访问终止模式和未定义指令中止模式都含有两个独占的寄存器副本 R13、R14，这样可以令每个模式拥有自己的栈指针寄存器和连接寄存器。

每种工作模式除 R0～R15 共 16 个寄存器外，还有第 17 个寄存器 CPSR，即"当前程序状态寄存器"（Current Program Status Register）。CPSR 中一些位被用于标识各种状态，一些位被用于标识当前处于什么工作模式。

CPSR 中各位意义如下，如图 9.2 所示。

（1）T 位：置位时，CPU 处于 Thumb 状态；否则处于 ARM 状态。

（2）中断禁止位：I 位和 F 位属于中断禁止位。它们被置位时，IRQ 中断、FIQ 中断分别被禁止。

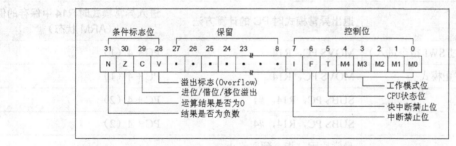

M[4:0]	工作模式	THUMB状态下可见的寄存器	ARM状态下可见的寄存器
10000	用户模式 (User)	R7..R0, LR, SP PC, CPSR	R14..R0, PC, CPSR
10001	快中断模式 (FIQ)	R7..R0, LR_fiq, SP_fiq PC, CPSR, SPSR_fiq	R7..R0, R14_fiq..R8_fiq, PC, CPSR, SPSR_fiq
10010	中断模式 (IRQ)	R7..R0, LR_irq, SP_irq PC, CPSR, SPSR_irq	R12..R0, R14_irq, R13_irq, PC, CPSR, SPSR_irq
10011	管理模式 (Supervisor)	R7..R0, LR_svc, SP_svc PC, CPSR, SPSR_svc	R12..R0, R14_svc, R13_svc, PC, CPSR, SPSR_svc
10111	数据访问中止 模式 (Abort)	R7..R0, LR_abt, SP_abt PC, CPSR, SPSR_abt	R12..R0, R14_abt, R13_abt, PC, CPSR, SPSR_abt
11011	未定义指令中止 模式 (Undefined)	R7..R0, LR_und, SP_und, PC, CPSR, SPSR_und	R12..R0, R14_und, R13_und, PC, CPSR
11111	系统模式 (System)	R7..R0, LR, SP PC, CPSR	R14..R0, PC, CPSR

图 9.2 程序状态寄存器的格式

（3）工作模式位：表明 CPU 当前处于什么工作模式。可以编写这些位，使 CPU 进入指定的工作模式。

除 CPSR 外，还有快速中断模式、中断模式、管理模式、数据访问终止模式和未定义指令中止模式等 5 种工作模式和一个寄存器——SPSR，即"程序状态保存寄存器"（Saved Process Status Registers）。当切换进入这些工作模式时，在 SPSR 中保存前一个工作模式的 CPSR 值，这样，当返回前一个工作模式时，可以将 SPSR 的值恢复到 CPSR 中。

综上所述，当一个异常发生时，将切换进入相应的工作模式（为表述方便，下文中将它称为异常模式），这时 ARM920T CPU 核将自动完成如下事情。

（1）在异常工作模式的连接寄存器 R14 中保存前一个工作模式的下一条，即将执行的指令的地址。对于 ARM 状态，这个值是当前 PC 值加 4 或加 8（参考表 9.1）。

（2）将 CPSR 的值复制到异常模式的 SPSR。

（3）将 CPSR 的工作模式位设为这个异常对应的工作模式。

（4）令 PC 值等于这个异常模式在异常向量表中的地址，即跳转去执行异常向量表中的相应指令。

相反地，从异常工作模式退出回到之前的工作模式时，需要通过软件完成如下事情。

（1）前面进入异常工作模式时，连接寄存器中保存了前一工作模式的一个指令地址，将它减去一个适当的值（参考表 9.1）后赋给 PC 寄存器。

（2）将 SPSR 的值复制回 CPSR。

表 9.1　　　　　　　　　　　进入/退出异常模式时的 PC 地址

异常模式	退出异常模式时 PC 的计算方法	进入异常模式时 R14 中保存的值（ARM 状态）
管理模式（通过 SWI 指令进入）	MOVS PC，R14	PC + 4（1）
未定义指令终止模式	MOVS PC，R14	PC + 4（1）
快速中断模式	SUBS PC，R14，#4	PC + 4（2）
中断模式	SUBS PC，R14，#4	PC + 4（2）
数据访问终止模式	异常原因：指令预取终止 SUBS PC，R14，#4	PC + 4（1）
	异常原因：数据访问终止 SUBS PC，R14，#8	PC + 8（3）

注：
（1）PC 值是这些指令的地址：SWI、未定义的指令、在预取指时就失败的指令。
（2）PC 值是这些指令的地址：进入快速中断模式、中断模式前，被打断而未执行的指令。
（3）PC 值是这些指令的地址：导致数据访问终止的加载/存储指令（LDR、STR、LDM 和 STM）。

9.1.2　S3C2410/S3C2440 中断控制器

CPU 运行过程中，如何知道各类外设发生了某些不预期的事件，比如串口接收到了新数据、USB 接口中插入了设备、按下了某个按键等。主要有以下两个方法。

（1）查询方式：程序循环地查询各设备的状态并作出相应反应。它实现简单，常用在功能相对单一的系统中，比如在一个温控系统中可以使用查询方式不断检测温度的变化。缺点是占用 CPU 资源过高，不适用于多任务系统。

（2）中断方式：当某事件发生时，硬件会设置某个寄存器；CPU 在每执行完一个指令时，通过硬件查看这个寄存器，如果发现所关注的事件发生了，则中断当前程序流程，跳转到一个固定的地址处理这事件，最后返回继续执行被中断的程序。它的实现相对复杂，但是效率很高，是常用的方法。

参考图 9.3，不论何种 CPU，中断的处理过程是相似的。

（1）中断控制器汇集各类外设发出的中断信号，然后告诉 CPU。

（2）CPU 保存当前程序的运行环境（各个寄存器等），调用中断服务程序（ISR，Interrupt Service Routine）来处理这些中断。

（3）在 ISR 中通过读取中断控制器、外设的相关寄存器来识别这是哪个中断，并进行相应的处理。

（4）清除中断：通过读写中断控制器和外设的相关寄存器来实现。

（5）最后恢复被中断程序的运行环境（即上面保存的各个寄存器等），继续执行。

对于不同 CPU 而言，中断的处理只是细节的不同。S3C2410/S3C2440 的中断控制器结构如图 9.4 所示，可以从中看出中断的处理细节。

SUBSRCPND 和 SRCPND 寄存器表明有哪些中断被触发了，正在等待处理（pending）；SUBMASK（INTSUBMSK 寄存器）和 MASK（INTMSK 寄存器）用于屏蔽某些中断。

图中的"Request sources（with sub -register）"表示 INT_RXD0、INT_TXD0 等中断源

（S3C2410 中这类中断有 11 个，而 S3C2440 中有 15 个）。它们不同于"Request sources（without sub -register）"。

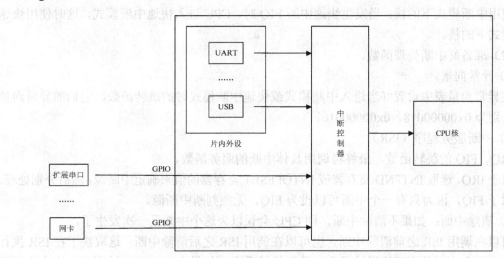

图 9.3　中断体系中外设、内部外设与 CPU 核的硬件框图

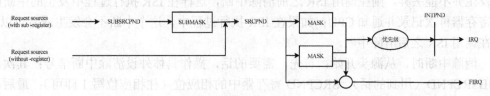

图 9.4　中断处理框图

（1）"Request sources（without sub -register）"中的中断源被触发之后，SRCPND 寄存器中相应位被置 1，如果此中断没有被 INTMSK 寄存器屏蔽或者快速中断（FIQ）的话，它将被进一步处理。

（2）对于"Request sources（with sub -register）"中的中断源被触发之后，SUBSRCPND 寄存器中的相应位被置 1，如果此中断没有被 INTSUBMSK 寄存器屏蔽的话，它在 SRCPND 寄存器中的相应位也被置 1，之后的处理过程就和"Request sources（without sub -register）"一样了。

继续沿着图 9.4 的箭头前进：在 SRCPND 寄存器中，被触发的中断的相应位被置 1，等待处理。

（1）如果被触发的中断中有快速中断（FIQ）——MODE（INTMOD 寄存器）中为 1 的位对应的中断是 FIQ，则 CPU 进入快速中断模式（FIQ Mode）进行处理。

> **注意**　FIQ 只能分配一个，即 INTMOD 中只能有一位设为 1。

（2）对于一般中断 IRQ，可能同时有几个中断被触发，未被 INTMSK 寄存器屏蔽的中断经过比较后，选出优先级最高的中断，此中断在 INTPND 寄存器中的相应位被置 1，然后 CPU 进入中断模式（IRQ Mode）进行处理。中断服务程序可以通过读取 INTPND 寄存器或者 INTOFFSET 寄存器来确定中断源。

图 9.4 中的"Priority"表示中断的优先级判选，通过 PRIORITY 寄存器进行设置，这在 9.1.3 小节介绍。

综上所述,使用中断的步骤如下。

(1) 设置好中断模式和快速中断模式下的栈:当发生中断 IRQ 时,CPU 进入中断模式,这时使用中断模式下的栈;当发生快速中断 FIQ 时,CPU 进入快速中断模式,这时使用快速中断模式下的栈。

(2) 准备好中断处理函数。

① 异常向量。

在异常向量表中设置好当进入中断模式或快速中断模式时的跳转函数,它们的异常向量地址分别为 0x00000018、0x0000001c。

② 中断服务程序(ISR)。

IRQ、FIQ 的跳转函数,最终将调用具体中断的服务函数。

对于 IRQ,读取 INTPND 寄存器或 INTOFFSET 寄存器的值来确定中断源,然后分别处理。

对于 FIQ,因为只有一个中断可以设为 FIQ,无须判断中断源。

③ 清除中断:如果不清除中断,则 CPU 会误以为这个中断又一次发生了。

可以在调用 ISR 之前清除中断,也可以在调用 ISR 之后清除中断,这取决于在 ISR 执行过程中,这个中断是否可能继续发生、是否能够丢弃。如果在 ISR 执行过程中,这个中断可能发生并不能丢弃,则在调用 ISR 之前清除中断,这样在 ISR 执行过程中发生的中断能够被各寄存器再次记录并通知 CPU;如果在 ISR 执行过程中,这个中断不会发生或者可以丢弃,则在调用 ISR 之后清除中断。

清除中断时,从源头开始:首先,需要的话,操作具体外设清除中断信号;其次,清除 SUBSRCPND(用到的话)、SRCPND 寄存器中的相应位(往相应位写 1 即可);最后,清除 INTPND 寄存器中的相应位(往相应位写 1 即可),最简单的方法就是"INTPND=INTPND"。

(3) 进入、退出中断模式或快速中断模式时,需要保存、恢复被中断程序的运行环境。

① 对于 IRQ,进入和退出的代码如下:

```
sub   lr, lr, #4              @ 计算返回地址
stmdb sp!, { r0-r12,lr }      @ 保存使用到的寄存器
……                            @ 处理中断
ldmia sp!, { r0-r12,pc }^     @ 中断返回
                              @ ^表示将spsr的值赋给cpsr
```

② 对于 FIQ,进入和退出的代码如下:

```
sub   lr, lr, #4              @ 计算返回地址
stmdb sp!, { r0-r7,lr }       @ 保存使用到的寄存器
……                            @ 处理快速中断
ldmia sp!, { r0-r7,pc }^      @ 快速中断返回
                              @ ^表示将spsr的值赋给cpsr
```

(4) 根据具体中断,设置相关外设。比如对于 GPIO 中断,需要将相应引脚的功能设为"外部中断"、设置中断触发条件(低电平触发、高电平触发、下降沿触发还是上升沿触发)等。一些中断拥有自己的屏蔽寄存器,还要开启它。

(5) 对于"Request sources(without sub -register)"中的中断,将 INTSUBMSK 寄存器

中相应位设为 0。

（6）确定使用此中断的方式：FIQ 或 IRQ。

① 如果是 FIQ，则在 INTMOD 寄存器中设置相应位为 1。

② 如果是 IRQ，则在 PRIORITY 寄存器中设置优先级。

（7）如果是 IRQ，将 INTMSK 寄存器中相应位设为 0（FIQ 不受 INTMSK 寄存器控制）。

（8）设置 CPSR 寄存器中的 I-bit（对于 IRQ）或 F-bit（对于 FIQ）为 0，使能 IRQ 或 FIQ。

9.1.3 中断控制器寄存器

SUBSRCPND、INTSUBMSK 这两个寄存器中相同的位对应相同的中断；SRCPND、INTMSK、INTMOD、INTPND 这 4 个寄存器中相同的位对应相同的中断。下面沿着图 9.4 的箭头方向讲解所涉及的寄存器。

1. SUBSRCPND 寄存器（SUB SOURCE PENDING）

SUBSRCPND 寄存器被用来标识 INT_RXD0、INT_TXD0 等中断（S3C2410 中这类中断有 11 个，而 S3C2440 中有 15 个）是否已经发生，每位对应一个中断。当这些中断发生并且没有被 INTSUBMSK 寄存器（下面介绍）屏蔽，则它们中的若干位将"汇集"出现在 SRCPND 寄存器（下面介绍）的一位上。比如 SUBSRCPND 寄存器中的 3 个中断 INT_RXD0、INT_TXD0、INT_ERR0，只要有一个发生了并且它没有被屏蔽，则 SRCPND 寄存器中的 INT_UART0 位被置 1。

要清除中断时，往 SUBSRCPND 寄存器中某位写入 1 即可令此位为 0；写入 0 无效果，数据保持不变。

SUBSRCPND 寄存器中各位对应的中断、SUBSRCPND 寄存器中哪几位"汇集"成 SRCPND 寄存器中的哪一位，请读者参考数据手册。

2. INTSUBMSK 寄存器（INTERRUPT SUB MASK）

INTSUBMSK 寄存器被用来屏蔽 SUBSRCPND 寄存器所标识的中断。INTSUBMSK 寄存器中某位被设为 1 时，对应的中断被屏蔽。

3. SRCPND 寄存器（SOURCE PENDING）

SRCPND 中每一位被用来表示一个（或一类）中断是否已经发生，即图 9.4 中输入 "SRCPND"的两类中断：使用 SUBSRCPND/INTSUBMSK 控制的中断，不使用 SUBSRCPND/INTSUBMSK 控制的中断。

SRCPND 寄存器的操作与 SUBSRCPND 寄存器相似，若想清除某一位，往此位写入 1。

SRCPND 寄存器中各位对应哪个（或哪类）中断，请读者参考数据手册。

4. INTMSK 寄存器（INTERRUPT MASK）

INTMSK 寄存器被用来屏蔽 SRCPND 寄存器所标识的中断。INTMSK 寄存器中某位被设为 1 时，对应的中断被屏蔽。

INTMSK 寄存器只能屏蔽被设为 IRQ 的中断，不能屏蔽被设为 FIQ 的中断，请参考下面的 INTMOD 寄存器。

5. INTMOD 寄存器 (INTERRUPT MODE)

当 INTMOD 寄存器中某位被设为 1 时，它对应的中断被设为 FIQ，即此中断发生时，CPU 将进入快速中断模式，这通常用来处理特别紧急的中断。

> **注意** 同一时间里，INTMOD 寄存器中只能有一位被设为 1。

6. PRIORITY 寄存器

上面 INTMOD 寄存器中，将设为 1 的中断称为快速中断（FIQ），将其余设为 0 的中断称为普通中断（IRQ）。

当有多个普通中断同时发生时，中断控制器将选出最高优先级的中断，首先处理它。中断优先级的判选通过 7 个仲裁器来完成，包括 6 个一级仲裁器和 1 个二级仲裁器，结构如图 9.5 所示。

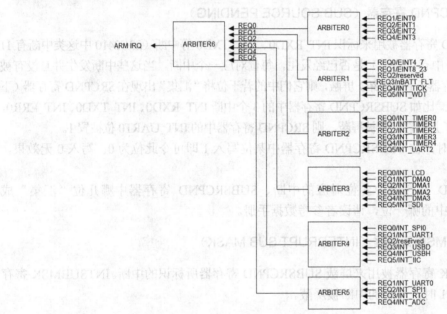

图 9.5 中断优先级仲裁器逻辑图

每个仲裁器含 6 个输入引脚 REQ0～REQ5。对于每个仲裁器，PRIORITY 寄存器使用三位来控制其行为：一位被用于选择仲裁器工作模式，称为 ARB_MODE；两位被用于控制各输入信号的优先级，称为 ARB_SEL。

ARB_SEL 的取值和 REQ0～REQ5 的优先级如表 9.2 所示。

表 9.2 中断优先仲裁器 ARB_SEL 取值和各输入信号的优先级对照表

ARB_SEL	优先级（从高到低）
00b	REQ0, REQ1, REQ2, REQ3, REQ4, REQ5
01b	REQ0, REQ2, REQ3, REQ4, REQ1, REQ5
10b	REQ0, REQ3, REQ4, REQ1, REQ2, REQ5
11b	REQ0, REQ4, REQ1, REQ2, REQ3, REQ5

注：REQ0 的优先级永远是最高的，REQ5 的优先级永远是最低的。

当某个仲裁器的 ARB_MODE 位被设为 0 时，它的 ARB_SEL 位是不会自动变化的，此时这个仲裁器的 6 个输入引脚的优先级固定不变（当然，可以通过软件修改 ARB_SEL 来改变它们的优先级）。当 ARB_MODE 位被设为 1 时，ARB_SEL 会随着"已经被服务的 REQx"（x 为 1～4）自动变化，变化顺序如表 9.3 所示。

表 9.3　　　　　　　　　　中断优先级仲裁器的 ARB_SEL 变化规则

已经被服务的 REQx	ARB_SEL 的新值
REQ0/REQ5	维持不变
REQ1	01b
REQ2	10b
REQ3	11b
REQ4	00b

结合表 9.2、表 9.3 可知：当 ARB_MODE 为 1 时，某个 REQx（x 为 1～4）被服务之后，它的优先级变为 REQ0～REQ4 中的最低。

PRIORITY 寄存器中位[0:6]对应这 7 个仲裁器的 ARB_MODE 位（位[0]是 ARB_MODE0，依此类推），位[7:20]位对应这 7 个仲裁器的 ARB_SEL 位（[7:8]是 ARB_SEL0，依此类推）。

7. INTPND 寄存器（INTERRUPT PENDING）

经过中断优先级仲裁器选出优先级最高的中断后，这个中断在 INTPND 寄存器中的相应位被置 1，随后，CPU 将进入中断模式处理它。

同一时间内，此寄存器只有一位被置 1；在 ISR 中，可以根据这个位确定是哪个中断。清除中断时，往这个位写入 1。

8. INTOFFSET 寄存器（INTERRUPT OFFSET）

这个寄存器被用来表示 INTPND 寄存器中哪位被置 1 了，即 INTPND 寄存器中位[x]为 1 时，INTOFFSET 寄存器的值为 x（x 为 0～31）。

在清除 SRCPND、INTPND 寄存器时，INTOFFSET 寄存器被自动清除。

9.2　中断控制器操作实例：外部中断

9.2.1　按键中断代码详解

开发板上，K1～K4 四个按键所接的 CPU 引脚可以设成外部中断功能。本程序的 main 函数是一个不做任何事的无限循环，程序的功能完全靠中断来驱动：当按下某个按键时，CPU 调用其中断服务程序来点亮对应的 LED。

程序代码在/work/hardware/int 目录下，有 4 个源文件：head.S、init.c、interrupt.c 和 main.c，1 个头文件 s3c24xx.h。

1. head.S 代码详解

先看 head.S 文件：

```
01  @************************************************************
02  @ File: head.S
03  @ 功能：初始化，设置中断模式、系统模式的栈，设置好中断处理函数
04  @************************************************************
05
06  .extern     main
07  .text
08  .global _start
09  _start:
10  @************************************************************
11  @ 中断向量，本程序中，除 Reset 和 HandleIRQ 外，其他异常都没有使用
12  @************************************************************
13      b    Reset
14
15  @ 0x04：未定义指令终止模式的向量地址
16  HandleUndef:
17      b    HandleUndef
18
19  @ 0x08：管理模式的向量地址，通过 SWI 指令进入此模式
20  HandleSWI:
21      b    HandleSWI
22
23  @ 0x0c：指令预取终止导致的异常的向量地址
24  HandlePrefetchAbort:
25      b    HandlePrefetchAbort
26
27  @ 0x10：数据访问终止导致的异常的向量地址
28  HandleDataAbort:
29      b    HandleDataAbort
30
31  @ 0x14：保留
32  HandleNotUsed:
33      b    HandleNotUsed
```

```
34
35  @ 0x18: 中断模式的向量地址
36      b       HandleIRQ
37
38  @ 0x1c: 快中断模式的向量地址
39  HandleFIQ:
40      b       HandleFIQ
41
```

上面的第 17、21、25、29、33、36 和 40 行等共 7 条指令所在地址为 0x00、0x04、……、0x1c，这些地址上的指令被称为"异常向量"。当发生各类异常时，CPU 进入相应的工作模式，并跳转去执行它的"异常向量"。比如当复位时，CPU 进入系统模式，并跳到 0x00 地址开始执行；发生中断时，CPU 进入中断模式，并跳到 0x18 地址开始执行。

本程序中，只使用到"复位"和"中断"对应的异常向量，其他异常向量没有实际作用。

0x00 地址处的指令为 "b   Reset"，在系统复位后，这条指令将跳去执行标号"Reset"开始的代码，它们完成一些初始化，代码如下：

```
42  Reset:
43      ldr sp, =4096           @ 设置栈指针，以下都是 C 函数，调用前需要设好栈
44      bl  disable_watch_dog   @ 关闭 WATCHDOG，否则 CPU 会不断重启
45
46      msr cpsr_c, #0xd2       @ 进入中断模式
47      ldr sp, =3072           @ 设置中断模式栈指针
48
49      msr cpsr_c, #0xdf       @ 进入系统模式
50      ldr sp, =4096           @ 设置系统模式栈指针
51                              @ 其实复位之后，CPU 就处于系统模式
52                              @ 前面的" ldr sp, =4096" 完成同样的功能，此句可省略
53
```

第 43、44 行读者已经很熟悉，不再介绍。第 46、47 行和第 49、50 行功能相似，前者用于设置中断模式的栈指针，后者用于设置系统模式的栈指针。注意，这时尚未完成所有初始化，所以还不能开中断——第 46、49 行代码中，CPSR 寄存器的 I 位、F 位都被设为 1。第 47、50 中 sp 寄存器并不是同一个寄存器，前者为 sp_irq，后者为 sp_sys。

继续往下看代码：

```
54      bl  init_led            @ 初始化 LED 的 GPIO 管脚
55      bl  init_irq            @ 调用中断初始化函数，在 init.c 中
56      msr cpsr_c, #0x5f       @ 设置 I-bit=0，开 IRQ 中断
57
58      ldr lr, =halt_loop      @ 设置返回地址
59      ldr pc, =main           @ 调用 main 函数
```

```
60 halt_loop:
61     b   halt_loop
62
```

第 54 行调用 init_led 函数来设置 LED1~LED4 这 4 个 LED 的 GPIO 为输出功能，第 55 行进行中断管脚的初始化（下面细述）。

当完成所有初始化后，第 56 行将 CPSR 寄存器中的 I 位设为 0，开 IRQ 中断。

最后，第 59 行调用 main 函数，main 函数是个不做任何事的无限循环。当按下按键时，这个循环被打断，CPU 进入中断模式，执行第 36 行的"b   HandleIRQ"的指令。

标号"HandleIRQ"开始的代码用于处理中断，如下所示：

```
62 HandleIRQ:
63     sub lr, lr, #4                  @ 计算返回地址
64     stmdb   sp!,    { r0-r12,lr }   @ 保存使用到的寄存器
65                                     @ 注意，此时的 sp 是中断模式的 sp
66                                     @ 初始值是上面设置的 3072
67
68     ldr lr, =int_return             @ 设置调用 ISR 即 EINT_Handle 函数后的返回地址
69     ldr pc, =EINT_Handle            @ 调用中断服务函数，在 interrupt.c 中
70 int_return:
71     ldmia   sp!,    { r0-r12,pc }^  @ 中断返回，^表示将 spsr 的值复制到 cpsr
72
```

第 63 行计算中断处理完毕后的返回地址，请参考表 9.1，lr 寄存器的值等于被中断指令的地址加 4，所以返回地址为 lr 的值减去 4。

第 64 行用于保存被中断程序的运行环境，即各个寄存器。其中的 sp 为中断模式的栈，在上面的第 47 行初始化。这样，r0~r12、lr 这 14 个寄存器被保存在中断模式的栈中。

第 68 行用于设置 EINT_Handle 函数执行完后的返回地址，这个地址为第 71 行指令的地址。

第 69 行调用中断服务函数 EINT_Handle（代码在 interrupt.c 中，下面详述）。

当 EINT_Handle 函数处理完所发生的中断后，返回第 71 行的指令。它恢复前面第 64 行保存的各个寄存器，即恢复被中断程序的运行环境：从栈中恢复 r0~r12、pc 这 14 个寄存器的值，同时，将 SPSR 寄存器的值复制到 CPSR（在进入中断模式时，CPU 自动将原来的 CPSR 值保存到 SPSR 中），这导致 CPU 切换到原来的工作模式。

2．init.c 中与中断相关的代码详解

下面详细讲述前面略过的 init_irq 函数，它在 init.c 中：

```
37 /*
38  * 初始化 GPIO 引脚为外部中断
39  * GPIO 引脚用作外部中断时，默认为低电平触发、IRQ 方式(不用设置 INTMOD)
40  */
```

```
41  void init_irq( )
42  {
43      GPFCON = GPF0_eint | GPF2_eint;
44      GPGCON = GPG3_eint | GPG11_eint;
45
46      // 对于EINT11、EINT19，需要在EINTMASK寄存器中使能它们
47      EINTMASK &= (~(1<<11)) & (~(1<<19));
48
49      /*
50       * 设定优先级：
51       * ARB_SEL0 = 00b, ARB_MODE0 = 0: REQ1 > REQ3，即EINT0 > EINT2
52       * 仲裁器1、6无需设置
53       * 最终：
54       * EINT0 > EINT2 > EINT11、EINT19，即K4 > K3 > K1、K2
55       * EINT11和EINT19的优先级相同
56       */
57      PRIORITY = (PRIORITY & ((~0x01) | (0x3<<7))) | (0x0 << 7) ;
58
59      // EINT0、EINT2、EINT8_23 使能
60      INTMSK   &= (~(1<<0)) & (~(1<<2)) & (~(1<<5));
61  }
```

第43、44行用于设置K1~K4对应的GPIO管脚为中断功能。使用GPIO的中断功能时，还需要确定它们的中断触发方式（是低电平触发、高电平触发、下降沿触发还是上升沿触发）。我们使用默认的低电平触发方式，无需额外设置。

第47行在EINTMASK寄存器中开启EINT19、EINT11中断，它们对应K1和K2。K3、K4对应的EINT2、EINT0中断不受EINTMASK寄存器控制。EINTMASK寄存器可以屏蔽的中断请读者参考数据手册。

第57行用于设置中断优先级。本开发板中，外部中断EINT19、EINT11、EINT2和EINT0分别对应K1、K2、K3和K4这4个按键。请参考图9.5，EINT0、EINT2被接到仲裁器0的REQ1、REQ3，程序中设置ARB_SEL0为0（即0b00，参考表9.2），所以REQ1的优先级高于REQ3，即K4的优先级高于K3。程序中设置ARB_MODE0为0，所以仲裁器0中各优先级保持不变。EINT8~EINT23共用仲裁器1的REQ1，所以EINT11和EINT19优先级相同。仲裁器0、1的输出接到仲裁器6的REQ0、REQ1，而仲裁器中REQ0的优先级总是高于REQ1，所以这4个控制的优先级如下：K4>K3>K1、K2；K1、K2优先级相同。

本程序使用GPIO的默认中断方式——IRQ方式（不是FIQ方式），所以不用设置INTMOD寄存器。

最后，在第60行将INTMSK寄存器中EINT0、EINT2、EINT8_23这3个（类）中断对应的位设为0，使能中断（注意，即使到这里，中断仍未完全开启，head.S第56行才打开了最后一个开关）。

3. interrupt.c 中的中断处理函数

上面讲解了有关的初始化、中断的进入和退出，真正的处理函数为 EINT_Handle，它被称为中断服务程序（ISR），代码在 interrupt.c 中，如下所示：

```
01  #include "s3c24xx.h"
02
03  void EINT_Handle()
04  {
05      unsigned long oft = INTOFFSET;
06      unsigned long val;
07
08      switch( oft )
09      {
10          // K4 被按下
11          case 0:
12          {
13              GPBDAT |= (0x0f<<5);     // 所有 LED 熄灭
14              GPBDAT &= ~(1<<8);       // LED4 点亮
15              break;
16          }
17
18          // K3 被按下
19          case 2:
20          {
21              GPBDAT |= (0x0f<<5);     // 所有 LED 熄灭
22              GPBDAT &= ~(1<<7);       // LED3 点亮
23              break;
24          }
25
26          // K1 或 K2 被按下
27          case 5:
28          {
29              GPBDAT |= (0x0f<<5);     // 所有 LED 熄灭
30
31              // 需要进一步判断是 K1 还是 K2 被按下，或是 K1、K2 被同时按下
32              val = EINTPEND;
33              if (val & (1<<11))
34                  GPBDAT &= ~(1<<6);   // K2 被按下，LED2 点亮
35              if (val & (1<<19))
```

```
36                GPBDAT &= ~(1<<5);       // K1 被按下，LED1 点亮
37
38            break;
39        }
40
41        default:
42            break;
43    }
44
45    //清除中断
46    if( oft == 5 )
47        EINTPEND = (1<<11) | (1<<19);    // EINT8~EINT23 合用 IRQ5
48    SRCPND = 1<<oft;
49    INTPND = 1<<oft;
50 }
```

以上代码主要关注中断的识别和清除，其余代码根据所识别出来的中断（即按键）点亮对应的 LED。第 5 行用来读取 INTOFFSET 寄存器，它的值被用来标识 INTPND 寄存器中哪位被设为 1。此值为 0 时表示 INTPND 寄存器的位[0]为 1，即 EINT0 中断发生了，这说明 K4 被按下；此值为 2 时表示 INTPND 寄存器的位[2]为 1，即 EINT2 中断发生了，这说明 K3 被按下；此值为 5 时表示 INTPND 寄存器的位[5]为 1，即 EINT8~EINT23 中至少一个中断发生了，在本程序中这表示 K1、K2 中至少被按下了一个，至于是哪个，需要进一步判断。

第 32 行用来读取 EINTPEND 寄存器，它的位 x 为 1 时，表示 EINTx 已经发生（x 为 4~23）。本程序就是通过读取 EINTPEND 寄存器的值来进一步判断是 EINT11 还是 EINT19 发生了，即是 K2 还是 K1 被按下了。

第 47 行用于清除 EINTPEND 寄存器，往某位写入 1 即可清除此位。

第 48、49 行用于清除 SRCPND、INTPND 寄存器。

> **注意** 清除顺序很重要：先是 EINTPEND，然后是 SRCPND，最后是 INTPND

4. 主函数

程序的主循环很简单，在 main.c 中，只是个不做任何事情的无限循环，如下所示：

```
01 int main()
02 {
03     while(1);
04     return 0;
05 }
```

为了更形象地了解本程序，下面用图 9.6 来演示代码的执行过程，注意其中 SP、PC 寄存器的变化。

第 9 章 中断体系结构

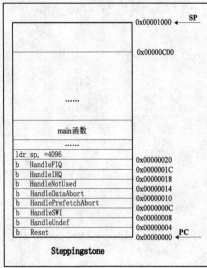

1. 复位后从0x00地址开始执行

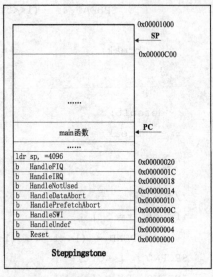

2. 平时在main中循环

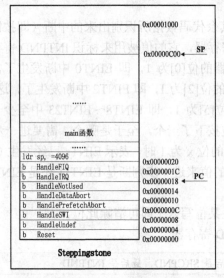

3. 发生中断(按下按键)时,进入中断模式,从0x18地址开始执行,SP也随之切换

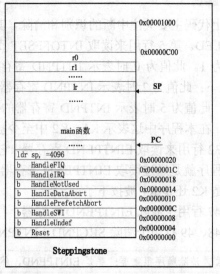

4. 保存运行环境,调用ISR,中断处理完毕后恢复到图2的状态

图 9.6 中断程序的执行过程

9.2.2 实例测试

在源码目录 INT 下执行 make 命令生成可执行程序 int,使用 JTAG 工具烧入 NAND Flash 后,按复位键启动系统。轮流按下 K1~K4,可以看见 LED1~LED4 被轮流点亮;同时按下 K3、K4 时,只有 LED4 被点亮;同时按下 K1、K2 时,LED1、LED2 被同时点亮;同时按下所有按键时,只有 LED4 被点亮。读者可以同时按下几个按键,验证它们的优先级。

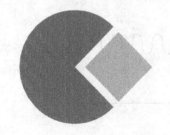

第 10 章 系统时钟和定时器

本章目标

- 了解 S3C2410/S3C2440 的时钟体系结构
- 掌握通过设置 MPLL 改变系统时钟的方法
- 掌握在不同的频率下设置存储控制器的方法
- 掌握 PWM 定时器的用法
- 了解 WATCHDOG 定时器的用法

10.1 时钟体系及各类时钟部件

10.1.1 S3C2410/S3C2440 时钟体系

S3C2410/S3C2440 的时钟控制逻辑既可以外接晶振，然后通过内部电路产生时钟源；也可以直接使用外部提供的时钟源，它们通过引脚的设置来选择。时钟控制逻辑给整个芯片提供 3 种时钟：FCLK 用于 CPU 核；HCLK 用于 AHB 总线上设备，比如 CPU 核、存储器控制器、中断控制器、LCD 控制器、DMA 和 USB 主机模块等；PCLK 用于 APB 总线上的设备，比如 WATCHDOG、IIS、I^2C、PWM 定时器、MMC 接口、ADC、UART、GPIO、RTC 和 SPI。

AHB（Advanced High performance Bus）总线主要用于高性能模块（如 CPU、DMA 和 DSP 等）之间的连接；APB（Advanced Peripheral Bus）总线主要用于低带宽的周边外设之间的连接，例如 UART、I^2C 等。

S3C2410 CPU 核的工作电压为 1.8V 时，主频可以达到 200MHz；工作电压为 2.0V 时，主频可达 266MHz。S3C2440 CPU 核的工作电压为 1.2V 时，主频可以达到 300MHz；工作电压为 1.3V 时，主频可达 400MHz。为了降低电磁干扰、降低板间布线的要求，S3C2410/S3C2440 外接的晶振频率通常很低，本开发板上为 12MHz，需要通过时钟控制逻辑的 PLL 提高系统时钟。

S3C2410/S3C2440 有两个 PLL：MPLL 和 UPLL。UPLL 专用于 USB 设备，MPLL 用于设置 FCLK、HCLK、PLCK。它们的设置方法相似，本书以 MPLL 为例。

上电时，PLL 没被启动，FCLK 即等于外部输入的时钟，称为 Fin。若要提高系统时钟，需要软件来启用 PLL，下面结合图 10.1 来介绍 PLL 的设置过程。请跟随 FCLK 的图像了解启动过程。

（1）上电几毫秒后，晶振（图中的 OSC）输出稳定，FCLK=Fin（晶振频率），nRESET

信号恢复高电平后，CPU 开始执行指令。

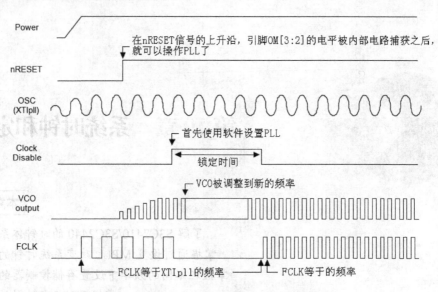

图 10.1　上电后 MPLL 的启动过程（使用晶振）

（2）可以在程序开头启动 MPLL，设置 MPLL 的几个寄存器后，需要等待一段时间（Lock Time），MPLL 的输出才稳定。在这段时间（称为 Lock Time）内，FCLK 停振，CPU 停止工作。Lock Time 的长短由寄存器 LOCKTIME 设定。

（3）Lock Time 之后，MPLL 输出正常，CPU 工作在新的 FCLK 下。

FCLK、HCLK 和 PCLK 的比例是可以改变的，设置它们三者的比例，启动 MPLL 只需要设置 3 个寄存器（对于 S3C2440 的一些时钟比例，还需要额外设置一个寄存器）。

（1）LOCKTIME 寄存器（LOCK TIME COUNT）：用于设置"Lock Time"的长度。

前面说过，MPLL 启动后需要等待一段时间（Lock Time），使得其输出稳定。S3C2410 中，位[23:12]用于 UPLL，位[11:0]用于 MPLL。S3C2440 中，位[31:16]用于 UPLL，位[15:0]用于 MPLL。一般而言，使用它的默认值即可，S3C2410 中默认值为 0x00FFFFFF，S3C2440 中默认值为 0xFFFFFFFF。

（2）MPLLCON 寄存器（Main PLL Control）：用于设置 FCLK 与 Fin 的倍数。

位[19:12]的值称为 MDIV，位[9:4]的值称为 PDIV，位[1:0]的值称为 SDIV。FCLK 与 Fin 的关系有如下计算公式。

① 对于 S3C2410：

$MPLL(FCLK) = (m * Fin)/(p * 2^s)$

其中：$m = MDIV + 8$，$p = PDIV + 2$，$s = SDIV$。

② 对于 S3C2440：

$MPLL(FCLK) = (2 * m * Fin)/(p * 2^s)$

其中：$m = MDIV+8$，$p = PDIV+2$，$s = SDIV$。

当设置 MPLLCON 之后——相当于图 10.1 中的"首先使用软件设置 PLL"，Lock Time 就被自动插入。Lock Time 之后，MPLL 输出稳定，CPU 工作在新的 FCLK 下。

（3）CLKDIVN 寄存器（CLOCK DIVIDER CONTROL）：用于设置 FCLK、HCLK、PCLK

三者的比例。

对于 S3C2410、S3C2440，这个寄存器表现稍有不同，请参考表 10.1 和图 10.2。

表 10.1　　　　　　　　　　S3C2410 CLKDIVN 寄存器格式

CLKDIVN	位	说　　明
HDIVN1	2	0 表示保留 1 表示 FCLK:HCLK:PCLK = 1:4:4，此时 HDIVN、PDIVN 必须设为 0b00
HDIVN	1	HCLK 的分频系数，0-HCLK = FCLK，1-HCLK = FCLK/2
PDIVN	0	PCLK 的分频系数，0-PCLK = HCLK，1-PCLK = HCLK/2

对于 S3C2440 的一些时钟比例，还需要额外设置一个寄存器 CAMDIVN。图 10.2 中，HDIVN 为 CLKDIVN 寄存器为位[2:1]，PDIVN 为位[0]；HCLK4_HALF、HCLK3_HALF 分别为 CAMDIVN 寄存器的位[9]、位[8]。各种时钟比例对应的寄存器设置如图 10.2 所示。

HDIVN	PDIVN	HCLK3_HALF/ HCLK4_HALF	FCLK	HCLK	PCLK	分频比
0	0	-	FCLK	FCLK	FCLK	1:1:1 (缺省)
0	1	-	FCLK	FCLK	FCLK/2	1:1:2
1	0	-	FCLK	FCLK/2	FCLK/2	1:2:2
1	1	-	FCLK	FCLK/2	FCLK/4	1:2:4
3	0	0/0	FCLK	FCLK/3	FCLK/3	1:3:3
3	1	0/0	FCLK	FCLK/3	FCLK/6	1:3:6
3	0	1/0	FCLK	FCLK/6	FCLK/6	1:6:6
3	1	1/0	FCLK	FCLK/6	FCLK/12	1:6:12
2	0	0/0	FCLK	FCLK/4	FCLK/4	1:4:4
2	1	0/0	FCLK	FCLK/4	FCLK/8	1:4:8
2	0	0/1	FCLK	FCLK/8	FCLK/8	1:8:8
2	1	0/1	FCLK	FCLK/8	FCLK/16	1:8:16

图 10.2　S3C2440 FCLK/HCLK/PCLK 比例设置

对于 S3C2410，HDIVN 是 CLKDIVN 寄存器的位[1]；对于 S3C2440，HDIVN 是 CLKDIVN 寄存器的位[2:1]。如果 HDIVN 非 0，CPU 的总线模式应该从 "fast bus mode" 变为 "asynchronous bus mode"，这可以通过如下指令来完成：

```
# MMU_SetAsyncBusMode
mrc p15, 0, r0, c1, c0, 0
orr r0, r0, #R1_nF:OR:R1_iA
mcr p15, 0, r0, c1, c0, 0
```

其中的 "R1_nF:OR:R1_iA" 等于 0xC0000000。如果 HDIVN 非 0 时，而 CPU 的总线模式仍是 "fast bus mode"，则 CPU 的工作频率将自动变为 HCLK，而不再是 FCLK。

10.1.2　PWM 定时器

S3C2410/S3C2440 的定时器部件完全一样，共有 5 个 16 位的定时器。其中定时器 0、1、2、3 有 PWM（Pulse Width Modulation）功能，即它们都有一个输出引脚，可以通过定时器来控制引脚周期性的高、低电平变化；定时器 4 没有输出引脚。

定时器部件的时钟源为 PCLK，首先通过两个 8 位的预分频器降低频率：定时器 0、1 共用第一个预分频器,定时器2、3、4共用第二个预分频器。预分频器的输出将进入第二级分频器,它们输出5种频率的时钟:2分频、4分频、8分频、16分频或者外部时钟TCLK0/TCLK1。每个定时器的工作时钟可以从这5种频率中选择。

这两个预分频都可以通过TCFG0寄存器来设置,每个定时器工作在哪种频率下也可以通过TCFG1寄存器来选择。如图10.3所示形象地说明定时器的结构。

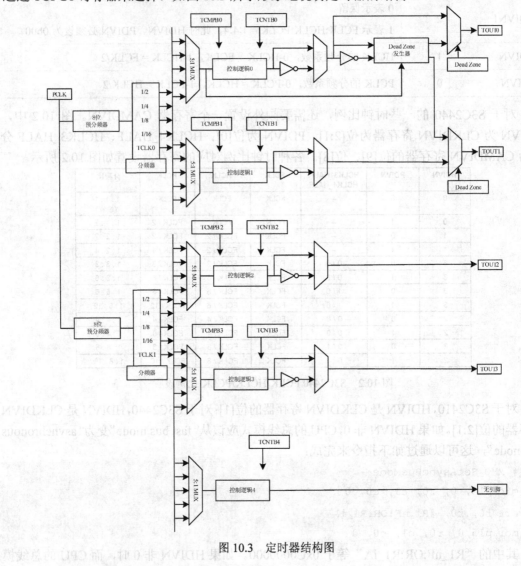

图10.3 定时器结构图

上面只是确定了定时器的工作频率,至于定时器如何工作还得了解其内部结构,如图10.4所示。

定时器内部控制逻辑的工作流程如下。

(1)程序初始,设定TCMPBn、TCNTBn这两个寄存器,它们表示定时器n的比较值、初始计数值。

(2)随之设置TCON寄存器启动定时器n,这时,TCMPBn、TCNTBn的值将被装入其内部寄存器TCMPn、

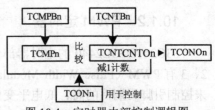

图10.4 定时器内部控制逻辑图

TCNTn 中。在定时器 n 的工作频率下，TCNTn 开始减 1 计数，其值可以通过读取 TCNTOn 寄存器得知。

（3）当 TCNTn 的值等于 TCMPn 的值时，定时器 n 的输出管脚 TOUTn 反转；TCNTn 继续减 1 计数。

（4）当 TCNTn 的值到达 0 时，其输出管脚 TOUTn 再次反转，并触发定时器 n 的中断（如果中断使能了的话）。

（5）当 TCNTn 的值到达 0 时，如果在 TCON 寄存器中将定时器 n 设为"自动加载"，则 TCMPB0 和 TCNTB0 寄存器的值被自动装入 TCMP0 和 TCNT0 寄存器中，下一个计数流程开始。

定时器 n 的输出管脚 TOUTn 初始状态为高电平，以后在 TCNTn 的值等于 TCMPn 的值、TCNTn 的值等于 0 时反转。也可以通过 TCON 寄存器设置其初始电平，这样 TOUTn 的输出就完全反相了。通过设置 TCMPBn、TCNTBn 的值可以设置管脚 TOUTn 输出信号的占空比，这就是所谓的可调制脉冲（PWM, Pulse Width Modulation），所以这些定时器又被称为 PWM 定时器。

下面讲解定时器的寄存器使用方法。

（1）TCFG0 寄存器（TIMER CONFIGURATION）。

位[7:0]、位[15:8]分别被用于控制预分频器 0、1，它们的值为 0～255。经过预分频器出来的时钟频率为：PCLK / {prescaler value+1}。

（2）TCFG1 寄存器（TIMER CONFIGURATION）。

经过预分频器得到的时钟将被 2 分频、4 分频、8 分频和 16 分频，除这 4 种频率外，额外地，定时器 0、1 还可以工作在外接的 TCLK0 时钟下，定时器 2、3、4 还可以工作在外接的 TCLK1 时钟下。

通过 TCFG1 寄存器来设置这 5 个定时器，分别工作于这 5 个频率中哪一个之下，如表 10.2 所示。

这样，定时器 n 的工作频率或者是外接的 TCLK0 或 TCLK1 可以通过这个公式计算：

定时器工作频率 = PCLK / {prescaler value+1} / {divider value}

{prescaler value} = 0～255

{divider value} = 2, 4, 8, 16

表 10.2 TCFG1 寄存器格式

定时器	位	值
0	[3:0]	0b0000 = 1/2,　0b0001 = 1/4,　0010 = 1/8 0b0011 = 1/16,　0b01xx = External TCLK1
1	[7:4]	0b0000 = 1/2,　0b0001 = 1/4,　0010 = 1/8 0b0011 = 1/16,　0b01xx = External TCLK1
2	[11:8]	0b0000 = 1/2,　0b0001 = 1/4,　0010 = 1/8 0b0011 = 1/16,　0b01xx = External TCLK1
3	[15:12]	0b0000 = 1/2,　0b0001 = 1/4,　0010 = 1/8 0b0011 = 1/16,　0b01xx = External TCLK0
4	[19:16]	0b0000 = 1/2,　0b0001 = 1/4,　0010 = 1/8 0b0011 = 1/16,　0b01xx = External TCLK0

(3) TCNTBn/TCMPBn 寄存器（COUNT BUFFER REGISTER & COMPARE BUFFER REGISTER）。

n 为 0~4，这两个寄存器都只用到位[15:0]，TCNTBn 中保存定时器的初始计数值，TCMPBn 中保存比较值。它们的值在启动定时器时，被传到定时器内部寄存器 TCNTn、TCMPn 中。

没有 TCMPB4，因为定时器 4 没有输出引脚。

(4) TCNTOn 寄存器（COUNT OBSERVATION）。

n 为 0~4，定时器 n 被启动后，内部寄存器 TCNTn 在其工作时钟下不断减 1 计数，可以通过读取 TCNTOn 寄存器得知其值。

(5) TCON 寄存器（TIMER CONTROL）。

它有以下 4 个作用：

① 第一次启动定时器时"手动"将 TCNTBn/TCMPBn 寄存器的值装入内部寄存器 TCNTn、TCMPn 中。

② 启动、停止定时器。

③ 决定在定时器计数到达 0 时是否自动将 TCNTBn/TCMPBn 寄存器的值装入内部寄存器 TCNTn、TCMPn 中。

④ 决定定时器的管脚 TOUTn 的输出电平是否反转。

TCON 寄存器位[3:0]、位[11:8]、位[15:12]、位[19:16]、位[22:20]分别用于定时器 0~4。除定时器 4 因为没有输出引脚在没有"输出反转"位外，其他位的功能相似。表 10.3 以定时器 0 为例说明这些位的作用。

表 10.3　　　　　　　　　　　　TCON 寄存器格式

功　　能	位	设　　　置
开启/停止	0	0：停止定时器 0；1：开启定时器 0
手动更新	1	0：无用 1：将 TCNTBn/TCMPBn 寄存器的值装入内部寄存器 TCNTn、TCMPn 中
输出反转	2	0：TOUT0 不反转；1：TOUT0 反转
自动加载	3	0：不自动加载； 1：在定时器 0 计数达到 0 时，TCNTBn/TCMPBn 寄存器的值自动装入内部寄存器 TCNTn、TCMPn 中

在第一次使用定时器时，需要设置"手动更新"位为 1 以使 TCNTBn/TCMPBn 寄存器的值装入内部寄存器 TCNTn、TCMPn 中。下一次如果还要设置这一位，需要先将它清 0。

定时器还有其他功能，比如 DMA、Dead zone 等，需要了解的读者请自行阅读数据手册，寄存器中涉及它们的部分这里也省略了。

10.1.3　WATCHDOG 定时器

WATCHDOG 定时器可以像一般 16 位定时器一样用于产生周期性的中断，也可以用于发出复位信号以重启失常的系统。它与 PWM 定时器结构类似，如图 10.5 所示。

同样，WATCHDOG 定时器的 8 位预分频器将 PCLK 分频后，被再次分频得到 4 种频率：16 分频、32 分频、64 分频、128 分频，WATCHDOG 定时器可以选择工作于哪种频率之下。WTCNT 寄存器按照其工作频率减 1 计数，当达到 0 时，可以产生中断信号，可以输出复位信号。在第一次使用 WATCHDOG 定时器时,需要往 WTCNT 寄存器中写入初始计数值,以后在计数值到达 0 时自动从 WATDAT 寄存器中装入,重新开始下一个计数周期。

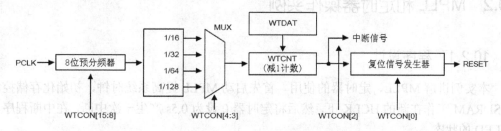

图 10.5 WATCHDOG 定时器结构图

使用 WATCHDOG 定时器的"WATCHDOG 功能"时,在正常的程序中,必须不断重新设置 WTCNT 寄存器使得它不为 0,这样可以保证系统不被重启,这称为"喂狗";当程序崩溃时不能正常"喂狗",计数值达到 0 后系统将被重启,这样程序将重新运行。为了克服各种干扰、避免各类系统错误时系统彻底死机,经常使用 WATDOG 功能。

WATCHDOG 定时器所涉及的寄存器如下。

(1) WTCON 寄存器(WATCHDOG TIMER CONTROL)。

用于设置预分频系数,选择工作频率,决定是否使能中断、是否启用 WATDOG 功能(即是否输出复位信号),各位的作用如表 10.4 所示。

表 10.4 WTCON 寄存器格式

功 能	位	说 明
WATCHDOG 功能	0	当定时器达到 0 时,0: 不输出复位信号; 1: 输出复位信号
中断使能	2	0: 禁止中断; 1: 使能中断
时钟选择	[4:3]	选择分频系数: 0b00: 16, 0b01: 32 0b10: 64, 0b11: 128
定时器启动	5	0: 停止; 1: 启动
预分频系数	[15:8]	预分频系数,0~255

与 PWM 定时器相似,WATDOG 定时器的工作频率可以通过这个公式计算:

WATCHDOG 定时器工作频率 = PCLK / {prescaler value+1} / {divider value}

{prescaler value} = 0~255

{divider value} = 16, 32, 64, 128

(2) WTDAT 寄存器(WATCHDOG TIMER DATA)。

WTDAT 寄存器被用来决定 WATCHDOG 定时器的超时周期,在定时器启动后,当计数达到 0 时,WTDAT 寄存器的值会自动传入 WTCNT 寄存器。不过,第一次启动 WATDOG 定时器时,WTDAT 寄存器的值会自动传入 WTCNT 寄存器。

(3) WTCNT 寄存器(WATCHDOG TIMER COUNT)。

在启动 WATDOG 定时器前,必须往这个寄存器写入初始计数值。启动定时器后,它减 1 计数,当计数值达到 0 时:如果中断被使能的话发出中断,如果 WATCHDOG 功能被使能的话发出复位信号,装载 WTDAT 寄存器的值并重新计数。

10.2 MPLL 和定时器操作实例

10.2.1 程序设计

本实例讲解 MPLL、定时器的使用。首先启动 MPLL 提高系统时钟，初始化存储控制器使 SDRAM 工作在新的 HCLK 下，然后将定时器 0 设为 0.5s 产生一次中断，在中断程序里改变 LED 的状态。

10.2.2 代码详解

源码在/work/hardware/timer 目录下。

本实验的重点在 4 点：设置/启动 MPLL、根据 HCLK 设置存储控制器、初始化定时器 0、定时器中断。相关的函数都在 init.c 文件中。

1. 设置/启动 MPLL

clock_init 函数用于设置 MPLL，本开发板的输入时钟频率 Fin 为 12MHz，将 FCLK、HCLK、PCLK 分别设为 200MHz、100MHz 和 50MHz，代码如下：

```
23  #define S3C2410_MPLL_200MHZ     ((0x5c<<12)|(0x04<<4)|(0x00))
24  #define S3C2440_MPLL_200MHZ     ((0x5c<<12)|(0x01<<4)|(0x02))
25  /*
26   * 对于 MPLLCON 寄存器, [19:12]为 MDIV, [9:4]为 PDIV, [1:0]为 SDIV
27   * 有如下计算公式:
28   *   S3C2410: MPLL(FCLK) = (m * Fin)/(p * 2^s)
29   *   S3C2440: MPLL(FCLK) = (2 * m * Fin)/(p * 2^s)
30   *   其中: m = MDIV + 8, p = PDIV + 2, s = SDIV
31   * 对于本开发板, Fin = 12MHz
32   * 设置 CLKDIVN,令分频比为: FCLK:HCLK:PCLK=1:2:4
33   * FCLK=200MHz,HCLK=100MHz,PCLK=50MHz
34   */
35  void clock_init(void)
36  {
37      // LOCKTIME = 0x00ffffff;     // 使用默认值即可
38      CLKDIVN = 0x03;               // FCLK:HCLK:PCLK=1:2:4, HDIVN=1,PDIVN=1
39
40      /* 如果 HDIVN 非 0,CPU 的总线模式应该从" fast bus mode" 变为" asynchronous bus mode" */
41      __asm__(
42          "mrc    p15, 0, r1, c1, c0, 0\n"      /* 读出控制寄存器 */
```

```
43        "orr    r1, r1, #0xc0000000\n"            /* 设置为"asynchronous bus mode" */
44        "mcr    p15, 0, r1, c1, c0, 0\n"          /* 写入控制寄存器 */
45    );
46
47    /* 判断是 S3C2410 还是 S3C2440 */
48    if ((GSTATUS1 == 0x32410000) || (GSTATUS1 == 0x32410002))
49    {
50        MPLLCON = S3C2410_MPLL_200MHZ;    /* 现在，FCLK=200MHz,HCLK=100MHz,
PCLK=50MHz */
51    }
52    else
53    {
54        MPLLCON = S3C2440_MPLL_200MHZ;    /* 现在，FCLK=200MHz,HCLK=100MHz,
PCLK=50MHz */
55    }
56 }
57
```

第 38 行设置 FCLK、HCLK、PCLK 三者分频比为 1:2:4。

当 HDIVN 非 0 时，需要将 CPU 总线模式从"fast bus mode"设为"asynchronous bus mode"，第 41～45 行的汇编代码即完成此事。

第 48 行判断是 S3C2410 还是 S3C2440，它们的 MPLL 计算公式稍有不同，需要区分开来。

如果处理器为 S3C2410，使用第 50 行设置 MPLL 寄存器，令 MDIV = 0x5c，PDIV = 0x04，SDIV = 0，所以：

```
MPLL(FCLK) = (m * Fin)/(p * 2^s) = (0x5c+8)*12MHz/((0x04+2)*2^0) = 200MHz
HCLK = FCLK / 2 = 100MHz
PCLK = FCLK / 4 = 50MHz
```

如果处理器为 S3C2440，使用第 54 行设置 MPLL 寄存器，使用第 29 行的公式可以计算出 MPLL=200MHz，所以 FCLK、HCLK、PCLK 分别为 200MHz、100MHz 和 50MHz。

2. 设置存储控制器

memsetup 函数被用来设置存储控制器，代码如下：

```
58 /*
59  * 设置存储控制器以使用 SDRAM
60  */
61 void memsetup(void)
62 {
```

```
63    volatile unsigned long *p = (volatile unsigned long *)MEM_CTL_BASE;
64
65    /* 这个函数之所以这样赋值,而不是像前面的实验(比如 mmu 实验)那样将配置值
66     * 写在数组中,是因为要生成位置无关的代码,使得这个函数可以在被复制到
67     * SDRAM 之前就可以在 steppingstone 中运行
68     */
69    /* 存储控制器 13 个寄存器的值 */
70    p[0] = 0x22011110;      //BWSCON
71    p[1] = 0x00000700;      //BANKCON0
72    p[2] = 0x00000700;      //BANKCON1
73    p[3] = 0x00000700;      //BANKCON2
74    p[4] = 0x00000700;      //BANKCON3
75    p[5] = 0x00000700;      //BANKCON4
76    p[6] = 0x00000700;      //BANKCON5
77    p[7] = 0x00018005;      //BANKCON6
78    p[8] = 0x00018005;      //BANKCON7
79
80    /* REFRESH,
81     * HCLK=12MHz:  0x008C07A3,
82     * HCLK=100MHz: 0x008C04F4
83     */
84    p[9]  = 0x008C04F4;
85    p[10] = 0x000000B1;     //BANKSIZE
86    p[11] = 0x00000030;     //MRSRB6
87    p[12] = 0x00000030;     //MRSRB7
88    }
89
```

除 REFRESH 寄存器外,其他寄存器的值与第 6 章的实验程序一样。现在 HCLK 等于 100MHz, REFRESH 寄存器的值需要重新计算。参考第 6 章的公式可以计算:R_CNT = 2^11 + 1 − 100MHz * 7.8125uS = 0x04F4,所以 REFRESH = 0x008C0000 + R_CNT = 0x008C0000 + 0x04F4 = 0x008C04F4。公式如下:

```
REFRESH = 0x008C0000 + R_CNT
R_CNT   = 2^11 + 1 − SDRAM 时钟频率(MHz) * SDRAM 刷新周期(uS)
```

第 65~68 行解释了为什么使用第 70~87 行这样笨拙的方式"手工"地一个个设置存储控制器的 13 个寄存器。在连接脚本 timer.lds 中,全部代码的起始运行地址都被设为 0x30000000,但是在执行 memsetup 函数时,代码还在内部 SRAM(steppingstone)中,为了能够在 steppingstone 运行这个函数,它应该是"位置无关"的,上面的"手工赋值"可以达到这个目的。

3. 初始化定时器 0

timer0_init 函数用于初始化定时器 0，根据相关寄存器的格式并参考代码中的注释就可以理解这个函数，代码如下：

```
124 /*
125  * Timer input clock Frequency = PCLK / {prescaler value+1} / {divider value}
126  * {prescaler value} = 0~255
127  * {divider value} = 2, 4, 8, 16
128  * 本实验的 Timer0 的时钟频率=50MHz/(99+1)/(16)=31500Hz
129  * 设置 Timer0 0.5s 触发一次中断
130  */
131 void timer0_init(void)
132 {
133     TCFG0  = 99;           // 预分频器 0 = 99
134     TCFG1  = 0x03;         // 选择16分频
135     TCNTB0 = 15625;        // 0.5s 触发一次中断
136     TCON  |= (1<<1);       // 手动更新
137     TCON   = 0x09;         // 自动加载，清除"手动更新"位，启动定时器 0
138 }
139
```

4. 定时器中断

head.S 中调用 timer0_init 函数之后，定时器 0 即开始工作；调用 init_irq 函数使能定时器 0 中断、设置 CPSR 寄存器开启 IRQ 中断后，每当定时器 0 计数达到 0 时就会触发中断。init_irq 函数很简单，在 init.c 中，代码如下：

```
140 /*
141  * 定时器 0 中断使能
142  */
143 void init_irq(void)
144 {
145     // 定时器 0 中断使能
146     INTMSK   &= (~(1<<10));
147 }
```

发生定时器中断时，CPU 将调用其中断服务程序 Timer0_Handle，它在 interrupt.c 中：

```
03 void Timer0_Handle(void)
04 {
05     /*
```

```
06      * 每次中断令 4 个 LED 改变状态
07      */
08      if(INTOFFSET == 10)
09      {
10          GPBDAT = ~(GPBDAT & (0xf << 5));
11      }
12      //清除中断
13      SRCPND = 1 << INTOFFSET;
14      INTPND = INTPND;
15  }
```

定时器 0 的中断使用 SRCPND、INTPND 寄存器中的位 10 来表示。中断服务程序 Timer0_Handle 先判断是否定时器 0 的中断，若是则反转 4 个 LED 的状态。

10.2.3 实例测试

在 timer 目录下执行 make 命令生成 timer.bin 可执行程序，烧入 NAND Flash 之后运行，即可看到 4 个 LED 每 1s 闪烁 1 次。

将 head.S 中对 clock_init 函数的调用去掉，不启用 MPLL；并随之将 init.c 中的 memsetup 函数的 REFRESH 寄存器改为 12MHz 对应的 0x008C07A3。重新编译、烧写，可以看到差不多 8s 这 4 个 LED 才闪烁 1 次。

第 11 章 通用异步收发器 UART

本章目标

了解 UART 的原理
掌握 S3C2410/S3C2440 中 UART 的使用

11.1 UART 原理及 UART 部件使用方法

11.1.1 UART 原理说明

通用异步收发器简称 UART，即 "Universal Asynchronous Receiver Transmitter"，它用来传输串行数据：发送数据时，CPU 将并行数据写入 UART，UART 按照一定的格式在一根电线上串行发出；接收数据时，UART 检测另一根电线上的信号，将串行收集放在缓冲区中，CPU 即可读取 UART 获得这些数据。UART 之间以全双工方式传输数据，最精简的连线方法只有 3 根电线：TxD 用于发送数据，RxD 用于接收数据，Gnd 用于给双方提供参考电平，连线如图 11.1 所示。

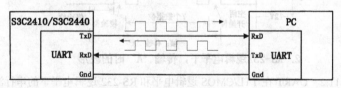

图 11.1 UART 连线图

UART 使用标准的 TTL/CMOS 逻辑电平（0~5V、0~3.3V、0~2.5V 或 0~1.8V）来表示数据，高电平表示 1，低电平表示 0。为了增强数据的抗干扰能力、提高传输长度，通常将 TTL/CMOS 逻辑电平转换为 RS-232 逻辑电平，3~12V 表示 0，-3~-12V 表示 1。

TxD、RxD 数据线以"位"为最小单位传输数据。帧（frame）由具有完整意义的、不可分割的若干位组成，它包含开始位、数据位、校验位（需要的话）和停止位。发送数据之前，UART 之间要约定好数据的传输速率（即每位所占据的时间，其倒数称为波特率）、数据的传输格式（即有多少个数据位、是否使用校验位、是奇校验还是偶校验、有多少个停止位）。

数据传输流程如下。

（1）平时数据线处于"空闲"状态（1 状态）。

（2）当要发送数据时，UART 改变 TxD 数据线的状态（变为 0 状态）并维持 1 位的时间，这样接收方检测到开始位后，再等待 1.5 位的时间就开始一位一位地检测数据线的状态得到所传输的数据。

（3）UART 一帧中可以有 5、6、7 或 8 位的数据，发送方一位一位地改变数据线的状态将它们发送出去，首先发送最低位。

（4）如果使用校验功能，UART 在发送完数据位后，还要发送 1 个校验位。有两种校验方法：奇校验、偶校验——数据位连同校验位中，"1"的数目等于奇数或偶数。

（5）最后，发送停止位，数据线恢复到"空闲"状态（1 状态）。停止位的长度有 3 种：1 位、1.5 位、2 位。

图 11.2 演示了 UART 使用 7 个数据位、偶校验、2 个停止位的格式传输字符 'A'（二进制值为 0b1000001）时，TTL/CMOS 逻辑电平、RS-232 逻辑电平对应的波形。

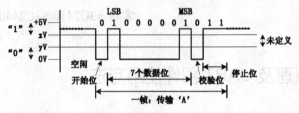

1. TTL/CMOS 逻辑电平下，传输 'A' 时的波形

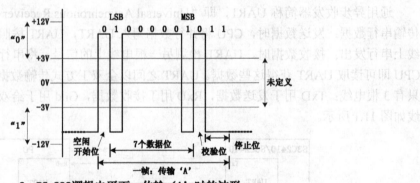

2. RS-232 逻辑电平下，传输 'A' 时的波形

图 11.2　UART 在 TTL/CMOS 逻辑电平和 RS-232 逻辑电平下的串行波形

11.1.2　S3C2410/S3C2440 UART 的特性

S3C2410/S3C2440 中 UART 功能相似，有 3 个独立的通道，每个通道都可以工作于中断模式或 DMA 模式，即 UART 可以发出中断或 DMA 请求以便在 UART、CPU 间传输数据。UART 由波特率发生器、发送器、接收器和控制逻辑组成。

使用系统时钟时，S3C2410 的 UART 波特率可以达到 230.4Kbit/s，S3C2440 则可以达到 115.2Kbit/s；如果使用 UEXTCLK 引脚提供的外部时钟，则可以达到更高的波特率。波特率可以通过编程进行控制。

S3C2410 UART 的每个通道都有 16 字节的发送 FIFO 和 16 字节的接收 FIFO，S3C2440

UART 的 FIFO 深度为 64。发送数据时，CPU 先将数据写入发送 FIFO 中，然后 UART 会自动将 FIFO 中的数据复制到"发送移位器"（Transmit Shifter）中，发送移位器将数据一位一位地发送到 TxDn 数据线上（根据设定的格式，插入开始位、校验位和停止位）。接收数据时，"接收移位器"（Receive Shifter）将 RxDn 数据线上的数据一位一位接收进来，然后复制到接收 FIFO 中，CPU 即可从中读取数据。

S3C2410/S3C2440 UART 的每个通道支持的停止位有 1 位、2 位，数据位有 5、6、7 或 8 位，支持校验功能，另外还有红外发送/接收功能。

S3C2410/S3C2440 UART 结构如图 11.3 所示。

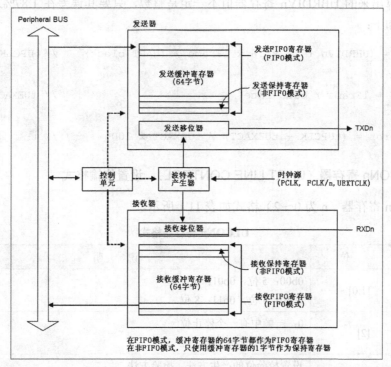

图 11.3 S3C2410/S3C2440 UART 结构图（对于 S3C2440，FIFO 深度为 64）

11.1.3 S3C2410/S3C2440 UART 的使用

在使用 UART 之前需要设置波特率、传输格式（有多少个数据位、是否使用校验位、是奇校验还是偶校验、有多少个停止位、是否使用流量控制）；对于 S3C2410/S3C2440，还要选择所涉及管脚为 UART 功能、选择 UART 通道的工作模式为中断模式或 DMA 模式。设置好之后，往某个寄存器写入数据即可发送，读取某个寄存器即可得到接收到的数据。可以通过查询状态寄存器或设置中断来获知数据是否已经发送完毕、是否已经接收到数据。

针对上述要点，下面一一说明。

1. 将所涉及的 UART 通道管脚设为 UART 功能

比如 UART 通道 0 中，GPH2、GPH3 分别用作 TXD0、RXD0，要使用 UART 通道 0 时，先设置 GPHCON 寄存器将 GPH2、GPH3 引脚的功能设为 TXD0、RXD0。

2. UBRDIVn 寄存器（UART BAUD RATE DIVISOR）：设置波特率

S3C2410 UART 的时钟源有两种选择：PCLK、UEXTCLK；S3C2440 UART 的时钟源有三种选择：PCLK、UEXTCLK、FCLK/n，其中 n 值通过 UCON0～UCON2 联合设置。

根据给定的波特率、所选择的时钟源的频率，可以通过以下公式计算 UBRDIVn 寄存器（n 为 0～2，对应 3 个 UART 通道）的值，如下所示：

```
UBRDIVn = (int)( UART clock / ( buad rate x 16) ) - 1
```

上式计算出来的 UBRDIVn 寄存器值不一定是整数，只要其误差在 1.87%之内即可。误差计算公式如下：

```
tUPCLK = (UBRDIVn + 1) x 16 x 1Frame / (UART clock)    //tUPCLK：实际的UART时钟
tUEXACT = 1Frame / baud-rate                           // tUEXACT：理论的UART时钟
UART error = (tUPCLK - tUEXACT) / tUEXACT x 100%       // 误差
```

3. ULCONn 寄存器（UART LINE CONTROL）：设置传输格式

ULCONn 寄存器（n 为 0～2）格式如表 11.1 所示。

表 11.1　　　　　　　　　　　ULCONn 寄存器格式

功　能	位	说　明
数据位宽度	[1:0]	0b00：5 位，0b01：6 位 0b10：7 位，0b11：8 位
停止位宽度	[2]	0：一帧中有一个停止位 1：一帧中有两个停止位
校验模式	[5:3]	设置校验位的产生方法、检验方法。 0b0xx：无校验 0b100：奇校验 0b101：偶校验 0b110：发送数据时强制设为 1，接收数据时检查是否为 1 0b111：发送数据时强制设为 0，接收数据时检查是否为 0
红外模式	[6]	0：正常模式 1：红外模式

UART 通道被设为红外模式时，其串行数据的波形与正常模式稍有不同，有兴趣的读者请自行阅读数据手册。

4. UCONn 寄存器（UART CONTROL）

UCONn 寄存器用于选择 UART 时钟源、设置 UART 中断方式等。由于 S3C2410 的 UART 只有两个时钟源：PCLK 和 UEXTCLK；S3C2440 UART 有三个时钟源 PCLK、UEXTCLK、

FCLK/n,所以在时钟源的选择与设置(设置 n)方面稍有不同。

S3C2410 的 UCONn 寄存器格式如表 11.2 所示。

表 11.2　　　　　　　　　　S3C2410 的 UCONn 寄存器格式

功　能	位	说　明
接收模式	[1:0]	选择如何从 UART 接收缓冲区中读取数据。 0b00:禁止接收数据 0b01:中断方式或查询方式 0b10:DMA0 请求(只能用于 UART0) 　　　DMA3 请求(只能用于 UART2) 0b11:DMA1 请求(只能用于 UART1)
发送模式	[3:2]	选择如何将数据发送到 UART 发送缓冲区中。 0b00:禁止发送数据 0b01:中断方式或查询方式 0b10:DMA0 请求(只能用于 UART0) 　　　DMA3 请求(只能用于 UART2) 0b11:DMA1 请求(只能用于 UART1)
自环模式	[5]	自环模式就是将 TxDn 和 RxDn 在内部相连,用于自发自收。 0:正常模式,1:自环模式
接收错误状态中断使能	[6]	用于使能当发生接收错误 (比如帧错误、溢出错误) 时,产生中断。 0:出错时不产生中断 1:出错时产生中断
接收超时使能	[7]	当使用 UART FIFO 时,用于使能/禁止接收超时的中断。 0=禁止,1=使能
接收中断方式	[8]	如下情况发生时,将产生接收中断。 不使用 FIFO 时,接收到一个数据; 使用 FIFO 时,FIFO 中的数据达到 RxFIFO 的触发阈值。 中断方式如下设置。 0:脉冲 1:电平
发送中断方式	[9]	如下情况发生时,将产生发送中断。 不使用 FIFO 时,发送缓冲区变空; 使用 FIFO 时,FIFO 中的数据达到 TxFIFO 的触发阈值。 中断方式如下设置。 0:脉冲 1:电平
时钟选择	[10]	选择 UART 时钟源。 0:PCLK 1:UEXTCLK

S3C2440 的 UCONn 寄存器在 UART 时钟的选择方面与 S3C2410 有所不同，从位[10]往上的位含义不一样，并且原来的位[4]用于选择是否发出"break"信号，这些位的含义如表11.3 所示。

表 11.3　　　　S3C2440 的 UCONn 寄存器中与 S3C2410 的不同之处

功　能	位	说　明
"break" 信号	[4]	设置此位时，UART 会在一帧的时间里面发出一个"break"信号。 0：正常发送，1：发出"break"信号
时钟选择	[11:10]	选择 UART 时钟源。 0b00/0b10：PCLK 0b01：UEXTCLK 0b11：FCLK/n
FCLK 分频率系数	[15:12]	用来设置"FCLK/n"中的 n 值

UCON0、UCON1、UCON2 这 3 个寄存器的位[15:12]一起用来确定 n 值，它们的意义如下。

(1) UCON2[15]："FCLK/n"使能位。

它等于 0 时，禁止使用"FCLK/n"作为 UART 时钟源；等于 1 时，可以用作 UART 时钟源。

(2) n 值的设置。

UCON0[15:12]、UCON1[15:12]、UCON2[14:12]三者用于设置 n 值，当其中一个被设成非 0 值时，其他两个必须为 0。

① n 值处于 7~21 时，UART 时钟=FCLK/(divider+6)，divider 为 UCON0[15:12]的值，大于 0。

② n 值处于 22~36 时，UART 时钟=FCLK/(divider+21)，divider 为 UCON1[15:12]的值，大于 0。

③ n 值处于 37~43 时，UART 时钟=FCLK/(divider+36)，divider 为 UCON2[14:12]的值，大于 0。

④ UCON0[15:12]、UCON1[15:12]、UCON2[14:12]都等于 0 时，UART 时钟：FCLK/44。

5. UFCONn 寄存器（UART FIFO CONTROL）、UFSTATn 寄存器（UART FIFO STATUS）

UFCONn 寄存器用于设置是否使用 FIFO，设置各 FIFO 的触发阈值，即发送 FIFO 中有多少个数据时产生中断、接收 FIFO 中有多少个数据时产生中断。并可以通过设置 UFCONn 寄存器来复位各个 FIFO。

读取 UFSTATn 寄存器可以知道各个 FIFO 是否已经满、其中有多少个数据。

不使用 FIFO 时，可以认为 FIFO 的深度为 1，使用 FIFO 时 S3C2410 的 FIFO 深度为 16，S3C2440 的 FIFO 深度为 64。这两类寄存器各位的含义请读者查阅数据手册，后面的实例部分没有使用 FIFO。

6. UMCONn 寄存器（UART MODEM CONTROL）、UMSTATn 寄存器（UART MODEM STATUS）

这两类寄存器用于流量控制，这里不介绍。

7. UTRSTATn 寄存器（UART TX/RX STATUS）

UTRSTATn 寄存器用来表明数据是否已经发送完毕、是否已经接收到数据，格式如表 11.4 所示。缓冲区其实就是图 11.3 中的 FIFO，只不过不使用 FIFO 功能时可以认为其深度为 1。

表 11.4　　　　　　　　　　　　UTRSTATn 寄存器格式

功　　能	位	说　　明
接收缓冲区数据就绪	[0]	当接收到数据时，此位被自动设为 1
发送缓冲区空	[1]	当发送缓冲区中没有数据时，此位被自动设为 1
发送器空	[2]	当发送缓冲区中没有数据，并且最后一个数据也已经发送出去时，此位被自动设为 1

8. UERSTATn 寄存器（UART ERROR STATUS）

用来表示各种错误是否发生，位[0]~位[3]为 1 时分别表示溢出错误、校验错误、帧错误、检测到"break"信号。读取这个寄存器时，它会自动清 0。

需要注意的是，接收数据时如果使用 FIFO，则 UART 内部会使用一个"错误 FIFO"来表明接收 FIFO 中哪个数据在接收过程中发生了错误。CPU 只有在读出这个错误的数据时，才会觉察到发生了错误。要想清除"错误 FIFO"，则必须读出错误的数据，并读出 UERSTATn 寄存器。

9. UTXHn 寄存器（UART TRANSMIT BUFFER REGISTER）

CPU 将数据写入这个寄存器，UART 即会将它保存到缓冲区中，并自动发送出去。

10. URXHn 寄存器（UART RECEIVE BUFFER REGISTER）

当 UART 接收到数据时，CPU 读取这个寄存器，即可获得数据。

11.2　UART 操作实例

11.2.1　代码详解

本实例代码在/work/hardware/uart 目录下。目的是在串口上输入一个字符，单板接收到后将它的 ASCII 值加 1 后，从串口输出。

首先设置 MPLL 提高系统时钟，令 PCLK 为 50MHz，UART 将选择 PCLK 为时钟源。将代码复制到 SDRAM 中之后，调用 main 函数。这些代码与第 10 章相似。重点在于 main 函数对 UART0 的初始化、收发数据，这由 3 个函数来实现：uart0_init、getc 和 putc，它们在 serial.c 文件中。

1. UART 初始化

uart0_init 函数代码如下，每行都有注释，结合上面的寄存器用法即可理解。

```
07 #define PCLK              50000000        // init.c 中的 clock_init 函数设置 PCLK
为 50MHz
08 #define UART_CLK          PCLK            // UART0 的时钟源设为 PCLK
09 #define UART_BAUD_RATE    115200          // 波特率
10 #define UART_BRD          ((UART_CLK / (UART_BAUD_RATE * 16)) - 1)
11
12 /*
13  * 初始化 UART0
14  * 115200,8N1,无流控
15  */
16 void uart0_init(void)
17 {
18     GPHCON |= 0xa0;      // GPH2、GPH3 用作 TXD0、RXD0
19     GPHUP   = 0x0c;      // GPH2、GPH3 内部上拉
20
21     ULCON0  = 0x03;      // 波特率为 115200,数据格式为:8 个数据位,没有流控,1
个数据位
22     UCON0   = 0x05;      // 查询方式,UART 时钟源为 PCLK
23     UFCON0  = 0x00;      // 不使用 FIFO
24     UMCON0  = 0x00;      // 不使用流控
25     UBRDIV0 = UART_BRD;  // 波特率为 115200
26 }
27
```

2. 发送字符的函数

本实例不使用 FIFO,发送字符前,首先判断上一个字符是否已经被发送出去。如果没有,则不断查询 UTRSTAT0 寄存器的位[2],当它为 1 时表示已经发送完毕。于是,即可向 UTXH0 寄存器中写入当前要发送的字符。代码如下(宏 TXD0READY 被定义为 "(1<<2)"):

```
28 /*
29  * 发送一个字符
30  */
31 void putc(unsigned char c)
32 {
33     /* 等待,直到发送缓冲区中的数据已经全部发送出去 */
34     while (!(UTRSTAT0 & TXD0READY));
35
36     /* 向 UTXH0 寄存器中写入数据,UART 即自动将它发送出去 */
37     UTXH0 = c;
```

3. 接收字符的函数

试图读取数据前，先查询 UTRSTAT0 寄存器的位[0]，当它为 1 时表示接收缓冲区中有数据。于是，即可读取 URXH0 得到数据。代码如下（宏 **RXD0READY** 被定义为 "(1)"）：

```
40  /*
41   * 接收字符
42   */
43  unsigned char getc(void)
44  {
45      /* 等待，直到接收缓冲区中的有数据 */
46      while (!(UTRSTAT0 & RXD0READY));
47
48      /* 直接读取 URXH0 寄存器，即可获得接收到的数据 */
49      return URXH0;
50  }
51
```

4. 主函数

在 main 函数中，初始化完 UART0 之后，即不断地读取串口数据，并判断它是否为数字或字母。如果是的话，就将它加 1 后从串口输出。代码如下：

```
01  #include "serial.h"
02
03  int main()
04  {
05      unsigned char c;
06      uart0_init();    // 波特率 115200，8N1(8 个数据位，无校验位，1 个停止位)
07
08      while(1)
09      {
10          // 从串口接收数据后，判断其是否为数字或字母，若是则加 1 后输出
11          c = getc();
12          if (isDigit(c) || isLetter(c))
13              putc(c+1);
14      }
15
16      return 0;
17  }
```

11.2.2 实例测试

1. PC 上的串口工具推荐

Windows 下推荐使用 SecureCRT 工具，Linux 下推荐使用 kermit。

下面介绍在 Linux 下安装、使用 kermit 的方法。

确保 Linux 能连上网络，然后使用以下命令进行安装，会安装一个 kermit 命令。

```
$ sudo apt-get install ckermit
```

使用 kermit 之前，先建立一个配置文件，在/home/book（假设用户名为 book）目录下创建名为.kermrc 的文件，内容如下：

```
set line /dev/ttyS0
set speed 115200
set carrier-watch off
set handshake none
set flow-control none
robust
set file type bin
set file name lit
set rec pack 1000
set send pack 1000
set window 5
```

然后，运行"$ sudo kermit -c"命令即可启动串口；要想关闭串口，可以先输入"Ctrl+\"，然后按住"C"键，最后输入"exit"后回车。

2. 测试方法

首先使用串口将开发板的 COM0 和 PC 的串口相连，打开 PC 上的串口工具并设置其波特率为 115200、8N1。

然后，在 uart 目录下运行 make 命令生成可执行文件 uart.bin，将它烧入 NAND Flash 后运行。

最后，在 PC 上的串口工具中输入数字或字母，可以看到输出另一个字符（加了 1）；如果输入其他字符，则无输出。

/work/hardware/stdio 目录下的程序在串口 0 上实现 printf、scanf 等函数，它使用 scanf、sscanf 和 printf 等函数从串口接收一个十进制数字序列，然后将它转换为十六进制输出。步骤与 UART 实例相似，读者可自行操作。

第12章 I²C接口

本章目标

了解 I²C 总线协议
掌握 S3C2410/S3C2440 中 I²C 接口的使用方法

12.1 I²C 总线协议及硬件介绍

12.1.1 I²C 总线协议

1. I²C 总线的概念

I²C（Inter-Integrated Circuit，又称 IIC）总线是一种由 PHILIPS 公司开发的串行总线，用于连接微控制器及其外围设备，它具有如下特点。

- 只有两条总线线路：一条串行数据线（SDA），一条串行时钟线（SCL）。
- 每个连接到总线的器件都可以使用软件根据它的惟一的地址来识别。
- 传输数据的设备间是简单的主/从关系。
- 主机可以用作主机发送器或主机接收器。
- 它是一个真正的多主机总线，两个或多个主机同时发起数据传输时，可以通过冲突检测和仲裁来防止数据被破坏。
- 串行的 8 位双向数据传输，位速率在标准模式下可达 100kbit/s，在快速模式下可达 400kbit/s，在高速模式下可达 3.4Mbit/s。
- 片上的滤波器可以增加抗干扰功能，保证数据的完整。
- 连接到同一总线上的 IC 数量只受到总线的最大电容 400pF 的限制。

图 12.1 是一条 I²C 总线上多个设备相连的例子。

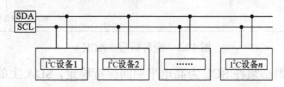

图 12.1　I²C 总线设备互连

先说明一些术语，如表 12.1 所示。

表 12.1　　I²C 总线术语的定义

术　语	描　述
发送器	发送数据到总线的器件
接收器	从总线接收数据的器件
主机	发起/停止数据传输、提供时钟信号的器件
从机	被主机寻址的器件
多主机	可以有多个主机试图去控制总线，但是不会破坏数据
仲裁	当多个主机试图去控制总线时，通过仲裁可以使得只有一个主机获得总线控制权，并且它传输的信息不被破坏
同步	多个器件同步时钟信号的过程

2. I²C 总线的信号类型

I²C 总线在传送数据过程中共有 3 种类型信号：开始信号、结束信号和响应信号。

（1）开始信号（S）：SCL 为高电平时，SDA 由高电平向低电平跳变，开始传送数据。

（2）结束信号（P）：SCL 为高电平时，SDA 由低电平向高电平跳变，结束传送数据。

（3）响应信号（ACK）：接收器在接收到 8 位数据后，在第 9 个时钟周期，拉低 SDA 电平。

它们的波形如图 12.2、12.3 所示。

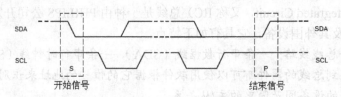

图 12.2　开始信号（S）和结束信号（P）

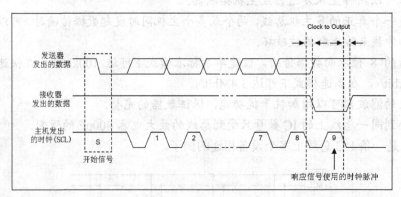

图 12.3　应答信号（ACK）

SDA 上传输的数据必须在 SCL 为高电平期间保持稳定，SDA 上的数据只能在 SCL 为低电平期间变化，如图 12.4 所示。

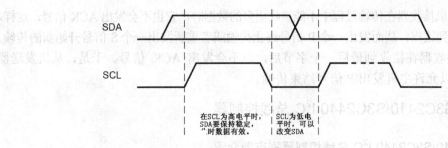

图 12.4　I²C 总线的位传输

3. I²C 总线的数据传输格式

发送到 SDA 线上的每个字节必须是 8 位的，每次传输可以发送的字节数量不受限制。每个字节后必须跟一个响应位。首先传输的是数据的最高位（MSB）。如果从机要完成一些其他功能后（例如一个内部中断服务程序）才能继续接收或发送下一个字节，从机可以拉低 SCL 迫使主机进入等待状态。当从机准备好接收下一个数据并释放 SCL 后，数据传输继续。如果主机在传输数据期间也需要完成一些其他功能（例如一个内部中断服务程序）也可以拉低 SCL 以占住总线。

启动一个传输时，主机先发出 S 信号，然后发出 8 位数据。这 8 位数据中前 7 位为从机的地址，第 8 位表示传输的方向（0 表示写操作，1 表示读操作）。被选中的从机发出响应信号。紧接着传输一系列字节及其响应位。最后，主机发出 P 信号结束本次传输。

图 12.5 是几种 I²C 总线上数据传输的格式。

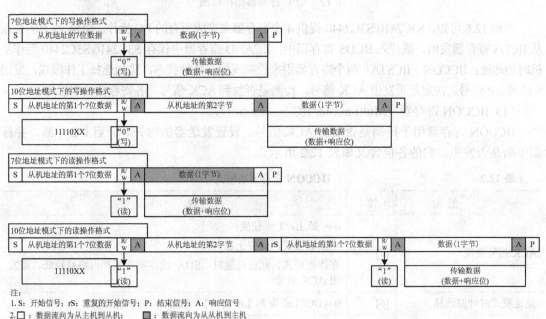

图 12.5　I²C 总线上数据传输的格式

并非每传输 8 位数据之后，都会有 ACK 信号，有以下 3 种例外。

（1）当从机不能响应从机地址时（例如它正忙于其他事而无法响应 I²C 总线的操作，或者这个地址没有对应的从机），在第 9 个 SCL 周期内 SDA 线没有被拉低，即没有 ACK 信号。这时，主机发出一个 P 信号终止传输或者重新发出一个 S 信号开始新的传输。

（2）如果从机接收器在传输过程中不能接收更多的数据时，它也不会发出 ACK 信号。这样，主机就可以意识到这点，从而发出一个 P 信号终止传输或者重新发出一个 S 信号开始新的传输。

（3）主机接收器在接收到最后一个字节后，也不会发出 ACK 信号。于是，从机发送器释放 SDA 线，以允许主机发出 P 信号结束传输。

12.1.2　S3C2410/S3C2440 I²C 总线控制器

1．S3C2410/S3C2440 I²C 总线控制器寄存器介绍

S3C2410/S3C2440 的 I²C 接口有 4 种工作模式：主机发送器、主机接收器、从机发送器、从机接收器。其内部结构如图 12.6 所示。

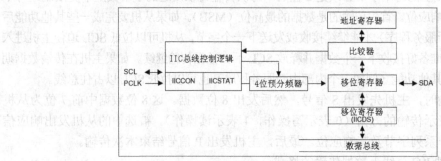

图 12.6　I²C 控制器结构框图

从图 12.6 可知，S3C2410/S3C2440 提供 4 个寄存器来完成所有的 I²C 操作。SDA 线上的数据从 IICDS 寄存器发出，或传入 IICDS 寄存器中；IICADD 寄存器中保存 S3C2410/S3C2440 当作从机时的地址；IICCON、IICSTAT 两个寄存器用来控制或标识各种状态，比如选择工作模式，发出 S 信号、P 信号，决定是否发出 ACK 信号，检测是否收到 ACK 信号。各寄存器的用法如下。

（1）IICCON 寄存器（Multi-master IIC-bus control）。

IICCON 寄存器用于控制是否发出 ACK 信号、设置发送器的时钟、开启 I²C 中断，并标识中断是否发生。它的各位含义如表 12.2 所示。

表 12.2　　　　　　　　　　　　IICCON 寄存器的格式

功　能	位	说　明
ACK 信号使能	[7]	0 = 禁止，1 = 使能 在发送模式，此位无意义； 在接收模式，此位使能时，SDA 线在响应周期内将被拉低，即发出 ACK 信号
发送模式时钟源选择	[6]	0 = IICCLK 为 PCLK/16，1 = IICCLK 为 PCLK/512
发送/接收中断使能	[5]	0 = I²C 总线 Tx/Rx 中断禁止， 1 = I²C 总线 Tx/Rx 中断使能
中断标记	[4]	此位用来标识是否有 I²C 中断发生,读出为 0 时表示没有中断发生，读出为 1 时表示有中断发生。当此位为 1 时，SCL 线被拉低，此时所有 I²C 传输停止；如果要继续传输，需写入 0 清除它
发送模式时钟分频系数	[3:0]	发送器时钟 = IICCLK /（IICCON[3:0] + 1）

使用 IICCON 寄存器时，有如下注意事项。

① 发送模式的时钟频率由位[6]、位[3:0]联合决定。另外，当 IICCON[6]=0 时，IICCON[3:0] 不能取 0 或 1。

② I²C 中断在以下 3 种情况下发生：当发出地址信息或接收到一个从机地址并且吻合时，当总线仲裁失败时，当发送/接收完一个字节的数据（包括响应位）时。

③ 基于 SDA、SCL 线上时间特性的考虑，要发送数据时，先将数据写入 IICDS 寄存器，然后再清除中断。

④ 如果 IICCON[5]=0，IICCON[4]将不能正常工作。所以，即使不使用 I²C 中断，也要将 IICCON[5]设为 1。

(2) IICSTAT 寄存器（Multi-master IIC-bus control/status）。

IICSTAT 寄存器用于选择 I²C 接口的工作模式，发出 S 信号、P 信号，使能接收/发送功能，并标识各种状态，比如总线仲裁是否成功、作为从机时是否被寻址、是否接收到 0 地址、是否接收到 ACK 信号等。

IICSTAT 寄存器的各位如表 12.3 所示。

表 12.3　　　　　　　　　　　IICSTAT 寄存器的格式

功　能	位	说　明
工作模式	[7:6]	0b00：从机接收器 0b01：从机发送器 0b10：主机接收器 0b11：主机发送器
忙状态位/S 信号、P 信号	[5]	读此位时 0：总线空闲，1：总线忙 写此位时 0：发出 P 信号，1：发出 S 信号。当发出 S 信号后，IICDS 寄存器中的数据将被自动发送。
串行输出使能位	[4]	0：禁止接收/发送功能，1：使能接收/发送功能
仲裁状态	[3]	0：总线仲裁成功，1：总线仲裁失败
从机地址状态	[2]	作为从机时，在检测到 S/P 信号时此位被自动清 0； 接收到的地址与 IICADD 寄存器中的值相等时，此位被置 1
0 地址状态	[1]	在检测到 S/P 信号时此位被自动清 0； 接收到的地址为 0b0000000 时，此位被置 1
最后一位的状态	[0]	0：接收到的最后一位为 0（接收到 ACK 信号）； 1：接收到的最后一位为 1（没有接收到 ACK 信号）

(3) IICADD 寄存器（Multi-master IIC-bus address）。

用到 IICADD 寄存器的位[7:1]，表示从机地址。IICADD 寄存器在串行输出使能位 IICSTAT[4]为 0 时，才可以写入；在任何时间都可以读出。

(4) IICDS 寄存器（Multi-master IIC-bus Tx/Rx data shift）。

用到 IICDS 寄存器的位[7:0]，其中保存的是要发送或已经接收的数据。IICDS 寄存器在串行输出使能位 IICSTAT[4]为 1 时，才可以写入；在任何时间都可以读出。

2. S3C2410/S3C2440 I²C 总线操作方法

启动或恢复 S3C2410/S3C2440 的 I²C 传输有以下两种方法。

（1）当 IICCON[4]即中断状态位为 0 时，通过写 IICSTAT 寄存器启动 I²C 操作。有以下两种情况。

① 在主机模式，令 IICSTAT[5:4]等于 0b11，将发出 S 信号和 IICDS 寄存器的数据（寻址），令 IICSTAT[5:4]等于 0b01，将发出 P 信号。

② 在从机模式，令 IICSTAT[4]等于 1 将等待其他主机发出 S 信号及地址信息。

（2）当 IICCON[4]即中断状态位为 1 时，表示 I²C 操作被暂停。在这期间设置好其他寄存器之后，向 IICCON[4]写入 0 即可恢复 I²C 操作。所谓"设置其他寄存器"，有以下 3 种情况。

① 对于主机模式，可以按照上面①的方法写 IICSTAT 寄存器，恢复 I²C 操作后即可发出 S 信号和 IICDS 寄存器的值（寻址），或发出 P 信号。

② 对于发送器，可以将下一个要发送的数据写入 IICDS 寄存器中，恢复 I²C 操作后即可发出这个数据。

③ 对于接收器，可以从 IICDS 寄存器中读出接收到的数据。最后向 IICCON[4]写入 0 的同时，设置 IICCON[7]以决定在接收到下一个数据后是否发出 ACK 信号。

通过中断服务程序来驱动 I²C 传输。

（1）当仲裁失败时发生中断——本次传输没有抢到总线，可以稍后继续。

（2）对于主机模式，当发出 S 信号、地址信息并经过一个 SCL 周期（对应 ACK 信号）后，发生中断——主机可在此时判断是否成功寻址到从机。

（3）对于从机模式，当接收到的地址与 IICADD 寄存器吻合时，先发出 ACK 信号，然后发生中断——从机可在此时准备后续的传输。

（4）对于发送器，当发送完一个数据并经过一个 SCL 周期（对应 ACK 信号）后，发生中断。这时可以准备下一个要发送的数据，或发出 P 信号以停止传输。

（5）对于接收器，当接收到一个数据时，先根据 IICCON[7]决定是否发出 ACK 信号后，然后发生中断。这时可以读取 IICDS 寄存器得到数据，并设置 IICCON[7]以决定接收到下一个数据后是否发出 ACK 信号。

对于 4 种工作模式，S3C2410/S3C2440 数据手册中都有它们的操作流程图。现在以主机发送器作为例子说明，它的工作流程如图 12.7 所示，其他的工作模式请读者自行查阅数据手册。

下面结合 I²C 寄存器的用法，详细讲解图 12.7 中各步骤的含义。

（1）配置主机发送器的各类参数。

设置 GPE15、GPE14 引脚用于 SDA、SCL，设

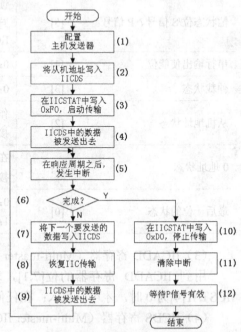

图 12.7　S3C2410/S3C2440 I²C 主机发送器的工作流程

置 IICCON 寄存器选择 I²C 发送时钟，最后，设置 IICSTAT[4]为 1，这样，后面才能写 IICDS 寄存器。

> **注意** 初始时 IICCON[4]为 0，不能将 IICSTAT 设为主机模式，否则就会立刻发出 S 信号、发送 IICDS 寄存器的值。

（2）将要寻址的从机地址写入 IICDS 寄存器。
（3）将 0xFO 写入 IICSTAT 寄存器，即设为主机发送器、使能串行输出功能、发出 S 信号。
（4）发出 S 信号后，步骤（2）中设置的 IICDS 寄存器值也将被发出，它用来寻址从机。
（5）在响应周期之后，发生中断，此时 IICCON[4]为 1，I²C 传输暂停。
（6）如果没有数据要发送，则跳到步骤（10）；否则跳到步骤（7）。
（7）将下一个要发送的数据写入 IICDS 寄存器中。
（8）往 IICCON[4]中写入 0，恢复 I²C 传输。
（9）这时 IICDS 寄存器中的值将被一位一位地发送出去。当 8 位数据发送完毕，再经过另一个 SCL 周期（对应 ACK 信号）后，中断再次发生，跳到步骤（5）。
步骤（5）～（9）不断循环直到发出了所有数据。当要停止传输时，跳到步骤（10）。
（10）将 0xDO 写入 IICSTAT 寄存器，即：设为主机发送器、使能串行输出功能、发出 P 信号。

> **注意** 这时的 P 信号并没有实际发出，只有清除了 IICCON[4]后才会发出 P 信号。

（11）清除 IICCON[4]，P 信号得以发出。
（12）等待一段时间，使得 P 信号完全发出。

12.2 I²C 总线操作实例

12.2.1 I²C 接口 RTC 芯片 M41t11 的操作方法

本书所用开发板中，通过 I²C 总线连接 RTC（实时时钟）芯片 M41t11，它使用电池供电，系统断电时也可以维持日期和时间。S3C2410/S3C2440 作为 I²C 主机向 M41t11 发送数据以设置日期和时间、读取 M41t11 以获得日期和时间。连接图如图 12.8 所示。

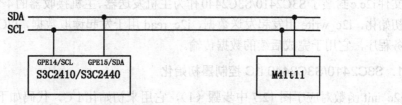

图 12.8　S3C2410/S3C2440 与 M41t11 连线图

M41t11 中有 8 个寄存器，分别对应秒、分、时、天（星期几）、日、月、年、控制寄存器，其中的数据都是以 BCD 格式保存（BCD 格式例子：0x15 表示数值 15），如表 12.4 所示。

表 12.4　　　　　　　　　　　　　　**M41t11 寄存器格式**

地址	数据								功能/取值范围 BCD 编码	
	D7	D6	D5	D4	D3	D2	D1	D0		
0	ST	秒的十位数			秒的个位数				秒	00~59
1	X	分的十位数			分的个位数				分	00~59
2	CEB	CB	时的十位数		时的个位数				世纪位/时	0~1/00~23
3	X	X	X	X	X	天（星期几）			天	01~07
4	X	X	日的十位数		日的个位数				日	01~31
5	X	X	X	10月	月的个位数				月	01~12
6	年的十位数				年的个位数				年	00~99
7	OUT	FT	S	校准					控制	

注：
① ST 为停止位，写入 1 时 M41t11 停止工作，写入 0 时开始工作。
② CEB 为"世纪使能位"，当它为 1 时，每过 100 年，CB 位就反转一次。
③ "10 月"表示"月的十位数"。
④ 地址为 7 的寄存器有一些控制功能，本书没有使用。

除上表的 8 个寄存器（地址为 0~7）之外，M41t11 内部还有 56 字节的 RAM（地址为 8~63）。访问 M41t11 前，先设置寄存器地址，以后每次读/写操作完成后，M41t11 内部会自动将寄存器地址加 1。

所以读写 M41t11 分以下两个步骤。
（1）主机向 M41t11 发出要操作的寄存器起始地址（0~7）。
（2）要设置 M41t11 时，主机连续发出数据；要读取 M41t11 时，主机连续读取数据。
M41t11 的 I²C 从机地址为 0xD0。

12.2.2　程序设计

本实例将在串口上输出一个菜单，可以选择设置时间和日期，或者将它们读出来。将通过本实例验证 I²C 主机的发送、接收操作。

12.2.3　设置/读取 M41t11 的源码详解

本实例的源码在 /work/hardware/i2c 目录下。

文件 i2c.c 封装了 S3C2410/S3C2440 作为主机发送器、主机接收器的 4 个操作函数：i2c_init 用于初始化，i2c_write 用发起发送数据，i2c_read 用于发起读取数据，I2CIntHandle 是 I²C 中断服务程序，它用于完成后续的数据传输。

1．S3C2410/S3C2440 I²C 控制器初始化

i2c_init 函数对应于图 12.7 中步骤（1），它用来初始化 I²C，代码如下：

```
24  /*
25   * I²C 初始化
26   */
```

```
27  void i2c_init(void)
28  {
29      GPEUP |= 0xc000;              // 禁止内部上拉
30      GPECON |= 0xa0000000;         // 选择引脚功能，GPE15:IICSDA, GPE14:IICSCL
31
32      INTMSK &= ~(BIT_IIC);
33
34      /* bit[7] = 1, 使能 ACK
35       * bit[6] = 0, IICCLK = PCLK/16
36       * bit[5] = 1, 使能中断
37       * bit[3:0] = 0xf, Tx clock = IICCLK/16
38       * PCLK = 50MHz, IICCLK = 3.125MHz, Tx Clock = 0.195MHz
39       */
40      IICCON = (1<<7) | (0<<6) | (1<<5) | (0xf);   // 0xaf
41
42      IICADD = 0x10;            // S3C24xx slave address = [7:1]
43      IICSTAT = 0x10;           // I²C 串行输出使能(Rx/Tx)
44  }
45
```

第 29、30 行将引脚 GPE15、GPE14 的功能选择用于 I²C：IICSDA、IICSCL。

第 32 行在 INTMSK 寄存器中开启 I²C 中断，这样，以后调用 i2c_read、i2c_write 启动传输时，即可以触发中断，进而可以在中断服务程序中进一步完成后续传输。

第 40 行用于选择发送时钟，并进行一些设置：使能 ACK、使能中断。

第 42 行用于设置 S3C2410/S3C2440 作为 I²C 从机时的地址，在本实例中没有用到。

第 43 行使能 I²C 串行输出（设置 IICSTAT[4]为 1），这样，在 i2c_write、i2c_read 函数中就可以写 IICDS 寄存器了。

2. S3C2410/S3C2440 I²C 主机发送函数

初始化完成后，就可调用 i2c_read、i2c_write 读写 I²C 从机了。它们的使用方法从参数名称即可看出。这两个函数仅仅是启动 I²C 传输，然后等待，直到数据在中断服务程序中传输完毕后再返回。

i2c_write 函数的实现如下：

```
46  /*
47   * 主机发送
48   * slvAddr : 从机地址, buf : 数据存放的缓冲区, len : 数据长度
49   */
50  void i2c_write(unsigned int slvAddr, unsigned char *buf, int len)
51  {
```

```
52        g_tS3C24xx_I2C.Mode = WRDATA;        // 写操作
53        g_tS3C24xx_I2C.Pt   = 0;             // 索引值初始为 0
54        g_tS3C24xx_I2C.pData = buf;          // 保存缓冲区地址
55        g_tS3C24xx_I2C.DataCount = len;      // 传输长度
56
57        IICDS   = slvAddr;
58        IICSTAT = 0xf0;                      // 主机发送,启动
59
60        /* 等待直至数据传输完毕 */
61        while (g_tS3C24xx_I2C.DataCount != -1);
62    }
63
```

第 52~55 行用于设置全局变量 g_tS3C24xx_I2C,它表明当前是写操作,并保存缓冲区地址、要传送数据的长度,将缓冲区索引值初始化为 0。

第 57 行将从机地址写入 IICDS 寄存器,这样,在第 58 行启动传输并发出 S 信号后,紧接着就自动发出从机地址。

第 58 行设置 IICSTAT 寄存器,将 S3C2410/S3C2440 设为主机发送器,并发出 S 信号。后续的传输工作将在中断服务程序中完成。

第 61 行等待 g_tS3C24xx_I2C.DataCount 在中断服务程序中被设为-1,这表明传输完成,于是返回。

3. S3C2410/S3C2440 I²C 主机接收函数

i2c_read 函数的实现与 i2c_write 函数类似,代码如下:

```
64   /*
65    * 主机接收
66    * slvAddr : 从机地址, buf : 数据存放的缓冲区, len : 数据长度
67    */
68   void i2c_read(unsigned int slvAddr, unsigned char *buf, int len)
69   {
70        g_tS3C24xx_I2C.Mode = RDDATA;        // 读操作
71        g_tS3C24xx_I2C.Pt   = -1;            // 索引值初始化为-1,表示第 1 个中断时不接收
数据(地址中断)
72        g_tS3C24xx_I2C.pData = buf;          // 保存缓冲区地址
73        g_tS3C24xx_I2C.DataCount = len;      // 传输长度
74
75        IICDS     = slvAddr;
76        IICSTAT   = 0xb0;        // 主机接收,启动
77
```

```
 78          /* 等待直至数据传输完毕 */
 79          while (g_tS3C24xx_I2C.DataCount != -1);
 80  }
 81
```

需要注意的是第 71 行将索引值设为-1,在中断处理函数中会根据这个值决定是否从 IICDS 寄存器中读取数据。读操作时,第 1 次中断发生时表示发出了地址,这时候还不能读取数据。

4. S3C2410/S3C2440 I²C 中断服务程序

I²C 操作的主体在中断服务程序,它分 3 部分:首先是在 SRCPND、INTPND 中清除中断,后面两部分分别对应于写操作、读操作。先看清除中断的代码:

```
 82 /*
 83  * I²C 中断服务程序
 84  * 根据剩余的数据长度选择继续传输或者结束
 85  */
 86 void I2CIntHandle(void)
 87 {
 88     unsigned int iicSt,i;
 89
 90     // 清中断
 91     SRCPND = BIT_IIC;
 92     INTPND = BIT_IIC;
 93
 94     iicSt = IICSTAT;
 95
 96     if(iicSt & 0x8){ printf("Bus arbitration failed\n\r"); }    // 仲裁失败
```

第 91、92 行用来清除 I²C 中断的代码。需要注意的是,即使清除中断后,IICCON 寄存器中的位 4(中断标志位)仍为 1,这导致 I²C 传输暂停。

第 94 读取状态寄存器 IICSTAT,发生中断时有可能是因为仲裁失败,在第 96 行对它进行处理。本程序中忽略仲裁失败(只有一个 I²C 主机,不可能发生仲裁失败)。

接下来是一个 switch 语句,分别处理写操作、读操作。先看写操作:

```
 98     switch (g_tS3C24xx_I2C.Mode)
 99     {
100         case WRDATA:
101         {
102             if((g_tS3C24xx_I2C.DataCount--) == 0)
```

```
103             {
104                 // 下面两行用来恢复I²C操作,发出P信号
105                 IICSTAT = 0xd0;
106                 IICCON  = 0xaf;
107                 Delay(10000);   // 等待一段时间以便P信号已经发出
108                 break;
109             }
110
111             IICDS = g_tS3C24xx_I2C.pData[g_tS3C24xx_I2C.Pt++];
112
113             // 将数据写入IICDS后,需要一段时间才能出现在SDA线上
114             for (i = 0; i < 10; i++);
115
116             IICCON = 0xaf;        // 恢复I²C传输
117             break;
118         }
119
```

g_tS3C24xx_I2C.DataCount 表示剩余等待传输的数据个数,第102行判断数据是否已经全部发送完毕:若是,则通过第105、106行发出P信号,停止传输。

第105行设置IICSTAT寄存器以便发出P信号,但是由于这时IICCON[4]仍为1,P信号还没有实际发出。当第106行清除IICCON[4]后,P信号才真正发出。第107行等待一段时间,确保P信号已经发送完毕。

如果数据还没发送完毕,第111行从缓冲区中得到下一个要发送的数据,将它写入IICDS寄存器中。稍加等待之后,即可在第116行清除IICCON[4]以恢复I²C传输,这时,IICDS寄存器中的数据就会发送出去,这将触发下一个中断。

I²C读操作的处理与写操作类似,代码如下:

```
120         case RDDATA:
121         {
122             if (g_tS3C24xx_I2C.Pt == -1)
123             {
124                 // 这次中断是在发送I²C设备地址后发生的,没有数据
125                 // 只接收一个数据时,不要发出ACK信号
126                 g_tS3C24xx_I2C.Pt = 0;
127                 if(g_tS3C24xx_I2C.DataCount == 1)
128                     IICCON = 0x2f;   // 恢复I²C传输,开始接收数据,接收到数据时不发出ACK
129                 else
130                     IICCON = 0xaf;   // 恢复I²C传输,开始接收数据
```

```
131                 break;
132             }
133
134             if ((g_tS3C24xx_I2C.DataCount--) == 0)
135             {
136                 g_tS3C24xx_I2C.pData[g_tS3C24xx_I2C.Pt++] = IICDS;
137
138                 // 下面两行恢复 I2C 操作,发出 P 信号
139                 IICSTAT = 0x90;
140                 IICCON  = 0xaf;
141                 Delay(10000);  // 等待一段时间以便 P 信号已经发出
142                 break;
143             }
144
145             g_tS3C24xx_I2C.pData[g_tS3C24xx_I2C.Pt++] = IICDS;
146
147             // 接收最后一个数据时,不要发出 ACK 信号
148             if(g_tS3C24xx_I2C.DataCount == 0)
149                 IICCON = 0x2f;   // 恢复 I2C 传输,接收到下一数据时无 ACK
150             else
151                 IICCON = 0xaf;   // 恢复 I2C 传输,接收到下一数据时发出 ACK
152             break;
153         }
```

读操作比写操作多了一个步骤:第 1 次中断发生时表示发出了地址,这时候还不能读取数据,在代码中要分辨这点。对应第 122~132 行:如果 g_tS3C24xx_I2C.Pt 等于-1,表示这是第 1 次中断,然后修改 g_tS3C24xx_I2C.Pt 为 0,并设置 IICCON 寄存器恢复 I2C 传输(第 127~130 行)。

当数据传输已经开始后,每接收到一个数据就会触发一次中断。后面的代码读取数据,判断所有数据是否已经完成:如果完成则发出 P 信号,否则继续下一次传输。

第 134 行判断数据是否已经全部接收完毕:若是,先通过第 136 行将当前数据从 IICDS 寄存器中取出存入缓冲区,然后通过第 139、140 行发出 P 信号停止传输。

第 139 行设置 IICSTAT 寄存器以便发出 P 信号,但是由于这时 IICCON[4]仍为 1,P 信号还没有实际发出。第 140 行清除 IICCON[4]后,P 信号才真正发出。第 141 行等待一段时间,确保 P 信号已经发送完毕。

第 145~151 行用来启动下一个数据的接收。

第 145 行将当前数据从 IICDS 寄存器中取出存入缓冲区中。

第 148~151 行判断是否只剩下最后一个数据了:若是,就通过第 149 行中清除 IICCON[4]、IICCON[7],这样即可恢复 I2C 传输,并使得接收到数据后,S3C2410/S3C2440 不发出 ACK 信号(这样从机即可知道数据传输完毕);否则,在第 151 行中只要清除 IICCON[4]

以恢复 I^2C 传输。

中断服务程序中,当数据传输完毕时,g_tS3C24xx_I2C.DataCount 将自减为-1,这样,i2c_read 或 i2c_write 函数即可跳出等待,直接返回。

5. RTC 芯片 M41t11 特性相关的操作

m41t11.c 文件中提供两个函数 m41t11_set_datetime、m41t11_get_datetime,前者用来设置日期与时间,后者用来读取日期与时间。它们都通过调用 i2c_read 或 i2c_write 函数来完成与 M41t11 的交互。

前面说过,操作 M41t11 只需要两步骤:发出寄存器地址,发出数据或读取数据。m41t11_set_datetime 函数把这两个步骤合为一个 I^2C 写操作,m41t11_get_datetime 函数先发起一个 I^2C 写传输,再发起一个 I^2C 读传输。

先看 m41t11_set_datetime 函数的代码:

```
29  /*
30   * 写 m41t11,设置日期与时间
31   */
32  int m41t11_set_datetime(struct rtc_time *dt)
33  {
34      unsigned char leap_yr;
35      struct {
36          unsigned char addr;
37          struct rtc_registers rtc;
38      } __attribute__ ((packed)) addr_and_regs;
……  /* 设置 rtc 结构,即根据传入的参数构造各寄存器的值 */
76      i2c_write(0xD0, (unsigned char *)&addr_and_regs, sizeof(addr_and_regs));
77
78      return 0;
79  }
80
```

省略号表示的代码用来设置 addr_and_regs 结构。这个结构分为两部分:addr_and_regs.addr 表示 M41t11 寄存器地址(它被设为 0),addr_and_regs.rtc 表示 M41t11 的 8 个寄存器——秒、分、时、天(星期几)、日、月、年、控制寄存器。

根据传入参数填充好 addr_and_regs 结构之后,就可以启动 I^2C 写操作了。第 38 行使用 "__attribute__((packed))" 设置这个结构为紧凑格式,使得它的大小为 9 个字节(否则大小为 12 字节):1 个字节用来保存寄存器地址,8 个字节用来保存 8 个寄存器的值。

第 76 行发起一次 I^2C 写操作,将 addr_and_regs 结构结构中的数据(寄存器地址、日期、时间)发送给 M41t11:M41t11 会把接收到的第 1 个数据当作寄存器的起始地址,随后是要写入寄存器的数据。

m41t11_get_datetime 函数的代码与 m41t11_set_datetime 函数类似,如下所示:

```
 81  /*
 82   * 读取 m41t11，获得日期与时间
 83   */
 84  int m41t11_get_datetime(struct rtc_time *dt)
 85  {
 86      unsigned char addr[1] = { 0 };
 87      struct rtc_registers rtc;
 88
 89      memset(&rtc, 0, sizeof(rtc));
 90
 91      i2c_write(0xD0, addr, 1);
 92      i2c_read(0xD0, (unsigned char *)&rtc, sizeof(rtc));
 93
         …… /* 根据读出的各寄存器的值，设置 dr 结构 */
110      return 0;
111  }
112
```

第 91 行发起一次 I²C 写传输，设置要操作的 M41t11 寄存器地址为 0。

第 92 行发起一次 I²C 读传输，读出 M41t11 各寄存器的值。

省略号对应的代码根据读出的各寄存器的值，设置 dr 结构。M41t11 中以 BCD 码表示日期与时间，需要转换为程序使用的一般二进制格式。

12.2.4 I²C 实例的连接脚本

本实例要用到第 8 章 NAND Flash 控制器的函数将代码从 NAND Flash 复制到 SDRAM 中。由于 nand 代码中用到了全局变量，而全局变量要运行于可读写的内存中，为了方便，使用连接脚本将这些初始化代码放在 Steppingstone 中。

连接脚本为 i2c.lds，内容如下：

```
01  SECTIONS {
02      . = 0x00000000;
03      .init : AT(0){ head.o init.o nand.o }
04      . = 0x30000000;
05      .text : AT(4096) { *(.text) }
06      .rodata ALIGN(4) :  AT((LOADADDR(.text)+SIZEOF(.text)+3)&~(0x03)) {*(.rodata*)}
07      .data ALIGN(4)   : AT((LOADADDR(.rodata)+SIZEOF(.rodata)+3)&~(0x03)) { *(.data) }
08      __bss_start = .;
09      .bss ALIGN(4) : { *(.bss)  *(COMMON) }
```

```
10          __bss_end = .;
11      }
```

第2～3行将head.S、init.c和nand.c对应的代码的运行地址设为0，加载地址（存在NAND Flash上的地址）设为0。从NAND Flash启动时，这些代码被复制到Steppingstone后就可以直接运行。

第4行设置其余代码的运行地址为0x30000000；第5行将代码段的加载地址设为4096，表示代码段将存在NAND Flash地址4096处。

第6～7行的"AT(…)"设置rodata段、data段的加载地址依次位于代码段之后。"LOADADDR(…)"表示某段的加载地址，SIZEOF(…)表示它的大小。这两行的前面使用"ALIGN(4)"使得它们的运行地址为4字节对应，为了使各段之间加载地址的相对偏移值等于运行地址的相对偏移值，需要将"AT(…)"中的值也设为4字节对齐：先加上3，然后与~(0x03)进行与操作（将低两位设为0）。

12.2.5 实例测试

本程序在main函数中通过串口输出一个菜单，用于设置或读取时间，步骤如下。

（1）使用串口将开发板的COM0和PC的串口相连，打开PC的串口工具并设置其波特率为115200、8N1。

（2）在i2c目录下执行make命令生成i2c可执行程序，烧入NAND Flash后运行。

（3）在PC的串口工具上，可以看到如下菜单：

```
##### RTC Menu #####
Data format: 'year.month.day w hour:min:sec', 'w' is week day
eg: 2007.08.30 4 01:16:57
[S] Set the RTC
[R] Read the RTC
Enter your selection:
```

（4）要设置RTC，输入"s"或"S"，可以看到如下字符。

```
Enter date&time:
```

在串口中按照"year.month.day w hour:min:sec"的格式输入日期与时间，比如："2007.08.30 4 01:16:57"，然后按回车键。

> **注意** 只能输入2000.01.1至2099.12.31之内的日期与时间；年月日与星期几必须真实存在，否则RTC芯片无法正常工作。

（5）要可读取RTC，输入"r"或"R"，即可看到当前日期与时间，串口上会输出类似下面的结果。

```
*** Now is: 2007.08.30 4 01:16:57 ***
```

（6）断电后重启，输入"R"，仍可以看到正确的时间，只要RTC芯片M41t11没被断电，它就会一直工作。实际上，常使用电池给RTC芯片供电，这使得主电源关闭后系统仍可正确计时。

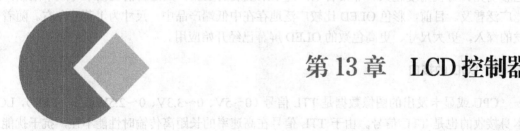

第 13 章 LCD 控制器

本章目标

- 了解 LCD 显示器的接口及时序
- 掌握 S3C2410/S3C2440 LCD 控制器的使用方法
- 了解帧缓冲区的概念,掌握如何设置帧缓冲区来显示图像

13.1 LCD 和 LCD 控制器

13.1.1 LCD 显示器

1. LCD 的种类

LCD (Liquid Crystal Display),即液晶显示器,是一种采用了液晶控制透光度技术来实现色彩的显示器。它与传统的 CRT 显示器相比有很多优点:轻薄、能耗低、幅射小等,市场占有率越来越大。LCD 有多种类型,比如 STN、TFT、LTPS TFT、OLED 等,各有优缺点。

STN (Super Twisted Nematic,超扭曲向列),有 CSTN 和 DSTN 之分,是 4 种 LCD 屏中最低端的一种,仅有的优点就是功耗低,在色彩鲜艳度和画面亮度上相对于 TFT 和其他 LCD 屏存在明显不足,在日光下几乎不能显示,而且响应时间长达 200ms 左右,播放动画或视频拖影非常明显。

TFT (Thin Film Transistor,薄膜晶体管)可以大大缩短屏幕响应时间,其响应时间已经小于 80ms,并改善了 STN 连续显示时屏幕模糊闪烁,有效提高了动态画面的播放力,呈现画面色彩饱和度、真实效果和对比度都非常不错,完全超越 STN,只是功耗稍高,是目前最为主流的液晶显示类型,不仅在 MP3、MP4 产品上大量应用,在桌面液晶显示器、笔记本电脑、手机等产品上的应用也非常普遍。

LTPS (Low Temperature Polycrystalline Silicon,低温多晶硅)由 TFT 衍生的新一代的技术产品,可以获得更高的分辨率和更丰富的色彩。LTPS LCD 可以提供 170°的水平和垂直可视角度,显示响应时间仅 12ms,显示亮度达到 500Cd/m2,对比度可达 500:1,这就是一些桌面液晶屏性能越来越出色的原因。虽然 LTPS LCD 已经出现多年了,但由于 LTPS TFT 液晶屏幕的制造需要高于制造传统 TFT 屏的技术水平,目前仅少数知名大厂能制造。

　　OLED (Organic Light Emitting Diode,有机发光二极管)各种物理特性都具备领先优势,色彩明亮、可视角度超大、非常省电,是未来发展的主流,只是目前受技术与成本限制,未能广泛普及。目前,彩色 OLED 比较广泛地存在中低端产品中,尺寸为 1 英寸左右。随着开发的深入,更大尺寸、更高色数的 OLED 屏幕已经开始应用。

2. LCD 的接口

　　CPU 或显卡发出的图像数据是 TTL 信号(0～5V、0～3.3V、0～2.5V 或 0～1.8V),LCD 本身接收的也是 TTL 信号。由于 TTL 信号在高速率的长距离传输时性能不佳,抗干扰能力也比较差,后来又提出了多种接口,比如 LVDS、TDMS、GVIF、P&D、DVI 和 DFP 等。它们实际上只是将 CPU 或显卡发出的 TTL 信号编码成各种信号以便传输,在 LCD 那边将接收到的信号进行解码得到 TTL 信号。

　　由于数字接口标准尚未统一,所以使用 LCD 时需要根据其手册了解具体接口定义。也是基于数字接口标准尚未统一的原因,市场上大多 LCD 都采用模拟信号接口,LCD 需要先通过 ADC 将模拟信号转换为数字信号才能显示。

　　但是不管采用何种数字接口,本质的 TTL 信号是一样的。

　　(1) 对于 STN LCD。

　　STN LCD 的数据传输方式有 3 种:4 位单扫(4-bit single scan)、4 位双扫(4-bit dual scan)、8 位单扫(8-bit single scan)。所谓"单扫"是指对于一整屏的数据,从上到下、从左到右,一个一个地发送出来;"双扫"是指将一整屏的数据分为上下两部分,同时地从上到下、从左到右,一个一个地发送出来。"4 位"、"8 位"是指发送数据时使用多少个数据线;需要注意的是,4 位双扫方式也是用到 8 根数据线,其中 4 根用于上半屏数据,另外 4 根用于下半屏数据。

　　除数据信号外,还有其他控制信号,所有 TTL 信号如表 13.1 所示。

表 13.1　　　　　　　　　　　　　　STN LCD 的 TTL 信号

信号名称	描　述
VFRAME	帧同步信号
VLINE	行同步信号
VCLK	像素时钟信号
VD[7:0]	数据信号
VM	AC 偏置信号
PWREN	电源开关信号

　　(2) 对于 TFT LCD。

　　TFT LCD 的 TTL 信号与 STN 类似(如表 13.2 所示),只是其数据信号多达 24 根,对应像素值中的每一位。

表 13.2   TFT LCD 的 TTL 信号

信号名称	描述
VSYNC	垂直同步信号
HSYNC	水平同步信号
HCLK	像素时钟信号
VD[23:0]	数据信号
LEND	行结束信号（这不是必需的）
PWREN	电源开关信号

13.1.2 S3C2410/S3C2440 LCD 控制器介绍

1. S3C2410/S3C2440 LCD 控制器的特性与结构

S3C2410/S3C2440 LCD 控制器被用来向 LCD 传输图像数据，并提供必要的控制信号，比如 VFRAME、VLINE、VCLK、VM 等。可以支持 STN LCD 和 TFT LCD，其特性如下（BPP 表示 bit per pixel，即每个色素使用多少位来表示其颜色）。

（1）STN LCD。

- 支持 3 种扫描方式：4 位单扫、4 位双扫和 8 位单扫。
- 支持单色（1BPP）、4 级灰度（2BPP）和 16 级灰度（4BPP）屏。
- 支持 256 色（8BPP）和 4096 色（12BPP）彩色 STN 屏（CSTN）。
- 支持分辨率为 640×480、320×240、160×160 以及其他规格的多种 LCD。
- 虚拟屏幕最大可达 4MB。
- 对于 256 色，分辨率有 4096×1024、2048×2048、1024×4096 等多种。

（2）TFT LCD。

- 支持单色（1BPP）、4 级灰度（2BPP）、16 级灰度（4BPP）、256 色（8BPP）的调色板显示模式。
- 支持 64K (16BPP) 和 16M (24BPP) 色非调色板显示模式。
- 支持分辨率为 640×480、320×240 及其他多种规格的 LCD。
- 虚拟屏幕最大可达 4MB。
- 对于 64K 色，分辨率有 2048×1024 等多种。

S3C2410/S3C2440 LCD 控制器提供了驱动 STN LCD、TFT LCD 所需的所有信号（如表13.1、表 13.2 所示），另外，还特别提供颇外的信号以支持 SEC 公司（Samsung Electronics Company）生产的 TFT LCD (称为 SEC TFT LCDs)。这 3 类信号中很大部分是复用的。

S3C2410/S3C2440 LCD 控制器的内部结构如图 13.1 所示。

REGBANK 是 LCD 控制器的寄存器组，含 17 个寄存器及一块 256×16 的调色板内存，用来设置各项参数。而 LCDCDMA 则是 LCD 控制器专用的 DMA 信道，可以自动地从系统总线（System Bus）上取到图像数据，这使得显示图像时不需要 CPU 的干涉。VIDPRCS 将 LCDCDMA 中的数据组合成特定的格式（比如 4 位单扫、4 位双扫和 8 位单扫等），然后从 VD[23:0] 发送给 LCD 屏。同时 TIMEGEN 和 LPC3600 负责产生 LCD 屏所需要的控制时序，例如 VSYNC、HSYNC、VCLK、VDEN，然后从 VIDEO MUX 送给 LCD 屏。其中 LPC3600 专用于 SEC TFT LCD。

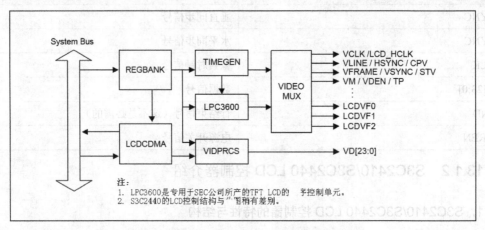

图 13.1　S3C2410/S3C2440 LCD 控制器结构图

LCDCDMA 中有两个 FIFO：FIFOH 容量为 16（1 个字为 4 个字节）个字 FIFOL 容量为 12 个字。当使用"双扫"方式时，FIFOH、FIFOL 分别用于传输上半屏、下半屏数据；当使用"单扫"方式时，只用到 FIFOH。当 FIFO 为空或者其中的数据已经减少到设定的阈值时，LCDCDMA 自动地发起 DMA 传输从内存中获得图像数据。

2．显示器上数据的组织格式

对于屏幕上的一整幅图像，它的数据是如何组织的？无论是 CRT 显示器还是 LCD 显示器，它们都有相同的概念。

一幅图像被称为一帧（frame），每帧由多行组成，每行由多个像素组成，每个像素的颜色使用若干位的数据来表示。对于单色显示器，每个像素使用 1 位来表示，称为 1BPP；对于 256 色显示器，每个像素使用 8 位来表示，称为 8BPP。

显示器从屏幕的左上方开始，一行一行地取得每个像素的数据并显示出来，当显示到一行的最右边时，跳到下一行的最左边开始显示下一行；当显示完所有行后，跳到左上方开始下一帧。显示器沿着"Z"字行的路线进行扫描，使用 HSYNC、VSYNC 信号来控制扫描路线的跳转，HSYNC 表示"是跳到最左边的时候了"，VSYNC 表示"是跳到最上边的时候了"。

在工作中的显示器上，可以在四周看见黑色的边框。上方的黑框是因为当发出 VSYNC 信号时，需要经过若干行之后第一行数据才有效；下方的黑框是因为显示完所有行的数据时，显示器还没扫描到最下边（VSYNC 信号还没有发出），这时数据已经无效；左边的黑框是因为当发出 HSYNC 信号时，需要经过若干像素之后第一列数据才有效；右边的黑框是因为显示完一行的数据时，显示器还没扫描到最右边（HSYNC 信号还没有发出），这时数据已经无效。显示器只会依据 VSYNC、HSYNC 信号来取得、显示数据，并不理会该数据是否有效，何时发出有效数据由显卡决定。

VSYNC 信号出现的频率表示一秒钟内能显示多少帧图像，称为垂直频率或场频率，这就是我们常说的"显示器的频率"；HSYNC 信号出现的频率称为水平频率。

显示器上，一帧数据的存放位置与 VSYNC、HSYNC 信号的关系如图 13.2 所示。

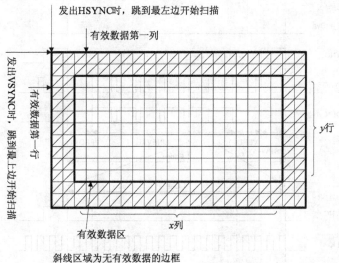

图 13.2　显示器扫描一帧数据的过程

"有效数据"的行数、列数，即分辨率，它与 VSYNC、HSYNC 信号之间的"距离"等，都是可以设置的，这由显卡来完成，这些设置在下一节对 TFT LCD 的操作中都可以看到。

3．TFT LCD 的操作

目前市场上主流的 LCD 为 TFT LCD，本章基于 TFT LCD 来介绍 LCD 控制器的使用。对于 STN LCD，它所涉及的操作是类似的。

先了解 TFT LCD 的时序，这使得我们在设置各个寄存器时有个形象的概念。每个 VSYNC 信号表示一帧数据的开始；每个 HSYNC 信号表示一行数据的开始，无论这些数据是否有效；每个 VCLK 信号表示正在传输一个像素的数据，无论它是否有效。数据是否有效只是对 CPU 的 LCD 控制器来说的，LCD 根据 VSYNC、HSYNC、VCLK 不停地读取总线数据、显示。

下面讲解时序图，请参考图 13.3。

（1）VSYNC 信号有效时，表示一帧数据的开始。

（2）VSPW 表示 VSYNC 信号的脉冲宽度为（VSPW+1）个 HSYNC 信号周期，即（VSPW+1）行，这（VSPW+1）行的数据无效。

（3）VSYNC 信号脉冲之后，还要经过（VBPD+1）个 HSYNC 信号周期，有效的行数据才出现。所以，在 VSYNC 信号有效之后，总共还要经过（VSPW+1+VBPD+1）个无效的行，它对应图 13.2 上方的边框，第一个有效的行才出现。

（4）随后即连续发出（LINEVAL+1）行的有效数据。

（5）最后是（VFPD+1）个无效的行，它对应图 13.2 下方的边框，完整的一帧结束，紧接着就是下一个帧的数据了（即下一个 VSYNC 信号）。

现在深入到一行中像素数据的传输过程，它与上面行数据的传输过程相似。

（1）HSYNC 信号有效时，表示一行数据的开始。

（2）HSPW 表示 HSYNC 信号的脉冲宽度为（HSPW+1）个 VCLK 信号周期，即（HSPW+1）个像素，这（HSPW+1）个像素的数据无效。

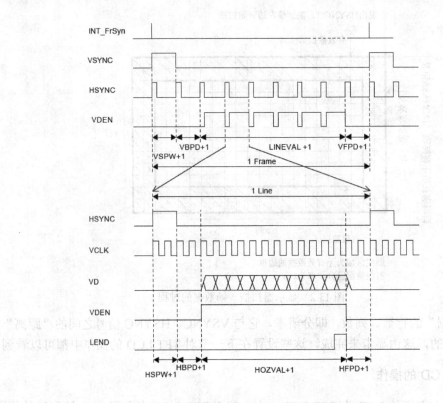

图 13.3　TFT LCD 时序图

（3）HSYNC 信号脉冲之后，还要经过（HBPD+1）个 VCLK 信号周期，有效的像素数据才出现。所以，在 HSYNC 信号有效之后，总共还要经过（HSPW+1+HBPD+1）个无效的像素，它对应图 13.2 左边的边框，第一个有效的像素才出现。

（4）随后即连续发出（HOZVAL+1）个像素的有效数据。

（5）最后是（HFPD+1）个无效的像素，它对应图 13.2 右边的边框，完整的一行结束，紧接着就是下一行的数据了（即下一个 HSYNC 信号）。

时序图中各信号的时间参数都可以在 LCD 控制寄存器中设置，VCLK 作为时序图的基准信号，它的频率可以如下计算：

```
VCLK(Hz) = HCLK/[(CLKVAL+1)×2]
```

VSYNC 信号的频率又称为帧频率、垂直频率、场频率、显示器的频率，它可以如下计算：

```
Frame Rate = 1/ [ { (VSPW+1) + (VBPD+1) + (LIINEVAL + 1) + (VFPD+1) } ×
            {(HSPW+1) + (HBPD +1)+ (HFPD+1) + (HOZVAL + 1) } ×{ 2 × ( CLKVAL+1 ) /
( HCLK ) } ]
```

将 VSYNC、HSYNC、VCLK 等信号的时间参数设置好之后，并将帧内存（frame memory）的地址告诉 LCD 控制器，它即可自动地发起 DMA 传输从帧内存中得到图像数据，最终在上述信号的控制下出现在数据总线 VD[23:0]上。用户只需要把要显示的图像数据写入帧内存中,在这之前,先了解一下各种格式的图像数据在内存中如何存储。

显示器上每个像素的颜色由 3 部分组成:红(Red)、绿(Green)、蓝(Blue)。它们被称为三原色,这三者的混合几乎可以表示人眼所能识别的所有颜色。比如可以根据颜色的浓烈程度将三原色都分为 256 个级别(0~255),则可以使用 255 级的红色、255 级的绿色、255 级的蓝色组合成白色,可以使用 0 级的红色、0 级的绿色、0 级的蓝色组合成黑色。

LCD 控制器可以支持单色(1BPP)、4 级灰度(2BPP)、16 级灰度(4BPP)、256 色(8BPP)的调色板显示模式,支持 64K (16BPP)和 16M(24BPP)非调色板显示模式。下面只介绍 256 色(8BPD)、64K (16BPP)和 16M (24BPP)色显示模式下,图像数据的存储格式。

(1) 16M (24BPP)色。

16M (24BPP)色的显示模式就是使用 24 位的数据来表示一个像素的颜色,每种原色使用 8 位。LCD 控制器从内存中获得某个像素的 24 位颜色值后,直接通过 VD[23:0]数据线发送给 LCD。为了方便 DMA 传输,在内存中使用 4 个字节(32 位)来表示一个像素,其中的 3 个字节从高到低分别表示红、绿、蓝,剩余的 1 个字节数据无效。是最低字节还是最高字节无效,这是可以选择的,如图 13.4 所示。

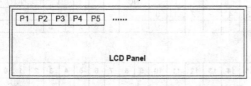

图 13.4 24BPP 模式下像素颜色的数据格式

(2) 64K (16BPP)色。

64K (16BPP)色的显示模式就是使用 16 位的数据来表示一个像素的颜色。这 16 位数据的格式又分为两种：5:6:5、5:5:5:1，前者使用高 5 位来表示红色，中间的 6 位来表示绿色，低 5 位来表示蓝色；后者的高 15 从高到低分成 3 个 5 位来表示红色、绿色和蓝色，最低位表示透明度。5:5:5:1 的格式也被称为 RGBA 格式（A：Alpha，表示透明度）。

一个 4 字节可以表示两个 16BPP 的像素，使用高 2 字节还是低 2 字节来表示第一个像素，这也是可以选择的。

显示模式为 16BPP 时，内存数据与像素位置的关系如图 13.5 所示。在 5:5:5:1 格式下，VD[18]、VD[10]、VD[2]数据线上的值是一样的，都表示透明度，图 13.5 中的"NC"表示没有连接（not connect）。

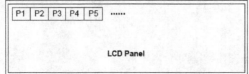

图 13.5 16BPP 模式下像素颜色的数据格式

（3）256 色（8BPP）。

256 色（8BPP）的显示模式就是使用 8 位的数据来表示一个像素的颜色，但是对三种原色平均下来，每个原色只能使用不到 3 位的数据来表示，即每个原色最多不过 8 个级别，这不足以表示更丰富的颜色。

为了解决 8BPP 模式显示能力太弱的问题，需要使用调色板（Palette）。每个像素对应的 8 位数据不再用来表示 RGB 三种原色，而是表示它在调色板中的索引值；要显示这个像素时，使用这个索引值从调色板中取得其 RGB 颜色值。所谓调色板就是一块内存，可以对每个索引值设置其颜色，可以使用 24BPP 或 16BPP。S3C2410/S3C2440 中，调色板是一块 256×16 的内存，使用 16BPP 的格式来表示 256 色（8BPP）显示模式下各个索引值的颜色。这样，即使使用 256 色（8BPP）的显示模式，最终出现在 LCD 数据总线上的仍是 16BPP 的数据。

一个 4 字节可以表示 4 个 8BPP 的像素，字节与像素的对应顺序是可以选择的，如图 13.6 所示。

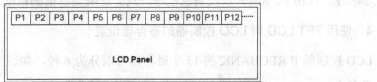

图 13.6 8BPP 模式下内存数据与像素位置对应关系

调色板中数据存放的格式与上面所描述的 16BPP 显示模式相似，也分两种格式：5:6:5、5:5:5:1。调色板中数据的格式及与 LCD 数据线 VD[23:0]的对应关系，如表 13.3 和表 13.4 所示。

表 13.3　　　　　　　　　5:6:5 格式下调色板的数据格式

序号	15	14	13	12	11	10	9	8	7	6	5	4	3	2	1	0	地址
00H	R4	R3	R2	R1	R0	G5	G4	G3	G2	G1	G0	B4	B3	B2	B1	B0	0X4D000400
01H	R4	R3	R2	R1	R0	G5	G4	G3	G2	G1	G0	B4	B3	B2	B1	B0	0X4D000404
……																	……
FFH	R4	R3	R2	R1	R0	G5	G4	G3	G2	G1	G0	B4	B3	B2	B1	B0	0X4D0007FC
VD 引脚号	23	22	21	20	19	15	14	13	12	11	10	7	6	5	4	3	

表 13.4　　　　　　　　　　5:5:5:1 格式下调色板的数据格式

序号	15	14	13	12	11	10	9	8	7	6	5	4	3	2	1	0	地址
00H	R4	R3	R2	R1	R0	G4	G3	G2	G1	G0	B4	B3	B2	B1	B0	I	0X4D000400
01H	R4	R3	R2	R1	R0	G4	G3	G2	G1	G0	B4	B3	B2	B1	B0	I	0X4D000404
……																	……
FFH	R4	R3	R2	R1	R0	G4	G3	G2	G1	G0	B4	B3	B2	B1	B0	I	0X4D0007FC
VD 引脚号	23	22	21	20	19	15	14	13	12	11	7	6	5	4	3	2	

注：① 0x4D000400 是调色板的起始地址。
② 5:5:5:1 格式下，VD18、VD10 和 VD2 三个数据线中都是亮度值 I，即最低位的值。
③ 当 LCDCON5 寄存器中的 VSTATUS、HSTATUS 有效时，不能读写调色板。

各种模式下用来传输红、绿、蓝三种原色的颜色值的 VD 数据线如表 13.5 所示。

表 13.5　　　　　　　各模式下用来传输 RGB 三原色的数据线

	24BPP	16BPP/8BPP 5:6:5 格式	16BPP/8BPP 5:5:5:1 格式
红色	VD[23:16]	VD[23:19]	VD[23:19]+VD[18]
绿色	VD[15:8]	VD[15:10]	VD[15:11]+VD[10]
蓝色	VD[7:0]	VD[7:3]	VD[7:3]+VD[2]

没有用到的数据线其电平为 0，从这个观点来看，无论是 24BPP 模式还是 16BPP、8BPP 模式，24 根数据线 VD[23:0] 都被用到了。事实上，一个 TFT LCD 能处理的像素位宽是固定的，即它数据线的数目是固定的，红、绿、蓝 3 类信号线总是连接到各字节中的高位；软件设置 24BPP、16BPP、8BPP 以及调色板等，只会影响到色值的精度。

4. 使用 TFT LCD 时 LCD 控制器的寄存器设置

LCD 控制器中 REGBANK 的 17 个寄存器可以分为 6 种，如表 13.6 所示。

表 13.6　　　　　　　　　　REGBANK 寄存器组分类

名称	说明
LCDCON1～LCDCON5	用于选择 LCD 类型、设置各类控制信号的时间特性等
LCDSADDR1～LCDSADDR3	用于设置帧内存的地址
TPAL	临时调色板寄存器，可以快速地输出一帧单色的图像
LCDINTPND LCDSRCPND LCDINTMSK	用于 LCD 的中断，在一般应用中无需中断
REDLUT GREENLUT BLUELUT DITHMODE	专用于 STN LCD
TCONSEL	专用于 SEC TFT LCD

对于 TFT LCD，一般情况下只需要设置前两种寄存器；在 8BPP 模式下，如果想快速地输出一帧单色的图像，可以借助于 TPAL 寄存器。下面分别介绍。

（1）LCD 控制寄存器 LCDCON1。

用于选择 LCD 类型、设置像素时钟、使能 LCD 信号的输出等，格式如表 13.7 所示。

表 13.7　　　　　　　　　　　　　LCDCON1 寄存器格式

功　能	位	说　明
LINECNT	[27:18]	只读，每输出一个有效行其值减一，从 LINEVAL 减到 0
CLKVAL	[17:8]	用于设置 VCLK（像素时钟） 对于 TFT LCD：VCLK = HCLK / [(CLKVAL+1)×2] (CLKVAL >= 0)
MMODE	[7]	设置 VM 信号的反转效率，用于 STN LCD
PNRMODE	[6:5]	设置 LCD 的类型，对于 TFT LCD 设为 0b11
BPPMODE	[4:1]	设置 BPP，对于 TFT LCD： 0b1000 = 1 bpp 0b1001 = 2 bpp 0b1010 = 4 bpp 0b1011 = 8 bpp 0b1100 = 16 bpp 0b1101 = 24 bpp
ENVID	[0]	LCD 信号输出使能位，0：禁止，1：使能

（2）LCD 控制寄存器 LCDCON2。

用于设置垂直方向各信号的时间参数，格式如表 13.8 所示，请参考图 13.3 TFT LCD 时序图。

表 13.8　　　　　　　　　　　　　LCDCON2 寄存器格式

功　能	位	说　明
VBPD	[31:24]	VSYNC 信号脉冲之后，还要经过（VBPD+1）个 HSYNC 信号周期，有效的行数据才出现
LINEVAL	[23:14]	LCD 的垂直宽度：（LINEVAL+1）行
VFPD	[13:6]	一帧中的有效数据完结后，到下一个 VSYNC 信号有效前的无效行数目：VFPD+1
VSPW	[5:0]	表示 VSYNC 信号的脉冲宽度为（VSPW+1）个 HSYNC 信号周期，即（VSPW+1）行，这（VSPW+1）行的数据无效

（3）LCD 控制寄存器 LCDCON3。

用于设置水平方向各信号的时间参数，格式如下表所示，请参考图 13.3TFT LCD 时序图。

表 13.9　　　　　　　　　　　　　LCDCON3 寄存器格式

功　能	位	说　明
HBPD	[25:19]	HSYNC 信号脉冲之后，还要经过（HBPD+1）个 VCLK 信号周期，有效的像素数据才出现
HOZVAL	[18:8]	LCD 的水平宽度：（HOZVAL+1）列（像素）
HFPD	[7:0]	一行中的有效数据完结后，到下一个 HSYNC 信号有效前的无效像素个数：HFPD+1

（4）LCD 控制寄存器 LCDCON4。

对于 TFT LCD，这个寄存器只用来设置 HSYNC 信号的脉冲宽度，位[7:0]的数值称为 HSPW，表示脉冲宽度为（HSPW+1）个 VCLK 周期。

（5）LCD 控制寄存器 LCDCON5。

用于设置各个控制信号的极性，并可从中读到一些状态信息，格式列表如表 13.10 所示。

表 13.10　　　　　　　　　　LCDCON5 寄存器格式

功　能	位	说　明
VSTATUS	[16:15]	只读，垂直状态，请参考图 13.3 TFT LCD 时序图。 00：正处于 VSYNC 信号脉冲期间 01：正处于 VSYNC 信号结束到行有效之间 10：正处于行有效期间 11：正处于行有效结束到下一个 VSYNC 信号之间
HSTATUS	[14:13]	只读，水平状态，请参考图 13.3 TFT LCD 时序图。 00：正处于 HSYNC 信号脉冲期间 01：正处于 HSYNC 信号结束到像素有效之间 10：正处于像素有效期间 11：正处于像素有效结束到下一个 HSYNC 信号之间
BPP24BL	[12]	设置 TFT LCD 的显示模式为 24BPP 时，一个 4 字节中哪 3 个字节有效（图 13.5）。 0：LSB 有效（低地址的 3 字节）；1：MSB 有效（高地址的 3 字节）
FRM565	[11]	设置 TFT LCD 的显示模式为 16BPP 时，使用的数据格式。 0 表示 5:5:5:1 格式；1 表示 5:6:5 格式
INVVCLK	[10]	设置 VCLK 信号有效沿的极性。 0：在 VCLK 的下降沿读取数据；1：在 VCLK 的上升沿读取数据
INVVLINE	[9]	设置 VLINE/HSYNC 脉冲的极性。 0：正常的极性；1：反转的极性
INVVFRAME	[8]	设置 VFRAME/VSYNC 脉冲的极性。 0：正常的极性；1：反转的极性
INVVD	[7]	设置 VD 数据线表示数据（0/1）的极性。 0：正常的极性；1：反转的极性
INVVDEN	[6]	设置 VDEN 信号的极性。 0：正常的极性；1：反转的极性
INVPWREN	[5]	设置 PWREN 信号的极性。 0：正常的极性；1：反转的极性
INVLEND	[4]	设置 LEND 信号的极性。 0：正常的极性；1：反转的极性

续表

功 能	位	说 明
PWREN	[3]	LCD_PWREN 信号输出使能。 0：禁止；1：使能
ENLEND	[2]	LEND 信号输出使能。 0：禁止；1：使能
BSWP	[1]	字节交换使能，参考图 13.6。 0：禁止；1：使能
HWSWP	[0]	半字（2 字节）交换使能，参考图 13.5。 0：禁止；1：使能

（6）帧内存地址寄存器 LCDSADDR1～LCDSADDR3。

帧内存可以很大，而真正要显示的区域被称为视口（view point），它处于帧内存之内。这 3 个寄存器用于确定帧内存的起始地址，定位视口在帧内存中的位置。

图 13.7 给出了帧内存和视口的位置关系：

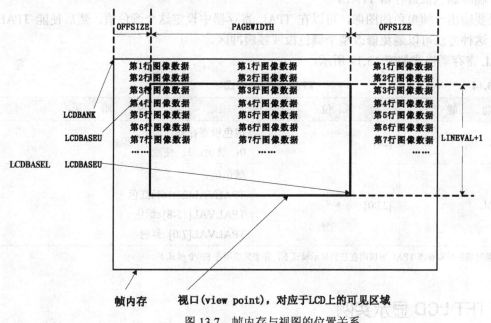

图 13.7 帧内存与视图的位置关系

各寄存器格式如表 13.11、13.12、13.13 所示。

表 13.11　　　　　　　　　　LCDSADDR1 寄存器格式

功 能	位	说 明
LCDBANK	[29:21]	用来保存帧内存起始地址 A[30:22]，帧内存起始地址必须为 4MB 对齐
LCDBASEU	[20:0]	对于 TFT LCD，用来保存视口（view point）所对应的内存起始地址 A[21:1]，这块内存也称为 LCD 的帧缓冲区（frame buffer）

表 13.12　LCDSADDR2 寄存器格式

功　能	位	说　明
LCDBASEL	[20:0]	对于 TFT LCD，用来保存 LCD 的帧缓冲区结束地址 A[21:1]，其值可如下计算： LCDBASEL = LCDBASEU + (PAGEWIDTH + OFFSIZE) × (LINEVAL + 1)

注：可以修改 LCDBASEU、LCDBASEL 的值来实现图像的移动，不过不能在一帧图像的结束阶段（LCDCON1 寄存器的 LINECNT 为 0 时）进行修改，因为此时 LCD 控制器会优先取得下一帧的数据，之后才改变这些值，这样的话，这些数据与新的帧缓冲区就不一致。

表 13.13　LCDSADDR3 寄存器格式

功　能	位	说　明
OFFSIZE	[21:11]	参考图 13.7，表示上一行最后一个数据与下一行第一个数据间地址差值的一半，即以半字为单位的地址差（0 表示两行数据是紧接着的，1 表示它们之间相差 2 个字节，依此类推）
PAGEWIDTH	[10:0]	视口（view point）的宽度，以半字为单位

注：OFFSIZE、PAGEWIDTH 的值只能在 ENVID (LCDCON1 寄存器的信号输出使能位) 为 0 时修改。

（7）临时调色板寄存器 TPAL。

如果要输出一帧单色的图像，可以在 TPAL 寄存器中设定这个颜色值，然后使能 TPAL 寄存器，这种方法可以避免修改整个调色板或帧缓冲区。

TPAL 寄存器格式如表 13.14 所示。

表 13.14　TPAL 寄存器格式

功　能	位	说　明
TPALEN	[24]	调色板寄存器使能位。 0：禁止；1：使能
TPALVAL	[23:0]	颜色值。 TPALVAL[23:16] :红色 TPALVAL[15:8] :绿色 TPALVAL[7:0] :蓝色

注：临时调色板寄存器 TPAL 可以用在任何显示模式下，并非只能用在 8BPP 模式下。

13.2　TFT LCD 显示实例

13.2.1　程序设计

本实例的目的是从串口输出一个菜单，从中选择各种方法进行测试，比如画线、画圆、显示单色、使用调色板等。

13.2.2　代码详解

本实例源码在/work/hardware/lcd 目录下，与 LCD 相关的代码有 3 个文件：**lcddrv.c**、 framebuffer.c 和 lcdlib.c（及相应的头文件）。

（1）lcddrv.c 封装了对 LCD 控制器、调色板的访问函数，可以设置 LCD 的显示模式、开启/关闭 LCD、设置调色板等。

（2）framebuffer.c 直接操作帧缓冲区（frame buffer），实现了画点、画线、画同心圆、清屏等函数。

（3）lcdlib.c 调用前两个文件提供的函数在 LCD 上进行各种操作。

程序的结构如图 13.8 所示。

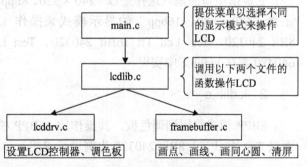

图 13.8　LCD 实例的程序结构

1. main.c

main.c 的代码很简单，其主体如下：

```
21          c = getc();
22          printf("%c\n\r", c);
23          switch (c)
24          {
25              case '1':
26              {
27                  Test_Lcd_Tft_8Bit_240320();
28                  break;
29              }
30
31              case '2':
32              {
33                  Test_Lcd_Tft_16Bit_240320();
34                  break;
35              }
36
37              case '3':
38              {
39                  Test_Lcd_Tft_8Bit_640480();
40                  break;
41              }
42
43              case '4':
44              {
45                  Test_Lcd_Tft_16Bit_640480();
46                  break;
```

```
 47              }
 48
```

它根据串口的输入选择是以"240×320、8bpp"、"240×320、16bpp"、"640×480、8bpp"还是"640×480、16bpp"的显示模式来操作 LCD，所调用的 4 个函数 Test_Lcd_Tft_8Bit_240320、Test_Lcd_Tft_16Bit_240320、Test_Lcd_Tft_8Bit_640480、Test_Lcd_Tft_16Bit_640480 都在 lcdlib.c 中实现。

2. lcdlib.c

8BPP 模式将用到调色板，其操作比 16BPP 模式稍为复杂，但是大部分仍是相似的。下面以 Test_Lcd_Tft_8Bit_240320 为例进行说明。

```
 11  /*
 12   *  以 240×320、8bpp 的显示模式测试 TFT LCD
 13   */
 14  void Test_Lcd_Tft_8Bit_240320(void)
 15  {
 16      Lcd_Port_Init();                         // 设置 LCD 引脚
 17      Tft_Lcd_Init(MODE_TFT_8BIT_240320);      // 初始化 LCD 控制器
 18      Lcd_PowerEnable(0, 1);                   // 设置 LCD_PWREN 有效, 它用于打开 LCD
                                                  // 的电源
 19      Lcd_EnvidOnOff(1);                       // 使能 LCD 控制器输出信号
 20
```

第 16 行设置所涉及的 GPIO 引脚用于 LCD 功能。

第 17 行调用 Tft_Lcd_Init 函数初始化 LCD 控制器，即设置各个控制信号的时间特性、设置 LCD 的显示模式、设置帧缓冲区的地址等，它是 lcddrv.c 中最复杂的函数，在后面会详细分析这个函数。

进行第 16、17 行的初始化之后，只要"打开" LCD，帧缓冲区中的数据就会被 LCD 控制器自动地发送到 LCD 上去显示。"打开"操作由第 18、19 行来完成。

第 18 行发出 LCD_PWREN 信号。对于有电源开关控制引脚的 LCD，可以使用 LCD_PWREN 来打开或关闭 LCD。LCD_PWREN 信号的极性可以设置。

第 19 行使能 LCD 控制器输出信号。这时，帧缓冲区中的数据就开始在 LCD 上显示出来了。

接下来就是按照设定的流程进行各类操作了，比如画线、清屏等，代码如下：

```
 21      Lcd_Palette8Bit_Init();          // 初始化调色板
 22      ClearScr(0x0);                   // 清屏
 23      printf("[TFT 64K COLOR(16bpp) LCD TEST]\n");
 24
 25      printf("1. Press any key to draw line\n");
```

```
26      getc();
27      DrawLine(0  , 0  , 239, 0  , 0);      // 颜色为 DEMO256pal[0]
28      DrawLine(0  , 0  , 0  , 319, 1);      // 颜色为 DEMO256pal[1]
29      DrawLine(239, 0  , 239, 319, 2);      // …
30      DrawLine(0  , 319, 239, 319, 4);
31      DrawLine(0  , 0  , 239, 319, 8);
32      DrawLine(239, 0  , 0  , 319, 16);
33      DrawLine(120, 0  , 120, 319, 32);
34      DrawLine(0  , 160, 239, 160, 64);
35
36      printf("2. Press any key to draw circles\n");
37      getc();
38      Mire();
39
40      printf("3. Press any key to fill the screem with one color\n");
41      getc();
42      ClearScr(128);  // 输出单色图像,颜色值等于DEMO256pal[128]
43
44      printf("4. Press any key to fill the screem by temporary palette\n");
45      getc();
46      ClearScrWithTmpPlt(0x0000ff);          // 输出单色图像,颜色为蓝色
47
48      printf("5. Press any key to fill the screem by palette\n");
49      getc();
50      DisableTmpPlt();            // 关闭临时调色板寄存器
51      ChangePalette(0xffff00);    // 改变整个调色板为黄色,输出单色图像
52
53      printf("6. Press any key stop the testing\n");
54      getc();
55      Lcd_EnvidOnOff(0);
56  }
57
```

将上面调用的函数分为 3 类。

（1）清屏函数 ClearScr、画线函数 DrawLine，都是通过 framebuffer.c 中的 PutPixel 函数来设置帧缓冲区中的数据，以像素为单位修改颜色来实现的。

（2）Lcd_Palette8Bit_Init 函数设置调色板，ChangePalette 函数通过设置调色板来实现清屏功能，不涉及帧缓冲区，它在 lcddrv.c 中实现。

（3）ClearScrWithTmpPlt 函数则是通过临时调色板寄存器来快速地输出单色的图像，也不涉及帧缓冲区，它在 lcddrv.c 中实现。

lcddrv.c、framebuffer.c 文件中的各个函数才是本实例的关键。可以认为 lcddrv.c 是对操作各寄存器的封装，framebuffer.c 则是对操作图像数据的封装。先看 lcddrv.c 文件。

3. lcddrv.c

这个文件中的函数重点在于 Tft_Lcd_Init、Lcd_Palette8Bit_Init。

（1）Lcd_Port_Init 函数。

设置所涉及的 GPIO 引脚用于 LCD 功能。GPIO 功能的设置对读者来说已经很熟悉了，不再赘述。

（2）Tft_Lcd_Init 函数。

用于初始化 LCD 控制器，即设置各个控制信号的时间特性、设置 LCD 的显示模式、设置帧缓冲区的地址等。

首先是对 5 个控制寄存器 LCDCON1～5 的设置，代码如下：

```
34  /*
35   * 初始化 LCD 控制器
36   * 输入参数：
37   * type：显示模式
38   *       MODE_TFT_8BIT_240320  : 240*320 8bpp 的 TFT LCD
39   *       MODE_TFT_16BIT_240320 : 240*320 16bpp 的 TFT LCD
40   *       MODE_TFT_8BIT_640480  : 640*480 8bpp 的 TFT LCD
41   *       MODE_TFT_16BIT_640480 : 640*480 16bpp 的 TFT LCD
42   */
43  void Tft_Lcd_Init(int type)
44  {
45      switch(type)
46      {
47      case MODE_TFT_8BIT_240320:
48          /*
49           * 设置 LCD 控制器的控制寄存器 LCDCON1～LCDCON5
50           * 1. LCDCON1
51           *    设置 VCLK 的频率：VCLK(Hz) = HCLK/[(CLKVAL+1)×2]
52           *    选择 LCD 类型：TFT LCD
53           *    设置显示模式：8BPP
54           *    先禁止 LCD 信号输出
55           * 2. LCDCON2/3/4
56           *    设置控制信号的时间参数
57           *    设置分辨率，即行数及列数
58           * 现在，可以根据公式计算出显示器的频率
59           * 当 HCLK=100MHz 时，
60           * Frame Rate = 1/[{(VSPW+1)+(VBPD+1)+(LIINEVAL+1)+(VFPD+1)} ×
```

```
61          *                {(HSPW+1)+(HBPD+1)+(HFPD+1)+(HOZVAL+1)} ×
62          *                {2x(CLKVAL+1)/(HCLK)}]
63          *              = 60Hz
64          * 3. LCDCON5
65          *    设置显示模式为 8BPP 时，调色板中的数据格式为 5:6:5
66          *    设置 HSYNC、VSYNC 脉冲的极性(这需要参考具体 LCD 的接口信号)：反转
67          *    字节交换使能
68          */
69         LCDCON1 = (CLKVAL_TFT_240320<<8) | (LCDTYPE_TFT<<5) | \
70                   (BPPMODE_8BPP<<1) | (ENVID_DISABLE<<0);
71         LCDCON2 = (VBPD_240320<<24) | (LINEVAL_TFT_240320<<14) | \
72                   (VFPD_240320<<6) | (VSPW_240320);
73         LCDCON3 = (HBPD_240320<<19) | (HOZVAL_TFT_240320<<8) | (HFPD_240320);
74         LCDCON4 = HSPW_240320;
75         LCDCON5 = (FORMAT8BPP_565<<11) | (HSYNC_INV<<9) | (VSYNC_INV<<8) | \
76                   (BSWP<<1);
77
```

代码中的注释可以帮助读者理解这些代码，比较困难的是时间参数 VSPW、VBPD、VFPD、HSPW、HBPD、HFPD、CLKVAL 的设置。对于 CRT 显示器，当它的频率在 60Hz 时，人眼会感到明显的闪烁；而对于 LCD，在 60Hz 时显示效果就已经很好。这些值可以从 LCD 的数据手册了解到，或使用经验值，或自行调整，并根据下述公式确认显示频率在 60Hz 左右或之上。

```
Frame Rate = 1/ [ { (VSPW+1) + (VBPD+1) + (LIINEVAL + 1) + (VFPD+1) } ×
           {(HSPW+1) + (HBPD +1)+ (HFPD+1) + (HOZVAL + 1) }×{ 2 ×( CLKVAL+1 ) /
( HCLK ) } ]
```

接下来是对地址寄存器 LCDSADDR1～LCDSADDR3 的设置，请参考图 13.7 帧内存与视图的位置关系。在本程序中，帧内存与视图吻合，即图中的 OFFSIZE 为 0，LCDBANK、LCDBASEU 指向同一个地址（它们是同一地址的不同位）。

需要注意是，8BPP 的显示模式要用到调色板，帧缓冲区中的数据不是像素的颜色值，而是调色板中的索引值，真正的颜色值在调色板中。

代码如下：

```
78         /*
79          * 设置 LCD 控制器的地址寄存器 LCDSADDR1 ~ LCDSADDR3
80          * 帧内存与视口(view point)完全吻合，
81          * 图像数据格式如下(8BPP 时，帧缓冲区中的数据为调色板中的索引值)：
82          *       |----PAGEWIDTH----|
83          *   y/x  0   1   2     239
```

```
 84          *       0    idx idx idx ... idx
 85          *       1    idx idx idx ... idx
 86          * 1. LCDSADDR1
 87          *    设置 LCDBANK、LCDBASEU
 88          * 2. LCDSADDR2
 89          *    设置 LCDBASEL：帧缓冲区的结束地址 A[21:1]
 90          * 3. LCDSADDR3
 91          *    OFFSIZE 等于 0，PAGEWIDTH 等于(240/2)
 92          */
 93         LCDSADDR1 = ((LCDFRAMEBUFFER>>22)<<21) | LOWER21BITS (LCDFRAMEBUFFER>>1);
 94         LCDSADDR2 = LOWER21BITS((LCDFRAMEBUFFER+ \
 95                      (LINEVAL_TFT_240320+1) ×(HOZVAL_TFT_240320+1) ×1)>>1);
 96         LCDSADDR3 = (0<<11) | (LCD_XSIZE_TFT_240320/2);
 97
```

第 93 行将帧缓冲区的开始地址写入 LCDSADDR1 寄存器。

第 94 行先计算帧缓冲区的结束地址，再取其位[21:1]存入 LCDSADDR2 中。这个地址值在本实例中即是"LCDFRAMEBUFFER + 320 × 240 × 1"，其中的"×1"表示在 8BPP 中一个像素使用 1 个字节来表示（对于 16BPP，就是"×2"）。

在设置寄存器的最后，禁止临时调色板寄存器，现在还没用到它。

```
 98         /* 禁止临时调色板寄存器 */
 99         TPAL = 0;
100
```

最后，将显示模式的主要参数记录下来，在 framebuffer.c 中需要用到。

```
101         fb_base_addr = LCDFRAMEBUFFER;
102         bpp = 8;
103         xsize = 240;
104         ysize = 320;
105
```

其他显示模式的寄存器设置非常相似，不再赘述。

需要说明的是，显示模式为 8BPP 时，LCDCON5 中 BSWAP 位设为 1，表示"字节交换使能"，这时帧缓冲区中的数据与屏幕上的像素位置关系如图 13.6 所示；显示模式为 16BPP 时，LCDCON5 中 HWSWAP 位设为 1，表示"半字交换使能"，这时帧缓冲区中的数据与屏幕上的像素位置关系如图 13.5 所示。它们都是"低地址的数据"对应"位置靠前"的像素。

（3）Lcd_Palette8Bit_Init 函数。

设置调色板中的数据：调试板大小为 256 × 16，而 8BPP 模式中每个像素的索引值占据 8 位，刚好有 256 个索引值。代码如下：

```
296  /*
297   * 设置调色板
298   */
299  void Lcd_Palette8Bit_Init(void)
300  {
301      int i;
302      volatile unsigned int *palette;
303  
304      LCDCON5 |= (FORMAT8BPP_565<<11);  // 设置调色板中数据格式为 5:6:5
305  
306      palette = (volatile unsigned int *)PALETTE;
307      for (i = 0; i < 256; i++)
308          *palette++ = DEMO256pal[i];
309  }
310  
```

调色板中用 16BPP 的格式表示颜色,第 304 行设置调色板中数据的格式为 5:6:5(另一种格式为 5:5:5:1)。

第 307、308 行将数组 DEMO256pal 中的数据写入调色板中。这个数组中的数据并没有什么特别之处,读者可以自己构造。

(4) ChangePalette 函数。

以给定的颜色值填充整个调色板,代码如下:

```
311  /*
312   * 改变调色板为一种颜色
313   * 输入参数:
314   *    color: 颜色值,格式为 0xRRGGBB
315   */
316  void ChangePalette(UINT32 color)
317  {
318      int i;
319      unsigned char red, green, blue;
320      UINT32 *palette;
321  
322      palette=(UINT32 *)PALETTE;
323      for (i = 0; i < 256; i++)
324      {
325          red   = (color >> 19) & 0xff;
326          green = (color >> 10) & 0xff;
327          blue  = (color >> 3)  & 0xff;
```

```
328             color = (red << 11) | (green << 5) | blue;   // 格式 5:6:5
329
330             while ((LCDCON5>>16) == 2);         // 等待直到 VSTATUS 不为"有效"
331             *palette++ = color;
332         }
333 }
334
```

第 325～328 行从 0xRRGGBB 格式的 color 变量中，提取 8 位红色值的高 5 位、8 位绿色值的高 6 位、8 位蓝色值的高 5 位组成 5:6:5 格式的 16BPP 颜色值。

第 330 行检测当前 VSYNC 信号的状态，如果它处于有效的状态，则等待。前面说过，读写调色板时，VSTATUS、HSTATUS 不能处于有效状态。这里当 VSTATUS 不是"有效"状态时，HSTATUS 也不可能是"有效"状态。

第 331 行将新数据写入调色板。

(5) Lcd_PowerEnable 函数。

用于控制是否发出 LCD_PWREN 信号。对于有电源开关控制引脚的 LCD，可以使用 LCD_PWREN 来打开或关闭 LCD。LCD_PWREN 信号的极性可以设置。代码如下：

```
335 /*
336  * 设置是否输出 LCD 电源开关信号 LCD_PWREN
337  * 输入参数：
338  *     invpwren:  0 表示 LCD_PWREN 有效时为正常极性
339  *                1 表示 LCD_PWREN 有效时为反转极性
340  *     pwren:     0 表示 LCD_PWREN 输出有效
341  *                1 表示 LCD_PWREN 输出无效
342  */
343 void Lcd_PowerEnable(int invpwren, int pwren)
344 {
345     GPGCON = (GPGCON & (~(3<<8))) | (3<<8);     // GPG4 用做 LCD_PWREN
346     GPGUP  = (GPGUP & (~(1<<4))) | (1<<4);      // 禁止内部上拉
347
348     LCDCON5 = (LCDCON5 & (~(1<<5))) | (invpwren<<5);   // 设置 LCD_PWREN 的极性：正常/反转
349     LCDCON5 = (LCDCON5 & (~(1<<3))) | (pwren<<3);      // 设置是否输出 LCD_PWREN
350 }
351
```

(6) Lcd_EnvidOnOff 函数。

用于控制是否使能 LCD 控制器输出各个 LCD 信号，当设置如控制寄存器、地址寄存器之后，即可调用此函数输出各个 LCD 信号，这样，帧缓冲区中的数据即发送给 LCD。代码如下：

```
352  /*
353   * 设置 LCD 控制器是否输出信号
354   * 输入参数：
355   * onoff:
356   *      0 : 关闭
357   *      1 : 打开
358   */
359  void Lcd_EnvidOnOff(int onoff)
360  {
361      if (onoff == 1)
362          LCDCON1 |= 1;           // ENVID ON
363      else
364          LCDCON1 &= 0x3fffe;  // ENVID Off
365  }
366
```

（7）ClearScrWithTmpPlt、DisableTmpPlt 函数。

请参考表 13.14 TPAL 寄存器格式，ClearScrWithTmpPlt 函数设置颜色值并使能 TPAL 寄存器，这使得 LCD 上显示单一颜色的图像。DisableTmpPlt 函数停止 TPAL 寄存器的功能，继续输出帧缓冲区中的图像。它们的代码如下：

```
367  /*
368   * 使用临时调色板寄存器输出单色图像
369   * 输入参数：
370   *      color: 颜色值，格式为 0xRRGGBB
371   */
372  void ClearScrWithTmpPlt(UINT32 color)
373  {
374      TPAL = (1<<24)|((color & 0xffffff)<<0);
375  }
376
377  /*
378   * 停止使用临时调色板寄存器
379   */
380  void DisableTmpPlt(void)
381  {
382      TPAL = 0;
383  }
384
```

4. framebuffer.c

此文件中有 4 个函数:画点函数 PutPixel、画线函数 DrawLine、绘制同心圆函数 Mire、清屏函数 ClearScr,后 3 个函数都是基于 PutPixel 函数实现的。PutPixel 函数是 framebuffer.c 文件的核心,它在帧缓冲区中找到给定坐标的像素的内存,然后修改它的值,代码如下:

```
08  extern unsigned int fb_base_addr;
09  extern unsigned int bpp;
10  extern unsigned int xsize;
11  extern unsigned int ysize;
12
13  /*
14   * 画点
15   * 输入参数:
16   *     x、y : 像素坐标
17   *     color: 颜色值
18   *     对于 16BPP: color 的格式为 0xAARRGGBB (AA = 透明度),
19   *     需要转换为 5:6:5 格式
20   *     对于 8BPP: color 为调色板中的索引值,
21   *     其颜色取决于调色板中的数值
22   */
23  void PutPixel(UINT32 x, UINT32 y, UINT32 color)
24  {
25      UINT8 red,green,blue;
26
27      switch (bpp){
28          case 16:
29          {
30              UINT16 *addr = (UINT16 *)fb_base_addr + (y * xsize + x);
31              red   = (color >> 19) & 0xff;
32              green = (color >> 10) & 0xff;
33              blue  = (color >>  3) & 0xff;
34              color = (red << 11) | (green << 5) | blue; // 格式 5:6:5
35              *addr = (UINT16) color;
36              break;
37          }
38
39          case 8:
40          {
41              UINT8 *addr = (UINT8 *)fb_base_addr + (y * xsize + x);
```

```
42                *addr = (UINT8) color;
43                break;
44           }
45
46      default:
47           break;
48      }
49 }
50
```

第 8~11 行的 4 个变量在 lcddrv.c 中的 Tft_Lcd_Init 函数中设置，PutPixel 函数根据它们来确定给定坐标的像素在帧缓冲区中的地址。

第 30、41 行分别计算 16BPP、8BPP 模式下给定坐标的像素在帧缓冲区中的地址。对于 16BPP 模式，每个像素占据 2 字节；对于 8BPP 模式，每个像素占据 1 字节。

对于 16BPP 的显示模式，第 31~34 行从 0xAARRGGBB 格式的 color 变量中，提取 8 位红色值的高 5 位、8 位绿色值的高 6 位、8 位蓝色值的高 5 位组成 5:6:5 格式的 16BPP 颜色值。

最后，第 35、42 行将颜色值（对于 8BPP 模式，为调色板中的索引值）写入帧缓冲区中，这样，在下一次显示的时候，新颜色即可显示出来。

13.2.3 实例测试

本程序在 main 函数中通过串口输出一个菜单，用于选择 LCD 的显示模式并进行测试。实验步骤如下。

（1）使用串口将开发板的 COM0 和 PC 的串口相连，打开 PC 上的串口工具并设置其波特率为 115200、8N1。

（2）在 LCD 目录下执行 make 命令生成 lcd 可执行程序，烧入 NAND Flash 后运行。

（3）在 PC 串口工具上，可以看到如下菜单：

```
##### Test TFT LCD #####
[1] TFT240320 8Bit
[2] TFT240320 16Bit
[3] TFT640480 8Bit
[4] TFT640480 16Bit
Enter your selection:
```

（4）可以输入 1、2、3 或 4，然后按照提示输入任意键即可一步一步地观察到 LCD 中图像的变化。

（5）最后又会出现第（3）步骤的菜单，可以再次选择。

第 14 章 ADC 和触摸屏接口

本章目标

- 了解 S3C2410/S3C2440 ADC 和触摸屏的结构
- 了解电阻触摸屏的工作原理和等效电路图
- 了解 S3C2410/S3C2440 触摸屏控制器的多种工作模式
- 掌握 S3C2410/S3C2440 ADC 和触摸屏的编程方法

14.1 ADC 和触摸屏硬件介绍及使用

14.1.1 S3C2410/S3C2440 ADC 和触摸屏接口概述

S3C2410/S3C2440 的 CMOS 模数转换器（ADC，Analog to Digital Converter）可以接收 8 个通道的模拟信号输入，并将它们转换为 10 位的二进制数据。在 2.5MHz 的 A/D 转换时钟下，最大的转化速率可达 500KSPS（SPS：samples per second，每秒采样的次数）。

S3C2410/S3C2440 都提供触摸屏的接口，不过它们有所不同。S3C2410 的触摸屏接口向外提供 4 个控制信号引脚（nYPON、YMON、nXPON、XMON）和 2 个模拟信号输入引脚（AIN[7]、AIN[5]），这 6 个引脚通过 4 个晶体管与触摸屏的 4 个引脚相连。而 S3C2440 提供了与触摸屏直接相连的 4 个引脚，不再需要外接晶体管。

S3C2410/S3C2440 ADC 和触摸屏接口有如下特性。

- 分辨率：10 位。
- 微分线性度误差：±1.0 LSB。
- 积分线性度误差：±2.0 LSB。
- 最大转换速率：500KSPS。
- 低功耗。
- 供电电压：3.3V。
- 输入模拟电压范围：0～3.3V。
- 片上采样保持功能（On-chip sample-and-hold function）。
- 普通转换模式。

- 分离的 x/y 轴坐标转换模式。
- 自动（连续）x/y 轴坐标转换模式。
- 等待中断模式。

ADC 和触摸屏接口结构如图 14.1、14.2 所示。

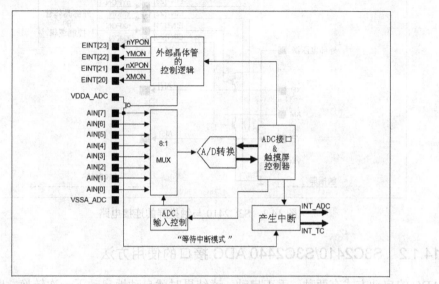

图 14.1　S3C2410 ADC 和触摸屏接口结构

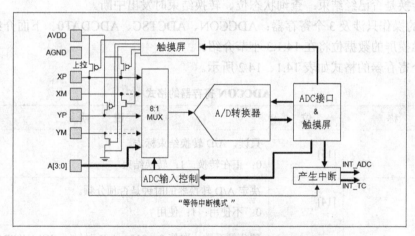

图 14.2　S3C2440 ADC 和触摸屏接口结构

从图 14.1、14.2 可以知道，ADC 和触摸屏接口中只有一个 A/D 转换器（A/D Converter），可以通过设置寄存器来选择对哪路模拟信号（多达 8 路）进行采样。图中有两个中断信号：INT_ADC、INT_TC，前者表示 A/D 转换器已经转换完毕，后者表示触摸屏被按下了。

对于 S3C2410，在使用触摸屏时，AIN[7]和 AIN[5]被用来测量 XP、YP 的电平，只剩下 AIN[6]、AIN[4:0]共 6 个引脚用于一般的 ADC 输入。对于 S3C2440，在使用触摸屏时，引脚 XP、XM、YP 和 YM 被用于和触摸屏直接相连，只剩下 AIN[3:0]共 4 个引脚用于一般的 ADC 输入；当不使用触摸屏时，XP、XM、YP 和 YM 这 4 个引脚也可以用于一般的 ADC

输入。

S3C2410 与触摸屏的连接比 S3C2440 复杂，需要增加几个外接晶体管，如图 14.3 所示。

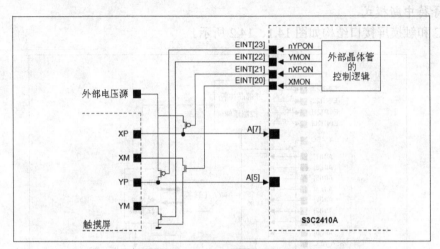

图 14.3 S3C2410 与触摸屏的连接电路

14.1.2 S3C2410/S3C2440 ADC 接口的使用方法

ADC 的启动方式有两种：手工启动、读结果时就自动地启动下一次转换。也有两种方法获知当前转换是否已经结束：查询状态位、转换结束时发出中断。

ADC 的操作只涉及 3 个寄存器：ADCCON、ADCTSC、ADCDAT0。下面介绍它们的用法，有关触摸屏的数据位将在 14.1.3 小节介绍。

这两个寄存器的格式如表 14.1、14.2 所示。

表 14.1　　　　　　　　　　　ADCCON 寄存器的格式

名称	位	说明
ECFLG	[15]	只读，A/D 转换结束标志。 0：正在转换；1：转换结束
PRSCEN	[14]	决定 A/D 转换器的时钟是否预分频。 0：不使用；1：使用
PRSCVL	[13:6]	预分频系数，取值 0～255；A/D 时钟 = PCLK/(PRSCVL + 1)。 注意：A/D 时钟必须小于 PCLK 的 1/5
SEL_MUX	[5:3]	选择进行 A/D 转换的通道。 对于 S3C2410，取值如下。 000：AIN 0；001：AIN 1；010：AIN 2；011：AIN 3； 100：AIN 4；101：AIN 5；110：AIN 6；111：AIN 7(XP) 对于 S3C2440，取值如下。 000：AIN 0；001：AIN 1；010：AIN 2；011：AIN 3； 100：YM；101：YP；110：XM；111：XP

续表

名称	位	说明
STDBM	[2]	选择静态模式（Standby mode）。 0：正常模式；1：静态模式
READ_START	[1]	读转换数据时是否启动下一次转换。 0：不启动；1：启动
ENABLE_START	[0]	启动 A/D 转换（当 READ_START 为 1 时，此位无效）。 0：无作用；1：启动 A/D 转换（转换真正开始时，此位被清 0）

表 14.2　　　　　　　　　　　　ADCDAT0 寄存器的格式

名称	位	说明
UPDOWN	[15]	对于触摸屏，使用"等待中断模式"时 0：触摸屏被按下；1：触摸屏没有被按下
AUTO_PST	[14]	决定是否使用自动（连续）x/y 轴坐标转换模式。 0：正常转换；1：自动（连续）x/y 轴坐标转换
XY_PST	[13:12]	手动 x/y 轴坐标转换模式。 00：无操作；　　　　01：x 轴坐标转换 10：y 轴坐标转换；11：等待中断模式
Reserved	[11:10]	保留
XPDATA （普通 ADC 转换数据）	[9:0]	x 轴坐标转换数据值（或普通 ADC 转换数据值） 数值范围：0～0x3FF

ADC 的使用分 4 个步骤。

（1）设置 ADCCON 寄存器，选择输入信号通道，设置 A/D 转换器的时钟。

使能 A/D 转换器时钟的预分频功能时，A/D 时钟的计算公式如下：

```
A/D 时钟 = PCLK / ( PRSCVL + 1 )
```

> **注意**　A/D 时钟最大为 2.5MHz，并且应该小于 PCLK 的 1/5。

（2）设置 ADCTSC 寄存器，使用设为普通转换模式，不使用触摸屏功能。

ADCTSC 寄存器多用于触摸屏，对于普通 ADC，使用它的默认值即可，或设置其位[2]为 0。ADCTSC 寄存器的格式在 14.1.3 小节介绍。

（3）设置 ADCCON 寄存器，启动 A/D 转换。

如果设置 READ_START 位，则读转换数据（读 ADCDAT0 寄存器）时即启动下一次转换；否则，可以通过设置 ENABLE_START 位来启动 A/D 转换。

（4）转换结束时，读取 ADCDAT0 寄存器获得数值。

如果使用查询方式，则可以不断读取 ADCCON 寄存器的 ECFLG 位来确定转换是否结束；

否则可以使用 INT_ADC 中断，发生 INT_ADC 中断时表示转换结束。

14.1.3 触摸屏原理及接口

1. 电阻触摸屏的原理

触摸屏已经在现实生活中大量使用，比如银行的自动存/取款机等。触摸屏的种类有很多，比如超声波触摸屏、红外触摸屏、电容触摸屏、电阻触摸屏等。电阻触摸屏由于造价低廉，在电气上可以直接接入用户的系统中而得到大量使用。电阻触摸屏有几种类型，比如"四线"，"五线"和"八线"。线越多，精度就越高，温度漂移也越少，但基本的操作是一样的。它本质上是个电阻分压器，将矩形区域中触摸点（x,y）的物理位置转换为代表 x 坐标和 y 坐标的电压。

S3C2410/S3C2440 的触摸屏接口可以驱动四线电阻触摸屏，四线电阻触摸屏的等效电路如图 14.4 所示。图中粗黑线表示相互绝缘的两层导电层，当按压时，它们在触点处相连；不同的触点在 x、y 方向上的分压值不一样，将这两个电压值经过 A/D 转换后即可得到 x、y 坐标。

下面根据其等效电路说明触摸屏的工作过程。

（1）平时触摸屏没有被按下时，等效电路如图 14.5 所示。

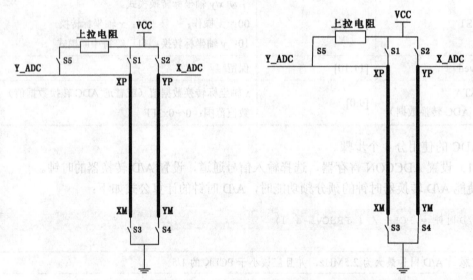

图 14.4　四线电阻触摸屏的等效电路　　图 14.5　触摸屏处于"等待中断模式"时的等效电路

S4、S5 闭合，S1、S2、S3 断开，即 YM 接地、XP 上拉、XP 作为模拟输入（对 CPU 而言）、YP 作为模拟输入（对 CPU 而言）、XM 高阻。

平时触摸屏没有被按下时，由于上拉电阻的关系，Y_ADC 为高电平；当 x 轴和 y 轴受挤压而接触导通后，Y_ADC 的电压由于连通到 y 轴接地而变为低电平，此低电平可做为中断触发信号来通知 CPU 发生"Pen Down"事件，在 S3C2410/S3C2440 中，称为等待中断模式。

（2）采样 X_ADC 电压，得到 x 坐标，等效电路如图 14.6 所示。

S1、S3 闭合，S2、S4、S5 断开，即 XP 接上电源、XM 接地、YP 作为模拟输入（对 CPU 而言）、YM 高阻、XP 禁止上拉。这时，YP 即 X_ADC 就是 x 轴的分压点，进行 A/D 转换后就得到 x 坐标。

（3）采样 Y_ADC 电压，得到 y 坐标，等效电路如图 14.7 所示。

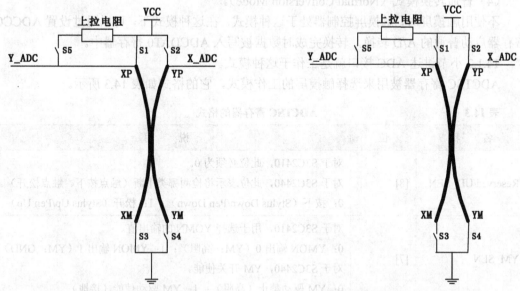

图 14.6　读取 x 坐标时的等效电路　　　　　　图 14.7　读取 y 坐标时的等效电路

S2、S4 闭合，S1、S3、S5 断开，即 YP 接上电源、YM 接地、XP 作为模拟输入（对 CPU 而言）、XM 高阻、XP 禁止上拉。这时，XP 即 Y_ADC 就是 y 轴的分压点，进行 A/D 转换后就得到 y 坐标。

2. S3C2410/S3C2440 触摸屏接口

与上面描述的触摸屏工作过程的 3 个步骤对应，触摸屏控制器也有 4 种工作模式。

（1）等待中断模式（Waiting for Interrupt Mode）。

设置 ADCTSC 寄存器为 0xD3 即可令触摸屏控制器处于这种模式。这时，它在等待触摸屏被按下。当触摸屏被按下时，触摸屏控制器将发出 INT_TC 中断信号，这时触摸屏控制器要转入以下两种工作模式中的一种，以读取 x、y 坐标。

对于 S3C2410，当触摸屏被按下（Pen Down）或松开（Pen Up）时，都产生 INT_TC 中断信号。

对于 S3C2440，可以设置 ADCTSC 寄存器的位[8]为 0 或 1 时，表示等待 Pen Down 中断或 Pen Up 中断。

（2）分离的 x/y 轴坐标转换模式（Separate X/Y Position Conversion Mode）。

这分别对应上述触摸屏工作过程的第 2、3 步骤。设置 ADCTSC 寄存器为 0x69 进入 x 轴坐标转换模式，x 坐标值转换完毕后被写入 ADCDAT0，然后发出 INT_ADC 中断；相似地，设置 ADCTSC 寄存器为 0x9A 进入 y 轴坐标转换模式，y 坐标值转换完毕后被写入 ADCDAT1，然后发出 INT_ADC 中断。

(3) 自动（连续）x/y 轴坐标转换模式（Auto(Sequential)x/yPosition Conversion Mode）。

上述触摸屏工作过程的第 2、3 步骤可以合成一个步骤，设置 ADCTSC 寄存器为 0x0C，进入自动（连续）x/y 轴坐标转换模式，触摸屏控制器就会自动转换触点的 x、y 坐标值，并分别写入 ADCDAT0、ADCDAT1 寄存器中，然后发出 INT_ADC 中断。

(4) 普通转换模式（Normal Conversion Mode）。

不使用触摸屏时，触摸屏控制器处于这种模式。在这种模式下，可以通过设置 ADCCON 寄存器启动普通的 A/D 转换，转换完成时数据被写入 ADCDAT0 寄存器中。

14.1.2 小节讲述 ADC 接口就是工作于这种模式。

ADCTSC 寄存器被用来选择触摸屏的工作模式，它的格式如表 14.3 所示。

表 14.3 ADCTSC 寄存器的格式

名 称	位	说 明
Reserved/UD_SEN	[8]	对于 S3C2410，此位必须为 0。 对于 S3C2440，此位表示将检测哪类中断（触点按下、触点松开）。 0：按下（Stylus Down/Pen Down）；1：松开（Stylus Up/Pen Up）
YM_SEN	[7]	对于 S3C2410，用于选择 YOMN 的输出值。 0：YMON 输出 0（YM：高阻）；1：YMON 输出 1（YM：GND） 对于 S3C2440，YM 开关使能。 0：YM 驱动禁止（高阻）；1：YM 驱动使能（接地）
YP_SEN	[6]	对于 S3C2410，用于选择 nYPON 的输出值。 0：nYPON 输出 0（YP：外部电压）；1：nYPON 输出 1（YM 接 AIN[5]） 对于 S3C2440，YP 开关使能。 0：YP 驱动禁止（接外部电压）；1：YP 驱动使能（接模拟输入）
XM_SEN	[5]	对于 S3C2410，用于选择 XOMN 的输出值。 0：XMON 输出 0（XM：高阻）；1：XMON 输出 1（XM：GND） 对于 S3C2440，XM 开关使能。 0：XM 驱动禁止（高阻）；1：XM 驱动使能（接地）
XP_SEN	[4]	对于 S3C2410，用于选择 nXPON 的输出值。 0：nXPON 输出 0（XP：外部电压）；1：nXPON 输出 1（XM 接 AIN[7]） 对于 S3C2440，XP 开关使能。 0：XP 驱动禁止（接外部电压）；1：XP 驱动使能（接模拟输入）
PULL_UP	[3]	XP 上拉使能。 0：使能上拉；1：禁止上拉
AUTO_PST	[2]	是否使用自动（连续）x/y 轴坐标转换模式。 0：普通转换模式；1：自动（连续）x/y 轴坐标转换模式
XY_PST	[1:0]	手动测量 x、y 轴坐标。 00：无操作模式；01：测量 x 轴坐标； 10：测量 y 轴坐标；11：等待中断模式

> **注意**
> ① 处于等待中断模式时，XP_SEN 必须设为 1（XP 接模拟输入），PULL_UP 必须设为 0（使能上拉）。
> ② AUTO_PST 设为 1 时，必须处于自动（连续）x/y 轴坐标转换模式下。

对于 S3C2410，当触摸屏控制器处于等待中断模式时，触摸屏被按下时可以不断发出 INT_TC 中断信号以便进入自动（连续）x/y 轴坐标转换模式转换 x、y 坐标。发出中断信号的间隔可以通过 ADCDLY 寄存器来设置。

对于 S3C2440，当 CPU 处于休眠模式时，触摸屏被按下时可以不断发出 INT_TC 中断信号以唤醒 CPU。发出中断信号的间隔可以通过 ADCDLY 寄存器来设置。

另外，对于普通转换模式、分离的 x/y 轴坐标转换模式、自动（连续）x/y 轴坐标转换模式，都可以通过 ADCDLY 寄存器来设置采样的延时时间。

ADCDLY 寄存器格式如表 14.4 所示，在等待中断模式时，延时时钟为 X-tal(3.68MHz)，其他情况为 PCLK，可以如图 14.8 所示。

表 14.4　　ADCDLY 寄存器的格式

名 称	位	说 明
DELAY	[15:0]	采样的延时值，或发出中断的间隔值

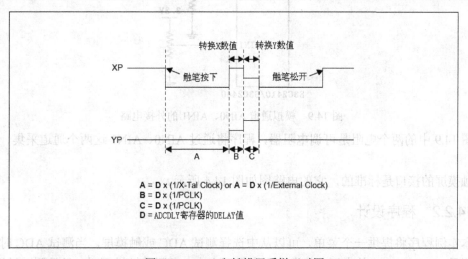

图 14.8　ADC 和触摸屏采样延时图

ADCDAT1 寄存器的格式如表 14.5 所示。它与 ADCDAT0 寄存器格式相似，ADCDAT1 寄存器中保存 y 坐标值；而 ADCDAT0 寄存器中保存普通 A/D 转换的值或 x 坐标值。

表 14.5　　ADCDAT1 寄存器的格式

名 称	位	说 明
UPDOWN	[15]	对于触摸屏，使用"等待中断模式"时如下。 0：触摸屏被按下；1：触摸屏没有被按下
AUTO_PST	[14]	决定是否使用自动（连续）x/y 轴坐标转换模式。 0：正常转换；1：自动（连续）x/y 轴坐标转换

续表

名称	位	说明
XY_PST	[13:12]	手动 x/y 轴坐标转换模式。 00：无操作；　　01：x 轴坐标转换 10：y 轴坐标转换；11：等待中断模式
Reserved	[11:10]	保留
YPDATA	[9:0]	x 轴坐标转换数据值

14.2　ADC 和触摸屏操作实例

14.2.1　硬件设计

本开发板中，模拟输入引脚 AIN0、AIN1 外接可调电阻器，电路如图 14.9 所示。

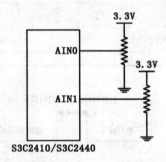

图 14.9　模拟通道 AIN0、AIN1 的外接电路

图 14.9 中的两个电阻是可调电阻器，程序将通过 AIN0、AIN1 这两个通道采集、转换电压值。

触摸屏的接口是标准的，它的电路图如图 14.4 所示。

14.2.2　程序设计

本实例程序将提供一个菜单，可以从中选择测试 ADC 或触摸屏。当测试 ADC 时，程序不断测量 AIN0、AIN1 的电压，并在串口上显示出来。当测试触摸屏时，只是测试触笔按下、松开的事件，并且把按下时的采集到的 x、y 坐标打印出来，它们只是原始的数据。

本实例的源码在/work/hardware/adc_ts 目录下，主要文件为 adc_ts.c。main.c 文件通过串口输出两个菜单供用户选择是测试 ADC 还是触摸屏，它们分别对应 adc_ts.c 中的 Test_Adc、Test_Ts 函数。

14.2.3　测试 ADC 的代码详解

1. ADC 主入口函数 Test_Adc

ADC 测试函数 Test_Adc 代码如下：

```
 94  /*
 95   * 测试 ADC
 96   * 通过 A/D 转换，测量可变电阻器的电压值
 97   */
 98  void Test_Adc(void)
 99  {
100      float vol0, vol1;
101      int t0, t1;
102
103       printf("Measuring the voltage of AIN0 and AIN1, press any key to exit\n\r");
104      while (!awaitkey(0))        // 串口无输入，则不断测试
105      {
106          vol0 = ((float)ReadAdc(0)*3.3)/1024.0;   // 计算电压值
107          vol1 = ((float)ReadAdc(1)*3.3)/1024.0;   // 计算电压值
108          t0   = (vol0 - (int)vol0) * 1000;   // 计算小数部分，程序中的 printf 无法打印浮点数
109          t1   = (vol1 - (int)vol1) * 1000;   // 计算小数部分，程序中的 printf 无法打印浮点数
110           printf("AIN0 = %d.%-3dV    AIN1 = %d.%-3dV\r", (int)vol0, t0, (int)vol1, t1);
111      }
112      printf("\n");
113  }
114
```

第 106、107 行先调用 ReadAdc 函数发起 A/D 转换，返回 10 位转换值（最大值为 1023）；然后计算实际的电压值（S3C2410/S3C2440 ADC 模拟信号最大电压为 3.3V）。

2. ReadAdc 函数：设置、启动 ADC，获取转换结果

ADC 操作核心的函数为 ReadAdc，代码如下：

```
 68  /*
 69   * 使用查询方式读取 A/D 转换值
 70   * 输入参数：
 71   *     ch: 模拟信号通道，取值为 0~7
 72   */
 73  static int ReadAdc(int ch)
 74  {
 75      // 选择模拟通道，使能预分频功能，设置 A/D 转换器的时钟 = PCLK/(49+1)
```

```
76      ADCCON = PRESCALE_EN | PRSCVL(49) | ADC_INPUT(ch);
77
78      // 清除位[2]，设为普通转换模式
79      ADCTSC &= ~(1<<2);
80
81      // 设置位[0]为1，启动A/D转换
82      ADCCON |= ADC_START;
83
84      // 当A/D转换真正开始时，位[0]会自动清0
85      while (ADCCON & ADC_START);
86
87      // 检测位[15]，当它为1时表示转换结束
88      while (!(ADCCON & ADC_ENDCVT));
89
90      // 读取数据
91      return (ADCDAT0 & 0x3ff);
92  }
93
```

程序流程与前面介绍的 ADC 的 4 个工作步骤一一对应。

（1）第 76 行选择模拟通道，使能预分频功能，设置 A/D 转换器的时钟。

本程序中，PCLK 为 50MHz，所以 A/D 转换器的时钟为 50MHz/(49 + 1) = 1MHz，小于最大 A/D 时钟 2.5MHz。

（2）第 79 行清除 ADCTSC 寄存器位[2]，设为普通转换模式，ADCTSC 寄存器格式如表 14.3 所示。

（3）第 82 行设置 ADCCON 寄存器位[0]，启动 A/D 转换。

ADC 的启动有两种方式，如果使用"读启动"方式（此时 ADCCON 寄存器位[1]被设为 1），则读一下 ADCDAT0 寄存器即可启动；如果使用手动方式，设置 ADCCON 寄存器位[0] 即可启动。

（4）第 88 行循环检测 ADCCON 寄存器的位[15]，直到它为 1，这表示表示 A/D 转换结束。也可以使用中断方式，当 A/D 转换结束时，ADC 会发出 INT_ADC 中断信号。

（5）最后，第 91 行读取 ADCDAT0 即可得到转换的数据（低 10 位为有效数据）。

14.2.4 测试触摸屏的代码详解

触摸屏的操作稍微复杂，下面将程序流程图和触摸屏控制的状态转换图合并在一起（如图 14.10 所示），以便后面的代码分析。

1. 触摸屏的主入口函数 Test_Ts

Test_Ts 函数进行初始化、开启 ADC 中断之后，就不再参与触摸屏的操作，这都通过中

断服务程序来写成。代码如下:

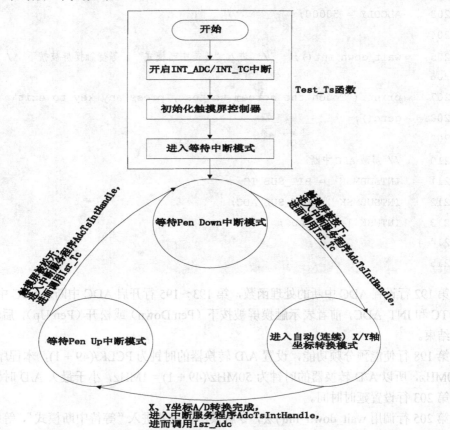

图 14.10 触摸屏测试程序流程图和触摸屏控制器状态转换图

```
187    /*
188     * 测试触摸屏,打印触点坐标
189     */
190    void Test_Ts(void)
191    {
192        isr_handle_array[ISR_ADC_OFT] = AdcTsIntHandle;    // 设置ADC中断服务程序
193        INTMSK &= ~BIT_ADC;              // 开启 ADC 总中断
194        INTSUBMSK &= ~(BIT_SUB_TC);  // 开启 INT_TC 中断,即触摸屏被按下或松开时产
生中断
195        INTSUBMSK &= ~(BIT_SUB_ADC); // 开启 INT_ADC 中断,即 A/D 转换结束时产生中断
196
197        // 使能预分频功能,设置 A/D 转换器的时钟 = PCLK/(49+1)
198        ADCCON = PRESCALE_EN | PRSCVL(49);
199
200        /* 采样延时时间 = (1/3.6864M)*50000 = 13.56ms
201         * 即按下触摸屏后,再过13.56ms 才能采样
```

```
202        */
203       ADCDLY = 50000;
204
205       wait_down_int();     /* 进入"等待中断模式",等待触摸屏被按下 */
206
207       printf("Touch the screem to test, press any key to exit\n\r");
208       getc();
209
210       // 屏蔽 ADC 中断
211       INTSUBMSK |= BIT_SUB_TC;
212       INTSUBMSK |= BIT_SUB_ADC;
213       INTMSK |= BIT_ADC;
214   }
215
```

第 192 行设置 ADC 中断的处理函数,第 193~195 行开启 ADC 中断。ADC 中断有两类:INT_TC 和 INT_ADC,前者表示触摸屏被按下(Pen Down)或松开(Pen Up),后者表示 A/D 转换结束。

第 198 行使能预分频功能,设置 A/D 转换器的时钟为 PCLK/(49 + 1),本程序中,PCLK 为 50MHz,所以 A/D 转换器的时钟为 50MHz/(49 + 1) = 1MHz,小于最大 A/D 时钟 2.5MHz。

第 203 行设置延时时间。

第 205 行调用 wait_down_int()宏,令触摸屏控制器进入"等待中断模式",等待触摸屏被按下。

wait_down_int()、wait_up_int()、mode_auto_xy()都是宏定义,它们用于设置触摸屏进入"等待 Pen Down 中断模式"、"等待 Pen Up 中断模式"、"自动(连续)x/y 轴坐标转换模式"。读者可以参考 14.1.3 小节中的"S3C2410/S3C2440 触摸屏接口"理解这些代码。

需要注意以下几点。

(1) 对于 S3C2410,ADCTSC 的位[8]属于保留位,只能设为 0;当处于"等待中断模式"时,无论是"Pend Down"中断还是"Pen Up"中断都可以检测到。

(2) 对于 S3C2440,ADCTSC 的位[8]为 0、1 时分别表示等待 Pen Down 中断或 Pen Up 中断。

(3) 要进入"自动(连续)x/y 轴坐标转换模式",XP、XM、YP、YM 的状态不必理会,触摸屏在采样时会自动控制它们。

这些宏的定义如下:

```
49 /* 设置进入等待中断模式,XP_PU,XP_Dis,XM_Dis,YP_Dis,YM_En
50  *  (1)对于 S3C2410,位[8]只能为 0,所以只能使用下面的 wait_down_int,
51  *     它既等待 Pen Down 中断,也等待 Pen Up 中断
52  *  (2)对于 S3C2440,位[8]为 0、1 时分别表示等待 Pen Down 中断或 Pen Up 中断
53  */
```

```
54  /* 进入"等待中断模式"，等待触摸屏被按下 */
55  #define wait_down_int() { ADCTSC = DOWN_INT | XP_PULL_UP_EN | \
56                           XP_AIN | XM_HIZ | YP_AIN | YM_GND | \
57                           XP_PST(WAIT_INT_MODE); }
58  /* 进入"等待中断模式"，等待触摸屏被松开 */
59  #define wait_up_int()   { ADCTSC = UP_INT | XP_PULL_UP_EN | XP_AIN | XM_HIZ | \
60                           YP_AIN | YM_GND | XP_PST(WAIT_INT_MODE); }
61
62  /* 进入自动(连续) x/y 轴坐标转换模式 */
63  #define mode_auto_xy()  { ADCTSC = CONVERT_AUTO | XP_PULL_UP_DIS | XP_PST(NOP_MODE); }
64
```

然后，程序就在 208 行等待串口的输入，以退出测试。等待期间，完全通过中断来驱动触摸屏的操作。

最后退出时，第 211~213 行屏蔽 ADC 中断。

2. 触摸屏中断处理函数：转换触摸屏的工作模式

从图 14.10 可知，执行 Test_Ts 函数之后，触摸屏控制器处于"等待 Pen Down 中断模式"。这时，如果按下触摸屏，则发生 INT_TC 中断，进入 AdcTsIntHandle 中断处理函数。它很简单，只是判断当前中断是 INT_TC 还是 INT_ADC，然后分别调用它们的中断服务程序，代码如下：

```
174 /*
175  * ADC、触摸屏的中断服务程序
176  * 对于 INT_TC、INT_ADC 中断，分别调用它们的处理程序
177  */
178 void AdcTsIntHandle(void)
179 {
180     if (SUBSRCPND & BIT_SUB_TC)
181         Isr_Tc();
182
183     if (SUBSRCPND & BIT_SUB_ADC)
184         Isr_Adc();
185 }
186
```

INT_TC 的中断服务程序 Isr_Tc 代码如下：

```
115 /*
116  * INT_TC 的中断服务程序
117  * 当触摸屏被按下时，进入自动(连续) x/y 轴坐标转换模式;
```

```
118     * 当触摸屏被松开时,进入等待中断模式,再次等待 INT_TC 中断
119     */
120    static void Isr_Tc(void)
121    {
122        if (ADCDAT0 & 0x8000)
123        {
124            printf("\nStylus Up!!\n");
125            wait_down_int();      /* 进入"等待中断模式",等待触摸屏被按下 */
126        }
127        else
128        {
129            printf("\nStylus Down: ");
130    
131            mode_auto_xy();       /* 进入自动(连续) x/y 轴坐标转换模式 */
132    
133            /* 设置位[0]为 1,启动 A/D 转换
134             * 注意: ADCDLY 为 50000, PCLK = 50MHz
135             *       要经过(1/50MHz) ×50000=1ms 之后才开始转换 x 坐标
136             *       再经过 1ms 之后才开始转换 y 坐标
137             */
138            ADCCON |= ADC_START;
139        }
140    
141        // 清除 INT_TC 中断
142        SUBSRCPND |= BIT_SUB_TC;
143        SRCPND    |= BIT_ADC;
144        INTPND    |= BIT_ADC;
145    }
146    
```

第 122 行首先判断是"Pen Down"中断还是"Pen Up"中断,如果是"Pen Up"中断,表示触碰完成,在第 125 行中通过 wait_down_int()宏令触摸屏控制器进入"等待 Pen Down 中断模式",等待下一次操作。

如果是"Pen Down"中断,则在第 131 行通过 mode_auto_xy()宏令触摸屏控制器进入"自动(连续) x/y 轴坐标转换模式",然后在第 138 行启动 A/D 转换。也可以使用"分离的 x/y 轴坐标转换模式"手动地分别转换 x 坐标、y 坐标。

第 142~144 行清除 INT_TC 中断。

3. 在 ADC 中断处理函数中获取 x、y 坐标

在"自动(连续) x/y 轴坐标转换模式"下,x、y 坐标都转换完毕之后,产生 INT_ADC

中断，进入 AdcTsIntHandle 中断处理函数，它进而调用 INT_ADC 的中断服务程序 Isr_Adc，代码如下：

```
148 /*
149  * INT_ADC 的中断服务程序
150  * A/D 转换结束时发生此中断
151  * 先读取 x, y 坐标值，再进入等待中断模式
152  */
153 static void Isr_Adc(void)
154 {
155     // 打印 x、y 坐标值
156     printf("xdata = %4d, ydata = %4d\r\n", (int)(ADCDAT0 & 0x3ff), (int)(ADCDAT1 & 0x3ff));
157
158     /* 判断是 S3C2410 还是 S3C2440 */
159     if ((GSTATUS1 == 0x32410000) || (GSTATUS1 == 0x32410002))
160     {   // S3C2410
161         wait_down_int();    /* 进入"等待中断模式"，等待触摸屏被松开 */
162     }
163     else
164     {   // S3C2440
165         wait_up_int();      /* 进入"等待中断模式"，等待触摸屏被松开 */
166     }
167
168     // 清除 INT_ADC 中断
169     SUBSRCPND |= BIT_SUB_ADC;
170     SRCPND    |= BIT_ADC;
171     INTPND    |= BIT_ADC;
172 }
173
```

首先，第 156 行从 ADCDAT0、ADCDAT1 寄存器中读出 x、y 坐标值，并打印出来。

然后，通过第 161 或 165 行（对于 S3C2410）或 158 行（对于 S3C2440）令触摸屏控制器进入"等待 Pen Up 中断模式"，等待触摸屏被松开。S3C2410 的触摸屏控制器既等待 Pen Down 中断，也等待 Pen Up 中断；S3C2440 的触摸屏控制器可以分开设置：等待被按下或（和）等待被松开。

最后，第 169～171 行清除 INT_ADC 中断。

14.2.5 实例测试

本程序在 main 函数中通过串口输出一个菜单，用于选择测试 ADC 或触摸屏。操作步骤

如下。

(1) 使用串口将开发板的 COM0 和 PC 的串口相连,打开 PC 上的串口工具并设置其波特率为 115200、8N1。

(2) 生成可执行程序,adc_ts_2410 或 adc_ts_2440,烧入 NAND Flash 后运行。

① 对于 S3C2410,在 ADC_TS 目录下执行 "make CPU = S3C2410" 命令,生成 adc_ts_2410。

② 对于 S3C2440,在 ADC_TS 目录下执行 "make CPU = S3C2440" 命令,生成 adc_ts_2440。

(3) 在 PC 上串口工具上可以看到如下菜单:

```
##### Test ADC and Touch Screem #####
[A] Test ADC
[T] Test Touch Screem
Enter your selection:
```

(4) 输入 "A" 以测试 ADC,可以看到如下字样:

```
Measuring the voltage of AIN0 and AIN1, press any key to exit
AIN0 = 1.102V    AIN1 = 1.108V
```

然后使用螺丝刀调节可变电阻器 ADJ0、ADJ1,可以在串口工具上看到它们的电压值不断变化。

最后按任意键退回到选择菜单。

(5) 输入 "T" 以测试触摸屏,可以看到如下字样:

```
Touch the screem to test, press any key to exit
```

点击触摸屏可以在串口工具上看到触点坐标,可以看到类似如下字样:

```
Stylus Down: xdata =  498, ydata =  516
```

松开触摸屏时也可以在串口工具中看到如下提示:

```
Stylus Up!!
```

最后按任意键退回到选择菜单。

> **注意** 触摸屏的实际使用中还要考虑初始校正、去除抖动、拖曳等功能。

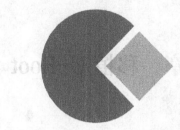

第3篇 嵌入式 Linux 系统移植篇

移植 U-Boot ☐
移植 Linux 内核 ☐
构建 Linux 根文件系统 ☐
Linux 内核调试技术 ☐

第 15 章 移植 U-Boot

本章目标

- 了解 Bootloader 的作用及工作流程
- 了解 U-Boot 的代码结构、编译过程
- 移植 U-Boot
- 掌握常用的 U-Boot 命令

15.1 Bootloader 简介

15.1.1 Bootloader 的概念

1. Bootloader 的引入

从前面的硬件实例可以知道，系统上电之后，需要一段程序来进行初始化：关闭 WATCHDOG、改变系统时钟、初始化存储控制器、将更多的代码复制到内存中等。如果它能将操作系统内核复制到内存中运行，无论从本地（比如 Flash）还是从远端（比如通过网络），就称这段程序为 Bootloader。

简单地说，Bootloader 就是这么一小段程序，它在系统上电时开始执行，初始化硬件设备、准备好软件环境，最后调用操作系统内核。

可以增强 Bootloader 的功能，比如增加网络功能、从 PC 上通过串口或网络下载文件、烧写文件、将 Flash 上压缩的文件解压后再运行等，这就是一个功能更为强大的 Bootloader，也称为 Monitor。实际上，在最终产品中用户并不需要这些功能，它们只是为了方便开发。

Bootloader 的实现非常依赖于具体硬件，在嵌入式系统中硬件配置千差万别，即使是相同的 CPU，它的外设（比如 Flash）也可能不同，所以不可能有一个 Bootloader 支持所有的 CPU、所有的电路板。即使是支持 CPU 架构比较多的 U-Boot，也不是一拿来就可以使用的（除非里面的配置刚好与你的板子相同），需要进行一些移植。

2. Bootloader 的启动方式

CPU 上电后，会从某个地址开始执行。比如 MIPS 结构的 CPU 会从 0xBFC00000 取第一条指令,而 ARM 结构的 CPU 则从地址 0x0000000 开始。嵌入式开发板中,需要把存储器件 ROM 或 Flash 等映射到这个地址,Bootloader 就存放在这个地址开始处,这样一上电就可以执行。

在开发时,通常需要使用各种命令操作 Bootloader,一般通过串口来连接 PC 和开发板,可以在串口上输入各种命令、观察运行结果等。这也只是对开发人员才有意义,用户使用产品时是不用接串口来控制 Bootloader 的。从这个观点来看,Bootloader 可以分为以下两种操作模式(Operation Mode)。

(1)启动加载(Boot loading)模式。

上电后,Bootloader 从板子上的某个固态存储设备上将操作系统加载到 RAM 中运行,整个过程并没有用户的介入。产品发布时,Bootloader 工作在这种模式下。

(2)下载(Downloading)模式。

在这种模式下,开发人员可以使用各种命令,通过串口连接或网络连接等通信手段从主机(Host)下载文件(比如内核映象、文件系统映象),将它们直接放在内存运行或是烧入 Flash 类固态存储设备中。

板子与主机间传输文件时,可以使用串口的 xmodem/ymodem/zmodem 协议,它们使用简单,只是速度比较慢;还可以使用网络通过 tftp、nfs 协议来传输,这时,主机上要开启 tftp、nfs 服务;还有其他方法,比如 USB 等。

像 Blob 或 U-Boot 等这样功能强大的 Bootloader 通常同时支持这两种工作模式,而且允许用户在这两种工作模式之间进行切换。比如,U-Boot 在启动时处于正常的启动加载模式,但是它会延时若干秒(这可以设置),等待终端用户按下任意键,而将 U-Boot 切换到下载模式。如果在指定时间内没有用户按键,则 U-Boot 继续启动 Linux 内核。

15.1.2 Bootloader 的结构和启动过程

1. 概述

在移植之前先了解 Bootloader 的一些通用概念,对理解它的代码会有所帮助。

嵌入式 Linux 系统从软件的角度通常可以分为以下 4 个层次。

(1)引导加载程序,包括固化在固件(firmware)中的 boot 代码(可选)和 Bootloader 两大部分。

有些 CPU 在运行 Bootloader 之前先运行一段固化的程序(固件,firmware),比如 x86 结构的 CPU 就是先运行 BIOS 中的固件,然后才运行硬盘第一个分区(MBR)中的 Bootloader。在大多嵌入式系统中并没有固件,Bootloader 是上电后执行的第一个程序。

(2)Linux 内核。

特定于嵌入式板子的定制内核以及内核的启动参数。内核的启动参数可以是内核默认的,或是由 Bootloader 传递给它的。

(3)文件系统。

包括根文件系统和建立于 Flash 内存设备之上的文件系统。里面包含了 Linux 系统能够运行所必需的应用程序、库等,比如可以给用户提供操作 Linux 的控制界面的 shell 程序、动态连接的程序运行时需要的 glibc 或 uClibc 库等。

(4) 用户应用程序。

特定于用户的应用程序，它们也存储在文件系统中。有时在用户应用程序和内核层之间可能还会包括一个嵌入式图形用户界面。常用的嵌入式 GUI 有：Qtopia 和 MiniGUI 等。

显然，在嵌入系统的固态存储设备上有相应的分区来存储它们，如图 15.1 所示为一个典型的分区结构。

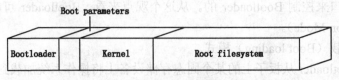

图 15.1 嵌入式 Linux 系统中的典型分区结构

"Boot parameters" 分区中存放一些可设置的参数，比如 IP 地址、串口波特率、要传递给内核的命令行参数等。正常启动过程中，Bootloader 首先运行，然后它将内核复制到内存中（也有些内核可以在固态存储设备上直接运行），并且在内存某个固定的地址设置好要传递给内核的参数，最后运行内核。内核启动之后，它会挂接（mount）根文件系统（"Root filesystem"），启动文件系统中的应用程序。

2．Bootloader 的两个阶段

Bootloader 的启动过程可以分为单阶段（Single Stage）、多阶段（Multi-Stage）两种。通常多阶段的 Bootloader 能提供更为复杂的功能以及更好的可移植性。从固态存储设备上启动的 Bootloader 大多都是两阶段的启动过程。第一阶段使用汇编来实现，它完成一些依赖于 CPU 体系结构的初始化，并调用第二阶段的代码；第二阶段则通常使用 C 语言来实现，这样可以实现更复杂的功能，而且代码会有更好的可读性和可移植性。

一般而言，这两个阶段完成的功能可以如下分类。

（1）Bootloader 第一阶段的功能。
- 硬件设备初始化。
- 为加载 Bootloader 的第二阶段代码准备 RAM 空间。
- 复制 Bootloader 的第二阶段代码到 RAM 空间中。
- 设置好栈。
- 跳转到第二阶段代码的 C 入口点。

在第一阶段进行的硬件初始化一般包括：关闭 WATCHDOG、关中断、设置 CPU 的速度和时钟频率、RAM 初始化等。这些并不都是必需的，比如 S3C2410/S3C2440 的开发板所使用的 U-Boot 中，就将 CPU 的速度和时钟频率的设置放在第二阶段。

甚至，将第二阶段的代码复制到 RAM 空间中也不是必需的，对于 NOR Flash 等存储设备，完全可以在上面直接执行代码，只不过相比在 RAM 中执行效率大为降低。

（2）Bootloader 第二阶段的功能。
- 初始化本阶段要使用到的硬件设备。
- 检测系统内存映射（memory map）。
- 将内核映象和根文件系统映象从 Flash 上读到 RAM 空间中。
- 为内核设置启动参数。

- 调用内核。

为了方便开发，至少要初始化一个串口以便程序员与 Bootloader 进行交互。

所谓检测内存映射，就是确定板上使用了多少内存、它们的地址空间是什么。由于嵌入式开发中 Bootloader 多是针对某类板子进行编写，所以可以根据板子的情况直接设置，不需要考虑可以适用于各类情况的复杂算法。

Flash 上的内核映象有可能是经过压缩的，在读到 RAM 之后，还需要进行解压。当然，对于有自解压功能的内核，不需要 Bootloader 来解压。

将根文件系统映象复制到 RAM 中，这不是必需的。这取决于是什么类型的根文件系统，以及内核访问它的方法。

将内核存放在适当的位置后，直接跳到它的入口点即可调用内核。调用内核之前，下列条件要满足。

(1) CPU 寄存器的设置。
- R0=0。
- R1=机器类型 ID；对于 ARM 结构的 CPU，其机器类型 ID 可以参见 linux/arch/arm/tools/mach-types。
- R2=启动参数标记列表在 RAM 中起始基地址。

(2) CPU 工作模式。
- 必须禁止中断（IRQs 和 FIQs）。
- CPU 必须为 SVC 模式。

(3) Cache 和 MMU 的设置。
- MMU 必须关闭。
- 指令 Cache 可以打开也可以关闭。
- 数据 Cache 必须关闭。

如果用 C 语言，可以像下列示例代码一样来调用内核：

```
void (*theKernel)(int zero, int arch, u32 params_addr) = (void (*)(int, int,
u32))KERNEL_RAM_BASE;
…
theKernel(0, ARCH_NUMBER, (u32) kernel_params_start);
```

3. Bootloader 与内核的交互

Bootloader 与内核的交互是单向的，Bootloader 将各类参数传给内核。由于它们不能同时运行，传递办法只有一个：Bootloader 将参数放在某个约定的地方之后，再启动内核，内核启动后从这个地方获得参数。

除了约定好参数存放的地址外，还要规定参数的结构。Linux 2.4.x 以后的内核都期望以标记列表（tagged list）的形式来传递启动参数。标记，就是一种数据结构；标记列表，就是挨着存放的多个标记。标记列表以标记 ATAG_CORE 开始，以标记 ATAG_NONE 结束。

标记的数据结构为 tag，它由一个 tag_header 结构和一个联合（union）组成。tag_header 结构表示标记的类型及长度，比如是表示内存还是表示命令行参数等。对于不同类型的标记使用不同的联合（union），比如表示内存时使用 tag_mem32，表示命令行时使用 tag_cmdline。

数据结构 tag 和 tag_header 定义在 Linux 内核源码的 include/asm/setup.h 头文件中，如下所示：

```
struct tag_header {
        u32 size;
        u32 tag;
};

struct tag {
        struct tag_header hdr;
        union {
                struct tag_core         core;
                struct tag_mem32        mem;
                struct tag_videotext    videotext;
                struct tag_ramdisk      ramdisk;
                struct tag_initrd       initrd;
                struct tag_serialnr     serialnr;
                struct tag_revision     revision;
                struct tag_videolfb     videolfb;
                struct tag_cmdline      cmdline;

                /*
                 * Acorn specific
                 */
                struct tag_acorn        acorn;

                /*
                 * DC21285 specific
                 */
                struct tag_memclk       memclk;
        } u;
};
```

下面以设置内存标记、命令行标记为例说明参数的传递。
（1）设置标记 ATAG_CORE。

标记列表以标记 ATAG_CORE 开始，假设 Bootloader 与内核约定的参数存放地址为 0x30000100，则可以以如下代码设置标记 ATAG_CORE：

```
        params = (struct tag *) 0x30000100;

        params->hdr.tag = ATAG_CORE;
        params->hdr.size = tag_size (tag_core);
```

```
            params->u.core.flags = 0;
            params->u.core.pagesize = 0;
            params->u.core.rootdev = 0;

            params = tag_next (params);
```

其中，**tag_next** 定义如下，它指向当前标记的末尾：

```
#define tag_next(t) ((struct tag *)((u32 *)(t) + (t)->hdr.size))
```

（2）设置内存标记。

假设开发板使用的内存起始地址为 0x30000000，大小为 0x4000000，则内存标记可以如下设置：

```
            params->hdr.tag = ATAG_MEM;
            params->hdr.size = tag_size (tag_mem32);

            params->u.mem.start = 0x30000000;
            params->u.mem.size  = 0x4000000;

            params = tag_next (params);
```

（3）设置命令行标记。

命令行就是一个字符串，它被用来控制内核的一些行为。比如"root=/dev/mtdblock 2 init=/linuxrc console=ttySAC0"表示根文件系统在 MTD2 分区上，系统启动后执行的第一个程序为/linuxrc，控制台为 ttySAC0（即第一个串口）。

命令行可以在 Bootloader 中通过命令设置好，然后按如下构造标记传给内核。

```
            char *p = "root=/dev/mtdblock 2 init=/linuxrc console=ttySAC0";
            params->hdr.tag = ATAG_CMDLINE;
            params->hdr.size = (sizeof (struct tag_header) + strlen (p) + 1 + 4)
>> 2;

            strcpy (params->u.cmdline.cmdline, p);

            params = tag_next (params);
```

（4）设置标记 ATAG_NONE。

标记列表以标记 ATAG_NONE 结束，如下设置：

```
            params->hdr.tag = ATAG_NONE;
            params->hdr.size = 0;
```

15.1.3 常用 Bootloader 介绍

现在 Bootloader 种类繁多，比如 x86 上有 LILO、GRUB 等。对于 ARM 架构的 CPU，有 U-Boot、Vivi 等。它们各有特点，下面列出 Linux 的开放源代码的 Bootloader 及其支持的体系架构，如表 15.1 所示。

表 15.1　　　　　　　　　　开放源码的 Linux 引导程序

Bootloader	Monitor	描　　述	X86	ARM	PowerPC
LILO	否	Linux 磁盘引导程序	是	否	否
GRUB	否	GNU 的 LILO 替代程序	是	否	否
Loadlin	否	从 DOS 引导 Linux	是	否	否
ROLO	否	从 ROM 引导 Linux 而不需要 BIOS	是	否	否
Etherboot	否	通过以太网卡启动 Linux 系统的固件	是	否	否
LinuxBIOS	否	完全替代 BUIS 的 Linux 引导程序	是	否	否
BLOB	是	LART 等硬件平台的引导程序	否	是	否
U-Boot	是	通用引导程序	是	是	是
RedBoot	是	基于 eCos 的引导程序	是	是	是
Vivi	是	Mizi 公司针对 SAMSUNG 的 ARM CPU 设计的引导程序	否	是	否

对于本书使用的 S3C2410/S3C2440 开发板，U-Boot 和 Vivi 是两个好选择。

Vivi 是 Mizi 公司针对 SAMSUNG 的 ARM 架构 CPU 专门设计的，基本上可以直接使用，命令简单方便。不过其初始版本只支持串口下载，速度较慢。在网上出现了各种改进版本：支持网络功能、USB 功能、烧写 YAFFS 文件系统映象等。

U-Boot 则支持大多 CPU，可以烧写 EXT2、JFFS2 文件系统映象，支持串口下载、网络下载，并提供了大量的命令。相对于 Vivi，它的使用更复杂，但是可以用来更方便地调试程序。

15.2　U-Boot 分析与移植

15.2.1　U-Boot 工程简介

U-Boot，全称为 Universal Boot Loader，即通用 Bootloader，是遵循 GPL 条款的开放源代码项目。其前身是由德国 DENX 软件工程中心的 Wolfgang Denk 基于 8xxROM 的源码创建的 PPCBOOT 工程。后来整理代码结构使得非常容易增加其他类型的开发板、其他架构的 CPU（原来只支持 PowerPC）；增加更多的功能，比如启动 Linux、下载 S-Record 格式的文件、通过网络启动、通过 PCMCIA/CompactFLash/ATA disk/SCSI 等方式启动。增加 ARM 架构 CPU 及其他更多 CPU 的支持后，改名为 U-Boot。

它的名字"通用"有两层含义：可以引导多种操作系统、支持多种架构的 CPU。它支持如下操作系统：Linux、NetBSD、VxWorks、QNX、RTEMS、ARTOS、LynxOS 等，支持如下架构的 CPU：PowerPC、MIPS、x86、ARM、NIOS、XScale 等。

U-Boot 有如下特性。

- 开放源码。
- 支持多种嵌入式操作系统内核，如 Linux、NetBSD、VxWorks、QNX、RTEMS、ARTOS、LynxOS。
- 支持多个处理器系列，如 PowerPC、ARM、x86、MIPS、XScale。
- 较高的可靠性和稳定性。
- 高度灵活的功能设置，适合 U-Boot 调试、操作系统不同引导要求、产品发布等。
- 丰富的设备驱动源码，如串口、以太网、SDRAM、Flash、LCD、NVRAM、EEPROM、RTC、键盘等。
- 较为丰富的开发调试文档与强大的网络技术支持。
- 支持 NFS 挂载、RAMDISK（压缩或非压缩）形式的根文件系统。
- 支持 NFS 挂载、从 Flash 中引导压缩或非压缩系统内核。
- 可灵活设置、传递多个关键参数给操作系统，适合系统在不同开发阶段的调试要求与产品发布，尤对 Linux 支持最为强劲。
- 支持目标板环境变量多种存储方式，如 Flash、NVRAM、EEPROM。
- CRC32 校验，可校验 Flash 中内核、RAMDISK 镜像文件是否完好。
- 上电自检功能：SDRAM、Flash 大小自动检测，SDRAM 故障检测，CPU 型号。
- 特殊功能：XIP 内核引导。

可以从 http://sourceforge.net/projects/U-Boot 获得 U-Boot 的最新版本，如果使用过程中碰到问题或是发现 Bug，可以通过邮件列表网站 http://lists.sourceforge.net/ lists/ listinfo/U-Boot-users/ 获得帮助。

15.2.2　U-Boot 源码结构

本书在 U-Boot-1.1.6 的基础上进行分析和移植，从 sourceforge 网站下载 U-Boot-1.1.6.tar.bz2 后解压即得到全部源码，U-Boot 源码目录结构比较简单。

U-Boot-1.1.6 根目录下共有 26 个子目录，可以分为 4 类。

（1）平台相关的或开发板相关的。
（2）通用的函数。
（3）通用的设备驱动程序。
（4）U-Boot 工具、示例程序、文档。

这 26 个子目录的功能与作用如表 15.2 所示。

表 15.2　　　　　　　　　　　　U-Boot 顶层目录说明

目　　录	特　　性	解　释　说　明
board	开发板相关	对应不同配置的电路板（即使 CPU 相同），比如 smdk2410、sbc2410x
cpu	平台相关	对应不同的 CPU，比如 arm920t、arm925t、i386 等；在它们的子目录下仍可以进一步细分，比如 arm920t 下就有 at91rm9200、s3c24x0
lib_i386 类似		某一架构下通用的文件

续表

目录	特性	解释说明
include	通用的函数	头文件和开发板配置文件，开发板的配置文件都放在 include/configs 目录下，U-Boot 没有 make menuconfig 类似的菜单来进行可视化配置，需要手动地修改配置文件中的宏定义
lib_generic		通用的库函数，比如 printf 等
common		通用的函数，多是对下一层驱动程序的进一步封装
disk		硬盘接口程序
drivers	通用的设备驱动程序	各类具体设备的驱动程序，基本上可以通用，它们通过宏从外面引入平台/开发板相关的函数
dtt		数字温度测量器或者传感器的驱动
fs		文件系统
nand_spl		U-Boot 一般从 ROM、NOR Flash 等设备启动，现在开始支持从 NAND Flash 启动，但是支持的 CPU 种类还不多
net		各种网络协议
post		上电自检程序
rtc		实时时钟的驱动
doc	文档	开发、使用文档
examples	示例程序	一些测试程序，可以使用 U-Boot 下载后运行
tools	工具	制作 S-Record、U-Boot 格式映象的工具，比如 mkimage

U-Boot 中各目录间也是有层次结构的，虽然这种分法不是绝对的，但是在移植过程中可以提供一些指导意义，如图 15.2 所示。

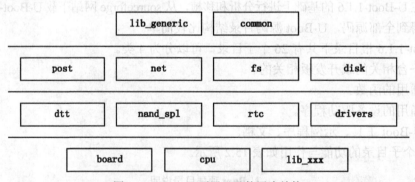

图 15.2　U-Boot 顶层目录的层次结构

比如 common/cmd_nand.c 文件提供了操作 NAND Flash 的各种命令，这些命令通过调用 drivers/nand/nand_base.c 中的擦除、读写函数来实现。这些函数针对 NAND Flash 的共性作了一些封装，将平台/开发板相关的代码用宏或外部函数来代替。而这些宏与外部函数，如果与平台相关，就要在下一层次的 cpu/xxx(xxx 表示某型号的 CPU)中实现；如果与开发板相关，就要在下一层次的 board/xxx 目录（xxx 表示某款开发板）中实现。本书移植的 U-Boot，就是在 cpu/arm920t/s3c24x0 目录下增加了一个 nand_flash.c 文件来实现这些函数。

以增加烧写 yaffs 文件系统映象的功能为例，即在 common 目录下的 cmd_nand.c 中增加命令。比如 nand write.yaffs，这个命令要调用 drivers/nand/nand_util.c 中的相应函数，针对 yaffs 文件系统的特点依次调用擦除、烧写函数。而这些函数依赖于 drivers/nand/nand_base.c、cpu/arm920t/s3c24x0/nand_flash.c 文件中的相关函数。

目前 U-Boot-1.1.6 支持 10 种架构，根目录下有 10 个类似 lib_i386 的目录；31 个型号（类型）的 CPU，cpu 目录下有 31 个子目录；214 种开发板，board 目录下有 214 个子目录，很容易从中找到与自己的板子相似的配置，在上面稍作修改即可使用。

15.2.3 U-Boot 的配置、编译、连接过程

1. U-Boot 初体验

U-Boot-1.1.6 中有几千个文件，要想了解对于某款开发板，使用哪些文件、哪个文件首先执行、可执行文件占用内存的情况，最好的方法就是阅读它的 Makefile。

根据顶层 Readme 文件的说明，可以知道如果要使用开发板 board/<board_name>，就先执行"make <board_name>_config"命令进行配置，然后执行"make all"，就可以生成如下 3 个文件。

- U-Boot.bin：二进制可执行文件，它就是可以直接烧入 ROM、NOR Flash 的文件。
- U-Boot：ELF 格式的可执行文件。
- U-Boot.srec：Motorola S-Record 格式的可执行文件。

对于 S3C2410 的开发板，执行"make smdk2410_config"、"make all"后生成的 U-Boot.bin 可以烧入 NOR Flash 中运行。启动后可以看到串口输出一些信息后进入控制界面，等待用户的输入。

对于 S3C2440 的开发板，烧入上面生成的 U-Boot.bin，串口无输出，需要修改代码。

在修改代码之前，先看看上面两个命令"make smdk2410_config"、"make all"做了什么事情，以了解程序的流程，知道要修改哪些文件。

另外，编译 U-Boot 成功后，还会在它的 tools 子目录下生成一些工具，比如 mkimage 等。将它们复制到 /usr/local/bin 目录下，以后就可以直接使用它们了，比如编译内核时，会使用 mkimage 来生成 U-Boot 格式的内核映象文件 uImage。

2. U-Boot 的配置过程

在顶层 Makefile 中可以看到如下代码：

```
SRCTREE        := $(CURDIR)
……
MKCONFIG       := $(SRCTREE)/mkconfig
……
smdk2410_config :   unconfig
       @$(MKCONFIG) $(@:_config=) arm arm920t smdk2410 NULL s3c24x0
```

假定在 U-Boot-1.1.6 的根目录下编译，则其中的 MKCONFIG 就是根目录下的 mkconfig

文件。$(@:_config=)的结果就是将"smdk2410_config"中的"_config"去掉,结果为"smdk2410"。所以"make smdk2410_config"实际上就是执行如下命令:

```
./mkconfig smdk2410 arm arm920t smdk2410 NULL s3c24x0
```

再来看看 mkconfig 的作用,在 mkconfig 文件开头第 6 行给出了它的用法:

```
06 # Parameters: Target Architecture CPU Board [VENDOR] [SOC]
```

这里解释一下概念,对于 S3C2410、S3C2440,它们被称为 SoC(System on Chip),上面除 CPU 外,还集成了包括 UART、USB 控制器、NAND Flash 控制器等设备(称为片内外设)。S3C2410/S3C2440 中的 CPU 为 ARM920T。

下面分步骤分析 mkconfig 的作用。

(1) 确定开发板名称 BOARD_NAME,相关代码如下:

```
11 APPEND=no      # Default: Create new config file
12 BOARD_NAME=""  # Name to print in make output
13
14 while [ $# -gt 0 ] ; do
15   case "$1" in
16   --) shift ; break ;;
17   -a) shift ; APPEND=yes ;;
18   -n) shift ; BOARD_NAME="${1%%_config}" ; shift ;;
19   *)  break ;;
20   esac
21 done
22
23 [ "${BOARD_NAME}" ] || BOARD_NAME="$1"
```

对于"./mkconfig smdk2410 arm arm920t smdk2410 NULL s3c24x0"命令,其中没有"--"、"-a"、"-n"等符号,所以第 14~22 行没做任何事情。第 11、12 行两个变量仍维持原来的值。

执行完第 23 行后,BOARD_NAME 的值等于第 1 个参数,即"smdk2410"。

(2) 创建到平台/开发板相关的头文件的链接。

略过 mkconfig 文件中的一些没有起作用的行,如下所示:

```
30 #
31 # Create link to architecture specific headers
32 #
33 if [ "$SRCTREE" != "$OBJTREE" ] ; then
……
45 else
46     cd ./include
47     rm -f asm
```

```
48          ln -s asm-$2 asm
49 fi
50
```

第 33 行判断源代码目录和目标文件目录是否一样,可以选择在其他目录下编译 U-Boot,这可以令源代码目录保持干净,可以同时使用不同的配置进行编译。不过本书是直接在源代码目录下编译的,第 33 行的条件不满足,将执行 else 分支的代码。

第 46~48 行进入 include 目录,删除 asm 文件(这是上一次配置时建立的链接文件),然后再次建立 asm 文件,并令它链接向 asm-$2 目录,即 asm-arm。

继续往下看代码:

```
51 rm -f asm-$2/arch
52
53 if [ -z "$6" -o "$6" = "NULL" ] ; then
54      ln -s ${LNPREFIX}arch-$3 asm-$2/arch
55 else
56      ln -s ${LNPREFIX}arch-$6 asm-$2/arch
57 fi
58
59 if [ "$2" = "arm" ] ; then
60      rm -f asm-$2/proc
61      ln -s ${LNPREFIX}proc-armv asm-$2/proc
62 fi
63
```

第 51 行删除 asm-$2/arch 目录,即 asm-arm/arch。

对于 "./mkconfig smdk2410 arm arm920t smdk2410 NULL s3c24x0" 命令,$6 为 "s3c24x0",不为空,也不是 "NULL",所以第 53 行的条件不满足,将执行 else 分支。

第 56 行中,LNPREFIX 为空,所以这个命令实际上就是 "ln -s arch-$6 asm-$2/arch",即 "ln -s arch-s3c24x0 asm-arm/arch"。

第 60、61 行重新建立 asm-arm/proc 文件,并让它链接向 proc-armv 目录。

(3)创建顶层 Makefile 包含的文件 include/config.mk,如下所示:

```
64 #
65 # Create include file for Make
66 #
67 echo "ARCH   = $2" >  config.mk
68 echo "CPU    = $3" >> config.mk
69 echo "BOARD  = $4" >> config.mk
70
71 [ "$5" ] && [ "$5" != "NULL" ] && echo "VENDOR = $5" >> config.mk
```

```
 72
 73 [ "$6" ] && [ "$6" != "NULL" ] && echo "SOC    = $6" >> config.mk
 74
```

对于"./mkconfig smdk2410 arm arm920t smdk2410 NULL s3c24x0"命令，上面几行代码创建的config.mk文件内容如下：

```
ARCH   = arm
CPU    = arm920t
BOARD  = smdk2410
SOC    = s3c24x0
```

（4）创建开发板相关的头文件 include/config.h，如下所示：

```
75 #
76 # Create board specific header file
77 #
78 if [ "$APPEND" = "yes" ]           # Append to existing config file
79 then
80     echo >> config.h
81 else
82     > config.h                     # Create new config file
83 fi
84 echo "/* Automatically generated - do not edit */" >>config.h
85 echo "#include <configs/$1.h>" >>config.h
86
```

APPEND 维持原值"no"，所以 config.h 被重新建立，它的内容如下：

```
/* Automatically generated - do not edit */
#include <configs/smdk2410.h>
```

现在总结一下，配置命令"make smdk2410_config"，实际的作用就是执行"./mkconfig smdk2410 arm arm920t smdk2410 NULL s3c24x0"命令。假设执行"./mkconfig $1 $2 $3 $4 $5 $6"命令，则将产生如下结果。

（1）开发板名称 BOARD_NAME 等于$1。

（2）创建到平台/开发板相关的头文件的链接，如下所示：

```
        ln -s asm-$2 asm
        ln -s arch-$6 asm-$2/arch
        ln -s proc-armv asm-$2/proc      # 如果$2不是arm的话，此行没有
```

（3）创建顶层 Makefile 包含的文件 include/config.mk，如下所示：

```
ARCH   = $2
CPU    = $3
```

```
BOARD   = $4
VENDOR  = $5      # $5 为空，或者是 NULL 的话，此行没有
SOC     = $6      # $6 为空，或者是 NULL 的话，此行没有
```

（4）创建开发板相关的头文件 include/config.h，如下所示：

```
/* Automatically generated - do not edit */
#include <configs/$1.h>"
```

从这 4 个结果可以知道，如果要在 board 目录下新建一个开发板<board_name>的目录，则在 include/configs 目录下也要建立一个文件<board_name>.h，里面存放的就是开发板<board_name>的配置信息。

U-Boot 还没有类似 Linux 一样的可视化配置界面（比如使用 make menuconfig 来配置），要手动修改配置文件 include/configs/<board_name>.h 来裁减、设置 U-Boot。

配置文件中有以下两类宏。

（1）一类是选项（Options），前缀为"CONFIG_"，它们用于选择 CPU、SOC、开发板类型，设置系统时钟、选择设备驱动等。比如：

```
#define CONFIG_ARM920T          1          /* This is an ARM920T Core        */
#define CONFIG_S3C2410          1          /* in a SAMSUNG S3C2410 SoC       */
#define CONFIG_SMDK2410         1          /* on a SAMSUNG SMDK2410 Board    */
#define CONFIG_SYS_CLK_FREQ     12000000   /* the SMDK2410 has 12MHz input clock */
#define CONFIG_DRIVER_CS8900    1          /* we have a CS8900 on-board      */
```

（2）另一类是参数（Setting），前缀为"CFG_"，它们用于设置 malloc 缓冲池的大小、U-Boot 的提示符、U-Boot 下载文件时的默认加载地址、Flash 的起始地址等。比如：

```
#define CFG_MALLOC_LEN          (CFG_ENV_SIZE + 128*1024)
#define CFG_PROMPT              "100ASK>"/* Monitor Command Prompt  */
#define CFG_LOAD_ADDR           0x33000000   /* default load address */
#define PHYS_FLASH_1            0x00000000   /* Flash Bank #1 */
```

从下面的编译、连接过程可知，U-Boot 中几乎每个文件都被编译和连接，但是这些文件是否包含有效的代码，则由宏开关来设置。比如对于网卡驱动 drivers/cs8900.c，它的格式为：

```
#include <common.h>                /* 将包含配置文件 include/configs/<board_name>.h */
...
#ifdef CONFIG_DRIVER_CS8900
/* 实际的代码 */
...
#endif /* CONFIG_DRIVER_CS8900 */
```

如果定义了宏 CONFIG_DRIVER_CS8900，则文件中包含有效的代码；否则，文件被注释为空。

可以这样认为，"CONFIG_"除了设置一些参数外，主要用来设置 U-Boot 的功能、选择使用文件中的哪一部分；而"CFG_"用来设置更细节的参数。

3. U-Boot 的编译、连接过程

配置完后，执行"make all"即可编译，从 Makefile 中可以了解 U-Boot 使用了哪些文件、哪个文件首先执行、可执行文件占用内存的情况。

先确定用到哪些文件，下面所示为 Makefile 中与 ARM 相关的部分。

```
117 include $(OBJTREE)/include/config.mk
118 export        ARCH CPU BOARD VENDOR SOC
119
…
127 ifeq ($(ARCH),arm)
128 CROSS_COMPILE = arm-linux-
129 endif
…
163 # load other configuration
164 include $(TOPDIR)/config.mk
165
```

第 117、164 行用于包含其他的 config.mk 文件，第 117 行所要包含文件的就是在上面的配置过程中制作出来的 include/config.mk 文件，其中定义了 ARCH、CPU、BOARD、SOC 等 4 个变量的值为 arm、arm920t、smdk2410、s3c24x0。

第 164 行包含顶层目录的 config.mk 文件，它根据上面 4 个变量的值确定了编译器、编译选项等。其中对我们理解编译过程有帮助的是 BOARDDIR、LDFLAGS 的值，如下所示：

```
88 BOARDDIR = $(BOARD)
…
91 sinclude $(TOPDIR)/board/$(BOARDDIR)/config.mk  # include board specific
rules
…
143 LDSCRIPT := $(TOPDIR)/board/$(BOARDDIR)/U-Boot.lds
…
189 LDFLAGS += -Bstatic -T $(LDSCRIPT) -Ttext $(TEXT_BASE) $(PLATFORM_LDFLAGS)
```

在 board/smdk2410/config.mk 中，定义了"TEXT_BASE = 0x33F80000"。所以，最终结果如下：BOARDDIR 为 smdk2410；LDFLAGS 中有"-T board/smdk2410/U-Boot.lds -Ttext 0x33F80000"字样。

继续往下看 Makefile：

```
166 #######################################################################
167 # U-Boot objects....order is important (i.e. start must be first)
```

```
168
169 OBJS    = cpu/$(CPU)/start.o
…
193 LIBS  = lib_generic/libgeneric.a
194 LIBS += board/$(BOARDDIR)/lib$(BOARD).a
195 LIBS += cpu/$(CPU)/lib$(CPU).a
…
199 LIBS += lib_$(ARCH)/lib$(ARCH).a
200 LIBS += fs/cramfs/libcramfs.a fs/fat/libfat.a fs/fdos/libfdos.a fs/jffs2/libjffs2.a \
201 fs/reiserfs/libreiserfs.a fs/ext2/libext2fs.a
202 LIBS += net/libnet.a
…
212 LIBS += $(BOARDLIBS)
213
……
```

从第 169 行得知，OBJS 的第一个值为 "cpu/$(CPU)/start.o"，即 "cpu/arm920t/ start.o"。
第 193~213 行指定了 LIBS 变量就是平台/开发板相关的各个目录、通用目录下相应的库，比如：lib_generic/libgeneric.a、board/smdk2410/libsmdk2410.a、cpu/arm920t/libarm920t.a、lib_arm/libarm.a、fs/cramfs/libcramfs.a fs/fat/libfat.a 等。

OBJS、LIBS 所代表的.o、.a 文件就是 U-Boot 的构成，它们通过如下命令由相应的源文件（或相应子目录下的文件）编译得到。

```
268 $(OBJS):
269         $(MAKE) -C cpu/$(CPU) $(if $(REMOTE_BUILD),$@,$(notdir $@))
270
271 $(LIBS):
272         $(MAKE) -C $(dir $(subst $(obj),,$@))
273
274 $(SUBDIRS):
275         $(MAKE) -C $@ all
276
```

第 268、269 两行的规则表示，对于 OBJS 中的每个成员，都将进入 cpu/$(CPU) 目录（即 cpu/arm920t）编译它们。现在 OBJS 为 cpu/arm920t/start.o，它将由 cpu/arm920t/start.S 编译得到。

第 271、272 两行的规则表示，对于 LIBS 中的每个成员，都将进入相应的子目录执行 "make" 命令。这些子目录中的 Makefile，结构相似，它们将 Makefile 中指定的文件编译、连接成一个库文件。

当所有的 OBJS、LIBS 所表示的.o 和.a 文件都生成后，就剩最后的连接了，这对应 Makefile

中如下几行:

```
246 $(obj)U-Boot.srec:     $(obj)U-Boot
247           $(OBJCOPY) ${OBJCFLAGS} -O srec $< $@
248
249 $(obj)U-Boot.bin:  $(obj)U-Boot
250           $(OBJCOPY) ${OBJCFLAGS} -O binary $< $@
251
……
262 $(obj)U-Boot:       depend version $(SUBDIRS) $(OBJS) $(LIBS) $(LDSCRIPT)
263           UNDEF_SYM=`$(OBJDUMP) -x $(LIBS) |sed   -n -e 's/.*\(__u_boot_cmd_.*\)/-u\1/p'|sort|uniq`;\
264           cd $(LNDIR) && $(LD) $(LDFLAGS) $$UNDEF_SYM $(__OBJS) \
265              --start-group $(__LIBS) --end-group $(PLATFORM_LIBS) \
266              -Map U-Boot.map -o U-Boot
267
```

先使用第 262~266 的规则连接得到 ELF 格式的 U-Boot，最后转换为二进制格式 U-Boot.bin、S-Record 格式 U-Boot.srec。LDFLAGS 确定了连接方式，其中的"-T board/smdk2410/U-Boot.lds -Ttext 0x33F80000"字样指定了程序的布局、地址。board/smdk2410/U-Boot.lds 文件如下:

```
28 SECTIONS
29 {
30     . = 0x00000000;
31
32     . = ALIGN(4);
33     .text    :
34     {
35       cpu/arm920t/start.o    (.text)
36       *(.text)
37     }
38
39     . = ALIGN(4);
40     .rodata : { *(.rodata) }
41
42     . = ALIGN(4);
43     .data : { *(.data) }
44
45     . = ALIGN(4);
46     .got : { *(.got) }
```

```
47
48          . = .;
49          __u_boot_cmd_start = .;
50          .u_boot_cmd : { *(.u_boot_cmd) }
51          __u_boot_cmd_end = .;
52
53          . = ALIGN(4);
54          __bss_start = .;
55          .bss : { *(.bss) }
56          _end = .;
57      }
```

从第 35 行可知，cpu/arm920t/start.o 被放在程序的最前面，所以 U-Boot 的入口点在 cpu/arm920t/start.S 中。

现在来总结一下 U-Boot 的编译流程。

（1）首先编译 cpu/$(CPU)/start.S，对于不同的 CPU，还可能编译 cpu/$(CPU)下的其他文件。

（2）然后，对于平台/开发板相关的每个目录、每个通用目录都使用它们各自的 Makefile 生成相应的库。

（3）将 1、2 步骤生成的.o、.a 文件按照 board/$(BOARDDIR)/config.mk 文件中指定的代码段起始地址、board/$(BOARDDIR)/U-Boot.lds 连接脚本进行连接。

（4）第 3 步得到的是 ELF 格式的 U-Boot，后面 Makefile 还会将它转换为二进制格式、S-Record 格式。

15.2.4　U-Boot 的启动过程源码分析

本书使用的 U-Boot 从 NOR Flash 启动，下面以开发板 smdk2410 的 U-Boot 为例。

U-Boot 属于两阶段的 Bootloader，第一阶段的文件为 cpu/arm920t/start.S 和 board/smdk2410/lowlevel_init.S，前者是平台相关的，后者是开发板相关的。

1．U-Boot 第一阶段代码分析

（1）硬件设备初始化。

依次完成如下设置：将 CPU 的工作模式设为管理模式（svc），关闭 WATCHDOG，设置 FCLK、HCLK、PCLK 的比例（即设置 CLKDIVN 寄存器），关闭 MMU、CACHE。

代码都在 cpu/arm920t/start.S 中，注释也比较完善，读者有不明白的地方可以参考前面硬件实验的相关章节。

（2）为加载 Bootloader 的第二阶段代码准备 RAM 空间。

所谓准备 RAM 空间，就是初始化内存芯片，使它可用。对于 S3C2410/S3C2440，通过在 start.S 中调用 lowlevel_init 函数来设置存储控制器，使得外接的 SDRAM 可用。代码在 board/smdk2410/lowlevel_init.S 中。

第15章 移植 U-Boot

> **注意** lowlevel_init.S 文件是开发板相关的,这表示如果外接的设备不一样,可以修改 lowlevel_init.S 文件中的相关宏。

lowlevel_init 函数并不复杂,只是要注意这时的代码、数据都只保存在 NOR Flash 上,内存中还没有,所以读取数据时要变换地址。代码如下:

```
129 _TEXT_BASE:
130 .word    TEXT_BASE
131
132 .globl lowlevel_init
133 lowlevel_init:
134     /* memory control configuration */
135     /* make r0 relative the current location so that it */
136     /* reads SMRDATA out of FLASH rather than memory ! */
137     ldr     r0, =SMRDATA
138     ldr r1, _TEXT_BASE
139     sub r0, r0, r1
140     ldr r1, =BWSCON /* Bus Width Status Controller */
141     add     r2, r0, #13*4
142 0:
143     ldr     r3, [r0], #4
144     str     r3, [r1], #4
145     cmp     r2, r0
146     bne     0b
147
148     /* everything is fine now */
149     mov pc, lr
150
151     .ltorg
152 /* the literal pools origin */
153
154 SMRDATA:        /* 13个寄存器的值 */
155     .word ……
156     .word ……
```

第 137~139 行进行地址变换,因为这时候内存中还没有数据,不能使用连接程序时确定的地址来读取数据。

第 137 行中 SMRDATA 表示这 13 个寄存器的值存放的开始地址(连接地址),值为 0x33F8xxxx,处于内存中。

第 138 行获得代码段的起始地址,它就是第 130 行中的 "TEXT_BASE",其值在 board/smdk2410/config.mk 中定义为 "TEXT_BASE = 0x33F80000"。

第 139 行将 0x33F8xxxx 与 0x33F80000 相减，这就是 13 个寄存器值在 NOR Flash 上存放的开始地址。

（3）复制 Bootloader 的第二阶段代码到 RAM 空间中。

这里将整个 U-Boot 的代码（包括第一、第二阶段）都复制到 SDRAM 中，这在 cpu/arm920t/start.S 中实现，如下所示：

```
164 relocate:                              /* 将 U-Boot 复制到 RAM 中 */
165     adr     r0, _start                 /* r0:当前代码的开始地址 */
166     ldr     r1, _TEXT_BASE             /* r1:代码段的连接地址 */
167     cmp     r0, r1                     /* 测试现在是在 Flash 中还是在 RAM 中 */
168     beq     stack_setup                /* 如果已经在 RAM 中（这通常是调试时直接下载到 RAM 中），
                                            * 则不需要复制
                                            */
169
170     ldr     r2, _armboot_start         /* _armboot_start 在前面定义,是第一条指令的运行地址 */
171     ldr     r3, _bss_start             /* 在连接脚本U-Boot.lds中定义,是代码段的结束地址 */
172     sub     r2, r3, r2                 /* r2 = 代码段长度 */
173     add     r2, r0, r2                 /* r2 = NOR Flash 上代码段的结束地址 */
174
175 copy_loop:
176     ldmia   r0!, {r3-r10}              /* 从地址[r0]处获得数据 */
177     stmia   r1!, {r3-r10}              /* 复制到地址[r1]处 */
178     cmp     r0, r2                     /* 判断是否复制完毕 */
179     ble     copy_loop                  /* 没复制完,则继续 */
```

（4）设置好栈。

栈的设置灵活性很大，只要让 sp 寄存器指向一段没有使用的内存即可。

```
182     /* Set up the stack                              */
183 stack_setup:
184     ldr r0, _TEXT_BASE                /* _TEXT_BASE 为代码段的开始地址,值为 0x33F80000 */
185     sub r0, r0, #CFG_MALLOC_LEN       /* 代码段下面,留出一段内存以实现 malloc */
186     sub r0, r0, #CFG_GBL_DATA_SIZE    /* 再留出一段内存,存一些全局参数 */
187 #ifdef CONFIG_USE_IRQ
188     sub r0, r0, # (CONFIG_STACKSIZE_IRQ+CONFIG_STACKSIZE_FIQ)        /*
IRQ、FIQ 模式的栈 */
189 #endif
190     sub sp, r0, #12                    /* 最后,留出 12 字节的内存给 abort 异常,
                                            * 往下的内存就都是栈了
                                            */
191
```

到了这一步,读者可以知道内存的使用情况了,如图 15.3 所示(图中与上面的划分稍有不同,这是因为在 cpu/arm920t/cpu.c 中的 cpu_init 函数中才真正为 IRQ、FIQ 模式划分了栈)。

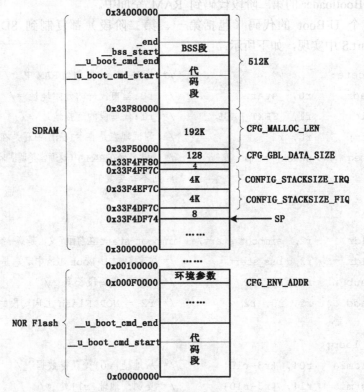

图 15.3 U-Boot 内存使用情况

(5)跳转到第二阶段代码的 C 入口点。

在跳转之前,还要清除 BSS 段(初始值为 0、无初始值的全局变量、静态变量放在 BSS 段),代码如下:

```
192 clear_bss:
193     ldr     r0, _bss_start      /* BSS 段的开始地址,它的值在连接脚本
U-Boot.lds 中确定 */
194     ldr     r1, _bss_end        /* BSS 段的结束地址,它的值在连接脚本
U-Boot.lds 中确定 */
195     mov r2, #0x00000000
196
197 clbss_l:str r2, [r0]            /* 往 BSS 段中写入 0 值 */
198     add     r0, r0, #4
199     cmp     r0, r1
200     ble     clbss_l
201
```

现在,C 函数的运行环境已经完全准备好,通过如下命令直接跳转(这之后,程序才在

内存中执行），它将调用 lib_arm/board.c 中的 start_armboot 函数，这是第二阶段的入口点。

```
223     ldr     pc, _start_armboot
224
225 _start_armboot: .word start_armboot
226
```

2．U-Boot 第二阶段代码分析

它与 15.1.2 节中描述的 Bootloader 第二阶段所完成的功能基本上一致，只是顺序有点小差别。另外，U-Boot 在启动内核之前可以让用户决定是否进入下载模式，即进入 U-Boot 的控制界面。

第二阶段从 lib_arm/board.c 中的 start_armboot 函数开始，程序流程如图 15.4 所示。

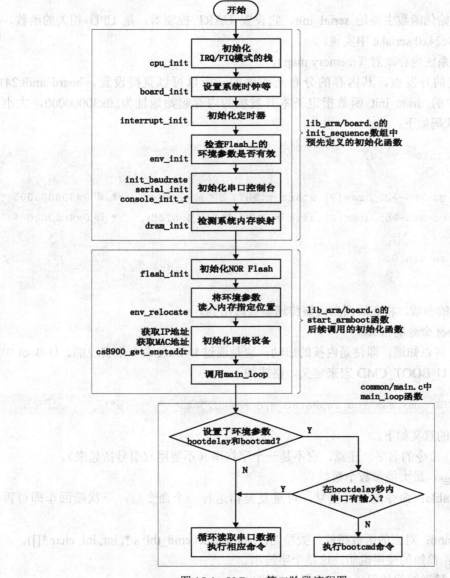

图 15.4 U-Boot 第二阶段流程图

移植 U-Boot 的主要工作在于对硬件的初始化、驱动，所以下面讲解时将重点放在硬件的操作上。

（1）初始化本阶段要使用到的硬件设备。

最主要的是设置系统时钟、初始化串口，只要这两个设置好了，就可以从串口看到打印信息。

board_init 函数设置 MPLL、改变系统时钟，它是开发板相关的函数，在 board/smdk2410/smdk2410.c 中实现。值得注意的是，board_init 函数中还保存了机器类型 ID，这将在调用内核时传给内核，代码如下：

```
/* arch number of SMDK2410-Board */
gd->bd->bi_arch_number = MACH_TYPE_SMDK2410;     /* 值为 193 */
```

串口的初始化函数主要是 serial_init，它设置 UART 控制器，是 CPU 相关的函数，在 cpu/arm920t/s3c24x0/serial.c 中实现。

（2）检测系统内存映射（memory map）。

对于特定的开发板，其内存的分布是明确的，所以可以直接设置。board/smdk2410/smdk2410.c 中的 dram_init 函数指定了本开发板的内存起始地址为 0x30000000，大小为 0x4000000。代码如下：

```
int dram_init (void)
{
        gd->bd->bi_dram[0].start = PHYS_SDRAM_1;       /* 即 0x300000000 */
        gd->bd->bi_dram[0].size = PHYS_SDRAM_1_SIZE;   /* 即 0x4000000 */

        return 0;
}
```

这些设置的参数，将在后面向内核传递参数时用到。

（3）U-Boot 命令的格式。

从图 15.3 可以知道，即使是内核的启动，也是通过 U-Boot 命令来实现的。U-Boot 中每个命令都通过 U_BOOT_CMD 宏来定义，格式如下：

```
U_BOOT_CMD(name,maxargs,repeatable,command,"usage","help")
```

各项参数的意义如下。

① name：命令的名字，注意，它不是一个字符串（不要用双引号括起来）。

② maxargs：最大的参数个数。

③ repeatable：命令是否可重复，可重复是指运行一个命令后，下次敲回车即可再次运行。

④ command：对应的函数指针，类型为(*cmd)(struct cmd_tbl_s *, int, int, char *[])。

⑤ usage：简短的使用说明，这是个字符串。

⑥ help：较详细的使用说明，这是个字符串。

宏 U_BOOT_CMD 在 include/command.h 中定义，如下所示：

```
#define U_BOOT_CMD(name,maxargs,rep,cmd,usage,help) \
cmd_tbl_t __u_boot_cmd_##name Struct_Section = {#name, maxargs, rep, cmd, usage, help}
```

Struct_Section 也是在 include/command.h 中定义，如下所示：

```
#define Struct_Section  __attribute__ ((unused,section (".u_boot_cmd")))
```

比如对于 bootm 命令，它如下定义：

```
U_BOOT_CMD(
    bootm, CFG_MAXARGS,    1,   do_bootm,
     "string1",
      "string2"
);
```

宏 U_BOOT_CMD 扩展开后如下所示：

```
cmd_tbl_t __u_boot_cmd_bootm __attribute__ ((unused,section (".u_boot_cmd")))
= {"bootm", CFG_MAXARGS, 1, do_bootm, "string1", "string2"};
```

对于每个使用 U_BOOT_CMD 宏来定义的命令，其实都是在".u_boot_cmd"段中定义一个 cmd_tbl_t 结构。连接脚本 U-Boot.lds 中有如下代码：

```
            __u_boot_cmd_start = .;
            .u_boot_cmd : { *(.u_boot_cmd) }
            __u_boot_cmd_end = .;
```

程序中就是根据命令的名字在内存段 __u_boot_cmd_start～__u_boot_cmd_end 找到它的 cmd_tbl_t 结构，然后调用它的函数（请参考 common/command.c 中的 find_cmd 函数）。

内核的复制和启动，可以通过如下命令来完成：bootm 从内存、ROM、NOR Flash 中启动内核，bootp 则通过网络来启动，而 nboot 从 NAND Flash 启动内核。它们都是先将内核映象从各种媒介中读出，存放在指定的位置；然后设置标记列表以给内核传递参数；最后跳到内核的入口点去执行。具体实现的细节不再描述，有兴趣的读者可以阅读 common/cmd_boot.c、common/cmd_net.c、common/cmd_nand.c 来了解它们的实现。

（4）为内核设置启动参数。

U-Boot 也是通过标记列表向内核传递参数。并且，在 15.1.2 小节中内存标记、命令行标记的示例代码就是取自 U-Boot 中的 setup_memory_tags、setup_commandline_tag 函数，它们都是在 lib_arm/armlinux.c 中定义。一般而言，设置这两个标记就可以了，在配置文件 include/configs/smdk2410.h 中增加如下两个配置项即可：

```
#define CONFIG_SETUP_MEMORY_TAGS    1
#define CONFIG_CMDLINE_TAG          1
```

对于 ARM 架构的 CPU，都是通过 lib_arm/armlinux.c 中的 do_bootm_linux 函数来启动内

核。这个函数中，设置标记列表，最后通过"theKernel (0, bd→bi_arch_number, bd→bi_boot_params)"调用内核。其中，theKernel 指向内核存放的地址（对于 ARM 架构的 CPU，通常是 0x30008000），bd→bi_arch_number 就是前面 board_init 函数设置的机器类型 ID，而 bd→bi_boot_params 就是标记列表的开始地址。

15.2.5 U-Boot 的移植

开发板 smdk2410 的配置适用于大多数 S3C2410 开发板，或是只需要极少的修改即可使用。但是目前 U-Boot 中没有对 S3C2440 的支持，需要我们自己移植。

本书基于的 S3C2410、S3C2440 两款开发板，它们的外接硬件相同。

- BANK0 外接容量为 1MB，位宽为 8 的 NOR Flash 芯片 AM29LV800。
- BANK3 外接 10M 网卡芯片 CS8900，位宽为 16。
- BANK6 外接两片容量为 32MB、位宽为 16 的 SDRAM 芯片 K4S561632，组成容量为 64MB、位宽为 32 的内存。
- 通过 NAND Flash 控制器外接容量为 64MB，位宽为 8 的 NAND Flash 芯片 K9S1208。

对于 NOR Flash 和 NAND Flash，如图 15.5 所示划分它们的使用区域。由于 NAND Flash 的"位反转"现象比较常见，为保证数据的正确，在读写数据时需要使用 ECC 校验。另外，NAND Flash 在使用过程中、运输过程中还有可能出现坏块。所以本书选择在 NOR Flash 中保存 U-Boot，在 NAND Flash 中保存内核和文件系统，并在使用 U-Boot 烧写内核、文件系统时进行坏块检查、ECC 校验。这样，即使 NAND Flash 出现坏块导致内核或文件系统不能使用，也可以通过 NOR Flash 中的 U-Boot 来重新烧写。

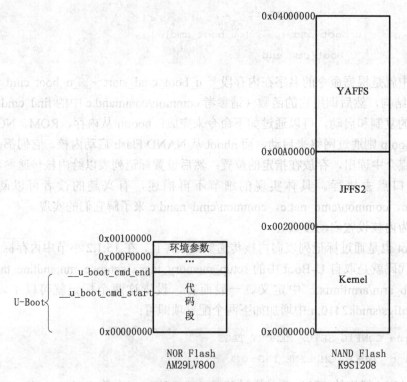

图 15.5　开发板固态存储器分区划分

smdk2410 开发板已经支持 NOR Flash 芯片 AM29LV800，U-Boot 本身也已经支持 JFFS2 文件系统映象的烧写。下面一步一步移植 U-Boot（所有的修改都在补丁文件 U-boot-1.1.6_100ask_24X0.Patch 里，读者可以直接打补丁），增加如下新功能。

- 同时支持本书使用的 S3C2410 和 S3C2440 开发板。
- 支持串口 xmodem 协议。
- 支持网卡芯片 CS8900。
- 支持 NAND Flash 读写。
- 支持烧写 yaffs 文件系统映象。

1. 同时支持 S3C2410 和 S3C2440

我们将在开发板 smdk2410 的基础上进行移植。

（1）新建一个开发板的相应目录和文件。

为了不破坏原来的代码，在 board 目录下将 smdk2410 复制为 100ask24x0 目录，并将 board/100ask24x0/smdk2410.c 改名为 100ask24x0.c。

根据前面描述的配置过程可知，还要在 include/configs 目录下建立一个配置文件 100ask24x0.h，可以将 include/configs/smdk2410.h 直接复制为 100ask24x0.h。

还要修改两个 Makefile，首先在顶层 Makefile 中增加如下两行：

```
100ask24x0_config    :               unconfig
        @$(MKCONFIG) $(@:_config=) arm arm920t 100ask24x0 NULL s3c24x0
```

然后在 board/100ask24x0/Makefile 中进行如下修改（因为前面将 smdk2410.c 文件改名为 100ask24x0.c 了）：

```
COBJS    := smdk2410.o flash.o
改为：
COBJS    := 100ask24x0.o flash.o
```

（2）修改 SDRAM 的配置。

SDRAM 的初始化在 U-Boot 的第一阶段完成，就是在 board/100ask24x0/lowlevel_init.S 文件中设置存储控制器。

检查一下 BANK6 的设置：位宽为 32，宏 B6_BWSCON 刚好为 DW32（表示 32 位），无需改变；另外还要根据 HCLK 设置 SDRAM 的刷新参数，主要是 REFCNT 寄存器。

本书所用开发板的 HCLK 都设为 100MHz，需要根据 SDRAM 芯片的具体参数重新计算 REFCNT 寄存器的值（请参考第 6 章）。代码修改如下：

```
126 #define REFCNT  1113    /*period=15.6µs,HCLK=60Mhz,(2048+1-15.6*60) */
改为
126 #define REFCNT  0x4f4   /*         period=7.8125µs,        HCLK=100Mhz,
(2048+1-7.8125*100) */
```

对于其他 BANK，比如网卡芯片 CS8900 所在的 BANK3，原来的设置刚好匹配，无需更改；而对于 BANK1、BANK2、BANK4、BANK5、BANK7，在 U-Boot 中并没有使用到它们

(3) 增加对 S3C2440 的支持。

S3C2440 是 S3C2410 的改进版，它们的操作基本相似。不过在系统时钟的设置、NAND Flash 控制器的操作等方面有一些小差别。它们的 MPLL、UPLL 计算公式不一样，FCLK、HCLK 和 PCLK 的分频化设置也不一样，这在下面的代码中可以看到。NAND Flash 控制器的差别在增加对 NAND Flash 的支持时讲述。

本章的目标是令同一个 U-Boot 二进制代码既可以在 S3C2410 上运行，也可以在 S3C2440 上运行。首先需要在代码中自动识别是 S3C2410 还是 S3C2440，这可以通过读取 GSTATUS1 寄存器的值来分辨：0x32410000 表示 S3C2410，0x32410002 表示 S3C2410A，0x32440000 表示 S3C2440，0x32440001 表示 S3C2440A。S3C2410 和 S3C2410A、S3C2440 和 S3C2440A，对本书来说没有区别。

对于 S3C2410 开发板，将 FCLK 设为 200MHz，分频比为 FCLK:HCLK:PCLK=1:2:4；对于 S3C2440 开发板，将 FCLK 设为 400MHz，分频比为 FCLK:HCLK:PCLK=1:4:8。还将 UPLL 设为 48MHz，即 UCLK 为 48MHz，以在内核中支持 USB 控制器。

首先修改 board/100ask24x0/100ask24x0.c 中的 board_init 函数，下面是修改后的代码：

```
33  /* S3C2440: MPLL = (2*m * Fin) / (p * 2^s), UPLL = (m * Fin) / (p * 2^s)
34   * m = M (the value for divider M)+ 8, p = P (the value for divider P) + 2
35   */
36  #define S3C2440_MPLL_400MHZ     ((0x5c<<12)|(0x01<<4)|(0x01))
37  #define S3C2440_UPLL_48MHZ      ((0x38<<12)|(0x02<<4)|(0x02))
38  #define S3C2440_CLKDIV          0x05    /* FCLK:HCLK:PCLK = 1:4:8, UCLK = UPLL */
39
40  /* S3C2410: Mpll,Upll = (m * Fin) / (p * 2^s)
41   * m = M (the value for divider M)+ 8, p = P (the value for divider P) + 2
42   */
43  #define S3C2410_MPLL_200MHZ     ((0x5c<<12)|(0x04<<4)|(0x00))
44  #define S3C2410_UPLL_48MHZ      ((0x28<<12)|(0x01<<4)|(0x02))
45  #define S3C2410_CLKDIV          0x03    /* FCLK:HCLK:PCLK = 1:2:4 */
46
```

上面代码针对 S3C2410、S3C2440 分别定义了 MPLL、UPLL 寄存器的值。开发板输入时钟为 12MHz(这在 include/configs/100ask24x0.h 中的宏 CONFIG_SYS_CLK_FREQ 中定义)，读者可以根据代码中的计算公式针对自己的开发板修改系统时钟。

下面是针对 S3C2410、S3C2440 分别使用不同的宏设置系统时钟。

```
58  int board_init (void)
59  {
60      S3C24X0_CLOCK_POWER * const clk_power = S3C24X0_GetBase_CLOCK_POWER();
61      S3C24X0_GPIO * const gpio = S3C24X0_GetBase_GPIO();
62
```

```c
63      /* 设置 GPIO */
64      gpio->GPACON = 0x007FFFFF;
65      gpio->GPBCON = 0x00044555;
66      gpio->GPBUP  = 0x000007FF;
67      gpio->GPCCON = 0xAAAAAAAA;
68      gpio->GPCUP  = 0x0000FFFF;
69      gpio->GPDCON = 0xAAAAAAAA;
70      gpio->GPDUP  = 0x0000FFFF;
71      gpio->GPECON = 0xAAAAAAAA;
72      gpio->GPEUP  = 0x0000FFFF;
73      gpio->GPFCON = 0x000055AA;
74      gpio->GPFUP  = 0x000000FF;
75      gpio->GPGCON = 0xFF95FFBA;
76      gpio->GPGUP  = 0x0000FFFF;
77      gpio->GPHCON = 0x002AFAAA;
78      gpio->GPHUP  = 0x000007FF;
79
80      /* 同时支持 S3C2410 和 S3C2440 */
81      if ((gpio->GSTATUS1 == 0x32410000) || (gpio->GSTATUS1 == 0x32410002))
82      {
83          /* FCLK:HCLK:PCLK = 1:2:4 */
84          clk_power->CLKDIVN = S3C2410_CLKDIV;
85
86          /* 修改为异步总线模式 */
87          __asm__(   "mrc    p15, 0, r1, c1, c0, 0\n"   /* read ctrl register */
88                     "orr    r1, r1, #0xc0000000\n"    /* Asynchronous       */
89                     "mcr    p15, 0, r1, c1, c0, 0\n"  /* write ctrl register */
90                     :::"r1"
91                     );
92
93          /* 设置 PLL 锁定时间 */
94          clk_power->LOCKTIME = 0xFFFFFF;
95
96          /* 配置 MPLL */
97          clk_power->MPLLCON = S3C2410_MPLL_200MHZ;
98
99          /* 配置 MPLL 后,要延时一段时间再配置 UPLL */
100         delay (4000);
101
```

```c
102         /* 配置UPLL */
103         clk_power->UPLLCON = S3C2410_UPLL_48MHZ;
104
105         /* 再延时一会 */
106         delay (8000);
107
108         /* 机器类型ID，这在调用Linux内核时用到 */
109         gd->bd->bi_arch_number = MACH_TYPE_SMDK2410;
110     }
111     else
112     {
113         /* FCLK:HCLK:PCLK = 1:4:8 */
114         clk_power->CLKDIVN = S3C2440_CLKDIV;
115
116         /* 修改为异步总线模式 */
117         __asm__(  "mrc    p15, 0, r1, c1, c0, 0\n"   /* read ctrl register  */
118                   "orr    r1, r1, #0xc0000000\n"    /* Asynchronous        */
119                   "mcr    p15, 0, r1, c1, c0, 0\n"  /* write ctrl register */
120                   :::"r1"
121                 );
122
123         /* 设置PLL锁定时间 */
124         clk_power->LOCKTIME = 0xFFFFFF;
125
126         /* 配置MPLL */
127         clk_power->MPLLCON = S3C2440_MPLL_400MHZ;
128
129         /* 配置MPLL后，要延时一段时间再配置UPLL */
130         delay (4000);
131
132         /* 配置UPLL */
133         clk_power->UPLLCON = S3C2440_UPLL_48MHZ;
134
135         /* 再延时一会 */
136         delay (8000);
137
138         /* 机器类型ID，这在调用Linux内核时用到，这个值要与内核相对应 */
139         gd->bd->bi_arch_number = MACH_TYPE_S3C2440;
140     }
```

```
141
142         /* 启动内核时,参数存放位置。这个值在构造标记列表时用到 */
143         gd->bd->bi_boot_params = 0x30000100;
144
145         icache_enable();
146         dcache_enable();
147
148         return 0;
149 }
150
```

最后一步:获取系统时钟的函数需要针对 S3C2410、S3C2440 的不同进行修改。

在后面设置串口波特率时需要获得系统时钟,就是在 U-Boot 的第二阶段,lib_arm/board.c 中 start_armboot 函数调用 serial_init 函数初始化串口时,会调用 get_PCLK 函数。它在 cpu/arm920t/s3c24x0/speed.c 中定义,与它相关的还有 get_HCLK、get_PLLCLK 等函数。

前面的 board_init 函数在识别出 S3C2410 或 S3C2440 后,设置了机器类型 ID:gd→bd→bi_arch_number,后面的函数可以通过它来分辨是 S3C2410 还是 S3C2440。首先要在程序的开头增加如下一行,这样才可以使用 gd 变量。

```
DECLARE_GLOBAL_DATA_PTR;
```

S3C2410 和 S3C2440 的 MPLL、UPLL 计算公式不一样,所以 get_PLLCLK 函数也需要修改,如下所示:

```
56 static ulong get_PLLCLK(int pllreg)
57 {
58     S3C24X0_CLOCK_POWER * const clk_power = S3C24X0_GetBase_CLOCK_POWER();
59     ulong r, m, p, s;
60
61     if (pllreg == MPLL)
62         r = clk_power->MPLLCON;
63     else if (pllreg == UPLL)
64         r = clk_power->UPLLCON;
65     else
66         hang();
67
68     m = ((r & 0xFF000) >> 12) + 8;
69     p = ((r & 0x003F0) >> 4) + 2;
70     s = r & 0x3;
71
72     /* 同时支持 S3C2410 和 S3C2440 */
73     if (gd->bd->bi_arch_number == MACH_TYPE_SMDK2410)
```

```
74          return((CONFIG_SYS_CLK_FREQ * m) / (p << s));
75      else
76          return((CONFIG_SYS_CLK_FREQ * m * 2) / (p << s));    /* S3C2440 */
77 }
78
```

由于分频系数的设置方法也不一样，get_HCLK、get_PCLK 也需要修改。对于 S3C2410，沿用原来的计算方法，else 分支中是 S3C2440 的代码，如下所示：

```
85 /* for s3c2440 */
86 #define S3C2440_CLKDIVN_PDIVN          (1<<0)
87 #define S3C2440_CLKDIVN_HDIVN_MASK     (3<<1)
88 #define S3C2440_CLKDIVN_HDIVN_1        (0<<1)
89 #define S3C2440_CLKDIVN_HDIVN_2        (1<<1)
90 #define S3C2440_CLKDIVN_HDIVN_4_8      (2<<1)
91 #define S3C2440_CLKDIVN_HDIVN_3_6      (3<<1)
92 #define S3C2440_CLKDIVN_UCLK           (1<<3)
93
94 #define S3C2440_CAMDIVN_CAMCLK_MASK    (0xf<<0)
95 #define S3C2440_CAMDIVN_CAMCLK_SEL     (1<<4)
96 #define S3C2440_CAMDIVN_HCLK3_HALF     (1<<8)
97 #define S3C2440_CAMDIVN_HCLK4_HALF     (1<<9)
98 #define S3C2440_CAMDIVN_DVSEN          (1<<12)
99
100 /* return HCLK frequency */
101 ulong get_HCLK(void)
102 {
103     S3C24X0_CLOCK_POWER * const clk_power = S3C24X0_GetBase_CLOCK_POWER();
104     unsigned long clkdiv;
105     unsigned long camdiv;
106     int hdiv = 1;
107
108     /* 同时支持 S3C2410 和 S3C2440 */
109     if (gd->bd->bi_arch_number == MACH_TYPE_SMDK2410)
110         return((clk_power->CLKDIVN & 0x2) ? get_FCLK()/2 : get_FCLK());
111     else
112     {
113         clkdiv = clk_power->CLKDIVN;
114         camdiv = clk_power->CAMDIVN;
115
```

```
116            /* 计算分频比 */
117
118            switch (clkdiv & S3C2440_CLKDIVN_HDIVN_MASK) {
119            case S3C2440_CLKDIVN_HDIVN_1:
120                hdiv = 1;
121                break;
122
123            case S3C2440_CLKDIVN_HDIVN_2:
124                hdiv = 2;
125                break;
126
127            case S3C2440_CLKDIVN_HDIVN_4_8:
128                hdiv = (camdiv & S3C2440_CAMDIVN_HCLK4_HALF) ? 8 : 4;
129                break;
130
131            case S3C2440_CLKDIVN_HDIVN_3_6:
132                hdiv = (camdiv & S3C2440_CAMDIVN_HCLK3_HALF) ? 6 : 3;
133                break;
134            }
135
136            return get_FCLK() / hdiv;
137        }
138 }
139
140 /* return PCLK frequency */
141 ulong get_PCLK(void)
142 {
143     S3C24X0_CLOCK_POWER * const clk_power = S3C24X0_GetBase_CLOCK_POWER();
144     unsigned long clkdiv;
145     unsigned long camdiv;
146     int hdiv = 1;
147
148     /* 同时支持 S3C2410 和 S3C2440 */
149     if (gd->bd->bi_arch_number == MACH_TYPE_SMDK2410)
150         return((clk_power->CLKDIVN & 0x1) ? get_HCLK()/2 : get_HCLK());
151     else
152     {
153         clkdiv = clk_power->CLKDIVN;
154         camdiv = clk_power->CAMDIVN;
```

```
155
156         /* 计算分频比 */
157
158         switch (clkdiv & S3C2440_CLKDIVN_HDIVN_MASK) {
159         case S3C2440_CLKDIVN_HDIVN_1:
160             hdiv = 1;
161             break;
162
163         case S3C2440_CLKDIVN_HDIVN_2:
164             hdiv = 2;
165             break;
166
167         case S3C2440_CLKDIVN_HDIVN_4_8:
168             hdiv = (camdiv & S3C2440_CAMDIVN_HCLK4_HALF) ? 8 : 4;
169             break;
170
171         case S3C2440_CLKDIVN_HDIVN_3_6:
172             hdiv = (camdiv & S3C2440_CAMDIVN_HCLK3_HALF) ? 6 : 3;
173             break;
174         }
175
176         return get_FCLK() / hdiv / ((clkdiv & S3C2440_CLKDIVN_PDIVN)? 2:1);
177     }
178 }
179
```

现在重新执行"make 100ask24x0_config"和"make all"生成的 U-Boot.bin 文件既可以运行于 S3C2410 开发板，也可以运行于 S3C2440 开发板。将它烧入 NOR Flash 后启动，就可以在串口工具（设置为 115200,8N1）中看到提示信息，可以输入各种命令操作 U-Boot 了。

（4）选择 NOR Flash 的型号。

但是，现在还无法通过 U-Boot 命令烧写 NOR Flash。本书所用开发板中的 NOR Flash 型号为 AM29LV800，而配置文件 include/configs/100ask24x0.h 中的默认型号为 AM29LV400。修改如下：

```
#define CONFIG_AMD_LV400 1    /* uncomment this if you have a LV400 flash */
#if 0
#define CONFIG_AMD_LV800 1    /* uncomment this if you have a LV800 flash */
#endif
```

改为：

```
#if 0
```

```
#define CONFIG_AMD_LV400 1    /* uncomment this if you have a LV400 flash */
#endif
#define CONFIG_AMD_LV800 1    /* uncomment this if you have a LV800 flash */
```

本例中 NOR Flash 的操作函数在 board/100ask24x0/flash.c 中实现，它支持 AM29LV400y 和 AM29LV800。对于其他型号的 NOR Flash，如果符合 CFI 接口标准，则可以在使用 drivers/cfi_flash.c 中的接口函数；否则，只好自己编写了。如果要使用 cfi_flash.c，如下修改两个文件。

在 include/configs/100ask24x0.h 中增加以下一行：

```
#define CFG_FLASH_CFI_DRIVER    1
```

在 board/100ask24x0/Makefile 中去掉 flash.o：

```
COBJS    := 100ask24x0.o flash.o
```

改为：

```
COBJS    := 100ask24x0.o
```

修改好对 NOR Flash 的支持后，重新编译 U-Boot：make clean、make all。运行后可以在串口中看到如下字样：

```
Flash: 1 MB
```

现在可以使用 loadb、loady 等命令通过串口下载文件，然后使用 erase、cp 命令分别擦除、烧写 NOR Flash 了，它们的效率比 JTAG 高好几倍。

2．支持串口 xmodem 协议

上面的 loadb 命令需要配合 Linux 下的 kermit 工具来使用，loady 命令通过串口 ymodem 协议来传输文件。Windows 下的超级终端虽然支持 ymodem，但是它的使用界面实在不友好。而本书推荐使用的 Windows 工具 SecureCRT 只支持 xmodem 和 zmodem。为了方便在 Windows 下开发，现在修改代码增加对 xmodem 的支持，即增加一个命令 loadx。

依照 loady 的实现来编写代码，首先使用 U_BOOT_CMD 宏来增加 loadx 命令：

```
/* 支持 xmodem, www.100ask.net */
U_BOOT_CMD(
        loadx, 3, 0,    do_load_serial_bin,
        "loadx   - load binary file over serial line (xmodem mode)\n",
        "[ off ] [ baud ]\n"
        "    - load binary file over serial line"
        " with offset 'off' and baudrate 'baud'\n"
);
```

其次，在 do_load_serial_bin 函数中增加对 loadx 命令的处理分支。也是依照 loady 来实现：

```
481     /* 支持 xmodem */
```

```
482     if (strcmp(argv[0],"loadx")==0) {
483         printf ("## Ready for binary (xmodem) download "
484             "to 0x%08lX at %d bps...\n",
485             offset,
486             load_baudrate);
487
488         addr = load_serial_xmodem (offset);
489
490     } else if (strcmp(argv[0],"loady")==0) {
491         printf ("## Ready for binary (ymodem) download "
492             "to 0x%08lX at %d bps...\n",
……
```

第 481~490 行就是为 loadx 命令增加的代码。

在第 288 行调用 load_serial_xmodem 函数，它是依照 load_serial_ymodem 实现的一个新函数：

```
36 #if (CONFIG_COMMANDS & CFG_CMD_LOADB)
37 /* 支持 xmodem */
38 static ulong load_serial_xmodem (ulong offset);
39 static ulong load_serial_ymodem (ulong offset);
40 #endif
……
995 /* 支持 xmodem */
996 static ulong load_serial_xmodem (ulong offset)
997 {
……
1003        char xmodemBuf[1024];              /* 原来是 ymodemBuf,这只是为了与函数名称一致 */
……
1008        info.mode = xyzModem_xmodem;        /* 原来是 xyzModem_ymodem,对应 ymodem */
……
```

首先在文件开头增加 load_serial_xmodem 函数的声明，然后复制 load_serial_ymodem 函数为 load_serial_xmodem，稍作修改。

① 将局部数组 ymodemBuf 改名为 xmodemBuf，并在后面使用到的地方统一修改。这只是为了与函数名称一致。

② info.mode 的值从 xyzModem_ymodem 改为 xyzModem_xmodem。

重新编译、烧写 U-Boot.bin 后，就可以使用 loadx 命令下载文件了。

3. 支持网卡芯片 CS8900

使用串口来传输文件的速率太低，现在增加对网卡芯片 CS8900 的支持。

本书使用开发板的网卡芯片 CS8900 的连接方式与 smdk2410 完全一样,所以现在的 U-Boot 中已经支持 CS8900 了,它的驱动程序为 drivers/cs8900.c。只要在 U-Boot 控制界面中稍加配置就可以使用网络功能。使用网络之前,先设置开发板 IP 地址、MAC 地址,服务器 IP 地址,比如可以在 U-Boot 中执行以下命令:

```
setenv ipaddr 192.168.1.17
setenv ethaddr 08:00:3e:26:0a:5b
setenv serverip 192.168.1.11
saveenv
```

然后就可以使用 tftp 或 nfs 命令下载文件了,注意:服务器上要开启 tftp 或 nfs 服务。比如可以使用如下命令将 U-Boot.bin 文件下载到内存 0x30000000 中:

```
tftp 0x30000000 U-Boot.bin
或
nfs 0x30000000 192.168.1.57:/work/nfs_root/U-Boot.bin
```

可以修改配置文件,让网卡的各个默认值就是上面设置的值。在此之前,先了解网卡的相关文件,这有助于移植代码以支持其他连接方式的 CS8900。

首先,CS8900 接在 S3C2410、S3C2440 的 BANK3,位宽为 16,使用 WAIT、nBE 信号。在设置存储控制器时要设置好 BANK3。代码在 board/100ask24x0/lowlevel_init.S 中,如下所示:

```
#define B3_BWSCON        (DW16 + WAIT + UBLB)
......
/* 时序参数 */
#define B3_Tacs          0x0   /*  0clk  */
#define B3_Tcos          0x3   /*  4clk  */
#define B3_Tacc          0x7   /*  14clk */
#define B3_Tcoh          0x1   /*  1clk  */
#define B3_Tah           0x0   /*  0clk  */
#define B3_Tacp          0x3   /*  6clk  */
#define B3_PMC           0x0   /*  normal */
```

接下来,还要确定 CS8900 的基地址。这在配置文件 include/configs/100ask24x0.h 中定义,如下所示:

```
#define CONFIG_DRIVER_CS8900    1                /* 使用 CS8900 */
#define CS8900_BASE             0x19000300       /* 基地址 */
#define CS8900_BUS16            1                /* 位宽为 16 */
```

网卡 CS8900 的访问基址为 0x19000000,之所以再偏移 0x300 是由它的特性决定的。

最后,还是在配置文件 include/configs/100ask24x0.h 中定义 CS8900 的各个默认地址,如下所示:

```
#define CONFIG_ETHADDR          08:00:3e:26:0a:5b
```

```
#define CONFIG_NETMASK      255.255.255.0
#define CONFIG_IPADDR       192.168.1.17
#define CONFIG_SERVERIP     192.168.1.11
```

如果要增加 ping 命令，还可以在配置文件 include/configs/100ask24x0.h 的宏 CONFIG_COMMANDS 中增加 CFG_CMD_PING，如下所示：

```
#define CONFIG_COMMANDS  \
                    (CONFIG_CMD_DFL    | \
                    CFG_CMD_CACHE      | \
                    CFG_CMD_PING       | \
……
```

4．支持 NAND Flash

U-Boot 1.1.6 中对 NAND Flash 的支持有新旧两套代码，新代码在 drivers/nand 目录下，旧代码在 drivers/nand_legacy 目录下。文档 doc/README.nand 对这两套代码有所说明：使用旧代码需要定义更多的宏，而新代码移植自 Linux 内核 2.6.12，它更加智能，可以自动识别更多型号的 NAND Flash。目前之所以还保留旧的代码，是因为两个目标板 NETTA、NETTA_ISDN 使用 JFFS 文件系统，它们还依赖于旧代码。当相关功能移植到新代码之后，旧的代码将从 U-Boot 中去除。

要让 U-Boot 支持 NAND Flash，首先在配置文件 include/configs/100ask24x0.h 的宏 CONFIG_COMMANDS 中增加 CFG_CMD_NAND，如下所示：

```
#define CONFIG_COMMANDS  \
                    (CONFIG_CMD_DFL    | \
                    CFG_CMD_CACHE      | \
                    CFG_CMD_PING       | \
                    CFG_CMD_NAND       | \
...
```

然后选择使用哪套代码：在配置文件中定义宏 CFG_NAND_LEGACY 则使用旧代码，否则使用新代码。

使用旧代码时，需要实现 drivers/nand_legacy/nand_legacy.c 中使用到的各种宏，比如：

```
#define NAND_WAIT_READY(nand)       /* 等待 Nand Flash 的状态为"就绪"，代码依赖于具体的开发板 */
#define WRITE_NAND_COMMAND(d, adr)  /* 写 NAND Flash 命令，代码依赖于具体的开发板 */
```

本书使用新代码，下面讲述移植过程。

代码的移植没有现成的文档，可以在配置文件 include/configs/100ask24x0.h 的宏 CONFIG_COMMANDS 中增加 CFG_CMD_NAND 后就编译代码，然后一个一个地解决出现的错误。编译结果中出现的错误和警告如下：

```
nand.h:412: error: 'NAND_MAX_CHIPS' undeclared here (not in a function)
```

```
nand.c:35: error: 'CFG_MAX_NAND_DEVICE' undeclared here (not in a function)
nand.c:38: error: 'CFG_NAND_BASE' undeclared here (not in a function)
nand.c:35: error: storage size of 'nand_info' isn't known
nand.c:37: error: storage size of 'nand_chip' isn't known
nand.c:38: error: storage size of 'base_address' isn't known
nand.c:37: warning: 'nand_chip' defined but not used
nand.c:38: warning: 'base_address' defined but not used
```

在配置文件 include/configs/100ask24x0.h 中增加如下 3 个宏就可以解决上述错误。在 Flash 的驱动程序中，设备是逻辑上的概念，表示一组相同结构、访问函数相同的 Flash 芯片。在本书所用开发板中，只有一个 NAND Flash 芯片，所以设备数为 1，芯片数也为 1。

```
#define CFG_NAND_BASE           0       /* 无实际意义: 基地址, 这在 board_nand_init
中重新指定 */
#define CFG_MAX_NAND_DEVICE     1       /* NAND Flash "设备"的数目为 1 */
#define NAND_MAX_CHIPS          1       /* 每个 NAND Flash "设备"由 1 个 NAND Flash
"芯片"组成 */
```

修改配置文件后再次编译，现在只有一个错误了，"board_nand_init 函数未定义"，如下所示：

```
nand.c:50: undefined reference to `board_nand_init'
```

调用 board_nand_init 函数的过程为：NAND Flash 的初始化入口函数是 nand_init，它在 lib_arm/board.c 的 start_armboot 函数中被调用；nand_init 函数在 drivers/nand/nand.c 中实现，它调用相同文件中的 nand_init_chip 函数；nand_init_chip 函数首先调用 board_nand_init 函数来初始化 NAND Flash 设备，最后才是统一的识别过程。

从 board_nand_init 函数的名称就可以知道它是平台/开发板相关的函数，需要自己编写。本书在 cpu/arm920t/s3c24x0 目录下新建一个文件 nand_flash.c，在里面针对 S3C2410、S3C2440 实现了统一的 board_nand_init 函数。

在编写 board_nand_init 函数的之前，需要针对 S3C2410、S3C2440 NAND Flash 控制器的不同来定义一些数据结构和函数：

（1）在 include/s3c24x0.h 文件中增加 S3C2440_NAND 数据结构。

```
typedef struct {
    S3C24X0_REG32       NFCONF;
    S3C24X0_REG32       NFCONT;
    S3C24X0_REG32       NFCMD;
    S3C24X0_REG32       NFADDR;
    S3C24X0_REG32       NFDATA;
    S3C24X0_REG32       NFMECCD0;
    S3C24X0_REG32       NFMECCD1;
    S3C24X0_REG32       NFSECCD;
```

```
    S3C24X0_REG32    NFSTAT;
    S3C24X0_REG32    NFESTAT0;
    S3C24X0_REG32    NFESTAT1;
    S3C24X0_REG32    NFMECC0;
    S3C24X0_REG32    NFMECC1;
    S3C24X0_REG32    NFSECC;
    S3C24X0_REG32    NFSBLK;
    S3C24X0_REG32    NFEBLK;
} /*__attribute__((__packed__))*/ S3C2440_NAND;
```

（2）在 include/s3c2410.h 文件中仿照 S3C2410_GetBase_NAND 函数定义 S3C2440_GetBase_NAND 函数。

```
/* for s3c2440 */
static inline S3C2440_NAND * const S3C2440_GetBase_NAND(void)
{
    return (S3C2440_NAND * const)S3C2410_NAND_BASE;
}
```

既然新的 NAND Flash 代码是从 Linux 内核 2.6.12 中移植来的，那么 cpu/arm920t/s3c24x0/nand_flash.c 文件也可以仿照内核中对 S3C2410、S3C2440 的 NAND Flash 进行初始化的 drivers/mtd/nand/s3c2410.c 文件来编写。为了方便阅读，先把 cpu/arm920t/s3c24x0/nand_flash.c 文件的代码全部列出来，如下所示：

```
01 /*
02  * s3c2410/s3c2440 的 NAND Flash 控制器接口
03  * 修改自 Linux 内核 2.6.13 文件 drivers/mtd/nand/s3c2410.c
04  */
05
06 #include <common.h>
07
08 #if (CONFIG_COMMANDS & CFG_CMD_NAND) && !defined(CFG_NAND_LEGACY)
09 #include <s3c2410.h>
10 #include <nand.h>
11
12 DECLARE_GLOBAL_DATA_PTR;
13
14 #define S3C2410_NFSTAT_READY    (1<<0)
15 #define S3C2410_NFCONF_nFCE     (1<<11)
16
17 #define S3C2440_NFSTAT_READY    (1<<0)
```

```c
18  #define S3C2440_NFCONT_nFCE          (1<<1)
19
20
21  /* S3C2410: NAND Flash 的片选函数 */
22  static void s3c2410_nand_select_chip(struct mtd_info *mtd, int chip)
23  {
24      S3C2410_NAND * const s3c2410nand = S3C2410_GetBase_NAND();
25
26      if (chip == -1) {
27          s3c2410nand->NFCONF |= S3C2410_NFCONF_nFCE; /* 禁止片选信号 */
28      } else {
29          s3c2410nand->NFCONF &= ~S3C2410_NFCONF_nFCE;  /* 使能片选信号 */
30      }
31  }
32
33  /* S3C2410: 命令和控制函数
34   *
35   * 注意，这个函数仅仅根据各种命令来修改"写地址" IO_ADDR_W 的值(这称为 tglx 方法)，
36   * 这种方法使得平台/开发板相关的代码很简单。
37   * 真正发出命令是在上一层 NAND Flash 的统一的驱动中实现,
38   * 它首先调用这个函数修改"写地址"，然后才分别发出控制、地址、数据序列。
39   */
40  static void s3c2410_nand_hwcontrol(struct mtd_info *mtd, int cmd)
41  {
42      S3C2410_NAND * const s3c2410nand = S3C2410_GetBase_NAND();
43      struct nand_chip *chip = mtd->priv;
44
45      switch (cmd) {
46      case NAND_CTL_SETNCE:
47      case NAND_CTL_CLRNCE:
48          printf("%s: called for NCE\n", __FUNCTION__);
49          break;
50
51      case NAND_CTL_SETCLE:
52          chip->IO_ADDR_W = (void *)&s3c2410nand->NFCMD;
53          break;
54
55      case NAND_CTL_SETALE:
56          chip->IO_ADDR_W = (void *)&s3c2410nand->NFADDR;
```

```c
57            break;
58
59        /* NAND_CTL_CLRCLE: */
60        /* NAND_CTL_CLRALE: */
61    default:
62        chip->IO_ADDR_W = (void *)&s3c2410nand->NFDATA;
63        break;
64    }
65 }
66
67 /* S3C2410: 查询NAND Flash 状态
68  *
69  * 返回值: 0表示忙,1表示就绪
70  */
71 static int s3c2410_nand_devready(struct mtd_info *mtd)
72 {
73     S3C2410_NAND * const s3c2410nand = S3C2410_GetBase_NAND();
74
75     return (s3c2410nand->NFSTAT & S3C2410_NFSTAT_READY);
76 }
77
78
79 /* S3C2440: NAND Flash 的片选函数 */
80 static void s3c2440_nand_select_chip(struct mtd_info *mtd, int chip)
81 {
82     S3C2440_NAND * const s3c2440nand = S3C2440_GetBase_NAND();
83
84     if (chip == -1) {
85         s3c2440nand->NFCONT |= S3C2440_NFCONT_nFCE;  /* 禁止片选信号 */
86     } else {
87         s3c2440nand->NFCONT &= ~S3C2440_NFCONT_nFCE;   /* 使能片选信号 */
88     }
89 }
90
91 /* S3C2440: 命令和控制函数,与s3c2410_nand_hwcontrol 函数类似 */
92 static void s3c2440_nand_hwcontrol(struct mtd_info *mtd, int cmd)
93 {
94     S3C2440_NAND * const s3c2440nand = S3C2440_GetBase_NAND();
95     struct nand_chip *chip = mtd->priv;
```

```c
96
97      switch (cmd) {
98      case NAND_CTL_SETNCE:
99      case NAND_CTL_CLRNCE:
100         printf("%s: called for NCE\n", __FUNCTION__);
101         break;
102
103     case NAND_CTL_SETCLE:
104         chip->IO_ADDR_W = (void *)&s3c2440nand->NFCMD;
105         break;
106
107     case NAND_CTL_SETALE:
108         chip->IO_ADDR_W = (void *)&s3c2440nand->NFADDR;
109         break;
110
111         /* NAND_CTL_CLRCLE: */
112         /* NAND_CTL_CLRALE: */
113     default:
114         chip->IO_ADDR_W = (void *)&s3c2440nand->NFDATA;
115         break;
116     }
117 }
118
119 /* S3C2440: 查询 NAND Flash 状态
120  *
121  * 返回值: 0 表示忙, 1 表示就绪
122  */
123 static int s3c2440_nand_devready(struct mtd_info *mtd)
124 {
125     S3C2440_NAND * const s3c2440nand = S3C2440_GetBase_NAND();
126
127     return (s3c2440nand->NFSTAT & S3C2440_NFSTAT_READY);
128 }
129
130 /*
131  * Nand flash 硬件初始化:
132  * 设置 NAND Flash 的时序, 使能 NAND Flash 控制器
133  */
134 static void s3c24x0_nand_inithw(void)
```

```c
135 {
136     S3C2410_NAND * const s3c2410nand = S3C2410_GetBase_NAND();
137     S3C2440_NAND * const s3c2440nand = S3C2440_GetBase_NAND();
138
139 #define TACLS   0
140 #define TWRPH0  4
141 #define TWRPH1  2
142
143     if (gd->bd->bi_arch_number == MACH_TYPE_SMDK2410)
144     {
145         /* 使能NAND Flash控制器，初始化ECC，使能片选信号，设置时序 */
146         s3c2410nand->NFCONF = (1<<15)|(1<<12)|(1<<11)|(TACLS<<8)| (TWRPH0<<4)|(TWRPH1<<0);
147     }
148     else
149     {
150         /* 设置时序 */
151         s3c2440nand->NFCONF = (TACLS<<12)|(TWRPH0<<8)|(TWRPH1<<4);
152         /* 初始化ECC，使能NAND Flash控制器，使能片选信号 */
153         s3c2440nand->NFCONT = (1<<4)|(0<<1)|(1<<0);
154     }
155 }
156
157 /*
158  * 被drivers/nand/nand.c调用，初始化NAND Flash硬件，初始化访问接口函数
159  */
160 void board_nand_init(struct nand_chip *chip)
161 {
162     S3C2410_NAND * const s3c2410nand = S3C2410_GetBase_NAND();
163     S3C2440_NAND * const s3c2440nand = S3C2440_GetBase_NAND();
164
165     s3c24x0_nand_inithw();  /* Nand flash硬件初始化 */
166
167     if (gd->bd->bi_arch_number == MACH_TYPE_SMDK2410) {
168         chip->IO_ADDR_R   = (void *)&s3c2410nand->NFDATA;
169         chip->IO_ADDR_W   = (void *)&s3c2410nand->NFDATA;
170         chip->hwcontrol   = s3c2410_nand_hwcontrol;
171         chip->dev_ready   = s3c2410_nand_devready;
172         chip->select_chip = s3c2410_nand_select_chip;
```

```
173              chip->options       = 0;  /* 设置位宽等，位宽为8 */
174          } else {
175              chip->IO_ADDR_R     = (void *)&s3c2440nand->NFDATA;
176              chip->IO_ADDR_W     = (void *)&s3c2440nand->NFDATA;
177              chip->hwcontrol     = s3c2440_nand_hwcontrol;
178              chip->dev_ready     = s3c2440_nand_devready;
179              chip->select_chip   = s3c2440_nand_select_chip;
180              chip->options       = 0;  /* 设置位宽等，位宽为8 */
181          }
182
183          chip->eccmode           = NAND_ECC_SOFT;  /* ECC校验方式：软件ECC */
184  }
185
186  #endif
```

文件中分别针对 S3C2410、S3C2440 实现了 NAND Flash 最底层访问函数，并进行了一些硬件的设置（比如时序、使能 NAND Flash 控制器等）。新的代码对 NAND Flash 的封装做得很好，只要向上提供底层初始化函数 board_nand_init 来设置好平台/开发板相关的初始化、提供底层接口即可。

最后，只要将新建的 nand_flash.c 文件编入 U-Boot 中就可以擦除、读写 NAND Flash 了。如下修改 cpu/arm920t/s3c24x0/Makefile 文件即可。

修改前：

```
COBJS   = i2c.o interrupts.o serial.o speed.o \
          usb_ohci.o
```

修改后：

```
COBJS   = i2c.o interrupts.o serial.o speed.o \
          usb_ohci.o nand_flash.o
```

现在，可以使用新编译的 U-Boot.bin 烧写内核映象到 NAND Flash 去了。

5. 支持烧写 yaffs 文件系统映象

在实际生产中，可以通过烧片器等手段将内核、文件系统映象烧入固态存储设备中，Bootloader 不需要具备烧写功能。但为了方便开发，通常在 Bootloader 中增加烧写内核、文件系统映象文件的功能。

增加了 NAND Flash 功能的 U-Boot 1.1.6 已经可以通过 "nand write…"、"nand write.jffs2…" 等命令来烧写内核，烧写 cramfs、jffs2 文件系统映象文件。但是在 NAND Flash 上，yaffs 文件系统的性能更佳，下面增加 "nand write.yaffs…" 命令以烧写 yaffs 文件系统映象文件。

"nand write.yaffs…" 字样的命令中，"nand" 是具体命令，"write.yaffs…" 是参数。nand

命令在 common/cmd_nand.c 中实现如下：

```
U_BOOT_CMD(nand, 5, 1, do_nand,
    "nand    - NAND sub-system\n",
    "info                - show available NAND devices\n"
    "nand device [dev]   - show or set current device\n"
    "nand read[.jffs2]   - addr off|partition size\n"
    "nand write[.jffs2]  - addr off|partiton size - read/write 'size' bytes starting\n"
    "    at offset 'off' to/from memory address 'addr'\n"
    ...
```

先在其中增加"nand write.yaffs…"的使用说明，如下所示：

```
U_BOOT_CMD(nand, 5, 1, do_nand,
    "nand    - NAND sub-system\n",
    "info                - show available NAND devices\n"
    "nand device [dev]   - show or set current device\n"
    "nand read[.jffs2]   - addr off|partition size\n"
    "nand write[.jffs2]  - addr off|partiton size - read/write 'size' bytes starting\n"
    "    at offset 'off' to/from memory address 'addr'\n"
    "nand read.yaffs addr off size - read the 'size' byte yaffs image starting\n"
    "    at offset 'off' to memory address 'addr'\n"
    "nand write.yaffs addr off size - write the 'size' byte yaffs image starting\n"
    "    at offset 'off' from memory address 'addr'\n"
    ...
```

然后，在 nand 命令的处理函数 do_nand 中增加对"write.yaffs…"的支持。do_nand 函数仍在 common/cmd_nand.c 中实现，代码修改如下：

```
331         (!strcmp(s, ".jffs2") || !strcmp(s, ".e") || !strcmp(s, ".i"))) {
...
354         }else if ( s != NULL && !strcmp(s, ".yaffs")){
355             if (read) {
356                 /* read */
357                 nand_read_options_t opts;
358                 memset(&opts, 0, sizeof(opts));
359                 opts.buffer = (u_char*) addr;
360                 opts.length = size;
```

```
361                 opts.offset = off;
362                 opts.readoob = 1;
363                 opts.quiet      = quiet;
364                 ret = nand_read_opts(nand, &opts);
365             } else {
366                 /* write */
367                 nand_write_options_t opts;
368                 memset(&opts, 0, sizeof(opts));
369             opts.buffer = (u_char*) addr;     /* yaffs 文件系统映象存放的地址 */
370                 opts.length = size;            /* 长度 */
371             opts.offset = off;                 /* 要烧写到的 NAND Flash 的偏移地址 */
372                 /* opts.forceyaffs = 1; */     /* 计算 ECC 码的方法，没有使用 */
373                 opts.noecc = 1;                      /* 不需要计算 ECC，yaffs 映
象中有OOB 数据 */
374                 opts.writeoob = 1;          /* 写 OOB 区 */
375                 opts.blockalign = 1;        /* 每个"逻辑上的块"大小为 1 个"物
理块" */
376                 opts.quiet      = quiet;    /* 是否打印提示信息 */
377                 opts.skipfirstblk = 1;            /* 跳过第一个可用块 */
378                 ret = nand_write_opts(nand, &opts);
379             }
380         } else {
...
385         }
386
```

第 354～379 行就是针对命令"nand read.yaffs…"、"nand write.yaffs…"增加的代码。有兴趣的读者可以自己分析"if (read)"分支的代码，下面只讲解"else"分支，即"nand write.yaffs…"命令的实现。

NAND Flash 每一页大小为（512+16）字节（还有其他格式的 NAND Flash，比如每页大小为(256+8)、(2048+64)等），其中的 512 字节就是一般存储数据的区域，16 字节称为 OOB（Out Of Band）区。通常在 OOB 区存放坏块标记、前面 512 字节的 ECC 校验码等。

cramfs、jffs2 文件系统映象文件中并没有 OOB 区的内容，如果将它们烧入 NOR Flash 中，则是简单的"平铺"关系；如果将它们烧入 NAND Flash 中，则 NAND Flash 的驱动程序首先根据 OOB 的标记略过坏块，然后将一页数据（512 字节）写入后，还会计算这 512 字节的 ECC 校验码，最后将它写入 OOB 区，如此循环。cramfs、jffs2 文件系统映象文件的大小通常是 512 的整数倍。

而 yaffs 文件系统映象文件的格式则跟它们不同，文件本身就包含了 OOB 区的数据（里面有坏块标记、ECC 校验码、其他 yaffs 相关的信息）。所以烧写时，不需要再计算 ECC 值，首先检查是否坏块（是则跳过），然后写入 512 字节的数据，最后写入 16 字节的 OOB 数据，

如此循环。yaffs 文件系统映象文件的大小是（512+16）的整数倍。

> **注意** 烧写 yaffs 文件系统映象时，分区上第一个可用的（不是坏块）块也要跳过。

下面分析上面的代码。

第 369~371 行设置源地址、目的地址、长度。烧写 yaffs 文件系统映象前，一般通过网络将它下载到内存某个地址处（比如 0x30000000），然后通过类似"nand write.yaffs 0x30000000 0x00A00000 $(filesize)"的命令烧到 NAND Flash 的偏移地址 0x00A00000 处。对于这个命令，第 369 行中 opts.buffer 等于 0x30000000，第 370 行中 opts.length 等于$(filesize)的值，就是前面下载的文件的大小，第 371 行中的 opts.offset 等于 0x00A00000。

这里列出不使用的第 372 行，是因为 opts.forceyaffs 这个名字很有欺骗性，它其实是指计算 ECC 校验码的一种方法。烧写 yaffs 文件系统映象时，不需要计算 ECC 校验码。

第 373、374 行指定烧写数据时不计算 ECC 校验码、而是烧入文件中的 OOB 数据。

第 375 行指定"逻辑块"的大小，"逻辑块"可以由多个"物理块"组成，在 yaffs 文件系统映象中，它们是 1:1 的关系。

第 377 行的 opts.skipfirstblk 是新加的项，nand_write_options_t 结构中没有 skipfirstblk 成员。它表示烧写时跳过第一个可用的逻辑块，这是由 yaffs 文件系统的特性决定的。

既然 skipfirstblk 是在 nand_write_options_t 结构中新加的项，那么就要重新定义 nand_write_options_t 结构，并在下面调用的 nand_write_opts 函数中对它进行处理。

首先在 include/nand.h 中进行如下修改，增加 skipfirstblk 成员。

```
struct nand_write_options {
        u_char *buffer;      /* memory block containing image to write */
        ulong length;        /* number of bytes to write */
        ulong offset;        /* start address in NAND */
        int quiet;           /* don't display progress messages */
        int autoplace;       /* if true use auto oob layout */
        int forcejffs2;      /* force jffs2 oob layout */
        int forceyaffs;      /* force yaffs oob layout */
        int noecc;           /* write without ecc */
        int writeoob;        /* image contains oob data */
        int pad;             /* pad to page size */
        int blockalign;      /* 1|2|4 set multiple of eraseblocks to align to */
        int skipfirstblk;    /* 新加，烧写时跳过第一个可用的逻辑块 */
};
typedef struct nand_write_options nand_write_options_t;
```

然后，修改 nand_write_opts 函数，增加对 skipfirstblk 成员的支持。它在 drivers/nand/nand_util.c 文件中，下面的第 301、第 430~435 行的新加的。

```
285 int nand_write_opts(nand_info_t *meminfo, const nand_write_options_t *opts)
286 {
```

```
...
300     int result;
301     int skipfirstblk = opts->skipfirstblk;
...
397         while (blockstart != (mtdoffset & (~erasesize_blockalign+1))) {
...
430         /* skip the first good block when wirte yaffs image/
431         if(skipfirstblk) {
432             mtdoffset += erasesize_blockalign;
433             skipfirstblk = 0;
434             continue;
435         }
...
```

进行了上面的移植后，U-Boot 已经可以烧写 yaffs 文件系统映象了。由于前面设置 "opts.noecc = 1" 不使用 ECC 校验码，在烧写过程中会出现很多的提示信息，如下所示：

```
Writing data without ECC to NAND-FLASH is not recommended
```

可以修改 drivers/nand/nand_base.c 文件的 nand_write_page 函数，将它去掉。
修改前：

```
917 case NAND_ECC_NONE:
918     printk (KERN_WARNING "Writing data without ECC to NAND-FLASH is not recommended\n");
```

修改后：

```
917 case NAND_ECC_NONE:
918     //printk (KERN_WARNING "Writing data without ECC to NAND-FLASH is not recommended\n");
```

6. 修改默认配置参数以方便使用

前面移植网卡芯片 CS8900 时，已经设置过默认 IP 地址等。为了使用 U-Boot 时减少一些设置，现在修改配置文件 include/configs/100ask24x0.h，增加默认配置参数，其中一些在移植过程中已经增加的选项这里也再次说明。

（1）Linux 启动参数。
增加如下 3 个宏：

```
#define CONFIG_SETUP_MEMORY_TAGS    1    /* 向内核传递内存分布信息 */
#define CONFIG_CMDLINE_TAG          1    /* 向内核传递命令行参数 */
/* 默认命令行参数 */
#define CONFIG_BOOTARGS             "noinitrd root=/dev/mtdblock 2 init=/linuxrc
```

```
console=ttySAC0"
```

(2) 自动启动命令。

增加如下 2 个宏：

```
/* 自动启动前延时 3s */
#define CONFIG_BOOTDELAY         3
/* 自动启动的命令 */
#define CONFIG_BOOTCOMMAND       "nboot 0x32000000 0 0; bootm 0x32000000"
```

自动启动时（开机 3s 内无输入），首先执行"nboot 0x32000000 0 0"命令将第 0 个 NAND Flash 偏移地址 0 上的映象文件复制到内存 0x32000000 中；然后执行"bootm 0x32000000"命令启动内存中的映象。

(3) 默认网络设置。

根据具体网络环境增加、修改下面 4 个宏：

```
#define CONFIG_ETHADDR       08:00:3e:26:0a:5b
#define CONFIG_NETMASK       255.255.255.0
#define CONFIG_IPADDR        192.168.1.17
#define CONFIG_SERVERIP      192.168.1.11
```

15.2.6 U-Boot 的常用命令

1. U-Boot 的常用命令的用法

进入 U-Boot 控制界面后，可以运行各种命令，比如下载文件到内存，擦除、读写 Flash，运行内存、NOR Flash、NAND Flash 中的程序，查看、修改、比较内存中的数据等。

使用各种命令时，可以使用其开头的若干个字母代替它。比如 tftpboot 命令，可以使用 t、tf、tft、tftp 等字母代替，只要其他命令不以这些字母开头即可。

当运行一个命令之后，如果它是可重复执行的（代码中使用 U_BOOT_CMD 定义这个命令时，第 3 个参数是 1），若想再次运行可以直接输入回车。

U-Boot 接收的数据都是十六进制，输入时可以省略前缀 0x、0X。

下面介绍常用的命令。

(1) 帮助命令 help。

运行 help 命令可以看到 U-Boot 中所有命令的作用，如果要查看某个命令的使用方法，运行"help 命令名"，比如"help bootm"。

可以使用"?"来代替"help"，比如直接输入"?"、"? bootm"。

(2) 下载命令。

U-Boot 支持串口下载、网络下载，相关命令有：loadb、loads、loadx、loady 和 tftpboot、nfs。

前几个串口下载命令使用方法相似，以 loadx 命令为例，它的用法为"loadx [off] [baud]"。"[]"表示里面的参数可以省略，off 表示文件下载后存放的内存地址，baud 表示使用的波特率。如果 baud 参数省略，则使用当前的波特率；如果 off 参数省略，存放的地址为配置文件中定义的宏 CFG_LOAD_ADDR。

tftpboot 命令使用 TFTP 协议从服务器下载文件，服务器的 IP 地址为环境变量 serverip。用法为"tftpboot [loadAddress] [bootfilename]"，loadAddress 表示文件下载后存放的内存地址，bootfilename 表示要下载的文件的名称。如果 loadAddress 省略，存放的地址为配置文件中定义的宏 CFG_LOAD_ADDR；如果 bootfilename 省略，则使用开发板的 IP 地址构造一个文件名，比如开发板 IP 为 192.168.1.17，则默认的文件名为 C0A80711.img。

nfs 命令使用 NFS 协议下载文件，用法为"nfs [loadAddress] [host ip addr:bootfilename]"。"loadAddress、bootfilename"的意义与 tftpboot 命令一样，"host ip addr"表示服务器的 IP 地址，默认为环境变量 serverip。

下载文件成功后，U-Boot 会自动创建或更新环境变量 filesize，它表示下载的文件的长度，可以在后续命令中使用"$(filesize)"来引用它。

（3）内存操作命令。

常用的命令有：查看内存命令 md、修改内存命令 md、填充内存命令 mw、复制命令 cp。这些命令都可以带上后缀".b"、".w"或".l"，表示以字节、字（2 个字节）、双字（4 个字节）为单位进行操作。比如"cp.l 30000000 31000000 2"将从开始地址 0x30000000 处，复制 2 个双字到开始地址为 0x31000000 的地方。

md 命令用法为"md[.b, .w, .l] address [count]"，表示以字节、字或双字（默认为双字）为单位，显示从地址 address 开始的内存数据，显示的数据个数为 count。

mm 命令用法为"mm[.b, .w, .l] address"，表示以字节、字或双字（默认为双字）为单位，从地址 address 开始修改内存数据。执行 mm 命令后，输入新数据后回车，地址会自动增加，按"Ctrl+C"键退出。

mw 命令用法为"mw[.b, .w, .l] address value [count]"，表示以字节、字或双字（默认为双字）为单位，往开始地址为 address 的内存中填充 count 个数据，数据值为 value。

cp 命令用法为"cp[.b, .w, .l] source target count"，表示以字节、字或双字（默认为双字）为单位，从源地址 source 的内存复制 count 个数据到目的地址的内存。

（4）NOR Flash 操作命令。

常用的命令有查看 Flash 信息的 flinfo 命令、加/解写保护命令 protect、擦除命令 erase。由于 NOR Flash 的接口与一般内存相似，所以一些内存命令可以在 NOR Flash 上使用，比如读 NOR Flash 时可以使用 mm、cp 命令，写 NOR Flash 时可以使用 cp 命令（cp 根据地址分辨出是 NOR Flash，从而调用 NOR Flash 驱动完成写操作）。

直接运行"flinfo"即可看到 NOR Flash 的信息，有 NOR Flash 的型号、容量、各扇区的开始地址、是否只读等信息。比如对于本书基于的开发板，flinfo 命令的结果如下：

```
Bank # 1: AMD: 1x Amd29LV800BB (8Mbit)
  Size: 1 MB in 19 Sectors
  Sector Start Addresses:
    00000000  (RO)  00004000  (RO)  00006000  (RO)  00008000  (RO)  00010000  (RO)
    00020000  (RO)  00030000        00040000        00050000        00060000
    00070000        00080000        00090000        000A0000        000B0000
    000C0000        000D0000        000E0000        000F0000  (RO)
```

其中的 RO 表示该扇区处于写保护状态，只读。

对于只读的扇区，在擦除、烧写它之前，要先解除写保护。最简单的命令为"protect off all"，解除所有 NOR Flash 的写保护。

erase 命令常用的格式为"erase start end"，擦除的地址范围为 start～end；"erase start +len"，擦除的地址范围为 start～（star+tlen-1），"erase all"，表示擦除所有 NOR Flash。

> **注意** 其中的地址范围，刚好是一个扇区的开始地址到另一个（或同一个）扇区的结束地址。比如要擦除 Amd29LV800BB 的前 5 个扇区，执行的命令为 "erase 0 0x2ffff"，而非 "erase 0 0x30000"。

（5）NAND Flash 操作命令。

NAND Flash 操作命令只有一个：nand，它根据不同的参数进行不同操作，比如擦除、读取、烧写等。

"nand info" 查看 NAND Flash 信息。

"nand erase [clean] [off size]" 擦除 NAND Flash。加上 "clean" 时，表示在每个块的第一个扇区的 OOB 区加写入清除标记；off、size 表示要擦除的开始偏移地址和长度，如果省略 off 和 size，表示要擦除整个 NAND Flash。

"nand read[.jffs2] addr off size" 从 NAND Flash 偏移地址 off 处读出 size 个字节的数据存放到开始地址为 addr 的内存中。是否加后缀 ".jffs" 的差别只是读操作时的 ECC 校验方法不同。

"nand write[.jffs2] addr off size" 把开始地址为 addr 的内存中的 size 个字节数据写到 NAND Flash 的偏移地址 off 处。是否加后缀 ".jffs" 的差别只是写操作时的 ECC 校验方法不同。

"nand read.yaffs addr off size" 从 NAND Flash 偏移地址 off 处读出 size 个字节的数据（包括 OOB 区域），存放到开始地址为 addr 的内存中。

"nand write.yaffs addr off size" 把开始地址为 addr 的内存中的 size 个字节数据（其中有要写入 OOB 区域的数据）写到 NAND Flash 的偏移地址 off 处。

"nand dump off" 将 NAND Flash 偏移地址 off 的一个扇区的数据打印出来，包括 OOB 数据。

（6）环境变量命令。

"printenv" 命令打印全部环境变量，"printenv name1 name2…" 打印名字为 name1、name2、…的环境变量。

"setenv name value" 设置名字为 name 的环境变量的值为 value。

"setenv name" 删除名字为 name 的环境变量。

上面的设置、删除操作只是在内存中进行，"saveenv"将更改后的所有环境变量写入 NOR Flash 中。

（7）启动命令。

不带参数的"boot"、"bootm"命令都是执行环境变量 bootcmd 所指定的命令。

"bootm [addr [arg…]]" 命令启动存放在地址 addr 处的 U-Boot 格式的映象文件（使用 U-Boot 目录 tools 下的 mkimage 工具制作得到），[arg…]表示参数。如果 addr 参数省略，映象文件所在地址为配置文件中定义的宏 CFG_LOAD_ADDR。

"go addr [arg…]" 与 bootm 命令类似，启动存放在地址 addr 处的二进制文件，[arg...]表示参数。

"nboot [[[loadAddr] dev] offset]"命令将 NAND Flash 设备 dev 上偏移地址 off 处的映象文件复制到内存 loadAddr 处，然后，如果环境变量 autostart 的值为 "yes"，就启动这个映象。如果 loadAddr 参数省略，存放地址为配置文件中定义的宏 CFG_LOAD_ADDR；如果 dev 参数省略，则它的取值为环境变量 bootdevice 的值；如果 offset 参数省略，则默认为 0。

2．U-Boot 命令使用实例

下面通过一个例子来演示如何使用各种命令烧写内核映象文件、yaffs 映象文件，并启动系统。

（1）制作内核映象文件。

对于本书使用的 Linux 2.6.22.6 版本，编译内核时可以直接生成 U-Boot 格式的映象文件 uImage。

对于不能直接生成 uImage 的内核，制作方法在 U-Boot 根目录下的 README 文件中有说明，假设已经编译好的内核文件为 vmlinux，它是 ELF 格式的。mkimage 是 U-Boot 目录 tools 下的工具，它在编译 U-Boot 时自动生成。执行以下 3 个命令将内核文件 vmlinux 制作为 U-Boot 格式的映象文件 uImage，它们首先将 vmlinux 转换为二进制格式，然后压缩，最后构造头部信息（里面包含有文件名称、大小、类型、CRC 校验码等），如下所示。

```
① arm-linux-objcopy -O binary -R .note -R .comment -S vmlinux linux.bin
② gzip -9 linux.bin
③ mkimage -A arm -O linux -T kernel -C gzip -a 0x30008000 -e 0x30008000 -n
"Linux Kernel Image" -d linux.bin.gz uImage
```

（2）烧写内核映象文件 uImage。

首先将 uImage 放在主机上的 tftp 或 nfs 目录下，确保已经开启 tftp 或 nfs 服务。

然后运行如下命令下载文件，擦除、烧写 NAND Flash，如下所示。

```
① tftp 0x30000000 uImage 或 nfs 0x30000000 192.168.1.57:/work/nfs_root/uImage
② nand erase 0x0 0x00200000
③ nand write.jffs2 0x30000000 0x0 $(filesize)
```

第 3 条命令之所以使用 "nand write.jffs2" 而不是 "nand write"，是因为前者不要求文件的长度是页对齐的（512 字节对齐）。也可以使用 "nand write"，但是需要将命令中的长度参数改为$(filesize)向上进行 512 取整（比如，513 向上进行 512 取整，结果为 512×2=1024）后的值。比如 uImage 的大小为 1540883，向上进行 512 取整后为 1541120（即 0x178400），可以使用命令 "nand write 0x30000000 0x0 0x178400" 进行烧写。

（3）烧写 yaffs 文件系统映象。

假设 yaffs 文件系统映象的文件名为 yaffs.img，首先将它放在主机上的 tftp 或 nfs 目录下，确保已经开启 tftp 或 nfs 服务；然后执行如下命令下载、擦除、烧写，如下所示。

```
① tftp 0x30000000 yaffs.img 或 nfs 0x30000000 192.168.1.57:/work/nfs_root/
yaffs.img
② nand erase 0xA00000 0x3600000
```

③ nand write.yaffs 0x30000000 0xA00000 $(filesize)

这时，重启系统，在 U-Boot 倒数 3s 之后，就会自动启动 Linux 系统。

（4）烧写 jffs2 文件系统映象。

假设 jffs2 文件系统映象的文件名为 jffs2.img，首先将它放在主机上的 tftp 或 nfs 目录下，确保已经开启 tftp 或 nfs 服务；然后执行如下命令下载、擦除、烧写，如下所示。

① tftp 0x30000000 jffs2.img 或 nfs 0x30000000 192.168.1.57:/work/nfs_root/jffsz.img
② nand erase 0x200000 0x800000
③ nand write.jffs2 0x30000000 0x200000 $(filesize)

系统启动后，就可以使用"mount -t jffs2 /dev/mtdblock1 /mnt"挂接 jffs2 文件系统。

15.2.7 使用 U-Boot 来执行程序

在前面的实例中使用 JTAG 烧写程序到 NAND Flash，烧写过程十分缓慢。如果使用 U-Boot 来烧写 NAND Flash，效率会高很多。烧写二进制文件到 NAND Flash 中所使用的命令与上面烧写内核映象文件 uImage 的过程类似，只是不需要将二进制文件制作成 U-Boot 格式。

另外，可以将程序下载到内存中，然后使用 go 命令执行它。假设有一个程序的二进制可执行文件 test.bin，连接地址为 0x30000000。首先将它放在主机上的 tftp 或 nfs 目录下，确保已经开启 tftp 或 nfs 服务；然后将它下载到内存 0x30000000 处，最后使用 go 命令执行它，如下所示。

① tftp 0x30000000 test.bin 或 nfs 0x30000000 192.168.1.57:/work/nfs_root/test.bin
② go 0x30000000

第 16 章 移植 Linux 内核

本章目标

- 了解内核源码结构，了解内核启动过程
- 掌握内核配置方法
- 移植内核同时支持 S3C2410、S3C2440
- 掌握 MTD 设备的分区方法
- 掌握 YAFFS 文件系统的移植方法

16.1 Linux 版本及特点

Linux 内核的版本号可以从源代码的顶层目录下的 Makefile 中看到，比如下面几行它们构成了 Linux 的版本号：2.6.22.6。

```
VERSION = 2
PATCHLEVEL = 6
SUBLEVEL = 22
EXTRAVERSION = .6
```

其中的"VERSION"和"PATCHLEVEL"组成主版本号，比如 2.4、2.5、2.6 等，稳定版本的主版本号用偶数表示（比如 2.4、2.6），每隔 2~3 年出现一个稳定版本。开发中的版本号用奇数来表示（比如 2.3、2.5），它是下一个稳定版本的前身。

"SUBLEVEL"称为次版本号，它不分奇偶，顺序递增。每隔 1~2 个月发布一个稳定版本。

"EXTRAVERSION"称为扩展版本号，它不分奇偶，顺序递增。每周发布几次扩展版本号，修正最新的稳定版本的问题。值得注意的是，"EXTRAVERSION"也可以不是数字，而是类似"-rc6"的字样，表示这是一个测试版本。在新的稳定版本发布之前，会先发布几个测试版本用于测试。

Linux 内核的最初版本在 1991 年发布，这是 Linus Torvalds 为他的 386 开发的一个类 Minix 的操作系统。

Linux 1.0 的官方版发行于 1994 年 3 月，包含了 386 的官方支持，仅支持单 CPU 系统。

Linux 1.2 发行于 1995 年 3 月，它是第一个包含多平台（Alpha，Sparc，Mips 等）支持

的官方版本。

Linux 2.0 发行于 1996 年 6 月，包含很多新的平台支持，但是最重要的是，它是第一个支持 SMP（对称多处理器）体系的内核版本。

Linux 2.2 在 1999 年 1 月发布，它带来了 SMP 系统性能的极大提升，同时支持更多的硬件。

Linux 2.4 于 2001 年 1 月发布，它进一步地提升了 SMP 系统的扩展性，同时它也集成了很多用于支持桌面系统的特性：USB、PC 卡（PCMCIA）的支持，内置的即插即用等。

Linux 2.6 于 2003 年 12 月发布，在 Linux 2.4 的基础上作了极大的改进。2.6 内核支持更多的平台，从小规模的嵌入式系统到服务器级的 64 位系统；使用了新的调度器，进程的切换更高效；内核可被抢占，使得用户的操作可以得到更快速的响应；I/O 子系统也经历很大的修改，使得它在各种工作负荷下都更具响应性；模块子系统、文件系统都做了大量的改进。另外，以前使用 Linux 的变种μClinux 来支持没有 MMU 的处理器，现在 2.6 版本的 Linux 中已经合入了μClinux 的功能，也可以支持没有 MMU 的处理器。

16.2 Linux 移植准备

16.2.1 获取内核源码

登录 Linux 内核的官方网站 http://www.kernel.org/，可以看到如图 16.1 所示的内容。

The latest stable version of the Linux kernel is:	2.6.22.6	2007-08-31 06:25 UTC F V VI C	Changelog
The latest prepatch for the stable Linux kernel tree is:	2.6.23-rc6	2007-09-11 03:03 UTC B V VI C	Changelog
The latest snapshot for the stable Linux kernel tree is:	2.6.23-rc6-git7	2007-09-17 07:01 UTC B V C	
The latest 2.4 version of the Linux kernel is:	2.4.35.2	2007-09-08 16:53 UTC F V C	Changelog
The latest prepatch for the 2.4 Linux kernel tree is:	2.4.36-pre1	2007-09-08 17:50 UTC B V C	Changelog
The latest 2.2 version of the Linux kernel is:	2.2.26	2004-02-25 00:28 UTC F V	Changelog
The latest prepatch for the 2.2 Linux kernel tree is:	2.2.27-rc2	2005-01-12 23:55 UTC B V VI	Changelog
The latest -mm patch to the stable Linux kernels is:	2.6.23-rc4-mm1	2007-09-01 04:31 UTC B V	Changelog

F = full source, **B** = patch baseline, **V** = view patch, **VI** = view incremental, **C** = current changesets
Changelogs are provided by the kernel authors directly. Please don't write the webmaster about them.
Customize the patch viewer

图 16.1 kernel.org 网站首页

上面标明了 Linux 内核的最新稳定版本、正在开发的测试版本，图中间的版本号就是各种补丁的链接地址。图 16.1 中各种标记符的意义如表 16.1 所示。

表 16.1 **kernel.org 网站首页各标记符的意义**

标 记	描 述
F	全部代码，比如在图中第一行，单击“F”可以下载 2.6.22.6 的完整代码
B	当前的补丁基于哪个版本的内核，单击“B”可以下载这个内核
V	查看补丁文件的信息，修改了哪些文件
VI	查看与上一个扩展版本相比，修改了哪些文件
C	当前修改的记录，它更新非常频繁，可以看到一天之内有几个更改记录
Changelog	这是正式的修改记录，由开发者提供

一般而言，各种补丁文件都是基内核的某个正式版本生成的，除非使用标记符"B"指明了它所基于的版本。比如有补丁文件 patch-2.6.xx.1、patch-2.6.xx.2、patch-2.6.xx.3，它们都是基于内核 2.6.xx 生成的补丁文件。使用时可以在内核 2.6.xx 上直接打补丁 patch-2.6.xx.3，并不需要先打上补丁 patch-2.6.xx.1、patch-2.6.xx.2；相应地，如果已经打了补丁 patch-2.6.xx.2，在打补丁 patch-2.6.xx.3 前，要先去除 patch-2.6.xx.2。

本书在 Linux 2.6.22.6 上进行移植、开发，下载 linux-2.6.22.6.tar.bz2 后如下解压即可得到目录 linux-2.6.22.6，里面存放了内核源码，如下所示：

```
$ tar xjf linux-2.6.22.6.tar.bz2
```

也可以先下载内核源文件 linux-2.6.22.tar.bz2、补丁文件 patch-2.6.22.6.bz2，然后解压、打补丁（假设源文件、补丁文件放在同一个目录下），如下所示：

```
$ tar xjf linux-2.6.22.tar.bz2
$ tar xjf patch-2.6.22.6.bz2
$ cd linux-2.6.22
$ patch -p1 < ../patch-2.6.22.6
```

以下，都假设内核源码所在目录为 linux-2.6.22.6。

16.2.2 内核源码结构及 Makefile 分析

1．内核源码结构

Linux 内核文件数目将近 2 万，除去其他架构 CPU 的相关文件，支持 S3C2410、S3C2440 这两款芯片的完整内核文件有 1 万多个。这些文件的组织结构并不复杂，它们分别位于顶层目录下的 17 个子目录，各个目录功能独立。表 16.2 描述了各目录的功能，最后 2 个目录不包含内核代码。

表 16.2　　　　　　　　　　　　　Linux 内核子目录结构

目录名	描　　述
arch	体系结构相关的代码，对于每个架构的 CPU，arch 目录下有一个对应的子目录，比如 arch/arm/、arch/i386/
block	块设备的通用函数
crypto	常用加密和散列算法（如 AES、SHA 等），还有一些压缩和 CRC 校验算法
drivers	所有的设备驱动程序，里面每一个子目录对应一类驱动程序，比如 drivers/block/为块设备驱动程序，drivers/char/为字符设备驱动程序，drivers/mtd/为 NOR Flash、NAND Flash 等存储设备的驱动程序
fs	Linux 支持的文件系统的代码，每个子目录对应一种文件系统，比如 fs/jffs2/、fs/ext2/、fs/ext3/
include	内核头文件，有基本头文件（存放在 include/linux/目录下）、各种驱动或功能部件的头文件（比如 include/media/、include/mtd/、include/net /）、各种体系相关的头文件（比如 include/asm-arm/、include/asm-i386/）。当配置内核后，include/asm 是某个 include/asm-xxx/（比如 include/asm-arm/）的链接
init	内核的初始化代码（不是系统的引导代码），其中的 main.c 文件中的 start_kernel 函数是内核引导后运行的第一个函数
ipc	进程间通信的代码

续表

目 录 名	描 述
Kernel	内核管理的核心代码，与处理器相关的代码位于 arch/*/kernel/目录下
lib	内核用到的一些库函数代码，比如 crc32.c、string.c，与处理器相关的库函数代码位于 arch/*/lib/目录下
mm	内存管理代码，与处理器相关的内存管理代码位于 arch/*/mm/目录下
net	网络支持代码，每个子目录对应于网络的一个方面
security	安全、密钥相关的代码
sound	音频设备的驱动程序
usr	用来制作一个压缩的 cpio 归档文件：initrd 的镜像，它可以作为内核启动后挂接（mount）的第一个文件系统（一般用不到）
Documentation	内核文档
scripts	用于配置、编译内核的脚本文件

对于 ARM 架构的 S3C2410、S3C2440，其体系相关的代码在 arch/arm/目录下，在后面进行 Linux 移植时，开始的工作正是修改这个目录下的文件。如图 16.2 所示为内核代码的层次结构。

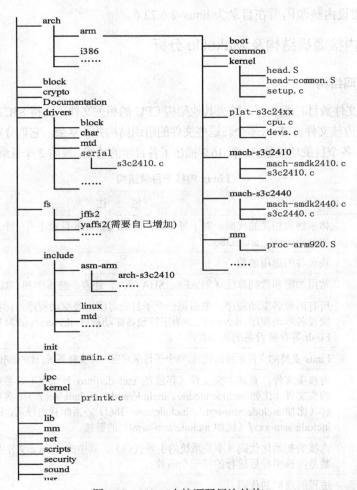

图 16.2　Linux 内核源码层次结构

2. Linux Makefile 分析

内核中的哪些文件将被编译？它们是怎样被编译的？它们连接时的顺序如何确定？哪个文件在最前面？哪些文件或函数先执行？这些都是通过 Makefile 来管理的。从最简单的角度来总结 Makefile 的作用，有以下 3 点。

（1）决定编译哪些文件。
（2）怎样编译这些文件？
（3）怎样连接这些文件，最重要的是它们的顺序如何？

Linux 内核源码中含有很多个 Makefile 文件，这些 Makefile 文件又要包含其他一些文件（比如配置信息、通用的规则等）。这些文件构成了 Linux 的 Makefile 体系，可以分为表 16.3 中的 5 类。

表 16.3　　　　　　　　　　　Linux 内核 Makefile 文件分类

名　　　称	描　　　述
顶层 Makefile	它是所有 Makefile 文件的核心，从总体上控制着内核的编译、连接
.config	配置文件，在配置内核时生成。所有 Makefile 文件（包括顶层目录及各级子目录）都是根据.config 来决定使用哪些文件
arch/$(ARCH)/Makefile	对应体系结构的 Makefile，它用来决定哪些体系结构相关的文件参与内核的生成，并提供一些规则来生成特定格式的内核映象
scripts/Makefile.*	Makefile 共用的通用规则、脚本等
kbuild Makefiles	各级子目录下的 Makefile，它们相对简单，被上一层 Makefile 调用来编译当前目录下的文件

内核文档 Documentation/kbuild/makefiles.txt 对内核中 Makefile 的作用、用法讲解得非常透彻，以下根据前面总结的 Makefile 的 3 大作用分析这 5 类文件。

（1）决定编译哪些文件。

Linux 内核的编译过程从顶层 Makefile 开始，然后递归地进入各级子目录调用它们的 Makefile，分为 3 个步骤。

① 顶层 Makefile 决定内核根目录下哪些子目录将被编进内核。
② arch/$(ARCH)/Makefile 决定 arch/$(ARCH)目录下哪些文件、哪些目录将被编进内核。
③ 各级子目录下的 Makefile 决定所在目录下哪些文件将被编进内核，哪些文件将被编成模块（即驱动程序），进入哪些子目录继续调用它们的 Makefile。

先看步骤①，在顶层 Makefile 中可以看到如下内容：

```
433 init-y     := init/
434 drivers-y  := drivers/ sound/
435 net-y      := net/
436 libs-y     := lib/
437 core-y     := usr/
…
556 core-y     += kernel/ mm/ fs/ ipc/ security/ crypto/ block/
```

可见，顶层 Makefile 将这 13 个子目录分为 5 类：init-y、drivers-y、net-y、libs-y 和 core-y。表 16.2 中有 17 个子目录，除去 include 目录和后面两个不包含内核代码的目录外，还有一个 arch 目录没有出现在内核中。它在 arch/$(ARCH)/Makefile 中被包含进内核，在顶层 Makefile 中直接包含了这个 Makefile，如下所示：

```
491 include $(srctree)/arch/$(ARCH)/Makefile
```

对于 ARCH 变量，可以在执行 make 命令时传入，比如 "make ARCH=arm …"。另外，对于非 x86 平台，还需要指定交叉编译工具，这也可以在执行 make 命令时传入，比如 "make CROSS_COMPILE=arm-linux- …"。为了方便，常在顶层 Makefile 中进行如下修改。

修改前：

```
185 ARCH              ?= $(SUBARCH)
186 CROSS_COMPILE     ?=
```

修改后：

```
185 ARCH              ?= arm
186 CROSS_COMPILE     ?= arm-linux-
```

对于步骤②的 arch/$(ARCH)/Makefile，以 ARM 体系为例，在 arch/arm/Makefile 中可以看到如下内容：

```
 94 head-y              := arch/arm/kernel/head$(MMUEXT).o arch/arm/kernel/init_task.o
…
171 core-y              += arch/arm/kernel/ arch/arm/mm/ arch/arm/common/
172 core-y              += $(MACHINE)
173 core-$(CONFIG_ARCH_S3C2410) += arch/arm/mach-s3c2400/
174 core-$(CONFIG_ARCH_S3C2410) += arch/arm/mach-s3c2412/
175 core-$(CONFIG_ARCH_S3C2410) += arch/arm/mach-s3c2440/
…
191 libs-y              := arch/arm/lib/ $(libs-y)
…
```

从第 94 行可知，除前面的 5 类子目录外，又出现了另一类：head-y，不过它直接以文件名出现。MMUEXT 在 arch/arm/Makefile 前面定义，对于没有 MMU 的处理器，MMUEXT 的值为-nommu，使用文件 head-nommu.S；对于有 MMU 的处理器，MMUEXT 的值为空，使用文件 head.S。

arch/arm/Makefile 中类似第 171、172、173 行的代码进一步扩展了 core-y 的内容，第 191 行扩展了 libs-y 的内容，这些都是体系结构相关的目录。第 173～175 行中的 CONFIG_ARCH_S3C2410 在配置内核时定义，它的值有 3 种：y、m 或空。y 表示编进内核，m 表示编为模块，空表示不使用。

编译内核时，将依次进入 init-y、core-y、libs-y、drivers-y 和 net-y 所列出的目录中执行它们的 Makefile，每个子目录都会生成一个 built-in.o（libs-y 所列目录下，有可能生成 lib.a 文件)。最后,head-y 所表示的文件将和这些 built-in.o、lib.a 一起被连接成内核映象文件 vmlinux。
最后,看一下步骤③是怎么进行的。

在配置内核时,生成配置文件.config(具体的配置过程在 16.2.3 小节讲述)。内核顶层 Makefile 使用如下语句间接包含.config 文件,以后就根据.config 中定义的各个变量决定编译哪些文件。之所以说是"间接"包含,是因为包含的是 include/config/auto.conf 文件,而它只是将.config 文件中的注释去掉,并根据顶层 Makefile 中定义的变量增加了一些变量而已。

```
441 # Read in config
442 -include include/config/auto.conf
```

include/config/auto.conf 文件的生成过程不再描述,它与.config 的格式相同,摘选部分内容如下(注意,下面以"#"开头的行是本书加的注释):

```
CONFIG_ARCH_SMDK2410=y
CONFIG_ARCH_S3C2440=y
# .config 中没有下面这行,它是根据顶层 Makefile 中定义的内核版本号增加的
CONFIG_KERNELVERSION="2.6.22.6"
# .config 中没有下面这行,它是根据顶层 Makefile 中定义的 ARCH 变量增加的
CONFIG_ARCH="arm"
CONFIG_JFFS2_FS=y
CONFIG_LEDS_S3C24XX=m
```

在 include/config/auto.conf 文件中,变量的值主要有两类:"y" 和 "m"。各级子目录的 Makefile 使用这些变量来决定哪些文件被编进内核中,哪些文件被编成模块(即驱动程序),要进入哪些下一级子目录继续编译,这通过以下 4 种方法来确定(obj-y、obj-m、lib-y 是 Makefile 中的变量)。

① obj-y 用来定义哪些文件被编进(built-in)内核。

obj-y 中定义的.o 文件由当前目录下的.c 或.S 文件编译生成,它们连同下级子目录的 built-in.o 文件一起被组合成(使用"$(LD) –r"命令)当前目录下的 built-in.o 文件。这个 built-in.o 文件将被它的上一层 Makefile 使用。

obj-y 中各个.o 文件的顺序是有意义的,因为内核中用 module_init()或 __initcall 定义的函数将按照它们的连接顺序被调用。

例 16.1:当下面的 CONFIG_ISDN、CONFIG_ISDN_PPP_BSDCOMP 在.config 中被定义为 y 时,isdn.c 或 isdn.S、isdn_bsdcomp.c 或 isdn_bsdcomp.S 被编译成 isdn.o、isdn_bsdcomp.o。这两个.o 文件被组合进 built-in.o 文件中,最后被连接进入内核。假如 isdn.o、isdn_bsdcomp.o 中分别用 module_init(A)、module_init(B)定义了函数 A、B,则内核启动时 A 先被调用,然后是 B。

```
obj-$(CONFIG_ISDN)                += isdn.o
obj-$(CONFIG_ISDN_PPP_BSDCOMP) += isdn_bsdcomp.o
```

② obj-m 用来定义哪些文件被编译成可加载模块(Loadable module)。

obj-m 中定义的.o 文件由当前目录下的.c 或.S 文件编译生成,它们不会被编进 built-in.o 中,而是被编成可加载模块。

一个模块可以由一个或几个.o 文件组成。对于只有一个源文件的模块，在 obj-m 中直接增加它的.o 文件即可。对于有多个源文件的模块，除在 obj-m 中增加一个.o 文件外，还要定义一个<module_name>-objs 变量来告诉 Makefile 这个.o 文件由哪些文件组成。

例 16.2：当下面的 CONFIG_ISDN_PPP_BSDCOMP 在.config 文件中被定义为 m 时，isdn_bsdcomp.c 或 isdn_bsdcomp.S 将被编译成 isdn_bsdcomp.o 文件，它最后被制作成 isdn_bsdcomp.ko 模块，如下所示：

```
#drivers/isdn/i4l/Makefile
obj-$(CONFIG_ISDN_PPP_BSDCOMP) += isdn_bsdcomp.o
```

例 16.3：当下面的 CONFIG_ISDN 在.config 文件中被定义为 m 时，将会生成一个 isdn.o 文件，它由 isdn-objs 中定义的 isdn_net_lib.o、isdn_v110.o、isdn_common.o 等 3 个文件组合而成。isdn.o 最后被制作成 isdn.ko 模块。

```
#drivers/isdn/i4l/Makefile
obj-$(CONFIG_ISDN) += isdn.o
isdn-objs := isdn_net_lib.o isdn_v110.o isdn_common.o
```

③ lib-y 用来定义哪些文件被编成库文件。

lib-y 中定义的.o 文件由当前目录下的.c 或.S 文件编译生成，它们被打包成当前目录下的一个库文件：lib.a。

同时出现在 obj-y、lib-y 中的.o 文件，不会被包含进 lib.a 中。

要把这个 lib.a 编进内核中，需要在顶层 Makefile 中 libs-y 变量中列出当前目录。要编成库文件的内核代码一般都在这两个目录下：lib/、arch/$(ARCH)/lib/。

④ obj-y、obj-m 还可以用来指定要进入的下一层子目录。

Linux 中一个 Makefile 文件只负责生成当前目录下的目标文件，子目录下的目标文件由子目录的 Makefile 生成。Linux 的编译系统会自动进入这些子目录调用它们的 Makefile，只是在这之前指定这些子目录。

这要用到 obj-y、obj-m，只要在其中增加这些子目录名即可。

例 16.4：fs/Makefile 中有如下一行，当 CONFIG_JFFS2_FS 被定义为 y 或 m 时，在编译时将会进入 jffs2/目录进行编译。Linux 的编译系统只会根据这些信息决定是否进入下一级目录，而下一级中的文件如何编译成 built-in.o 或模块由它的 Makefile 决定。

```
101 obj-$(CONFIG_JFFS2_FS)        += jffs2/
```

（2）怎样编译这些文件。

即编译选项、连接选项是什么。这些选项分 3 类：全局的，适用于整个内核代码树；局部的，仅适用于某个 Makefile 中的所有文件；个体的，仅适用于某个文件。

全局选项在顶层 Makefile 和 arch/$(ARCH)/Makefile 中定义，这些选项的名称为：CFLAGS、AFLAGS、LDFLAGS、ARFLAGS，它们分别是编译 C 文件的选项、编译汇编文件的选项、连接文件的选项、制作库文件的选项。

需要使用局部选项时，它们在各个子目录中定义，名称为：EXTRA_CFLAGS、EXTRA_AFLAGS、EXTRA_LDFLAGS、EXTRA_ARFLAGS，它们的用途与前述选项相同，只是适用范围比较小,它们针对当前 Makefile 中的所有文件。

另外,如果想针对某个文件定义它的编译选项,可以使用 CFLAGS_$@, AFLAGS_$@。前者用于编译某个 C 文件,后者用于编译某个汇编文件。$@表示某个目标文件名,比如以下代码表示编译 aha152x.c 时,选项中要额外加上 "-DAHA152X_STAT -DAUTOCONF"。

```
# drivers/scsi/Makefile
CFLAGS_aha152x.o =   -DAHA152X_STAT -DAUTOCONF
```

需要注意的是,这 3 类选项是一起使用的,在 scripts/Makefile.lib 中可以看到。

```
_c_flags       = $(CFLAGS) $(EXTRA_CFLAGS) $(CFLAGS_$(basetarget).o)
```

(3) 怎样连接这些文件,它们的顺序如何。

前面分析有哪些文件要编进内核时,顶层 Makefile 和 arch/$(ARCH)/Makefile 定义了 6 类目录(或文件):head-y、init-y、drivers-y、net-y、libs-y 和 core-y。它们的初始值如下(以 ARM 体系为例)。

arch/arm/Makefile 中:

```
94  head-y          := arch/arm/kernel/head$(MMUEXT).o arch/arm/kernel/init_task.o
…
171 core-y                      += arch/arm/kernel/ arch/arm/mm/ arch/arm/common/
172 core-y                      += $(MACHINE)
173 core-$(CONFIG_ARCH_S3C2410) += arch/arm/mach-s3c2400/
174 core-$(CONFIG_ARCH_S3C2410) += arch/arm/mach-s3c2412/
175 core-$(CONFIG_ARCH_S3C2410) += arch/arm/mach-s3c2440/
…
191 libs-y          := arch/arm/lib/ $(libs-y)
…
```

顶层 Makefile 中:

```
433 init-y     := init/
434 drivers-y  := drivers/ sound/
435 net-y      := net/
436 libs-y     := lib/
437 core-y     := usr/
…
556 core-y     += kernel/ mm/ fs/ ipc/ security/ crypto/ block/
```

可见,除 head-y 外,其余的 init-y、drivers-y 等都是目录名。在顶层 Makefile 中,这些目录名的后面直接加上 built-in.o 或 lib.a,表示要连接进内核的文件,如下所示:

```
567 init-y  := $(patsubst %/, %/built-in.o, $(init-y))
568 core-y  := $(patsubst %/, %/built-in.o, $(core-y))
```

```
569 drivers-y   := $(patsubst %/, %/built-in.o, $(drivers-y))
570 net-y       := $(patsubst %/, %/built-in.o, $(net-y))
571 libs-y1     := $(patsubst %/, %/lib.a, $(libs-y))
572 libs-y2     := $(patsubst %/, %/built-in.o, $(libs-y))
573 libs-y      := $(libs-y1) $(libs-y2)
```

上面的 patsubst 是个字符串处理函数,它的用法如下:

```
$(patsubst pattern,replacement,text)
```

表示寻找 "text" 中符合格式 "pattern" 的字,用 "replacement" 替换它们。比如上面的 init-y 初值为 "init/",经过第 567 行的交换后,"init-y" 变为 "init/built-in.o"。

顶层 Makefile 中,再往下看。

```
602 vmlinux-init := $(head-y) $(init-y)
603 vmlinux-main := $(core-y) $(libs-y) $(drivers-y) $(net-y)
604 vmlinux-all  := $(vmlinux-init) $(vmlinux-main)
605 vmlinux-lds  := arch/$(ARCH)/kernel/vmlinux.lds
```

第 604 行的 vmlinux-all 表示所有构成内核映象文件 vmlinux 的目标文件,从第 602~604 行可知这些目标文件的顺序为:head-y、init-y、core-y、libs-y、drivers-y、net-y,即 arch/arm/kernel/head.o(假设有 MMU,否则为 head-nommu.o)、arch/arm/kernel/ init_task.o、init/built-in.o、usr/built-in.o 等。

第 605 行表示连接脚本为 arch/$(ARCH)/kernel/vmlinux.lds。对于 ARM 体系,连接脚本就是 arch/arm/kernel/vmlinux.lds,它由 arch/arm/kernel/vmlinux.lds.S 文件生成,规则在 scripts/Makefile.build 中,如下所示:

```
248 $(obj)/%.lds: $(src)/%.lds.S FORCE
249     $(call if_changed_dep,cpp_lds_S)
250
```

现将生成的 arch/arm/kernel/vmlinux.lds 摘录如下:

```
286 SECTIONS
287 {
...
291 . = (0xc0000000) + 0x00008000; /* 代码段起始地址,这是个虚拟地址 */
292
293 .text.head : {
294     _stext = .;
295     _sinittext = .;
296     *(.text.head)
297 }
298
```

```
299   .init : { /* 内核初始化的代码和数据 */
...
343   }
344
...
355   .text : { /* 真正的代码段 */
356    _text = .; /* 代码段和只读数据段的开始地址 */
...
372   }
373   /* 只读数据 */
374   . = ALIGN((4096)); .rodata : AT(ADDR(.rodata) - 0) {……} . = ALIGN((4096));
375
376   _etext = .; /* 代码段和只读数据段的结束地址 */
……
386   .data : AT(__data_loc) {      /* 数据段 */
387    __data_start = .; /* 数据段起始地址 */
……
422    _edata = .;      /* 数据段结束地址 */
423   }
424   _edata_loc = __data_loc + SIZEOF(.data);    /* 数据段结束地址 */
425
426   .bss : {     /* BSS 段，没有初化或初值为 0 的全局、静态变量 */
427    __bss_start = .;    /* BSS 段起始地址 */
428    *(.bss)
429    *(COMMON)
430    _end = .;        /* BSS 段结束地址 */
431   }
432      /* 调试信息段 */
433   .stab 0 : { *(.stab) }
……
440   }
```

下面对本节分析 Makefile 的结果作一下总结。

（1）配置文件.config 中定义了一系列的变量，Makefile 将结合它们来决定哪些文件被编进内核、哪些文件被编成模块、涉及哪些子目录。

（2）顶层 Makefile 和 arch/$(ARCH)/Makefile 决定根目录下哪些子目录、arch/$(ARCH)目录下哪些文件和目录将被编进内核。

（3）最后，各级子目录下的 Makefile 决定所在目录下哪些文件将被编进内核，哪些文件将被编成模块（即驱动程序），进入哪些子目录继续调用它们的 Makefile。

（4）顶层 Makefile 和 arch/$(ARCH)/Makefile 设置了可以影响所有文件的编译、连接选项：CFLAGS、AFLAGS、LDFLAGS、ARFLAGS。

（5）各级子目录下的 Makefile 中可以设置能够影响当前目录下所有文件的编译、连接选项：EXTRA_CFLAGS、EXTRA_AFLAGS、EXTRA_LDFLAGS、EXTRA_ARFLAGS；还可以设置可以影响某个文件的编译选项：CFLAGS_$@, AFLAGS_$@。

（6）顶层 Makefile 按照一定的顺序组织文件，根据连接脚本 arch/$(ARCH)/kernel/vmlinux.lds 生成内核映象文件 vmlinux。

16.2.3 内核的 Kconfig 分析

在内核目录下执行"make menuconfig ARCH=arm CROSS_COMPILE=arm-linux-"时，就会看到一个如图 16.3 所示的菜单，这就是内核的配置界面。通过配置界面，可以选择芯片类型、选择需要支持的文件系统，去除不需要的选项等，这就称为"配置内核"。注意，也有其他形式的配置界面，比如"make config"命令启动字符配置界面，对于每个选项都会依次出现一行提示信息，逐个回答；"make xconfig"命令启动 X-windows 图形配置界面。

所有配置工具都是通过读取 arch/$(ARCH)/Kconfig 文件来生成配置界面，这个文件是所有配置文件的总入口，它会包含其他目录的 Kconfig 文件。配置界面如图 16.3 所示。

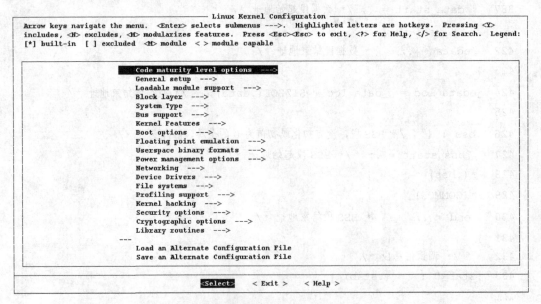

图 16.3 内核配置界面（菜单形式）

内核源码每个子目录中，都有一个 Makefile 文件和 Kconfig 文件。Makefile 的作用前面已经讲述，Kconfig 用于配置内核，它就是各种配置界面的源文件。内核的配置工具读取各个 Kconfig 文件，生成配置界面供开发人员配置内核，最后生成配置文件.config。

内核的配置界面以树状的菜单形式组织，主菜单下有若干个子菜单，子菜单下又有子菜单或配置选项。每个子菜单或选项可以有依赖关系，这些依赖关系用来确定它们是否显示。只有被依赖项的父项已经被选中，子项才会显示。

Kconfig 文件的语法可以参考 Documentation/kbuild/kconfig-language.txt 文件，下面讲述几个常用的语法，并在最后介绍菜单形式的配置界面操作方法。

1. Kconfig 文件的基本要素：config 条目（entry）

config 条目常被其他条目包含，用来生成菜单、进行多项选择等。

config 条目用来配置一个选项，或者这么说，它用于生成一个变量，这个变量会连同它的值一起被写入配置文件.config 中。比如有一个 config 条目用来配置 CONFIG_LEDS_S3C24XX，根据用户的选择，.config 文件中可能出现下面 3 种配置结果中的一个。

```
CONFIG_LEDS_S3C24XX=y          # 对应的文件被编进内核
CONFIG_LEDS_S3C24XX=m          # 对应的文件被编成模块
#CONFIG_LEDS_S3C24XX           # 对应的文件没有被使用
```

以一个例子说明 config 条目格式，下面代码选自 fs/Kconfig 文件，它用于配置 CONFIG_JFFS2_FS_POSIX_ACL 选项。

```
1255  config JFFS2_FS_POSIX_ACL
1256    bool "JFFS2 POSIX Access Control Lists"
1257    depends on JFFS2_FS_XATTR
1258    default y
1259    select FS_POSIX_ACL
1260    help
1261      Posix Access Control Lists (ACLs) support permissions for users and
1262      groups beyond the owner/group/world scheme.
1263
1264      To learn more about Access Control Lists, visit the Posix ACLs for
1265      Linux website <http://acl.bestbits.at/>.
1266
1267      If you don't know what Access Control Lists are, say N
1268
```

代码中包含了几乎所有的元素，下面一一说明。

第 1255 行中，config 是关键字，表示一个配置选项的开始；紧跟着的 JFFS2_FS_POSIX_ACL 是配置选项的名称，省略了前缀"CONFIG_"。

第 1256 行中，bool 表示变量类型，即 CONFIG_JFFS2_FS_POSIX_ACL 的类型。有 5 种类型：bool、tristate、string、hex 和 int，其中的 tristate 和 string 是基本的类型，其他类型是它们的变种。bool 变量取值有两种：y 和 n；tristate 变量取值有 3 种：y、n 和 m；string 变量取值为字符串；hex 变量取值为十六进制的数据；int 变量取值为十进制的数据。

"bool"之后的字符串是提示信息，在配置界面中上下移动光标选中它时，就可以通过按空格或回车键来设置 CONFIG_JFFS2_FS_POSIX_ACL 的值。提示信息的完整格式如下，如果使用"if <expr>"，则当 expr 为真时才显示提示信息。在实际使用时，prompt 关键字可以省略。

```
"prompt" <prompt> ["if" <expr>]
```

第 1257 行表示依赖关系，格式如下。只有 JFFS2_FS_XATTR 配置选项被选中时，当前配置选项的提示信息才会出现，才能设置当前配置选项。注意，如果依赖条件不满足，则它取默认值。

```
"depends on"/"requires" <expr>
```

第 1258 行的表示默认值为 y，格式如下：

```
"default" <expr> ["if" <expr>]
```

第 1259 行表示当前配置选项 FFS2_FS_POSIX_ACL 被选中时，配置选项 FS_POSIX_ACL 也会被自动选中，格式如下：

```
"select" <symbol> ["if" <expr>]
```

第 1260 行表示下面几行是帮助信息，帮助信息的关键字有如下两种，它们完全一样。当遇到一行的缩进距离比第一行帮助信息的缩进距离小时，表示帮助信息已经结束。比如第 1268 行的缩进距离比第 1267 的缩进距离小，帮助信息到第 1267 行结束。

```
"help" or "---help---"
```

> **注意** 除第 1255 行的关键字及配置选项的名称、第 1256 行的变量类型外，其他信息都是可以省略的。

2. menu 条目

menu 条目用于生成菜单，格式如下：

```
"menu" <prompt>
<menu options>
<menu block>
"endmenu"
```

它的实际使用并不如它的标准格式那样复杂，下面是一个例子。

```
menu "Floating point emulation"

config FPE_NWFPE
    ……
config FPE_NWFPE_XP
    ……
……
endmenu
```

menu 之后的字符串是菜单名，"menu" 和 "endmenu" 之间有很多 config 条目。在配置界面上会出现如下字样的菜单，移动光标选中它后按回车键进入，就会看到这些 config 条目定义的配置选项。

```
Floating point emulation  --->
```

3. choice 条目

choice 条目将多个类似的配置选项组合在一起，供用户单选或多选，格式如下：

```
"choice"
<choice options>
<choice block>
"endchoice"
```

实际使用中，也是在"choice"和"endchoice"之间定义多个 config 条目，比如 arch/arm/Kconfig 中有如下代码：

```
choice
    prompt "ARM system type"
    default ARCH_VERSATILE

config ARCH_AAEC2000
    ...
config ARCH_INTEGRATOR
    ...
endchoice
```

prompt "ARM system type"给出提示信息"ARM system type"，光标选中它后按回车键进入，就可以看到多个 config 条目定义的配置选项。

choice 条目中定义的变量类型只能有两种：bool 和 tristate，不能同时有这两种类型的变量。对于 bool 类型的 choice 条目，只能在多个选项中选择一个；对于 tristate 类型的 choice 条目，要么就把多个（可以是一个）选项都设为 m；要么就像 bool 类型的 choice 条目一样，只能选择一个。这是可以理解的，比如对于同一个硬件，它有多个驱动程序，可以选择将其中之一编译进内核中（配置选项设为 y），或者把它们都编译为模块（配置选项设为 m）。

4. comment 条目

comment 条目用于定义一些帮助信息，它在配置过程中出现在界面的第一行；并且这些帮助信息会出现在配置文件中（作为注释），格式如下：

```
"comment" <prompt>
<comment options>
```

实际使用中也很简单，比如 arch/arm/Kconfig 中有如下代码：

```
menu "Floating point emulation"


comment "At least one emulation must be selected"
...
```

进入菜单"Floating point emulation   --->"之后，在第一行会看到如下内容：

```
--- At least one emulation must be selected
```

而在.config文件中也会看到如下内容：

```
#
# At least one emulation must be selected
#
```

5. source 条目

source 条目用于读入另一个 Kconfig 文件，格式如下：

```
"source" <prompt>
```

下面是一个例子，取自 arch/arm/Kconfig 文件，它读入 net/Kconfig 文件。

```
source "net/Kconfig"
```

6. 菜单形式的配置界面操作方法

配置界面的开始几行就是它的操作方法，如图 16.4 所示。

```
┌──────────────── Linux Kernel Configuration ────────────────┐
│ Arrow keys navigate the menu. <Enter> selects submenus --->. Highlighted │
│ letters are hotkeys. Pressing <Y> includes, <N> excludes, <M> modularizes │
│ features. Press <Esc><Esc> to exit, <?> for Help, </> for Search. Legend: [*] │
│ built-in  [ ] excluded  <M> module  < > module capable │
```

图 16.4　菜单形式的配置界面的操作方法

内核 scripts/kconfig/mconf.c 文件的注释给出了更详细的操作方法，讲解如下。

一些特定功能的文件可以直接编译进内核中，或者编译成一个可加载模块，或者根本不使用它们。还有一些内核参数，必须给它们赋一个值：十进制数、十六进制数，或者一个字符串。

配置界面中，以[*]、<M>或[ ]开头的选项表示相应功能的文件被编译进内核中、被编译成一个模块，或者没有使用。尖括号<>表示相应功能的文件可以被编译成模块。

要修改配置选项，先使用方向键高亮选中它，按<Y>键选择将它编译进内核，按<M>键选择将它编译成模块，按<N>键将不使用它。也可以按空格键进行循环选择，例如：Y→N→M→Y。

上/下方向键用来高亮选中某个配置选项，如果要进入某个子菜单，先选中它，然后按回车键进入。配置选项的名字后有"--->"表示它是一个子菜单。配置选项的名称中有一个高亮的字母，它被称为"热键"（hotkey），直接输入热键就可以选中该配置选项，或者循环选中具有相同热键的配置选项。

可以使用翻页键<PAGE UP>和<PAGE DOWN>来移动配置界面中的内容。

要退出配置界面，使用左/右方向键选中<Exit>按钮，然后按回车键。如果没有配置选项使用后面这些按键作为热键的话，也可以按两次<ESC>键或<E> <X>键退出。

按<TAB>键可以在<Select>、<Exit>和<Help>这 3 个按钮中循环选中它们。

要想阅读某个配置选项的帮助信息，选中它之后，再选中<Help>按钮，按回车键；也可以选中配置选项后，直接按<H>或<?>键。

对于 choice 条目中的多个配置选项，使用方向键高亮选中某个配置选项，按<S>或空格键选中它；也可以通过输入配置选项的首字母，然后按<S>或空格键选中它。

对于 int、hex 或 string 类型的配置选项，要输入它们的值时，先高亮选中它，按回车键，输入数据，再按回车键。对于十六进制数据，前缀 0x 可以省略。

配置界面的最下面，有如下两行：

```
Load an Alternate Configuration File
Save an Alternate Configuration File
```

前者用于加载某个配置文件，后者用于将当前的配置保存到某个配置文件中去。需要注意的是，如果不使用这两个选项，配置的加载文件、输出文件都默认为.config 文件；如果加载了其他的文件（假设文件名为 A），然后在它的基础上进行修改，最后退出保存时，这些变动会保存到 A 中去，而不是.config。

当然，可以先加载（Load an Alternate Configuration File）文件 A，然后修改，最后保存（Save an Alternate Configuration File）到.config 中去。

16.2.4 Linux 内核配置选项

Linux 内核配置选项多达上千个，一个个地进行选择既耗费时间，对开发人员的要求也比较高（需要了解每个配置选项的作用）。一般的做法是在某个默认配置文件的基础上进行修改，比如我们可以先加载配置文件 arch/arm/configs/s3c2410_defconfig，再增加、去除某些配置选项。

下面分 3 部分介绍内核配置选项，先从整体介绍主菜单的类别，然后分别介绍和移植系统关系比较密切的"System Type"、"Device Drivers"菜单。

1. 配置界面主菜单的类别

表 16.4 讲解了主菜单的类别，以后读者配置内核时，可以根据自己所要设置的功能进入某个菜单，然后根据其中各个配置选项的帮助信息进行配置。

表 16.4　　　　　　　　　　　　　　　配置界面主菜单的类别/功能

配置界面主菜单	描　　述
Code maturity level options	代码成熟度选项：用于包含一些正在开发的或者不成熟的代码、驱动程序。一般不设置
General setup	常规设置：比如增加附加的内核版本号、支持内存页交换（swap）功能、System V 进程间通信等。除非很熟悉其中的内容，否则一般使用默认配置
Loadable module support	可加载模块支持：一般都会打开可加载模块支持（Enable loadable module support）、允许卸载已经加载的模块（Module unloading）、让内核通过运行 modprobe 来自动加载所需要的模块（Automatic kernel module loading）
Block layer	块设备层：用于设置块设备的一些总体参数，比如是否支持大于 2TB 的块设备、是否支持大于 2TB 的文件、设置 I/O 调度器等。一般使用默认值即可
System Type	系统类型：选择 CPU 的架构、开发板类型等与开发板相关的配置选项
Bus support	PCMCIA/CardBus 总线的支持，对于本书的开发板，不用设置
Kernel Features	用于设置内核的一些参数，比如是否支持内核抢占（这对实时性有帮助）、是否支持动态修改系统时钟（timer tick）等
Boot options	启动参数：比如设置默认的命令行参数等，一般不用理会

续表

配置界面主菜单	描述
Floating point emulation	浮点运算仿真功能：目前 Linux 还不支持硬件浮点运算，所以要选择一个浮点仿真器，一般选择"NWFPE math emulation"
Userspace binary formats	可执行文件格式：一般都选择支持 ELF、a.out 格式
Power management options	电源管理选项
Networking	网络协议选项：一般都选择"Networking support"以支持网络功能，选择"Packet socket"以支持 socket 接口功能，选择"TCP/IP networking"以支持 TCP/IP 网络协议。通常可以在选择"Networking support"后，使用默认配置
Device Drivers	设备驱动程序：几乎包含了 Linux 的所有驱动程序
File systems	文件系统：可以在里面选择要支持的文件系统，比如 EXT2、JFFS2 等
Profiling support	对系统的活动进行分析，仅供内核开发者使用
Kernel hacking	调试内核时的各种选项
Security options	安全选项：一般使用默认配置
Cryptographic options	加密选项
Library routines	库子程序：比如 CRC32 检验函数、zlib 压缩函数等。不包含在内核源码中的第三方内核模块可能需要这些库，可以全不选，内核中若有其他部分依赖它，会自动选上

2."System Type"菜单：系统类型

对于 arm 平台（在顶层 Makefile 中修改"ARCH ?= arm"），执行"make menuconfig"后在配置界面可以看到"System Type"字样，进入它得到另一个界面，如图 16.5 所示。

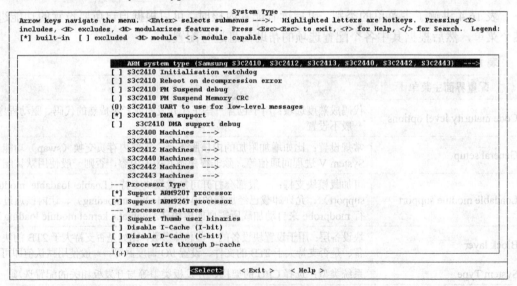

图 16.5 "System Type"菜单的配置界面

第一行"ARM system type"用来选择体系结构，进入它之后选中"Samsung S3C2410, S3C2412, S3C2413, S3C2440, S3C2442, S3C2443"，查看帮助信息可以知道它对应 CONFIG_ARCH_S3C2410 配置项。

下面几行用来设置 S3C2410（包括 S3C2412 等）系统的特性，比如选中"S3C2410 UART to use for low-level messages"后按回车键，可以输入数字，表示使用哪个串口来输入内核打印信息；选中"S3C2410 DMA support"表示支持 DMA 功能。

再往下的"S3C2410 Machines --->"、"S3C2440 Machines --->"表示这又是一个菜单，它们用来选择开发板类型。比如进入"S3C2410 Machines"菜单后，可以看到如下内容：

```
[*] SMDK2410/A9M2410
[ ] IPAQ H1940
[ ] Acer N30
[ ] Simtec Electronics BAST (EB2410ITX)
[ ] NexVision OTOM Board
[ ] AML M5900 Series
[ ] Thorcom VR1000
[*] QT2410
```

它们表示目前内核中支持 S3C2410 的 8 种开发板。选中某个开发板后，它相应的文件就会被编译进内核中。比如对于开发板"SMDK2410/A9M2410"，它的配置项为 CONFIG_ARCH_SMDK2410（可以查看帮助信息知道这点），在 arch/arm/mach-s3c2410/Makefile 中可以看到如下一行，表示如果选择支持该开发板，则 arch/arm/mach-s3c2410/mach-smdk2410.c 文件被编进内核中。

```
obj-$(CONFIG_ARCH_SMDK2410)     += mach-smdk2410.o
```

在移植内核时，可以选中某个配置相似的开发板，然后在上面进行修改。

后面的内容一看名字就可以了解它们的功能，不再介绍。

3. "Device Drivers"菜单：设备驱动程序

执行"make menuconfig"后在配置界面可以看到"Device Drivers"字样，进入它则进入如图 16.6 所示界面。

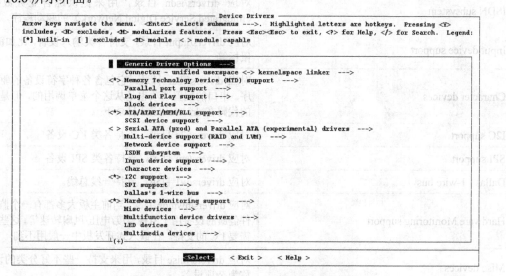

图 16.6　"Device Drivers"菜单的配置界面

图 16.6 中的各个子菜单与内核源码 drivers/目录下各个子目录一一对应，如表 16.5 所示。在配置过程中可以参考这个表格找到对应的配置选项；在添加新驱动时，也可以参考它来决定代码放在哪个目录下。

表 16.5　　　　　　　　　　设备驱动程序配置子菜单分类/功能

"Device Drivers" 子菜单	描　　述
Generic Driver Options	对应 drivers/base 目录，这是设备驱动程序中一些基本和通用的配置选项
Connector – unified userspace <-> kernelspace linker	对应 drivers/connector 目录，一般不用理会
Memory Technology Device (MTD) support	对应 drivers/mtd 目录，它用于支持各种新型的存储设备，比如 NOR Flash、NAND Flash 等
Parallel port support	对应 drivers/parport 目录，它用于支持各种并口设备，在一般嵌入式开发板中用不到
Plug and Play support	对应 drivers/pnp 目录，支持各种"即插即用"的设备
Block devices	对应 drivers/block 目录，包括回环设备、RAMDISK 等的驱动
ATA/ATAPI/MFM/RLL support	对应 drivers/ide 目录，它用来支持 ATA/ATAPI/MFM/RLL 接口的硬盘、软盘、光盘等
SCSI device support	对应 drivers/scsi 目录，支持各种 SCSI 接口的设备
Serial ATA (prod) and Parallel ATA (experimental) drivers	对应 drivers/ata 目录，支持 SATA 与 PATA 设备
Multi-device support (RAID and LVM)	对应 drivers/md 目录，表示多设备支持(RAID 和 LVM)。RAID 和 LVM 的功能是使多个物理设备组建成一个单独的逻辑磁盘
Network device support	对应 drivers/net 目录，用来支持各种网络设备，比如 CS8900、DM9000 等
ISDN subsystem	对应 drivers/isdn 目录，用来提供综合业务数字网 (Integrated Service Digital Network) 的驱动程序
Input device support	对应 drivers/input 目录，支持各类输入设备，比如键盘、鼠标等
Character devices	对应 drivers/char 目录，它包含各种字符设备的驱动程序。串口的配置选项也是从这个菜单调用的，但是串口的代码在 drivers/serial 目录下
I2C support	对应 drivers/i2c 目录，支持各类 I^2C 设备
SPI support	对应 drivers/spi 目录，支持各类 SPI 设备
Dallas's 1-wire bus	对应 drivers/w1 目录，支持一线总线。
Hardware Monitoring support	对应 drivers/hwmon 目录。当前主板大多都有一个监控硬件健康的设备用于监视温度/电压/风扇转速等，这些功能需要 I^2C 的支持。在嵌入式开发板中一般用不到
Misc devices	对应 drivers/misc 目录，用来支持一些不好分类的设备，称为杂项设备

续表

"Device Drivers" 子菜单	描 述
Multifunction device drivers	对应 drivers/mfd 目录，用来支持多功能的设备，比如 SM501，它既可用于显示图像，也可以用作串口等
LED devices	对应 drivers/leds 目录，包含各种 LED 驱动程序
Multimedia devices	对应 drivers/media 目录，包含多媒体驱动，比如 V4L（Video for Linux），它用于向上提供统一的图像、声音接口
Graphics support	对应 drivers/video 目录，提供图形设备/显卡的支持
Sound	对应 sound/目录（它不在 drivers/目录下），用来支持各种声卡
HID Devices	对应 drivers/hid 目录，用来支持各种 USB-HID 设备，或者符合 USB-HID 规范的设备（比如蓝牙设备）。HID 表示 human interface device，比如各种 USB 接口的鼠标/键盘/游戏杆/手写板等输入设备
USB support	对应 drivers/usb 目录，包括各种 USB Host 和 USB Device 设备
MMC/SD card support	对应 drivers/mmc 目录，用来支持各种 MMC/SD 卡
Real Time Clock	对应 drivers/rtc 目录，用来支持各种实时时钟设备。比如 S3C24x0 上就集成了 RTC 芯片

16.3 Linux 内核移植

本节将修改 linux-2.6.22.6 内核，使得它可以同时在本书所用的 S3C2410、S3C2440 开发板上运行，并修改相关驱动使它支持网络功能、支持 JFFS2、YAFFS 文件系统，同时修改 MTD 设备分区，使得内核可以挂接 NAND Flash 上的文件系统。首先讲解内核启动过程，然后详细讲解移植步骤。

16.3.1 Linux 内核启动过程概述

与移植 U-Boot 的过程相似，在移植 Linux 之前，先了解它的启动过程。Linux 的启动过程可以分为两部分：架构/开发板相关的引导过程、后续的通用启动过程。如图 16.7 所示是 ARM 架构处理器上 Linux 内核 vmlinux 的启动过程。之所以强调是 vmlinux，是因为其他格式的内核在进行与 vmlinux 相同的流程之前会有一些独特的操作。比如对于压缩格式的内核 zImage，它首先进行自解压得到 vmlinux，然后执行 vmlinux 开始"正常的"启动流程。

引导阶段通常使用汇编语言编写，它首先检查内核是否支持当前架构的处理器，然后检查是否支持当前开发板。通过检查后，就为调用下一阶段的 start_kernel 函数作准备了。这主要分如下两个步骤。

① 连接内核时使用的虚拟地址，所以要设置页表、使能 MMU。

② 调用 C 函数 start_kernel 之前的常规工作，包括复制数据段、清除 BSS 段、调用 start_kernel 函数。

第二阶段的关键代码主要使用 C 语言编写。它进行内核初始化的全部工作，最后调用 rest_init 函数启动 init 过程，创建系统第一个进程：init 进程。在第二阶段，仍有部分架构/开发板相关的代码，比如图 16.7 中的 setup_arch 函数用于进行架构/开发板相关的设置（比如重新设置页表、设置系统时钟、初始化串口等）。

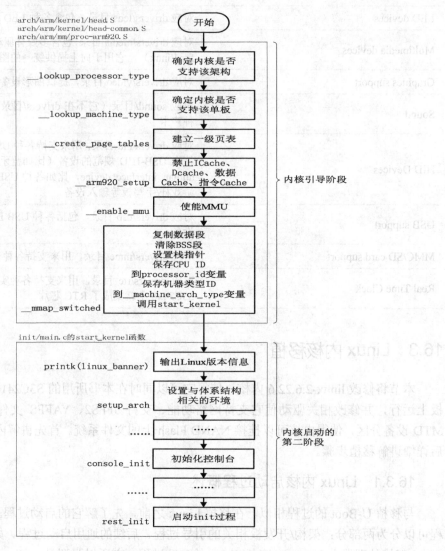

图 16.7 ARM 处理器的 Linux 内核启动过程

16.3.2 修改内核以支持 S3C2410/S3C2440 开发板

首先配置、编译内核，确保内核可以正确编译。得到内核源码后，先修改顶层 Makefile，如下所示：

```
185 ARCH            ?= $(SUBARCH)
186 CROSS_COMPILE   ?=
改为：
```

```
185 ARCH              ?= arm
186 CROSS_COMPILE     ?= arm-linux-
```

然后执行如下命令，使用 arch/arm/configs/S3C2410_defconfig 文件来配置内核，它生成.config 配置文件，以后就可以直接使用"make menuconfig"修改配置了。

```
make smdk2410_defconfig
```

最后是编译生成内核，执行"make"命令将在顶层目录下生成内核映象文件 vmlinux；执行"make uImage"除生成 vmlinux 外，还在 arch/arm/boot/目录下生成 U-Boot 格式的内核映象文件 uImage。我们使用"make uImage"命令。

对于 S3C2410 开发板，上面生成的 uImage 是可以使用的。在 U-Boot 控制界面中使用如下命令下载 uImage 并启动它：

```
tftp 0x32000000 uImage 或 nfs 0x30000000 192.168.1.57:/work/nfs_root/uImage
bootm 0x32000000
```

在串口可以看到内核的启动信息，只是在最后看到如下的 panic 信息，这是因为没有修改 MTD 分区，没有增加对 yaffs 文件系统的支持。

```
VFS: Unable to mount root fs via NFS, trying floppy.
VFS: Cannot open root device "mtdblock/2" or unknown-block(2,0)
Please append a correct "root=" boot option; here are the available partitions:
1f00        16 mtdblock0 (driver?)
1f01      2048 mtdblock1 (driver?)
1f02      4096 mtdblock2 (driver?)
1f03      2048 mtdblock3 (driver?)
1f04      4096 mtdblock4 (driver?)
1f05     10240 mtdblock5 (driver?)
1f06     24576 mtdblock6 (driver?)
1f07     16384 mtdblock7 (driver?)
Kernel panic - not syncing: VFS: Unable to mount root fs on unknown-block(2,0)
```

对于 S3C2440 开发板，使用同样的命令启动 uImage，在打印如下信息之后（注意，这些信息是内核的 misc.c 文件解压内核时打印的），就出现了一大堆乱码，如下所示：

```
Starting kernel ...

Uncompressing
Linux..................................................................
........................ done, booting the kernel.
```

所以，Linux 2.6.22.6 还不支持本书所用的 S3C2440 开发板，这个开发板的配置与内核所支持的开发板不完全一致。

要让内核支持本书所用的 S3C2440 开发板，需要进行一些修改，至于要修改哪些文件，这需要详细了解内核的启动代码。

1. 引导阶段代码分析

由前面对内核 Makefile 的分析，可知 arch/arm/kernel/head.S 是内核执行的第一个文件。另外，U-Boot 调用内核时，r1 寄存器中存储"机器类型 ID"，内核会用到它。

移植 Linux 内核时，对于 arch/arm/kernel/head.S，只需要关注开头几条指令，如下所示：

```
78  ENTRY(stext)
79      msr cpsr_c, #PSR_F_BIT | PSR_I_BIT | SVC_MODE    @ 确保进入管理(svc)模式
80                                                        @ 并且禁止中断
81      mrc p15, 0, r9, c0, c0                            @ 读取 CPU ID，存入 r9 寄存器
82      bl  __lookup_processor_type                       @ 调用函数，输入参数 r9=cpuid,返回值 r5=procinfo
83      movs    r10, r5                                   @ 如果不支持当前 CPU，则返回值 r5=0
84      beq __error_p                                     @ 如果 r5=0，则打印错误
85      bl  __lookup_machine_type                         @ 调用函数，返回值 r5=machinfo
86      movs    r8, r5                                    @ 如果不支持当前机器(即开发板)，则返回值 r5=0
87      beq __error_a                                     @ 如果 r5=0，则打印错误
......
```

第 79 行通过设置 CPSR 寄存器来确保处理器进入管理（svc）模式，并且禁止中断。

第 82 行读取协处理器 CP15 的寄存器 C0 获得 CPU ID，CPU ID 格式如图 16.8 和表 16.6 所示。

31	24 23	20 19	16 15	4 3	0
厂商编号	产品子编号	ARM体系版本号	产品主编号	处理器版本号	

图 16.8 ARM7 之后架构的 CPU ID 格式

表 16.6　　　　　　　　　ARM7 之后架构的 CPU ID 中各字段的定义

位	含 义
[31:24]	厂商编号目前有以下值。 0x41 = A，表示 ARM 公司 0x44 = D，表示 Digital Equipment 公司 0x69 = I，表示 Intel 公司
[23:20]	由厂商定义，当产品主编号相同时，使用子编号来区分不同的产品子类，如产品中不同的高速缓存大小等
[19:16]	ARM 体系版本号，目前取值如下。 0x01，表示 ARM 体系版本 4 0x02，表示 ARM 体系版本 4T 0x03，表示 ARM 体系版本 5 0x04，表示 ARM 体系版本 5T 0x05，表示 ARM 体系版本 5TE
[15:4]	产品主编号
[3:0]	处理器版本号

比如，S3C2410 的 CPU ID 为 0x41129200，S3C2440 的 CPU ID 也是 0x41129200。注意，S3C2410 和 S3C2440 称为片上系统（SoC），除 CPU 外，还集成了包括 UART、USB 控制器、NAND Flash 控制器等设备。从它们的 CPU ID 可知，它们的 CPU 是相同的，只是片上外设不一样。

第 82 行调用__lookup_processor_type 函数（这个函数将在下面讲述），确定内核是否支持当前 CPU。如果支持，r5 寄存器返回一个用来描述处理器的结构体的地址，否则 r5 的值为 0。

第 85 行调用__lookup_machine_type 函数（这个函数将在下面讲述），确定内核是否支持当前机器（即开发板）。如果支持，r5 寄存器返回一个用来描述这个开发板的结构体的地址，否则 r5 的值为 0。

如果__lookup_processor_type、__lookup_machine_type 这两个函数中有一个返回值为 0，则内核不能启动，如果配置内核时选择了 CONFIG_DEBUG_LL，还会打印一些提示信息。

__lookup_processor_type、__lookup_machine_type 函数都是在 arch/arm/kernel/head-common.S 中定义的，先讲解前者。

内核映象中，定义了若干个 proc_info_list 结构（它的结构体原型在 include/asm-arm/procinfo.h 中定义），表示它支持的 CPU。对于 ARM 架构的 CPU，这些结构体的源码在 arch/arm/mm/目录下，比如 proc-arm920.S 中的如下代码，它表示 arm920 CPU 的 proc_info_list 结构。

```
448 .section ".proc.info.init", #alloc, #execinstr
449
450 .type   __arm920_proc_info,#object
451 __arm920_proc_info:
452 .long   0x41009200
453 .long   0xff00fff0
...
```

不同的 proc_info_list 结构被用来支持不同的 CPU，它们都是定义在 ".proc.info.init" 段中。在连接内核时，这些结构体被组织在一起，开始地址为__proc_info_begin，结束地址为__proc_info_end。这可以从连接脚本文件 arch/arm/kernel/vmlinux.lds 中看出来。

```
302     __proc_info_begin = .;  /* proc_info_list 结构的开始地址 */
303     *(.proc.info.init)
304     __proc_info_end = .;    /* proc_info_list 结构的结束地址 */
```

__lookup_processor_type 函数就是根据前面读出的 CPU ID（存在 r9 寄存器中），从这些 proc_info_list 结构中找出匹配的，它的代码如下（在 arch/arm/kernel/head-common.S 中）：

```
145     .type   __lookup_processor_type, %function
146 __lookup_processor_type:
147     adr r3, 3f          @ r3 = 第 178 行代码的物理地址，下面会讲解这条指令
148     ldmda   r3, {r5 - r7}   @ r5 = __proc_info_begin, r6 = __proc_info_end,
```
它们是虚拟地址

```
      @ r7 = 第178行代码的虚拟地址
149     sub  r3, r3, r7           @ r3 = r3 - r7,即物理地址和虚拟地址的差值
150     add  r5, r5, r3           @ r5 = __proc_info_begin 对应的物理地址
151     add  r6, r6, r3           @ r6 = __proc_info_end 对应的物理地址
152 1:  ldmia r5, {r3, r4}        @ r3、r4 = proc_info_list结构中的cpu_val、cpu_mask
153     and  r4, r4, r9           @ r4 = r4 & r9 = cpu_mask & 传入的CPU ID
154     teq  r3, r4               @ 比较
155     beq  2f                   @ 如果相等,表示找到匹配的proc_info_list结构,跳
到第160行
156     add  r5, r5, #PROC_INFO_SZ @ r5 指向下一个proc_info_list结构
@ PROC_INFO_SZ = sizeof(proc_info_list)
157     cmp  r5, r6               @ 是否已经比较完所有的proc_info_list结构?
158     blo  1b                   @ 没有则继续比较
159     mov  r5, #0               @ 比较完毕,但是没有匹配的proc_info_list结构,r5 = 0
160 2:  mov  pc, lr               @ 返回
161
...
172 /*
173  * Look in include/asm-arm/procinfo.h and arch/arm/kernel/arch.[ch] for
174  * more information about the __proc_info and __arch_info structures.
175  */
176     .long __proc_info_begin   @ proc_info_list结构的开始地址,这是连接地址,
也是虚拟地址
177     .long __proc_info_end    @ proc_info_list结构的结束地址,这是连接地址,
也是虚拟地址
178 3:  .long .                   @ "."号表示当前这行代码编译连接后的虚拟地址
```

请参考图16.7,在调用__enable_mmu函数之前使用的都是物理地址,而内核却是以虚拟地址连接的。所以在访问proc_info_list结构前,先将它的虚拟地址转换为物理地址,上面第147~151行就是用来转换地址的。

第147行用来获得第178行代码的物理地址。adr指令基于pc寄存器计算地址值,由于这时候还没使能MMU,pc寄存器中使用的还是物理地址,所以执行"adr r3, 3f"后,r3寄存器中存放的就是第178行代码的物理地址。

第148行用来获得第176~178行定义的数据:__proc_info_begin、__proc_info_end和"."。这3个数据都是在连接内核时确定,它们是虚拟地址,前两个表示proc_info_list结构的开始地址和结束地址,"."表示当前行的代码在编译连接后的虚拟地址。

第149行计算物理地址和虚拟地址的差值,第150~151根据这个差值计算__proc_info_begin、__proc_info_end的物理地址。

下面的代码依次读取每个proc_info_list结构前面的两个成员(cpu_val和cpu_mask),判断cpu_val是否等于(r9 & cpu_mask),r9是arch/arm/kernel/head.S中调用__lookup_processor_type

时传入的 CPU ID。如果比较相等，则表示当前 proc_info_list 结构适用于这个 CPU，直接返回这个结构的地址（存在 r5 中）。如果 _ _proc_info_begin、_ _proc_info_end 之间的所有 proc_info_list 结构都不支持这个 CPU，则返回 0（r5 等于 0）。

对于 S3C2410、S3C2440 开发板，它们的 CPU ID 都是 0x41129200，而在 arch/arm/mm/proc-arm920.S 中定义的 _ _arm920_proc_info 结构中，cpu_val、cpu_mask 等于 0x41009200、0xff00fff0，刚好匹配。内核中要包含这个文件，在 arch/arm/mm/Makefile 中可以看到下面这行，它表示需要配置 CONFIG_CPU_ARM920T（配置菜单中，System Type -> Support ARM920T processor）。

```
57 obj-$(CONFIG_CPU_ARM920T)      += proc-arm920.o
```

下面讲解 _ _lookup_machine_type 函数，它和 _ _lookup_processor_type 函数代码相似。
内核中对于每种支持的开发板都会使用宏 MACHINE_START、MACHINE_END 来定义一个 machine_desc 结构，它定义了开发板相关的一些属性及函数，比如机器类型 ID、起始 I/O 物理地址、Bootloader 传入的参数的地址、中断初始化函数、I/O 映射函数等。比如对于 SDMK2440 开发板，在 arch/arm/mach-s3c2440/mach-smdk2440.c 中定义如下：

```
192 MACHINE_START(S3C2440, "SMDK2440")
193     /* Maintainer: Ben Dooks <ben@fluff.org> */
194     .phys_io     = S3C2410_PA_UART,
195     .io_pg_offst = (((u32)S3C24XX_VA_UART) >> 18) & 0xfffc,
196     .boot_params = S3C2410_SDRAM_PA + 0x100,
197
198     .init_irq    = s3c24xx_init_irq,
199     .map_io      = smdk2440_map_io,
200     .init_machine = smdk2440_machine_init,
201     .timer       = &s3c24xx_timer,
202 MACHINE_END
```

第 192、202 行的宏 MACHINE_START、MACHINE_END 在 include/asm-arm/mach/arch.h 文件中定义，如下所示：

```
50 #define MACHINE_START(_type,_name)          \
51 static const struct machine_desc _ _mach_desc_##_type \
52  _ _used                                    \
53  _ _attribute_ _((_ _section_ _(".arch.info.init"))) = { \
54     .nr    = MACH_TYPE_##_type,             \
55     .name  = _name,
56
57 #define MACHINE_END                         \
58 };
```

所以上一段代码扩展开来就是：

```
static const struct machine_desc __mach_desc_S3C2440
__used
__attribute__((__section__(".arch.info.init"))) = {
        .nr = MACH_TYPE_S3C2440,
        .name = "SMDK2440",
        ...
};
```

其中的 MACH_TYPE_S3C2440 在 arch/arm/tools/mach-types 中定义，它最后会被转换成一个头文件 include/asm-arm/ mach-types.h 供其他文件包含。 machine_desc 结构在 include/asm-arm/mach/arch.h 文件中定义。所有的 machine_desc 结构都处于 ".arch.info.init" 段中，在连接内核时，它们被组织在一起，开始地址为 __arch_info_begin，结束地址为 __arch_info_end。这可以从连接脚本文件 arch/arm/kernel/vmlinux.lds 中看出来：

```
305     __arch_info_begin = .;    /* machine_desc 结构的开始地址 */
306     *(.arch.info.init)
307     __arch_info_end = .;      /* machine_desc 结构的结束地址 */
```

不同的 machine_desc 结构用于不同的开发板，U-Boot 调用内核时，会在 r1 寄存器中给出开发板的标记（机器类型 ID）。__lookup_machine_type 函数将这个值与 machine_desc 结构中的 nr 成员比较，如果两者相等则表示找到匹配的 machine_desc 结构，于是返回它的地址（存在 r5 中）。如果 __arch_info_begin、__arch_info_end 之间所有 machine_desc 结构的 nr 成员都不等于 r1 寄存器的值，则返回 0（r5 等于 0）。

对于本书所用的 S3C2410、S3C2440 开发板，U-Boot 传入的机器类型 ID 为 MACH_TYPE_SMDK2410、MACH_TYPE_S3C2440。它们对应的 machine_desc 结构分别在 arch/arm/mach-s3c2410/mach-smdk2410.c 和 arch/arm/mach-s3c2440/mach-smdk2440.c 中定义，所以这两个文件要编进内核中。在配置菜单中，选中下面两个开发板即可。

```
System Type -> S3C2410 Machines -> SMDK2410/A9M2410
System Type -> S3C2440 Machines -> SMDK2440
```

__lookup_machine_type 函数的代码如下（在 arch/arm/kernel/head-common.S 中）：

```
178 3:  .long   .
179     .long   __arch_info_begin
180     .long   __arch_info_end
...
193     .type   __lookup_machine_type, %function
194 __lookup_machine_type:
195     adr     r3, 3b                  @ r3 = 第 178 行代码的物理地址
196     ldmia   r3, {r4, r5, r6}        @ r4 = 第 178 行代码的虚拟地址
@ r5 = __arch_info_begin, r6 = __arch_info_end, 它们是虚拟地址
```

```
197       sub r3, r3, r4          @ r3 = r3 - r4，即物理地址和虚拟地址的差值
198       add r5, r5, r3          @ r5 = __arch_info_begin 对应的物理地址
199       add r6, r6, r3          @ r6 = __arch_info_end 对应的物理地址
200 1:    ldr r3, [r5, #MACHINFO_TYPE]   @ r5是machine_desc结构的地址
@ r3 = machine_desc结构中定义的nr成员，即机器类型ID
201       teq r3, r1              @ r1是Bootloader调用内核时传入的机器类型ID，它
们是否相等？
202       beq 2f                  @ 若相等，跳到第207行
203       add r5, r5, #SIZEOF_MACHINE_DESC   @ 否则，r5指向下一个machine_desc结构
                                  @ SIZEOF_MACHINE_DESC = sizeof(machine_desc)
204       cmp r5, r6              @ 是否已经比较完所有的machine_desc结构？
205       blo 1b                  @ 没有则继续比较
206       mov r5, #0              @ 比较完毕，但是没有匹配的machine_desc结构，r5 = 0
207 2:    mov pc, lr              @ 返回
```

如果__lookup_processor_type、__lookup_machine_type函数都返回成功，则图16.7的后续引导程度将继续执行下去。其中的__create_page_tables函数用来创建一级页表以建立虚拟地址到物理地址的映射关系，它用到__lookup_processor_type函数返回的proc_info_list结构。在引导阶段的最后，调用start_kernel函数进入内核启动的第二阶段。__lookup_machine_type函数确定的machine_desc结构将在第二阶段中多次使用。

2. start_kernel函数部分代码分析

进入start_kernel函数（在init/main.c中）之后，如果在串口上没有看到内核的启动信息，一般而言有两个原因：Bootloader传入的命令行参数不对，或者setup_arch函数（在arch/arm/kernel/setup.c中）针对开发板的设置不正确。

从图16.7可知，在调用setup_arch函数之前已经调用"printk(linux_banner)"了，但是这个时候printk函数只是将打印信息放在缓冲区中，并没有打印到控制台上（比如串口、LCD屏等），因为这个时候控制台还没有初始化。当读者阅读start_kernel函数的代码时，请注意，printk函数打印的内容在console_init函数注册、初始化控制台之后才真正输出。

移植U-Boot时，U-Boot传给内核的参数有两类：预先存在某个地址的tag列表和调用内核时在r1寄存器中指定的机器类型ID。后者在引导阶段的__lookup_machine_type函数已经用到，而tag列表将在setup_arch函数中进行初步处理。本节将重点介绍setup_arch函数、console_init函数，以tag列表的处理（内存tag、命令行tag）、串口控制台的初始化为主线。

（1）setup_arch函数分析。

先看setup_arch函数，它在arch/arm/kernel/setup.c中定义，其部分代码如下，图16.9是它的流程图。

```
770 void __init setup_arch(char **cmdline_p)
771 {
   ...
```

```
776     setup_processor();                              // 进行处理器相关的一些设置
777     mdesc = setup_machine(machine_arch_type);       // 获得开发板的machine_desc结构
...
783     if (mdesc->boot_params)                         // 定义了Bootloader传入参数的地址？
784       tags = phys_to_virt(mdesc->boot_params);      // 这个地址就是tag列表的首地址
...
798     if (tags->hdr.tag == ATAG_CORE) {
799       if (meminfo.nr_banks != 0)                    // 如果已经在内核中定义了meminfo结构
800         squash_mem_tags(tags);                      // 则忽略内存tag
801       parse_tags(tags);                             // 解释每个tag
802     }
...
809     memcpy(boot_command_line, from, COMMAND_LINE_SIZE);
810     boot_command_line[COMMAND_LINE_SIZE-1] = '\0';
811     parse_cmdline(cmdline_p, from);                 // 对命令行进行一些先期的处理
812     paging_init(&meminfo, mdesc);                   // 重新初始化页表
...
```

首先，第776行的setup_processor函数被用来进行处理器相关的一些设置，它会调用引导阶段的lookup_processor_type函数（它的主体是前面分析过的__lookup_processor_type函数）以获得该处理器的proc_info_list结构。

接下来，第777行的setup_machine函数被用来获得开发板的machine_desc结构，这通过调用引导阶段lookup_machine_type函数（它的主体是前面分析过的lookup_machine_type函数）来实现。以后，就会根据开发板的machine_desc结构来进行一些开发板相关的操作。

第783~784行用来确定Bootloader传入的启动参数的地址，它在开发板的machine_desc结构中指定，第784行将它转换为虚拟地址。比如对于S3C2440开发板，在arch/arm/mach-s3c2440/mach-smdk2440.c中有如下定义。启动参数的地址就是（S3C2410_SDRAM_PA + 0x100），即0x30000100。

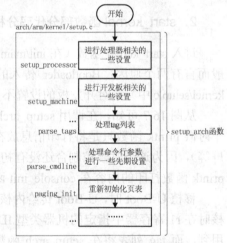

图16.9 setup_arch函数流程

```
192 MACHINE_START(S3C2440, "SMDK2440")
...
196     .boot_params    = S3C2410_SDRAM_PA + 0x100,
```

第801行处理每个tag。文件arch/arm/kernel/setup.c对每种tag都定义了相应的处理函数，比如对于内存tag、命令行tag，使用如下两行代码指定了它们的处理函数为parse_tag_mem32、parse_tag_cmdline。

```
__tagtable(ATAG_MEM, parse_tag_mem32);
__tagtable(ATAG_CMDLINE, parse_tag_cmdline);
```

parse_tag_mem32 函数根据内存 tag 定义的内存起始地址、长度，在全局结构变量 meminfo 中增加内存的描述信息。以后内核就可以通过 meminfo 结构了解开发板的内存信息。

parse_tag_cmdline 只是简单地将命令行 tag 的内容复制到字符串 default_command_line 中保存下来，后面才进一步处理。

第 811 行扫描命令行参数，对其中的一些参数进行先期的处理。这些参数使用"__early_param"来定义，比如 arch/arm/kernel/setup.c 中下面的一行代码，它表示如果命令行中有"mem=…"的字样，就调用 early_mem 对它进行处理（宏 __early_param 在 include/asm-arm/setup.h 中定义）：

```
__early_param("mem=", early_mem);
```

"mem=…"用来强制限制 Linux 系统所能使用的内存总量，比如"mem=60M"使得系统只能使用 60MB 的内存，即使内存 tag 中指明了共有 64MB 内存。类似的参数还有"initrd="等，有兴趣的读者可以阅读相关代码，本书的 U-Boot 中没有设置这类命令行参数。

注意，命令行的处理还没有结束，在 setup_arch 函数之外还会进行一系列的后续处理，比如 start_kernel 函数中调用的如下代码：

```
526     setup_command_line(command_line);
...
545     parse_early_param();
546     parse_args("Booting kernel", static_command_line, __start___param,
547             __stop___param - __start___param,
548             &unknown_bootoption);
```

比如对于命令行中的"console=ttySAC0"，它的处理过程就是第 546 行的 parse_args 函数调用第 548 行传入的 unknown_bootoption 函数，最后调用下面代码指定的处理函数 console_setup（在 kernel/printk.c 中定义）。

```
__setup("console=", console_setup);
```

命令行参数"console=…"用来指定要使用的控制台的名称、序号、参数。比如对于"console=ttySAC0,115200"，表示要使用的控制台名称为 ttySAC，序号为 0（即第一个串口），波特率为 115200。经过 console_setup 处理后，会在全局结构变量 console_cmdline 中保存这些信息，在后面 console_init 函数初始化控制台时会根据这些信息选择要使用的控制台。

setup_arch 函数后面会调用 paging_init 函数，这也是一个开发板相关的函数，在下面说明。

（2）paging_init 函数分析。

这个函数在 setup_arch 函数中的调用形式如下：

```
paging_init(&meminfo, mdesc);
```

第 16 章 移植 Linux 内核

meminfo 中存放内存的信息,前面解释内存 tag 时确定构建了这个全局结构。

mdesc 就是前面 lookup_machine_type 函数返回的 machine_desc 结构。对于 S3C2440 开发板,这个结构在 arch/arm/mach-s3c2440/mach-smdk2440.c 中有如下定义:

```
MACHINE_START(S3C2440, "SMDK2440")
    /* Maintainer: Ben Dooks <ben@fluff.org> */
    .phys_io      = S3C2410_PA_UART,
    .io_pg_offst  = (((u32)S3C24XX_VA_UART) >> 18) & 0xfffc,
    .boot_params  = S3C2410_SDRAM_PA + 0x100,

    .init_irq     = s3c24xx_init_irq,
    .map_io       = smdk2440_map_io,
    .init_machine = smdk2440_machine_init,
    .timer        = &s3c24xx_timer,
MACHINE_END
```

上面这几行代码是移植 Linux 必须关注的数据结构。对于 S3C2410 开发板,它在 arch/arm/mach-s3c2410/mach-smdk2410.c 中定义。

paging_init 函数在 arch/arm/mm/mmu.c 中定义,根据我们的移植目的(让内核可以在 S3C2440 上运行),只需要关注如下流程:

```
paging_init -> devicemaps_init -> mdesc->map_io()
```

对于 S3C2440 开发板,就是调用 smdk2440_map_io 函数,它也是在 arch/arm/mach-s3c2440/mach-smdk2440.c 中定义,如下所示:

```
177 static void __init smdk2440_map_io(void)
178 {
179     s3c24xx_init_io(smdk2440_iodesc, ARRAY_SIZE(smdk2440_iodesc));
180     s3c24xx_init_clocks(16934400);
181     s3c24xx_init_uarts(smdk2440_uartcfgs, ARRAY_SIZE(smdk2440_uartcfgs));
182 }
```

第 179~181 行的 3 个函数所实现的功能,从它们的名字即可看出。注意第 180 行的参数值,它表示开发板晶振的频率。在本书所用的开发板中,这个频率是 12MHz,不是 16934400,这就是在 S3C2440 开发板上启动 uImage 时串口输出乱码的原因,将它改为 12000000 就好了。

(3) console_init 函数分析。

虽然上面已经找到内核无法正常输出信息的原因,但我们不该止步于此。在 2.4 版本的内核中,命令行参数常用 "console=ttyS0" 来指定控制台为串口 0,在 2.6 版本的内核中改为 "console=ttySAC0"。分析 console_init 函数的功能就可以了解这点。

console_init 函数被 start_kernel 函数调用,它在 drivers/char/tty_io.c 文件中定义如下:

```
3967 void __init console_init(void)
3968 {
```

```
3969        initcall_t *call;
…
3978        call = __con_initcall_start;
3979        while (call < __con_initcall_end) {
3980            (*call)();
3981            call++;
3982        }
3983 }
```

它调用地址范围__con_initcall_start 至__con_initcall_end 之间的定义的每个函数，这些函数使用 console_initcall 宏来指定，比如 drivers/serial/s3c2410.c 中：

```
console_initcall(s3c24xx_serial_initconsole);
```

s3c24xx_serial_initconsole 函数也是在 drivers/serial/s3c2410.c 中定义，它初始化 S3C24xx 类 SoC 的串口控制台，部分代码如下：

```
1892 static int s3c24xx_serial_initconsole(void)
1893 {
…
1927     register_console(&s3c24xx_serial_console);
1928     return 0;
1929 }
```

s3c24xx_serial_console 结构在 drivers/serial/s3c2410.c 中定义如下：

```
static struct console s3c24xx_serial_console =
{
    .name    = S3C24XX_SERIAL_NAME,     // 即 "ttySAC"
    .device  = uart_console_device,     // 以后使用/dev/console 时，用来构造设备节点
    .flags   = CON_PRINTBUFFER,         // 控制台可用之前，printk 已经在缓冲区中打印了
                                        // 很多信息，CON_PRINTBUFFER 表示注册控制台之后，
                                        // 打印这些"过去的"的信息
    .index   = -1,                      // -1 可以匹配任意序号，比如 ttySAC0/1/2
    .write   = s3c24xx_serial_console_write,   // 打印函数
    .setup   = s3c24xx_serial_console_setup    // 设置函数
};
```

第 1927 行在内核中注册控制台，就是把 s3c24xx_serial_console 结构链入一个全局链表 console_drivers 中（它在 kernel/printk.c 中定义）。并且使用其中的名字（name）和序号（index）与前面"console=…"指定的控制台相比较，如果相符，则以后的 printk 信息从这个控制台输出。

对于本书的情况，"console=ttySAC0"，而 s3c24xx_serial_console 结构中名字为"ttySAC"，序号为-1（表示可以取任意值），所以两者匹配，printk 信息将从串口 0 输出。

现在总结一下上面分析的内核启动第二阶段的函数调用过程（以 S3C2440 开发板为例），相同缩进的函数表示它们是在同一个函数中被调用：

```
start_kernel  ->
    setup_arch  ->
        setup_processor
        setup_machine
        …
        parse_tags
        …
        parse_cmdline
        paging_init  ->
            devicemaps_init  ->
                mdesc->map_io()  ->
                    s3c24xx_init_io
                    s3c24xx_init_clocks
                    s3c24xx_init_uarts
        …
        console_init  ->
            s3c24xx_serial_initconsole
                register_console(&s3c24xx_serial_console)
        …
```

3. 修改内核

在 arch/arm/mach-s3c2440/mach-smdk2440.c 中做如下修改：

修改前：

```
180     s3c24xx_init_clocks(16934400);
```

修改后：

```
180     s3c24xx_init_clocks(12000000);
```

然后执行"make uImage"生成 uImage。

对于 S3C2410、S3C2440 开发板，上面生成的 uImage 都可以使用了。

把 uImage 放到 tftp 服务器的目录下，或者放到 Linux 中/work/nfs_root 目录下，然后在 U-Boot 控制界面中使用如下命令下载 uImage 并启动它。

```
tftp 0x32000000 uImage 或 nfs 0x30000000 192.168.1.57:/work/nfs_root/uImage
bootm 0x32000000
```

可以看到内核的启动信息，最后出现 panic 信息（这需要修改 mtd 分区、增加对 yaffs 文件系统的支持）。

16.3.3 修改 MTD 分区

MTD（Memory Technology Device），即内存技术设备，是 Linux 中对 ROM、NOR Flash、NAND Flash 等存储设备抽象出来的一个设备层，它向上提供统一的访问接口：读、写、擦除等；屏蔽了底层硬件的操作、各类存储设备的差别。得益于 MTD 设备的作用，重新划分 NAND Flash 的分区很简单。

本节分为两部分，先介绍一下内核对 NAND Flash 的识别过程（这个过程也适用于其他设备），再给出具体的代码修改方法（读者可以直接参考第二部分进行修改、实验）。

1. 驱动对设备的识别过程

驱动程序识别设备时，有以下两种方法。

（1）驱动程序本身带有设备的信息，比如开始地址、中断号等；加载驱动程序时，就可以根据这些信息来识别设备。

（2）驱动程序本身没有设备的信息，但是内核中已经（或以后）根据其他方式确定了很多设备的信息；加载驱动程序时，将驱动程序与这些设备逐个比较，确定两者是否匹配（match）。如果驱动程序与某个设备匹配，就可以通过该驱动程序操作这个设备了。

内核常使用第二种方法来识别设备，这可以将各种设备集中在一个文件中管理，当开发板的配置改变时，便于修改代码。在内核文件 include/linux/platform_device.h 中，定义了两个数据结构来表示这些设备和驱动程序：platform_device 结构用来描述设备的名称、ID、所占用的资源（比如内存地址/大小、中断号）等；platform_driver 结构用来描述各种操作函数，比如枚举函数、移除设备函数、驱动的名称等。

内核启动后，首先构造链表将描述设备的 platform_device 结构组织起来，得到一个设备的列表；当加载某个驱动程序的 platform_driver 结构时，使用一些匹配函数来检查驱动程序能否支持这些设备，常用的检查方法很简单：比较驱动程序和设备的名称。

以 S3C2440 开发板为例，在 arch/arm/mach-s3c2440/mach-smdk2440.c 中定义了如下设备：

```
static struct platform_device *smdk2440_devices[ ] __initdata = {
    &s3c_device_usb,
    &s3c_device_lcd,
    &s3c_device_wdt,
    &s3c_device_i2c,
    &s3c_device_iis,
};
```

在 arch/arm/plat-s3c24xx/common-smdk.c 中定义了如下设备：

```
static struct platform_device __initdata *smdk_devs[ ] = {
    &s3c_device_nand,
    &smdk_led4,
    &smdk_led5,
    &smdk_led6,
```

```
        &smdk_led7,
};
```

这些设备在 smdk2410_init 函数（对应 S3C2410）或 smdk2440_machine_init 函数（对应 S3C2440）中，通过 platform_add_devices 函数注册进内核中。

NAND Flash 设备 s3c_device_nand 在 arch/arm/plat-s3c24xx/devs.c 中的定义如下：

```
struct platform_device s3c_device_nand = {
    .name           = "s3c2410-nand",
    .id             = -1,
    .num_resources  = ARRAY_SIZE(s3c_nand_resource),
    .resource       = s3c_nand_resource,
};
```

对于 S3C2440 开发板，s3c_device_nand 结构的名字会在 s3c244x_map_io 函数中修改为 "s3c2440-nand"，这个函数在 arch/arm/plat-s3c24xx/s3c244x.c 中的定义如下：

```
void __init s3c244x_map_io(struct map_desc *mach_desc, int size)
{
...
    s3c_device_i2c.name          = "s3c2440-i2c";
    s3c_device_nand.name         = "s3c2440-nand";
    s3c_device_usbgadget.name    = "s3c2440-usbgadget";
}
```

有了 NAND Flash 设备，还要有 NAND Flash 驱动程序，内核针对 S3C2410、S3C2412、S3C2440 定义了 3 个驱动。它们在 drivers/mtd/nand/s3c2410.c 中的 s3c2410_nand_init 函数中注册进内核，如下所示：

```
static int __init s3c2410_nand_init(void)
{
    printk("S3C24XX NAND Driver, (c) 2004 Simtec Electronics\n");

    platform_driver_register(&s3c2412_nand_driver);
    platform_driver_register(&s3c2440_nand_driver);
    return platform_driver_register(&s3c2410_nand_driver);
}
```

其中的 s3c2440_nand_driver 结构也是在相同的文件中定义，如下所示：

```
static struct platform_driver s3c2440_nand_driver = {
    .probe      = s3c2440_nand_probe,
    .remove     = s3c2410_nand_remove,
    .suspend    = s3c24xx_nand_suspend,
```

```
                .resume     = s3c24xx_nand_resume,
                .driver     = {
                    .name   = "s3c2440-nand",
                    .owner  = THIS_MODULE,
                },
        };
```

可见,s3c_device_nand 结构和 s3c2440_nand_driver 结构中的 name 成员相同,都是 "s3c2440-nand"。platform_driver_register 函数就是根据这点确定它们是匹配的,所以调用 s3c2440_nand_probe 函数来枚举 NAND Flash 设备 s3c_device_nand。

从 s3c2440_nand_probe 函数开始,可以一直找到对 NAND Flash 分区的识别,如下所示:

```
        s3c2440_nand_probe(&s3c_device_nand)  -> // 这个参数是笔者为了便于理解换上去的
            s3c24xx_nand_probe(&s3c_device_nand, TYPE_S3C2440)  ->
                struct s3c2410_platform_nand *plat = to_nand_plat(pdev);    //
plat= &smdk_nand_info
                ...
                s3c2410_nand_add_partition(info, nmtd, sets) ->        // sets 就
是 smdk_nand_sets
                    add_mtd_partitions                          // 实际的参数为 smdk_
default_nand_part
```

这些函数都在 drivers/mtd/nand/s3c2410.c 中定义,最后的 add_mtd_partitions 函数根据 smdk_default_nand_part 结构来确定分区。这个结构在 arch/arm/plat-s3c24xx/common-smdk.c 中定义,要改变分区时修改它即可。

2. 修改 MTD 分区

如上所述,要改变分区时,修改 arch/arm/plat-s3c24xx/common-smdk.c 文件中的 smdk_default_nand_part 结构即可。本书将 NAND Flash 划为 3 个分区,前 2MB 用于存放内核,接下来的 8MB 用于存放 JFFS2 文件系统,剩下的用来存放 YAFFS 文件系统。
smdk_default_nand_part 结构如下修改:

```
static struct mtd_partition smdk_default_nand_part[] = {
    [0] = {
        .name   = "kernel",
        .size   = SZ_2M,
        .offset = 0,
    },
    [1] = {
        .name   = "jffs2",
        .offset = MTDPART_OFS_APPEND,
```

```
            .size    = SZ_8M,
    },
    [2] = {
        .name   = "yaffs",
        .offset = MTDPART_OFS_APPEND,
        .size   = MTDPART_SIZ_FULL,
    }
};
```

其中的 MTDPART_OFS_APPEND 表示当前分区紧接着上一个分区，MTDPART_SIZ_FULL 表示当前分区的大小为剩余的 Flash 空间。

执行 "make uImage" 重新生成内核，在 U-Boot 控制界面中使用如下命令下载 uImage 并启动它。

```
tftp 0x32000000 uImage 或 nfs 0x30000000 192.168.1.57:/work/nfs_root/U-Boot.bin
bootm 0x32000000
```

可以看到内核打印出如下分区信息。

```
Creating 3 MTD partitions on "NAND 64MiB 3,3V 8-bit":
0x00000000-0x00200000 : "kernel"
0x00200000-0x00a00000 : "jffs2"
0x00a00000-0x04000000 : "yaffs"
```

由于目标开发板上还没有写入文件系统映象，也没有设置命令行使用网络文件文件系统（nfs），内核启动到最后还是会出现 panic 信息。

16.3.4 移植 YAFFS 文件系统

1. YAFFS 文件系统介绍

YAFFS（yet another flash file system）是一种类似于 JFFS/JFFS2、专门为 NAND Flash 设计的嵌入式文件系统，适用于大容量的存储设备。它是日志结构的文件系统，提供了损耗平衡和掉电保护，可以有效地避免意外掉电对文件系统一致性和完整性的影响。与 JFFS 相比，它减少了一些功能，因此速度更快，占用内存更少。

YAFFS 充分考虑了 NAND Flash 的特点，根据 NAND Flash 以页面为单位存取的特点，将文件组织成固定大小的数据段。利用 NAND Flash 提供的每个页面 16 字节的 OOB 空间来存放 ECC（Error Correction Code）和文件系统的组织信息，不仅能够实现错误检测和坏块处理，也能够提高文件系统的加载速度。YAFFS 采用一种多策略混合的垃圾回收算法，结合了贪心策略的高效性和随机选择的平均性，达到了兼顾损耗平均和系统开销的目的。

YAFFS 文件系统具有很好的可移植性，可以在 Linux、Windows CE、pSOS、ThreadX、DSP-BIOS 等多种操作系统上工作。为 NAND Flash 提供了一种可靠的操作系统，并且特别适用于对能耗要求比较高的嵌入式系统。

YAFFS 文件系统目前已经发展到第二版本：YAFFS2，它向前兼容 YAFFS1（有时候也用 YAFFS 来表示 YAFFS1），主要特点是支持每页容量大于 512 字节的 NAND Flash。YAFFS2 的性能与 YAFFS1 相比有很大提高，比较结果如表 16.7 所示。

表 16.7　　　　　　　　　　YAFFS2 与 YAFFS1 的性能比较

比　较		YAFFS2	YAFFS1
写操作	快 1～3 倍	1.5MB/s～4.5MB/s	1.5MB/s
读操作	快 1～2 倍	7.6MB/s～16.7MB/s	7.6MB/s
删除操作	快 4～34 倍	7.8MB/s～62.5MB/s	1.8MB/s
垃圾回收	快 2～7 倍	2.1MB/s～7.7MB/s	1.1MB/s
内存消耗	减少 25%～50%	—	—

注：① 表中 YAFFS2 的最差性能表现在每页 512Byte 的 NAND Flash 上，与 YAFFS1 相似。
　　② 表中 YAFFS2 的较佳性能表现在每页 2kB（并且总线位宽为 16）的 NAND Flash 上。

一般而言，在 NOR Flash 上使用 JFFS2 文件系统，在 NAND Flash 上使用 YAFFS 文件系统。JFFS2 与 YAFFS 的性能比较如表 16.8 所示。

表 16.8　　　　　　　　　　JFFS2 与 YAFFS 的性能比较

性　能	JFFS2	YAFFS
内存消耗	每个节点（node）占用 16 字节 128MB 的 Flash 将占用 4MB 内存	每页占用 2 字节 128MB 的 Flash 将占用 512KB 内存
第一次启动时的扫描时间	128MB Flash 上时间为 25s	只需要读取 OOB，时间为 3s
是否压缩	压缩	不压缩
代码复杂度	复杂，特别是垃圾回收部分	简单
适用的操作系统	Linux、eCos	很多，容易移植
启动时间	Flash 容量为 4MB（或 8MB）时为 4s	Flash 容量为 30MB 时为 7s

YAFFS 有 GPL 版和商业版，它们的代码完全一致。使用 GPL 版本的 YAFFS 可以避免付费，但是需要公开二进制代码和源代码；如果不想公开，需要购买授权。

2. YAFFS 文件系统移植

从 http://www.aleph1.co.uk/cgi-bin/viewcvs.cgi/ 获取源代码文件 root.tar.gz，解压后得到 Development 目录，里面有两个子目录：yaffs 和 yaffs2。yaffs 目录已经不再维护，本书使用 yaffs2 目录下的代码，它向前兼容 YAFFS1。

也可以使用源代码文件/work/system/yaffs_source.tar.gz，它只是将 root.tar.gz 改了个名字。

移植 yaffs 分两个步骤。

（1）将 yaffs2 代码加入内核。

这可以通过 yaffs2 目录下的脚本文件 patch-ker.sh 来给内核打补丁，用法如下：

```
usage: ./patch-ker.sh c/l kernelpath
if c/l is c, then copy. If l then link
```

这表明,如果"c/l"为"c",则 yaffs2 的代码会被复制到内核目录下;如果是"l",则仅仅在内核目录下创建一些连接文件。

假设下载后解压所得的 yaffs2 源码目录为/work/system/Development/yaffs2,内核源码目录为/work/system/linux-2.6.22.6,执行以下命令打补丁:

```
$ cd /work/system/Development/yaffs2
$ ./patch-ker.sh c /work/system/linux-2.6.22.6
```

上述命令完成以下 3 件事情。
① 修改内核 fs/Kconfig 文件,增加下面两行:

```
# Patched by YAFFS
source "fs/yaffs2/Kconfig"
```

② 修改内核 fs/Makefile 文件,增加下面两行:

```
# Patched by YAFFS
obj-$(CONFIG_YAFFS_FS)                    += yaffs2/
```

③ 在内核 fs/目录下创建 yaffs2 子目录,然后如下复制文件。
将 yaffs2 源码目录下的 Makefile.kernel 文件复制为内核 fs/yaffs2/Makefile 文件。
将 yaffs2 源码目录下的 Kconfig 文件复制到内核 fs/yaffs2/目录下。
将 yaffs2 源码目录下的的*.c、*.h 文件(不包括子目录下的文件)复制到内核 fs/yaffs2/目录下。
(2)配置、编译内核。
阅读内核 fs/yaffs2/Kconfig 文件可以了解各个配置选项的作用。
下面讲解用到的几个选项。
① CONFIG_YAFFS_FS:支持 YAFFS 文件系统。
② CONFIG_YAFFS_YAFFS1:支持 YAFFS1 文件系统。
对于每页大小为 512 字节的 NAND Flash,要选上这个配置项。
③ CONFIG_YAFFS_YAFFS2:支持 yaffs2 文件系统。
对于每页大小为 2048 字节的 NAND Flash,要选上这个配置项。本书所用 NAND Flash 每页为 512 字节,这个配置项可以不选。
④ CONFIG_YAFFS_AUTO_YAFFS2:自动选择 YAFFS2 格式。
如果不设置这个配置项,必须使用"yaffs2"字样来表示 YAFFS2 文件系统格式;如果设置了这个配置项,则可以使用"yaffs"字样来统一表示 YAFFS、YAFFS2 文件系统格式,驱动程序会根据 NAND Flash 页的大小自动分辨是 YAFFS 还是 YAFFS2。
⑤ CONFIG_YAFFS_9BYTE_TAGS。
老的 YAFFS1 文件系统中,使用 oob 区中 9 个字节作为文件系统的标记(tag),比新的 YAFFS1 多了 1 字节——"pageStatus",它用来表示页的状态。
如果要使用老的 YAFFS1,这个配置项要选上,另外还要修改 MTD 设备层以使用老的

oob layout 结构，oob layout 就是内核文件 drivers/mtd/nand/nand_base.c 中的 nand_oob_16 结构。

Linux 2.6.22.6 内核使用新的 oob layout，格式如下。它表示 ECC 码存放的位置是 oob 区中 0、1、…、7 这 6 个字节；剩下的空间称为可用空间，供文件系统使用，代码中将这些数据称为标记（tag）：

```
static struct nand_ecclayout nand_oob_16 = {
    .eccbytes = 6,
    .eccpos = {0, 1, 2, 3, 6, 7},
    .oobfree = {
        {.offset = 8,
        . length = 8}}
};
```

以前的内核使用老的 oob layout，格式如下，ECC 码的位置不一样，标记的位置也不一样。

```
static struct nand_ecclayout nand_oob_16 = {
    .eccbytes = 6,
    .eccpos = { 8, 9, 10, 13, 14, 15 },
    .oobavail = 9,
    .oobfree = { { 0, 4 }, { 6, 2 }, { 11, 2 }, { 4, 1 } }
};
```

如果要使用老格式的 YAFFS1 映象文件，定义 CONFIG_YAFFS_9BYTE_TAGS 配置项，并且修改 nand_oob_16 结构为老的格式。

本书使用新格式的 YAFFS1 映象文件。

⑥ CONFIG_YAFFS_DOES_ECC：使用 YAFFS 本身的 ECC 校验函数。

一般使用 MTD 设备层的 ECC 校验函数，这个配置项不用设置。

了解各个配置项的意义后，就可以配置内核，选上对 YAFFS 的支持了。在内核配置界面中选中"YAFFS2 file system support"即可，其他配置项使用默认值。

```
File systems  --->
    Miscellaneous filesystems  --->
        <*> YAFFS2 file system support
```

最后执行"make uImage"编译内核。

16.3.5 编译、烧写、启动内核

到本节为止，内核已经同时支持 S3C2410 和 S3C2440，修改了 NAND Flash 的分区，增加了对 YAFFS 文件系统的支持。另外，内核原来已经支持 JFFS2 文件系统。现在的内核，已经基本可用，可以将它烧入 NAND Flash 中了。

1. 编译内核

本章中所做修改比较分散，为方便读者，将这些修改制作成补丁文件 linux 2.6.22.6_

100ask24x0.patch，它位于/work/system 目录下。

所以，读者可以按照前面的章节一个个地修改涉及的文件，也可以使用以下命令直接打补丁。

```
$ cd /work/system
$ tar xjf linux-2.6.22.6.tar.bz2
$ cd /work/system/linux-2.6.22.6
$ patch -p1 < ../linux2.6.22.6_100ask24x0.patch
```

内核根目录下的 config_ok 文件是本章所用的配置文件，直接使用它即可。执行以下命令编译内核，它将在 arch/arm/boot 目录下生成 uImage 文件。

```
$ cp config_ok .config
$ make uImage
```

2．烧写内核

将上面生成的 uImage 放入 tftp 服务器目录或 nfs 目录（/work/nfs_root），然后在 U-Boot 中执行以下命令下载、烧写。

```
tftp 0x32000000 uImage 或 nfs 0x30000000 192.168.1.57:/work/nfs_root/uImage
nand erase 0 0x200000                         /* 擦除 NAND Flash 前 2MB */
nand write.jffs2 0x32000000 0 $(filesize)     /* 烧写 uImage */
```

3．启动内核

可以使用以下命令启动 NAND Flash 上的内核。

```
nboot 0x32000000 0 0
bootm 0x32000000
```

要想开发板上电后内核自动启动，可以设置 bootcmd 环境变量。

```
set bootcmd 'nboot 0x32000000 0 0; bootm 0x32000000'
saveenv
```

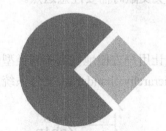

第17章 构建 Linux 根文件系统

本章目标

- 了解 Linux 的文件系统层次标准（FHS）
- 了解根文件系统下各目录的作用
- 掌握构建根文件系统的方法：移植 Busybox、构造各个目录、文件等
- 掌握制作 yaffs、jffs2 文件系统映象文件的方法

17.1 Linux 文件系统概述

17.1.1 Linux 文件系统的特点

类似于 Windows 下的 C、D、E 等各个盘，Linux 系统也可以将磁盘、Flash 等存储设备划分为若干个分区，在不同分区存放不同类别的文件。与 Windows 的 C 盘类似，Linux 一样要在一个分区上存放系统启动所必需的文件，比如内核映象文件（在嵌入式系统中，内核一般单独存放在一个分区中）、内核启动后运行的第一个程序(init)、给用户提供操作界面的 shell 程序、应用程序所依赖的库等。这些必需、基本的文件合称为根文件系统，它们存放在一个分区中。Linux 系统启动后首先挂接这个分区，称为挂接（mount）根文件系统。其他分区上所有目录、文件的集合，也称为文件系统。

Linux 中并没有 C、D、E 等盘符的概念，它以树状结构管理所有目录、文件，其他分区挂接在某个目录上，这个目录被称为挂接点或安装点（mount point），然后就可以通过这个目录来访问这个分区上的文件了。比如根文件系统被挂接在根目录 "/" 上后，在根目录下就有根文件系统的各个目录、文件：/bin、/sbin、/mnt 等；再将其他分区挂接到/mnt 目录上，/mnt 目录下就有这个分区的各个目录、文件。

在一个分区上存储文件时，需要遵循一定的格式，这种格式称为文件系统类型，比如 fat16、fat32、ntfs、ext2、ext3、jffs2、yaffs 等。除这些拥有实实在在的存储分区的文件系统类型外，Linux 还有几种虚拟的文件系统类型，比如 proc、sysfs 等，它们的文件并不存储在实际的设备上，而是在访问它们时由内核临时生成。比如 proc 文件系统下的 uptime 文件，读取它时可以得到两个时间值（用来表示系统启动后运行的秒数、空闲的秒数），每次读取时都由内核即刻生成，每次读取结果都不一样。

"文件系统类型"常被简称为"文件系统"，比如"硬盘第二个分区上的文件系统是EXT2"指的就是文件系统类型。所以"文件系统"这个术语，有时候指的是分区上的文件集合，有时候指的是文件系统类型，需要根据语境分辨，读者在阅读各类文献时需要注意这点。

17.1.2 Linux根文件系统目录结构

为了在安装软件时能够预知文件、目录的存放位置，为了让用户方便地找到不同类型的文件，在构造文件系统时，建议遵循FHS标准（Filesystem Hierarchy Standard，文件系统层次标准）。它定义了文件系统中目录、文件分类存放的原则，定义了系统运行所需的最小文件、目录的集合，并列举了不遵循这些原则的例外情况及其原因。FHS并不是一个强制的标准，但是大多的Linux、UNIX发行版本都遵循FHS。

本节根据FHS标准描述Linux根文件系统的目录结构，并不深入描述各个子目录的结构，读者可以自行阅读FHS标准，FHS文档可以从网站http://www.pathname.com/fhs/下载。

Linux根文件系统中一般有如图17.1所示的几个目录。

下面依次讲述这几个目录的作用。

图17.1　Linux根文件系统结构

1．/bin目录

该目录下存放所有用户（包括系统管理员和一般用户）都可以使用的、基本的命令，这些命令在挂接其他文件系统之前就可以使用，所以/bin目录必须和根文件系统在同一个分区中。

/bin目录下常用的命令有：cat、chgrp、chmod、cp、ls、sh、kill、mount、umount、mkdir、mknod、[、test等。"["命令其实就是test命令，在脚本文件中"[expr]"就等价于"test expr"。

2．/sbin目录

该目录下存放系统命令，即只有管理员能够使用的命令，系统命令还可以存放在/usr/sbin、/usr/local/sbin目录下。/sbin目录中存放的是基本的系统命令，它们用于启动系统、修复系统等。与/bin目录相似，在挂接其他文件系统之前就可以使用/sbin，所以/sbin目录必须和根文件系统在同一个分区中。

/sbin目录下常用的命令有：shutdown、reboot、fdisk、fsck等。

不是急迫需要使用的系统命令存放在/usr/sbin目录下。本地安装的（Locally-installed）的系统命令存放在/usr/local/sbin目录下。

3．/dev目录

该目录下存放的是设备文件。设备文件是Linux中特有的文件类型，在Linux系统下，以文件的方式访问各种外设，即通过读写某个设备文件操作某个具体硬件。比如通过"/dev/ttySAC0"文件可以操作串口0,通过"/dev/mtdblock1"可以访问MTD设备（NAND Flash、NOR Flash等）的第2个分区。

设备文件有两种：字符设备和块设备。在PC上执行命令"ls /dev/ttySAC0 /dev/hda1 -l"

可以看到如下结果。

```
brwxrwxr-x   1 root     49        3,  1 Oct  9 2005 /dev/hda1
crwxrwxr-x   1 root     root      4, 64 Sep 24 2007 /dev/ttySAC0
```

其中字母"b"、"c"表示这是一个块设备文件或字符设备文件;"3, 1"、"4, 64"表示设备文件的主、次设备号;主设备号用来表示这是哪类设备,次设备号用来表示这是这类设备中的哪个。

设备文件可以使用 mknod 命令创建,比如:

```
mknod /dev/ttySAC0 c 4 64
mknod /dev/hda1 b 3 1
```

/dev 的创建有 3 种方法。

(1) 手动创建。

在制作根文件系统的时候,就在/dev 目录下创建好要使用的设备文件,比如 ttySAC0 等。系统挂接根文件系统后,就可以使用/dev 目录下的设备文件了。

(2) 使用 devfs 文件系统:这种方法已经过时。

在以前的内核中,有一个配置选项 CONFIG_DEVFS_FS,它用来将虚拟文件系统 devfs 挂接在/dev 目录上,各个驱动程序注册时会在/dev 目录下自动生成各种设备文件。这就免去了手动创建设备文件的麻烦,在制作根文件系统时,/dev 目录可以为空。

使用 devfs 比手动创建设备节点更便利,但是它仍有一些无法克服的缺点。

① 不确定的设备映射。

比如 USB 接口连接两台打印机 A 和 B,在都开机的情况下以/dev/usb/lp0 访问 A,以/dev/usb/lp1 访问 B。但是假如 A 没有上电,则系统启动时会根据扫描到的设备的顺序,以/dev/usb/lp0 访问 B。

② 没有足够的主/次设备号。

主次设备号是两个 8 位的数字,它们并不足以与日益增加的外设一一对应。

③ 命名不够灵活。

由于 devfs 由内核创建设备节点,当想重新修改某个设备的名字时需要修改、编译内核。

④ devfs 消耗大量的内存。

由于这些缺点,在 Linux 2.3.46 引入 devfs 之后,又在 Linux 2.6.13 后面的版本中移除了 devfs,而使用 udev 机制代替。

(3) udev。

udev 是个用户程序(u 是指 user space,dev 是指 device),它能够根据系统中硬件设备的状态动态地更新设备文件,包括设备文件的创建、删除等。

使用 udev 机制也不需要在/dev 目录下创建设备节点,它需要一些用户程序的支持,并且内核要支持 sysfs 文件系统。它的操作相对复杂,但是灵活性很高。

在 busybox 中有一个 mdev 命令,它是 udev 命令的简化版本。

4. /etc 目录

如表 17.1、17.2 所示,该目录下存放各种配置文件。对于 PC 上的 Linux 系统,/etc 目录下目录、文件非常多。这些目录、文件都是可选的，它们依赖于系统中所拥有的应用程序，依赖于这些程序是否需要配置文件。在嵌入系统中，这些内容可以大为精减。

表 17.1　　　　　　　　　　　　　　/etc 目录下的子目录

目　　录	描　　述
opt	用来配置/opt 下的程序（可选）
X11	用来配置 X Window（可选）
sgml	用来配置 SGML（可选）
xml	用来配置 XML（可选）

表 17.2　　　　　　　　　　　　　　/etc 目录下的文件

文　　件	描　　述
export	用来配置 NFS 文件系统（可选）
fstab	用来指明当执行 "mount -a" 时，需要挂接的文件系统（可选）
mtab	用来显示已经加载的文件系统,通常是/proc/mounts 的链接文件(可选)
ftpusers	启动 FTP 服务时，用来配置用户的访问权限（可选）
group	用户的组文件（可选）
inittab	init 进程的配置文件（可选）
ld.so.conf	其他共享库的路径（可选）
passwd	密码文件（可选）

5. /lib 目录

该目录下存放共享库和可加载模块（即驱动程序），共享库用于启动系统、运行根文件系统中的可执行程序，比如/bin、/sbin 目录下的程序。其他不是根文件系统所必需的库文件可以放在其他目录，比如/usr/lib、/usr/X11R6/lib、/var/lib 等。

表 17.3 所示是/lib 目录中的内容。

表 17.3　　　　　　　　　　　　　　/lib 目录中的内容

目录/文件	描　　述
libc.so.*	动态连接 C 库（可选）
ld*	连接器、加载器（可选）
modules	内核可加载模式存放的目录（可选）

6. /home 目录

用户目录，它是可选的。对于每个普通用户，在/home 目录下都有一个以用户名命名的子目录，里面存放用户相关的配置文件。

7. /root 目录

根用户（用户名为 root）的目录，与此对应，普通用户的目录是/home 下的某个子目录。

8. /usr 目录

/usr 目录的内容可以存在另一个分区中,在系统启动后再挂接到根文件系统中的/usr 目录下。里面存放的是共享、只读的程序和数据,这表明/usr 目录下的内容可以在多个主机间共享,这些主机也是符合 FHS 标准的,/usr 中的文件应该是只读的,其他主机相关、可变的文件应该保存在其他目录下,比如/var。

/usr 目录通常包含如下内容,嵌入式系统中,这些内容可以进一步精减。/usr 目录中的内容如表 17.4 所示。

表 17.4   /usr 目录中的内容

目录	描述
bin	很多用户命令存放在这个目录下
include	C 程序的头文件,这在 PC 上进行开发时才用到,在嵌入式系统中不需要
lib	库文件
local	本地目录
sbin	非必需的系统命令(必需的系统命令放在/sbin 目录下)
share	架构无关的数据
X11R6	XWindow 系统
games	游戏
src	源代码

9. /var 目录

与/usr 目录相反,/var 目录中存放可变的数据,比如 spool 目录(mail、news、打印机等用的)、log 文件、临时文件。

10. /proc 目录

这是一个空目录,常作为 proc 文件系统的挂接点。proc 文件系统是个虚拟的文件系统,它没有实际的存储设备,里面的目录、文件都是由内核临时生成的,用来表示系统的运行状态,也可以操作其中的文件控制系统。

系统启动后,使用以下命令挂接 proc 文件系统(常在/etc/fstab 进行设置以自动挂接)。

```
# mount -t proc none /proc
```

11. /mnt 目录

用于临时挂接某个文件系统的挂接点,通常是空目录;也可以在里面创建一些空的子目录,比如/mnt/cdram、/mnt/hda1 等,用来临时挂接光盘、硬盘。

12. /tmp 目录

用于存放临时文件,通常是空目录。一些需要生成临时文件的程序要用到/tmp 目录,所以/tmp 目录必须存在并可以访问。

为减少对 Flash 的操作，当在/tmp 目录上挂接内存文件系统时，如下所示：

```
# mount -t tmpfs none /tmp
```

17.1.3 Linux 文件属性介绍

Linux 系统有如表 17.5 所示的几种文件类型。

表 17.5　　　　　　　　　　　　　Linux 文件类型

文 件 类 型	描　　述
普通文件	这是最常见的文件类型
目录文件	目录也是一种文件
字符设备文件	用来访问字符设备
块设备文件	用来访问块设备
FIFO	用于进程间的通信，也称为命名管道
套接口	用于进程间的网络通信
连接文件	它指向另一个文件，有软连接、硬连接

使用"ls -lih"命令可以看到各个文件的具体信息，下面选取这几种文件，列出它们的信息。

```
 228883 -rw-r--r--    2 root     root            6 Sep 27 22:10 readme.txt
 228884 lrwxrwxrwx    1 root     root           10 Sep 27 22:11 ln_soft -> readme.txt
 228883 -rw-r--r--    2 root     root            6 Sep 27 22:10 ln_hard
 228882 drwxr-xr-x    2 root     root         4.0K Sep 27 22:10 tmp_dir
 228880 crw-r--r--    1 root     root         4, 64 Sep 27 22:09 ttySAC0
 228881 brw-r--r--    1 root     root         31, 0 Sep 27 22:09 mtdblock0
 228885 prw-r--r--    1 root     root            0 Sep 27 22:16 my_fifo
 343929 srwxr-xr-x    1 root     root            0 May 20  2006 klauncherIdhOa.slave-socket
```

除设备文件 ttySAC0、mtdblock0 外，这些信息都分为 8 个字段，比如：

```
228883 -rw-r--r--    2 root     root            6 Sep 27 22:10 readme.txt
字段1    2         3  4        5               6 7              8
```

它们的意义如下。

（1）字段 1：文件的索引节点 inode。

索引节点里存放一个文件的上述信息，比如文件大小、属主、归属的用户组、读写权限等，并指明文件的实际数据存放的位置。

（2）字段 2：文件种类和权限。

这字段共分 10 位，格式如下。

文件类型有 7 种，"-"表示普通文件，"d"表示目录，"c"表示字符设备，"b"表示块设备,"p"表示 FIFO(即管道),"l"表示软连接(也称符号连接),"s"表示套接口(socket)。

没有专门的符号来表示"硬连接"类型,硬连接也是普通文件,只不过文件的实际内容只有一个副本,连接文件、被连接文件都指向它。比如上面的 ln_hard 文件是使用命令"ln readme.txt ln_hard"创建出来的到 readme.txt 文件的硬连接,readme.txt 和 ln_hard 的地位完全一致,它们都指向文件系统中的同一个位置,它们的"硬连接个数"都是 2,表示这个文件的实际内容被引用两次,可以看到这两个文件的 inode 都是 228883。

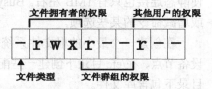

图 17.2 文件类型及属性

硬连接文件的引入的另一个作用是使得可以用别名来引用一个文件,避免文件被误删除——只有当硬连接个数为 1 时,对一个文件执行删除操作才会真正删除文件的副本。它的缺点是不能创建到目录的连接,被连接文件和连接文件必须在同一个文件系统中。对此,引入软连接,也称符号连接,软连接只是简单地指向一个文件(可以是目录),并不增加它的硬连接个数。比如上面的 ln_soft 文件就是使用命令"ln -s readme.txt ln_hard"创建出来的到 readme.txt 文件的软连接,它使用另一个 inode。

剩下的 9 位分为 3 组,分别用来表示文件拥有者、同一个群组的用户、其他用户对这个文件的访问权限。每组权限由 rwx 三位组成,表示可读、可写、可执行。如果某一位被设为"-",则表示没有相应的权限,比如"rw-"表示只有读写权限,没有执行权限。

(3) 字段 3:硬连接个数。
(4) 字段 4:文件拥有者。
(5) 字段 5:所属群组。
(6) 字段 6:文件或目录的大小。
(7) 字段 7:最后访问或修改时间。
(8) 字段 8:文件名或目录名。

对于设备文件,字段 6 表示主设备号,字段 7 表示次设备号。

17.2 移植 Busybox

所谓制作根文件系统,就是创建各种目录,并且在里面创建各种文件。比如在/bin、/sbin 目录下存放各种可执行程序,在/etc 目录下存放配置文件,在/lib 目录下存放库文件。这节讲述如何使用 Busybox 来创建/bin、/sbin 等目录下的可执行文件。

17.2.1 Busybox 概述

Busybox 是一个遵循 GPL v2 协议的开源项目。Busybox 将众多的 UNIX 命令集合进一个很小的可执行程序中,可以用来替换 GNU fileutils、shellutils 等工具集。Busybox 中各种命令与相应的 GNU 工具相比,所能提供的选项较少,但是能够满足一般应用。Busybox 为各种小型的或者嵌入式系统提供了一个比较完全的工具集。

Busybox 在编写过程中对文件大小进行优化,并考虑了系统资源有限(比如内存等)的情况。与一般的 GNU 工具集动辄几 MB 的体积相比，动态连接的 Busybox 只有几百 KB，即使静态连接也只有 1MB 左右。Busybox 按模块进行设计，可以很容易地加入、去除某些命令，或增减命令的某些选项。

在创建一个最小的根文件系统时，使用 Busybox 的话，只需要在/dev 目录下创建必要的设备节点、在/etc 目录下创建一些配置文件就可以了，如果 Busybox 使用动态连接，还要在/lib 目录下包含库文件。

Busybox 支持 uClibc 库和 glibc 库，对 Linux 2.2.x 之后的内核支持良好。

Busybox 的官方网站是 http://www.busybox.net/，源码可以从 http://www.busybox.net/downloads/下载，本书使用 busybox-1.7.0.tar.bz2。

17.2.2　init 进程介绍及用户程序启动过程

init 进程是由内核启动的第一个（也是惟一的一个）用户进程（进程 ID 为 1），它根据配置文件决定启动哪些程序，比如执行某些脚本、启动 shell、运行用户指定的程序等。init 进程是后续所有进程的发起者，比如 init 进程启动/bin/sh 程序后，才能够在控制台上输入各种命令。

init 进程的执行程序通常是/sbin/init，上面讲述的 init 进程的作用只不过是/sbin/init 这个程序的功能。我们完全可以编写自己的/sbin/init 程序，或者传入命令行参数 "init=xxxxx" 指定某个程序作为 init 进程运行。

一般而言，在 Linux 系统有两种 init 程序：BSD init 和 System V init。BSD 和 System V 是两种版本的 UNIX 系统。这两种 init 程序各有优缺点，现在大多 Linux 的发行版本使用 System V init。但是在嵌入式领域，通常使用 Busybox 集成的 init 程序，下面基于它进行讲解。

1．内核如何启动 init 进程

内核启动的最后一步就是启动 init 进程，代码在 init/main.c 文件中，如下所示：

```
748 static int noinline init_post(void)
749 {
...
756     if (sys_open((const char __user *) "/dev/console", O_RDWR, 0) < 0)
757         printk(KERN_WARNING "Warning: unable to open an initial console.\n");
758
759     (void) sys_dup(0);
760     (void) sys_dup(0);
761
762     if (ramdisk_execute_command) {
763         run_init_process(ramdisk_execute_command);
764         printk(KERN_WARNING "Failed to execute %s\n",
765                 ramdisk_execute_command);
766     }
```

```
...
774       if (execute_command) {
775           run_init_process(execute_command);
776           printk(KERN_WARNING "Failed to execute %s.  Attempting "
777                   "defaults...\n", execute_command);
778       }
779       run_init_process("/sbin/init");
780       run_init_process("/etc/init");
781       run_init_process("/bin/init");
782       run_init_process("/bin/sh");
783
784       panic("No init found.  Try passing init= option to kernel.");
785 }
786
```

代码并不复杂,其中的 run_init_process 函数使用它的参数所指定的程序来创建一个用户进程。需要注意,一旦 run_init_process 函数创建进程成功,它将不会返回。

内核启动 init 进程的过程如下。

(1) 打开标准输入、标准输出、标准错误设备。

Linux 中最先打开的 3 个文件分别称为标准输入(stdin)、标准输出(stdout)、标准错误(stderr),它们对应的文件描述符分别为 0、1、2。所谓标准输入就是在程序中使用 scanf()、fscanf(stdin,…)获取数据时,从哪个文件(设备)读取数据;标准输出、标准错误都是输出设备,前者对应 printf()、fprintf(stdout,…),后者对应 fprintf(stderr,…)。

第 756 行尝试打开/dev/console 设备文件,如果成功,它就是 init 进程标准输入设备。

第 759、760 将文件描述符 0 复制给文件描述符 1、2,所以标准输入、标准输出、标准错误都对应同一个文件(设备)。

在移植 Linux 内核时,如果发现打印出"Warning: unable to open an initial console.",其原因大多是:根文件系统虽然被正确挂接了,但是里面的内容不正确,要么没有/dev/console 这个文件,要么它没有对应的设备。

(2) 如果 ramdisk_execute_command 变量指定了要运行的程序,启动它。

ramdisk_execute_command 的取值(代码也在 init/main.c 中)分 3 种情况。

① 如果命令行参数中指定了"rdinit=…",则 ramdisk_execute_command 等于这个参数指定的程序。

② 否则,如果/init 程序存在,ramdisk_execute_command 就等于"/init"。

③ 否则,ramdisk_execute_command 为空。

本书所用的命令行没有设定"rdinit=…",根文件系统中也没有/init 程序,所以 ramdisk_execute_command 为空,第 763~765 这几行的代码不执行。

(3) 如果 execute_command 变量指定了要运行的程序,启动它。

如果命令行参数中指定了"init=…",则 execute_command 等于这个参数指定的程序,否则为空。

本书所用的命令行没有设定"init=…",所以第 775~777 行代码不执行。
(4)依次尝试执行/sbin/init、/etc/init、/bin/init、/bin/sh。
第 779 行执行/sbin/init 程序,这个程序在我们的根文件系统中是存在的,所以 init 进程所用的程序就是/sbin/init。从此系统的控制权交给/sbin/init,不再返回 init_post 函数中。
run_init_process 函数也在 init/main.c 中,代码如下:

```
184 static char * argv_init[MAX_INIT_ARGS+2] = { "init", NULL, };
185 char * envp_init[MAX_INIT_ENVS+2] = { "HOME=/", "TERM=linux", NULL, };
…
739 static void run_init_process(char *init_filename)
740 {
741     argv_init[0] = init_filename;
742     kernel_execve(init_filename, argv_init, envp_init);
743 }
744
```

所以执行/sbin/init 程序时,它的环境参数为""HOME=/","TERM=linux""。

2. Busybox init 进程的启动过程

Busybox init 程序对应的代码在 init/init.c 文件中,下面以 busybox-1.7.0 为例进行讲解。
先概述其流程,再结合一个/etc/inittab 文件讲述 init 进程的启动过程。
(1) Busybox init 程序流程。
流程图如图 17.3 所示,其中与构建根文件系统关系密切的是控制台的初始化、对 inittab 文件的解释及执行。

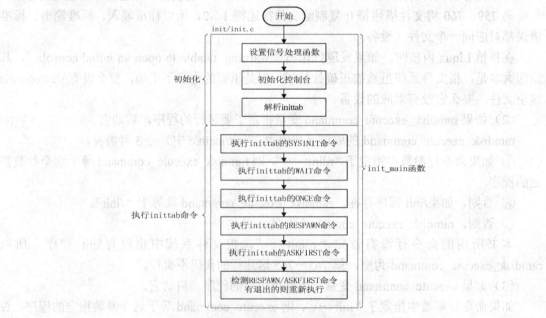

图 17.3 Busybox init 程序流程

内核启动 init 进程时已经打开"/dev/console"设备作为控制台，一般情况下 Busybox init 程序就使用/dev/console。但是如果内核启动 init 进程的同时设置了环境变量 CONSOLE 或 console，则使用环境变量所指定的设备。在 Busybox init 程序中，还会检查这个设备是否可以打开，如果不能打开则使用"/dev/null"。

Busybox init 进程只是作为其他进程的发起者和控制者，并不需要控制台与用户交互，所以 init 进程会把它关掉，系统启动后运行命令"ls /proc/1/fd/"可以看到该目录为空。init 进程创建其他子进程时，如果没有在/etc/inittab 中指明它的控制台，则使用前面确定的控制台。

/etc/inittab 文件的相关文档和示例代码都在 Busybox 的 examples/inittab 文件中。

如果存在/etc/inittab 文件，Busybox init 程序解析它，然后按照它的指示创建各种子进程；否则使用默认的配置创建子进程。

/etc/inittab 文件中每个条目用来定义一个子进程，并确定它的启动方法，格式如下：

```
<id>:<runlevels>:<action>:<process>
```

例如：

```
ttySAC0::askfirst:-/bin/sh
```

对于 Busybox init 程序，上述各个字段作用如下。

① <id>：表示这个子进程要使用的控制台（即标准输入、标准输出、标准错误设备）。如果省略，则使用与 init 进程一样的控制台。

② <runlevels>：对于 Busybox init 程序，这个字段没有意义，可以省略。

③ <action>：表示 init 进程如何控制这个子进程，有如表 17.6 所示的 8 种取值。

表 17.6　　　　　　　　　　/etc/inittab 文件中<action>字段的意义

action 名称	执 行 条 件	说　　　　明
sysinit	系统启动后最先执行	只执行一次，init 进程等待它结束才继续执行其他动作
wait	系统执行完 sysinit 进程后	只执行一次，init 进程等待它结束才继续执行其他动作
once	系统执行完 wait 进程后	只执行一次，init 进程不等待它结束
respawn	启动完 once 进程后	init 进程监测发现子进程退出时，重新启动它
askfirst	启动完 respawn 进程后	与 respawn 类似，不过 init 进程先输出"Please press Enter to activate this console."，等用户输入回车键之后才启动子进程。
shutdown	当系统关机时	即重启、关闭系统命令时
restart	Busybox 中配置了 CONFIG_FEATURE_USE_INITTAB，并且 init 进程接收到 SIGHUP 信号时	先重新读取、解析/etc/inittab 文件，再执行 restart 程序
ctrlaltdel	按下 Ctrl+Alt+Del 组合键时	—

④ <process>：要执行的程序，它可以是可执行程序，也可以是脚本。

如果<procss>字段前有"-"字符，这个程序被称为"交互的"。

在/etc/inittab 文件的控制下，init 进程的行为总结如下。

① 在系统启动前期，init 进程首先启动<action>为 sysinit、wait、once 的 3 类子进程。

② 在系统正常运行期间，init 进程首先启动<action>为 respawn、askfirst 的两类子进程，并监视它们，发现某个子进程退出时重新启动它。

③ 在系统退出时，执行<action>为 shutdown、restart、ctrlaltdel 的 3 类子进程（之一或全部）。

如果根文件系统中没有/etc/inittab 文件，Busybox init 程序将使用如下默认的 inittab 条目。

```
::sysinit:/etc/init.d/rcS
::askfirst:/bin/sh
tty2::askfirst:/bin/sh
tty3::askfirst:/bin/sh
tty4::askfirst:/bin/sh
::ctrlaltdel:/sbin/reboot
::shutdown:/sbin/swapoff -a
::shutdown:/bin/umount -a -r
::restart:/sbin/init
```

（2）/etc/inittab 实例。

仿照 Busybox 的 examples/inittab 文件，创建一个 inittab 文件，内容如下：

```
# /etc/inittab
# 这是 init 进程启动的第一个子进程，它是一个脚本，可以在里面指定用户想执行的操作
# 比如挂接其他文件系统、配置网络等
::sysinit:/etc/init.d/rcS


# 启动 shell，以/dev/ttySAC0 作为控制台
ttySAC0::askfirst:-/bin/sh


# 按下 Ctrl+Alt+Del 之后执行的程序，不过在串口控制台中无法输入 Ctrl+Alt+Del 组合键
::ctrlaltdel:/sbin/reboot
# 重启、关机前执行的程序
::shutdown:/bin/umount -a -r
```

17.2.3 编译/安装 Busybox

从 http://www.busybox.net/downloads/ 下载 busybox-1.7.0.tar.bz2。

使用如下命令解压得到 busybox-1.7.0 目录，里面就是所有的源码。

```
$ tar xjf busybox-1.7.0.tar.bz2
```

Busybox 集合了几百个命令，在一般系统中并不需要全部使用。可以通过配置 Busybox 来选择这些命令、定制某些命令的功能（选项）、指定 Busybox 的连接方法（动态连接还是

静态连接）、指定 Busybox 的安装路径。

1. 配置 Busybox

在 busybox-1.7.0 目录下执行 "make menuconfig" 命令即可进入配置界面。Busybox 将所有配置项分类存放，表 17.7 列出了这些类别，其中的"说明"是针对嵌入式系统而言的。

表 17.7　　　　　　　　　　　　　　Busybox 配置选项分类

配置项类型	说明
Busybox Settings ---> General Configuration	一些通用的设置，一般不需要理会
Busybox Settings ---> Build Options	连接方式、编译选项等
Busybox Settings ---> Debugging Options	调试选项，使用 Busybox 时将打印一些调试信息，一般不选
Busybox Settings ---> Installation Options	Busybox 的安装路径，不需设置，可以在命令行中指定
Busybox Settings ---> Busybox Library Tuning	Busybox 的性能微调，比如设置在控制台上可以输入的最大字符个数，一般使用默认值即可
Archival Utilities	各种压缩、解压缩工具，根据需要选择相关命令
Coreutils	核心的命令，比如 ls、cp 等
Console Utilities	控制台相关的命令，比如清屏命令 clear 等。只是提供一些方便而已，可以不理会
Debian Utilities	Debian 命令（Debian 是 Linux 的一种发行版本），比如 which 命令可以用来显示一个命令的完整路径
Editors	编辑命令，一般都选中 vi
Finding Utilities	查找命令，一般不用
Init Utilities	init 程序的配置选项，比如是否读取 inittab 文件，使用默认配置即可
Login/Password Management Utilities	登录、用户账号/密码等方面的命令
Linux Ext2 FS Progs	Ext2 文件系统的一些工具
Linux Module Utilities	加载/卸载模块的命令，一般都选中
Linux System Utilities	一些系统命令，比如显示内核打印信息的 dmesg 命令、分区命令 fdisk 等
Miscellaneous Utilities	一些不好分类的命令
Networking Utilities	网络方面的命令，可以选择一些可以方便调试的命令，比如 telnetd、ping、tftp 等
Process Utilities	进程相关的命令，比如查看进程状态的命令 ps、查看内存使用情况的命令 free、发送信号的命令 kill、查看最消耗 CPU 资源的前几个进程的命令 top 等。为方便调试，可以都选中

配置项类型	说　　明
Shells	有多种 shell，比如 msh、ash 等，一般选择 ash
System Logging Utilities	系统记录（log）方面的命令
Runit Utilities	本书没有用到
ipsvd utilities	监听 TCP、DPB 端口，发现有新的连接时启动某个程序

本节使用默认配置，执行"make menuconfig"后退出、保存配置即可。

下面只讲述一些常用的选项，以便读者参考。Busybox 的配置过程大多是选择、去除各种命令，一目了然。

（1）Busybox 的性能微调。

设置"TAB"键补全，比如在控制给上输入一个"ifc"后按"TAB"键，它会补全为"ifconfig"。如下配置：

```
Busybox Settings  --->
    Busybox Library Tuning  --->
        [*]    Tab completion
```

（2）连接/编译选项。

以下选项指定是否使用静态连接：

```
Build Options  --->
    [ ] Build BusyBox as a static binary (no shared libs)
```

使用 glibc 时，如果静态编译 Buxybox 会提示以下警告信息，表示会出现一些莫名其妙的问题。

```
#warning Static linking against glibc produces buggy executables
```

所以，本书使用动态连接的 Busybos，在构造根文件系统时需要在/lib 目录下放置 glibc 库文件。

（3）Archival Utilities 选项。

选择 tar 命令：

```
Archival Utilities  --->
    [*] tar
    [*]     Enable archive creation
    [*]     Enable -j option to handle .tar.bz2 files
    [*]     Enable -X (exclude from) and -T (include from) options)
    [*]     Enable -z option
    [*]     Enable -Z option
    [*]     Enable support for old tar header format
    [*]     Enable support for some GNU tar extensions
    [*]     Enable long options
```

（4）Linux Module Utilities 选项。

要使用可加载模块，下面的配置要选上。

```
Linux Module Utilities  --->
    [*] insmod
    [*]     Module version checking
    [*]     Add module symbols to kernel symbol table
    [*]     In kernel memory optimization (uClinux only)
    [*]     Enable load map (-m) option
    [*]       Symbols in load map
    [*] rmmod
    [*] lsmod
    [*] Support version 2.6.x Linux kernels
```

（5）Linux System Utilities 选项。

支持 mdev，这可以很方便地构造/dev 目录，并且可以支持热拔插设备。另外，为方便调试，选中 mount、umount 命令，并让 mount 命令支持 NFS（网络文件系统）。

```
Linux System Utilities  --->
    [*] mdev
    [*]     Support /etc/mdev.conf
    [*]     Support command execution at device addition/removal
    [*] mount
    [*]     Support mounting NFS file systems
    [*] umount
    [*]     umount -a option
```

（6）Networking Utilities 选项。

除其他默认配置外，增加 ifconfig 命令。

```
Networking Utilities  --->
    [*] ifconfig
    [*]     Enable status reporting output (+7k)
    [ ]     Enable slip-specific options "keepalive" and "outfill"
    [ ]     Enable options "mem_start", "io_addr", and "irq"
    [*]     Enable option "hw" (ether only)
    [*]     Set the broadcast automatically
```

2. 编译和安装 Busybox

编译之前，先修改 Busybox 根目录的 Makefile，使用交叉编译器。

修改前：

```
175 ARCH              ?= $(SUBARCH)
176 CROSS_COMPILE ?=
```

修改后：

```
175 ARCH            ?= arm
176 CROSS_COMPILE   ?= arm-linux-
```

然后可执行"make"命令编译 Busybox。

最后是安装，执行"make CONFIG_PREFIX=dir_path install"就可以将 Busybox 安装在 dir_name 指定的目录下。执行以下命令在/work/nfs_root/fs_mini 目录下安装 Busybox。

```
$ make CONFIG_PREFIX=/work/nfs_root/fs_mini install
```

一切完成后，将在/work/nfs_root/fs_mini 目录下生成如下文件、目录。

```
drwxr-xr-x 2 book book 4096 2008-01-22 06:56 bin
lrwxrwxrwx 1 book book   11 2008-01-22 06:56 linuxrc -> bin/busybox
drwxr-xr-x 2 book book 4096 2008-01-22 06:56 sbin
drwxr-xr-x 4 book book 4096 2008-01-22 06:56 usr
```

其中 linuxrc 和上面分析的/sbin/init 程序功能完全一样；其他目录下是各种命令，不过它们都是到/bin/busybox 的符号连接，比如/work/nfs_root/fs_mini/sbin 目录下：

```
lrwxrwxrwx 1 book book 14 2008-01-22 06:56 halt -> ../bin/busybox
lrwxrwxrwx 1 book book 14 2008-01-22 06:56 ifconfig -> ../bin/busybox
lrwxrwxrwx 1 book book 14 2008-01-22 06:56 init -> ../bin/busybox
lrwxrwxrwx 1 book book 14 2008-01-22 06:56 insmod -> ../bin/busybox
lrwxrwxrwx 1 book book 14 2008-01-22 06:56 klogd -> ../bin/busybox
...
```

除 bin/busybox 外，其他文件都是到 bin/busybox 的符号连接。busybox 是所有命令的集合体，这些符号连接文件可以直接运行。比如在开发板上，运行"ls"命令和"busybox ls"命令是一样的。

17.3 使用 glibc 库

在第 2 章制作交叉编译工具链时，已经生成了 glibc 库，可以直接使用它来构建根文件系统。

17.3.1 glibc 库的组成

glibc 库的位置是/work/tools/gcc-3.4.5- glibc-2.3.6/arm-linux/lib。

这个目录下的文件并非都属于 glibc 库，比如 crt1.o、libstdc++.a 等文件是 GCC 工具本身生成的。本书不区分它们的来源，统一处理。

里面的目录、文件可以分为 8 类。

① 加载器 ld-2.3.6.so、ld-linux.so.2。

动态程序启动前，它们被用来加载动态库。

② 目标文件（.o）。

比如 crt1.o、crti.o、crtn.o、gcrt1.o、Mcrt1.o、Scrt1.o 等。在生成应用程序时，这些文件像一般的目标文件一样被连接。

③ 静态库文件（.a）。

比如静态数学库 libm.a、静态 C++ 库 libstdc++.a 等，编译静态程序时会连接它们。

④ 动态库文件（.so、.so.[0-9]*）。

比如动态数学库 libm.so、动态 C++ 库 libstdc++.so 等，它们可能是一个链接文件。编译动态库时会用到这些文件，但是不会连接它们，运行时才连接。

⑤ libtool 库文件（.la）。

在连接库文件时，这些文件会被用到，比如它们列出了当前库文件所依赖的其他库文件。程序运行时无需这些文件。

⑥ gconv 目录。

里面是有头字符集的动态库，比如 ISO8859-1.so、GB18030.so 等。

⑦ ldscripts 目录。

里面是各种连接脚本，在编译应用程序时，它们被用于指定程序的运行地址、各段的位置等。

⑧ 其他目录及文件。

17.3.2 安装 glibc 库

在开发板上只需要加载器和动态库，假设要构建的根文件系统目录为 /work/nfs_root/fs_mini，操作如下。

```
$ mkdir -p /work/nfs_root/fs_mini/lib
$ cd /work/tools/gcc-3.4.5-glibc-2.3.6/arm-linux/lib
$ cp *.so* /work/nfs_root/fs_mini/lib -d
```

上面复制的库文件不是每个都会被用到，可以根据应用程序对库的依赖关系保留需要用到的。通过 ldd 命令可以查看一个程序会用到哪些库，主机自带的 ldd 命令不能查看交叉编译出来的程序，有以下两种替代方法。

① 如果有 uClibc-0.9.28 的代码，可以进入 utils 子目录生成 ldd.host 工具。

```
$ cd uClibc-0.9.28/utils
$ make ldd.host
```

然后将生成的 ldd.host 放到主机/usr/local/bin 目录下即可使用。

比如对于动态连接的 Busybox，它的库依赖关系如下：

```
$ ldd.host busybox
      libcrypt.so.1 => /lib/libcrypt.so.1 (0x00000000)
      libm.so.6 => /lib/libm.so.6 (0x00000000)
      libc.so.6 => /lib/libc.so.6 (0x00000000)
      /lib/ld-linux.so.2 => /lib/ld-linux.so.2 (0x00000000)
```

这表示 Busybox 要使用的库文件有 libcrypt.so.1、libm.so.6、libc.so.6，加载器为 /lib/ld-linux.so.2（实际上在交叉工具链目录下，加载器为 ld-linux.so.2）。上面的"not found"表示主机上没有这个文件，这没关系，开发板的根文件系统上有就行。

② 可以使用以下命令：

```
$ arm-linux-readelf -a "your binary" | grep "Shared"
```

比如对于动态连接的 Busybox，它的库依赖关系如下：

```
$ arm-linux-readelf -a ./busybox | grep "Shared"
 0x00000001 (NEEDED)                     Shared library: [libcrypt.so.1]
 0x00000001 (NEEDED)                     Shared library: [libm.so.6]
 0x00000001 (NEEDED)                     Shared library: [libc.so.6]
```

里面没有列出加载器，构造根文件系统时，它也要复制进去。

17.4 构建根文件系统

上面两节在介绍了如何安装 Busybyox、C 库，建立了 bin/、sbin/、usr/bin/、usr/sbin/、lib/ 等目录，最小根文件系统的大部分目录、文件已经建好。本节介绍剩下的部分，假设开发板的根文件系统在主机上的目录为 /work/nfs_root/fs_mini。

17.4.1 构建 etc 目录

init 进程根据 /etc/inittab 文件来创建其他子进程，比如调用脚本文件配置 IP 地址、挂接其他文件系统，最后启动 shell 等。

etc 目录下的内容取决于要运行的程序，本节只需要创建 3 个文件：etc/inittab、etc/init.d/rcS、etc/fstab。

1. 创建 etc/inittab 文件

仿照 Busybox 的 examples/inittab 文件，在 /work/nfs_root/fs_mini/etc 目录下创建一个 inittab 文件，内容如下。

```
# /etc/inittab
::sysinit:/etc/init.d/rcS
ttySAC0::askfirst:-/bin/sh
::ctrlaltdel:/sbin/reboot
::shutdown:/bin/umount -a -r
```

2. 创建 etc/init.d/rcS 文件

这是一个脚本文件，可以在里面添加想自动执行命令。以下命令配置 IP 地址、挂接 /etc/fstab 指定的文件系统。

```
#!/bin/sh
ifconfig eth0 192.168.1.17
mount -a
```

第一行表示这是一个脚本文件，运行时使用/bin/sh 解析。
第二行用来配置 IP 地址。
第三行挂接/etc/fstab 文件指定的所有文件系统。
最后，还要改变它的属性，使它能够执行。

```
chmod +x etc/init.d/rcS
```

3. 创建 etc/fstab 文件

内容如下，表示执行"mount -a"命令后将挂接 proc、tmpfs 文件系统。

```
# device      mount-point    type     options     dump   fsck order
proc          /proc          proc     defaults    0      0
tmpfs         /tmp           tmpfs    defaults    0      0
```

/etc/fstab 文件被用来定义文件系统的"静态信息"，这些信息被用来控制 mount 命令的行为。文件中各字段意义如下。

① device：要挂接的设备。
比如/dev/hda2、/dev/mtdblock1 等设备文件；也可以是其他格式，比如对于 proc 文件系统这个字段没有意义，可以是任意值；对于 NFS 文件系统，这个字段为<host>:<dir>。
② mount-point：挂接点。
③ type：文件系统类型。
比如 proc、jffs2、yaffs、ext2、nfs 等；也可以是 auto，表示自动检测文件系统类型。
④ options：挂接参数，以逗号隔开。

/etc/fstab 的作用不仅仅是用来控制"mount -a"的行为，即使是一般的 mount 命令也受它控制，这可以从表 17.8 的参数看到。除与文件系统类型相关的参数外，常用的有以下几种取值。

表 17.8　　　　　　　　　　　　/etc/fstab 参数字段常用的取值

参 数 名	说　　明	默 认 值
auto noauto	决定执行"mount -a"时是否自动挂接。 auto：挂接；noauto：不挂接	auto
user nouser	user：允许普通用户挂接设备； nouser：只允许 root 用户挂接设备	nouser
exec noexec	exec：允许运行所挂接设备上的程序 noexec：不允许运行所挂接设备上的程序	exec
Ro	以只读方式挂接文件系统	-
rw	以读写方式挂接文件系统	-
sync async	sync：修改文件时，它会同步写入设备中； async：不会同步写入	sync
defaults	rw、suid、dev、exec、auto、nouser、async 等的组合	-

⑤ dump 和 fsck order：用来决定控制 dump、fsck 程序的行为。

dump 是一个用来备份文件的程序，fsck 是一个用来检查磁盘的程序。要想了解更多信息，请阅读它们的 man 手册。

dump 程序根据 dump 字段的值来决定这个文件系统是否需要备份，如果没有这个字段，或其值为 0，则 dump 程序忽略这个文件系统。

fsck 程序根据 fsck order 字段来决定磁盘的检查顺序，一般来说对于根文件系统这个字段设为 1，其他文件系统设为 2。如果设为 0，则 fsck 程序忽略这个文件系统。

17.4.2 构建 dev 目录

本节使用两种方法构建 dev 目录。

1. 静态创建设备文件

为简单起见，本书先使用最原始的方法处理设备：在/dev 目录下静态创建各种节点（即设备文件）。

从系统启动过程可知，涉及的设备有：/dev/mtdblock*(MTD 块设备)、/dev/ttySAC*（串口设备）、/dev/console、/dev/null，只要建立以下设备就可以启动系统。

```
$ mkdir -p /work/nfs_root/fs_mini/dev
$ cd /work/nfs_root/fs_mini/dev
$ sudo mknod console c 5 1
$ sudo mknod null c 1 3
$ sudo mknod ttySAC0 c 204 64
$ sudo mknod mtdblock0 b 31 0
$ sudo mknod mtdblock1 b 31 1
$ sudo mknod mtdblock2 b 31 2
```

> **注意** 在一般系统中，ttySAC0 的主设备号为 4，但是在 S3C2410、S3C2440 所用的 Linux 2.6.22.6 上，它们的串口主设备号为 204。

其他设备文件可以当系统启动后，使用"cat /proc/devices"命令查看内核中注册了哪些设备，然后一一创建相应的设备文件。

实际上，各个 Linux 系统中 dev 目录的内容很相似，本书最终使用的 dev 目录就是从其他系统中复制过来的。

2. 使用 mdev 创建设备文件

mdev 是 udev 的简化版本，它也是通过读取内核信息来创建设备文件。

mdev 的用法请参考 busybox-1.7.0/doc/mdev.txt 文件。mdev 的用途主要有两个：初始化/dev 目录、动态更新。动态更新不仅是更新/dev 目录，还支持热拔插，即接入、卸下设备时执行某些动作。

要使用 mdev，需要内核支持 sysfs 文件系统，为了减少对 Flash 的读写，还要支持 tmpfs

文件系统。先确保内核已经设置了 CONFIG_SYSFS、CONFIG_TMPFS 配置项。

使用 mdev 的命令如下，请参考它们的注释以了解其作用：

```
$ mount -t tmpfs mdev /dev              /* 使用内存文件系统，减少对 Flash 的读写 */
$ mkdir /dev/pts                        /* dev/pts 用来支持外部网络连接(telnet)的虚拟终端 */
$ mount -t devpts devpts /dev/pts
$ mount -t sysfs sysfs /sys             /* mdev 通过 sysfs 文件系统获得设备信息 */
$ echo /bin/mdev > /proc/sys/kernel/hotplug   /* 设置内核，当有设备拔插时调用/bin/mdev 程序 */
$ mdev -s                               /* 在/dev 目录下生成内核支持的所有设备的结点 */
```

要在内核启动时，自动运行 mdev。这要修改/work/nfs_root/fs_mini 中的两个文件：修改 etc/fstab 来自动挂载文件系统、修改 etc/init.d/rcS 加入要自动运行的命令。修改后的文件如下。

① etc/fstab。

# device	mount-point	type	options	dump	fsck order
proc	/proc	proc	defaults	0	0
tmpfs	/tmp	tmpfs	defaults	0	0
sysfs	/sys	sysfs	defaults	0	0
tmpfs	/dev	tmpfs	defaults	0	0

② etc/init.d/rcS：加入下面几行。

```
mount -a
mkdir /dev/pts
mount -t devpts devpts /dev/pts
echo /sbin/mdev > /proc/sys/kernel/hotplug
mdev -s
```

需要注意的是，开发板上通过 mdev 生成的/dev 目录中，S3C2410、S3C2440 是串口名是 s3c2410_serial 0、s3c2410_serial 1、s3c2410_serial 2，不是 ttySAC0、ttySAC1、ttySAC2。需要修改 etc/inittab 文件。

修改前：

```
ttySAC0::askfirst:-/bin/sh
```

修改后：

```
s3c2410_serial0::askfirst:-/bin/sh
```

另外，mdev 是通过 init 进程来启动的，在使用 mdev 构造/dev 目录之前，init 进程至少要用到设备文件/dev/console、/dev/null，所以要建立这两个设备文件。

```
$ mkdir -p /work/nfs_root/fs_mini/dev
$ cd /work/nfs_root/fs_mini/dev
$ sudo mknod console c 5 1
$ sudo mknod null c 1 3
```

17.4.3 构建其他目录

其他目录可以是空目录,比如 proc、mnt、tmp、sys、root 等,如下创建:

```
# cd /work/nfs_root/fs_mini
# mkdir proc mnt tmp sys root
```

现在,/work/nfs_root/fs_mini 目录下就是一个非常小的根文件系统。开发板可以将它作为网络根文件系统直接启动。如果要烧入开发板,还要将它制作为一个文件,称为映象文件。

17.4.4 制作/使用 yaffs 文件系统映象文件

按照前面的方法,在/work/nfs_root 目录下构造了两个根文件系统:fs_mini、fs_mini_mdev。前者使用 dev/目录中事先建立好的设备文件,后者使用 mdev 机制来生成 dev/目录,它们的差别只在于 3 点:etc/inittab 文件、etc/init.d/rcS 文件、dev/目录。下面以/work/nfs_root/fs_mini 为例制作根文件系统映象。

所谓制作文件系统映象文件,就是将一个目录下的所有内容按照一定的格式存放到一个文件中,这个文件可以直接烧写到存储设备上去。当系统启动后挂接这个设备,就可以看到与原来目录一样的内容。

制作不同类型的文件系统映象文件需要使用不同的工具。

1. 修改制作 yaffs 映象文件的工具

在 yaffs 源码中有个 utils 目录(假设这个目录为/work/system/Development/ yaffs2/utils),里面是工具 mkyaffsimage 和 mkyaffs2image 的源代码。前者用来制作 yaffs1 映象文件,后者用来制作 yaffs2 映象文件。

目前 mkyaffsimage 工具只能生成老格式的 yaffs1 映象文件,需要修改才能支持新格式。对 mkyaffsimage 代码的修改都在补丁文件 yaffs_util_mkyaffsimage.patch 中,读者可以直接打补丁,也可以根据本小节进行修改。

yaffs1 新、老格式的不同在于 oob 区的使用发生了变化:一是 ECC 检验码的位置发生了变化,二是可用空间即标记(tag)的数据结构定义发生了变化。

另外,由于配置内核时没有设置 CONFIG_YAFFS_DOES_ECC,yaffs 文件系统将使用 MTD 设备层的 ECC 校验方法,制作映象文件时也使用与 MTD 设备层相同的函数计算 ECC 码。

① oob 区中检验码的位置变化:

oob 区中使用 6 个字节来存放 ECC 校验码,前 3 个字节对应上半页,后 3 个字节对应下半页。

由 nand_oob_16 结构可知,以前的校验码在 oob 区中存放的位置为 8、9、10、13、14 和 15,现在改为 0、1、2、3、6 和 7。

② oob 区中可用空间的数据结构定义变化。

oob 区中可用的空间有 8 个字节,它用来存放文件系统的数据,代码中这些数据被称为标记(tag)。

老格式的 yaffs1 中,这 8 个字节的数据结构定义如下(在 yaffs_guts.h 文件中)所示:

```
typedef struct {
    unsigned chunkId:20;
    unsigned serialNumber:2;
    unsigned byteCount:10;
    unsigned objectId:18;
    unsigned ecc:12;
    unsigned unusedStuff:2;
} yaffs_Tags;
```

新格式的 yaffs1 中，定义如下（在 yaffs_packedtags1.h 文件中）所示：

```
typedef struct {
    unsigned chunkId:20;
    unsigned serialNumber:2;
    unsigned byteCount:10;
    unsigned objectId:18;
    unsigned ecc:12;
    unsigned deleted:1;
    unsigned unusedStuff:1;
    unsigned shouldBeFF;         /* 新格式中，这个字节没有使用，yaffs_PackedTags1 还是 8
个字节 */
} yaffs_PackedTags1;
```

新、老结构有细微差别：老结构中有两位没有使用（unusedStuff）；新结构中只有一位没有使用，另一位（deleted）被用来表示当前页是否已经删除。

③ oob 区中 ECC 码的计算。

如果配置内核时设置了 CONFIG_YAFFS_DOES_ECC，则 yaffs 文件系统将使用 yaffs2/yaffs_ecc.c 文件中的 yaffs_ECCCalculate 函数来计算 ECC 码；否则使用 drivers/mtd/nand/nand_ecc.c 文件中的 nand_calculate_ecc 函数。

mkyaffsimage 工具原来的代码中使用 yaffs_ECCCalculate 函数。由于上面配置内核时，没有选择 CONFIG_YAFFS_DOES_ECC，为了使映象文件与内核保持一致，要修改 mkyaffsimage 源码，使用 nand_calculate_ecc 函数。

对 mkyaffsimage 的修改如下所示。

① 增加头文件。

修改文件 mkyaffsimage.c，加上下面这行，里面定义了 yaffs_PackedTags1 结构。

```
#include "yaffs_packedtags1.h"
```

② 修改 mkyaffsimage.c 文件的 write_chunk 函数。

代码如下：

```
231 static int write_chunk(__u8 *data, __u32 objId, __u32 chunkId, __u32 nBytes)
232 {
233 #ifdef CONFIG_YAFFS_9BYTE_TAGS     /* 如果要生成老格式的yaffs1映象文件, 定义这个宏 */
... /* 原来的代码 */
```

```c
260  #else
261      yaffs_PackedTags1 pt1;
262      yaffs_ExtendedTags  etags;
263      __u8 ecc_code[6];
264      __u8 oobbuf[16];
265
266      /* 写页数据,512 个字节 */
267      error = write(outFile,data,512);
268      if(error < 0) return error;
269
270      /* 构造 tag */
271      etags.chunkId       = chunkId;
272      etags.serialNumber  = 0;
273      etags.byteCount     = nBytes;
274      etags.objectId      = objId;
275      etags.chunkDeleted  = 0;
276
277      /*
278       * 重定位 oob 区中的可用数据(称为 tag)
279       */
280      yaffs_PackTags1(&pt1, &etags);
281
282      /* 计算 tag 本身的 ECC 码 */
283      yaffs_CalcTagsECC((yaffs_Tags *)&pt1);
284
285      memset(oobbuf, 0xff, 16);
286      memcpy(oobbuf+8, &pt1, 8);
287
288      /*
289       * 使用与内核 MTD 层相同的方法计算一页数据(5124 字节)的 ECC 码
290       * 并把它们填入 oob
291       */
292      nand_calculate_ecc(data, &ecc_code[0]);
293      nand_calculate_ecc(data+256, &ecc_code[3]);
294
295      oobbuf[0] = ecc_code[0];
296      oobbuf[1] = ecc_code[1];
297      oobbuf[2] = ecc_code[2];
298      oobbuf[3] = ecc_code[3];
```

```
299        oobbuf[6] = ecc_code[4];
300        oobbuf[7] = ecc_code[5];
301
302        nPages++;
303
304        /* 写 oob 数据，169 字节 */
305        return write(outFile, oobbuf, 16);
306 #endif
307 }
308
```

值得注意的是：第 275 行设置新 tag 结构中增加的 chunkDeleted 成员；第 292～300 行将计算出来的 ECC 码填入新的 ECC 位置，它正是 nand_oob_16 结构的 eccpos 数组定义的位置。

其中第 292、293 行的 nand_calculate_ecc 函数是从内核源文件 drivers/mtd/nand/nand_ecc.c 修改而来：在/work/system/Development/yaffs2/utils 目录下新建一个同名文件 nand_ecc.c，把内核文件 nand_ecc.c 的 nand_calculate_ecc 函数、函数中用到的 nand_ecc_precalc_table 数组摘出来；并去除函数中的第一个形参"struct mtd_info *mtd"。

③ 添加文件，修改 Makefile。

第 280 行的 yaffs_PackTags1 函数在上一层目录 yaffs_packedtags1.c 中定义，先将这个文件复制到当前目录。

```
$ cp ../yaffs_packedtags1.c ./
```

另外，and_calculate_ecc 函数是在新加的 nand_ecc.c 中定义的，所以要修改 Makefile，把 yaffs_packedtags1.c 和 nand_ecc.c 也编译进 mkyaffsimage 工具中。

修改前：

```
31 MKYAFFSSOURCES = mkyaffsimage.c
```

修改后：

```
31 MKYAFFSSOURCES = mkyaffsimage.c yaffs_packedtags1.c nand_ecc.c
```

现在，在/work/system/Development/yaffs2/utils 目录下执行"make"命令生成 mkyaffsimage 工具，将它复制到/usr/local/bin 目录。

```
$ sudo cp mkyaffsimage /usr/local/bin
$ sudo chmod +x /usr/local/bin/mkyaffsimage
```

2. 制作/烧写 yaffs 映象文件

使用如下命令将/work/nfs_root/fs_mini 目录制作为 fs_mini.yaffs 文件。

```
# cd /work/nfs_root
# mkyaffsimage fs_mini fs_mini.yaffs
```

将 fs_mini.yaffs 放入 tftp 目录或 nfs 目录后，在 U-Boot 控制界面就可以下载、烧入 NAND

Flash 中，操作命令如下：

```
① tftp 0x30000000 fs_mini.yaffs 或 nfs 0x30000000 192.168.1.57:/work/nfs_root/fs_mini.yaffs
② nand erase 0xA00000 0x3600000
③ nand write.yaffs 0x30000000 0xA00000 $(filesize)
```

现在可以修改命令行参数以 MTD2 分区作为根文件系统，比如在 U-Boot 控制界面如下设置：

```
# set bootargs noinitrd console=ttySAC0 root=/dev/mtdblock2 rootfstype=yaffs
# saveenv
```

17.4.5 制作/使用 jffs2 文件系统映象文件

1．编译制作 jffs2 映象文件的工具

/work/tools/mtd-utils-05.07.23.tar.bz2 是 MTD 设备的工具包，编译它生成 mkfs.jffs2 工具，用它来将一个目录制作成 jffs2 文件系统映象文件。

这个工具包需要 zlib 压缩包，先安装 zlib。在/work/GUI/xwindow/X/deps 下有 zlib 源码 zlib-1.2.3.tar.gz，执行以下命令进行安装。

```
$ cd /work/GUI/xwindow/X/deps
$ tar xzf zlib-1.2.3.tar.gz
$ cd zlib-1.2.3
$ ./configure --shared --prefix=/usr
$ make
$ sudo make install
```

然后编译 mkfs.jffs2。

```
$ cd /work/tools
$ tar xjf mtd-utils-05.07.23.tar.bz2
$ cd mtd-utils-05.07.23/util
$ make
$ sudo make install
```

2．制作/烧写 jffs2 映象文件

使用如下命令将/work/nfs_root/fs_mini 目录制作为 fs_mini.jffs2 文件：

```
$ cd /work/nfs_root
$ mkfs.jffs2 -n -s 512 -e 16KiB -d fs_mini -o fs_mini.jffs2
```

上面命令中，"-n"表示不要在每个擦除块上都加上清除标志，"-s 512"指明一页大小为 512 字节，"-e 16KiB"指明一个擦除块大小为 16KB，"-d"表示根文件系统目录，"-o"表示

输出文件。

将 fs_mini.jffs2 放入 tftp 目录或 nfs 目录后,在 U-Boot 控制界面就可以将下载、烧入 NAND Flash 中,操作命令如下:

```
① tftp 0x30000000 fs_mini.jffs2 或 nfs 0x30000000 192.168.1.57:/work/nfs_root/fs_mini.jffs2
② nand erase 0x200000 0x800000
③ nand write.jffs2 0x30000000 0x200000 $(filesize)
```

系统启动后,就可以使用"mount -t jffs2 /dev/mtdblock1 /mnt"挂接 jffs2 文件系统。

也可以修改命令行参数以 MTD1 分区作为根文件系统,比如在 U-Boot 控制界面如下设置:

```
# set bootargs noinitrd console=ttySAC0 root=/dev/mtdblock1 rootfstype=jffs2
# saveenv
```

第 18 章　Linux 内核调试技术

本章目标

掌握几种调试内核的方法：printk、kgdb、分析 Oops、栈回溯

使用调试工具：gdb、ddd

18.1　内核打印函数 printk

18.1.1　printk 的使用

1．printk 函数的记录级别

调试内核、驱动的最简单方法，是使用 printk 函数打印信息。printk 函数与用户空间的 printf 函数格式完全相同，它所打印的字符串头部可以加入 "<n>" 样式的字符，其中 n 为 0～7，表示这条信息的记录级别。

在内核代码 include/linux/kernel.h 中，下面几个宏控制了 printk 函数所能输出的信息的记录级别。

```
#define console_loglevel (console_printk[0])
#define default_message_loglevel (console_printk[1])
#define minimum_console_loglevel (console_printk[2])
#define default_console_loglevel (console_printk[3])
```

举例说明这几个宏的含义。

① 对于 printk（"<n>…"），只有 n 小于 console_loglevel 时，这个信息才会被打印。

② 假设 default_message_loglevel 的值等于 4，如果 printk 的参数开头没有 "<n>" 样式的字符，则在 printk 函数中进一步处理前会自动加上 "<4>"。

③ minimum_console_loglevel 是一个预设值，平时不起作用。通过其他工具来设置 console_loglevel 的值时，这个值不能小于 minimum_console_loglevel。

④ default_console_loglevel 也是一个预设值，平时不起作用。它表示设置 console_loglevel

时的默认值，通过其他工具来设置 console_loglevel 的值时，会用到这个值。

minimum_console_logleve 和 default_console_loglevel 这两个值的作用，可以参考内核源文件 kernel/printk.c 的 do_syslog 函数。

上面代码中，console_printk 是一个数组，它在 kernel/printk.c 中定义：

```
/* printk's without a loglevel use this.. */
#define DEFAULT_MESSAGE_LOGLEVEL 4 /* KERN_WARNING */

/* We show everything that is MORE important than this.. */
#define MINIMUM_CONSOLE_LOGLEVEL 1 /* Minimum loglevel we let people use */
#define DEFAULT_CONSOLE_LOGLEVEL 7 /* anything MORE serious than KERN_DEBUG */
……
int console_printk[4] = {
    DEFAULT_CONSOLE_LOGLEVEL,       /* console_loglevel */
    DEFAULT_MESSAGE_LOGLEVEL,       /* default_message_loglevel */
    MINIMUM_CONSOLE_LOGLEVEL,       /* minimum_console_loglevel */
    DEFAULT_CONSOLE_LOGLEVEL,       /* default_console_loglevel */
};
```

2．在用户空间修改 printk 函数的记录级别

挂接 proc 文件系统后，读取 /proc/sys/kernel/printk 文件可以得知 console_loglevel、default_message_loglevel、minimum_console_loglevel 和 default_console_loglevel 这 4 个值。

比如执行以下命令，它的结果"7 4 1 7"表示这 4 个值。

```
# cat /proc/sys/kernel/printk
7       4       1       7
```

也可以直接修改 /proc/sys/kernel/printk 文件来改变这 4 个值，比如：

```
# echo "1 4 1 7" > /proc/sys/kernel/printk
```

这使得 console_loglevel 被改为 1，于是所有的 printk 信息都不会被打印。

3．printk 函数记录级别的名称及使用

在内核代码 include/linux/kernel.h 中有如下代码，它们表示 0～7 这 8 个记录级别的名称。

```
#define KERN_EMERG      "<0>"   /* system is unusable              */
#define KERN_ALERT      "<1>"   /* action must be taken immediately */
#define KERN_CRIT       "<2>"   /* critical conditions             */
#define KERN_ERR        "<3>"   /* error conditions                */
#define KERN_WARNING    "<4>"   /* warning conditions              */
#define KERN_NOTICE     "<5>"   /* normal but significant condition */
```

```
#define KERN_INFO       "<6>"   /* informational          */
#define KERN_DEBUG      "<7>"   /* debug-level messages   */
```

在使用 printk 函数时,可以这样使用记录级别:

```
printk(KERN_WARNING"there is a warning here!\n")
```

18.1.2 串口控制台

1. 串口与 printk 函数的关系

在嵌入式 Linux 开发中,printk 信息常常从串口输出,这时串口被称为串口控制台。从内核 kernel/printk.c 的 printk 函数开始,往下查看它的调用关系,可以知道 printk 函数是如何与具体设备的输出函数挂钩的。

printk 函数调用的子函数的主要脉落如下:

```
printk ->
    vprintk ->
        emit_log_char   // 把要打印的数据写入一个全局缓冲区(名为 log_buf)中
        release_console_sem ->
            call_console_drivers ->
                _call_console_drivers ->
                    __call_console_drivers ->
                        con->write   // con 是 console_drivers 链表的表项,调用具
体的输出函数
```

对于可以作为控制台的设备,在初始化时会通过 register_console 函数向 console_drivers 链表注册一个 console 结构,里面有 write 函数指针。

以 drivers/serial/s3c2410.c 文件中的串口初始化函数 s3c24xx_serial_initconsole 为例,它的部分代码如下:

```
1892 static int s3c24xx_serial_initconsole(void)
1893 {
...
1927     register_console(&s3c24xx_serial_console);
1928     return 0;
1928 }
```

第 1927 行的 s3c24xx_serial_console 就是 console 结构,它在相同的文件中定义,部分内容如下:

```
1882 static struct console s3c24xx_serial_console =
1883 {
1884     .name       = S3C24XX_SERIAL_NAME,        // 这个宏被定义为 "SAC"
```

```
1885         .device      = uart_console_device,          // init 进行、用户程序打开/dev/console 时用到
1886         .flags       = CON_PRINTBUFFER,              // 打印先前在 log_buf 中保存的信息
1887         .index       = -1,                           // 表示使用哪个串口由命令行参数决定
1888         .write       = s3c24xx_serial_console_write, // 串口控制台的输出函数
1889         .setup       = s3c24xx_serial_console_setup  // 串口控制台的设置函数
1890 };
```

第 1886 行的 CON_PRINTBUFFER 表示注册这个结构后，要把 log_buf 缓冲区中的所有信息打印出来。这表明，在实际的硬件被初始化之前，就可以使用 printk 函数，只不过这时的打印信息是保存在 log_buf 缓冲区中，还没有真正输出。

第 1888 行的 s3c24xx_serial_console_write 是串口输出函数，它会调用 s3c24xx_serial_console_putchar 函数将要打印的字符一个个地从串口输出。

s3c24xx_serial_console_putchar 是最底层的函数，代码如下：

```
static void
s3c24xx_serial_console_putchar(struct uart_port *port, int ch)
{
    unsigned int ufcon = rd_regl(cons_uart, S3C2410_UFCON);
    while (!s3c24xx_serial_console_txrdy(port, ufcon))
        barrier();
    wr_regb(cons_uart, S3C2410_UTXH, ch);
}
```

从上面的代码可以知道，从串口中输出 printk 打印信息时，是一个字符一个字符地发送、等待发送完成、发送、接着等待、……，效率很低。调试完毕后，通常要将 printk 信息去掉。

2．设置内核命令行参数使用串口控制台

第 15 章中使用 U-Boot 时，设置了命令行参数"console=ttySAC0"，它使得 printk 的信息从串口 0 中输出。

内核是怎样根据这些命令行参数确定 printk 的输出设备呢？在 kernel/printk.c 中有如下代码：

```
__setup("console=", console_setup);
```

内核开始执行时，发现形如"console=…"的命令行参数时，就会调用 console_setup 函数进行解析。对于命令行参数"console=ttySAC0"，它会解析出：设备名（name）为 ttySAC，索引（index）为 0，这些信息被保存在类型为 console_cmdline、名称为 console_cmdline 的全局数组中（数据光类型、数组名相同，请勿混淆）。

在后面使用"register_console (&s3c24xx_serial_console)"注册控制台（参考前面的代码 drivers/serial/s3c2410.c 中第 1927 行）时，会将 s3c24xx_serial_console 结构与 console_cmdline 数组中的设备进行比较，发现名字、索引相同。

① s3c24xx_serial_console 结构中名字（name）为 S3C24XX_SERIAL_NAME，即"tty

SAC",而根据"console=ttySAC0"解析出来的名字也是"ttySAC"。

② s3c24xx_serial_console 结构中索引（index）为-1，表示使用命令行中解析出来的索引 0，表示串口 0。

综上所述，命令行参数"console=ttySAC0"决定 printk 信息将通过 s3c24xx_serial_console 结构中的相关函数，从串口 0 输出。

最后，既然 printk 输出的信息是先保存在缓冲区 log_buf 中的，那么也可以读取 log_buf 以获得这些信息：系统启动后，想查看 printk 信息时，直接运行 dmesg 命令即可。通过其他非串口的手段（比如 ssh、telnet）登录系统时，也可以使用 dmesg 命令查看 printk 信息。

18.2 内核源码级别的调试方法

18.2.1 内核调试工具 KGDB 的作用与原理

1．KGDB 介绍

KGDB 是一个源码级别的 Linux 内核调试器。使用 KGDB 调试内核时，需要结合 GDB 一起使用。它们使得调试内核就像调试应用程序一样，可以在内核代码中设置断点、一步一步地执行指令、观察变量的值。

使用 KGDB 时，需要两台机器，即主机和目标机，两者通过串口线相连。要调试的内核需要增加 KGDB 功能，它在目标机上运行，GDB 在主机上运行。串口线被 GDB 用来与内核通信。

KGDB 是一个内核补丁，目前支持 i386、x86_64、ppc、s390、ARM 等架构。将内核打上 KGDB 补丁后才能够使用 GDB 来调试。

2．KGDB 的原理

安装 KGDB 调试环境需要为 Linux 内核加上 kgdb 补丁，补丁实现 GDB 远程调试所需要的功能，包括命令处理、陷阱处理及串口通信 3 个主要的部分。KGDB 补丁的主要作用是在 Linux 内核中添加了一个调试 Stub。调试 Stub 是 Linux 内核中的一小段代码，是运行 GDB 的开发机和所调试内核之间的一个媒介。GDB 和调试 stub 之间通过 GDB 串行协议进行通信。GDB 串行协议是一种基于消息的 ASCII 码协议，包含了各种调试命令。当设置断点时，KGDB 将断点的指令替换为一条 trap 指令，当执行到断点时控制权就转移到调试 stub 中去。此时，调试 stub 的任务就是使用远程串行通信协议将当前环境传送给 GDB，然后从 GDB 处接收命令。GDB 命令告诉 stub 下一步该做什么，当 stub 收到继续执行的命令时，将恢复程序的运行环境，把对 CPU 的控制权重新交还给内核。

KGDB 补丁给内核添加以下 3 个部件。

（1）GDB stub。

GDB stub 被称为调试插桩（简称为 stub），是 KGDB 调试器的核心。它是 Linux 内核中的一小段代码，用来处理主机上 GDB 发来的各种请求；并且在内核处于被调试状态时，控制目标机板上的处理器。

(2) 修改异常处理函数。

当这个异常发生时,内核将控制权交给 KGDB 调试器,程序进入 KGDB 提供的异常处理函数中。在里面,可以分析程序的各种情况。

(3) 串口通信。

GDB 和 stub 之间通过 GDB 串行协议进行通信。它是一种基于消息的 ASCII 码协议,包含了各种调试命令。

除串口外,也可以使用网卡进行通信。

以设置内核断点为例说明 KGDB 与 GDB 之间的工作过程。设置断点时,KGDB 修改内核代码,将断点位置的指令替换成一条异常指令(在 ARM 中这是一条未定义的指令)。当执行到断点时发生异常,控制权转移到 stub 的异常处理函数中。此时,stub 的任务就是使用 GDB 串行通信协议将当前环境传送给 GDB,然后从 GDB 处接收命令,GDB 命令告诉 stub 下一步该做什么。当 stub 收到继续执行的命令时,将恢复原来替换的指令、恢复程序的运行环境,把对 CPU 的控制权重新交还给内核。

18.2.2 给内核添加 KGDB 功能支持 S3C2410/S3C2440

如果读者使用了前面第 16 章提到的内核补丁文件 linux2.6.22.6_100ask24x0.patch,则本节中对代码的修改可以忽略,只需要关注对内核的配置(补丁文件生成的 config_ok 文件对 KGDB 也已经配置好了)。

对于本书使用的 Linux 2.6.22 内核,有对应的 KGDB 补丁。但是对于 S3C2410、S3C2440,还需要自己编写串口初始化函数、发送、接收字符函数,以供 stub 调用。

1. 给内核添加 KGDB 补丁

要使用的 KGDB 补丁的分支版本为 linux2_6_22_uprev,有 3 种获取方法。

① 从 web 网页下载,地址如下。

```
http://kgdb.cvs.sourceforge.net/kgdb/kgdb-2/?pathrev=linux2_6_22_uprev
```

② 使用 cvs 工具下载,执行以下命令即可。

```
$ cd /work/debug
$ cvs -z3 -d:pserver:anonymous@kgdb.cvs.sourceforge.net:/cvsroot/kgdb co -P -r linux2_6_22_uprev kgdb-2
```

③ 也可以使用已经下载好了的,即/work/debug/kgdb-2_linux2_6_22_uprev.tar.bz2。

在下载或解压后得到 kgdb-2 目录里,除了各种补丁文件外,还有一个名为 series 的文件,它表示这些补丁文件使用的顺序。可以参考 series 文件一个个地打补丁,也可以使用"quilt push -a"命令一次全部打上:先把 kgdb-2 目录复制到内核目录下,并改名为 patches;然后在内核目录下执行"quilt push -a"命令,命令如下:

```
$ cd /work/system/linux-2.6.22.6
$ cp -rf /work/debug/kgdb-2 patches
$ quilt push -a
```

2. 修改补丁本身带入的错误

修改 include/asm-arm/system.h 第 380 行,这是一个笔误("-"号表示原来的代码,"+"号表示新代码):

```
-            pref = *p;
+            prev = *p;
```

3. 编写 S3C2410/S3C2440 的 KGDB 串口函数

目前的 KGDB 补丁不支持 S3C2410/S3C2440 的串口,需要自己编写相关函数。可以参考 arch/arm/mach-pxa/kgdb-serial.c,在 arch/arm/mach-s3c2410/目录下也建立一个 kgdb-serial.c 文件。

KGDB 只需要 3 个串口函数:初始化函数、发送单字符函数、接收单字符函数。然后将它们填入同一文件中,一个名为 kgdb_io_ops 的 struct kgdb_io 结构中。

下面分段介绍这 3 个函数及文件中其他内容,完整的代码请参考 linux-2.6.22.6_ok.tar.bz2。

① 串口初始化函数。

```
53  static int kgdb_serial_init(void)
54  {
55      struct clk *clock_p;
56      u32 pclk;
57      u32 ubrdiv;
58      u32 val;
59      u32 index = CONFIG_KGDB_PORT_NUM;
60
61      clock_p = clk_get(NULL, "pclk");
62      pclk = clk_get_rate(clock_p);
63
64      ubrdiv = (pclk / (UART_BAUDRATE * 16)) - 1;
65
66      /* 设置GPIO用作串口,并且禁止内部上拉
67       * GPH2、GPH3 用作 TXD0、RXD0
68       * GPH4、GPH5 用作 TXD1、RXD1
69       * GPH6、GPH7 用作 TXD2、RXD2
70       */
71      if (index < MAX_PORT)
```

```
72      {
73          index = 2 + index * 2;
74
75          val = inl(S3C2410_GPHUP) | (0x3 << index);
76          outl(val, S3C2410_GPHUP);
77
78          index *= 2;
79          val = (inl(S3C2410_GPHCON) & ~(~(0xF << index))) | \
80                (0xA << index);
81          outl(val, S3C2410_GPHCON);
82      }
83      else
84      {
85          return -1;
86      }
87
88      // 8N1(8个数据位，无校验位，1个停止位)
89      wr_regl(CONFIG_KGDB_PORT_NUM, S3C2410_ULCON, 0x03);
90
91      // 中断/查询方式，UART时钟源为PCLK
92      wr_regl(CONFIG_KGDB_PORT_NUM, S3C2410_UCON, 0x3c5);
93
94      // 使用FIFO
95      wr_regl(CONFIG_KGDB_PORT_NUM, S3C2410_UFCON, 0x51);
96
97      // 不使用流控
98      wr_regl(CONFIG_KGDB_PORT_NUM, S3C2410_UMCON, 0x00);
99
100     // 设置波特率
101     wr_regl(CONFIG_KGDB_PORT_NUM, S3C2410_UBRDIV, ubrdiv);
102
103     return 0;
104 }
105
```

要使用串口，需要选择相关的GPIO引脚用作串口，并且设置串口的数据格式、时钟源、波特率等。

② 发送单字符函数。

```
106 static void kgdb_serial_putchar(u8 c)
107 {
```

```
108         /* 等待，直到发送缓冲区中的数据已经全部发送出去 */
109         while (!(rd_regb(CONFIG_KGDB_PORT_NUM, S3C2410_UTRSTAT) & S3C2410_UTRSTAT_TXE));
110
111         /* 向 UTXH 寄存器中写入数据，UART 即自动将它发送出去 */
112         wr_regb(CONFIG_KGDB_PORT_NUM, S3C2410_UTXH, c);
113  }
114
```

③ 接收单字符函数。

```
115  static int kgdb_serial_getchar(void)
116  {
117         /* 等待，直到接收缓冲区中有数据 */
118         while (!(rd_regb(CONFIG_KGDB_PORT_NUM, S3C2410_UTRSTAT) & S3C2410_UTRSTAT_RXDR));
119
120         /* 直接读取 URXH 寄存器，即可获得接收到的数据 */
121         return rd_regb(CONFIG_KGDB_PORT_NUM, S3C2410_URXH);
122  }
123
```

④ 使用这些函数构建 kgdb_io_ops 结构。

```
124  struct kgdb_io kgdb_io_ops = {
125         .init = kgdb_serial_init,
126         .read_char = kgdb_serial_getchar,
127         .write_char = kgdb_serial_putchar,
128  };
```

kgdb_io_ops 结构将在 kernel/kgdb.c 中被用到，这个结构封装了开发板相关的串口操作函数。其他的 KGDB 代码都是具体开发板无关的。

4．修改内核配置文件、Makefile

① 修改 arch/arm/mach-s3c2410/Makefile，将新增的 kgdb-serial.c 文件编译进内核。

```
+ obj-$(CONFIG_KGDB_S3C24XX_SERIAL) += kgdb-serial.o
```

② 上面的 CONFIG_KGDB_S3C24XX_SERIAL 是新加的配置项，要修改配置文件 lib/Kconfig.kgdb 来支持它。

修改了 4 个地方，下面的修改内容仿照补丁文件的格式，首字母为 "-" 的行表示是老文件中的代码，首字母为 "+" 的行表示是新文件中的代码。

- 在 "Method for KGDB communication" 下增加一个选择项。

```
choice
        prompt "Method for KGDB communication"
```

```
               depends on KGDB
+              default KGDB_S3C24XX_SERIAL if ARCH_S3C2410
```

- 用来配置 KGDB_S3C24XX_SERIAL 选项。

```
+ config KGDB_S3C24XX_SERIAL
+       bool "KGDB: On the S3C24xx serial port"
+       depends on ARCH_S3C2410
+       help
+         Enables the KGDB serial driver for S3C24xx
```

- 配置 KGDB_S3C24XX_SERIAL 后,也可以设置 KGDB 所用串口的波特率。

```
config KGDB_BAUDRATE
        int "Debug serial port baud rate"
        depends on (KGDB_8250 && KGDB_SIMPLE_SERIAL) || \
                KGDB_MPSC || KGDB_CPM_UART || \
-               KGDB_TXX9 || KGDB_PXA_SERIAL || KGDB_AMBA_PL011
+               KGDB_TXX9 || KGDB_PXA_SERIAL || KGDB_AMBA_PL011 ||
KGDB_S3C24XX_SERIAL
```

- 配置 KGDB_S3C24XX_SERIAL 后,也可以设置 KGDB 使用哪个串口,默认使用第 1 个。

```
config KGDB_PORT_NUM
       int "Serial port number for KGDB"
       range 0 1 if KGDB_MPSC
       range 0 3
-      depends on (KGDB_8250 && KGDB_SIMPLE_SERIAL) || KGDB_MPSC || KGDB_TXX9
-      default "1"
+      depends on (KGDB_8250 && KGDB_SIMPLE_SERIAL) || KGDB_MPSC || KGDB_TXX9 ||
KGDB_S3C24XX_SERIAL
+      default "0"
```

5. 配置内核,使能 KGDB 功能

执行"make menuconfig"来配置内核,如下配置以使能 KGDB 功能。

```
Kernel hacking  --->
    [*] KGDB: kernel debugging with remote gdb        // 表示使能 KGDB 功能
    [*] KGDB: Console messages through gdb            // 表示控制台信息(printk)
会发送到 GDB
        Method for KGDB communication (KGDB: On the S3C24xx serial port)  --->
//S3C24xx 串口
```

```
    < >   KGDB: On ethernet (NEW)
    (115200) Debug serial port baud rate (NEW)      // 波特率为 115200
    (0) Serial port number for KGDB (NEW)           // 使用第 1 个 S3C24xx 串口
```

然后执行"make uImage"即可生成内核 vmlinux、arch/arm/boot/uImage。

18.2.3　结合可视化图形前端 DDD 和 GDB 来调试内核

1．DDD 介绍及安装

DDD 是"Data Display Debugger"的简称，是命令行调试程序，是 GDB、DBX、WDB、Ladebug、JDB、XDB、Perl Debugger 或 Python Debugger 等的可视化图形前端，这意味着可以不用记忆、输入各种调试命令，可以使用各种按钮进行调试。它特有的图形数据显示功能（Graphical Data Display）可以把数据结构按照图形的方式显示出来。

DDD 的功能非常强大，可以调试用 C/C++、Ada、Fortran、Pascal、Modula-2 和 Modula-3 编写的程序；可以以超文本方式浏览源代码；能够进行断点设置、回溯调试和历史纪录编辑；具有程序在终端运行的仿真窗口，并在远程主机上进行调试的能力。图形数据显示功能（Graphical Data Display）是创建该调试器的初衷之一，能够显示各种数据结构之间的关系，并将数据结构以图形化形式显示；具有 GDB/DBX/XDB 的命令行界面，包括完全的文本编辑、历史纪录、搜寻引擎。

通过 DDD 调用 GDB 来调试内核，可以在图形界面上完成调试工作。

可以在 Ubuntu 7.10 中通过网络安装 DDD，命令如下：

```
$ sudo apt-get install ddd
```

2．GDB 介绍及安装

通过 GDB 这类调试器，程序员可以知道一个程序执行时内部动作过程，可以知道一个程序崩溃时发生了什么事。

GDB 可以完成以下 4 个主要功能，这可以帮助程序员捕捉到程序的错误。

① 启动程序，并指定各类能够影响程序运行的参数。
② 使程序在指定条件下停止运行。
③ 当程序停止时，观察各种状态，检查发生了什么事情。
④ 修改程序的执行参数，比如修改某个变量，这使得在查错时可以试验各种参数。

GDB 支持多种编程语言，可以调试用 C/C++、Modula-2 和 Fortran 等语言编写的程序。GDB 是基于命令行的，GDB 启动后，在它的控制界面使用各种命令进行操作。

Ubuntu 7.10 自带的 GDB 工具是基于 x86 系列的，需要自己下载源码为 ARM 平台编译一个 GDB 工具，为便于区分，将它命名为 arm-linux-gdb。

从网站 http://www.gnu.org/software/gdb/ 下载 gdb-6.7.tar.bz2，或者使用 /work/debug/ gdb-6.7.tar.bz2。执行以下命令编译、安装 arm-linux-gdb。

```
$ tar xjf gdb-6.7.tar.bz2
$ cd gdb-6.7/
```

```
$ ./configure --target=arm-linux
$ make
$ sudo cp gdb/gdb /usr/bin/arm-linux-gdb
```

3．使用 arm-linux-gdb 调试内核（命令行方式）

先启动支持 KGDB 的内核，然后在主机上启动 arm-linux-gdb。

（1）启动内核。

要使用 KGDB 功能，需要增加两个命令参数：console=kgdb 和 kgdbwait。前者表示内核打印信息会被发送给 GDB，即通过上面增加的 kgdb-serial.c 中的相关函数进行发送；后者表示内核启动时先停住，等待 GDB 的连接。

假设将上面编译好的内核 uImage 放在/work/nfs_root 目录下，则可以在 U-Boot 上使用以下命令设置命令行参数、启动内核。

```
100ask> set bootargs noinitrd root=/dev/mtdblock2 console=kgdb kgdbwait
100ask> nfs 0x31000000 192.168.1.57:/work/nfs_root/uImage
100ask> bootm 0x31000000
```

这时可以看到以下启动信息：

```
Starting kernel ...

Uncompressing
Linux..........................................................................
...................................... done, booting the kernel.
```

内核在等待主机 arm-linux-gdb 的连接。

（2）启动 arm-linux-gdb。

> **注意** 由于 arm-linux-gdb 要用到串口，所以如果是在 vmware 上运行 Linux，还要设置 vmware 的特性，增加串口（物理串口）。

启动 arm-linux-gdb 之前，先退出刚才操作 U-Boot 所用的串口工具，因为 arm-linux-gdb 也要使用这个串口。

然后在主机上进入内核目录，启动 arm-linux-gdb，可以执行以下命令：

```
$ cd /work/system/linux-2.6.22.6
$ sudo arm-linux-gdb ./vmlinux
```

这时会看到 arm-linux-gdb 的启动信息，进入控制界面：

```
GNU gdb 6.7
Copyright (C) 2007 Free Software Foundation, Inc.
License GPLv3+: GNU GPL version 3 or later <http://gnu.org/licenses/gpl.html>
This is free software: you are free to change and redistribute it.
```

```
There is NO WARRANTY, to the extent permitted by law.  Type "show copying"
and "show warranty" for details.
This GDB was configured as "--host=i686-pc-linux-gnu --target=arm-
linux"...
(gdb)
```

最后，执行两个命令设置口、连接目标板。

```
(gdb) set remotebaud 115200
(gdb) target remote /dev/ttyS0
```

这时可以看到如下信息，表明已经连接上了目标板，目标板在 kernel/kgdb.c 的 1775 行暂停运行。

```
Remote debugging using /dev/ttyS0
0xc0067a28 in breakpoint () at kernel/kgdb.c:1775
1775                atomic_set(&kgdb_setting_breakpoint, 1);
(gdb)
```

现在就可以使用如种 GDB 的命令控制内核的执行、进行调试了，读者可以自行参考 GDB 的手册。比如输入 n 命令执行下一条指令，输入 c 命令全速运行，输出 q 命令退出。GDB 命令的使用方法请参考 GDB 手册。

为了避免每次启动 arm-linux-gdb 时手工设置串口、连接目标板，可以在内核目录下建立一个名为 ".gdbinit" 文件，内容如下：

```
set remotebaud 115200
target remote /dev/ttyS0
```

4．通过 DDD 调用 arm-linux-gdb 来调试内核（图形界面）

arm-linux-gdb 是通过 DDD 来启动的，DDD 封装了对 arm-linux-gdb 的操作，提供一个图形化的操作界面，操作步骤如下。

（1）启动内核。

（2）启动 DDD。

DDD 要在桌面系统中启动，在远程登录工具 ssh 等的命令行中无法启动 DDD。

首先，退出操作 U-Boot 的串口工具。

然后，确保内核目录下有 .gdbinit 文件。

最后，在桌面系统的控制台里，进入内核目录，启动 DDD。执行以下命令即可。

```
$ cd /work/system/linux-2.6.22.6
$ sudo ddd --debugger arm-linux-gdb ./vmlinux
```

这时，可以看到如图 18.1 所示的启动界面，在里面可以很方便地使用各类按钮进行设置断点、单步执行等操作。

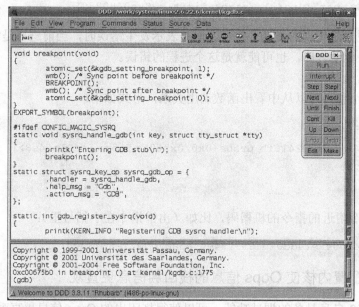

图 18.1　DDD 调用 arm-linux-gdb 来调试内核的启动界面

18.3　Oops 信息及栈回溯

18.3.1　Oops 信息来源及格式

Oops 这个单词含义为"惊讶"，当内核出错时（比如访问非法地址）打印出来的信息被称为 Oops 信息。

Oops 信息包含以下几部分内容。

① 一段文本描述信息。

比如类似 "Unable to handle kernel NULL pointer dereference at virtual address 00000000" 的信息，它说明了发生的是哪类错误。

② Oops 信息的序号。

比如是第 1 次、第 2 次等。这些信息与下面类似，中括号内的数据表示序号。

```
Internal error: Oops: 805 [#1]
```

③ 内核中加载的模块名称，也可能没有，以下面字样开头。

```
Modules linked in:
```

④ 发生错误的 CPU 的序号，对于单处理器的系统，序号为 0，比如：

```
CPU: 0    Not tainted  (2.6.22.6 #36)
```

⑤ 发生错误时 CPU 的各个寄存器值。

⑥ 当前进程的名字及进程 ID，比如：

```
Process swapper (pid: 1, stack limit = 0xc0480258)
```

这并不是说发生错误的是这个进程,而是表示发生错误时,当前进程是它。错误可能发生在内核代码、驱动程序,也可能就是这个进程的错误。

⑦ 栈信息。
⑧ 栈回溯信息,可以从中看出函数调用关系,形式如下:

```
Backtrace:
[<c001a6f4>] (s3c2410fb_probe+0x0/0x560) from [<c01bf4e8>] (platform_drv_probe+0x20/0x24)
…
```

⑨ 出错指令附近的指令的机器码,比如(出错指令在小括号里):

```
Code: e24cb004 e24dd010 e59f34e0 e3a07000 (e5873000)
```

18.3.2　配置内核使 Oops 信息的栈回溯信息更直观

Linux 2.6.22 自身具备的调试功能,可以使得打印出的 Oops 信息更直观。通过 Oops 信息中 PC 寄存器的值可以知道出错指令的地址,通过栈回溯信息可以知道出错时的函数调用关系,根据这两点可以很快定位错误。

要让内核出错时能够打印栈回溯信息,编译内核时要增加"-fno-omit-frame-pointer"选项,这可以通过配置 CONFIG_FRAME_POINTER 来实现。查看内核目录下的配置文件.config,确保 CONFIG_FRAME_POINTER 已经被定义,如果没有,执行"make menuconfig"命令重新配置内核。CONFIG_FRAME_POINTER 有可能被其他配置项自动选上。

18.3.3　使用 Oops 信息调试内核的实例

1. 获得 Oops 信息

本小节故意修改 LCD 驱动程序 drivers/video/s3c2410fb.c,加入错误代码:在 s3c2410fb_probe 函数的开头增加下面两条代码:

```
    int *ptest = NULL;
    *ptest = 0x1234;
```

重新编译内核,启动后会出错并打印出如下 Oops 信息:

```
Unable to handle kernel NULL pointer dereference at virtual address 00000000
pgd = c0004000
[00000000] *pgd=00000000
Internal error: Oops: 805 [#1]
Modules linked in:
CPU: 0    Not tainted  (2.6.22.6 #36)
PC is at s3c2410fb_probe+0x18/0x560
```

```
LR is at platform_drv_probe+0x20/0x24
pc : [<c001a70c>]    lr : [<c01bf4e8>]    psr: a0000013
sp : c0481e64  ip : c0481ea0  fp : c0481e9c
r10: 00000000  r9 : c0024864  r8 : c03c420c
r7 : 00000000  r6 : c0389a3c  r5 : 00000000  r4 : c036256c
r3 : 00001234  r2 : 00000001  r1 : c04c0fc4  r0 : c0362564
Flags: NzCv  IRQs on  FIQs on  Mode SVC_32  Segment kernel
Control: c000717f  Table: 30004000  DAC: 00000017
Process swapper (pid: 1, stack limit = 0xc0480258)
Stack: (0xc0481e64 to 0xc0482000)
1e60:c02b1f70 00000020 c03625d4 c036256c c036256c 00000000 c0389a3c
1e80: c0389a3c c03c420c c0024864 00000000 c0481eac c0481ea0 c01bf4e8 c001a704
1ea0: c0481ed0 c0481eb0 c01bd5a8 c01bf4d8 c0362644 c036256c c01bd708 c0389a3c
1ec0: 00000000 c0481ee8 c0481ed4 c01bd788 c01bd4d0 00000000 c0481eec c0481f14
1ee0: c0481eec c01bc5a8 c01bd718 c038dac8 c038dac8 c03625b4 00000000 c0389a3c
1f00: c0389a44 c038d9dc c0481f24 c0481f18 c01bd808 c01bc568 c0481f4c c0481f28
1f20: c01bcd78 c01bd7f8 c0389a3c 00000000 00000000 c0480000 c0023ac8 00000000
1f40: c0481f60 c0481f50 c01bdc84 c01bcd0c 00000000 c0481f70 c0481f64 c01bf5fc
1f60: c01bdc14 c0481f80 c0481f74 c019479c c01bf5a0 c0481ff4 c0481f84 c0008c14
1f80: c0194798 e3c338ff e0222423 00000000 00000001 e2844004 00000000 00000000
1fa0: 00000000 c0481fb0 c002bf24 c0041328 00000000 00000000 c0008b40 c00476ec
1fc0: 00000000 00000000 00000000 00000000 00000000 00000000 00000000 00000000
1fe0: 00000000 00000000 00000000 c0481ff8 c00476ec c0008b50 c03cdf50 c0344178
Backtrace:
[<c001a6f4>] (s3c2410fb_probe+0x0/0x560) from [<c01bf4e8>] (platform_drv_
probe+0x20/0x24)
 [<c01bf4c8>] (platform_drv_probe+0x0/0x24) from [<c01bd5a8>] (driver_probe_
device+0xe8/0x18c)
 [<c01bd4c0>] (driver_probe_device+0x0/0x18c) from [<c01bd788>] (__driver_
attach+0x80/0xe0)
  r8:00000000 r7:c0389a3c r6:c01bd708 r5:c036256c r4:c0362644
 [<c01bd708>] (__driver_attach+0x0/0xe0) from [<c01bc5a8>] (bus_for_each_
dev+0x50/0x84)
  r5:c0481eec r4:00000000
 [<c01bc558>] (bus_for_each_dev+0x0/0x84) from [<c01bd808>] (driver_attach+
0x20/0x28)
  r7:c038d9dc r6:c0389a44 r5:c0389a3c r4:00000000
 [<c01bd7e8>] (driver_attach+0x0/0x28) from [<c01bcd78>] (bus_add_driver+
0x7c/0x1b4)
```

```
    [<c01bccfc>] (bus_add_driver+0x0/0x1b4) from [<c01bdc84>] (driver_register+
0x80/0x88)
    [<c01bdc04>] (driver_register+0x0/0x88) from [<c01bf5fc>] (platform_driver_
register+0x6c/0x88)
     r4:00000000
    [<c01bf590>] (platform_driver_register+0x0/0x88) from [<c019479c>] (s3c2410fb_
init+0x14/0x1c)
    [<c0194788>] (s3c2410fb_init+0x0/0x1c) from [<c0008c14>] (kernel_init+0xd4/
0x28c)
    [<c0008b40>] (kernel_init+0x0/0x28c) from [<c00476ec>] (do_exit+0x0/0x760)
    Code: e24cb004 e24dd010 e59f34e0 e3a07000 (e5873000)
    Kernel panic - not syncing: Attempted to kill init!
```

2. 分析 Oops 信息

（1）明确出错原因。

由出错信息 "Unable to handle kernel NULL pointer dereference at virtual address 00000000" 可知内核是因为非法地址访问出错，使用了空指针。

（2）根据栈回溯信息找出函数调用关系。

内核崩溃时，可以从 pc 寄存器得知崩溃发生时的函数、出错指令。但是很多情况下，错误有可能是它的调用者引入的，所以找出函数的调用关系也很重要。

部分栈回溯信息如下：

```
    [<c001a6f4>] (s3c2410fb_probe+0x0/0x560) from [<c01bf4e8>] (platform_drv_
probe+0x20/0x24)
```

这行信息分为两部分，表示后面的 platform_drv_probe 函数调用了前面的 s3c2410fb_probe 函数。

前半部含义为："c001a6f4" 是 s3c2410fb_probe 函数首地址偏移 0 的地址，这个函数大小为 0x560。

后半部含义为："c01bf4e8" 是 platform_drv_probe 函数首地址偏移 0x20 的地址，这个函数大小为 0x24。

另外，后半部的 "[<c01bf4e8>]" 表示 s3c2410fb_probe 执行后的返回地址。

对于类似下面的栈回溯信息，其中是 r8~r4 表示 driver_probe_device 函数刚被调用时这些寄存器的值。

```
    [<c01bd4c0>] (driver_probe_device+0x0/0x18c) from [<c01bd788>] (__driver_
attach+0x80/0xe0)
     r8:00000000 r7:c0389a3c r6:c01bd708 r5:c036256c r4:c0362644
```

从上面的栈回溯信息可以知道内核出错时的函数调用关系如下，最后在 s3c2410fb_probe 函数内部崩溃。

```
        do_exit ->
            kernel_init ->
                s3c2410fb_init ->
                    platform_driver_register ->
                        driver_register ->
                            bus_add_driver ->
                                driver_attach ->
                                    bus_for_each_dev ->
                                        __driver_attach ->
                                            driver_probe_device ->
                                                platform_drv_probe ->
                                                    s3c2410fb_probe
```

（3）根据 pc 寄存器的值确定出错位置。

上述 Oops 信息中出错时的寄存器值如下：

```
PC is at s3c2410fb_probe+0x18/0x560
LR is at platform_drv_probe+0x20/0x24
pc : [<c001a70c>]    lr : [<c01bf4e8>]    psr: a0000013
...
```

"PC is at s3c2410fb_probe+0x18/0x560" 表示出错指令为 s3c2410fb_probe 函数中偏移为 0x18 的指令。

"pc : [<c001a70c>]" 表示出错指令的地址为 c001a70c（十六进制）。

（4）结合内核源代码和反汇编代码定位问题。

先生成内核的反汇编代码 vmlinux.dis，执行以下命令：

```
$ cd /work/system/linux-2.6.22.6
$ arm-linux-objdump -D vmlinux > vmlinux.dis
```

出错地址 c001a70c 附近的部分汇编代码如下：

```
c001a6f4 <s3c2410fb_probe>:
c001a6f4:   e1a0c00d    mov  ip, sp
c001a6f8:   e92ddff0    stmdb sp!, {r4, r5, r6, r7, r8, r9, sl, fp, ip, lr, pc}
c001a6fc:   e24cb004    sub  fp, ip, #4    ; 0x4
c001a700:   e24dd010    sub  sp, sp, #16   ; 0x10
c001a704:   e59f34e0    ldr  r3, [pc, #1248] ; c001abec <.init+0x1284c>
c001a708:   e3a07000    mov  r7, #0    ; 0x0
c001a70c:   e5873000    str  r3, [r7]         <==========出错指令
c001a710:   e59030fc    ldr  r3, [r0, #252]
```

出错指令为 "str r3, [r7]"，它把 r3 寄存器的值放到内存中，内存地址为 r7 寄存器的值。

根据 Oops 信息中的寄存器值可知：r3 为 0x00001234，r7 为 0。0 地址不可访问，所以出错。
s3c2410fb_probe 函数的部分 C 代码如下：

```
static int __init s3c2410fb_probe(struct platform_device *pdev)
{
    struct s3c2410fb_info *info;
    struct fb_info    *fbinfo;
    struct s3c2410fb_hw *mregs;
    int ret;
    int irq;
    int i;
    u32 lcdcon1;

    int *ptest = NULL;
    *ptest = 0x1234;


    mach_info = pdev->dev.platform_data;
```

结合反汇编代码，很容易知道是"*ptest = 0x1234;"导致错误，其中的 ptest 为空。

对于大多数情况，从反汇编代码定位到 C 代码并不会如此容易，这需要较强的阅读汇编程序的能力。通过栈回溯信息知道函数的调用关系，这已经可以帮助定位很多问题了。

18.3.4 使用 Oops 的栈信息手工进行栈回溯

前面说过，从 Oops 信息的 pc 寄存器值可知得知崩溃发生时的函数、出错指令。但是错误有可能是它的调用者引入的，所以还要找出函数的调用关系。

由于内核配置了 CONFIG_FRAME_POINTER，当出现 Oops 信息时，会打印栈回溯信息。如果内核没有配置 CONFIG_FRAME_POINTER，这时可以自己分析栈信息，找到函数的调用关系。

1. 栈的作用

一个程序包含代码段、数据段、BSS 段、堆、栈；其中数据段用来中存储初始值不为 0 的全局数据，BSS 段用来存储初始值为 0 的全局数据，堆用于动态内存分配，栈用于实现函数调用、存储局部变量。

被调用函数在执行之前，它会将一些寄存器的值保存在栈中，其中包括返回地址寄存器 lr。如果知道了所保存的 lr 寄存器的值，那么就可以知道它的调用者是谁。在栈信息中，一个函数一个函数地往上找出所有保存的 lr 值，就可以知道各个调用函数，这就是栈回溯的原理。

2. 栈回溯实例分析

仍以前面的 LCD 驱动程序为例，使用上面的 Oops 信息的栈信息进行分析，栈信息如下：

```
Stack: (0xc0481e64 to 0xc0482000)
1e60:       c02b1f70 00000020 c03625d4 c036256c c036256c 00000000 c0389a3c
```

```
1e80: c0389a3c c03c420c c0024864 00000000 c0481eac c0481ea0 c01bf4e8 c001a704
1ea0: c0481ed0 c0481eb0 c01bd5a8 c01bf4d8 c0362644 c036256c c01bd708 c0389a3c
1ec0: 00000000 c0481ee8 c0481ed4 c01bd788 c01bd4d0 00000000 c0481eec c0481f14
1ee0: c0481eec c01bc5a8 c01bd718 c038dac8 c038dac8 c03625b4 00000000 c0389a3c
...
```

① 根据 pc 寄存器值找到第一个函数，确定它的栈大小，确定调用函数。

从 Oops 信息可知 pc 值为 c001a70c，使用它在内核反汇编程序 vmlinux.dis 中可以知道它位于 s3c2410fb_probe 函数内。

根据这个函数开始部分的汇编代码可以知道栈的大小、lr 返回值在栈中保存的位置，代码如下：

```
c001a6f4 <s3c2410fb_probe>:
c001a6f4:    e1a0c00d    mov ip, sp
c001a6f8:    e92ddff0    stmdb sp!, {r4, r5, r6, r7, r8, r9, sl, fp, ip, lr, pc}
c001a6fc:    e24cb004    sub fp, ip, #4 ; 0x4
c001a700:    e24dd010    sub sp, sp, #16 ; 0x10
...
c001a70c:    e5873000    str r3, [r7]      // pc值c001a70c对应的指令
...
```

{r4, r5, r6, r7, r8, r9, sl, fp, ip, lr, pc} 这 11 个寄存器都保存在栈中，指令 "sub sp, sp, #16" 又使得栈向下扩展了 16 字节，所以本函数的栈大小为（11×4+16）字节，即 15 个双字。

栈信息开始部分的 15 个数据就是本函数的栈内容，下面列出了它们所保存的寄存器。

```
1e60:             c02b1f70 00000020 c03625d4 c036256c c036256c 00000000 c0389a3c
                                                r4       r5       r6
1e80: c0389a3c c03c420c c0024864 00000000 c0481eac c0481ea0 c01bf4e8 c001a704
       r7       r8       r9       sl       fp       ip       lr       pc
```

其中 lr 值为 c01bf4e8，表示函数 s3c2410fb_probe 执行完后的返回地址，它是调用函数中的地址。下面使用 lr 值再次重复本步骤的回溯过程。

② 根据 lr 寄存器值找到调用函数，确定它的栈大小，确定上一级调用函数。

根据上步得到的 lr 值（c01bf4e8）在内核反汇编程序 vmlinux.dis 中可以知道它位于 platform_drv_probe 函数内。

根据这个函数开始部分的反汇编代码可以知道栈的大小、lr 返回值在栈中保存的位置。代码如下：

```
c01bf4c8 <platform_drv_probe>:
c01bf4c8:    e1a0c00d    mov ip, sp
c01bf4cc:    e92dd800    stmdb sp!, {fp, ip, lr, pc}
...
c01bf4e8:    e89da800    ldmia sp, {fp, sp, pc}    // lr值(c01bf4e8)对应的指令
```

{fp, ip, lr, pc}这4寄存器都保存在栈中，本函数的栈大小为4个双字。Oops栈信息中，前一个函数s3c2410fb_probe的栈下面的4个数据就是函数platform_drv_probe的栈内容，如下所示：

```
1ea0:   c0481ed0  c0481eb0  c01bd5a8  c01bf4d8
        fp        ip        lr        pc
```

其中lr值为c01bd5a8，表示函数platform_drv_probe执行完后的返回地址，它是上一级调用函数中的地址。使用lr值，重复本步骤的查找过程，直到栈信息分析完毕或者再也无法分析，这样就可以找出所有的函数调用关系。

有些函数很简单，没有使用栈（sp值在这个函数中没有变化），或者没有在栈中保存lr值。这些情况需要读者灵活处理，较强的汇编程序阅读能力是关键。

第 4 篇 嵌入式 Linux 设备驱动开发篇

- 字符设备驱动程序
- Linux 异常处理体系结构
- 扩展串口驱动程序移植
- 网卡驱动程序移植
- IDE 接口和 SD 卡驱动程序移植
- LCD 和 USB 驱动程序移植

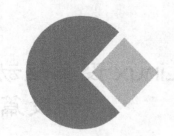

第 19 章 字符设备驱动程序

本章目标

- 了解 Linux 系统中驱动程序的地位和作用
- 了解驱动程序开发的一般流程
- 掌握简单的字符设备驱动程序的开发方法

19.1 Linux 驱动程序开发概述

19.1.1 应用程序、库、内核、驱动程序的关系

从上到下,一个软件系统可以分为:应用程序、库、操作系统(内核)、驱动程序。开发人员可以专注于自己熟悉的部分,对于相邻层,只需要了解它的接口,无需关注它的实现细节。

以点亮一个 LED 为例,这 4 层软件的协作关系如下,如图 19.1 所示。

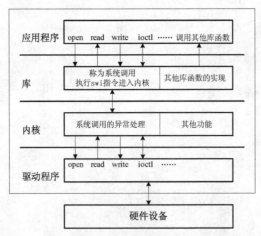

图 19.1 Linux 软件系统的层次关系(swi 是 ARM 指令)

(1)应用程序使用库提供的 open 函数打开代表 LED 的设备文件。

（2）库根据 open 函数传入的参数执行"swi"指令，这条指令会引起 CPU 异常，进入内核。

（3）内核的异常处理函数根据这些参数找到相应的驱动程序，返回一个文件句柄给库，进而返回给应用程序。

（4）应用程序得到文件句柄后，使用库提供的 write 或 ioclt 函数发出控制命令。

（5）库根据 write 或 ioclt 函数传入的参数执行"swi"指令，这条指令会引起 CPU 异常，进入内核。

（6）内核的异常处理函数根据这些参数调用驱动程序的相关函数，点亮 LED。

库（比如 glibc）给应用程序提供的 open、read、write、ioctl、mmap 等接口函数被称为系统调用，它们都是设置好相关寄存器后，执行某条指令引发异常进入内核。对于 ARM 架构的 CPU，这条指令为 swi。除系统调用接口外，库还提供其他函数，比如字符串处理函数（strcpy、strcmp 等）、输入/输出函数（scanf、printf 等）、数学库，还有应用程序的启动代码等。

在异常处理函数中，内核会根据传入的参数执行各种操作，比如根据设备文件名找到对应的驱动程序，调用驱动程序的相关函数等。

一般来说，当应用程序调用 open、read、write、ioctl、mmap 等函数后，将会使用驱动程序中的 open、read、write、ioctl、mmap 函数来进行相关操作，比如初始化、读、写等。

实际上，内核和驱动程序之间并没有界线，因为驱动程序最终是要编进内核去的：通过静态链接或动态加载。

从上面操作 LED 的过程可以知道，与应用程序不同，驱动程序从不主动运行，它是被动的：根据应用程序的要求进行初始化，根据应用程序的要求进行读写。驱动程序加载进内核时，只是告诉内核"我在这里，我能做这些工作"，至于这些"工作"何时开始，取决于应用程序。当然，这不是绝对的，比如用户完全可以写一个由系统时钟触发的驱动程序，让它自动点亮 LED。

在 Linux 系统中，应用程序运行于"用户空间"，拥有 MMU 的系统能够限制应用程序的权限（比如将它限制于某个内存块中），这可以避免应用程序的错误使得整个系统崩溃。而驱动程序运行于"内核空间"，它是系统"信任"的一部分，驱动程序的错误有可能导致整个系统崩溃。

19.1.2 Linux 驱动程序的分类和开发步骤

1. Linux 驱动程序分类

Linux 的外设可以分为 3 类：字符设备（character device）、块设备（block device）和网络接口（network interface）。

字符设备是能够像字节流（比如文件）一样被访问的设备，就是说对它的读写是以字节为单位的。比如串口在进行收发数据时就是一个字节一个字节进行的，我们可以在驱动程序内部使用缓冲区来存放数据以提高效率，但是串口本身对这并没有要求。字符设备的驱动程序中实现了 open、close、read、write 等系统调用，应用程序可以通过设备文件（比如/dev/ttySAC0 等）来访问字符设备。

块设备上的数据以块的形式存放，比如 NAND Flash 上的数据就是以页为单位存放的。块设备驱动程序向用户层提供的接口与字符设备一样，应用程序也可以通过相应的设备文件（比如/dev/mtdblock0、/dev/hda1 等）来调用 open、close、read、write 等系统调用，与块设备传送任意字节的数据。对用户而言，字符设备和块设备的访问方式没有差别。块设备驱动程序的特别之处如下。

（1）操作硬件的接口实现方式不一样。

块设备驱动程序先将用户发来的数据组织成块，再写入设备；或从设备中读出若干块数据，再从中挑出用户需要的。

（2）数据块上的数据可以有一定的格式。

通常在块设备中按照一定的格式存放数据，不同的文件系统类型就是用来定义这些格式的。内核中，文件系统的层次位于块设备块驱动程序上面，这意味着块设备驱动程序除了向用户层动提供与字符设备一样的接口外，还要向内核其他部件提供一些接口，这些接口用户是看不到的。这些接口使得可以在块设备上存放文件系统，挂接（mount）块设备。

网络接口同时具有字符设备、块设备的部分特点，无法将它归入这两类中：如果说它是字符设备，它的输入/输出却是有结构的、成块的（报文、包、帧）；如果说它是块设备，它的"块"又不是固定大小的，大到数百甚至数千字节，小到几字节。UNIX 式的操作系统访问网络接口的方法是给它们分配一个惟一的名字（比如 eth0），但这个名字在文件系统中（比如/dev 目录下）不存在对应的节点项。应用程序、内核和网络驱动程序间的通信完全不同于字符设备、块设备，库、内核提供了一套和数据包传输相关的函数，而不是 open、read、write 等。

2. Linux 驱动程序开发步骤

Linux 内核就是由各种驱动组成的，内核源码中有大约 85%是各种驱动程序的代码。内核中驱动程序种类齐全，可以在同类型驱动的基础上进行修改以符合具体单板。

编写驱动程序的难点并不是硬件的具体操作，而是弄清楚现有驱动程序的框架，在这个框架中加入这个硬件。比如，x86 架构的内核对 IDE 硬盘的支持非常完善：首先通过 BIOS 得到硬盘的信息，或者使用默认 I/O 地址去枚举硬盘，然后识别分区、挂接文件系统。对于其他架构的内核，只要指定了硬盘的访问地址和中断号，后面的枚举、识别和挂接的过程完全是一样的。也许修改的代码不超过 10 行，花费精力的地方在于：了解硬盘驱动的框架，找到修改的位置。

编写驱动程序还有很多需要注意的地方，比如：驱动程序可能同时被多个进程使用，这需要考虑并发的问题；尽可能发挥硬件的作用以提高性能。比如在硬盘驱动程序中既可以使用 DMA 也可以不用，使用 DMA 时程序比较复杂，但是可以提高效率；处理硬件的各种异常情况（即使概率很低），否则出错时可能导致整个系统崩溃。

一般来说，编写一个 Linux 设备驱动程序的大致流程如下。

（1）查看原理图、数据手册，了解设备的操作方法。

（2）在内核中找到相近的驱动程序，以它为模板进行开发，有时候需要从零开始。

（3）实现驱动程序的初始化：比如向内核注册这个驱动程序，这样应用程序传入文件名时，内核才能找到相应的驱动程序。

（4）设计所要实现的操作，比如 open、close、read、write 等函数。

(5）实现中断服务（中断并不是每个设备驱动所必须的)。
(6）编译该驱动程序到内核中，或者用 insmod 命令加载。
(7）测试驱动程序。

19.1.3 驱动程序的加载和卸载

可以将驱动程序静态编译进内核中，也可以将它作为模块在使用时再加载。在配置内核时，如果某个配置项被设为 m，就表示它将会被编译成一个模块。在 2.6 的内核中，模块的扩展名为.ko，可以使用 insmod 命令加载，使用 rmmod 命令卸载，使用 lsmod 命令查看内核中已经加载了哪些模块。

当使用 insmod 加载模块时，模块的初始化函数被调用，它用来向内核注册驱动程序；当使用 rmmod 卸载模块时，模块的清除函数被调用。在驱动代码中，这两个函数要么取固定的名字：init_module 和 cleanup_module，要么使用以下两行来标记它们（假设初始化函数、清除函数为 my_init 和 my_cleanup）。

```
module_init(my_init);
module_exit(my_cleanup);
```

> 注意 模块有多种，比如文件系统也可以编译为模块，并不是只有驱动程序。

19.2 字符设备驱动程序开发

19.2.1 字符设备驱动程序中重要的数据结构和函数

Linux 操作系统将所有的设备（而不仅是存储器里的文件）都看成文件，以操作文件的方式访问设备。应用程序不能直接操作硬件，而是使用统一的接口函数调用硬件驱动程序。这组接口被称为系统调用，在库函数中定义。可以在 glibc 的 fcntl.h、unistd.h、sys/ioctl.h 等文件中看到如下定义，这些文件也可以在交叉编译工具链的/usr/local/arm/3.4.1/ include 目录下找到。

```
extern int open (__const char *__file, int __oflag, ...) __nonnull ((1));
extern ssize_t read (int __fd, void *__buf, size_t __nbytes);
extern ssize_t write (int __fd, __const void *__buf, size_t __n);
extern int ioctl (int __fd, unsigned long int __request, ...) __THROW;
...
```

对于上述每个系统调用，驱动程序中都有一个与之对应的函数。对于字符设备驱动程序，这些函数集合在一个 file_operations 类型的数据结构中。file_operations 结构在 Linux 内核的 include/linux/fs.h 文件中定义。

```
struct file_operations {
    struct module *owner;
```

```c
        loff_t (*llseek) (struct file *, loff_t, int);
        ssize_t (*read) (struct file *, char __user *, size_t, loff_t *);
        ssize_t (*write) (struct file *, const char __user *, size_t, loff_t *);
        ssize_t (*aio_read) (struct kiocb *, const struct iovec *, unsigned long, loff_t);
        ssize_t (*aio_write) (struct kiocb *, const struct iovec *, unsigned long, loff_t);
        int (*readdir) (struct file *, void *, filldir_t);
        unsigned int (*poll) (struct file *, struct poll_table_struct *);
        int (*ioctl) (struct inode *, struct file *, unsigned int, unsigned long);
        long (*unlocked_ioctl) (struct file *, unsigned int, unsigned long);
        long (*compat_ioctl) (struct file *, unsigned int, unsigned long);
        int (*mmap) (struct file *, struct vm_area_struct *);
        int (*open) (struct inode *, struct file *);
        int (*flush) (struct file *, fl_owner_t id);
        int (*release) (struct inode *, struct file *);
        int (*fsync) (struct file *, struct dentry *, int datasync);
        int (*aio_fsync) (struct kiocb *, int datasync);
        int (*fasync) (int, struct file *, int);
        int (*lock) (struct file *, int, struct file_lock *);
        ssize_t (*sendfile) (struct file *, loff_t *, size_t, read_actor_t, void *);
        ssize_t (*sendpage) (struct file *, struct page *, int, size_t, loff_t *, int);
        unsigned long (*get_unmapped_area)(struct file *, unsigned long, unsigned long, unsigned long, unsigned long);
        int (*check_flags)(int);
        int (*dir_notify)(struct file *filp, unsigned long arg);
        int (*flock) (struct file *, int, struct file_lock *);
        ssize_t (*splice_write)(struct pipe_inode_info *, struct file *, loff_t *, size_t, unsigned int);
        ssize_t (*splice_read)(struct file *, loff_t *, struct pipe_inode_info *, size_t, unsigned int);
};
```

当应用程序使用 open 函数打开某个设备时，设备驱动程序的 file_operations 结构中的 open 成员就会被调用；当应用程序使用 read、write、ioctl 等函数读写、控制设备时，驱动程序的 file_operations 结构中的相应成员（read、write、ioctl 等）就会被调用。从这个角度来说，编写字符设备驱动程序就是为具体硬件的 file_operations 结构编写各个函数(并不需要全部实现 file_operations 结构中的成员)。

那么，当应用程序通过 open、read、write 等系统调用访问某个设备文件时，Linux 系统怎么知道去调用哪个驱动程序的 file_operations 结构中的 open、read、write 等成员呢？

(1) 设备文件有主/次设备号。

设备文件分为字符设备、块设备，比如 PC 机上的串口属于字符设备，硬盘属于块设备。在 PC 上运行命令 "ls /dev/ttyS0 /dev/hda1 -l" 可以看到：

```
brw-rw----   1 root     disk       3,   1 Jan 30  2003 /dev/hda1
crw-rw----   1 root     uucp       4,  64 Jan 30  2003 /dev/ttyS0
```

"brw-rw----"中的"b"表示/dev/hda1 是个块设备，它的主设备号为 3，次设备号为 1；"crw-rw----"中的"c"表示/dev/ttyS0 是个字符设备，它的主设备号为 4，次设备号为 64。

(2) 模块初始化时，将主设备号与 file_operations 结构一起向内核注册。

驱动程序有一个初始化函数，在安装驱动程序时会调用它。在初始化函数中，会将驱动程序的 file_operations 结构连同其主设备号一起向内核进行注册。对于字符设备使用如下以下函数进行注册：

```
int register_chrdev(unsigned int major, const char * name, struct file_operations *fops);
```

这样，应用程序操作设备文件时，Linux 系统就会根据设备文件的类型（是字符设备还是块设备）、主设备号找到在内核中注册的 file_operations 结构（对于块设备为 block_device_operations 结构），次设备号供驱动程序自身用来分辨它是同类设备中的第几个。

编写字符驱动程序的过程大概如下。

(1) 编写驱动程序初始化函数。

进行必要的初始化，包括硬件初始化（也可以放其他地方）、向内核注册驱动程序等。

(2) 构造 file_operations 结构中要用到的各个成员函数。

实际的驱动程序当然比上述两个步骤复杂，但这两个步骤已经可以让我们编写比较简单的驱动程序，比如 LED 控制。其他比较高级的技术，比如中断、select 机制、fasync 异步通知机制，将在其他章节的例子中介绍。

19.2.2 LED 驱动程序源码分析

本节以一个简单的 LED 驱动程序作为例子，让读者初步了解驱动程序的开发。

本书的开发板使用引脚 GPB5～8 外接 4 个 LED，它们的操作方法在第 5 章已经做了细致的说明。

(1) 引脚功能设为输出。

(2) 要点亮 LED，令引脚输出 0。

(3) 要熄灭 LED，令引脚输出 1。

硬件连接方式如图 19.2 所示。

1. LED 驱动程序代码分析

LED 驱动程序就是光盘上的 drivers_and_test/leds/s3c24xx_leds.c 文件，下面按照函数调用的顺序进行讲解。

模块的初始化函数和卸载函数如下：

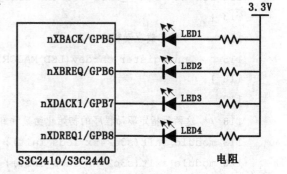

图 19.2 LED 连线图

```c
 86 /*
 87  * 执行 "insmod s3c24xx_leds.ko" 命令时就会调用这个函数
 88  */
 89 static int __init s3c24xx_leds_init(void)
 90 {
 91     int ret;
 92
 93     /* 注册字符设备驱动程序
 94      * 参数为主设备号、设备名字、file_operations 结构；
 95      * 这样，主设备号就和具体的 file_operations 结构联系起来了，
 96      * 操作主设备为 LED_MAJOR 的设备文件时，就会调用 s3c24xx_leds_fops 中的相关成员函数
 97      * LED_MAJOR 可以设为 0，表示由内核自动分配主设备号
 98      */
 99     ret = register_chrdev(LED_MAJOR, DEVICE_NAME, &s3c24xx_leds_fops);
100     if (ret < 0) {
101         printk(DEVICE_NAME " can't register major number\n");
102         return ret;
103     }
104
105     printk(DEVICE_NAME " initialized\n");
106     return 0;
107 }
108
109 /*
110  * 执行 "rmmod s3c24xx_leds.ko" 命令时就会调用这个函数
111  */
112 static void __exit s3c24xx_leds_exit(void)
113 {
114     /* 卸载驱动程序 */
115     unregister_chrdev(LED_MAJOR, DEVICE_NAME);
116 }
117
118 /* 这两行指定驱动程序的初始化函数和卸载函数 */
119 module_init(s3c24xx_leds_init);
120 module_exit(s3c24xx_leds_exit);
121
```

第 119、120 两行用来指明装载、卸载模块时所调用的函数。也可以不使用这两行，但是需要将这两个函数的名字改为 init_module、cleanup_module。

执行"insmod s3c24xx_leds.ko"命令时就会调用 s3c24xx_leds_init 函数，这个函数核心的代码只有第 99 行。它调用 register_chrdev 函数向内核注册驱动程序：将主设备号 LED_MAJOR 与 file_operations 结构 s3c24xx_leds_fops 联系起来。以后应用程序操作主设备号为 LED_MAJOR 的设备文件时，比如 open、read、write、ioctl，s3c24xx_leds_fops 中的相应成员函数就会被调用。但是，s3c24xx_leds_fops 中并不需要全部实现这些函数，用到哪个就实现哪个。

执行"rmmod s3c24xx_leds.ko"命令时就会调用 s3c24xx_leds_exit 函数，它进而调用 unregister_chrdev 函数卸载驱动程序，它的功能与 register_chrdev 函数相反。

s3c24xx_leds_init、s3c24xx_leds_exit 函数前的"__init"、"__exit"只有在将驱动程序静态链接进内核时才有意义。前者表示 s3c24xx_leds_init 函数的代码被放在".init.text"段中，这个段在使用一次后被释放（这可以节省内存）；后者表示 s3c24xx_leds_exit 函数的代码被放在".exit.data"段中，在连接内核时这个段没有使用，因为不可能卸载静态键接的驱动程序。

下面来看看 s3c24xx_leds_fops 的组成。

```
76  /* 这个结构是字符设备驱动程序的核心
77   * 当应用程序操作设备文件时所调用的 open、read、write 等函数，
78   * 最终会调用这个结构中的对应函数
79   */
80  static struct file_operations s3c24xx_leds_fops = {
81      .owner  =   THIS_MODULE,    /* 这是一个宏，指向编译模块时自动创建的__this_module 变量 */
82      .open   =   s3c24xx_leds_open,
83      .ioctl  =   s3c24xx_leds_ioctl,
84  };
85
```

第 81 行的宏 THIS_MODULE 在 include/linux/module.h 中定义如下，__this_module 变量在编译模块时自动创建，无需关注这点。

```
#define THIS_MODULE (&__this_module)
```

file_operations 类型的 s3c24xx_leds_fops 结构是驱动中最重要的数据结构，编写字符设备驱动程序的主要工作也是填充其中的各个成员。比如本驱动程序中用到 open、ioctl 成员被设为 s3c24xx_leds_open、s3c24xx_leds_ioctl 函数，前者用来初始化 LED 所用的 GPIO 引脚，后者用来根据用户传入的参数设置 GPIO 的输出电平。

s3c24xx_leds_open 函数的代码如下：

```
33  /* 应用程序对设备文件/dev/leds 执行 open()时，
34   * 就会调用 s3c24xx_leds_open 函数
35   */
36  static int s3c24xx_leds_open(struct inode *inode, struct file *file)
37  {
38      int i;
39
```

```
40      for (i = 0; i < 4; i++) {
41          // 设置GPIO引脚的功能：本驱动中LED所涉及的GPIO引脚设为输出功能
42          s3c2410_gpio_cfgpin(led_table[i], led_cfg_table[i]);
43      }
44      return 0;
45  }
46
```

在应用程序执行 open("/dev/leds",...)系统调用时，s3c24xx_leds_open 函数将被调用。它用来将 LED 所涉及的 GPIO 引脚设为输出功能。不在模块的初始化函数中进行这些设置的原因是：虽然加载了模块，但是这个模块却不一定会被用到，就是说这些引脚不一定用于这些用途，它们可能在其他模块中另作他用。所以，在使用时才去设置它，我们把对引脚的初始化放在 open 操作中。

第 42 行的 s3c2410_gpio_cfgpin 函数是内核里实现的，它被用来选择引脚的功能。其实现原理就是设置 GPIO 的控制寄存器，这在第 5 章已经讲过。

s3c24xx_leds_ioctl 函数的代码如下：

```
47  /* 应用程序对设备文件/dev/leds执行ioclt()时,
48   * 就会调用s3c24xx_leds_ioctl函数
49   */
50  static int s3c24xx_leds_ioctl(
51      struct inode *inode,
52      struct file *file,
53      unsigned int cmd,
54      unsigned long arg)
55  {
56      if (arg > 4) {
57          return -EINVAL;
58      }
59
60      switch(cmd) {
61      case IOCTL_LED_ON:
62          // 设置指定引脚的输出电平为0
63          s3c2410_gpio_setpin(led_table[arg], 0);
64          return 0;
65
66      case IOCTL_LED_OFF:
67          // 设置指定引脚的输出电平为1
68          s3c2410_gpio_setpin(led_table[arg], 1);
69          return 0;
```

```
 70
 71     default:
 72         return -EINVAL;
 73     }
 74 }
 75
```

应用程序执行系统调用 ioclt(fd, cmd, arg)时（fd 是前面执行 open 系统调用时返回的文件句柄），s3c24xx_leds_ioctl 函数将被调用。第 63、68 行根据传入的 cmd、arg 参数调用 s3c2410_gpio_setpin 函数，来设置引脚的输出电平：输出 0 时点亮 LED，输出 1 时熄灭 LED。

s3c2410_gpio_setpin 函数也是内核中实现的，它通过 GPIO 的数据寄存器来设置输出电平。

> **注意** 应用程序执行的 open、ioctl 等系统调用，它们的参数和驱动程序中相应函数的参数不是一一对应的，其中经过了内核文件系统层的转换。

系统调用函数原型如下：

```
int open(const char *pathname, int flags);
int ioctl(int d, int request, ...);
ssize_t read(int fd, void *buf, size_t count);
ssize_t write(int fd, const void *buf, size_t count);
...
```

file_operations 结构中的成员如下：

```
int (*open) (struct inode *inode, struct file *filp);
int (*ioctl) (struct inode *inode, struct file *filp, unsigned int cmd, unsigned long arg);
ssize_t (*read) (struct file *filp, char __user *buff, size_t count, loff_t *offp);
ssize_t (*write) (struct file *filp, const char __user *buff, size_t count, loff_t *offp);
...
```

可以看到，这些参数有很大一部分非常相似。

（1）系统调用 open 传入的参数已经被内核文件系统层处理了，在驱动程序中看不出原来的参数了。

（2）系统调用 ioclt 的参数个数可变，一般最多传入 3 个：后面两个参数与 file_operations 结构中 ioctl 成员的后两个参数对应。

（3）系统调用 read 传入的 buf、count 参数，对应 file_operations 结构中 read 成员的 buf、count 参数。而参数 offp 表示用户在文件中进行存取操作的位置，当执行完读写操作后由驱动程序设置。

（4）系统调用 write 与 file_operations 结构中 write 成员的参数关系，与第（3）点

相似。

在驱动程序的最后，有如下描述信息，它们不是必须的。

```
122 /* 描述驱动程序的一些信息, 不是必须的 */
123 MODULE_AUTHOR("http://www.100ask.net");              // 驱动程序的作者
124 MODULE_DESCRIPTION("S3C2410/S3C2440 LED Driver");    // 一些描述信息
125 MODULE_LICENSE("GPL");                               // 遵循的协议
126
```

2. 驱动程序编译

将光盘上的 drivers_and_test/leds/s3c24xx_leds.c 文件放入内核 drivers/char 子目录下，在 drivers/char/Makefile 中增加下面一行：

```
obj-m    += s3c24xx_leds.o
```

然后在内核根目录下执行"make modules"，就可以生成模块 drivers/char/s3c24xx_leds.ko。把它放到单板根文件系统的/lib/modules/2.6.22.6/目录下，就可以使用"insmod s3c24xx_leds"、"rmmod s3c24xx_leds"命令进行加载、卸载了。

3. 驱动程序测试

首先要编译测试程序 drivers_and_test/leds/led_test.c，它的代码很简单，关键部分如下：

```
06 #define IOCTL_LED_ON    0
07 #define IOCTL_LED_OFF   1
...
16 int main(int argc, char **argv)
17 {
...
24     fd = open("/dev/leds", 0);              // 打开设备
...
30     led_no = strtoul(argv[1], 0, 0) - 1;    // 操作哪个LED?
...
34     if (!strcmp(argv[2], "on")) {
35         ioctl(fd, IOCTL_LED_ON, led_no);    // 点亮它
36     } else if (!strcmp(argv[2], "off")) {
37         ioctl(fd, IOCTL_LED_OFF, led_no);   // 熄灭它
38     } else {
39         goto err;
40     }
...
50 }
51
```

其中的 open、ioclt 最终会调用驱动程序中的 s3c24xx_leds_open、s3c24xx_leds_ioctl 函数。

在 drivers_and_test/leds/目录下执行"make"命令生成可执行程序 led_test，将它放入单板根文件系统/usr/bin/目录下后。

然后，在单板根文件系统中如下建立设备文件：

```
# mknod /dev/leds c 231 0
```

现在就可以参照 led_test 的使用说明（直接运行 led_test 命令即可看到）操作 LED 了，以下两条命令点亮、熄灭 LED1。

```
# led_test 1 on
# led_test 1 off
```

第20章 Linux 异常处理体系结构

本章目标
- 了解 Linux 异常处理体系结构
- 掌握 Linux 中断处理体系结构，了解几种重要的数据结构
- 学习中断处理函数的注册、处理、卸载流程
- 掌握在驱动程序中使用中断的方法

20.1 Linux 异常处理体系结构概述

20.1.1 Linux 异常处理的层次结构

内核的中断处理结构有很好的扩充性，并适当屏蔽了一些实现细节。但是开发人员应该深入"黑盒子"了解其中的实现原理。

1. 异常的作用

异常，就是可以打断 CPU 正常运行流程的一些事情，比如外部中断、未定义的指令、试图修改只读的数据、执行 swi 指令（Software Interrupt Instruction，软件中断指令）等。当这些事情发生时，CPU 暂停当前的程序，先处理异常事件，然后再继续执行被中断的程序。操作系统中经常通过异常来完成一些特定的功能，除第9章介绍的"中断"外，还有下面举的例子（但不限于这些例子）。

- 当 CPU 执行未定义的机器指令时将触发"未定义指令异常"，操作系统可以利用这个特点使用一些自定义的机器指令，它们在异常处理函数中实现。
- 可以将一块数据设为只读的，然后提供给多个进程共用，这样可以节省内存。当某个进程试图修改其中的数据时，将触发"数据访问中止异常"，在异常处理函数中将这块数据复制出一份可写的副本，提供给这个进程使用。
- 当用户程序试图读写的数据或执行的指令不在内存中时，也会触发一个"数据访问中止异常"或"指令预取中止异常"，在异常处理函数中将这些数据或指令读入内存（内存不足时还可以将不使用的数据、指令换出内存），然后重新执行被中断的程序。这样可以节省内存，还使得操作系统可以运行这类程序：它们使用的内存远大于实际的物理内存。
- 当程序使用不对齐的地址访问内存时，也会触发"数据访问中止异常"，在异常处理程序中先使用多个对齐的地址读出数据；对于读操作，从中选取数据组合好后返回给被中断的程序；对于写操作，修改其中的部分数据后再写入内存。这使得程序（特别是应用程序）不用考虑地址对齐的问题。
- 用户程序可以通过"swi"指令触发"swi 异常"，操作系统在 swi 异常处理函数中实现各种系统调用。

2. Linux 内核对异常的设置

内核在 start_kernel 函数（源码在 init/main.c 中）中调用 trap_init、init_IRQ 两个函数来设置异常的处理函数。

（1）trap_init 函数分析。

trap_init 函数（代码在 arch/arm/kernel/traps.c 中）被用来设置各种异常的处理向量，包括中断向量。所谓"向量"，就是一些被安放在固定位置的代码，当发生异常时，CPU 会自动执行这些固定位置上的指令。ARM 架构 CPU 的异常向量基址可以是 0x00000000，也可以是 0xffff0000，Linux 内核使用后者。trap_init 函数将异常向量复制到 0xffff0000 处，部分代码如下：

```
708  void __init trap_init(void)
709  {
…
721      memcpy((void *)vectors, __vectors_start, __vectors_end - __vectors_start);
722      memcpy((void *)vectors + 0x200, __stubs_start, __stubs_end - __stubs_start);
…
734  }
```

第 721 行中，vectors 等于 0xffff0000。地址 __vectors_start ~ __vectors_end 之间的代码就是异常向量，在 arch/arm/kernel/entry-armv.S 中定义，它们被复制到地址 0xffff0000 处。

异常向量的代码很简单，它们只是一些跳转指令。发生异常时，CPU 自动执行这些指令，跳转去执行更复杂的代码，比如保存被中断程序的执行环境，调用异常处理函数，恢复被中断程序的执行环境并重新运行。这些"更复杂的代码"在地址 __stubs_start ~ __stubs_end 之间，它们在 arch/arm/kernel/entry-armv.S 中定义。第 722 行将它们复制到地址 0xffff0000+0x200 处。

异常向量、异常向量跳去执行的代码都是使用汇编写的，为给读者一个形象概念，下面讲解部分代码，它们在 arch/arm/kernel/entry-armv.S 中。

异常向量的代码如下，其中的"stubs_offset"用来重新定位跳转的位置（向量被复制到地址 0xffff0000 处，跳转的目的代码被复制到地址 0xffff0000+0x200 处）。

```
1059  .equ   stubs_offset, __vectors_start + 0x200 - __stubs_start
1060
```

```
1061     .globl  __vectors_start
1062 __vectors_start:
1063     swi SYS_ERROR0                              /* 复位时，CPU 将执行这条指令 */
1064     b   vector_und + stubs_offset               /* 未定义异常时，CPU 将执行这条指令 */
1065     ldr pc, .LCvswi + stubs_offset              /* swi 异常 */
1066     b   vector_pabt + stubs_offset              /* 指令预取中止 */
1067     b   vector_dabt + stubs_offset              /* 数据访问中止 */
1068     b   vector_addrexcptn + stubs_offset        /* 没有用到 */
1069     b   vector_irq + stubs_offset               /* irq 异常 */
1070     b   vector_fiq + stubs_offset               /* fiq 异常 */
1071
1072     .globl  __vectors_end
1073 __vectors_end:
```

其中的 vector_und、vector_pabt 等表示要跳转去执行的代码。以 vector_und 为例，它仍在 arch/arm/kernel/entry-armv.S 中，通过 vector_stub 宏来定义，代码如下：

```
1002     vector_stub und, UND_MODE
1003
1004     .long   __und_usr           @ 0 (USR_26 / USR_32)，在用户模式执行了未定义的指令
1005     .long   __und_invalid       @ 1 (FIQ_26 / FIQ_32)，在 FIQ 模式执行了未定义的指令
1006     .long   __und_invalid       @ 2 (IRQ_26 / IRQ_32)，在 IRQ 模式执行了未定义的指令
1007     .long   __und_svc           @ 3 (SVC_26 / SVC_32)，在管理模式执行了未定义的指令
1008     .long   __und_invalid       @ 4
1009     .long   __und_invalid       @ 5
1010     .long   __und_invalid       @ 6
1011     .long   __und_invalid       @ 7
1012     .long   __und_invalid       @ 8
1013     .long   __und_invalid       @ 9
1014     .long   __und_invalid       @ a
1015     .long   __und_invalid       @ b
1016     .long   __und_invalid       @ c
1017     .long   __und_invalid       @ d
1018     .long   __und_invalid       @ e
1019     .long   __und_invalid       @ f
```

第 1002 行的 vector_stub 是一个宏，它根据后面的参数 "und, UND_MODE" 定义了以

"vector_und"为标号的一段代码。vector_stub 宏的功能为：计算处理完异常后的返回地址、保存一些寄存器（比如 r0、lr、spsr），然后进入管理模式，最后根据被中断的工作模式调用第 1004~1019 行中的某个跳转分支。当发生异常时，CPU 会根据异常的类型进入某个工作模式，但是很快 vector_stub 宏又会强制 CPU 进入管理模式，在管理模式下进行后续处理，这种方法简化了程序设计，使得异常发生前的工作模式要么是用户模式，要么是管理模式。

第 1004~1019 行中的代码表示在各个工作模式下执行未定义指令时，发生的异常的处理分支。比如 1004 行的 __und_usr 表示在用户模式下执行未定义指令时，所发生的未定义异常将由它来处理；第 1007 行的 __und_svc 表示在管理模式下执行未定义指令时，所发生的未定义异常将由它来处理。在其他工作模式下不可能发生未定义指令异常，否则使用"__und_invalid"来处理错误。ARM 架构 CPU 中使用 4 位数据来表示工作模式（目前只有 7 种工作模式），所以共有 16 个跳转分支。

不同的跳转分支（比如 __und_usr、__und_svc）只是在它们的入口处（比如保存被中断程序的寄存器）稍有差别，后续的处理大体相同，都是调用相应的 C 函数。比如未定义指令异常发生时，最终会调用 C 函数 do_undefinstr 来进行处理。各种的异常的 C 处理函数可以分为 5 类，它们分布在不同的文件中。

① 在 arch/arm/kernel/traps.c 中。

未定义指令异常的 C 处理函数在这个文件中定义，总入口函数为 do_undefinstr。

② 在 arch/arm/mm/fault.c 中。

与内存访问相关的异常的 C 处理函数在这个文件中定义，比如数据访问中止异常、指令预取中止异常。总入口函数为 do_DataAbort、do_PrefetchAbort。

③ 在 arch/arm/mm/irq.c 中。

中断处理函数的在这个文件中定义，总入口函数为 asm_do_IRQ，它调用其他文件注册的中断处理函数。

④ 在 arch/arm/kernel/calls.S 中。

在这个文件中，swi 异常的处理函数指针被组织成一个表格；swi 指令机器码的位[23:0]被用来作为索引。这样，通过不同的"swi index"指令就可以调用不同的 swi 异常处理函数，它们被称为系统调用，比如 sys_open、sys_read、sys_write 等。

⑤ 没有使用的异常。

在 Linux 2.6.22.6 中没有使用 FIQ 异常。

trap_init 函数搭建了各类异常的处理框架。当发生异常时，各种 C 处理函数会被调用。这些 C 函数还要进一步细分异常发生的情况，分别调用更具体的处理函数。比如未定义指令异常的 C 处理函数总入口为 do_undefinstr，这个函数里还要根据具体的未定义指令调用它的模拟函数。

除了中断外，内核已经为各类异常准备了细致而完备的处理函数，比如 swi 异常处理函数为每一种系统调用都准备了一个"sys_"开头的函数，数据访问中止异常的处理函数为对齐错误、页权限错误、段翻译错误等具体异常都准备了相应的处理函数。这些异常的处理函数与开发板的配置无关，基本不用修改。

（2）init_IRQ 函数分析。

中断也是一种异常，之所以把它单独提出来，是因为中断的处理与具体开发板密切相关，除一些必须、共用的中断（比如系统时钟中断、片内外设 UART 中断）外，必须由驱动开发者提供处理函数。内核提炼出中断处理的共性，搭建了一个非常容易扩充的中断处理体系。

init_IRQ 函数（代码在 arch/arm/kernel/irq.c 中）被用来初始化中断的处理框架，设置各种中断的默认处理函数。当发生中断时，中断总入口函数 asm_do_IRQ 就可以调用这些函数作进一步处理。

这一节从总体上介绍了异常处理体系结构，并没有太多地深入具体的代码，读者可以根据本节提供的线索自行深入了解。如图 20.1 所示为异常处理体系结构。

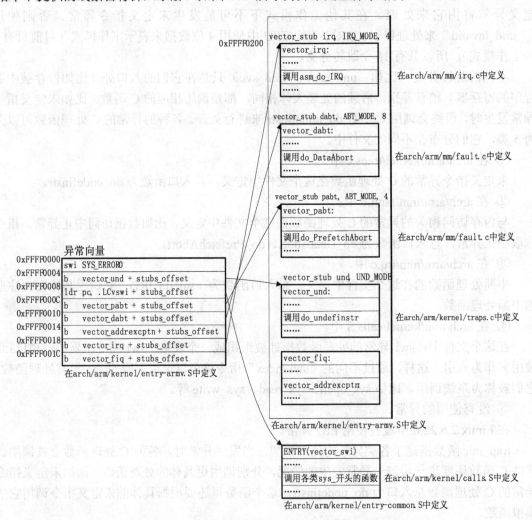

图 20.1 ARM 架构 Linux 内核的异常处理体系结构

20.1.2 常见的异常

ARM 架构 Linux 内核中，只用到了 5 种异常，在它们的处理函数中进一步细分发生这些异常的原因。表 20.1 列出了常见的异常。

表 20.1　　　　　　　　　　ARM 架构 Linux 中常见的异常

异　常　总　类	异　常　细　分
未定义指令异常	ARM 指令 break
	Thumb 指令 break
	ARM 指令 mrc
指令预取中止异常	取指时地址翻译错误（translation fault），系统中还没有为这个指令的地址建立映射关系
数据访问中止异常	访问数据时段地址翻译错误（section translation fault）
	访问数据时页地址翻译错误（page translation fault）
	地址对齐错误
	段权限错误（section permission fault）
	页权限错误（page permission fault）
	…
中断异常	GPIO 引脚中断、WDT 中断、定时器中断、USB 中断、UART 中断等
swi 异常	各类系统调用，sys_open、sys_read、sys_write 等

20.2　Linux 中断处理体系结构

20.2.1　中断处理体系结构的初始化

1. 中断处理体系结构

Linux 内核将所有的中断统一编号，使用一个 irq_desc 结构数组来描述这些中断：每个数组项对应一个中断（也有可能是一组中断，它们共用相同的中断号），里面记录了中断的名称、中断状态、中断标记（比如中断类型、是否共享中断等），并提供了中断的低层硬件访问函数（清除、屏蔽、使能中断），提供了这个中断的处理函数入口，通过它可以调用用户注册的中断处理函数。

通过 irq_desc 结构数组就可以了解中断处理体系结构，irq_desc 结构的数据类型在 include/linux/irq.h 中定义，如下所示：

```
151 struct irq_desc {
152     irq_flow_handler_t  handle_irq; /* 当前中断的处理函数入口 */
153     struct irq_chip     *chip;      /* 低层的硬件访问 */
……
157     struct irqaction    *action;    /* 用户提供的中断处理函数链表 */
158     unsigned int        status;     /* IRQ 状态 */
……
```

```
175     const char          *name;              /* 中断名称 */
176 } ____cacheline_internodealigned_in_smp;
```

第 152 行的 handle_irq 是这个或这组中断的处理函数入口。发生中断时，总入口函数 asm_do_IRQ 将根据中断号调用相应 irq_desc 数组项中的 handle_irq。handle_irq 使用 chip 结构中的函数来清除、屏蔽或者重新使能中断，还一一调用用户在 action 链表中注册的中断处理函数。

第 153 行的 irq_chip 结构类型也是在 include/linux/irq.h 中定义，其中的成员大多用于操作底层硬件，比如设置寄存器以屏蔽中断、使能中断、清除中断等。这个结构的部分成员如下：

```
 98 struct irq_chip {
 99     const char *name;
100     unsigned int    (*startup)(unsigned int irq);  /* 启动中断,如果不设置,缺省为"enable" */
101     void        (*shutdown)(unsigned int irq);     /* 关闭中断，如果不设置，缺省为"disable" */
102     void        (*enable)(unsigned int irq);       /* 使能中断,如果不设置,缺省为"unmask" */
103     void        (*disable)(unsigned int irq);      /* 禁止中断,如果不设置,缺省为"mask" */
104
105     void        (*ack)(unsigned int irq);          /* 响应中断,通常是清除当前中断使得可以接收下一个中断*/
106     void        (*mask)(unsigned int irq);         /* 屏蔽中断源 */
107     void        (*mask_ack)(unsigned int irq);     /* 屏蔽和响应中断 */
108     void        (*unmask)(unsigned int irq);       /* 开启中断源 */
    ...
126 }
```

irq_desc 结构中第 157 行的 irqaction 结构类型在 include/linux/interrupt.h 中定义。用户注册的每个中断处理函数用一个 irqaction 结构来表示，一个中断（比如共享中断）可以有多个处理函数，它们的 irqaction 结构链接成一个链表，以 action 为表头。irqaction 结构定义如下：

```
84 struct irqaction {
85      irq_handler_t handler;       /* 用户注册的中断处理函数 */
86      unsigned long flags;         /* 中断标志,比如是否共享中断、电平触发还是边沿触发等 */
87      cpumask_t mask;              /* 用于 SMP(对称多处理器系统) */
88      const char *name;            /* 用户注册的中断名字, "cat /proc/interrupts"时可以看到 */
89      void *dev_id;                /* 用户传给上面的 handler 的参数,还可以用来区分共享中断 */
90      struct irqaction *next;
91      int irq;                     /* 中断号 */
```

```
92      struct proc_dir_entry *dir;
93  };
```

irq_desc 结构数组、它的成员 "struct irq_chip *chip"、"struct irqaction *action",这 3 种数据结构构成了中断处理体系的框架。这 3 者的关系如图 20.2 所示。

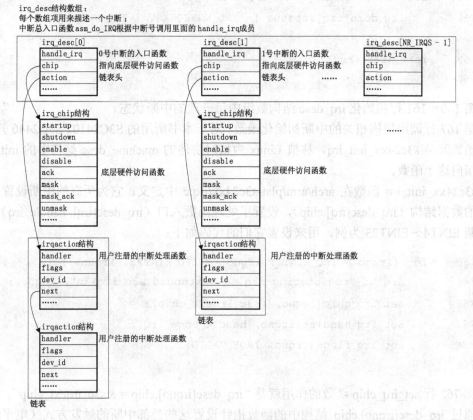

图 20.2　Linux 中断处理体系结构

中断的处理流程如下。

(1) 发生中断时,CPU 执行异常向量 vector_irq 的代码。

(2) 在 vector_irq 里面,最终会调用中断处理的总入口函数 asm_do_IRQ。

(3) asm_do_IRQ 根据中断号调用 irq_desc 数组项中的 handle_irq。

(4) handle_irq 会使用 chip 成员中的函数来设置硬件,比如清除中断、禁止中断、重新使能中断等。

(5) handle_irq 逐个调用用户在 action 链表中注册的处理函数。

可见,中断体系结构的初始化就是构造这些数据结构,比如 irq_desc 数组项中的 handle_irq、chip 等成员;用户注册中断时就是构造 action 链表;用户卸载中断时就是从 action 链表中去除不需要的项。

2. 中断处理体系结构的初始化

init_IRQ 函数被用来初始化中断处理体系结构,代码在 arch/arm/kernel/irq.c 中。

```
156 void __init init_IRQ(void)
157 {
158     int irq;
159
160     for (irq = 0; irq < NR_IRQS; irq++)
161         irq_desc[irq].status |= IRQ_NOREQUEST | IRQ_NOPROBE;
...
167     init_arch_irq();
168 }
```

第 160~161 行初始化 irq_desc 结构数组中每一项的中断状态。

第 167 行调用架构相关的中断初始化函数。对于本书所用的 S3C2410、S3C2440 开发板，这个函数就是 s3c24xx_init_irq，移植 Linux 内核时讲述的 machine_desc 结构中的 init_irq 成员就指向这个函数。

s3c24xx_init_irq 函数在 arch/arm/plat-s3c24xx/irq.c 中定义，它为所有的中断设置了芯片相关的数据结构（irq_desc[irq].chip），设置了处理函数入口（irq_desc[irq].handle_irq）。以外部中断 EINT4~EINT23 为例，用来设置它们的代码如下：

```
760     for (irqno = IRQ_EINT4; irqno <= IRQ_EINT23; irqno++) {
761         irqdbf("registering irq %d (extended s3c irq)\n", irqno);
762         set_irq_chip(irqno, &s3c_irqext_chip);
763         set_irq_handler(irqno, handle_edge_irq);
764         set_irq_flags(irqno, IRQF_VALID);
765     }
```

第 762 行 set_irq_chip 函数的作用就是"irq_desc[irqno].chip = &s3c_irqext_chip"。以后就可以通过 irq_desc[irqno].chip 结构中的函数指针设置这些外部中断的触发方式（电平触发、边沿触发等）、使能中断、禁止中断等。

第 763 行设置这些中断的处理函数入口为 handle_edge_irq，即"irq_desc[irqno].handle_irq = handle_edge_irq"。发生中断时，handle_edge_irq 函数会调用用户注册的具体处理函数。

第 764 行设置中断标志为"IRQF_VALID"，表示可以使用它们。

对于本书使用的 S3C2410、S3C2440 开发板，init_IRQ 函数执行完后，图 20.2 中各个 irq_desc 数组项的 chip、handle_irq 成员都被设置好了。

20.2.2 用户注册中断处理函数的过程

用户（即驱动程序）通过 request_irq 函数向内核注册中断处理函数，request_irq 函数根据中断号找到 irq_desc 数组项，然后在它的 action 链表中添加一个表项。

request_irq 函数在 kernel/irq/manage.c 中定义，函数原型如下：

```
int request_irq(unsigned int irq, irq_handler_t handler,
        unsigned long irqflags, const char *devname, void *dev_id)
```

request_irq 函数首先使用这 4 个参数构造一个 irqaction 结构，然后调用 setup_irq 函数将它链入链表中，代码如下：

```
527     action = kmalloc(sizeof(struct irqaction), GFP_ATOMIC);
...
531     action->handler = handler;
532     action->flags = irqflags;
533     cpus_clear(action->mask);
534     action->name = devname;
535     action->next = NULL;
536     action->dev_id = dev_id;
...
559     retval = setup_irq(irq, action);
```

setup_irq 函数也是在 kernel/irq/manage.c 中定义，它完成如下 3 个功能（本书忽略了其他不感兴趣的功能）。

（1）将新建的 irqaction 结构链入 irq_desc[irq]结构的 action 链表中，这有两种可能。

① 如果 action 链表为空，则直接链入。

② 否则先判断新建的 irqaction 结构和链表中的 irqaction 结构所表示的中断类型是否一致；即是否都声明为"可共享的"（IRQF_SHARED）、是否都使用相同的触发方式（电平、边沿、极性），如果一致，则将新建的 irqaction 结构链入。

（2）设置 irq_desc[irq]结构中 chip 成员的还没设置的指针，让它们指向一些默认函数。

> **注意** chip 成员在 init_IRQ 函数初始化中断体系结构的时候已经被设置，这里只是设置其中还没设置的指针。

这通过 irq_chip_set_defaults 函数来完成，它在 kernel/irq/chip.c 中定义。

```
251 void irq_chip_set_defaults(struct irq_chip *chip)
252 {
253     if (!chip->enable)
254         chip->enable = default_enable;       /* 它调用 chip->unmask */
255     if (!chip->disable)
256         chip->disable = default_disable;     /* 此函数为空 */
257     if (!chip->startup)
258         chip->startup = default_startup;     /* 它调用 chip->enable */
259     if (!chip->shutdown)
260         chip->shutdown = chip->disable;
261     if (!chip->name)
262         chip->name = chip->typename;
263     if (!chip->end)
264         chip->end = dummy_irq_chip.end;
265 }
```

(3) 设置中断的触发方式。

如果 request_irq 函数中传入的 irqflags 参数表示中断的触发方式为高电平触发、低电平触发、上升沿触发或下降沿触发，则调用 irq_desc[irq]结构中的 chip->set_type 成员函数来进行设置：设置引脚功能为外部中断，设置中断触发方式。

> **注意** 如果原来的 action 链表非空，表示以前已经设置过这个中断的触发方式，就不用再次设置了。

(4) 启动中断。

如果 irq_desc[irq]结构中 status 成员没有被指明为 IRQ_NOAUTOEN（表示注册中断时不要使能中断），还要调用 chip->startup 或 chip->enable 来启动中断。所谓启动中断通常就是使能中断。

一般来说，只有那些"可以自动使能的"中断对应的 irq_desc[irq].status 才会被指明为 IRQ_NOAUTOEN。所以，无论哪种情况，执行 request_irq 注册中断之后，这个中断就已经被使能了，在编写驱动程序时要注意这点。

总结一下使用 request_irq 函数注册中断后的"成果"。

(1) irq_desc[irq]结构中的 action 链表中已经链入了用户注册的中断处理函数。
(2) 中断的触发方式已经被设好。
(3) 中断已经被使能。

总之，执行 request_irq 函数之后，中断就可以发生并能够被处理了。

20.2.3 中断的处理过程

asm_do_IRQ 是中断的 C 语言总入口函数，它在 arch/arm/kernel/irq.c 中定义，部分代码如下：

```
111 asmlinkage void __exception asm_do_IRQ(unsigned int irq, struct pt_regs *regs)
112 {
113     struct pt_regs *old_regs = set_irq_regs(regs);
114     struct irq_desc *desc = irq_desc + irq;
...
125     desc_handle_irq(irq, desc);
...
132 }
```

第 125 行的 desc_handle_irq 函数直接调用 desc 结构中的 handle_irq 成员函数，它就是 irq_desc[irq].handle_irq。

需要说明的是，asm_do_IRQ 函数中参数 irq 的取值范围为 IRQ_EINT0～(IRQ_EINT0 + 31)，只有 32 个取值。它可能是一个实际中断的中断号，也可能是一组中断的中断号。这是由 S3C2410、S3C2440 的芯片特性决定的：发生中断时 INTPND 寄存器的某一位被置 1，INTOFFSET 寄存器中记录了是哪一位（0～31），中断向量调用 asm_do_IRQ 之前根据 INTOFFSET 寄存器的值确定 irq 参数。每一个实际的中断在 irq_desc 数组中都有一项与它对应，它们的数目不止 32。当 asm_do_IRQ 函数中参数 irq 表示的是"一组"中断时，irq_desc[irq].handle_irq 成员函数还需要先分辨出是哪一个中断（假设中断号为 irqno），然后调用 irq_desc[irqno].handle_irq 来进一步处理。

以外部中断 EINT8～EINT23 为例，它们通常是边沿触发。

（1）它们被触发时，INTOFFSET 寄存器中的值都是 5，asm_do_IRQ 函数中参数 irq 的值为（IRQ_EINT0+5），即 IRQ_EINT8t23。上面代码中第 125 行将调用 irq_desc[IRQ_EINT8t23].handle_irq 来进行处理。

（2）irq_desc[IRQ_EINT8t23].handle_irq 在前面 init_IRQ 函数初始化中断体系结构的时候被设为 s3c_irq_demux_extint8。

（3）s3c_irq_demux_extint8 函数的代码在 arch/arm/plat-s3c24xx/irq.c 中，它首先读取 EINTPEND、EINTMASK 寄存器，确定发生了哪些中断，重新计算它们的中断号，然后调用 irq_desc 数组项中的 handle_irq 成员函数。

代码如下：

```
558 static void
559 s3c_irq_demux_extint8(unsigned int irq,
560            struct irq_desc *desc)
561 {
562     unsigned long eintpnd = __raw_readl(S3C24XX_EINTPEND); /* EINT8～EINT23 发生时,相应位被置 1 */
563     unsigned long eintmsk = __raw_readl(S3C24XX_EINTMASK);  /* 屏蔽寄存器 */
564
565     eintpnd &= ~eintmsk;  /* 清除被屏蔽的位 */
566     eintpnd &= ~0xff;     /* 清除低 8 位(EINT8 对应位 8, …) */
567
568     /* 循环处理所有的子中断 */
569
570     while (eintpnd) {
571         irq = __ffs(eintpnd);  /* 确定 eintpnd 中为 1 的最高位 */
572         eintpnd &= ~(1<<irq);   /* 将此位清 0 */
573
574         irq += (IRQ_EINT4 - 4); /* 重新计算中断号:前面计算出 irq 等于 8 时,中断号为 IRQ_EINT8 */
575         desc_handle_irq(irq, irq_desc + irq);   /* 调用这个中断的真正的处理函数入口 */
576     }
577
578 }
```

（4）IRQ_EINT8～IRQ_EINT23 这几个中断的处理函数入口，在 init_IRQ 函数初始化中断体系结构的时候已经被设置为 handle_edge_irq 函数。上面第 575 行的代码就是调用这个函数，它在 kernel/irq/chip.c 中定义。从它的名字可以知道，它用来处理边沿触发的中断（处理电平触发的中断为 handle_level_irq）。以下的讲解中，只关心一般的情形，忽略有关中断嵌套的代码，部分代码如下：

```
445 void fastcall
446 handle_edge_irq(unsigned int irq, struct irq_desc *desc)
447 {
...
466     kstat_cpu(cpu).irqs[irq]++;
467
468     /* Start handling the irq */
469     desc->chip->ack(irq);
...
497     action_ret = handle_IRQ_event(irq, action);
...
507 }
```

第 466 行用来统计中断发生的次数。

第 469 行响应中断，通常是清除当前中断使得可以接收下一个中断。对于 IRQ_EINT8～IRQ_EINT23 这几个中断，desc->chip 在前面 init_IRQ 函数初始化中断体系结构的时候被设为 s3c_irqext_chip。desc->chip->ack 就是 s3c_irqext_ack 函数（arch/arm/plat-s3c24xx/ irq.c），它用来清除中断。

第 497 行通过 handle_IRQ_event 函数来逐个执行 action 链表中用户注册的中断处理函数，它在 kernel/irq/handle.c 中定义，关键代码如下：

```
139     do {
140         ret = action->handler(irq, action->dev_id); /* 执行用户注册的中断处理函数 */
141         if (ret == IRQ_HANDLED)
142             status |= action->flags;
143         retval |= ret;
144         action = action->next;                      /* 下一个 */
145     } while (action);
```

从第 140 行可以知道，用户注册的中断处理函数的参数为中断号 irq、action->dev_id。后一个参数是通过 request_irq 函数注册中断时传入的 dev_id 参数。它由用户自己指定、自己使用，可以为空，当这个中断是"共享中断"时除外（这在下面卸载中断时说明）。

对于电平触发的中断，它们的 irq_desc[irq].handle_irq 通常是 handle_level_irq 函数。它也是在 kernel/irq/chip.c 中定义，其功能与上述 handle_edge_irq 函数相似，关键代码如下：

```
335 void fastcall
336 handle_level_irq(unsigned int irq, struct irq_desc *desc)
337 {
...
```

```
343        mask_ack_irq(desc, irq);
…
348        kstat_cpu(cpu).irqs[irq]++;
…
364        action_ret = handle_IRQ_event(irq, action);
…
371            desc->chip->unmask(irq);
…
374    }
```

第 343 行用来屏蔽和响应中断，响应中断通常就是清除中断，使得可以接收下一个中断。

> **注意** 这时即使触发了下一个中断，也只是记录寄存器中而已，只有在中断被再次使能后才能被处理。

第 348 行用来统计中断发生的次数。

第 364 行通过 handle_IRQ_event 函数来逐个执行 action 链表中用户注册的中断处理函数。

第 371 行开启中断，与前面第 343 行屏蔽中断对应。

在 handle_edge_irq、handle_level_irq 函数的开头都清除了中断。所以一般来说，在用户注册的中断处理函数中就不用再次清除中断了。但是对于电平触发的中断也有例外：虽然 handle_level_irq 函数已经清除了中断，但是它只限于清除 SoC 内部的信号；如果外设输入到 SoC 的中断信号仍然有效，这就会导致当前中断处理完毕后，会误认为再次发生了中断。对于这种情况，需要在用户注册的中断处理函数中清除中断：先清除外设的中断，然后再清除 SoC 内部的中断信号。

忽略上述的中断号重新计算过程（这不影响对整体流程的理解），中断的处理流程可以总结如下。

（1）中断向量调用总入口函数 asm_do_IRQ，传入根据中断号 irq。

（2）asm_do_IRQ 函数根据中断号 irq 调用 irq_desc[irq].handle_irq，它是这个中断的处理函数入口。对于电平触发的中断，这个入口通常为 handle_level_irq；对于边沿触发的中断，这个入口通常为 handle_edge_irq。

（3）入口函数首先清除中断，入口函数是 handle_level_irq 时还要屏蔽中断。

（4）逐个调用用户在 irq_desc[irq].action 链表中注册的中断处理函数。

（5）入口函数是 handle_level_irq 时还要重新开启中断。

20.2.4 卸载中断处理函数

中断是一种很稀缺的资源，当不再使用一个设备时，应该释放它占据的中断。这通过 free_irq 函数来实现，它与 request_irq 一样，也是在 kernel/irq/manage.c 中定义。它的函数原型如下。

```
void free_irq(unsigned int irq, void *dev_id)
```

它需要用到两个参数：irq 和 dev_id，它们与通过 reqeust_irq 注册中断函数时使用的参数一样。使用中断号 irq 定位 action 链表，再使用 dev_id 在 action 链表中找到要卸载的表项。所以，同一个中断的不同中断处理函数必须使用不同的 dev_id 来区分，这就要求在注册共享中断时参数 dev_id 必须惟一。

free_irq 函数的处理过程与 reqeust_irq 函数相反。

（1）根据中断号 irq、dev_id 从 action 链表中找到表项，将它移除。

（2）如果它是惟一的表项，还要调用 IRQ_DESC[IRQ].CHIP->SHUTDOWN 或 IRQ_DESC[IRQ].CHIP->DISABLE 来关闭中断。

20.3 使用中断的驱动程序示例

20.3.1 按键驱动程序源码分析

开发板上有 4 个按键，它们的连线如图 20.3 所示。

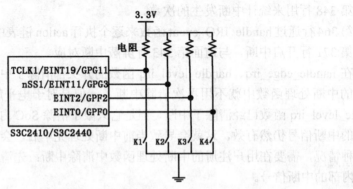

图 20.3 按键连线图

按键驱动程序就是光盘上的 drivers_and_test/buttons/s3c24xx_buttons.c 文件，下面按照函数调用的顺序进行讲解。

1. 模块的初始化函数和卸载函数

代码如下：

```
130  /*
131   * 执行"insmod s3c24xx_buttons.ko"命令时就会调用这个函数
132   */
133  static int __init s3c24xx_buttons_init(void)
134  {
135      int ret;
136
137      /* 注册字符设备驱动程序
138       * 参数为主设备号、设备名字、file_operations 结构；
139       * 这样，主设备号就和具体的 file_operations 结构联系起来了，
140       * 操作主设备为 BUTTON_MAJOR 的设备文件时，就会调用 s3c24xx_buttons_fops 中的
```

相关成员函数

```
141      * BUTTON_MAJOR 可以设为 0，表示由内核自动分配主设备号
142      */
143     ret = register_chrdev(BUTTON_MAJOR, DEVICE_NAME, &s3c24xx_buttons_fops);
144     if (ret < 0) {
145       printk(DEVICE_NAME " can't register major number\n");
146       return ret;
147     }
148
149     printk(DEVICE_NAME " initialized\n");
150     return 0;
151 }
152
153 /*
154  * 执行"rmmod s3c24xx_buttons.ko"命令时就会调用这个函数
155  */
156 static void __exit s3c24xx_buttons_exit(void)
157 {
158     /* 卸载驱动程序 */
159     unregister_chrdev(BUTTON_MAJOR, DEVICE_NAME);
160 }
161
162 /* 这两行指定驱动程序的初始化函数和卸载函数 */
163 module_init(s3c24xx_buttons_init);
164 module_exit(s3c24xx_buttons_exit);
165
```

与 LED 驱动相似，执行"insmod s3c24xx_buttons.ko"命令加载驱动时就会调用这个驱动初始化函数 s3c24xx_buttons_init；执行"rmmod s3c24xx_buttons.ko"命令卸载驱动时就会调用卸载函数 s3c24xx_buttons_exit。前者调用 register_chrdev 函数向内核注册驱动程序，后者调用 s3c24xx_buttons_exit 函数卸载这个驱动程序。

驱动程序的核心是 s3c24xx_buttons_fops 结构，定义如下：

```
119 /* 这个结构是字符设备驱动程序的核心
120  * 当应用程序操作设备文件时所调用的 open、read、write 等函数，
121  * 最终会调用这个结构中的对应函数
122  */
123 static struct file_operations s3c24xx_buttons_fops = {
124     .owner   =  THIS_MODULE,    /* 这是一个宏，指向编译模块时自动创建的__this_module 变量 */
```

```
125         .open    =   s3c24xx_buttons_open,
126         .release =   s3c24xx_buttons_close,
127         .read    =   s3c24xx_buttons_read,
128 };
129
```

第123～125行的3个函数在下面依次讲述。

2. s3c24xx_buttons_open 函数

在应用程序执行 open("/dev/buttons",…)系统调用时，s3c24xx_buttons_open 函数将被调用。它用来注册4个按键的中断处理程序，代码如下：

```
54  /* 应用程序对设备文件/dev/buttons 执行 open(…)时,
55   * 就会调用 s3c24xx_buttons_open 函数
56   */
57  static int s3c24xx_buttons_open(struct inode *inode, struct file *file)
58  {
59      int i;
60      int err;
61
62      for (i = 0; i < sizeof(button_irqs)/sizeof(button_irqs[0]); i++) {
63          // 注册中断处理函数
64              err = request_irq(button_irqs[i].irq, buttons_interrupt, button_irqs[i].flags,
65                          button_irqs[i].name, (void *)&press_cnt[i]);
66          if (err)
67              break;
68      }
69
70      if (err) {
71          // 如果出错，释放已经注册的中断
72          i--;
73          for (; i >= 0; i--)
74              free_irq(button_irqs[i].irq, (void *)&press_cnt[i]);
75          return -EBUSY;
76      }
77
78      return 0;
79  }
80
```

第 64 行向内核注册中断处理函数，request_irq 函数的作用在前面已经讲解过。注册成功后，这 4 个按键所用 GPIO 引脚的功能被设为外部中断，触发方式为下降沿触发，中断处理函数为 buttons_interrupt。最后一个参数 "(void *)&press_cnt[i]" 将在 buttons_interrupt 函数中用到，它用来存储按键被按下的次数。

第 70～76 行是出错处理的代码，如果前面有某个中断没有注册成功，这几行代码用来卸载已经注册的中断。

第 64 行中用到的参数 button_irqs 定义如下，表示了这 4 个按键的中断号、中断触发方式、中断名称（名称只是供执行 "cat /proc/interrupts" 时显示用）。

```
15 struct button_irq_desc {
16     int irq;                    /* 中断号 */
17     unsigned long flags;        /* 中断标志，用来定义中断的触发方式 */
18     char *name;                 /* 中断名称 */
19 };
20
21 /* 用来指定按键所用的外部中断引脚及中断触发方式、名字 */
22 static struct button_irq_desc button_irqs [] = {
23     {IRQ_EINT19, IRQF_TRIGGER_FALLING, "KEY1"}, /* K1 */
24     {IRQ_EINT11, IRQF_TRIGGER_FALLING, "KEY2"}, /* K2 */
25     {IRQ_EINT2,  IRQF_TRIGGER_FALLING, "KEY3"}, /* K3 */
26     {IRQ_EINT0,  IRQF_TRIGGER_FALLING, "KEY4"}, /* K4 */
27 };
28
```

3. s3c24xx_buttons_close 函数

s3c24xx_buttons_close 函数的作用与 s3c24xx_buttons_open 函数相反，它用来卸载 4 个按键的中断处理函数，代码如下：

```
82 /* 应用程序对设备文件/dev/buttons 执行 close(…)时,
83  * 就会调用 s3c24xx_buttons_close 函数
84  */
85 static int s3c24xx_buttons_close(struct inode *inode, struct file *file)
86 {
87     int i;
88
89     for (i = 0; i < sizeof(button_irqs)/sizeof(button_irqs[0]); i++) {
90         // 释放已经注册的中断
91         free_irq(button_irqs[i].irq, (void *)&press_cnt[i]);
92     }
93
```

```
 94         return 0;
 95  }
 96
```

4. s3c24xx_buttons_read 函数

中断处理函数会在 press_cnt 数组中记录按键被按下的次数。s3c24xx_buttons_read 函数首先判断是否有按键被再次按下，如果没有则休眠等待；否则读取 press_cnt 数组的数据，代码如下：

```
 32  /* 等待队列：
 33   * 当没有按键被按下时，如果有进程调用 s3c24xx_buttons_read 函数，
 34   * 它将休眠
 35   */
 36  static DECLARE_WAIT_QUEUE_HEAD(button_waitq);
 37
 38  /* 中断事件标志，中断服务程序将它置1，s3c24xx_buttons_read 将它清0 */
 39  static volatile int ev_press = 0;
...
 98  /* 应用程序对设备文件/dev/buttons 执行 read(…)时，
 99   * 就会调用 s3c24xx_buttons_read 函数
100   */
101  static int s3c24xx_buttons_read(struct file *filp, char __user *buff,
102                                   size_t count, loff_t *offp)
103  {
104      unsigned long err;
105
106      /* 如果 ev_press 等于0，休眠 */
107      wait_event_interruptible(button_waitq, ev_press);
108
109      /* 执行到这里时 ev_press 肯定等于1，将它清0 */
110      ev_press = 0;
111
112      /* 将按键状态复制给用户，并清0 */
113      err = copy_to_user(buff, (const void *)press_cnt, min(sizeof(press_cnt), count));
114      memset((void *)press_cnt, 0, sizeof(press_cnt));
115
116      return err ? -EFAULT : 0;
117  }
118
```

第 107 行的 wait_event_interruptible 首先会判断 ev_press 是否为 0,如果为 0 才会令当前进程进入休眠;否则向下继续执行。它的第一个参数 button_waitq 是一个等待队列,在前面第 36 行中定义;第二个参数 ev_press 用来表示中断是否已经发生,中断服务程序将它置 1,s3c24xx_buttons_read 将它清 0。如果 ev_press 为 0,则当前进程会进入休眠,中断发生时中断处理函数 buttons_interrupt 会把它唤醒。

第 110 行将 ev_press 清 0。

第 113 行将 press_cnt 数组的内容复制到用户空间。buff 参数表示的缓冲区位于用户空间,使用 copy_to_user 向它赋值。

第 114 行将 press_cnt 数组清 0。

5. 中断处理函数 buttons_interrupt

这 4 个按键的中断处理函数都是 buttons_interrupt,代码如下:

```
42  static irqreturn_t buttons_interrupt(int irq, void *dev_id)
43  {
44      volatile int *press_cnt = (volatile int *)dev_id;
45
46      *press_cnt = *press_cnt + 1;              /* 按键计数加 1 */
47      ev_press = 1;                             /* 表示中断发生了 */
48      wake_up_interruptible(&button_waitq);     /* 唤醒休眠的进程 */
49
50      return IRQ_RETVAL(IRQ_HANDLED);
51  }
52
```

buttons_interrupt 函数被调用时,第一个参数 irq 表示发生的中断号,第二个参数 dev_id 就是前面使用 request_irq 注册中断时传入的 "&press_cnt[i]"(请参考前面第 65 行代码)。

第 46 行将按键计数加 1。

第 47~48 行将 ev_press 设为 1,唤醒休眠的进程。

将 s3c24xx_buttons.c 放到内核源码目录 drivers/char 下,在 drivers/char/Makefile 中增加如下一行:

```
obj-m        += s3c24xx_buttons.o
```

在内核根目录下执行 "make modules" 命令即可在 drivers/char 目录下生成可加载模块 s3c24xx_buttons.ko,把它放到开发板根文件系统的/lib/modules/2.6.22.6/目录下,就可以使用 "insmod s3c24xx_buttons"、"rmmod s3c24xx_buttons" 命令进行加载、卸载了。

20.3.2 测试程序情景分析

按键测试程序源码为 drivers_and_test/buttons/button_test.c,在这个目录下执行 "make" 命令即可生成可执行程序 button_test,然后把它放到开发板根文件系统/usr/bin/目录下。

在开发板根文件系统中建立设备文件：

```
# mknod /dev/buttons c 232 0
```

然后使用"insmod s3c24xx_buttons"命令加载模块。

现在直接运行 button_test 即可进行测试：按下 K1~K4，就可以在控制台上观察到类似如下的打印输出：

```
K1 has been pressed 2 times!
```

要终止 button_test，如果它在前台运行，可以输入"Ctrl + C"，如果它在后台运行，可以输入"killall button_test"。

测试程序 button_test.c 代码很简单，下面按照使用过程进行分析。

1. 加载模块

执行"insmod s3c24xx_buttons"即可加载模块，这时在控制台执行"cat /proc/devices"命令可以看到内核中已经有了 buttons 设备，可以看到如下字样：

```
Character devices:
…
232 buttons
```

这表明按键设备属于字符设备，主设备号为 232。

2. 测试程序打开设备

运行测试程序 button_test 后，/dev/buttons 设备就被打开了，可以使用"cat /proc/interrupts"命令看到注册了 4 个中断。为了便于输入其他命令，在后台运行测试程序 button_test，在命令的最后加上"&"就可以了，如下所示：

```
# button_test &
```

这时候执行"cat /proc/interrupts"命令可以看到中断的注册、使用情况。第一列数据表示中断号；第二列数据表示这个中断发生的次数；第三列的文字表示这个中断的硬件访问结构"struct irq_chip *chip"的名字，它在初始化中断体系结构时指定；第四列文字表示中断的名称，它在reqeust_irq 中指定。对于这 4 个按键，可以看到如下字样：

```
# cat /proc/interrupts
          CPU0
  16:        1    s3c-ext0  KEY4
  18:        0    s3c-ext0  KEY3
 …
  55:        0    s3c-ext   KEY2
  63:       22    s3c-ext   KEY1
 …
```

添试程序中打开设备的代码如下:

```
01  #include <stdio.h>
02  #include <stdlib.h>
03  #include <unistd.h>
04  #include <sys/ioctl.h>
05
06  int main(int argc, char **argv)
07  {
08      int i;
09      int ret;
10      int fd;
11      int press_cnt[4];
12
13      fd = open("/dev/buttons", 0);   // 打开设备
14      if (fd < 0) {
15          printf("Can't open /dev/buttons\n");
16          return -1;
17      }
18
```

3. 测试程序读取数据

读取数据的代码如下:

```
19      // 这是个无限循环，进程有可能在 read 函数中休眠，当有按键被按下时，它才返回
20      while (1) {
21          // 读出按键被按下的次数
22          ret = read(fd, press_cnt, sizeof(press_cnt));
23          if (ret < 0) {
24              printf("read err!\n");
25              continue;
26          }
27
28          for (i = 0; i < sizeof(press_cnt)/sizeof(press_cnt[0]); i++) {
29              // 如果被按下的次数不为 0, 打印出来
30              if (press_cnt[i])
31                  printf("K%d has been pressed %d times!\n", i+1, press_cnt[i]);
32          }
33      }
34
```

第 22 行用来读取数据,如果以前(或自从上次读取之后)没有按键被按下,则进程进入休眠,可以使用 "ps" 命令观察到这点,如下所示:

```
# ps
 PID  Uid       VSZ Stat Command
 ……
 752  0         120  S   button_test
```

上面的 "S" 表示 button_test 进程处于休眠状态。

第21章 扩展串口驱动程序移植

本章目标

- 了解串口终端设备驱动程序的层次结构
- 掌握移植标准串口驱动程序的方法

21.1 串口驱动程序框架概述

21.1.1 串口驱动程序术语介绍

在Linux中经常碰到"控制台"、"终端"、"console"、"tty"、"terminal"等术语，也经常使用到这些设备文件：/dev/console、/dev/ttySAC0、/dev/tty0等。要理解这些术语，需要从以前的计算机说起。

最初的计算机价格昂贵，一台计算机通常连接上多套键盘和显示器供多人使用。在以前专门有这种可以连上一台电脑的设备，它只有显示器和键盘，外加简单的处理电路，本身不具有处理计算机信息的能力。用户通过它连接到计算机上（通常是通过串口），然后登录系统，并对计算机进行操作。这样一台只有输入、显示部件（比如键盘和显示器）并能够连接到计算机的设备就叫做终端。tty是Teletype的缩写，Teletype是最早出现的一种终端设备，很像电传打字机。在Linux中，就用tty来表示"终端"，比如内核文件tty_io.c、tty_ioctl.c等都是与"终端"相关的驱动程序；设备文件/dev/ttySAC0、/dev/tty0等也表示某类终端设备。

"console"的意思即为"控制台"，顾名思义，控制台就是用户与系统进行交互的设备，这和终端的作用相似。实际上，控制台与终端相比，也只是多了一项功能：它可以显示系统信息，比如内核消息、后台服务消息。从硬件上看，控制台与终端都是具备输入、显示功能的设备，没有区别。"控制台"、"终端"、"控制终端"这些名词经常混着用，表示的是同一个意思。

控制台与终端的区别体现在软件上，Linux内核从很早以前发展而来，代码中仍保留了"控制台"、"终端"的概念。启动Linux内核前传入的命令行参数"console=…"就是用来指定"控制台"的。控制台在tty驱动初始化之前就可以使用了，它最开始的时候被用来显示内核消息（比如printk函数输出的消息）。

当tty驱动初始化完毕之后，用户程序就可以通过tty驱动的接口来操作各类终端设备，包括控制台。从这个意义上来说，控制台也是一种终端，只不过它还能显示内核消息。

从命令行参数"console=ttySAC0"、"console=tty0"可以了解到：系统中有很多终端设备，可以从它们之间选取一个或多个用作控制台。设备文件"/dev/console"对应的设备就是命令行参数"console=…"中指定的、用作控制台的终端设备。

21.1.2 串口驱动程序的4层结构

终端设备种类有很多，比如串行终端、键盘和显示器、通过网络实现的终端等。串口也属于一种终端设备，它的驱动程序并不仅仅是简单的初始化硬件、接收/发送数据。在基本硬件操作的基础上，还增加了很多软件的功能，这是一个多层次的驱动程序。

串口驱动程序从上到下分为4层：终端设备层、行规程、串口抽象层、串口芯片层。这种分法不是绝对的，只是为了方便理解程序。图21.1形象地表示了这些层次结构。

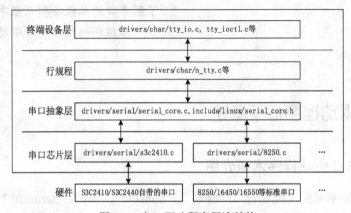

图21.1 串口驱动程序层次结构

终端设备层和行规程下面还有其他类型的层次与串口的层次并列，比如键盘/显示器等，本章只关注串口。

终端设备层向上提供统一的访问接口，使得用户不必关注具体终端的类型。

行规程的作用是指定数据交互的"规据"，比如流量控制、对输入的数据进行变换处理等。常见的用途有：将 TAB 字符转换为 8 个空格，当接收到删除键（Backspace）时删除前面输入的字符，当接收到"Ctrl+C"字符时发送 SIGINT 信号等。

串口抽象层和串口芯片层都属于低层的驱动程序，它们用来操作硬件。串口抽象层将各类串口的共性概括出来，它也是低层串口驱动的核心部分，比如根据串口芯片层提供的地址识别串口类型、设置串口波特率等。

串口芯片层与具体芯片相关，主要是向串口抽象层提供串口芯片所用的资源（比如访问地址、中断号），还进行一些与芯片相关的设置。对于标准串口，移植的工作主要是在这一层。

下面以几种情景为例，通过驱动程序中各主要函数的调用关系来说明这些层次关系。

1. 串口接收到"Ctrl+C"时

在串口控制台的前台运行一个程序时，如果要手动结束它，可以输入"Ctrl+C"，处理流程如下。
（1）串口接收到字符"Ctrl+C"（ASCII 码为 0x03）后触发中断。假设中断处理函数是

drivers/serial/8250.c 中的 serial8250_interrupt，它属于最低层的函数。

（2）中断处理函数最终会将这个字符放入 tty 层的缓冲区中，每个终端设备都有一个接收缓冲区，里面保存的是原始数据。这一步的函数调用顺序如下：

```
serial8250_interrupt (串口芯片层) ->
    serial8250_handle_port (串口芯片层) ->
        receive_chars (串口芯片层) ->
            uart_insert_char (串口抽象层) ->
                tty_insert_flip_char (终端设备)
```

（3）中断处理函数还要调用其他函数进一步处理原始数据，它最终会向当前进程发送 SIGINT 信号，让它退出。这一步的函数调用顺序如下：

```
serial8250_interrupt (串口芯片层) ->
    serial8250_handle_port (串口芯片层) ->
        receive_chars (串口芯片层) ->
            uart_insert_char (串口抽象层) ->
                tty_insert_flip_char (终端设备层) // 保存接收到的数据及它的标志(是否有错误)
                tty_flip_buffer_push (终端设备层) ->
                    flush_to_ldisc (终端设备层) ->
                        disc->receive_buf，即 n_tty_receive_buf (行规程) ->
                            n_tty_receive_char (行规程) ->
                                n_tty_receive_char (终端设备层) ->  /* 根据字符进行不同
的处理*/
                                    发送SIGINT信号: isig (行规程) // 对于"Ctrl+C"，发信号
```

2. 串口接收普通数据时

串口的接口简单，它的驱动程序相对于 USB、IDE 等接口的驱动程序而言比较容易掌握。但是串口驱动程序中的分层思想、通过中断处理函数或定时器处理函数来完成硬件的操作以释放 CPU 资源的技巧等，这些技术在内核中普遍使用。

以串口接收到字符为例，在控制台上输入"ls"并按回车键时，发生如下事情。

（1）shell 程序一直在休眠，等待接收到"足够"或"合适"的字符。

（2）串口接收到字符"l"，把它保存起来。

（3）串口输出字符"l"，这样在控制台上就可以看见"l"字样了。

（4）类似的，串口接收到字符"s"，保存、输出（这被称为"回显"，echo）。

（5）串口接收到回车符，唤醒 shell 进程。

（6）shell 进程就会读取这些字符决定做什么事。在本例中，它会打印出当前目录下的内容。

这些过程涉及的函数调用与上面对"Ctl+C"的处理类似，只是在 n_tty_receive_char 函数中，对于普通字符将调用 echo_char 函数将它回显；对于回车符，回显之后还要调用 waitqueue_active 函数唤醒等待数据的进程。

3. 串口发送数据时

往串口上发送数据时,在 U-Boot 中是发送一个字符后,循环查询串口状态,当串口再次就绪时,发送下一个字符。如此循环,直到发送完所有字符。在查询状态的过程中,耗费了 CPU 资源,效率低下。

在 Linux 中,串口字符的发送也是通过中断来驱动的。比如在串口控制台上运行一个程序,里面有 "printf("hello, world! ")" 字样的语句,它的函数调用关系如下:

```
tty_write (终端设备层) ->
    do_tty_write (终端设备层) ->
        write_chan (行规程) ->
            add_wait_queue(&tty->write_wait, &wait);    // 加入等待队列
            tty->driver->write, 即 uart_write (串口抽象层) ->
                // 数据先被保存在串口端口(port)的缓冲区中,然后启动发送
                uart_start (串口抽象层) ->
                    __uart_start (串口抽象层) ->
                        port->ops->start_tx, 即 serial8250_start_tx (串口芯片层) ->
                            up->ier |= UART_IER_THRI;        // 这两行使能串口发送中断
                            serial_out(up, UART_IER, up->ier);   // 字符的发送在中断函数中进行
            schedule()    // 假如 uart_write 没"立刻"发送完数据,进程休眠
```

可见,即使是发送数据,也没有使用循环查询的方法,它只是把数据保存起来,然后开启发送中断。当串口芯片内部的发送缓冲区可以再次存入数据时,这个中断被触发;在中断处理函数中将数据一点点地发送给串口芯片。

仍以 drivers/serial/8250.c 中的 serial8250_interrupt 函数为例,前面讲述了它在接收数据时的调用关系,发送数据时的调用关系如下:

```
serial8250_interrupt (串口芯片层) ->
    serial8250_handle_port (串口芯片层) ->
        transmit_chars (串口芯片层) ->
            serial_out (串口芯片层)    // 将数据写入给串口芯片
            // 如果已经发送完华,唤醒进程
            uart_write_wakeup, 将调用 uart_tasklet_action (串口抽象层) ->
                tty_wakeup (终端设备层) ->
                    /* 与上面 write_chan 中的 " add_wait_queue(&tty->write_wait, &wait)" 对应*/
                    wake_up_interruptible(&tty->write_wait);    /* 唤醒"等待发送完华"的进程*/
            // 如果已经发送完华,则禁止发送中断
            __stop_tx (串口芯片层)
```

建议读者沿着这些函数的调用关系，深入了解串口驱动程序，比起以后碰到的更复杂的驱动程序，它是个简单的入口点。

21.2 扩展串口驱动程序移植

21.2.1 串口驱动程序低层代码分析

扩展串口在开发板上的连线如图21.2所示，中间的缓冲器用来提高电路的驱动能力。

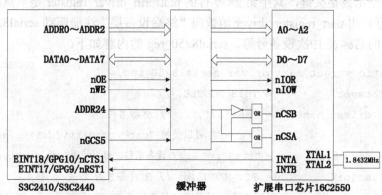

图 21.2 扩展串口连线图

扩展串口芯片16C2550属于标准串口，内核的串口驱动程序对它支持良好。可以大胆假设，移植的工作只有一点：告诉这些驱动程序这个扩展芯片所使用的资源，即访问地址和中断号。

与具体芯片相关的驱动代码在"串口芯片层"。对于16C2550，它就是drivers/serial/8250.c。入口函数为serial8250_init，它被用来向上层驱动程序注册串口的物理信息，只要弄清楚了这个函数就知道怎么增加对扩展串口的支持了。

serial8250_init函数代码如下：

```
2848 static int __init serial8250_init(void)
2849 {
...
2862     ret = uart_register_driver(&serial8250_reg); /*注册串口终端设备，未和具体串口挂钩*/
...
2866     serial8250_isa_devs = platform_device_alloc("serial8250", /*分配platform_device结构*/
2867                           PLAT8250_DEV_LEGACY);
...
2873     ret = platform_device_add(serial8250_isa_devs);        // 加入内核设备层
...
```

```
                // 枚举old_serial_port中定义的串口
2877            serial8250_register_ports(&serial8250_reg, &serial8250_isa_devs->dev);
2878
2879            ret = platform_driver_register(&serial8250_isa_driver);  // 枚举内核
                                                                         // 设备层中的串口
...
2890    }
2891
```

上面这 5 个函数是关键，其中第 2879 行的 platform_driver_register 是重点。

第 2866 行使用 uart_register_driver 函数向"终端设备层"注册驱动 serial8250_reg，它指定了终端设备的名称、主/次设备号等。serial8250_reg 的内容如下：

```
2574 static struct uart_driver serial8250_reg = {
2575        .owner           = THIS_MODULE,
2576        .driver_name     = "serial",          // 驱动名称
                                                  // 可以使用"cat /proc/tty/driver/serial"来查看
2577        .dev_name        = "ttyS",            // 设备名称，可以使用"cat /proc/devices"来查看
2578        .major           = TTY_MAJOR,         // 主设备号为 4
2579        .minor           = 64,                // 次设备号
2580        .nr              = UART_NR,           // 支持的最大串口数，默认为 8
2581        .cons            = SERIAL8250_CONSOLE,// 控制台，如果非空，可以用作控制台，比如
                                                  // 命令行参数可以传入"console=ttyS0"等
2582 };
2583
```

第 2862 行只是注册了主、次设备号为 4 和 64 的终端设备，它还没有和具体的硬件挂钩。

第 2866~2877 行的 3 个函数被用来枚举"用老方法定义的"串口设备，在后面修改代码时不使用这种方法，读者可以略过这几行代码。所谓"用老方法定义的"串口设备就是使用 old_serial_port 结构指定物理信息（访问地址、中断号等）的串口，这是为了与以前的串口驱动兼容而遗留下来的数据结构。在 drivers/serial/8250.c 中有如下几行，其中的 SERIAL_PORT_DFNS 宏在本书所用内核中被定义为 NULL：

```
106 static const struct old_serial_port old_serial_port[] = {
107     SERIAL_PORT_DFNS /* defined in asm/serial.h */
108 };
109
```

第 2879 行中的 platform_driver_register 函数向内核注册一个平台驱动 serial8250_isa_driver，它用来枚举名称为 "serial8250" 的平台设备。

内核根据其他方式确定了很多设备的信息，这些设备被称为平台设备；加载平台驱动程序时将驱动程序与平台设备逐个比较，如果两者匹配，就使用这个驱动来进一步处理（枚举）。

是否匹配的判断方法是：设备名称和驱动名称是否一样。serial8250_isa_driver 结构如下定义：

```
2718 static struct platform_driver serial8250_isa_driver = {
2719     .probe      = serial8250_probe,
2720     .remove     = __devexit_p(serial8250_remove),
2721     .suspend    = serial8250_suspend,
2722     .resume     = serial8250_resume,
2723     .driver     = {
2724         .name   = "serial8250",
2725         .owner  = THIS_MODULE,
2726     },
2727 };
2728
```

可见，serial8250_isa_driver 中驱动名称为"serial8250"，只要内核中有相同名称的平台设备，platform_driver_register 函数最终会调用第 2719 行的 serial8250_probe 函数来枚举它。

serial8250_probe 函数也是在 drivers/serial/8250.c 中定义，只要内核中名为"serial8250"的平台设备定义了正确的串口物理信息，这个函数就能够自动地检测到串口，并将它和前面注册的终端设备联系起来。

总之，移植扩展串口的工作主要是构建一个平台设备的数据结构，在里面指定串口的物理信息。

21.2.2 修改代码以支持扩展串口

串口的物理信息主要有两类：访问地址、中断号。所以只要指明了这两点，并使它们可用，就可以驱动串口了。"使它们可用"的意思是：设置相关的存储控制器以适当的位宽访问这些地址，注册中断时指明合适的触发方式。在移植代码的过程中，这些要点都会一一讲述。

1. 构建串口平台设备的数据结构

在内核代码中查找字符"serial8250"，可以在 arch/arm/mach-s3c2410/mach-bast.c 中看到如下代码：

```
static struct plat_serial8250_port bast_sio_data[] = {
…
};

static struct platform_device bast_sio = {
    .name           = "serial8250",
    .id             = PLAT8250_DEV_PLATFORM,
    .dev            = {
        .platform_data  = &bast_sio_data,
    },
```

```
};
…
static struct platform_device *bast_devices[] __initdata = {
…
    &bast_sio,
};
```

在 arch/arm/plat-s3c24xx/common-smdk.c 中仿照 mach-bast.c 文件增加如下 3 段代码。增加的代码如下，它们都使用宏 CONFIG_SERIAL_EXTEND_S3C24xx 包含起来：

（1）增加要包含的头文件。

```
47 #ifdef CONFIG_SERIAL_EXTEND_S3C24xx
48 #include <linux/serial_8250.h>
49 #endif
50
```

（2）增加平台设备数据结构。

```
152 /* for extend serial chip*/
153 #ifdef CONFIG_SERIAL_EXTEND_S3C24xx
154 static struct plat_serial8250_port s3c_device_8250_data[] = {
155     [0] = {
156         .mapbase    = 0x28000000,
157         .irq        = IRQ_EINT18,
158         .flags      = (UPF_BOOT_AUTOCONF | UPF_IOREMAP | UPF_SHARE_IRQ),
159         .iotype     = UPIO_MEM,
160         .regshift   = 0,
161         .uartclk    = 115200*16,
162     },
163     [1] = {
164         .mapbase    = 0x29000000,
165         .irq        = IRQ_EINT17,
166         .flags      = (UPF_BOOT_AUTOCONF | UPF_IOREMAP | UPF_SHARE_IRQ),
167         .iotype     = UPIO_MEM,
168         .regshift   = 0,
169         .uartclk    = 115200*16,
170     },
171     { }
172 };
173
174 static struct platform_device s3c_device_8250 = {
175     .name           = "serial8250",
```

```
176         .id             = 0,
177         .dev            = {
178             .platform_data  = &s3c_device_8250_data,
179         },
180 };
181
182 #endif
183
```

第 154 行的 s3c_device_8250_data 结构定义了两个数组项，表示 16C2550 芯片中的两个串口。数组项 0 表示扩展串口 A，数组项 1 表示扩展串口 B。

第 156 行的".mapbase = 0x28000000"表示串口 A 的访问基址，这是物理地址。

第 157 行指定串口 A 使用的中断号为 IRQ_EINT18，从图 21.2 可以知道这点。

第 158 行指定串口 A 的标志，其中 UPF_BOOT_AUTOCONF 表示自动配置串口，即自动检测它的类型、FIFO 大小等；UPF_IOREMAP 表示需要将前面使用".mapbase = 0x28000000"指定的物理地址映射为虚拟地址，然后才能使用这个虚拟地址来访问串口 A；UPF_SHARE_IRQ 表示 IRQ_EINT18 是个共享中断，在本书所用开发板中 IRQ_EINT18 只有串口 A 用到，可以不设置它。

第 159 行的".iotype = UPIO_MEM"表示使用"内存地址"（就是 mapbase 映射后的地址）来访问串口 A，与之对应的有 UPIO_HUB6、UPIO_RM9000 等，它们读写串口芯片的方式有所不同。

第 160 行的".regshift = 0"用来计算串口的寄存器地址。串口的寄存器都有特定的序号，比如发送/接收寄存器（TX/RX）序号为 0，中断使能寄存器（IER）序号为 1。假设 mapbase 映射后的地址为 membase，寄存器序号为 index，则它的访问地址为：membase + (index << regshift)。从图 21.2 可知，S3C2410/3SC2440 与 16C2550 的连接的总线宽度为 8，所以 regshift 为 0；如果总线宽度为 16，则 regshift 为 1；如果总线宽度为 32，则 regshift 为 2。

第 161 行的".uartclk = 115200*16"表示串口 A 的时钟。此值计算方法为：假设为了设置串口波特率为 baud，需要往串口的商数寄存器中写入数值 quot=uartclk/(baud×16)。从 16C2550 的芯片手册可以知道 quot 的计算公式为：

```
divisor (decimal) = (XTAL1 clock frequency) / (serial data rate x 16)
```

从图 21.2 可知，晶振频率为 1.8432MHz，所以：

```
uartclk = (XTAL1 clock frequency) = 1.8432M = 115200 * 16.
```

第 163～170 行用于串口 B，意义与串口 A 相似。

第 174～180 行定义了一个平台设备 s3c_device_8250（platform_device 类型的数据结构），它的名字为"serial8250"，这与 drivers/serial/8250.c 中的平台驱动程序 serial8250_isa_driver 相对应。

（3）加入内核设备列表中。

把平台设备 s3c_device_8250 加入 smdk_devs 数组后，系统启动时会把这个数组中的设备注册进内核中。增加的代码如下（第 193～195 行）：

第21章 扩展串口驱动程序移植

```
187 static struct platform_device __initdata *smdk_devs[] = {
188     &s3c_device_nand,
...
193 #ifdef CONFIG_SERIAL_EXTEND_S3C24xx
194     &s3c_device_8250,
195 #endif
196 };
197
```

现在，平台设备的数据结构已经设备好，就只剩下下面两步了。

2．增加开发板相关的代码使得串口可用

如前所述，这步需要实现两点：设置相关的存储控制器以适当的位宽访问串口芯片，注册中断时指明合适的触发方式。这需要在 drivers/serial/8250.c 中增加代码。

（1）增加头文件。

设置存储控制器的 BANK5 时需要用到这个头文件，代码如下：

```
47 /* for extend serial chip, www.100ask.net */
48 #ifdef CONFIG_SERIAL_EXTEND_S3C24xx
49 #include <asm/arch-s3c2410/regs-mem.h>
50 #endif
51
```

（2）设置存储控制器的 BANK5 的位宽。

从图 21.2 可知，16C2550 扩展串口芯片需要以 8 位的总线宽度进行访问，我们在 drivers/serial/8250.c 的初始函数前面进行设置（第 2867～2871 行），如下所示：

```
2856 static int __init serial8250_init(void)
2857 {
2858     int ret, i;
2859
2860     if (nr_uarts > UART_NR)
2861         nr_uarts = UART_NR;
2862
2863     printk(KERN_INFO "Serial: 8250/16550 driver $Revision: 1.90 $ "
2864         "%d ports, IRQ sharing %sabled\n", nr_uarts,
2865         share_irqs ? "en" : "dis");
2866
2867 #ifdef CONFIG_SERIAL_EXTEND_S3C24xx
2868     /* 设置 BANK5 的位宽为 8, */
2869     *((volatile unsigned int *)S3C2410_BWSCON) =
```

```
2870            ((*((volatile unsigned int *)S3C2410_BWSCON)) & ~(3<<20)) | S3C2410_
BWSCON_DW5_8;
2871 #endif
...
```

(3) 注册中断处理程序时,指定触发方式。

从图 21.2 可以看出,16C2550 扩展串口芯片的 INTA、INTB 中断信号为高电平有效。低电平有效的信号在电路原理图中一般都在前面加上字母 "n",或者加上上划线,比如图 21.2 中 nIOR、nIOW 等信号表示低电平有效。

所以需要将 INTA、INTB 指定为上升沿触发(指定为高电平触发也可以),在 drivers/serial/8250.c 文件中调用 request_irq 函数之前增加如下代码(第 1552~1554 行)。

```
1535 static int serial_link_irq_chain(struct uart_8250_port *up)
1536 {
...
1552 #ifdef CONFIG_SERIAL_EXTEND_S3C24xx
1553        irq_flags |= IRQF_TRIGGER_RISING;    // 中断触发方式为上升沿触发
1554 #endif
1555        ret = request_irq(up->port.irq, serial8250_interrupt,
1556             irq_flags, "serial", i);
...
```

3. 增加内核配置项 CONFIG_SERIAL_EXTEND_S3C24xx

在内核文件 drivers/serial/Kconfig 中增加如下几行:

```
# www.100ask.net for extend UART
config SERIAL_EXTEND_S3C24xx
     bool "Extend UART for S3C24xx DEMO Board
     depends on SERIAL_8250=y
     ---help---
        Say Y here to use the extend UART
```

现在,所有的修改都完成了,以下是配置/编译内核,测试扩展串口。

21.2.3 测试扩展串口

1. 准备工作

首先配置内核,选中配置项 CONFIG_SERIAL_EXTEND_S3C24xx。执行 "make menuconfig" 后,如下选择:

```
Device Drivers --->
    Character devices --->
```

```
            Serial drivers  --->
                <*> 8250/16550 and compatible serial support
                ...
                [*]    Extend UART for S3C24xx DEMO Board
```

然后执行"make uImae"编译内核,这将在内核 arch/arm/boot 目录下生成内核映象文件 uImage。

最后修改开发板根文件系统,步骤如下。

(1) 如果不使用 mdev,如下增加 ttyS0、ttyS1 设备文件;如果使用 mdev,这步可以省略。

```
# mknod /dev/ttyS0 c 4 64
# mknod /dev/ttyS1 c 4 65
```

(2) 修改 /etc/inittab 文件,增加如下代码。

```
ttyS0::askfirst:-/bin/sh
```

2. 测试扩展串口

使用新内核、新的根文件系统启动系统,然后原来的控制台下执行如下命令,可以看到检测到了两个串口(0、1 开头的两行)。

```
# cat /proc/tty/driver/serial
serinfo:1.0 driver revision:
0: uart:16550A mmio:0x28000000 irq:62 membase 0xC486A000 tx:0 rx:0
1: uart:16550A mmio:0x29000000 irq:61 membase 0xC486C000 tx:0 rx:0
2: uart:unknown port:00000000 irq:0
3: uart:unknown port:00000000 irq:0
```

将第一个扩展串口连接到主机上、将主机的串口设为(9600, 8N1)后,就可以通过这个扩展串口来控制系统了。注意,这个串口不能看到 U-Boot 的信息和内核的打印信息。

另外,如果想设置扩展串口的默认波特率为 115200,可以如下修改内核文件 drivers/serial/serial_core.c。

```
2167 int uart_register_driver(struct uart_driver *drv)
2168 {
...
2197      normal->init_termios.c_cflag = B9600 | CS8 | CREAD | HUPCL | CLOCAL;
改为:
2197      normal->init_termios.c_cflag = B115200 | CS8 | CREAD | HUPCL | CLOCAL;
```

第 22 章 网卡驱动程序移植

本章目标

- 了解 Linux 系统的网络栈结构
- 掌握移植网卡驱动程序的一般方法
- 掌握 CS8900A、DM9000 两类网卡驱动程序的移植

22.1 CS8900A 网卡驱动程序移植

22.1.1 CS8900A 网卡特性

CS8900A 是一款针对嵌入式应用的低成本局域以太网控制器。与其他以太网控制器不同，该款产品采用高集成度的设计，因此无需使用昂贵的外部元件。

CS8900A 包括片上 RAM、10Bast-T 发送和接收滤波器，以及一个有 24mA 驱动器的直接 ISA-Bus 接口。

除了高集成度，CS8900A 还具有众多性能特点，并可采用不同的配置。其独特的 PacketPage 架构可以自动适应网络流量模式和可用系统资源的变化。因此可以使系统的效率大大提高。

CS8900A 采用 100 引脚 TQFP 封装，是小型化及对成本敏感的以太网应用的理想选择。采用 CS8900A，用户可以设计出完整的以太网电路。这些电路仅占用不到 10cm^2 的板上空间。

CS8900A 有如下特点。

- 单芯片的 IEEE802.3 以太网解决方案。
- 拥有完整的软件驱动程序。
- 高效的 PacketPage 架构可以采用 DMA 从模式在 I/O 及存储空间运行。
- 全双工操作。
- 片上 RAM 缓冲器发送和接收架构。
- 10Base-T 端口和滤波器（极性检测及纠错）。
- 10Base-2、10Base-5 和 10Base-F 全部采用 AUI 端口。
- 冲突自动再发送、填充及 CRC（循环冗余校验）功能。

- 可编程接收功能。
- 流传输可降低 CPU 负荷。
- DMA 和片上存储器间的自动切换。
- 可早期中断结构先置处理。
- 自动抑制错误信息包。
- EEPROM 支持无跳线配置。
- Boot PROM 支持无盘系统。
- 边界扫描和循环测试。
- LED 驱动器支持链接状态及局域网活动。
- 待机及休眠模式。
- 工作电压为 3V～5V，满足商业及工业应用温度要求。
- 5V 最大功耗为 120mA，5V 典型功耗为 90mA。
- 采用 100 引脚无铅 TQFP 封装。

22.1.2 CS8900A 网卡驱动程序修改

1．Linux 系统网络架构概述

与串口驱动程序类似，网络驱动程序也是分为多个层次的。Linux 系统网络栈的架构如图 22.1 所示。

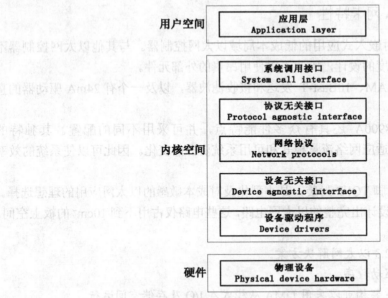

图 22.1 Linux 系统的网络栈架构

最上面是用户空间层，或称为应用层，它通常是一个语义层，能够理解要传输的数据。例如，超文本传输协议（HTTP）就负责传输服务器和客户机之间对 Web 内容的请求与响应，电子邮件协议 SMTP（Simple Mail Transfer Protocol）向用户提供高效、可靠的邮件传输。

最下面是物理设备，提供了对网络的连接能力（串口或诸如以太网之类的高速网络）。

中间是内核空间,即网络子系统,它是驱动移植的重点所在。顶部是系统调用接口,它简单地为用户空间的应用程序提供了一种访问内核网络子系统的方法。位于它下面的是一个协议无关层,它提供了一种通用方法来使用底层传输层协议。然后是实际协议,在 Linux 中包括内嵌的协议 TCP、UDP,当然还有 IP。然后是另外一个设备无关层,提供了与各个设备驱动程序通信的通用接口。设备驱动程序本身是本章移植工作的重点。

2. CS8900A 驱动程序代码修改

Linux 内核中已经有 CS8900A 网卡驱动程序,源文件为 drivers/net/cs89x0.c。与移植扩展串口驱动程序类似,所要做的工作也是:"告诉内核"CS8900A 芯片使用的资源(访问地址、中断号等),使得这些资源可用。

CS8900A 在开发板上的连线如图 22.2 所示。

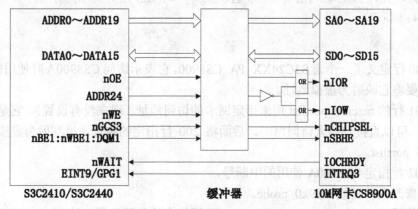

图 22.2 CS8900A 网卡连线图

从上图可以确定以下几点。

(1) CS8900A 的访问基址为 0x19000000 (由 BANK3 的基址为 0x18000000 并且 ADDR24 为高可以确定)。

(2) 总线位宽为 16,用到 nWAIT、nBE1 (字节使能) 信号。在 CS8900A 芯片手册中,nSBHE 引脚被称为 "System Bus High Enable",它为低电平时表示系统数据总线上高字节 (SD8~SD15) 的数据有效。所以 S3C2410/S3C2440 中,"nBE1:nWBE1:DQM1" 引脚的功能应该设为 "nBE1"。

(3) 中断引脚为 EINT9。

驱动文件 drivers/net/cs89x0.c 既可以编进内核,也可以编译为一个可加载模块。编译进内核时,它的入口函数为 cs89x0_probe;编译为模块时,它的入口函数为 init_module。这两个函数最终都会调用 cs89x0_probe1 函数来枚举 CS8900A。需要在调用 cs89x0_probe1 函数之前,指明 CS8900A 芯片使用的资源。

drivers/net/cs89x0.c 被编译进内核时,入口函数 cs89x0_probe 在 drivers/net/ space.c 文件中被调用了 8 次,对于本书所用开发板只需要调用一次(修改代码时会看到)。调用过程如下:

```
net_olddevs_init ->
    ethif_probe2(被调用 8 次) ->
        probe_list2 ->
            cs89x0_probe
```

下面修改驱动文件 drivers/net/cs89x0.c。

(1) 指定 CS8900A 使用的资源。

在文件的开头增加以下几行，它们在宏 CONFIG_ARCH_S3C2410 被定义时起作用，表示用于 S3C32410/S3C2440 开发板。

```
197 #elif defined(CONFIG_ARCH_S3C2410)
198 #include <asm/irq.h>
199 #include <asm/arch-s3c2410/regs-mem.h>
200 #define S3C24XX_PA_CS8900    0x19000000   /* 物理基地址 */
201 static unsigned int netcard_portlist[] __initdata = {0, 0};      /* 在下面
进行设置 */
202 static unsigned int cs8900_irq_map[] = {IRQ_EINT9, 0, 0, 0};   /* 中断号 */
203 #else
...
```

第 200 行定义了一个宏 S3C24XX_PA_CS8900，它表示访问 CS8900A 时使用的物理基址，在后面需要将它映射为虚拟地址。

第 201 行的 netcard_portlist 用来指定网卡的访问地址（现在没有设置），它是虚拟地址或 I/O 地址，可以直接使用来访问网卡。后面将 200 行指定的物理地址映射为虚拟地址后，存入 netcard_portlist。

第 202 行指定 CS8900A 使用的中断号。

(2) 修改入口函数 cs89x0_probe。

以下使用宏 CONFIG_ARCH_S3C2410 包括起来的代码是新加的。

```
317 struct net_device * __init cs89x0_probe(int unit)
318 {
...
325 #if defined(CONFIG_ARCH_S3C2410)
326     unsigned int oldval_bwscon;          /* 用来保存 BWSCON 寄存器的值 */
327     unsigned int oldval_bankcon3;        /* 用来保存 S3C2410_BANKCON3 寄存器的值 */
328 #endif
...
335     io = dev->base_addr;
336     irq = dev->irq;
337
338 #if defined(CONFIG_ARCH_S3C2410)
339     // cs89x0_probe 会被调用多次，我们只需要 1 次，根据 netcard_portlist[0] 的值
忽略后面的调用
340     if (netcard_portlist[0])
341         return -ENODEV;
342
```

```c
343         // 将CS8900A的物理地址转换为虚拟地址, 0x300是CS8900A内部的I/O空间的偏移地址
344         netcard_portlist[0] = (unsigned int)ioremap(S3C24XX_PA_CS8900, SZ_1M) + 0x300;
345
346         /* 设置默认MAC地址,
347          * MAC地址可以由CS8900A外接的EEPROM设定(有些开发板没接EEPROM),
348          * 或者启动系统后使用ifconfig修改
349          */
350         dev->dev_addr[0] = 0x08;
351         dev->dev_addr[1] = 0x89;
352         dev->dev_addr[2] = 0x89;
353         dev->dev_addr[3] = 0x89;
354         dev->dev_addr[4] = 0x89;
355         dev->dev_addr[5] = 0x89;
356
357         /* 设置Bank3: 总线宽度为16, 使能nWAIT, 使能UB/LB。 by www.100ask.net */
358         oldval_bwscon = *((volatile unsigned int *)S3C2410_BWSCON);
359         *((volatile unsigned int *)S3C2410_BWSCON) = (oldval_bwscon & ~(3<<12)) \
360             | S3C2410_BWSCON_DW3_16 | S3C2410_BWSCON_WS3 | S3C2410_BWSCON_ST3;
361
362         /* 设置BANK3的时间参数*/
363         oldval_bankcon3 = *((volatile unsigned int *)S3C2410_BANKCON3);
364         *((volatile unsigned int *)S3C2410_BANKCON3) = 0x1f7c;
365 #endif
...
375         for (port = netcard_portlist; *port; port++) {
376             if (cs89x0_probe1(dev, *port, 0) == 0)
...
386 out:
387 #if defined(CONFIG_ARCH_S3C2410)
388     iounmap(netcard_portlist[0]);
389     netcard_portlist[0] = 0;
390
391     /* 恢复寄存器原来的值 */
392     *((volatile unsigned int *)S3C2410_BWSCON) = oldval_bwscon;
393     *((volatile unsigned int *)S3C2410_BANKCON3) = oldval_bankcon3;
394 #endif
...
398 }
```

前面讲过，cs89x0_probe 会被调用 8 次，第 340 行用来略过后面的 7 次。

第 344 行将 CS8900A 的访问地址存在 netcard_portlist[0]中，这是虚拟地址，在 Linux 内核空间访问硬件时都使用虚拟地址。它将 CS8900A 的物理基址转换为虚拟地址，再加上 0x300（0x300 是 CS8900A 内部的 I/O 空间的偏移地址）。从图 22.2 的 nIOR、nIOW 信号可知，本书的开发板通过它的 I/O 空间来使用 CS8900A。

第 350~355 行设置 CS8900A 的 MAC 地址。在后面，还会尝试从 CS8900A 外接的 EEPROM 读取 MAC 地址，本书的开发板没有接 EEPROM。也可以在系统启动后通过 ifconfig 命令修改 MAC 地址。

第 358~360 行用来设置 BWSCON 寄存器，将 BANK3 设为：总线宽度为 16，使能 nWAIT 信号，使能 UB/LB 信号（即图 22.2 中的 nBE1 信号）。

第 363~364 行用来设置 BANK3 的时间参数，本书使用最宽松的值，几乎都取最大值。读者可以根据 CS8900A 数据手册进行调整。

第 375~376 行就是实际的枚举函数了。

第 387~394 行用来处理出错情况，它将前面第 338 行映射的虚拟地址释放掉，设置 netcard_portlist[0]为 0，将 BWSCON、BANKCON3 寄存器设为原来的值。

（3）修改模块入口函数 init_module、卸载函数 cleanup_module。

init_module 函数的修改与上述 cs89x0_probe 函数相似，使用宏 CONFIG_ARCH_S3C2410 包括起来的代码是新加的。它们的作用可以参考上面对 cs89x0_probe 函数的描述，不再重复。代码如下：

```
1958 int __init init_module(void)
1959 {
1960     struct net_device *dev = alloc_etherdev(sizeof(struct net_local));
...
1964 #if defined(CONFIG_ARCH_S3C2410)
1965     unsigned int oldval_bwscon;      /* 用来保存 BWSCON 寄存器的值 */
1966     unsigned int oldval_bankcon3;    /* 用来保存 S3C2410_BANKCON3 寄存器的值 */
1967 #endif
1968
...
1974     if (!dev)
1975         return -ENOMEM;
1976
1977 #if defined(CONFIG_ARCH_S3C2410)
1978     // 将 CS8900A 的物理地址转换为虚拟地址，0x300 是 CS8900A 内部的 I/O 空间的偏移地址
1979     dev->base_addr = io = (unsigned int)ioremap(S3C24XX_PA_CS8900, SZ_1M) + 0x300;
1980     dev->irq = irq = cs8900_irq_map[0]; /* 中断号 */
1981
1982     /* 设置默认 MAC 地址，
```

```
1983        * MAC 地址可以由 CS8900A 外接的 EEPROM 设定(有些开发板没接 EEPROM)，
1984        * 或者启动系统后使用 ifconfig 修改
1985        */
1986       dev->dev_addr[0] = 0x08;
1987       dev->dev_addr[1] = 0x89;
1988       dev->dev_addr[2] = 0x89;
1989       dev->dev_addr[3] = 0x89;
1990       dev->dev_addr[4] = 0x89;
1991       dev->dev_addr[5] = 0x89;
1992
1993       /* 设置Bank3: 总线宽度为16，使能 nWAIT，使能 UB/LB */
1994       oldval_bwscon = *((volatile unsigned int *)S3C2410_BWSCON);
1995       *((volatile unsigned int *)S3C2410_BWSCON) = (oldval_bwscon & ~(3<<12)) \
1996          | S3C2410_BWSCON_DW3_16 | S3C2410_BWSCON_WS3 | S3C2410_ BWSCON_ST3;
1997
1998       /* 设置BANK3的时间参数*/
1999       oldval_bankcon3 = *((volatile unsigned int *)S3C2410_BANKCON3);
2000       *((volatile unsigned int *)S3C2410_BANKCON3) = 0x1f7c;
2001 #else
2002       dev->irq = irq;
2003       dev->base_addr = io;
2004 #endif
...
2030       if (io == 0) {
...
2034           goto out;
2035       } else if (io <= 0x1ff) {
2036           ret = -ENXIO;
2037           goto out;
2038       }
...
2047       ret = cs89x0_probe1(dev, io, 1);
...
2053 out:
2054 #if defined(CONFIG_ARCH_S3C2410)
2055       iounmap(dev->base_addr);
2056
2057       /* 恢复寄存器原来的值 */
2058       *((volatile unsigned int *)S3C2410_BWSCON) = oldval_bwscon;
```

```
2059        *((volatile unsigned int *)S3C2410_BANKCON3) = oldval_bankcon3;
2060 #endif
2061     free_netdev(dev);
2062     return ret;
2063 }
```

需要注意的是第 2035 行的判断语句 "io <= 0x1ff"，io 变量本来的类型为 int，需要将它改为 unsigned int。因为前面第 1979 行映射得到的地址为在 0x80000000 之上，使用 int 类型的话，这是一个负数。

卸载驱动时，要将前面 1979 行映射的虚拟地址释放掉，这需要修改 cleanup_module 函数。下面使用宏 CONFIG_ARCH_S3C2410 包括起来的代码是新加的。

```
2065 void __exit
2066 cleanup_module(void)
2067 {
2068     unregister_netdev(dev_cs89x0);
2069     writeword(dev_cs89x0->base_addr, ADD_PORT, PP_ChipID);
2070     release_region(dev_cs89x0->base_addr, NETCARD_IO_EXTENT);
2071 #if defined(CONFIG_ARCH_S3C2410)
2072     iounmap(dev_cs89x0->base_addr);
2073 #endif
2074     free_netdev(dev_cs89x0);
2075 }
```

（4）注册中断处理程序时，指定中断触发方式。

驱动程序中，在 net_open 函数使用 reques_irq 函数注册中断处理函数。如下修改，使用宏 CONFIG_ARCH_S3C2410 包括起来的代码是新加的，CS8900A 的中断触发方式为上升沿触发。

```
1369 /* And 2.3.47 had this: */
1370 #if 0
1371         writereg(dev, PP_BusCTL, ENABLE_IRQ | MEMORY_ON);
1372 #endif
1373         write_irq(dev, lp->chip_type, dev->irq);
1374 #if defined(CONFIG_ARCH_S3C2410)
1375         ret = request_irq(dev->irq, &net_interrupt, IRQF_TRIGGER_RISING, dev->name, dev);
1376 #else
1377         ret = request_irq(dev->irq, &net_interrupt, 0, dev->name, dev);
1378 #endif
```

（5）其他修改。

最后剩下两个要修改的地方。

① 在 drivers/net/cs89x0.c 中适当的位置加上 CONFIG_ARCH_S3C2410 宏的编译开关，这可以在用到宏 CONFIG_ARCH_PNX010X 的一些地方，仿照它加上宏 CONFIG_ARCH_S3C2410。

② 全局变量 "static int io;" 改为 "static unsigned int io;"。

第一点的修改结果如下，共修改了 3 个位置（注意，下面代码中也给出了所修改行的邻近行，它们用于帮助读者定位）。

① 第一个位置。

修改前

```
1320 static int
1321 net_open(struct net_device *dev)
1322 {
1323     struct net_local *lp = netdev_priv(dev);
1324     int result = 0;
1325     int i;
1326     int ret;
1327
1328 #if !defined(CONFIG_SH_HICOSH4) && !defined(CONFIG_ARCH_PNX010X) /* uses irq#1, so this won't work */
```

修改后

```
1328 #if !defined(CONFIG_SH_HICOSH4)    &&    !defined(CONFIG_ARCH_PNX010X)
&& !defined(CONFIG_ARCH_S3C2410) /* uses irq#1, so this won't work */
```

② 第二个位置。

修改前

```
1359 #if !defined(CONFIG_MACH_IXDP2351)   &&   !defined(CONFIG_ARCH_IXDP2X01)
&& !defined(CONFIG_ARCH_PNX010X)
```

修改后

```
1359 #if !defined(CONFIG_MACH_IXDP2351)   &&   !defined(CONFIG_ARCH_IXDP2X01)
&& !defined(CONFIG_ARCH_PNX010X) && !defined(CONFIG_ARCH_S3C2410)
1360     if (((1 << dev->irq) & lp->irq_map) == 0) {
```

③ 第三个位置。

修改前

```
1448 #if defined(CONFIG_ARCH_PNX010X)
```

修改后

```
1448 #if defined(CONFIG_ARCH_PNX010X) || defined(CONFIG_ARCH_S3C2410)
1449     result = A_CNF_10B_T;
```

3. 内核配置文件修改

要使用驱动文件 drivers/net/cs89x0.c,需要设置配置项 CONFIG_CS89x0,它在配置文件 drivers/net/Kconfig 中描述。修改前代码如下:

```
config CS89x0
    tristate "CS89x0 support"
    depends on NET_PCI && (ISA || MACH_IXDP2351 || ARCH_IXDP2X01 || ARCH_PNX010X)
```

在本书开发板中,CS8900A 并不需要使用 PCI,所以要修改它的依赖条件。修改后的代码如下:

```
config CS89x0
        tristate "CS89x0 support"
        depends on (NET_PCI && (ISA || MACH_IXDP2351 || ARCH_IXDP2X01 || ARCH_PNX010X)) || ARCH_S3C2410
```

4. 使用 CS8900A 网卡

在内核根目录下执行 "make menuconfig" 后,如下配置将 CS8900A 编入内核(也可以配置为模块)。

```
Device Drivers --->
    Network device support --->
        [*] Network device support
            Ethernet (10 or 100Mbit) --->
                <*> CS89x0 support
```

另外,增加对 NFS 的支持,如下配置:

```
File systems --->
    Network File Systems --->
        <*> NFS file system support
        [*]   Provide NFSv3 client support
        [*]    Provide client support for the NFSv3 ACL protocol extension
        [*]   Provide NFSv4 client support (EXPERIMENTAL)
        [*] Root file system on NFS
```

然后编译内核:执行 "make uImage" 命令即可生成 arch/arm/boot/uImamge。

新内核具备了网络功能,这时可以通过 NFS 启动系统,或者从 NAND Flash 上启动系统后挂接 NFS 文件系统,可以 telnet 登录到开发板上等,这时候调试程序就非常方便了,不用每次都将程序烧到开发板上。

按照 U-Boot 的使用说明烧写新内核,在 Linux 主机上启动 NFS 服务,现在就可以在 U-Boot 控制界面修改命令行参数通过 NFS 启动系统了。假设主机 IP 为 192.168.1.57,NFS

目录为/work/my_root_fs,就可以如下设置命令行参数后,启动内核。

```
set bootargs noinitrd root=/dev/nfs console=ttySAC0 nfsroot= 192.168.1.57:/ work/my_
root_fs ip=192.168.1.17:192.168.1.57:192.168.1.2:255.255.255.0::eth0:off
```

上面"ip=…"的格式如下,请参考内核文档 Documentation/nfsroot.txt。

```
ip=<client-ip>:<server-ip>:<gw-ip>:<netmask>:<hostname>:<device>:<autoconf>
```

当系统启动后,还可以在控制台使用以下命令挂接 NFS 文件系统。

```
# ifconfig eth0 192.168.1.17
# mount -t nfs -o nolock 192.168.1.57:/work/nfs_root/fs_mini_mdev /mnt
```

要从主机上通过 telnet 登录开发板,首先要在开发板上启动 telnetd 服务。

```
# ifconfig eth0 192.168.1.17
# telnetd -l /bin/sh
```

telnetd 的参数"-l /bin/sh"表示连接时运行程序"/bin/sh",否则需要验证密码。本书构建的根文件系统中没有设置用户和密码,无法登录。

如果将 CS8900A 的驱动配置为模块,在内核根目录下执行"make modules"命令后,会在 drivers/net 下生成可加载模块 cs89x0.ko。将它放到开发板根文件系统中,加载之后再设置 IP,就可以挂接 NFS 文件系统、启动 telnetd 服务了。

22.2 DM9000 网卡驱动程序移植

22.2.1 DM9000 网卡特性

DM9000 是一款高度集成的、低成本的的单片快速以太网 MAC 控制器,含有带有通用处理器接口、10M/100M 物理层和 16kB 的 SRAM。

DM9000 有如下特点。
- 支持的处理器接口类型:以字节/字/双字的 I/O 指令访问 DM9000 内部数据。
- 集成的 10M/100M 收发器。
- 支持 MII/RMII 接口。
- 支持半双工背压流量控制模式。
- IEEE802.3x 全双工流量控制模式。
- 支持远端唤醒和连接状态变化。
- 集成 4KB 的双字 SRAM。
- 支持从 EEPROM 中自动获取厂商 ID(vendor ID)和产品 ID(product ID)。
- 支持 4 个 GPIO 管脚。
- 可以使用 EEPROM 来配置(可选)。
- 低功耗模式。
- I/O 管脚 3.3V 和 5V 兼容。

- 100-pin CMOS 工艺 LQFP 封装。

22.2.2 DM9000 网卡驱动程序修改

DM9000 在开发板上的连线如图 22.3 所示。

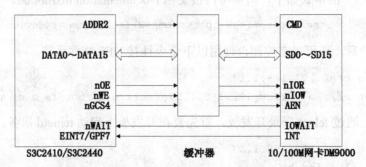

图 22.3 DM9000 网卡连线图

从上图可以确定以下几点。

（1）DM9000 的访问基址为 0x20000000（BANK4 的基址），这是物理地址。

（2）只用到一条地址线：ADDR2。这是由 DM9000 的特性决定的：DM9000 的地址信号和数据信号复用，使用 CMD 引脚来区分它们（CMD 为低时数据总线上传输的是地址信号，CMD 为高时传输的是数据信号）。访问 DM9000 内部寄存器时，需要先将 CMD 置为低电平，发出地址信号；然后将 CMD 置为高电平，读写数据。

（3）总线位宽为 16，用到 nWAIT 信号。

（4）中断引脚为 EINT7。

Linux 内核中已经有 DM9000 网卡驱动程序，源文件为 drivers/net/dm9000.c。它既可以编译进内核，也可以编译为一个模块。入口函数都是 dm9000_init，代码如下：

```
1248 static int __init
1249 dm9000_init(void)
1250 {
1251     printk(KERN_INFO "%s Ethernet Driver\n", CARDNAME);
1252
1253     return platform_driver_register(&dm9000_driver);    /* search board and register */
1254 }
1255
```

第 1253 行向内核注册平台驱动 dm9000_driver。dm9000_driver 结构的名称为"dm9000"，如果内核中有相同名称的平台设备，则调用 dm9000_probe 函数（下面第 1242 行）。dm9000_driver 结构如下定义：

```
1237 static struct platform_driver dm9000_driver = {
1238     .driver = {
```

```
1239             .name    = "dm9000",
1240             .owner   = THIS_MODULE,
1241         },
1242         .probe   = dm9000_probe,
1243         .remove  = dm9000_drv_remove,
1244         .suspend = dm9000_drv_suspend,
1245         .resume  = dm9000_drv_resume,
1246 };
1247
```

所以,首先要为 DM9000 定义一个平台设备的数据结构,然后修改 drivers/net/dm9000.c,增加一些开发板相关的代码。

1. 增加 DM9000 平台设备

增加平台设备的方法在移植串口驱动程序时已经介绍过,过程相似。这需要修改 arch/arm/plat-s3c24xx/common-smdk.c 文件。

(1) 添加要包含的头文件,增加以下代码:

```
46 #if defined(CONFIG_DM9000) || defined(CONFIG_DM9000_MODULE)
47 #include <linux/dm9000.h>
48 #endif
```

(2) 添加 DM9000 的平台设备结构,增加以下代码:

```
154 #if defined(CONFIG_DM9000) || defined(CONFIG_DM9000_MODULE)
155 /* DM9000 */
156 static struct resource s3c_dm9k_resource[] = {
157     [0] = {
158         .start = S3C2410_CS4,        /* ADDR2=0,发送地址时使用这个地址 */
159         .end   = S3C2410_CS4 + 3,
160         .flags = IORESOURCE_MEM,
161     },
162     [1] = {
163         .start = S3C2410_CS4 + 4,    /* ADDR2=1,传输数据时使用这个地址 */
164         .end   = S3C2410_CS4 + 4 + 3,
165         .flags = IORESOURCE_MEM,
166     },
167     [2] = {
168         .start = IRQ_EINT7,          /* 中断号 */
169         .end   = IRQ_EINT7,
170         .flags = IORESOURCE_IRQ,
```

```
171     }
172
173 };
174
175 /* for the moment we limit ourselves to 16bit IO until some
176  * better IO routines can be written and tested
177  */
178
179 static struct dm9000_plat_data s3c_dm9k_platdata = {
180     .flags      = DM9000_PLATF_16BITONLY, /* 数据总线宽度为 16 */
181 };
182
183 static struct platform_device s3c_device_dm9k = {
184     .name          = "dm9000",
185     .id            = 0,
186     .num_resources = ARRAY_SIZE(s3c_dm9k_resource),
187     .resource      = s3c_dm9k_resource,
188     .dev           = {
189         .platform_data = &s3c_dm9k_platdata,
190     }
191 };
192 #endif /* CONFIG_DM9000 */
```

以上代码是仿照 arch/arm/mach-s3c2410/mach-bast.c 增加的，主要修改了 DM9000 所使用的资源，即第 156 行的 s3c_dm9k_resource 结构。s3c_dm9k_resource 结构中定义了 3 个资源：两个内存空间、中断号。数组项 0、1 定义了访问 DM9000 时使用的地址，前一个地址的 ADDR2 为 0，用来传输地址；后一个地址的 ADDR2 为 1，用来传输数据。数组项 2 定义了 DM9000 使用的中断号。

第 180 行指定访问 DM9000 时，数据位宽为 16。DM9000 支持 8/16/32 位的访问方式。

（3）加入内核设备列表中。

把平台设备 s3c_device_dm9k 加入 smdk_devs 数组中即可，系统启动时会把这个数组中的设备注册进内核中。增加的代码如下（第 235~237 行）：

```
229 static struct platform_device __initdata *smdk_devs[] = {
...
235 #if defined(CONFIG_DM9000) || defined(CONFIG_DM9000_MODULE)
236     &s3c_device_dm9k,
237 #endif
...
241 };
```

2. 修改 drivers/net/dm9000.c

对 DM9000 的枚举最终由 dm9000_probe 函数来完成，首先从它分析这个驱动是如何使用上面定义的两个内存空间地址和中断号的，然后再给出修改方法。

（1）驱动源码简要分析。

从 dm9000_probe 函数就可以看出前面定义的资源是如何被使用的，代码如下：

```
391 static int
392 dm9000_probe(struct platform_device *pdev)
393 {
...
437     if (pdev->num_resources < 2) {
...
440     } else if (pdev->num_resources == 2) {
...
453     } else {
454         db->addr_res = platform_get_resource(pdev, IORESOURCE_MEM, 0);    //S3C2410_CS4
455         db->data_res = platform_get_resource(pdev, IORESOURCE_MEM, 1);    //S3C2410_CS4 + 4
456         db->irq_res  = platform_get_resource(pdev, IORESOURCE_IRQ, 0);    //IRQ_EINT7
...
465         i = res_size(db->addr_res);
...
475         db->io_addr = ioremap(db->addr_res->start, i); // S3C2410_CS4 对应的虚拟地址
...
483         iosize = res_size(db->data_res);
...
493                     db->io_data = ioremap(db->data_res->start, iosize);//(S3C2410_CS4+4)对应的虚拟地址
...
503         ndev->base_addr = (unsigned long)db->io_addr;
504         ndev->irq       = db->irq_res->start;  // IRQ_EINT7
...
508     }
...
511     if (pdata != NULL) {
...
```

```
518            if (pdata->flags & DM9000_PLATF_16BITONLY)
519                dm9000_set_io(db, 2);
...
535        }
536
537        dm9000_reset(db);
538
539        /* try two times, DM9000 sometimes gets the first read wrong */
540        for (i = 0; i < 2; i++) {
541            id_val  = ior(db, DM9000_VIDL);
542            id_val |= (u32)ior(db, DM9000_VIDH) << 8;
543            id_val |= (u32)ior(db, DM9000_PIDL) << 16;
544            id_val |= (u32)ior(db, DM9000_PIDH) << 24;
...
549        }
...
    }
```

arch/arm/plat-s3c24xx/common-smdk.c 文件中的 s3c_dm9k_resource 结构有 3 个数组项，表示有 "3 个资源"，所以 pdev->num_resources 数值为 3，将执行 453 行的分支。

参考第 454~504 行的代码，可以知道 s3c_dm9k_resource 结构中定义的两个内存空间经过映射后，它们的虚拟基地址保存在 db->io_addr 和 db->io_data 中，下面可以看到它们是如何使用的。ndev->irq 中保存了中断号。

第 518~519 行根据 arch/arm/plat-s3c24xx/common-smdk.c 文件中的 s3c_dm9k_platdata 结构指定的访问位宽，设置了相关的读写函数。

现在来看看程序中是如何使用 db->io_addr 和 db->io_data 来访问 DM9000 的。第 537 行的 dm9000_reset 函数如下定义，先往地址 db->io_addr 写入值 DM9000_NCR，再往地址 db->io_data 写入 NCR_RST 就可以复位 DM9000。

```
177 static void
178 dm9000_reset(board_info_t * db)
179 {
180     PRINTK1("dm9000x: resetting\n");
181     /* RESET device */
182     writeb(DM9000_NCR, db->io_addr);
183     udelay(200);
184     writeb(NCR_RST, db->io_data);
185     udelay(200);
186 }
```

第541～544行的ior函数用来读取DM9000的寄存器，它如下定义：

```
191 static u8
192 ior(board_info_t * db, int reg)
193 {
194     writeb(reg, db->io_addr);    // 先往地址 db->io_addr 写入寄存器地址
195     return readb(db->io_data);   // 再从地址 db->io_data 读出数值
196 }
```

iow函数用来写DM9000的寄存器，它如下定义：

```
202 static void
203 iow(board_info_t * db, int reg, int value)
204 {
205     writeb(reg, db->io_addr);       // 先往地址 db->io_addr 写入寄存器地址
206     writeb(value, db->io_data);     // 再将数值写入地址 db->io_data
207 }
```

（2）驱动源码修改：drivers/net/dm9000.c。
① 添加要包含的头文件，增加以下代码：

```
73 #if defined(CONFIG_ARCH_S3C2410)
74 #include <asm/arch-s3c2410/regs-mem.h>
75 #endif
```

② 设置存储控制器使BANK4可用，设置默认MAC地址（这不是必需的）。
增加的代码如下，它们被宏CONFIG_ARCH_S3C2410包含起来。

```
391 static int
392 dm9000_probe(struct platform_device *pdev)
393 {
...
403 #if defined(CONFIG_ARCH_S3C2410)
404     unsigned int oldval_bwscon;      /* 用来保存 BWSCON 寄存器的值 */
405     unsigned int oldval_bankcon4;    /* 用来保存 S3C2410_BANKCON4 寄存器的值 */
406 #endif
...
418     PRINTK2("dm9000_probe()");
419
420 #if defined(CONFIG_ARCH_S3C2410)
421     /* 设置 Bank4：总线宽度为 16，使能 nWAIT */
422     oldval_bwscon = *((volatile unsigned int *)S3C2410_BWSCON);
```

```
423     *((volatile unsigned int *)S3C2410_BWSCON) = (oldval_bwscon & ~(3<<16)) \
424         | S3C2410_BWSCON_DW4_16 | S3C2410_BWSCON_WS4 | S3C2410_BWSCON_ST4;
425
426     /* 设置 BANK3 的时间参数*/
427     oldval_bankcon4 = *((volatile unsigned int *)S3C2410_BANKCON4);
428     *((volatile unsigned int *)S3C2410_BANKCON4) = 0x1f7c;
429 #endif
...
599     if (!is_valid_ether_addr(ndev->dev_addr)) {
600         printk("%s: Invalid ethernet MAC address.  Please "
601             "set using ifconfig\n", ndev->name);
602 #if defined(CONFIG_ARCH_S3C2410)
603         printk("Now use the default MAC address: 08:90:90:90:90:90\n");
604         ndev->dev_addr[0] = 0x08;
605         ndev->dev_addr[1] = 0x90;
606         ndev->dev_addr[2] = 0x90;
607         ndev->dev_addr[3] = 0x90;
608         ndev->dev_addr[4] = 0x90;
609         ndev->dev_addr[5] = 0x90;
610 #endif
611     }
...
626 out:
627     printk("%s: not found (%d).\n", CARDNAME, ret);
628 #if defined(CONFIG_ARCH_S3C2410)
629     /* 恢复寄存器原来的值 */
630     *((volatile unsigned int *)S3C2410_BWSCON) = oldval_bwscon;
631     *((volatile unsigned int *)S3C2410_BANKCON4) = oldval_bankcon4;
632 #endif
...
637 }
```

这些增加的代码本身没有什么难度，不再细述，读者可以参考上面移植 CS8900A 时的讲解。

本书使用的开发板上，DM9000 也没有外接 EEPROM，所以使用第 602～610 行的代码来设置默认 MAC 地址，否则 MAC 地址为全 0。这些代码不是必需的，也可以在系统启动后使用 ifconfig 命令配置。

③ 注册中断时，指定触发方式。

在 dm9000_open 中使用 request_irq 函数注册中断处理函数，修改它即可。DM9000 的中断触发方式为上升沿触发。修改的代码如下（第 651 行）：

```
643 static int
644 dm9000_open(struct net_device *dev)
645 {
646     board_info_t *db = (board_info_t *) dev->priv;
647
648     PRINTK2("entering dm9000_open\n");
649
650 #if defined(CONFIG_ARCH_S3C2410)
651     if (request_irq(dev->irq, &dm9000_interrupt, IRQF_SHARED|IRQF_TRIGGER_RISING, dev->name, dev))
652 #else
653     if (request_irq(dev->irq, &dm9000_interrupt, IRQF_SHARED, dev->name, dev))
654 #endif
...
```

3. 使用网卡 DM9000

在内核根目录下执行"make menuconfig"命令后，如下配置内核将 DM9000 编译入内核（也可以配置为模块）。

```
Device Drivers  --->
    Network device support  --->
        [*] Network device support
            Ethernet (10 or 100Mbit)  --->
                <*> DM9000 support
```

然后编译内核：执行"make uImage"命令即可生成 arch/arm/boot/uImamge。

它的使用方法与上面介绍的 CS8900A 一样，需要注意以下两点。

(1) 如果内核中同时加载了 CS8900A 和 DM9000，分别使用 eth0、eth1 表示它们。如果它们都是编进内核的，则 eth0 表示 CS8900A，eth1 表示 DM9000。如果作为模块加载，则根据它们的加载顺序先后使用 eth0、eth1 来表示。

(2) 如果要同时使用 CS8900A 和 DM9000，它们的 IP 地址不能是同一个网段。

从两款网卡芯片 CS8900A 和 DM9000 的移植过程，读者可以了解到移植、修改标准驱动程序的方法：了解驱动程序框架，确定外设使用的资源，然后将它们"告诉"驱动程序，并进行适当设置使它们"可用"。串口驱动移植、这章的网卡驱动程序移植都遵循这个步骤。

第 23 章　IDE 接口和 SD 卡驱动程序移植

本章目标

- 了解 IDE 接口驱动程序的框架，掌握移植方法
- 了解硬盘、光盘等块设备使用方法
- 了解 MMC/SD 卡驱动程序的框架
- 掌握通过补丁文件移植驱动程序的方法

23.1　IDE 接口驱动程序移植

23.1.1　IDE 接口相关概念介绍

IDE 的英文全称为"Integrated Drive Electronics"，即"电子集成驱动器"，它的本意是指把"硬盘控制器"与"盘体"（即存储部件）集成在一起的硬盘驱动器。IDE 代表着硬盘的一种类型，但在实际的应用中，人们也习惯用 IDE 来称呼最早出现 IDE 类型硬盘 ATA-1，这种类型的接口随着技术的发展已经被淘汰了，而其后发展出 ATA-2、ATA-3 等更高版本的接口规范。

IDE 硬盘又称为并口硬盘（与下面介绍的 SATA 接口硬盘相对），它的硬件接口有两种：台式机中使用的 40 脚 IDE 接口、笔记本中使用的 44 脚接口（其中的 40 个引脚是一样的）。从外形上看，台式机中的硬盘比较大，为 3.5 英寸，40 个引脚的旁边还有 4 个很大的引脚，它们用来接 12V、5V 电源；笔记本中的硬盘比较小，为 2.5 英寸，电源等就在多出来的 4 个引脚中。

ATA：ATA（AT Attachment）是一个 20 世纪 80 年代由一些软硬件厂家制订的 IDE 驱动器接口规范，AT 是指 IBM PC/AT 个人电脑及其总线结构。通常人们也把 ATA 接口称为 IDE 接口，但实际上两者有着细微的差别，ATA 主要是指硬盘驱动器与计算机的连接规范，而 IDE 则主要是指硬盘驱动器本身的技术规范。经过多年发展，ATA 规范逐渐升级，访问硬盘的速度逐渐提高。它们的特点简要介绍如下。

- ATA-1：这是最初的 IED 标准，ATA-1 主板上只有一个插口，支持 1 个主设备和 1 个从设备，每个设备的最大容量为 504MB。ATA-1 支持 PIO-0、PIO-1 和 PIO-2 共 3 种 PIO 模式,传输速率只有3.3MB/s;另外还支持4种DMA模式(没有得到实际应用)。这种标准的硬盘在市场上基本已经看不到。

- ATA-2:它是对ATA-1的扩展,也称为EIDE(Enhanced IDE)或Fast ATA。它在ATA的基础上增加了两种PIO模式和两种DMA模式,最高传输速率达到16.7MB/s。同时引进了LBA(Logical Block Address)地址转换方式,原来的地址转换方式为CHS(Cylinder, Head, Sector)。主板上有两个插口,每个插口可以连接1个主设备和1个从设备,共可以支持4个设备。

- ATA-3:它没有引入更高的传输模式,在传输速度上没有任何提升。最重要的是引入了一个划时代的技术——S.M.A.R.T技术(Self-Monitoring, Analysis and Reporting Technology,自监测、分析和报告技术)。

- ATA-4:也称Ultra DMA 33或ATA33,从它开始正式支持Ultra DMA数据传输模式,增加了PIO-4传输模式,传输速率达到33MB/s。它首次采用了Double Data Rate(双倍数据传输)技术,让接口在一个时钟周期内传输数据两次(上升沿和下降沿各一次),这样数据传输率从16.7MB/s提升到33MB/s。

- ATA-5:也称Ultra DMA 66或ATA66,传输速率达到66.6MB/s。从ATA-5开始,为防止电磁干扰,硬盘的连线开始使用40针脚80芯的电缆,就是说其中的信号线仍是40根,这与以前的接口兼容,新增的40根都是地线。打开机箱,40针脚80芯的电缆与原来的电缆相比,显得更细、更密,数一下排线的数目,会发现是80根。

- ATA-6:也称ATA100,它也是使用40针脚80芯的电缆,传输速率达到了100MB/s。这是目前市场上主流的IDE接口硬盘。

- ATA-7:也称ATA133,它是ATA接口的最后一个版本,传输速率达到133MB/s。只有迈拓公司推出了ATA133标准的硬盘,其他厂商则停止了对IDE接口的开发,转而生产Serial ATA接口标准的硬盘。

ATAPI:AT Attachment Packet Interface,AT附加分组接口。ATA可以使用户方便地在PC机上连接硬盘,但有时这样还不够。有些用户需要通过同样方便的手段连接CDROM、磁带机、MO驱动器等设备。ATAPI标准就是为了解决在IDE/EIDE接口上连接多种设备而制定的。支持ATAPI的IDE/EIDE接口可以像连接硬盘一样连接ATAPI设备。目前几乎所有的IDE/EIDE接口都支持ATAPI。ATAPI是一个软件接口,它将SCSI/ASPI命令调整到ATA接口上,这使得光驱制造商能比较容易地将其高端的CD/DVD驱动器产品调整到ATA接口上。以光驱为例,它可以像硬盘一样接在任何一个IDE接口上,但是它的驱动程序与IDE硬盘不同。

SATA和PATA:两个都是ATA规范,PATA的全称是ParallelATA,就是并行ATA硬盘接口规范,即ATA-1、ATA-2等。PATA硬盘接口规模已经具有相当的辉煌的历史了,而且从ATA33/66一直发展到ATA100/133。而SATA硬盘全称则是SerialATA,即串行ATA硬盘接口规范。当硬盘的访问速度进一步提高时,并行接口的电缆属性、连接器和信号协议都表现出了很大的技术瓶颈,在技术上突破这些瓶颈存在相当大的难度。SATA的出现就是为了取代PATA,第一代SATA硬盘的写入速度为150MB/s,第二代SATA硬盘的写入速度则高达300MB/s,比第一代的速度提高了一倍。SATA除了速度更快外,另一个进步在于它的数据连线,它的体积更小,散热也更好,与硬盘的连接相当方便。与PATA相比，SATA 的功耗更低，这对于笔记本而言是一个好消息，同时独有的 CRC 技术让数据传输也更为安全。

虽然 SATA 最终会取代 PATA，但是目前还有很多的 IDE 硬盘在使用，并且还存在其他使用 IDE 接口的设备（比如 CDROM 等），所以本章仍介绍 IDE 接口驱动程序，注意，它不仅能驱动硬盘，还可以驱动 CDROM 等设备。

23.1.2　IDE 接口驱动程序移植

1. IDE 接口驱动程序框架及源码分析

（1）IDE 接口驱动程序框架。

PC 机上最多可以有主、次（primary/secondary）两个 IDE 接口，每个 IDE 接口又可以支持主、从（master/slave）共两个 IDE 硬盘，所以最多可以有 4 个 IDE 硬盘（包括光盘/软盘等）。

内核有个数组 ide_hwifs[]，数组的每个元素都是一个 ide_hwif_t 数组结构，代表着系统中的一个可能的 IDE 接口。系统初始化时如果检测到一个 IDE 接口，就把相应表项中的 noprobe 字段设置成 0，表示后面要通过这个接口来检测上面是否连接了硬盘，这称为 IDE 枚举。

同时，ide_hwif_t 数据结构中又有个 ide_drive_t 结构数组 drives[]。IDE 枚举时如果检测到某个接口上有磁盘相连，就将相应 ide_drive_t 结构中的 present 字段也设成 1，并根据检测到或从系统的 CMOS 芯片中读到的各项参数设置这个数据结构。也就是说，ide_hwif_t 数据结构是对 IDE 接口的描述，而 ide_drive_t 数据结构是对连接在具体 IDE 接口上的"IDE 设备"的描述。

例如，如果在系统的主（primary）IDE 接口上检测到有主/从两个磁盘相连，就把这两个磁盘的参数分别填入 ide_hwifs[0]中的 drives[0]和 drives[1]，并把它们的 present 字段设置成 1。再例如，如果在次（secondary）IDE 接口上连接着一个 Mitsumi CDROM，那就把它的参数填入 ide_hwifs[1]里面的 drives[0]，并且把 ide_hwifs[1]中的字段 major 设置成 MITSUMI_CDROM_MAJOE。

在 ide_drive_t 结构中有个 void 指针 driver_data，可以指向不同的 ide_driver_t 数据结构（ide_driver_t 和 ide_drive_t 是两种不同的数据结构）。这个指针在系统初始化过程中根据枚举到的 IDE 设备的类型而设置成不同的数据结构。对于 IDE 硬盘，它指向一个 ide_driver_t 数据结构 idedisk_driver。同类的数据结构还有 idetape_driver、ide_cdrom_driver 以及 ide_floppy_driver，分别代表着连接到 IDE 接口上的不同类型的设备。如果 ide_drive_t 结构 drive s[]非空，但是它的 driver 指针却是 NULL，就说明初始化时虽然检测到了硬盘的存在，但是却因某种原因未能完成对设备以及数据结构的初始化。

上面涉及 3 种数据结构：ide_hwif_t、ide_drive_t 和 ide_driver_t，它们刚好表示了 IDE 驱动程序的 3 个层次。代码中，这 3 种变量的名称常写为 hwif、drive、driver，前面两个表示"硬件"，IDE 接口、磁盘；后面一个表示"软件"，表示这个磁盘的具体驱动程序，有 idedisk_driver、detape_driver 等。

为了形象，下面从软件人员的角度画图说明，如图 23.1 所示。

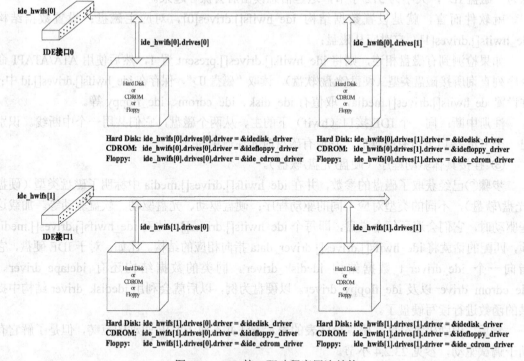

图 23.1 IDE 接口驱动程序层次结构

从图中可以看出驱动初始化的顺序：初始化 IDE 接口（hwif）、IDE 枚举（识别挂接的磁盘）、挂接具体驱动程序（硬盘/光盘/软盘），下面分别叙述。

① 初始化 IDE 接口。

简单地说，每个 IDE 接口（驱动中用 hwif 表示）就是 9 个地址和它们的读写函数（及中断号），对磁盘的一切访问都通过这些地址：选择磁盘（一个 IDE 接口上可以接两个磁盘，这两个磁盘共用这 9 个地址，访问它们之前需要发出不同的选择命令）、发出命令、查询状态、读写数据。对 hwif 的初始化主要包括以下两点。

- 确定这 9 个地址和中断号，即 ide_hwifs[].io_ports[]。
- 确定这 9 个地址的读/写函数：ide_hwifs[].OUTB/INB/OUTW/INW 等。

就软件而言，就是设置相应的 ide_hwifs[]项。

② IDE 枚举（识别挂接的磁盘）。

确定了 IDE 接口的地址、读写函数和中断号后，IDE 驱动即会利用它们自动识别所挂接的磁盘，包括以下 3 点。

- 检查是否有挂接了磁盘。
- 识别是硬盘、光盘还是软盘。
- 注册中断处理函数。

一个 IDE 接口上最多可以挂接两个磁盘，可以是硬盘、光盘或软盘等，这可以通过不同的命令序列识别出来。命令序列分两类：ATA、ATAPI。前者对应硬盘，后者对应光盘/软盘等。

把磁盘当作一个巨大的可读写的数组的话，可以想象得到，磁盘上必然有一些只读的数据来标识它：生产厂商、容量、柱面数/磁头数/扇区数、是否支持多扇区读写等，称这些信息为"磁盘 ID",大小为 512 字节,这些信息读出后会保存起来。

就软件而言,就是设置数据结构 ide_hwifs[].drives[0],对应主磁盘;设置数据结构 ide_hwifs[].drives[1],它对应从磁盘:

如果检测到有磁盘相连,则将 ide_hwifs[].drives[].present 置 1,然后使用 ATA/ATAPI 命令序列查询所接磁盘类型(硬盘/光盘/软盘),读取"磁盘 ID",保存在 ide_hwifs[].drives[].id 中;并设置 ide_hwifs[].drives[].media,取值有 ide_disk、ide_cdrom、ide_floppy 等。

注册中断:同一个 IDE 接口(hwif)下的主、从两个磁盘,它们共用一个中断线。识别出一个 IDE 接口下所有磁盘后,发现有磁盘时才注册中断。

③ 挂接具体驱动程序(硬盘/光盘/软盘)。

步骤②已经获取了磁盘的参数,并在 ide_hwifs[].drives[].media 中标明了磁盘类型(硬盘/光盘/软盘),不同的类型对应不同的驱动程序:硬盘驱动、光盘驱动、软盘驱动等。加载这些驱动时,它们会遍历每个磁盘,即每个 ide_hwifs[].drives[]。比对 ide_hwifs[].drives[].media 项,匹配的话就将 ide_hwifs[].drives[].driver_data 指向相应的结构。比如:对于 IDE 硬盘,它指向一个 ide_driver_t 数据结构 idedisk_driver。同类的数据结构还有 idetape_driver、ide_cdrom_driver 以及 ide_floppy_driver。以硬盘为例,以后就会利用 idedisk_driver 结构中提供的函数进行读写硬盘了。

然后,识别磁盘分区。磁盘分区表的表示方法并不属于 IDE 驱动的范畴,但是了解它有助于调试驱动,参见 23.2.4 小节。

综上所述,可以认为 IDE 驱动分为 3 层:IDE 接口层(hwif)、磁盘驱动器层(hwif.drives[])、具体驱动程序(hwif.drives[].driver)。实际上,在 S3C2410/S3C2440 系统中移植 IDE 接口驱动程序,主要的工作也就是让操作系统能识别板上的 IDE 接口。

(2) IDE 接口驱动程序源码分析。

下面按照上述 3 个步骤分析驱动程序,代码都在 drivers/ide/目录下,分别是 ide.c、ide-generic.c、ide-disk.c(硬盘)/ide-cd.c(CDROM)/ide-floppy.c(软盘)。

① 初始化 IDE 接口。

入口在 drivers/ide/ide.c 的 ide_init 函数中,它初始化默认的 IDE 接口,或者调用体系结构相关的函数初始化 IDE 接口,即确定 IDE 接口的 9 个地址和它们的读写函数。主要的函数调用关系如下:

```
ide_init ->
    init_ide_data ->
        init_hwif_data ->
          init_hwif_data ->
             default_hwif_iops          // 确定IDE接口的默认读写函数,OUTB/INB/OUTW/INW 等
             default_hwif_transport     // 也是一些默认的读写函数,会调用上面确定的函数
          init_hwif_default             // 确定默认的 IDE 接口地址,对于 x86 架构外的
CPU,通常没用
          ide_arm_init                  // 确定ARM架构相关的IDE接口地址
    ide_init ->
```

```
        probe_for_hwifs ->
            //确定各种"已知的"IDE 接口,它们通常是架构相关的
```

再次提醒:本节只需要关心 IDE 接口的地址(即 ide_hwifs[].io_ports[])和读写函数(OUTB/INB/OUTW/INW 等)。读者可以阅读上面提到的 default_hwif_iops、default_hwif_transport、init_hwif_default 这 3 个函数进一步了解,不再细述。

② IDE 枚举(识别挂接的磁盘)。

入口在 drivers/ide/ ide-generic.c 的 ide_generic_init 函数中,主要的函数调用关系如下:

```
ide_generic_init ->
    ideprobe_init ->
        probe_hwif ->              // 枚举磁盘
            probe_for_drive ->
                do_probe
        hwif_init              // 将枚举到的磁盘作为块设备注册到内核中,并注册中断处
理函数等
```

函数 do_probe 在 drivers/ide/ide-probe.c 中定义,它利用前面确定的 IDE 接口的地址发出各类命令序列检测磁盘。摘取此函数里用到的一个函数,可以看到是它如何使用前面确定的 IDE 接口的:SELECT_DRIVE(hwif, drive)被用来发出选择命令,选择主/从磁盘,它在 drivers/ide/ide-iops.c 中的定义如下:

```
168 void SELECT_DRIVE (ide_drive_t *drive)
169 {
170     if (HWIF(drive)->selectproc)
171         HWIF(drive)->selectproc(drive);
172     HWIF(drive)->OUTB(drive->select.all, IDE_SELECT_REG);
173 }
```

第 172 行中,IDE_SELECT_REG 就是 hwif->io_ports[IDE_SELECT_OFFSET])。这行使用 OUTB 向寄存器 IDE_SELECT_REG 输出一个字节,而 OUTB 通常就是前面的 default_hwif_iops 函数设置的 ide_outb,即 outb。

前面说过每个磁盘都有一些只读信息来标识自己——"磁盘 ID",读取"磁盘 ID"的函数调用顺序如下:

```
ide_generic_init ->
    ideprobe_init ->
        probe_hwif ->
            probe_for_drive ->
                do_probe ->
                    try_to_identify ->
                        actual_try_to_identify ->
                            do_identify ->
```

```
                    hwif->ata_input_data ->
                        INSW ->
                            INW
```

它们最终还是通过前面确定的 OUTB/INB/OUTW/INW 等函数来完成，只要读出了"磁盘 ID"，磁盘的枚举基本就成功了。

③ 挂接具体驱动程序（硬盘/光盘/软盘）。

以硬盘驱动程序为例，代码在 drivers/ide/ide-disk.c 中，入口函数为 idedisk_init，代码如下：

```
1311 static int __init idedisk_init(void)
1312 {
1313     return driver_register(&idedisk_driver.gen_driver);
1314 }
```

第 1313 行向内核注册驱动后，最终会调用 drivers/ide/ide-disk.c 中的 ide_disk_probe 函数来识别每个磁盘。

对于所有磁盘，如果是硬盘（ide_hwifs[].drives[].driver_req 为"ide-disk"、ide_hwifs[].drives[].media 等于 ide_disk），则挂接硬盘驱动程序：ide_hwifs[].drives[].driver = &idedisk_driver。

为硬盘挂接具体驱动程序的主要函数调用关系如下：

```
idedisk_init ->
    ide_disk_probe ->
        idkp->driver = &idedisk_driver;     // 挂接硬盘驱动程序
        idedisk_setup    // 根据磁盘 ID 作一些设置，
                         // 比如获取磁盘容量、确定能否多扇区操作、确定读写能否以 32 位进行等
        set_capacity     // 设置容量
        g->fops = &idedisk_ops;     // 确定文件处理函数(用户调用 open/read/write 等
                                    // 时对应的函数)
        add_disk(g);                // 识别分区
```

假如一切正常，那么系统启动后就可访问磁盘了。

2. S3C2410/S3C2440 开发板上的 IDE 接口驱动程序移植

从前面的分析可以知道，IDE 接口驱动程序的移植只有一点：确定 IDE 的接口（地址、中断号、读写函数）。

开发板上的 IDE 接口硬件连线如图 23.2 所示。

在修改代码之前，先介绍一下 IDE 设备的寄存器。对硬盘、光盘、软盘等 IDE 设备的所有操作，都是通过读写它们的寄存器来完成的。这些寄存器分为两种：命令块寄存器、控制块寄存器。前者被用来给设备发送命令或是查询状态；后者被用来控制设备，它也可以用来查询状态。这两类寄存器通过 CS1、CS0、DA2~DA0 来分辨，它们的功能和地址信号如表

23.1 所示。

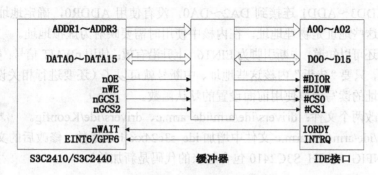

图 23.2 IDE 接口连线

表 23.1 IDE 设备寄存器及选择地址

地 址					功 能	
CS0	CS1	DA2	DA1	DA0	读操作	写操作
N	N	x	x	x	数据总线为高阻态	不使用
控制块寄存器（Control block registers）						
N	A	0	x	x	数据总线为高阻态	不使用
N	A	1	0	x	数据总线为高阻态	
N	A	1	1	0	备份状态寄存器（Alternate Status）	设备控制寄存器
N	A	1	1	1	过时，不再使用	不使用
命令块寄存器（Command block registers）						
A	N	0	0	0	数据寄存器	数据寄存器
A	N	0	0	1	错误寄存器	写前预补偿寄存器
A	N	0	1	0	扇区数寄存器	扇区数寄存器
A	N	0	1	1	扇区号寄存器	扇区号寄存器
A	N	1	0	0	柱面号寄存器（低字节）	柱面号寄存器（低字节）
A	N	1	0	1	柱面号寄存器（高字节）	柱面号寄存器（高字节）
A	N	1	1	0	驱动器/磁头寄存器	驱动器/磁头寄存器
A	N	1	1	1	主状态寄存器	命令寄存器
A	A	x	x	x	无效的地址	无效的地址

注：A 表示信号有效，即低电平；N 表示信号无效，即高电平；x 表示任意电平。

这些寄存器都是 8 位的。当设置好相关寄存器之后，就可以通过"数据端口"发送或读取数据了。"数据端口"的地址与数据寄存器一样，只不过传输的数据是 16 位的。

从图 23.2 和表 23.1 可知，命令块寄存器的基地址为 BANK1 的基地址，即 0x08000000，这些寄存器的地址分别为：0x08000000、0x08000002、0x08000004、……、0x0800000E；控

制块寄存器的基地址为 BANK2 的基地址，即 0x10000000，只用到一个地址：0x1000000C。图 23.2 中，ADD3～ADD1 连接到 DA2～DA0，没有使用 ADDR0，确定地址时需要注意到这点。另外，这些地址是物理地址，在内核中使用时需要映射为虚拟地址。

从图 23.2 还可以知道：中断引脚为 EINT6，上升沿有效；使用 nWAIT 信号；数据位宽为 16。

如前所述，只要"告诉"内核这些地址、中断号就可以了（还要进行相关设置使它们"可用"）。这些地址的读写函数使用前面设置的默认函数。

只需要修改两个文件：drivers/ide/arm/ide_arm.c、drivers/ide/Kconfig。

在 drivers/ide/arm/ide_arm.c 文件中增加 ide_s3c24xx_init 函数，修改后的文件如下（使用编译开关 CONFIG_ARCH_S3C2410 包含起来的代码是新加的）：

```
...
28  #elif defined(CONFIG_ARCH_S3C2410)
29  #include <linux/irq.h>
30  #include <asm/arch-s3c2410/regs-mem.h>
31  #include <asm/arch-s3c2410/regs-gpio.h>
32  # define IDE_ARM_IOs        {0x08000000, 0x10000000}    // IDE 接口 CS0、CS1 的物理基址
33  # define IDE_ARM_IRQPIN     S3C2410_GPF6                // 中断引脚
34  #else
...
39  #ifdef CONFIG_ARCH_S3C2410
40  /* Set hwif for S3C2410/S3C2440, by www.100ask.net */
41  static void __init ide_s3c24xx_init(void)
42  {
43      int i;
44      unsigned int oldval_bwscon;     /* 用来保存 BWSCON 寄存器的值 */
45      unsigned long mapaddr0;
46      unsigned long mapaddr1;
47      unsigned long baseaddr[] = IDE_ARM_IOs;
48      hw_regs_t hw;
49
50      /* 设置 BANK1/2：总线宽度为 16 */
51      oldval_bwscon = readl(S3C2410_BWSCON);
52      writel((oldval_bwscon & ~((3<<4)|(3<<8))) \
53          | S3C2410_BWSCON_DW1_16 | S3C2410_BWSCON_WS1
54          | S3C2410_BWSCON_DW2_16 | S3C2410_BWSCON_WS2, S3C2410_BWSCON);
55
56      /* 设置 BANK1/BANK2 的时间参数 */
57          writel((S3C2410_BANKCON_Tacs4 | S3C2410_BANKCON_Tcos4 | S3C2410_
```

```
                     | S3C2410_BANKCON_Tcoh4 | S3C2410_BANKCON_Tcah4 | S3C2410_
BANKCON_Tacp6
    59               | S3C2410_BANKCON_PMCnorm), S3C2410_BANKCON1);
    60         writel((S3C2410_BANKCON_Tacs4  |  S3C2410_BANKCON_Tcos4  |  S3C2410_
BANKCON_Tacc14
    61               | S3C2410_BANKCON_Tcoh4 | S3C2410_BANKCON_Tcah4 | S3C2410_
BANKCON_Tacp6
    62               | S3C2410_BANKCON_PMCnorm), S3C2410_BANKCON2);
    63
    64     /*
    65      * 设置IDE接口的地址, ADDR3~ADDR1接到IDE接口的A02~A00
    66      * 注意: 没有使用ADDR0, 所以下面确定地址时, 都左移1位
    67      */
    68     mapaddr0 = (unsigned long)ioremap(baseaddr[0], 16);
    69     mapaddr1 = (unsigned long)ioremap(baseaddr[1], 16);
    70
    71     memset(&hw, 0, sizeof(hw));
    72
    73     for (i = IDE_DATA_OFFSET; i <= IDE_STATUS_OFFSET; i++)
    74        hw.io_ports[i] = mapaddr0 + (i<<1);                    // 命令块寄存器
    75
    76     hw.io_ports[IDE_CONTROL_OFFSET] = mapaddr1 + (6<<1);      // 控制块寄存器
    77
    78     /* 设置中断引脚 */
    79     hw.irq = s3c2410_gpio_getirq(IDE_ARM_IRQPIN);
    80     s3c2410_gpio_cfgpin(IDE_ARM_IRQPIN, S3C2410_GPIO_IRQ);
    81     set_irq_type(hw.irq, IRQF_TRIGGER_RISING);
    82
    83     /* 注册IDE接口 */
    84     ide_register_hw(&hw, 1, NULL);
    85 }
    86 #endif
    87
    88 void __init ide_arm_init(void)
    89 {
    90 #ifdef CONFIG_ARCH_S3C2410
    91     if (IDE_ARM_HOST) {
    92        ide_s3c24xx_init();
```

```
 93        }
 94 #else
 95        if (IDE_ARM_HOST) {
 96            hw_regs_t hw;
 97
 98            memset(&hw, 0, sizeof(hw));
 99            ide_std_init_ports(&hw, IDE_ARM_IO, IDE_ARM_IO + 0x206);
100            hw.irq = IDE_ARM_IRQ;
101            ide_register_hw(&hw, 1, NULL);
102        }
103 #endif
104 }
```

第 32、33 行定义了 IDE 接口 CS0、CS1 的物理基址和中断引脚，它们在下面会用到。

第 51～54 行用来设置存储控制器，IDE 接口使用 BANK1、BANK2，数据总线位宽为 16；还使用到了 nWAIT 信号。

第 57～62 行设置 BANK1、BANK2 的时序参数，现在设为比较宽松的值，基本都取最大值，读者可以根据硬盘特性进行调整。

第 68～76 行设置 IDE 接口的 9 个地址，第 68、69 两行首先将物理地址映射为虚拟地址，后面就是直接赋值了。需要注意的是：由于 S3C2410/S3C2440 的 ADDR3～ADDR1 接到 IDE 接口的 DA02～DA00，没有使用 ADDR0，所以是 74、76 行中地址的偏移都左移了 1 位。

第 79～81 行设置中断引脚，第 79 行的 s3c2410_gpio_getirq 函数的返回值就是中断号 IRQ_EINT6；第 80 行用来选择引脚功能为外部中断，第 81 行用来设置中断的触发方式为上升沿触发。第 80～81 行的功能完全可以在调用 request_irq 函数注册中断处理函数时，通过指定参数 irqflags 为 IRQF_TRIGGER_RISING 来完成，在这里之所以不使用这种方法是为了减少修改其他文件（在 drivers/ide/ide-probe.c 中注册中断处理函数）。

第 84 行调用 ide_register_hw 注册 IDE 接口，其实就是在将上面确定的地址、中断号填入某个不用的 ide_hwifs[]表项中。

后面第 88 行开始的 ide_arm_init 函数直接调用 ide_s3c24xx_init 函数。

ide_arm_init 函数在 drivers/ide/ide.c 文件中的 init_ide_data 函数中被调用，需要设置配置项 CONFIG_IDE_ARM。ide_arm_init 函数被调用时的代码如下：

```
static void __init init_ide_data (void)
{
...
#ifdef CONFIG_IDE_ARM
    ide_arm_init();
#endif
}
```

配置项 CONFIG_IDE_ARM 在 drivers/ide/Kconfig 中定义，代码如下：

```
config IDE_ARM
    def_bool ARM && (ARCH_A5K || ARCH_CLPS7500 || ARCH_RPC || ARCH_SHARK)
```

在配置菜单中看不到它，它取默认值。增加一个依赖条件 ARCH_S3C2410，新代码如下：

```
config IDE_ARM
    def_bool ARM && (ARCH_A5K || ARCH_CLPS7500 || ARCH_RPC || ARCH_SHARK ||
ARCH_S3C2410)
```

23.1.3 IDE 接口驱动程序测试

首先配置内核，需要增加不少配置项；然后还要移植一些分区、格式化的工具。

1. 配置、编译内核

为了支持硬盘、CDROM 等设备，需要在设备驱动、文件系统等方面设置相应的配置项。在内核根目录下执行 "make menuconfig" 后，按照下面的指示进行配置即可。

```
Device Drivers  --->
    <*> ATA/ATAPI/MFM/RLL support  --->
        <*>   Enhanced IDE/MFM/RLL disk/cdrom/tape/floppy support
        <*>     Include IDE/ATA-2 DISK support
        <*>     Include IDE/ATAPI CDROM support
        [*]     legacy /proc/ide/ support
        <*>     generic/default IDE chipset support


File systems  --->
    CD-ROM/DVD Filesystems  --->
        <*> ISO 9660 CDROM file system support
        [*]   Microsoft Joliet CDROM extensions
        [*]   Transparent decompression extension
        <*> UDF file system support
    DOS/FAT/NT Filesystems  --->
        <*> VFAT (Windows-95) fs support
        (936) Default codepage for FAT
        (cp936) Default iocharset for FAT
    Native Language Support  --->
        <*>   Simplified Chinese charset (CP936, GB2312)
```

值得一提的是上面的 "(936) Default codepage for FAT" 和 "(cp936) Default iocharset for FAT"。

首先介绍一下字符集的概念：计算机中使用数值来表示字符，比如使用 0x41 来表示字符 "A"。同一个数值在不同的字符集里可能表示不同的字符，比如数值 0xABB6 在 gb2312 字符集中是 "东" 字，在 bi5 字符集中却是 "奎" 字，在 UNICODE 字符集中没有对应的字符。

在 FAT 文件系统中存储一个短文件名时使用本地的字符集进行存储,这个字符集被称为"codepage";存储长文件名时,使用 UNICODE 字符集。在 Linux 中,查看 FAT 文件系统的文件时,比如使用"ls"命令时,这些以"codepage"或 UNICODE 字符集保存的数值,还要转换为另一个字符集的数值,才发送到控制台上去显示。这个"显示用"的字符集就称为"iocharset"。

在 Linux 下挂接 FAT 文件系统时,经常碰到汉字的目录名、文件名显示为问号,就是因为在挂接文件系统时,没有正确设置"codepage"或"iocharset"所致。"codepage"和"iocharset"可以相同,也可以不同,比如我们可以这样挂接硬盘:

```
mount -o codepage=950,iocharset=cp936 /dev/hda2 /mnt
```

cp950 表示字符集 BIG5,cp936 表示字符集 GB2312,这个命令使得 FAT 文件系统中使用 BIG5 字符集保存的繁体文件名,可以通过 GB2312 字符集正确显示为简体字。

最后一项配置"Native Language Support"表示"本地语言支持",就是将各种字符集编译进内核,或译编为模块。

2. 移植工具

在 Busybox 中已经有分区工具 fdisk,还需要移植 EXT2 文件系统格式化工具 mke2fs、FAT 文件系统格式化工具 mkdosfs。

(1)移植 mke2fs。

mke2fs 工具是开源项目 e2fsprogs 的一个工具,这个项目的源码可以从以下网址下载:http://sourceforge.net/projects/e2fsprogs/。

也可以使用/work/tools 目录下的 e2fsprogs-1.40.2.tar.gz。

解压缩后参照它的 INSTALL 文件即可编译。对于交叉编译,在执行"../configure"时需要指定交叉编译工具链和目标板。执行的命令如下:

```
$ cd /work/tools
$ tar xzf e2fsprogs-1.40.2.tar.gz
$ cd e2fsprogs-1.40.2/
$ mkdir build; cd build
$ ../configure --with-cc=arm-linux-gcc --with-linker=arm-linux-ld --enable-elf-shlibs --host=arm -prefix=/work/tools/gcc-3.4.5-glibc-2.3.6/arm-linux
$ make
$ make install-libs
```

在 build/misc/目录下即生成 mke2fs 工具,把它放到开发板根目录/sbin 下。

最后一条命令在/work/tools/gcc-3.4.5-glibc-2.3.6/arm-linux/下的 include、lib 目录中安装一些头文件和库,比如 uuid/uuid.h、libuuid.a、libuuid.so 等,它们将在后面编译嵌入式 GUI 系统 QTOPIA 时用到。

(2)移植 mkdosfs。

mkdosfs 工具是开源项目 dosfstools 的一个工具,这个项目的源码可以从以下网址下载:http://ftp.debian.org/debian/pool/main/d/dosfstools/。

也可以使用/work/tools 目录下的 dosfstools_2.11.orig.tar.gz。
解压缩后直接修改它的 Makefile，修改其中的编译工具即可如下所示。
修改前：

```
CC = gcc
```

修改后：

```
CC = arm-linux-gcc
```

执行"make"命令后，在 mkdosfs/目录下即生成 mkdosfs 工具，把它放到开发板根目录/sbin 下。

分区、格式化、使用 IDE 接口设备

开发板上只有一个 IDE 接口，所以最多可以接两个设备：要么是主设备（hda）、要么是从设备（hdb），可以通过设置它们的跳线来确定谁是主设备、谁是从设备。

设备文件/dev/hda、/dev/hdb 表示整个磁盘，设备文件/dev/hda1、/dev/hda2、/dev/hdb1、/dev/hdb2 等表示磁盘的分区。初始化硬盘时，驱动程序会自动识别它的分区。

(1) 创建设备文件：如果使用 mdev 机制，这个步骤可以省略。

进行下一步操作前，先在开发板根文件系统中建立几个设备文件，以下命令在开发板上执行。

```
# mknod /dev/hda  b 3 0
# mknod /dev/hda1 b 3 1
# mknod /dev/hda2 b 3 2
# mknod /dev/hda3 b 3 3
# mknod /dev/hda4 b 3 4

# mknod /dev/hdb  b 3 64
# mknod /dev/hdb1 b 3 65
# mknod /dev/hdb2 b 3 66
# mknod /dev/hdb3 b 3 67
# mknod /dev/hdb4 b 3 68
```

(2) 分区。

分区工具 fdisk 操作的是整个设备，比如"fdisk /dev/hda"。fdisk 提供字符界面的菜单供用户进行各种操作：查看、增加、删除分区，查看主扇区的数据。需要注意的是：增加、删除分区等操作只是在内存中完成，还没有写入磁盘，这需要在主菜单中选择"w"才会将变化的数据写入磁盘。

如果不了解主分区、逻辑分区的概念，可以参考本章的附录。

(3) 格式化。

分区之后就是格式化了，可以使用 mke2fs 工具将某个分区格式化为 EXT2 文件系统，或是使用 mkdosfs 工具格式化为 FAT 文件系统。mkdosfs 工具的默认格式为 FAT16，要格式化为 FAT32 需要增加参数"-F 32"。使用的命令示范如下：

```
# mke2fs /dev/hda1
# mkdosfs -F 32 /dev/hda2
```

(4) 挂接磁盘。

对于已经格式化好的磁盘,直接使用 mount 命令即可挂接,之后就可以使用了。挂接命令示例如下:

```
// 对于 EXT2 文件系统,不需要指定字符集
# mount /dev/hda1 /mnt
// 对于 FAT 文件系统,指定 codepage 和 iocharset;可省略,因为内核已设置默认字符集为 cp936
# mount -o codepage=936,iocharset=cp936 /dev/hda2 /mnt
```

如果 IDE 接口上接了光驱,在启动内核时会看到类似以下的信息:

```
Uniform Multi-Platform E-IDE driver Revision: 7.00alpha2
ide: Assuming 50MHz system bus speed for PIO modes; override with idebus=xx
hdb: BENQ DVD DD DW1650, ATAPI CD/DVD-ROM drive
ide0 at 0xc4872000-0xc4872007,0xc487400c on irq 50
hdb: ATAPI 48X DVD-ROM DVD-R CD-R/RW drive, 2048kB Cache
Uniform CD-ROM driver Revision: 3.20
```

这表示识别到了一个光驱,它是从设备(hdb)。光盘没有分区,直接使用"整个设备",即/dev/hdb。在光驱中装入光盘后,挂接命令如下:

```
# mount -o iocharset=gb2312 /dev/hdb /mnt    # 要显示简体汉字,指定字符集 gb2312
```

23.2 SD 卡驱动程序移植

23.2.1 SD 卡相关概念介绍

MMC:MMC 就是 MultiMediaCard 的缩写,即多媒体卡。它是一种非易失性存储器件,体积小巧(24mm×32mm×1.4mm,类似一张邮票大小)、容量大、耗电量低、传输速度快,广泛应用于电子玩具、PDA、数码相机、手机、MP3 等设备中。以前的 MMC 规范的数据传输宽度只有 1 位,最新的 4.0 版 MMC 规范拓宽了 4 位、8 位带宽,时钟频率达到 52MHz 频率,从而支持 50MB/s 的传输速率。对于 SD 卡的"数据保全"特性,MMC 协会接纳了具有竞争性的安全卡标准——Secure MMC 1.1 版规范。

SD:SD 卡的英文名为 Secure Digital Memory Card,即安全数码卡。它在 MMC 的基础上发展而来,增加了两个主要特色:SD 卡强调数据的保全,可以设定所存储数据的使用权限,防止他人复制;另一个特色就是传输速度比 2.11 版的 MMC 卡快了 4 倍。在数据传输和物理规范上,SD 卡向前兼容 MMC 卡;在外观上,SD 卡尺寸为 24mm×32mm ×2.1mm,是比 MMC 卡更厚一些;这两个特点使得支持 SD 卡的设备也可以支持 MMC 卡。SD 卡和 2.11

版的 MMC 卡完全兼容。

SDIO：SDIO 是在 SD 标准上定义了一种外设接口，它和 SD 卡规范间的一个重要区别是增加了低速标准。SDIO 卡只需要 SPI 和 1 位 SD 传输模式。低速卡的目标应用是以最小的硬件开支支持低速 I/O 能力。低速卡支持类似调制解调器、条码扫描仪和 GPS 接受器等应用。对"组合"卡（存储器＋SDIO）而言，全速和 4 位操作对卡内存储器和 SDIO 部分都是强制要求的。

MMC/SD/SDIO 这 3 种存储卡都支持两种接口：对于 MMC 卡，称为 MMC 接口和 SPI 接口；对于 SD 卡、SDIO 卡，称为 SD 接口和 SPI 接口。SD 接口有 1 位和 4 位之分，上电时默认使用 1 位模式，设置 SD 主机后可以使用 4 位模式。

MCI：MCI 是 Multimedia Card Interface 的简称，即多媒体卡接口。上述的 MMC、SD、SDIO 卡定义的接口都属于 MCI 接口。MCI 这个术语在驱动程序中经常使用，很多文件、函数名字都包含"mci"。

23.2.2 SD 卡驱动程序移植

S3C2410/S3C2440 中集成了一个 MMC/SD/SDIO 主机控制器，用于访问外接的 MMC 卡、SD 卡或 SDIO 卡，它有如下特性。
- 支持 SD 存储卡规范 1.0、MMC 卡规范 2.11。
- 支持 SDIO 卡规范 1.0。
- 内部有 16 个字（64 字节）的 FIFO，用于发送、接收数据。
- 40 位的命令寄存器（SDICARG[31:0]+SDICCON[7:0]）。
- 136 位的回应寄存器（SDIRSPn[127:0]+ SDICSTA[7:0]）。
- 8 位的预分频逻辑电路：
  对于 S3C2410，Freq. = System Clock / (2 (P + 1))；
  对于 S3C2440，Freq = System Clock/ (P + 1)。
- CRC7 和 CRC16 校验码产生器。
- 支持查询、中断或者 DMA 传输模式。
- 数据总线的宽度可以是 1 位或 4 位，支持串流（Stream）或区块（Block）传输方式。
- 对于 SD 卡、SDIO 卡，传输数据时最高时钟频率为 25MHz。
- 对于 MMC 卡，传输数据时最高时钟频率为 20MHz。

Linux 2.6.22.6 尚未支持 S3C2410/S3C2440 的 MMC/SD/SDIO 控制器，需要移植驱动程序。在这之前，先介绍一下 MMC/SD 驱动的框架。这些驱动程序在内核 drivers/mmc 目录下。

1．内核 MMC/SD 驱动程序框架

内核 drivers/mmc 目录下有 3 个子目录：card/、core/ 和 host/，这刚好表示了 MMC/SD 驱动程序的 3 个层次，层次结构如图 23.3 所示。

（1）区块层。

向文件系统层、用户空间提供文件操作的接口，主要文件是 card/ 目录下的 block.c，queue.c 向它提供了几个函数来操作队列。

区块层调用 core/ 目录下的 core.c、sysfs.c 提供的接口来识别存储卡的分区、读写存储卡

等功能。

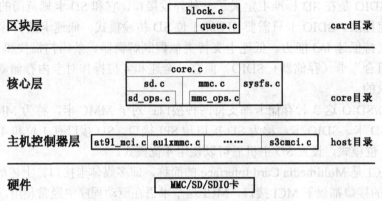

图 23.3 MMC/SD 驱动程序层次结构图

(2) 核心层。

核心层代码在 core/目录下,它封装了 MMC/SD 命令,实现 MMC/SD 协议,它调用主机控制器层的接口完成存储卡的识别、设置、读写等。

如图 23.3 所示,core.c 文件由 sd.c、mmc.c 两个文件支撑,core.c 把 MMC 卡、SD 卡的共性抽象出来,它们的差别由 sd.c 和 sd_ops.c、mmc.c 和 mmc_ops.c 来完成。

sysfs.c 是 MMC/SD 驱动程序的 sysfs 文件系统的实现,它提供一些内核体系相关的函数来实现注册、调用驱动程序;在用户空间挂接 sysfs 文件系统后,可以从中看到 MMC/SD 的一些信息。

(3) 主机控制器层。

核心层根据需要构造各种 MMC/SD 命令,这些命令怎么发送给 MMC/SD 卡呢?这通过主机控制器层来实现。这层是架构相关的,里面针对各款 CPU 提供了一个文件,目前支持的 CPU 还很少。

以本节即将移植的 s3cmci.c 为例,它首先进行一些低层设置,比如设置 MMC/SD/SDIO 控制器使用到的 GPIO 引脚、使能控制器、注册中断处理函数等,然后向上面的核心层增加一个主机(Host),这样核心层就可以调用 s3cmci.c 提供的函数来识别、使用具体存储卡了。

在向核心层增加主机之前,s3cmci.c 设置了一个 mmc_host_ops 结构,它实现了两个函数:发起访问请求的 request 函数,进行一些属性设置(时钟频率、数据线位宽等)的 set_ios 函数。以后上层对存储卡的操作都通过调用这两个函数来完成。

下面列出识别存储卡、区块层发起操作请求这两种情况下函数的主要调用关系,读者根据函数名称及所在的文件,就可以了解到上面讲述的层次结构。

仍以即将移植的 s3cmci.c 为例。

(1) 识别存储卡。

```
s3c2410sdi_probe(host/s3c2410mci.c)
    mmc_alloc_host(core/core.c)
        mmc_rescan(core/core.c)
            mmc_attach_sd(core/sd.c)(SD 卡的入口点)         // 尝试识别 SD 卡
                mmc_sd_init_card(core/sd.c)
```

```
                mmc_all_send_cid(core/sd_ops.c)           // 读取存储卡的 CID
                mmc_wait_for_cmd(core/core.c)             // 发起并等待请求完成
                    mmc_start_request(core/core.c)
                        host->ops->request(host, mrq);// host/s3cmci.c
的 s3cmci_request
    ……
                mmc_switch_hs(sd.c)                       // 设置为高速模式
                mmc_set_timing(core.c)                    // 设置时钟
                mmc_set_ios(core.c)
                    host->ops->set_ios(host, ios);// host/s3cmci.c
的 s3cmci_set_ios
    ……
                mmc_attach_mmc(core/mmc.c)(MMC 卡的入口点)  // 尝试识别 MMC 卡
                    ……
```

（2）区块层发起操作请求。

```
mmc_blk_issue_rq(block/block.c)
    mmc_wait_for_req(core/core.c)                 // 发起并等待请求完成
        mmc_start_request(core/core.c)
            host->ops->request(host, mrq);    // host/s3cmci.c 中的 s3cmci_request
```

2. S3C2410/S3C2440 的 MMC/SD/SDIO 控制器驱动程序移植

开发板上 MMC/SD 接口的连线如图 23.4 所示，nCD 接到外部中断引脚 EINT16，接上或拔下存储卡时会触发中断。

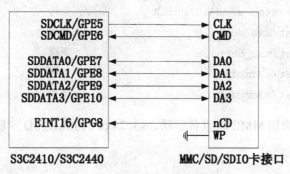

图 23.4　MMC/SD/SDIO 卡连线图

移植 MMC/SD/SDIO 控制器驱动程序分为 3 步骤：打补丁、增加 MMC/SD 平台设备、修改主机控制器驱动程序以指定上图中的 nCD 中断。

（1）给内核打补丁。

内核中要增加对 S3C2410/S3C2440 的 MMC/SD/SDIO 控制器的支持，需要打补丁。补丁文件可以从以下网址获得：

http://svn.openmoko.org/branches/src/target/kernel/2.6.21.x/patches/

下载其中含"s3cmci"、"s3c_mci"字样的 6 个文件，保存在 s3c_mci_patch 目录下（在 /work/system/s3c_mci_patch.tar.bz2 是已经下载好的），这 6 个文件为：

```
s3c_mci.patch
s3c_mci_platform.patch
s3cmci-dma-free.patch
s3cmci-stop-fix.patch
s3cmci-unfinished-write-fix.patch
s3cmci_dbg.patch
```

按照这些文件的次序，执行以下命令打上补丁（内核目录为 linux-2.6.22.6，补丁文件所在目录为 s3c_mci_patch，它们都在/work/system 目录下）。

```
$ cd linux-2.6.22.6
$ patch -p1 < ../s3c_mci_patch/s3c_mci.patch
$ patch -p1 < ../s3c_mci_patch/s3c_mci_platform.patch
$ patch -p1 < ../s3c_mci_patch/s3cmci-dma-free.patch
$ patch -p1 < ../s3c_mci_patch/s3cmci-stop-fix.patch
$ patch -p1 < ../s3c_mci_patch/s3cmci-unfinished-write-fix.patch
$ patch -p1 < ../s3c_mci_patch/s3cmci_dbg.patch
```

这些补丁修改或添加的文件有：

```
drivers/mmc/host/Kconfig                       // 修改
drivers/mmc/host/Makefile                      // 修改
include/asm-arm/arch-s3c2410/regs-sdi.h        // 修改
include/asm-arm/arch-s3c2410/mci.h             // 新增
drivers/mmc/host/mmc_debug.c                   // 新增
drivers/mmc/host/mmc_debug.h                   // 新增
drivers/mmc/host/s3cmci.c                      // 新增
drivers/mmc/host/s3cmci.h                      // 新增
```

然后配置内核，增加 MMC 块设备驱动、s3c24xx 的 MMC/SD 卡驱动，配置如下：

```
Device Drivers  --->
    <*> MMC/SD card support  --->
        [*]   MMC debugging
        <*>   MMC block device driver
        <*>   Samsung S3C SD/MMC Card Interface support
```

配置好后编译内核时，会发现 MMC_ERR_DMA、MMC_ERR_BUSY、MMC_ERR_CANCELED 这 3 个宏没有定义，在 include/linux/mmc/core.h 中增加以下 3 行即可：

```
#define MMC_ERR_DMA       6
#define MMC_ERR_BUSY      7
#define MMC_ERR_CANCELED  8
```

(2) 增加 MMC/SDI 平台设备。

drivers/mmc/s3cmci.c 文件的入口函数为 s3cmci_init，代码如下：

```
1363 static int __init s3cmci_init(void)
1364 {
1365     platform_driver_register(&s3cmci_driver_2410);
1366     platform_driver_register(&s3cmci_driver_2412);
1367     platform_driver_register(&s3cmci_driver_2440);
1368     return 0;
1369 }
```

第 1365~1367 行向内核注册 3 个平台驱动，本书关心的两个驱动 s3cmci_driver_2410、s3cmci_driver_2440 的定义如下（在同一个文件中）：

```
1335 static struct platform_driver s3cmci_driver_2410 =
1336 {
1337     .driver.name   = "s3c2410-sdi",
1338     .probe         = s3cmci_probe_2410,
1339     .remove        = s3cmci_remove,
1340     .suspend       = s3cmci_suspend,
1341     .resume        = s3cmci_resume,
1342 };
……
1353 static struct platform_driver s3cmci_driver_2440 =
1354 {
1355     .driver.name   = "s3c2440-sdi",
1356     .probe         = s3cmci_probe_2440,
1357     .remove        = s3cmci_remove,
1358     .suspend       = s3cmci_suspend,
1359     .resume        = s3cmci_resume,
1360 };
```

当发现名称为 "s3c2410-sdi" 或 "s3c2440-sdi" 的平台设备时，会调用其中的 s3cmci_probe_2410 或 s3cmci_probe_2440 函数来枚举 MMC/SD 设备。

如上所述，要为 MMC/SD 驱动定义平台设备。在内核文件 arch/arm/plat-s3c24xx/devs.c 中，已经有一个平台设备的数据结构 s3c_device_sdi（名称为 "s3c2410-sdi"），只不过还没有使用它。

现在仿照它在以下两个文件中分别增加 s3c2410_device_sdi、s3c2440_device_sdi 结构，

并把它们加入设备列表中(就是 smdk2410_devices[]、smdk2440_devices[]数组)。

> **注意** 下列代码前面的序号可能与内核目录/work/system/linux-2.6.22.6 下的文件不匹配,这是有可能的,如果/work/system/linux-2.6.22.6 曾经应用了补丁文件 linux-2.6.22.6-100ask24x0.patch,那么它是本书完结时修改的内核最终版本。而下面的代码,是读者按照前面章节逐步修改内核所得来的。

① 修改 arch/arm/mach-s3c2410/mach-smdk2410.c。
以下是修改的代码。

```
 89 /* SDI */
 90 static struct resource s3c2410_sdi_resource[] = {
 91     [0] = {
 92         .start = S3C2410_PA_SDI,
 93         .end   = S3C2410_PA_SDI + S3C24XX_SZ_SDI - 1,
 94         .flags = IORESOURCE_MEM,
 95     },
 96     [1] = {
 97         .start = IRQ_SDI,
 98         .end   = IRQ_SDI,
 99         .flags = IORESOURCE_IRQ,
100     }
101
102 };
103
104 static struct platform_device s3c2410_device_sdi = {
105     .name          = "s3c2410-sdi",
106     .id            = -1,
107     .num_resources = ARRAY_SIZE(s3c2410_sdi_resource),
108     .resource      = s3c2410_sdi_resource,
109 };
110
111
112 static struct platform_device *smdk2410_devices[] __initdata = {
...
118     &s3c2410_device_sdi,
119 };
120
```

② 修改 arch/arm/mach-s3c2440/mach-smdk2440.c。

```
169 /* SDI */
170 static struct resource s3c2440_sdi_resource[] = {
```

```
171        [0] = {
172               .start  = S3C2410_PA_SDI,
173               .end    = S3C2410_PA_SDI + S3C24XX_SZ_SDI - 1,
174               .flags  = IORESOURCE_MEM,
175        },
176        [1] = {
177               .start  = IRQ_SDI,
178               .end    = IRQ_SDI,
179               .flags  = IORESOURCE_IRQ,
180        }
181
182 };
183
184 static struct platform_device s3c2440_device_sdi = {
185        .name           = "s3c2440-sdi",
186        .id             = -1,
187        .num_resources  = ARRAY_SIZE(s3c2440_sdi_resource),
188        .resource       = s3c2440_sdi_resource,
189 };
190
191 static struct platform_device *smdk2440_devices[] __initdata = {
...
197        &s3c2440_device_sdi,
198 };
199
```

③ 修改 drivers/mmc/host/s3cmci.c，指定 nCD 中断。

只要在 s3cmci_def_pdata 结构中修改 gpio_detect 成员即可，将它从 0 改为 S3C2410_GPG8。修改后的代码如下：

```
1102 static struct s3c24xx_mci_pdata s3cmci_def_pdata = {
1103        .gpio_detect    = S3C2410_GPG8, /* by www.100ask.net */
1104        .set_power      = NULL,
1105        .ocr_avail      = MMC_VDD_32_33,
1106 };
```

s3cmci.c 中的函数会将 GPG8 引脚设备为外部中断（即 EINT16）、设置双边沿触发。

现在可以编译内核了，测试方法见 23.2.3 小节。

如果想尝试更新的代码，可以从以下网址下载正在开发的补丁：

http://svn.openmoko.org/developers/nbd/patches/

新代码里增加了很多功能，比如增加了对 SDIO 卡的支持、增加了对其他一些处理器的支持。本章中，只使用前面下载的补丁，对于这些正在开发的补丁，读者感兴趣的话可以自行使用，方法是类似的。

23.2.3 SD 卡驱动程序测试

使用新编译的内核启动系统，可以看到如下信息：

```
s3c2440-sdi s3c2440-sdi: powered down.
s3c2440-sdi s3c2440-sdi: initialisation done.
```

如果接上 SD 卡，还可以看到类似下面的信息：

```
s3c2440-sdi s3c2440-sdi: running at 0kHz (requested: 0kHz).
s3c2440-sdi s3c2440-sdi: running at 196kHz (requested: 195kHz).
s3c2440-sdi s3c2440-sdi: running at 196kHz (requested: 195kHz).
s3c2440-sdi s3c2440-sdi: running at 196kHz (requested: 195kHz).
s3c2440-sdi s3c2440-sdi: CMD[TIMEOUT] #9 op:UNKNOWN(8) arg:0x000001aa flags:0x0875 retries:0 Status:nothing to complete
s3c2440-sdi s3c2440-sdi: running at 196kHz (requested: 195kHz).
s3c2440-sdi s3c2440-sdi: running at 196kHz (requested: 195kHz).
s3c2440-sdi s3c2440-sdi: running at 196kHz (requested: 195kHz).
s3c2440-sdi s3c2440-sdi: CMD[TIMEOUT] #13 op:UNKNOWN(8) arg:0x000001aa flags:0x0875 retries:0 Status:nothing to complete
s3c2440-sdi s3c2440-sdi: running at 196kHz (requested: 195kHz).
s3c2440-sdi s3c2440-sdi: running at 25000kHz (requested: 25000kHz).
s3c2440-sdi s3c2440-sdi: running at 25000kHz (requested: 25000kHz).
mmcblk0: mmc0:b368 SD    1997312KiB
 mmcblk0:<7>mmc0: starting CMD18 arg 00000000 flags 00000035
  p1    // 如果已经分区，则会打印出类似这行的字样
```

这表明已经识别出了 SD 卡，然后就可以使用 fdisk 工具来分区，使用 mke2fs 或 mkdosfs 来格式化设备了。

如果根文件系统中没有使用 mdev 机制，在使用之前要先创建设备节点（主设备号可以通过"cat /proc/deivces"命令确定），mmcblk0 表示整个 SD 卡，mmcblk0p1 等表示上面的分区。

```
# mknod /dev/mmcblk0      b 179 0
# mknod /dev/mmcblk0p1    b 179 1
# mknod /dev/mmcblk0p2    b 179 2
# mknod /dev/mmcblk0p3    b 179 3
# mknod /dev/mmcblk0p4    b 179 4
```

在 SD 卡上进行分区、格式化、挂接的方法与硬盘一样，读者可以参考 23.1.3 节的内容，不再重复。

23.2.4 磁盘分区表

磁盘的分区表示形式有多种风格：BSD/SUN、IRIX/SGI、DOS。在 DOS 风格的分区表中，分区开始地址和大小是以两种不同的方式来存放的：以扇区数的绝对值来描述（占 32 位）和以柱面、磁头、扇区三个一组的形式（占 10+8+6 个位）来描述。前者编号从 0 开始；后者被称为 C/H/S 方式，已经过时，Linux 不使用。

磁盘一个扇区大小为 512 字节，第一个扇区被称为主引导记录（MBR，Master Boot Record）。MBR 中偏移地址 446～509 处存放了分区表，每个表项为 16 字节，可以存放 4 个表项。MBR 中偏移地址 510、511 处的数据为 0x55、0xAA。

分区表项的数据结构如下（在 include/linux/genhd.h 中定义）：

```
struct partition {
    unsigned char boot_ind;         /* 引导标志。4 个分区中同时只能有一个分区是可引导的
                                     * 0x00: 不从该分区引导操作系统
                                     * 0x80: 从该分区引导操作系统
                                     */
    unsigned char head;             /* 起始磁头 */
    unsigned char sector;           /* 起始扇区 */
    unsigned char cyl;              /* 起始柱面 */
    unsigned char sys_ind;          /* 分区类型，比如:
                                     * 0x05: 扩展分区
                                     * 0x06: FAT16
                                     * 0x83: Linux
                                     */
    unsigned char end_head;         /* 结束磁头 */
    unsigned char end_sector;       /* 结束扇区 */
    unsigned char end_cyl;          /* 结束柱面 */
    unsigned int start_sect;        /* 分区起始物理扇区号(从 0 计数) */
    unsigned int nr_sects;          /* 分区占用的扇区数 */
} __attribute__((packed));
```

其中的 head、sector、cyl、end_head、end_sector、end_cyl 在 Linux 中不再使用，而是使用 start_sect、nr_sects 来定义一个分区的开始扇区和大小。

由于 MBR 中只有 4 个分区表项，所以一个磁盘最多可以有 4 个主分区。如果要划分更多的分区，那么这 4 个表项中可以（只可以）用 1 个来作为扩展分区（表项中 sys_ind 等于 0x05）。当创建一个扩展分区时，扩展分区表也被创建。扩展分区就像一个独立的磁盘驱动器，它有自己的分区表，在它里面又可以进一步划分最多 4 个分区，也可以划分 1 个扩展分区。扩展分区里面进一步划分出来的分区被称为逻辑分区（logical partitions），与主分区（primary partitions）相对，扩展分区的分区表完全包含在扩展分区之内。

下面以图 23.5 来说明。

| 474　第 23 章　IDE 接口和 SD 卡驱动程序移植

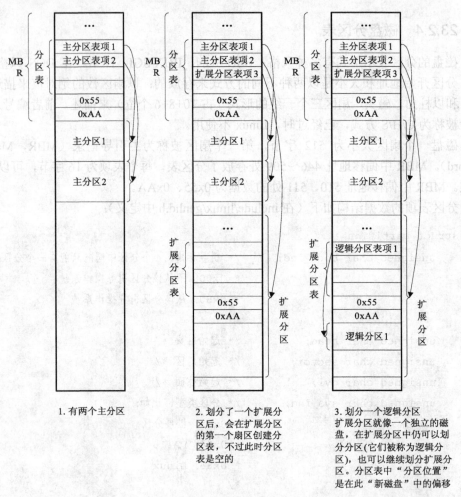

图 23.5　分区表和分区示意图

第 24 章 LCD 和 USB 驱动程序移植

本章目标

- 了解 TTY 层下 LCD 和 USB 键盘驱动程序的框架
- 掌握移植 LCD 驱动程序的方法
- 使用 LCD 和 USB 设备

24.1 LCD 驱动程序移植

24.1.1 LCD 和 USB 键盘驱动程序框架

1. 框架概述

在第 23 章介绍过控制台、终端的概念，具备人机交互功能的串口可以作为控制台和终端，同样，LCD 和键盘组合起来也可以。

对 LCD 的操作可以像串口一样，通过终端设备层的封装（/dev/tty*设备）来输出内容，也可以通过 frame buffer（/dev/fb*设备）直接在显存上"绘制"图像。

frame buffer 即帧缓冲，是一种独立于硬件的抽象图形设备，它使得应用程序可以通过一组定义良好的接口访问各类图形设备，不需要了解低层硬件细节。从用户的观点来看，frame buffer 设备与/dev 目录下其他设备没有区别，通过/dev/fb*设备文件来访问它（fb0 表示第一个 frame buffer 设备、fb1 表示第二个，…）。

frame buffer 设备提供了一些 ioctl 接口来查询、设置图形设备的属性，比如分辨率、像素位宽等，另外，它属于"普通的"内存设备，类似/dev/mem：可以读（read）、写（write）、移动访问位置（seek）以及将"这块内存"映射（mmap）给用户。不同的是 frame buffer 的内存不是所有的内存，而是显卡专用的内存。应用程序可以直接更改 frame buffer 内存中的数据，效果立刻就能在显示器上看到。

/dev/tty1 等终端设备文件通过显示驱动程序和键盘驱动程序（还有其他输入设备，比如触摸屏）为它们提供输出、输入功能。

TTY 和 frame buffer 驱动程序的框架如图 24.1 所示，输入设备以 USB 键盘为例。

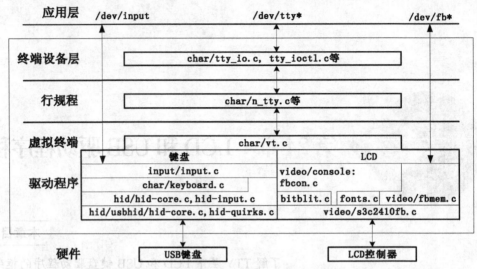

图 24.1 TTY 和 frame buffer 驱动程序的框架（这些文件都是在 drivers/ 目录下）

drivers/char/vt.c 用来支持显示器/键盘组成的终端设备，之所以被称为"虚拟终端"，是因为可以在一个物理终端设备上运行多个"虚拟终端"（也叫虚拟控制台），比如可以使用第 1 个虚拟终端来显示系统信息，使用第 2 个虚拟终端来运行文本模式程序，而在第 3 个虚拟终端运行图形程序。它们可以同时运行，使用一些组合键可以切换到某个虚拟终端上（通常是 Alt+Fn 键）。

虚拟终端层管理着这些"虚拟终端"，比如为它们分配缓冲区、切换虚拟终端时把它的内容输出到显示器、键盘有输入时把数据填入当前终端的缓冲区中。它向上提供了封装好的接口，向下通过调用显示器/键盘的接口完成输入、输出功能。

驱动程序层分为两类：键盘驱动程序和显示驱动程序。

（1）显示驱动程序。

drivers/console/fbcon.c 文件向上提供了一个很重要的数据结构 fb_con，所有的输出都是通过 fb_con 中的成员函数来实现的，bitblit.c、fonts.c 也都处于 drivers/console/ 目录下，它们和 drivers/video/fbmem.c 一起，实现 fb_con 结构中的函数。另外，fbmem.c 是 frame buffer 驱动程序，它向应用层提供/dev/fb*设备的访问接口，应用程序可以通过它绘制图形。

drivers/video/s3c2410fb.c 文件是架构相关的代码，它实现 LCD 控制器的初始化、向 fbmem.c 注册 frame buffer 设备，并提供一些与架构相关的函数，比如设置分辨率、像素位宽等需要操作寄存器的函数。

> 注意　图 24.1 是以 LCD 为例的，与 fbcon.c 相同地位的文件还有 vgacon.c 等文件，vgacon.c 用于一般 VGA 显卡。也有很多与 s3c2410fb.c 类似的文件，比如：sm501fb.c、vesafb.c 等。

（2）键盘驱动程序。

drivers/input/input.c 表示"输入设备"，有键盘、鼠标等。drivers/keyboard.c 是键盘驱动程序的封装，在它的下面，可以是一般的键盘，也可以是符合 HID 规范的键盘。HID 是英文 "Human Interface Device" 的缩写，它通常指 USB-HID 规范，但是也有其他类型的遵循 HID 规范的设备（比如蓝牙键盘、蓝牙鼠标）。所以 drivers/hid-core.c、hid-input.c 两个文件将 HID

规范的共性提炼出来,它们的下面是各类具体实现,比如 USB 的 drivers/hid/hidusb/hid-core.c、hid-quirks.c 等。

2. 操作实例

下面以几个操作的函数调用过程来理解 TTY 和 frame buffer 驱动程序的层次结构。注意:这只是为了在阅读内核源码时,给读者提供一些函数间调用的脉落关系。刚接触某类驱动时,了解各函数、结构间的调用关系是一件困难的事情。如果脱离源代码,这些内容几乎没什么用处。

每行代码后面的括号表示当前函数在哪个文件中实现,它们大多数是在 drivers/目录下,省略 "drivers" 字样。

(1)注册 frame buffer 设备时,显示 LOGO 的过程。

```
s3c2410fb_probe (video/s3c2410fb.c) ->
    register_framebuffer (fbmem.c) ->
        fb_info->node = i; // registered_fb[i]为空项, 本例中 i=0
        registered_fb[i] = fb_info;
        fb_notifier_call_chain (fb_notify.c) // 它会调用 fbcon_event_notify
(fbcon.c 中) ->
            fbcon_fb_registered (video/console/fbcon.c)
                info_idx = idx//即 info->node, 值为上面的 "i"
                fbcon_takeover(1) (video/console/fbcon.c) ->
                    con2fb_map[i] = info_idx; // i=0, info_idx=0
                    take_over_console (char/vt.c) ->
                        register_con_driver (char/vt.c) ->
                            csw->con_startup(…) // 即 fbcon_startup(video/console/
fbcon.c) ->
                                info = registered_fb[info_idx];
                                info->fbops->fb_open(…) (video/s3c2410fb.c)

                        bind_con_driver (char/vt.c) ->
                            visual_init (char/vt.c) ->
                                vc->vc_sw->con_init // 即 fbcon_init ->
                                    fbcon_init (video/console/fbcon.c) ->
                                        // 以下 "准备 LOGO"
                                        fbcon_prepare_logo (video/console/fbcon.c) ->
                                            fb_prepare_logo (video/fbmem.c) ->
                                                fb_logo.logo = fb_find_logo(depth);
// logo.c
                            打印: Console: switching to colour frame buffer device 30x40
                            update_screen(vc); (include/linux/vt_kern.h) ->
```

```
                              redraw_screen (char/vt.c) ->
                                  vc->vc_sw->con_switch(vc); // 即 fbcon_switch
(fbcon.c) ->
                                  fb_show_logo (video/fbmem.c)  // 显示 LOGO
```

(2) 对/dev/tty*调用 write 函数时的过程。

```
tty_write (char/tty_io.c) ->
    ld = tty_ldisc_ref_wait(tty) // 它就是 char/n_tty.c 中的 tty_ldisc_N_TTY
    do_tty_write(ld->write, tty, file, buf, count) (char/tty_io.c) ->
        write_chan (就是上面的 ld->write, char/n_tty.c 中 tty_ldisc_N_TTY 的成员函数) ->
            tty->driver->write (即 con_write, char/vt.c) ->
                do_con_write (char/vt.c) ->
                    vc->vc_sw->con_putcs (即 fbcon_putcs, video/console/fbcon.c) ->
                        ops->putcs (即 bit_putcs, video/console/bitblit.c) ->
                            dst = fb_get_buffer_offset (video/fbmem.c)  // 获取要
写入的显存位置
                            bit_putcs_aligned/bit_putcs_unaligned
(video/console/bitblit.c)
                                src = vc->vc_font.data + (scr_readw(s++)&
                                    charmask)*cellsize;                // 获得字符的点阵
                                ..., __fb_pad_aligned_buffer (fb.h)    // 将点阵写入显存
```

在使用/dev/tty*作为控制台的 shell 中，运行某个程序时，如果里面有 "printf("hello, world! ")" 字样的语句，它会调用到内核的 tty_write 函数。

然后会调用行规程的 write_chan 函数，它又会调用 "tty->driver->write"，对于串口，它是 drivers/serial/serial_core.c 中的 uart_write 函数，它直接输出 ASCII 字符；对于显示器，它是 drivers/char/vt.c 中的 con_write 函数，它更复杂。在 LCD 显示器上显示字符时，先要根据这些字符得到它们的点阵，然后再将它们"画出来"。

drivers/video/console/fbcon.c 中的 fbcon_putcs 函数通过 drivers/video/console/bitblit.c、drivers/video/fbmem.c 提供的一些函数来获得点阵、写到显存上去。其中的 "vc->vc_font.data" 指向某个字库，以字符为索引即可找到它的点阵。在 drivers/video/console/fonts.c 文件中定义了一个 fonts 数组，每个表项是一个字库，比如 font_vga_8x8、font_vga_8x16 等。在 deviers/video/fbcon.c 中初始化 frame buffer 控制台时，会把 vc->vc_font.data 指向某个字库。

(3) USB 键盘被按下时的函数调用过程。

与串口相似，键盘的读取以中断来驱动。以 USB 键盘为例，调用过程如下：

```
hid_irq_in (hid/usbhid/hid-core.c) ->
    hid_input_report (hid/hid-core.c) ->
        hid_input_field (hid/hid-core.c) ->
            hid_process_event (hid/hid-core.c) ->
                hidinput_hid_event (hid/hid-input.c) ->
```

```
                 input_event (input/input.c) ->
                    dev->event(…)
                    handle->handler->event, 即 kbd_event(char/keyboard.c) ->
                      kbd_rawcode/kbd_keycode (char/keyboard.c) ->
                        put_queue(vc, data) (char/keyboard.c) -> //数据放
入终端缓冲区
                        tty_insert_flip_char  (include/linux/tty_flip.h)
// 放数据
                    con_schedule_flip (kbd_kern.h) // 唤醒等待数据的进程
```

hid_irq_in 是 USB 中断传输方式的中断处理函数,当键盘被按下时,它导致后续的一系列函数被调用。与图 24.1 对应,它从低层的 drviers/hid/usbhid/hid-core.c 一直向上调用到 drivers/input/input.c 中的 input_event 函数,接着 input_event 函数根据调用 drivers/char/keyboard.c 注册的处理函数将数据放入虚拟终端设备的缓冲区中,然后唤醒等待数据的进程。

24.1.2 S3C2410/S3C2440 LCD 控制器驱动程序移植

从图 24.1 可以知道,架构相关的代码为 drivers/video/s3c2410fb.c,移植的思想是一样的:先确定 LCD 控制器所用的资源,然后把它们加入平台设备结构,最后修改代码使这些资源可用。

硬件连线图如图 24.2 所示。

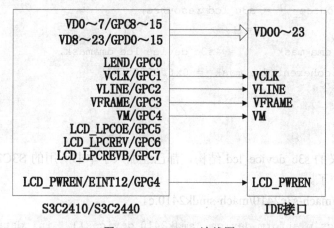

图 24.2 TFT LCD 连线图

1. 平台设备结构

LCD 控制器的平台设备在 arch/arm/plat-s3c24xx/devs.c 中定义,它所用的资源都是固定的,不需要任何改动。它的平台设备结构定义如下:

```
147 /* LCD Controller */
148
```

```
149 static struct resource s3c_lcd_resource[] = {
150     [0] = {
151         .start = S3C24XX_PA_LCD,
152         .end   = S3C24XX_PA_LCD + S3C24XX_SZ_LCD - 1,
153         .flags = IORESOURCE_MEM,
154     },
155     [1] = {
156         .start = IRQ_LCD,
157         .end   = IRQ_LCD,
158         .flags = IORESOURCE_IRQ,
159     }
160
161 };
162
163 static u64 s3c_device_lcd_dmamask = 0xffffffffUL;
164
165 struct platform_device s3c_device_lcd = {
166     .name          = "s3c2410-lcd",
167     .id            = -1,
168     .num_resources = ARRAY_SIZE(s3c_lcd_resource),
169     .resource      = s3c_lcd_resource,
170     .dev           = {
171         .dma_mask          = &s3c_device_lcd_dmamask,
172         .coherent_dma_mask = 0xffffffffUL
173     }
174 };
175
```

第 165 行定义的 s3c_device_lcd 结构,都已经加入了本书所用的 S3C2410、S3C2440 开发板的设备列表中了。

(1) arch/arm/mach-s3c2410/mach-smdk2410.c。

```
static struct platform_device *smdk2410_devices[] __initdata = {
...
    &s3c_device_lcd,
...
};
```

(2) arch/arm/mach-s3c2440/mach-smdk2440.c。

```
static struct platform_device *smdk2440_devices[] __initdata = {
...
```

```
    &s3c_device_lcd,
...
};
```

而 LCD 控制器驱动程序 drivers/video/s3c2410fb.c 的入口函数为:

```
1010 static struct platform_driver s3c2410fb_driver = {
1011     .probe      = s3c2410fb_probe,
1012     .remove     = s3c2410fb_remove,
1013     .suspend    = s3c2410fb_suspend,
1014     .resume     = s3c2410fb_resume,
1015     .driver     = {
1016         .name   = "s3c2410-lcd",
1017         .owner  = THIS_MODULE,
1018     },
1019 };
1020
1021 int __devinit s3c2410fb_init(void)
1022 {
1023     return platform_driver_register(&s3c2410fb_driver);
1024 }
1025
```

平台设备 s3c_device_lcd 和平台驱动 s3c2410fb_driver 的名字都是 "s3c2410-lcd"，所以注册了 s3c2410fb_driver 之后，它的 s3c2410fb_probe 函数将被调用来设置 LCD 控制器。

读者可以发现，图 24.2 中各连线对应的 GPIO 引脚并没有在平台设备中体现，在什么地址设置它们呢？这需要阅读 s3c2410fb_probe 函数。

2. 底层驱动代码分析及修改

s3c2410fb_probe 函数完成初始化 LCD 控制器、注册中断处理函数、注册 frame buffer 设备等工作，它的流程图如图 24.3 所示。

这个函数中，与单板相关的就是其中的 mach_info 结构。它是平台设备 s3c_device_lcd 结构中的 dev.platform_data 成员，读者可以查看 s3c2410fb_init_registers 函数来了解它的功能。但是在前面看到的 s3c_device_lcd 结构中，并没有指定这个成员。它在其他函数中设置：对于 S3C2440，单板初始化函数 smdk2440_machine_init 调用 s3c24xx_fb_set_platdata 函数来设置；对于 S3C2410，没有设置。

smdk2440_machine_init 函数在 arch/arm/mach-s3c2440/mach-smdk2440.c 中，如下所示：

```
203 static void __init smdk2440_machine_init(void)
204 {
205     s3c24xx_fb_set_platdata(&smdk2440_lcd_cfg);
...
```

| 482 | 第 24 章 LCD 和 USB 驱动程序移植

图 24.3 frame buffer 驱动程序初始化函数 s3c2410fb_probe 流程

smdk2440_lcd_cfg 结构表示 LCD 控制器的一些配置，比如分辨率、时间特性等，在后面会详细描述。

s3c24xx_fb_set_platdata 函数在 arch/arm/plat-s3c24xx/devs.c 中，它直接将参数 smdk2440_lcd_cfg 赋给设置平台设备 s3c_device_lcd 结构中的 dev.platform_data 成员。代码如下：

```
178 void __init s3c24xx_fb_set_platdata(struct s3c2410fb_mach_info *pd)
179 {
…
184     memcpy(npd, pd, sizeof(*npd));
185     s3c_device_lcd.dev.platform_data = npd;
…
189 }
```

所以，对于 S3C2440，需要修改 smdk2440_lcd_cfg 结构；对于 S3C2410，仿照 S3C2410 增加一个 smdk2410_lcd_cfg 结构，并调用 s3c24xx_fb_set_platdata 函数来设置它。

smdk2440_lcd_cfg 是 s3c2410fb_mach_info 结构类型，这个类型在 include/asm-arm/arch-s3c2410/fb.h 文件中定义，下面分析它的各个成员的意义。

```
31  struct s3c2410fb_mach_info {
32      unsigned char   fixed_syncs;    /* do not update sync/border */
33
34      /* LCD types */
35      int     type;
36
37      /* Screen size */
38      int     width;
39      int     height;
40
41      /* Screen info */
42      struct s3c2410fb_val xres;
43      struct s3c2410fb_val yres;
44      struct s3c2410fb_val bpp;
45
46      /* lcd configuration registers */
47      struct s3c2410fb_hw regs;
48
49      /* GPIOs */
50
51      unsigned long   gpcup;
52      unsigned long   gpcup_mask;
53      unsigned long   gpccon;
54      unsigned long   gpccon_mask;
55      unsigned long   gpdup;
56      unsigned long   gpdup_mask;
57      unsigned long   gpdcon;
58      unsigned long   gpdcon_mask;
59
60      /* lpc3600 control register */
61      unsigned long   lpcsel;
62  };
```

第 32 行的 fixed_syncs 被设为 1 时表示"固定的"时间参数和边框大小，这意味着用户程序无法调整分辨率等参数，因为底层驱动程序不修改时间参数和边框大小。从 s3c2410fb.c 中的相关代码来看，它就是不再重新设置 LCDCON2/3/4 寄存器中的相关位。

第 35 行的 type 表示 LCD 的类型，从 LCDCON1 寄存器位[6:5]可以知道它有 4 种取值，如下所示：

```
00 = 4-bit dual scan display mode (STN)
01 = 4-bit single scan display mode (STN)
10 = 8-bit single scan display mode (STN)
11 = TFT LCD panel
```

第 38~39 行的 width、height 用来设置图像的宽度和高度,它们取 xres、yres 的默认值。

第 42~44 行中 s3c2410fb_val 结构的定义如下,xres、yres 和 bpp 分别表示图像宽度、高度和像素位宽的最小、最大、默认值。

```
struct s3c2410fb_val {
    unsigned int    defval;
    unsigned int    min;
    unsigned int    max;
};
```

第 47 行的"struct s3c2410fb_hw regs"表示 LCDCON1~LCDCON5 共 5 个 LCD 控制器的控制寄存器。它们用来设置 LCD 类型、像素数据的格式、

第 51~58 行用来设置 GPC、GPD 两组 GPIO 引脚,比如 gpcup 和 gpccon_mask 两个成员被用来设置 GPCUP 寄存器:gpcup 表示新值,gpccon_mask 表示要设置的位。

第 61 行表示 LPCSEL 寄存器,它用来支持 SEC 公司(Samsung Electronics Company)生产的 TFT LCD(称为 SEC TFT LCDs)。对于一般 LCD,不用设置这个寄存器。

本开发板使用 240x320,16bpp 的 TFT LCD,内核自带的 smdk2440_lcd_cfg 结构并不适用于这个开发板,并且它的设置有一些错误:没有指定 GPIO 寄存器的值,"type"设置错了。原来的值如下:

```
static struct s3c2410fb_mach_info smdk2440_lcd_cfg __initdata = {
…
#if 0
        /* currently setup by downloader */
        .gpccon         = 0xaa940659,
        .gpccon_mask    = 0xffffffff,
        .gpcup          = 0x0000ffff,
        .gpcup_mask     = 0xffffffff,
        .gpdcon         = 0xaa84aaa0,
        .gpdcon_mask    = 0xffffffff,
        .gpdup          = 0x0000faff,
        .gpdup_mask     = 0xffffffff,
#endif
…
        .type           = S3C2410_LCDCON1_TFT16BPP,
```

```
    ...
};
```

它把 GPIO 的值屏蔽掉了,原因是"currently setup by downloader",这也许是这个驱动的开发者在调试时,另外使用某种下载器来设置 GPIO。

上面的"type"被设为"S3C2410_LCDCON1_TFT16BPP",这是错误的,"type"表示"类型",而"S3C2410_LCDCON1_TFT16BPP"表示"TFT"类型下数据的格式。应该设为以下 4 个值之一:

```
#define S3C2410_LCDCON1_DSCAN4      (0<<5)
#define S3C2410_LCDCON1_STN4        (1<<5)
#define S3C2410_LCDCON1_STN8        (2<<5)
#define S3C2410_LCDCON1_TFT         (3<<5)
```

下面修改代码。

(1)对于 S3C2440 单板。

修改 smdk2440_lcd_cfg 结构,它在 arch/arm/mach-s3c2440/mach-smdk2440.c 文件中,修改后的代码如下:

```
104 /* LCD driver info */
105
106 static struct s3c2410fb_mach_info smdk2440_lcd_cfg __initdata = {
107     .regs   = {
108         .lcdcon1 = S3C2410_LCDCON1_TFT16BPP | \
109             S3C2410_LCDCON1_TFT | \
110             S3C2410_LCDCON1_CLKVAL(0x04),
111
112         .lcdcon2 = S3C2410_LCDCON2_VBPD(1) | \
113             S3C2410_LCDCON2_LINEVAL(319) | \
114             S3C2410_LCDCON2_VFPD(5) | \
115             S3C2410_LCDCON2_VSPW(1),
116
117         .lcdcon3 = S3C2410_LCDCON3_HBPD(36) | \
118             S3C2410_LCDCON3_HOZVAL(239) | \
119             S3C2410_LCDCON3_HFPD(19),
120
121         .lcdcon4 = S3C2410_LCDCON4_MVAL(13) | \
122             S3C2410_LCDCON4_HSPW(5),
123
124         .lcdcon5 = S3C2410_LCDCON5_FRM565 |
125             S3C2410_LCDCON5_INVVLINE |
126             S3C2410_LCDCON5_INVVFRAME |
```

```
127                    S3C2410_LCDCON5_PWREN |
128                    S3C2410_LCDCON5_HWSWP,
129     },
130
131     .gpccon       = 0xaaaaaaaa,
132     .gpccon_mask  = 0xffffffff,
133     .gpcup        = 0xffffffff,
134     .gpcup_mask   = 0xffffffff,
135
136     .gpdcon       = 0xaaaaaaaa,
137     .gpdcon_mask  = 0xffffffff,
138     .gpdup        = 0xffffffff,
139     .gpdup_mask   = 0xffffffff,
140
141     .fixed_syncs = 1,
142     .type        = S3C2410_LCDCON1_TFT,
143     .width       = 240,
144     .height      = 320,
145
146     .xres = {
147         .min    = 240,
148         .max    = 240,
149         .defval = 240,
150     },
151
152     .yres = {
153         .max    = 320,
154         .min    = 320,
155         .defval = 320,
156     },
157
158     .bpp = {
159         .min    = 16,
160         .max    = 16,
161         .defval = 16,
162     },
163 };
164
```

在设置 GPIO 引脚时,我们把 GPC、GPD 的所有引脚都设置用于 LCD,虽然 16bpp 的

TFT LCD 没有完全用到这些引脚，但是在本书所用开发板中，这些引脚并没有另外用做其他用途。

（2）对于 S3C2410 单板。

仿照 arch/arm/mach-s3c2440/mach-smdk2440.c 来修改 arch/arm/mach-s3c2410/mach-smdk2410.c。

① 增加 smdk2410_lcd_cfg 结构。

直接把 smdk2440_lcd_cfg 的内容搬到 mach-smdk2410.c 中，改名为 smdk2410_lcd_cfg 即可。

② 使用 smdk2410_lcd_cfg 结构。

在 S3C2410 单板初始化函数 smdk2410_init 中，调用 s3c24xx_fb_set_platdata 函数。除第 92～149 行增加的 smdk2410_lcd_cfg 结构外，还要增加第 56 行、第 193 行，如下所示：

```
56 #include <asm/arch/fb.h>
...
90 /* LCD driver info, add by www.100ask.net */
91
92 static struct s3c2410fb_mach_info smdk2410_lcd_cfg __initdata = {
... /* 与 smdk2440_lcd_cfg 相同 */
149 };
...
191 static void __init smdk2410_init(void)
192 {
193     s3c24xx_fb_set_platdata(&smdk2410_lcd_cfg); // add by www.100ask.net
...
```

3. 配置内核以使用 LCD

对 LCD 的配置有两方面，一是 frame buffer 方面的配置，二是控制台方面的配置。
配置内容如下：

```
Device Drivers  --->
    Graphics support  --->
        <*> Support for frame buffer devices        // 支持 frame buffer
        <*> S3C2410 LCD framebuffer support         // 支持 S3C24xx
            Console display driver support  --->
        <*> Framebuffer Console support             // 支持 frame buffer 控制台
        [ ] Select compiled-in fonts                // 选择字库，默认为 VGA 8x8、
VGA 8x16 字库
        [*] Bootup logo  --->                       // 启动时显示 LOGO
            [*]   Standard 224-color Linux logo     // 选择 LOGO 图像，有单色、
16 色、244 色
```

对 frame buffer 控制台的使用，可以参考内核文档 Documentation/fb/fbcon.txt，它讲述了

如何通过命令行参数控制 frame buffer 控制台，比如选择字库、旋转图像等（这需要配置内核以增加相应功能）。

下面介绍一些常规用法。

(1) 通过 LCD 显示内核信息。

以前使用串口作为控制台（指打印内核信息）时，命令行参数为"console=ttySAC0"，现在可以多加一项，比如："console=ttySAC0 console=tty1"。

> **注意** tty1 表示第一个虚拟终端，而 tty2 表示第二个虚拟终端，而 tty0 表示当前的虚拟终端。

(2) 操作/dev/tty1 设备输出字符：如果使用 mdev 机制，这个步骤可以省略。

首先如下创建设备文件，在单板步执行以下命令：

```
# mknod /dev/tty0 c 4 0
# mknod /dev/tty1 c 4 1
# mknod /dev/tty2 c 4 2
# mknod /dev/tty3 c 4 3
# mknod /dev/tty4 c 4 4
# mknod /dev/tty5 c 4 5
# mknod /dev/tty6 c 4 6
```

在串口控制台，使用"echo hello > /dev/tty0"命令可以在 LCD 上显示"hello"字符串。

(3) 操作/dev/fb0 绘制图像。

首先如下创建设备文件（如果使用 mdev 机制，这个步骤可以省略）：

```
# mknod /dev/fb0 c 29 0
```

然后在 work/drivers_and_test/fb_test/目录下执行"make"命令编译 frame buffer 测试程序 fb_test，把它放到单板/usr/bin 目录下。执行"fb_test /dev/fb0"即可在 LCD 上看到很多同心圆，并且在控制台上可以看到如下字样，它打印出 frame buffer 的属性：

```
# fb /dev/fb0
fb_var_screeninfo values:
    xres:            240
    yres:            320
    xres_virtual:    240
    yres_virtual:    320
    xoffset:         0
    yoffset:         0
    bits_per_pixel:  16
    grayscale:       0
    red.offset:      11
    red.length:      5
    red.msb_right:   0
```

```
        green.offset:    5
        green.length:    6
        green.msb_right:0
        blue.offset:     0
        blue.length:     5
        blue.msb_right: 0
        transp.offset:  0
        transp.length:  0
        transp.msb_right:0
        nonstd:         0
        activate:       0
        height:         320
        width:          240
        accel_flags:    0
        pixclock:       0
        left_margin:    20
        right_margin:   37
        upper_margin:   2
        lower_margin:   6
        hsync_len:      6
        vsync_len:      2
        sync:           0
        vmode:          0
240x320, 16bpp
```

24.2 USB 驱动程序移植

24.2.1 USB 驱动程序概述

USB（Universal Serial Bus）即"通用串行外部总线"，在各种场所已经大量使用。它接口简单（只有 5V 电源和地、两根数据线 D+和 D-），可以外接硬盘、键盘、鼠标、打印机等多种设备。要使用尽可能少的接口支持尽可能多的外设，USB 是一个好的选择，在嵌入式设备中尤其如此。

USB 总线规范有 1.1 版和 2.0 版。USB 1.1 支持两种传输速率：低速（Low Speed）1.5Mbit/s、全速（Full Speed）12Mbit/s，对于鼠标、键盘、CD-ROM 等设备，这样的速率是足够了。但是在访问硬盘、摄像机时，还是显得很慢。为此，USB 2.0 提供了一种更高的传输速率：高速（High Speed），它可以达到 480Mbit/s。USB 2.0 向下兼容 USB 1.1，可以将遵循 USB 1.1 规范的设备连接到 USB 2.0 控制器上，也可以把 USB 2.0 的设备连接到 USB 1.1 控制器上。

USB 总线的硬件拓扑结构如图 24.4 所示。

USB 主机控制器（USB Host Controller）通过根集线器（Root Hub）与其他 USB 设备相连。集线器也属于 USB 设备，通过它可以在一个 USB 接口上扩展出多个接口。除根集线器外，最多可以层叠（一个接着一个）5 个集线器，每条 USB 电缆的最大长度是 5m，所以 USB 总线的最大距离为 30m（接上 5 个集线器）。一条 USB 总线上可以外接 127 个设备，包括根集线器和其他集线器。整个结构图是一个星状结构，一条 USB 总线上所有设备共享一条通往主机的数据通道，同一时刻只能有一个设备与主机通信。

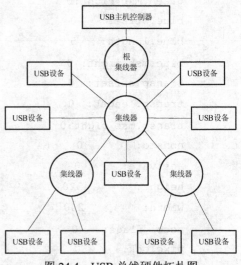

通过 USB 主机控制器来管理外接的 USB 设备，USB 主机控制器共分 3 种：UHCI、OHCI 和 EHCI，其中的 "HCI" 表示 "Host Controller Interface"。UCHI、OHCI 属于 USB 1.1 的主机控制器规范，而 EHCI 是 USB 2.0 的主机控制器规范。UHCI（即 Universal HCI），它是由 Intel 公司制订的标准，它的硬件所做的事情比较少，这使得软件比较复杂。与之相对的是 OHCI（即 Open HCI），它由 Compaq、Microsoft 和 National Semiconductor 联合制定，在硬件方面它具备更多的智能，使得软件相对简单。

图 24.4　USB 总线硬件拓扑图

> **注意**　这些差别只存在于底层的 USB 主机控制器的驱动程序，对它之上的软件没有影响。USB 2.0 的主机控制器规范只有 EHCI（即 Enhanced HCI）一种。

在配置 Linux 内核的时候，经常可以看到 "HCD" 字样，它表示 "Host Controller Drivers"，即主机控制器驱动程序。比如有 uhci-hcd、ohci-hcd 和 ehci-hcd 等驱动模块。

USB 驱动程序分为两类：USB 主机控制器驱动程序（Host Controller Drivers）、USB 设备驱动程序（USB device drivers）。它们在内核中的层次如图 24.5 所示。

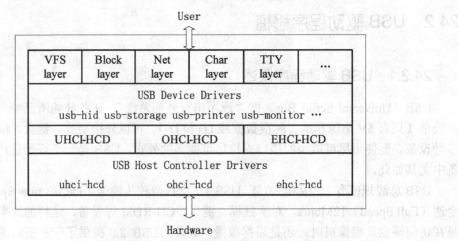

图 24.5　USB 驱动程序层次结构

USB 主机控制器驱动程序提供访问 USB 设备的接口，它只是一个 "数据通道"，至于这些数据有什么作用,这要靠上层的 USB 设备驱动程序来解释。USB 设备驱动程序使用下层驱动提供的接口来访问 USB 设备,不需要关心传输的具体细节。

24.2.2 配置内核支持 USB 键盘、USB 鼠标和 USB 硬盘

S3C2410/S3C2440 的 USB 控制器有如下特性。
- 符合 OHCI 1.0 规范。
- 支持 USB 1.1 版本。
- 有两个插口。
- 支持低速设备和全速设备。

Linux 内核中对 OHCI 主机控制器支持完善,并有多种 USB 设备驱动程序。Linux 2.6.22.6 也已经支持 S3C2410/S3C2440 的 USB 控制器,只不过第二个插口上电后默认为 USB Device 插口,如果要将它改为 USB Host 插口(比如没有 USB 集线器,却需要同时接入 USB 键盘、USB 鼠标时),只要设置 MISCCR 寄存器的位 3 即可,所有的修改都在文件 drivers/usb/host/ohci-s3c2410.c 中完成,代码如下,其中的第 27、351、352 行是新加的。

```
27 #include <asm/arch/regs-gpio.h>
……
345 static int usb_hcd_s3c2410_probe (const struct hc_driver *driver,
346              struct platform_device *dev)
347 {
348     struct usb_hcd *hcd = NULL;
349     int retval;
350
351     /* 2 host port */
352     writel(readl(S3C2410_MISCCR)|S3C2410_MISCCR_USBHOST, S3C2410_MISCCR);
353
354     s3c2410_usb_set_power(dev->dev.platform_data, 1, 1);
…… …
```

现在只需要配置内核启用它们:

```
Device Drivers  --->
    SCSI device support  --->
        <*> SCSI device support            // 要支持 USB 磁盘,这项要选上
        [*] legacy /proc/scsi/ support     // 在/proc/scsi 目录下提供一些信息
        <*> SCSI disk support              // SCSI 硬盘,要支持 U 盘等,这项要先上

    USB support  --->
        <*> Support for Host-side USB      // USB 主机控制器
        [*]     USB device filesystem      // 在/proc 文件系统中提供一些信息,调试用
        <*>     OHCI HCD support           // OHCI 主机控制器驱动程序
```

```
            <*> USB Mass Storage support          // USB 存储设备

    HID Devices  --->
            <*> USB Human Interface Device (full HID) support     // USB 键盘、USB
鼠标等 HID 设备
            [*]     /dev/hiddev raw HID device support                  // 以原始(raw)的
方式访问 HID 设备
```

USB 控制器的时钟是在 U-Boot 中设置的(board/100ask24x0/100ask24x0.c 中的 board_init 函数),UCLK 必须设为 48MHz。如果读者使用其他 bootloader,需要注意这点。

24.2.3 USB 设备的使用

连接 USB 设备时需要注意:S3C2410/S3C2440 既可以作为 USB 主机,也可以作为 USB 设备。作为 USB 主机时对外提供两个接口,对应板上叠起来的两个 USB 接口,下面的称为 HOST1,上面的称为 HOST2;作为 USB 设备时,对外也提供一个接口,对应板上的 USB_DEVICE 接口。

HOST2 和 USB_DEVICE 在 S3C2410/S3C2440 上的引脚是复用的。要在开发板上使用两个 USB 设备时,除 HOST1 外,可以设置跳线使用 HOST2;要使用更多的 USB 设备,必须通过 USB 集线器来连接。跳线方法请参考板上的标志。

1. 使用 LCD 和 USB 键盘作为终端

现有的内核已经支持 LCD 和 USB 键盘,可以使用它们来作为控制台、终端了。前面说过,在命令行参数中增加"console=tty1"就可以在 LCD 上显示内核信息,不过要想使用它们来登录系统,需要修改/etc/inittab 文件,增加以下 6 行:

```
tty1::askfirst:-/bin/sh
tty2::askfirst:-/bin/sh
tty3::askfirst:-/bin/sh
tty4::askfirst:-/bin/sh
tty5::askfirst:-/bin/sh
tty6::askfirst:-/bin/sh
```

它们在 6 个虚拟终端上启动 shell 程序,接上 USB 键盘和 LCD 后,可以看到如下字样的提示信息:

```
Please press Enter to activate this console.
```

在键盘上按回车键,就可以像在串口终端上一样使用 USB 键盘、LCD 来控制系统了。

按"Alt+F2"将会转换到第二个虚拟终端,将会再次看到上面的提示信息,按"Alt+Fn"可以切换到第 n 个虚拟终端。

执行"echo hello > /dev/tty0"将在当前终端上显示"hello"字符,即 LCD 上立刻就能看到。但是执行"echo hello > /dev/tty6"的话,需要按"Alt+F6"切换到第 6 个虚拟终端上才能看到。

2. 使用 U 盘

首先在开发板上创建如下设备文件（如果使用 mdev 机制，这个步骤可以省略）。

```
# mknod dev/sda  b 8 0
# mknod dev/sda1 b 8 1
# mknod dev/sda2 b 8 2
# mknod dev/sda3 b 8 3
# mknod dev/sda4 b 8 4
```

接 U 盘后，即可像前面使用硬盘、SD 卡一样来使用 U 盘了。比如：

```
# fdisk   /dev/sda            // 进入菜单，对 U 盘进行分区，修改分了一个主分区 /dev/sda1
# mkdosfs -F 32 /dev/sda1     // 格式化为 FAT32 文件系统
# mount  /dev/sda1  /mnt      // 挂接
```

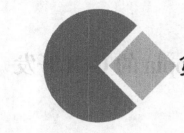

第5篇 嵌入式 Linux 系统应用开发篇

基于 Qtopiar 的 GUI 开发

基于 X 的 GUI 开发

Linux 应用程序调试技术

第 25 章 基于 Qtopia 的 GUI 开发

本章目标

- 了解几种嵌入式 GUI 的特点
- 掌握 Qtopia 的移植
- 初步掌握集成开发工具 Kdevelop 的使用
- 学习简单 Qtopia 程序的编写方法
- 掌握在 x86 主机上模拟、调试嵌入式 GUI 程序

25.1 嵌入式 GUI 介绍

25.1.1 Linux 桌面 GUI 系统的发展

1. Linux 的 GUI 系统架构

首先了解 Linux 的 GUI 系统架构，无论是桌面 Linux 还是嵌入式 Linux，它们所涉及的一些概念是相似的。

本节中，下面内容来自陈汉仪先生所著的《The Embedded Linux GUI System》。

"UNIX 环境底下的图形窗口标准为 X Window System，Linux 算是 UNIX Like 的系统，上头跑的 GUI 系统是兼容于标准 X 的 XFree86 系统。下面以 X Window System 架构的思维来介绍各个系统，希望这样的介绍能够让您有清楚的观念。"

"依照 X 的逻辑，我大致划分了即 X Server（包括 Display、Input 等）、Graphic Library（底层绘图函数库）、Toolkitss（如 QT、GTK+等）、Window Manager、桌面环境、Internationalization（I18N）等几大类来剖析。"

- X Server

"X Window System 架构上有一项特点是别的 GUI 系统所没有的，这个特点就是 Client/Server 架构，请注意这跟一般我们熟知的某某服务器（Server 端）跟 PC 端（Client 端）相连接的情形不同。惟一类似的是 X Window System 本身也是采用网络架构设计。具体地说 X Client 就是我们在 X 上执行的软件（比如浏览器、各种办公软件等），X Server 则是负责显示、传递使用者输入事件(包括键盘及鼠标等硬件装置的输入)。"

- Graphic Library

"我们可以把一幅图案想象成是由成千上万个细微小点所组成,这种小点的单位通常为 pixel(像素),在同一平方单位里头这些小点越多图案就越清晰、画质就越好,专业一点的解释便是分辨率高。我们要设计出一个窗口当然不可能一点一点地画上去,这样太过于旷日费时,基于这样的观念我们就会开始设计出高阶一点的函数来帮助我们完成这些繁琐的步骤,于是就出现了画点、画线、画矩形、画圆形、画不规则形、上色等高阶函数。通过这些高阶函数使得程序设计者不用去管画一条线要点几个点以及如何让显示器显示等零零总总低阶的工作,我们称绘图相关的一组函数库为 GUI 的基本:Graphic Library。"

- Toolkits

"有了点、线、面的函数之后,虽然已经去除大半的无聊工作,但是就开发窗口程序来说,还是显得非常没有效率,怎么办呢?只有继续将构成窗口的抽象组件(它们被称为构件 Widgets,在 Windows 下的对应术语为控件)例如:按钮、滚动条等抽离出来,重新定义一组更高阶的函数库,再配合上一些联系的语法函数就成了 Toolkits 这东西,目前以 QT、GTK+ 等较为流行。"

- Window Manger

"有了 Toolkits 我们可以很轻松地建立窗口软件(X Client),但是每个窗口软件只负责自己软件内的事务,那不同窗口间的沟通、协调(例如:窗口的切换、放大、缩小等),就没人管了,于是窗口管理器(Window Manager)就应运而生了。"

- 桌面环境

"在一个 Linux 系统中,光有窗口管理器是不够的——总得有东西给它管才行。桌面环境提供一整套图形界面下使用的程序,比如浏览器、邮件客户端、文件管理器、图形化桌面配置工具、桌面应用程序、办公软件等。在桌面 Linux 系统中,有两个主流的桌面环境:KDE、GNOME。"

- Internationalization

"国际化通常是我们东方语系国家的人比较关心的议题,但是很多软件一开始都由西方国家所主导开发,因此这点常常受到忽略,这个问题牵扯的层面非常广泛,上从语文的显示、输入,中至语文习惯,下到文字位元的处理,完整的解决是必须从头到脚彻底配合才能达成,只处理一半都只能说是一个跛脚的系统。"

"随着东方国家使用 GNU/Linux 的人口越来越多,I18N(之所以如此简称是因为 Internationalization 这个单词除去首尾两个字母后,还有 18 个字母)也就日益受到重视,目前底层 libc 部分已经有完整的支持,剩下来便是 GUI 系统的问题,由于处理一个字符时使用双字节所耗的资源较大、西方国家主导的系统多的情况下,有时候在一些取舍上,I18N 就被牺牲了。整体而言 Embedded Linux GUI 系统在 I18N 的程度通常都没 PC 端的好,只有在有需求时才会特别调校。"

"上述几点就是笔者借 X Window System 的分层架构,来指出一般的 GUI 系统所必须具备的功能,虽说 X 架构不错,但却不甚适用于嵌入式环境底下,因为相关程序过于庞大,因此有很多 Embedded Linux GUI 系统会把上述几点合并,甚至全部绑在一块,当然这样会失去很多弹性与功能，但却也是一种权衡的作法。"

2. 桌面 Linux GUI 的发展

对于 Linux 的 GUI 系统，我们首先接触的是桌面的 GNOME、KDE 等。它们是什么概念呢？在了解嵌入式 Linux GUI 之前，先了解一下桌面 Linux GUI 系统的发展过程，这对于选择合适的嵌入式 Linux GUI 软件也会有所帮助。

《自由软件圣战——KDE/QT .VS. Gnome/Gtk》一文非常生动地描述了桌面 Linux GUI 的两大流派 KDE/QT 和 Gnome/Gtk 的发展和竞争过程。

Qt 是一个跨平台的 C++图形用户界面库，由挪威 TrollTech 公司出品，目前包括 Qt、基于 Framebuffer 的 Qt Embedded（现已改名为 Qtopia）、快速开发工具 Qt Designer、国际化工具 Qt Linguist 等部分。Qt 支持所有 UNIX 系统，当然也包括 Linux，还支持 WinNT/Win2k，Win95/98 平台。

Trolltech 公司在 1994 年成立，但是在 1992 年，成立 Trolltech 公司的那批程序员就已经开始设计 Qt 了，Qt 的第一个商业版本于 1995 年推出，然后 Qt 的发展就很快了，下面是 Qt 发展史上的一些里程碑。

- 1996 年 10 月 KDE 组织成立。
- 1998 年 4 月 5 日 Trolltech 的程序员在 5 天之内将 Netscape5.0 从 Motif 移植到 Qt 上。
- 1998 年 4 月 8 日 KDE Free Qt 基金会成立。
- 1998 年 7 月 9 日 Qt 1.40 发布。
- 1998 年 7 月 12 日 KDE 1.0 发布。
- 1999 年 3 月 4 日 QPL 1.0 发布。
- 1999 年 3 月 12 日 Qt 1.44 发布。
- 1999 年 6 月 25 日 Qt 2.0 发布。
- 1999 年 9 月 13 日 KDE 1.1.2 发布。
- 2000 年 3 月 20 日嵌入式 Qt 发布。
- 2000 年 9 月 6 日 Qt 2.2 发布。
- 2000 年 10 月 5 日 Qt 2.2.1 发布。
- 2000 年 10 月 30 日 Qt/Embedded 开始使用 GPL 宣言。
- 2000 年 9 月 4 日 Qt free edition 开始使用 GPL。

基本上，Qt 同 X Window 上的 Motif、Openwin、GTK 等图形界面库和 Windows 平台上的 MFC、OWL、VCL、ATL 是同类型的东西，但是 Qt 具有下列优点。

- 优良的跨平台特性。

Qt 支持下列操作系统：Windows 95/98、Windows NT、Linux、Solaris、SunOS、HP-UX、Digital UNIX （OSF/1，Tru64）、Irix、FreeBSD、B SD/OS、SCO、AIX、OS390、QNX 等。

- 面向对象。

Qt 的良好封装机制使得 Qt 的模块化程度非常高，可重用性较好，对于用户开发来说是非常方便的。Qt 提供了一种称为 signals/slots 的安全类型来替代 callback，这使得各个元件之间的协同工作变得十分简单。

- 丰富的 API。

Qt 包括多达 250 个以上的 C++ 类，还替供基于模板的 collections、serialization、file、I/O device、directory management、date/time 类，甚至还包括正则表达式的处理功能。

- 支持 2D/3D 图形渲染。
- 支持 OpenGL。
- 大量的开发文档。
- XML 支持。

但是真正使得 Qt 在自由软件界的众多 Widgets（如 Lesstif，Gtk，EZWGL，Xforms，fltk 等）中脱颖而出的还是基于 Qt 的重量级软件 KDE。

那么对于用户来说，如何在 Qt/GTK 中作出选择呢?一般来说，如果用户使用 C++，对库的稳定性、健壮性要求比较高，并且希望跨平台开发的话，那么使用 Qt 是较好的选择，但是值得注意的是，虽然 Qt 的 Free Edition 采用了 GPL 宣言，但是如果你开发 Windows 上的 Qt 软件或者是 UNIX 上的商业软件，还是需要向 Trolltech 公司支付版权费用的。

25.1.2 嵌入式 Linux 中的几种 GUI

KDE/QT 与 Gnome/Gtk 的竞争从桌面 GUI 系统扩展到嵌入式 GUI 系统，分别有 Qtopia 和 GtkFB。在嵌入式领域，GUI 种类繁多，比如 Microwindows、MiniGUI 等，下面介绍其中的几种。

1. QTE 和 QPE

前面说过 QT 是一个图形界面库，它需要配合底层的 X Server、X Libaray 等才能运行图形程序。TrollTech 公司也针对嵌入式环境推出了"Qt/Embedded"产品，简称为 QTE。与桌面版本不同，QTE 已经直接取代掉 X Server 及 X Library 等角色，将所有的功能全部整合在一起。它有如下特色：

- 与桌面 Qt 库使用相同的 API 接口。

开发者只需要学习与套 API 接口，基于 Qt 或 QTE 开发的程序只需要维护一套代码，就可以运行于多种桌面环境（比如 Windows，X11，Mac OS X）或者嵌入式 Linux 环境下。

- 针对嵌入式系统专门设计。

使用 QTE，可以设计出占用内存、Flash 更少的程序。

- QTE 包含自己的窗口系统。

QTE 不再需要其他底层库的支持，它已经包含了一切，可以直接在它上面开发、运行图形程序。

- 可配置的外观。

QTE 的 GUI 是可以高度配置的，这有利于客户开发自己独特的程序。

- 完全的模块化设计。

可以将不需要的功能模块去掉，这可以节省系统资源。QTE 号称最小可以缩到 800 KB 左右，最多为 3 MB（for Intel x86），这样的弹性让 QTE 更适合在嵌入式环境底下生存。

- 源代码完全开放。

这使得用户可以深入调节 QTE，或是了解它的具体实现。

- 与 Qtopia 完美整合。

Qtopia 是 Trolltech 公司在 QTE 的基础上针对 PDA 和手机开发的应用平台和用户界面。基于 QTE 开发的应用程序可以轻易地迁移到基于 Qtopia 开发的设备上。

- 同 Java 的集成。

QTE 可以同几种 Java 虚拟机集成。Java 程序可以在基于 QTE 的工作平台上运行，提供同原程序相同的效果。

与 PC 桌面的 KDE 类似，Trolltech 公司针对 PDA 软件推出了整体解决方案——QPE（Qt Plamtop Environment），从底层的 GUI 系统、Window Manager、Soft Keyboard 到上层的 PIM、浏览器、多媒体等全部一手包办。QPE 目前已经改名为 Qtopia，本章的目标是移植一个与 PC 的桌面类似的 GUI 系统（可以称为 PDA）。

2. GtkFB

自从 Qt 推出了嵌入式版本之后，虽然 GTK+并非商业公司所发展，但也加紧脚步推出了 GtkFB 方案，其宗旨就是要为嵌入式系统推出一套基于 GTK+的 GUI 解决方案。与 QTE 类似，GtkFB 也跳过 X 层直接与 FrameBuffer 沟通，因此也具有 QTE 的几项优点。

（1）优点。

GtkFB 的最大优点是可以使用强大的 GTK+库，基于 GTK+库的软件极大丰富，并且 GtkFB 跳过了"巨大的" X，适用于 PDA 等嵌入式设备。GtkFB 所用的 API 与桌面系统所用 API 完全一样，这使得在桌面 PC 和嵌入式设备间移植软件、共享代码非常容易。

另一个优点是 GtkFB 是完全免费、完全公开的，它鼓励程序员进行修改以切合实际需要。它基于 LGPL 协议，用户无需公开他自己的代码，当然，被修改的库文件是要公开的。

另外，由于 GtkFB 不使用 X 协议，得以消除一些 X 协议所特有缺点。

（2）缺点。

GtkFB 的最大缺点是它只能运行在单处理器系统上，这意味着无法使用其他处理器来分离、保护系统的不同部分，也很难使用 GtkFB 来设置大型的系统。

有些基于 GTK+的程序直接调用 X，如果不修改代码，它们无法在 GtkFB 上直接运行。GNOME 库有一些对 X 的直接调用，所以基于 GNOME 库的程序需要一些修改。

X 拥有大量成熟的驱动程序，有极好的硬件加速功能。GtkFB 也支持硬件加速，但是目前这方面的工作进展很小。这意味着 GtkFB 在某些方面运行得比较慢，特别是大屏幕情况下。

Framebuffer 不支持 X 的一些特性，比如网络透明、DGA 等。

3. Microwindows

Microwindows Open Source Project 成立的宗旨在于针对体积小的装置，建立一套先进的视窗环境，在 Linux 桌面上通过交叉编译可以很容易地制作出 micro-windows 的程序。MicroWindows 能够在没有任何操作系统或其他图形系统的支持下运行，它能对裸显示设备进行直接操作。这样，MicroWindows 就显得十分小巧，便于移植到各种硬件和软件系统上。

然而 MicroWindows 的免费版本进展一直很慢，几乎处于停顿状态，而且至今为止，国内没有任何一家公司专业对 MicroWindows 提供全面技术支持、服务和担保。

4. MiniGUI

MiniGUI 是我国做得比较好的自由软件之一，它是在 Linux 控制台上运行的多窗口图形操作系统，可以在以 Linux 为基础的应用平台上提供一个简单可行的 MiniGUI 支持系统。"小"是 MiniGUI 的特色，MiniGUI 可以应用在电视机顶盒、实时控制系统、掌上电脑等诸多场合。由于这是由我国自己开发的 GUI 系统，所以 MiniGUI 对于中文的支持最好。它支持 GB2312 与 BIG5 字符集，其他字符集也可以轻松加入。

5. 基于 Tiny X Server 的 X 架构

Tiny X Server 是 XFree86 Project 的一部分，由 Keith Packard 先生所发展，他本身就是 XFree86 项目的核心成员之一，一般的 X Server 都太过于庞大，因此 Keith Packard 就以 XFree86 为基础，精简而成 Tiny X Server，它的体积可以小到几百 KB，非常适合应用于嵌入式环境之中。

以纯 X Window System 搭配 Tiny X Server 架构来说，最大的优点就是弹性与开发速度，因为与桌面的 X 架构相同，因此以 Qt、GTK+等所开发的软件可以很容易的移植上来。

虽然移植速度快，但是却有体积大的缺点，由于很多软件本来是针对桌面环境所开发，因此无形之中功能都比较多样，有些并不适用于嵌入式环境，因此"调校"便成为采用此架构最大的课题，有时候重新改写都可能比调校所需的时间还短。

25.2 Qtopia 移植

25.2.1 主机开发环境的搭建

下面安装主机上的开发环境。

1. 安装 g++

编译 Qtopia 时，需要用到 Qt 自带的一些工具，有些是使用 C++编写的。Ubuntu 7.10 中没有 g++编译器，在 2.2.3 节中，已经安装了 g++。

2. 安装 X11 的相关库文件和开发包

在编译 Qtopia 时，会生成一些在主机上运行的工具，要用到 X11 的一些头文件、库，比如/usr/X11R6/include/X11/Xlib.h，所以需要安装 X11 开发包。执行如下命令即可：

```
$ sudo apt-get -y install x-dev libx11-dev xlibs-static-dev x11proto-xext-dev libxext-dev libqt3-mt-dev
$ sudo mkdir -p /usr/X11R6/include
$ sudo cp -rf /usr/include/X11 /usr/X11R6/include/            /* 把 X11 目录复制过去 */
```

3. 安装集成开发环境

与 Windows 下的 Visual Studio 6.0 类似，Linux 下也有多种集成开发环境。在开发 Qt 的 GUI 程序时，常使用 Kdevelop。为了方便使用，将控制终端 konsole 也一起装上，这使得可以在 Kdevelop 的界面上使用命令行。

安装命令如下：

```
$ sudo apt-get install kdevelop3
$ sudo apt-get install konsole
```

安装完成后，在桌面的菜单 Applications->Programming 里可以看到很多 Kdevelop 工具，在 Applications->System Tools 里可以看到 Kconfig 工具。

25.2.2 交叉编译、安装 Qtopia 2.2.0

在以前移植 Qtopia 是一件非常繁琐的事，需要先编译 Qt/Embedded，它是底层基础；然后还要编译 Qt/X11（它是桌面 PC 使用的 Qt 库），这步仅仅是因为要用到其中生成的一些工具（比如 uic）；最后才编译 Qtopia，它就是 QPE（Qt Plamtop Environment），里面包含了众多的应用程序。 从 Qtopia 2.2.0 开始，Qtopia 的代码里就包含了 Qtopia、Qt、Qt/Embedded 和 tmake（一个用来生成 Makefile 的工具）。Qtopia 2.2.0 之后的版本是 4.2.0，从它开始，开源版本不再支持 PDA，所以我们将使用 2.2.0 的版本。可以使用 /work/GUI/qtopia/qtopia-free-src-2.2.0.tar.gz，也可以下面的网址下载到源代码：

```
http://www.qtopia.org.cn/ftp/mirror/ftp.trolltech.com/qtopia/source/qtopia-free-src-2.2.0.tar.gz
```

编译 Qtopia 2.2.0 前，首先要编译、安装它所依赖的库，根据开发板的硬件特性修改配置文件，还要针对编译器的版本修改源代码，针对开发板的所用的 C 库（如果是 uClibc 的话）修改源代码。

即使对于一个成熟的产品，也不能指望它的代码不经修改就能编译成功，开发环境不同、代码本身的缺陷等都是修改的原因。下面的修改内容是笔者在编译 Qtopia 时，根据错误信息进行修改，再编译、再出错、再修改，如此反复总结出来的。如果读者在移植时，由于开发环境不一样而出错，那么请根据出错信息自行修正。

本书所用开发环境、工具如下：
① 主机系统：Ubuntu 7.10。
② 编译器版本：gcc/g++ 4.1.3；arm-linux-gcc/g++ 3.4.5。
③ 交叉编译器自带的库：glibc-2.3.6。

Qtopia 的文档非常丰富，将源码包 qtopia-free-src-2.2.0.tar.gz 打开得到目录 qtopia-free-2.2.0，顶层目录下的 README.html 就是所有文档的入口点，下面所指的文件都是相对于 qtopia-free-2.2.0 目录的。

先了解一下 qtopia-free-2.2.0 目录中的内容，它的子目录、文件如表 25.1、25.2 所示，请参考文档 qtopia/doc/html/build-from-source.html。

表 25.1　　　　　　　　　　qtopia-free-2.2.0 下的子目录

子目录	描述
qtopia	所有 qtopia 的代码，即基于 qte 的上层 GUI 环境，或者称为 QPE
qt2	Qt 2.3.x 的源码，可以用于 X11 或嵌入式系统
dqt	Qt-x11-3.3.x 的源码，它提供一些工具用来编译 Qtopia 的桌面
tmake	tmake-1.14 的源码，tmake 是一个用来配置 Qt 2.3.x 的工具

表 25.2　　　　　　　　　　qtopia-free-2.2.0 下的文件和脚本

文件/脚本	描述
LICENSE	许可证
LODI	A List Of Deliverable Items，即本开发包中所有的文件列表
README.html	文档，用来做一些引导性介绍
configure	配置脚本
Makefile.in	一个临时的 Makefile，它被上面的配置脚本用来生成真正的 Makefile

1. 编译、安装 Qtopia 所依赖的库

文档 qtopia/doc/html/environment-prereq.html 描述了编译、执行 Qtopia 时需要满足的依赖条件，比如内核要支持 Frame Buffer、用到的库、系统命令、执行 Qtopia 时用到的设备、编译器的版本等。

本小节只关心所依赖的库，文档中列出了 jpeg、zlib、uuid 共 3 项，可以使用 qtopia-free-2.2.0 自带的 zlib 库，所以只需要编译、安装 jpeg 和 uuid。

（1）编译、安装 jpeg 库。

从 http://www.ijg.org/files/ 下载源码 jpegsrc.v6b.tar.gz，解压后得到目录 jpeg-6b。

先使用以下命令进行配置：

```
$ ./configure --enable-shared --enable-static  \
--prefix=/work/tools/gcc-3.4.5-glibc-2.3.6/arm-linux  \
--build=i386 --host=arm
```

然后修改生成的 Makefile，如下：

```
CC= gcc      改为：CC= arm-linux-gcc
AR= ar rc    改为：AR= arm-linux-ar rc
AR2= ranlib  改为：AR2= arm-linux-ranlib
```

最后是编译和安装，执行如下命令：

```
$ make
$ make install-lib
```

这将在/work/tools/gcc-3.4.5-glibc-2.3.6/arm-linux 中的 include 目录中生成一些头文件，在

lib 目录中生成一些 jpeg 库文件。

（2）编译、安装 uuid 库。

本书 23.1.3 小节移植 e2fsprogs-1.40.2 开发包中的 EXT2 文件系统格式化工具 mke2fs 时，已经编译、安装了 uuid 库。

下面讲解对 qtopia 的修改，读者可以一个个地修改文件，也可以使用补丁文件：

```
$ cd qtopia-free-2.2.0/
$ patch -p1 < ../qtopia-free-2.2.0_100ask.patch
```

2．修改配置文件

本节的目标是移植 Qtopia 后，能够使用 USB 键盘、USB 鼠标来操作。这需要修改配置文件 qtopia/src/qt/qconfig-qpe.h，将下面几行注释掉:QT_NO_QWS_CURSOR 表示没有光标，QT_NO_QWS_MOUSE_AUTO 表示没有鼠标，QT_NO_QWS_MOUSE_PC 表示不支持与台式机类似的鼠标，如下所示：

```
48 #ifndef QT_NO_QWS_CURSOR
49 #define QT_NO_QWS_CURSOR
50 #endif
51 #ifndef QT_NO_QWS_MOUSE_AUTO
52 #define QT_NO_QWS_MOUSE_AUTO
53 #endif
54 #ifndef QT_NO_QWS_MOUSE_PC
55 #define QT_NO_QWS_MOUSE_PC
56 #endif
```

3．针对交叉编译器的版本修改代码

根据文档 qtopia/doc/html/environment-prereq.html，可以知道能用来编译 qtopia-free-2.2.0 的编译器版本有：2.95.2、3.2.4、3.3.0、3.3.3、3.3.4、3.4.1。

gcc-2.95 是一个质量比较高的编译器，它的性能甚至优于 3.0、3.2 版本。很多工程（比如 Linux 内核）仍旧使用 gcc-2.95.x，它产生的代码的质量和稳定性比很多高版本的编译器还要好。也有很多人使用 gcc-2.95.x 来编译 qtopia-free-2.2.0（也许使用 gcc-2.95.x 时，本小节指定的文件不需要修改），本书使用的交叉编译器版本为 3.4.5，需要修改 qtopia-free-2.2.0 中的几个文件。

```
vi qt2/tools/qembed/Makefile.in
```

（1）修改 qt2/src/tools/qvaluestack.h。

第 57 行修改如下，否则编译时会出现 remove 函数无法识别的错误。

修改前：

```
57 remove( this->fromLast() );
```

修改后：

```
 57    this->remove( this->fromLast() );
```

（2）修改 qt2/src/kernel/qwindowsystem_qws.h。

在文件的开头增加两个类的声明，加入下面两行：

```
class QWSInputMethod;
class QWSGestureMethod;
```

这两个类在这个文件的开始部分就被用到了，但是它们在文件的后部分定义。如果不在前面声明，新的编译器会导致"has not been declared"错误。

（3）修改 qtopia/src/libraries/qtopia/backend/event.cpp。

第 419 行修改如下。

修改前：

```
 419        while ( !( i & day ) && i <= Event::SUN ) {
```

修改后：

```
 419        while ( !( i & day ) && (int)i <= Event::SUN ) {
```

否则会出现"error: ISO C++ says that these are ambiguous"的错误，错误信息如下：

```
backend/event.cpp:419: error: ISO C++ says that these are ambiguous, even
though the worst conversion for the first is better than the worst conversion for
the second:
backend/event.cpp:419: note: candidate 1: operator<=(int, int) <built-in>
/work/GUI/qtopia-free-2.2.0/qt2/include/qstring.h:312: note: candidate 2:
int operator<=(char, QChar)
```

这表示进行"<="运算时，编译器无法确定是使用自身的方法还是使用 qt2/include/qstring.h 中重载的"<="运算符进行比较。

（4）修改导致"error: extra qualification"错误的文件。

在一个类的定义中，使用"类名::"来修饰它本身的成员函数显得很冗余，3.2 版本之后的 gcc 编译器将它视为错误，比如会看到"error: extra qualification"字样的错误信息。解决方法是去掉前面的修饰符"类名::"。

由于这个原因导致需要修改的文件有很多，根据出错信息来进行修改即可。

> **注意** 当配置不同时，要编译的文件也不同，所以本节中修改的文件并不一定完全，只能保证这些修改适用于这个配置。

这些文件如下。

① qtopia/src/libraries/qtopia/qdawg.cpp。

第 294 行修改如下。

修改前：

```
 294 QDawgPrivate::::~QDawgPrivate()
```

修改后：

```
294 ~QDawgPrivate()
```

② qtopia/src/libraries/qtopia2/thumbnailview_p.h。
第 81 行修改如下。
修改前：

```
81    void ThumbnailItem::paintItem( QPainter*, const QColorGroup& );
```

修改后：

```
81    void paintItem( QPainter*, const QColorGroup& );
```

③ qtopia/src/libraries/qtopiapim/abtable_p.h。
第 276 行修改如下。
修改前：

```
276    QListViewItem* PhoneTypeSelector::addType(QListViewItem* prevItem,
```

修改后：

```
276    QListViewItem* addType(QListViewItem* prevItem,
```

④ qtopia/src/libraries/qtopiapim/numberentry_p.h。
第 106 行修改如下。
前改前：

```
106    bool NumberEntryDialog::eventFilter(QObject *o, QEvent *e);
```

修改后：

```
106    bool eventFilter(QObject *o, QEvent *e);
```

⑤ qtopia/src/libraries/mediaplayer/videoviewer.cpp。
第 52 行修改如下。
修改前：

```
52 SimpleVideoWidget::SimpleVideoWidget(QWidget *parent);
```

修改后：

```
52 SimpleVideoWidget(QWidget *parent);
```

⑥ qtopia/src/applications/addressbook/ablabel.h。
第 78 行修改如下。
修改前：

```
78    bool AbLabel::decodeHref(const QString& href, ServiceRequest* req, QString* pm) const;
```

修改后：

```
78 bool decodeHref(const QString& href, ServiceRequest* req, QString* pm) const;
```

⑦ qtopia/src/games/minesweep/minefield.h。
第105、106行修改如下。
修改前：

```
105    void MineField::setState( State st );
106    void MineField::placeMines();
```

修改后：

```
105    void setState( State st );
106    void placeMines();
```

⑧ qtopia/src/settings/buttoneditor/buttoneditordialog.h。
第56行修改如下。
修改前：

```
56 ServiceRequest ButtonEditorDialog::actionFor(int cur) const;
```

修改后：

```
56 ServiceRequest actionFor(int cur) const;
```

⑨ qtopia/src/settings/qipkg/packagewizard.h。
第106行修改如下。
修改前：

```
106 PackageItem* PackageWizard::current() const;
```

修改后：

```
106 PackageItem* current() const;
```

⑩ qtopia/src/plugins/inputmethods/keyboard/keyboard.h。
第60行修改如下。
修改前：

```
60 KeyboardPicks::~KeyboardPicks();
```

修改后：

```
60 ~KeyboardPicks();
```

⑪ qtopia/src/plugins/decorations/polished/polished.h。
第58行修改如下。
修改前：

修改后：

```
58 void drawBlend( QPainter *, const QRect &r, const QColor &c1, const QColor&c2 ) const;
```

⑫ qtopia/src/server/inputmethods.cpp。

第 86 行修改如下。

修改前：

```
86 IMToolButton::IMToolButton( QWidget *parent ) : QToolButton( parent )
```

修改后：

```
86 IMToolButton( QWidget *parent ) : QToolButton( parent )
```

4. 针对 uClibc 库修改代码：如果使用 glibc，则这个步骤可以省略(本书使用 glibc)

常用的 C 库有 glibc 和 uClibc，后者常用于嵌入式系统。两者基本兼容，但是还是有一些区别。

（1）修改 qtopia/src/3rdparty/libraries/rsync/config_linux.h。

将第 47 行如下注释掉，uClibc 中没有变量 program_invocation_short_name。

```
46 /* GNU extension of saving argv[0] to program_invocation_short_name */
47 //#define HAVE_PROGRAM_INVOCATION_NAME 1
```

否则在编译时会出现类似下面的错误：

```
3rdparty/libraries/rsync/trace.c:130:                          error: `program_invocation_short_name'
```

（2）修改 qtopia/src/3rdparty/plugins/codecs/libffmpeg/mediapacketbuffer.h。

将第 231、233 行的 pthread_yield 函数修改为 sched_yield，uClibc 中没有定义 pthread_yield 函数，使用 sched_yield 来代替它。修改后的代码如下：

```
231     sched_yield(); //pthread_yield();
232     bufferMutex.signal();
233     sched_yield(); //pthread_yield();
```

5. 配置、编译、安装 Qtopia

在配置之前，先执行如下命令复制两个文件，否则编译的时候会提示找不到这两个文件。

```
$ cd qtopia/src/libraries/qtopia/
$ cp custom-linux-cassiopeia-g++.h    custom-linux-arm-g++.h
```

```
$ cp custom-linux-cassiopeia-g++.cpp custom-linux-arm-g++.cpp
$ cd -
```

（1）配置 qtopia-free-2.2.0。

配置命令如下，执行以下命令之后，就可以执行"make"命令编译了。

```
$ ./configure -qte '-embedded -no-xft -xplatform linux-arm-g++ -qconfig qpe
-depths 16,32 -no-qvfb -system-jpeg -gif' -qpe '-xplatform linux-arm-g++ -edition
pda -displaysize 240x320' -qt2 '-no-xft' -dqt '-no-xft'
```

下面详细介绍相关的配置项。

在顶层目录下执行"./configure -help"命令就可以看到总体的配置信息，所有的配置信息由 3 个子目录的配置脚本 qtopia/configure、qt2/configure 和 dqt/configure 来提供。它们分别表示 3 个子产品（sub-product）的配置信息，要想详细了解某个子产品，可以使用如表 25.3 所示的命令。

表 25.3　　　　　　　　查看子产品（sub-product）配置信息的命令

子 产 品	命　　令
Qtopia	qtopia/configure -help
Qt 2.3.x	qt2/configure -help
Qt 3.3.x	dqt/configure -help

> **注意**　如果表中的命令执行时出错，这是因为一些环境变量（比如 QTDIR、QPEDIR）没有设置，可以简单地在顶层目录先执行"./configure"命令，它会生成 setQt2Env、setQpeEnv、setDqtEnv 等用来设置环境变量的脚本文件。当确定了配置参数后，先执行"make clean"，然后重新配置即可。

在顶层目录下执行"./configure -help"，可以看到它的用法为：

```
Usage: configure [-qte 'cfg'] [-qpe 'cfg'] [-libpath path] [-prefix path]
                 [-debug] [-qtopiadesktop] [-dprefix path]
                 [-qt2'cfg'] [-dqt 'cfg']
```

① Qt/Embedded 的配置：

其中，-qte 'cfg'表示对 Qt/Embedded 的配置，将 cfg 置换成具体的参数即可。qtopia-free-2.2.0 预先定义了一些常用的配置，它们用 keypad、arm-keypad、no-keypad、arm-no-keypad 等缩写来代替。比如可以这样指定配置项：

```
$ ./configure -qte arm-no-keypad
```

它的意义等同于（请参考"./configure -help"帮助信息）：

```
$ ./configure -qte '-embedded -no-xft -xplatform linux-sharp-g++ -qconfig qpe
-depths 16,32 -no-qvfb -system-jpeg -gif'
```

这些配置项基本符合本书所用开发板，只需要将 linux-sharp-g++改为 linux-arm-g++。

这些参数的意义，可以使用"qt2/configure -help"命令查看帮助。这些参数如表 25.4、25.5 所示。

表 25.4　　qt2（包括 Qt/Embedded）的配置选项

配置项（带有*号的表示默认选项）	描　　述
*　-release	编译、连接 Qt 时，没有调试信息
-debug	编译、连接 Qt 时，加入调试信息
*　-shared	创建 Qt 的动态链接库 libqt.so
-static	创建 Qt 的静态链接库 libqt.a
*　-no-gif	不支持 GIF 格式的图形
-gif	支持 GIF 格式的图形
-no-sm	不支持 "X Session Management"
*　-sm	支持 "X Session Management"
*　-no-thread	不支持线程（Do not compile with Threading Support）
-thread	支持线程（Compile with Threading Support）
*　-qt-zlib	使用 Qt 自带的 zlib 库
-system-zlib	使用操作系统的 zlib 库
*　-qt-libpng	使用 Qt 自带的 pnp 库
-system-libpng	使用操作系统的 pnp 库
*　-no-mng	不支持 mng（mng 是流行的 png 图片格式的动画扩展）
-system-libmng	使用操作系统的 mng 库
*　-no-jpeg	不支持 jpeg
-system-jpeg	使用操作系统的 jpeg 库
*　-no-nas-sound	不支持 "网络音响"（Network Audio System）
-system-nas-sound	使用操作系统的 NAS libaudio 库
-no-<module>	禁止某个模块，"<module>" 可以是这 4 个之一：opengl、table、network、canvas
-kde	编译工具 designer 时，让它支持 KDE 2。这样，KDE 2 的控件（widget）就可以在 designer 上直接使用
-tslib	使能触摸屏的处理函数
-no-g++-exceptions	一个编译选项：Disable exceptions on platforms using the GNU C++ compiler by using the -fno-exceptions flag
-no-xft	不支持 Anti-Aliased 字体
-xft	支持 Anti-Aliased 字体，这要用到 xft 库
-platform target	指定主机平台，请查看 qt2/PLATFORMS 获知支持的平台
-xplatform target	指定变叉编译的平台，请查看 qt2/PLATFORMS
-Istring	指定额外的头文件目录

续表

配置项（带有*号的表示默认选项）	描述
-Lstring	指定额外的链接库目录
-Rstring	指定额外的动态链接库目录（dynamic library runtime search path）
-lstring	指定额外的库

Qt/Embedded only（以下选项只适用于 Qt/Embedded）。

表 25.5　　　　Qt2 的配置选项（只适用于 **Qt/Embedded**）

-embedded	使能 Qt/Embedded
-qconfig local	使用配置文件 qt2/src/tools/qconfig-<local>.h，不指定的话将使用 qt2/src/tools/qconfig.h
-depths list	支持的像素位宽，使用逗号分开。可取的值有：v、4、8、16、18、24、32（"v"表示 VGA16）
-accel-snap	显卡方面的加速功能
-accel-voodoo3	
-accel-mach64	
-accel-matrox	
-qvfb	使能虚拟的 Frame Buffer（X11-based Qt Virtual Frame Buffer），它通常用于在 x86 主机上调试程序
-vnc	支持 VNC 服务器（Virtual Network Computing）
-keypad-mode	这两个选项用于 Qtopia Phone 版，在 PDA 版中不需要
-keypad-input	

② Qtopia 的配置。

-qpe 'cfg'表示对 Qtopia 的配置，将 cfg 置换成具体的参数即可。qtopia-free-2.2.0 预先定义了一些常用的配置，它们用 phone、arm-phone、pda、arm-pda、core、arm-core 等缩写来代替。比如可以这样指定配置项：

```
-qpe arm-pda
```

它的意义等同于（请参考"./configure -help"帮助信息）：

```
-qpe '-xplatform linux-sharp-g++ -edition pda -displaysize 240x320'
```

这些配置项基本符合我们的开发板，只需要将 linux-sharp-g++改为 linux-arm-g++。

这些参数的意义，可以使用下面命令查看帮助，第一条指令用来设置环境变量，否则第二条指令无法运行。

```
$ . ./setQpeEnv
$ qtopia/configure -help
```

这些帮助信息没有给出具体解释，不过可以从它们的名字上知道各配置项的含义。

> **注意** 第一条命令"../setQpeEnv"中的第一个"."表示脚本内容用于设置"当前的"环境变量。如果不在前面加上".",则这些环境变量只在这个脚本的执行过程中有效。

③ Qt2、Qt3 的配置。

只要按如下指定即可,它们表示不使用 Anti-Aliased 字体,否则会编译出错(没有安装 xft 库)。

```
-qt2 '-no-xft' -dqt '-no-xft'
```

其他的配置项都是一些路径的设置,我们使用默认即可。这 3 类配置项组合起来,就得到本小节开头的配置命令。

(2) 编译、安装 qtopia-free-2.2.0。

执行配置命令时,会询问是否接受 Qtopia 免费版本的许可协议,回答 yes,如下:

```
Do you accept the terms of the Qtopia Free Edition License? yes
```

配置完成后,会得到一些操作指示,如下:

```
Qtopia is now configured.

Type "make"               to build the qtopia bundle (and the tools, if required).
Type "make install"       to install Qtopia.
Type "make cleaninstall" to install Qtopia after removing the image first (avoid stale files in the image).
Type "make clean"         to clean the qtopia bundle.

Type "make tools"         to build the tools bundle.
Type "make cleantools"    to clean the tools bundle.

To manually build a particular component (eg. because it failed to build)
source the set...Env script. eg. . ./setQpeEnv; cd $QPEDIR; make
```

执行"make"进行编译,它将在以下目录中生成可执行文件和库文件。

```
qtopia/bin
qtopia/lib
qtopia/plugins
```

另外,字库文件在 qt2/lib/fonts/目录下。

然后执行"make install"进行安装,它将把所有必需的目录、文件复制到 qtopia/image/opt/Qtopia 目录下。

6. 在开发板上安装、运行 Qtopia

假设开发板的根文件系统保存在主机上的/work/nfs_root/fs_qtopia 目录中,它从 fs_mini_mdev 复制得到。

```
$ cd /work/nfs_root
$ sudo cp -rf fs_mini_mdev fs_qtopia
$ sudo chown book:book fs_qtopia -R
```

然后,按照下述 7 个步骤在 fs_qtopia 目录中加入对 Qtopia 的支持。

(1) 复制 Qtopia 所依赖的 jpeg 库、uuid 库。

```
$ cd /work/tools/gcc-3.4.5-glibc-2.3.6/arm-linux/lib/
$ cp libjpeg.so* /work/nfs_root/fs_qtopia/lib/ -d
$ cp libuuid.so* /work/nfs_root/fs_qtopia/lib/ -d
```

(2) 复制字库。

```
$ cd /work/GUI/qtopia/qtopia-free-2.2.0/
$ cp -rf qt2/lib/fonts qtopia/image/opt/Qtopia/lib/
```

(3) 将 qtopia/image/opt/整个目录复制到开发板根目录上。

```
$ cd /work/GUI/qtopia/qtopia-free-2.2.0/
$ cp -rf qtopia/image/opt /work/nfs_root/fs_qtopia
```

(4) 创建时区文件。
直接使用主机中的时区文件。

```
$ cd /work/nfs_root/fs_qtopia
$ mkdir -p usr/share/zoneinfo/
$ cp -rf /usr/share/zoneinfo/America  usr/share/zoneinfo/
$ cp /usr/share/zoneinfo/zone.tab  usr/share/zoneinfo/
```

(5) 伪造触摸屏校验文件。

Qtopia 第一次启动时,会自动运行触摸屏校验程序。由于本书没有移植触摸屏的驱动程序,这将导致校验失败,使得无法进入系统。可以通过在开发板根文件系统中下建立一个触摸屏的校验文件 etc/pointercal,内容为:1 0 1 0 1 1 65536,它可以让系统不执行校验程序。

(6) 建立一个脚本文件,用来运行 qtopia。

在开发板根目录/bin 下建立 qpe.sh 文件,它用来设置环境变量、启动 Qtopia,内容如下:

```
#!/bin/sh
export HOME=/root
export QTDIR=/opt/Qtopia
export QPEDIR=/opt/Qtopia
export QWS_DISPLAY=LinuxFb:/dev/fb0
export QWS_KEYBOARD="TTY:/dev/tty1"
export QWS_MOUSE_PROTO="USB:/dev/mouse0"
export PATH=$QPEDIR/bin:$PATH
export LD_LIBRARY_PATH=$QPEDIR/lib:$LD_LIBRARY_PATH
$QPEDIR/bin/qpe &
```

前面几行用来设置环境变量,比如指定一些目录、指定动态库的路径、指定输入输出设备等,可以参考文档 dqt/doc/html/emb-envvars.html。

需要指出的是,Qtopia 启动后,它在$HOME 目录下存放运行过程中产生的配置文件;其中文本编辑器、媒体播放器等程序使用的文件也存放在$HOME/Documents 目录下,这意味着可以在这个目录下存放音乐、影视文件。

最后一行启动 Qtopia。

启动界面可以参考图 25.5,中间的是第一次启动时的界面,然后按照提示设置语言、时区、时间后就可以得到右边的界面,这时可以在里面启动各个程序。

> **注意** 由于上面设置了"HOME=/root",Qtopia 运行时产生的信息将保存在/root 目录下。所以还要建立/root 目录,命令为:"$ mkdir –p /work/nfs_root/fs_qtopia/root"。

(7)修改根文件系统的启动脚本。

运行 Qtopia 时,需要用到临时目录/tmp,为减少对 Flash 的擦写,在/tmp 目录上挂接 tmpfs 文件系统。

首先建立/tmp 目录。

```
$ mkdir -p /work/nfs_root/fs_qtopia/tmp
```

然后修改/work/nfs_root/fs_qtopia/etc/fstab 文件,加入一行。

```
tmpfs           /tmp           tmpfs  defaults       0   0
```

最后,修改启动脚本/work/nfs_root/fs_qtopia/etc/init.d/rcS,在最后加入以下一行。

```
/bin/qpe.sh &
```

还要修改它的属性。

```
$ chmod +x /work/nfs_root/fs_qtopia/bin/qpe.sh
```

需要注意,在/work/nfs_root/fs_qtopia/etc/inittab 中,不能再用/dev/tty1 来启动控制台,否则 Qtopia 启动时无法使用键盘。如下将这行禁止掉:

```
#tty1::askfirst:-/bin/sh
```

现在,可以使用 mkyaffsimage 工具将/work/nfs_root/fs_qtopia/制作成 yaffs 映象文件,烧到开发板上;或者通过 NFS 从/work/nfs_root/fs_qtopia/上启动系统。系统启动后,就可以在 LCD 上看到 Qtopia 的桌面了(第一次启动时,需要进行一些设置)。注意:启动之前,先接入 USB 键盘、USB 鼠标,还不能做到即插即用。

25.2.3 开发自己的 Qt GUI 程序

开发 Qt GUI 程序时,需要用到集成开发工具 Kdevelop、Qt 中自带的 designer、qmake、uic 和 moc 工具,当然,交叉编译工具必不可少。

Kdevelop 给用户提供了方便的操作界面,用来编译、运行、调试程序。它还包含有 Qt GUI 程序的模板,可以用来产生一个框架,然后再在上面进行修改。在生成模板时,会产生一个工程文件(.pro)、一个图形界面文件(.ui),还有一些源文件(.h、.cpp)。

本节中调用 qmake 工具根据.pro 文件来生成 Makefile 文件,这使得程序员可以摆脱编写枯燥并且容易出错的 Makefile。

designer 工具被用来打开.ui 文件，得到一个可视化的界面，程序员可以在 designer 中修改这个界面，达到"所见即所得"的效果。

当使用 designer 工具编辑好界面之后，通过 uic 工具将.ui 文件转换为 C++源代码，这将生成一些.h、.cpp 文件。uic 就是"User Interface Compiler"的缩写，即用户界面编译器。

moc 是"Meta Object Compiler"的缩写，即元对象编译器。Qt 著名的 signal/slot 机制必须借助 moc 工具才能实现：moc 检查一个 C++源文件，如果发现它包含有 Q_OBJECT 宏，则生成另一个 C++源文件，里面包含了"元对象代码"（meta object cod）。用 moc 产生的 C++源文件必须与类实现一起进行编译和连接，或者用#include 语句将其包含到类的源文件中。

使用 qmake 生成的 Makefile 中有使用 uic、moc 工具生成源文件的规则，这使得在编译程序时，会自动调用 uic、moc 来生成源文件。

综上所述，开发 Qt GUI 程序时，先使用 Kdevelop 工具生成程序框架，然后使用 designer 修改图形界面，接着使用 qmake 生成 Makefile 文件；编译程序时，Makefile 会调用 uic 将界面文件（.ui）转换为 C++源文件，调用 moc 生成 C++源文件以实现"元对象"。

下面以一个最简单的 GUI 程序"helloworld"为例，分步骤介绍开发过程。

1. 使用 Kdevelop 工具生成程序框架

从 Ubuntu 7.10 的桌面菜单中启动 Kdevelop，位置如下：

```
Applications -> Programming -> KDevelop: C/C++
```

然后创建一个新工程。

（1）在"Project"菜单中选择"New Project"。

（2）打开左边的"C++"目录，在"Embedded"子目录下可以看见多种工程的模板，如图 25.1 所示。

图 25.1　新建一个 Qtopia 工程

(3) 选择"Qtopia Application"。
(4) 指定工程存放的位置,输入工程的名字"helloworld"。

然后在后面出现的界面中,选择默认值,最后生成了一个框架,在 helloworld 目录下有如下文件:

```
$ ls
COPYING        helloworld.control    helloworld.h          helloworld.png     templates
Doxyfile       helloworld.cpp        helloworld.html       helloworld.pro
helloworldbase.ui  helloworld.desktop  helloworld.kdevelop   main.cpp
```

2. 使用 designer 修改图形界面

helloworld 目录下的 helloworldbase.ui 可以使用 designer 工具来打开和编辑。

> **注意** designer 目前有 3 个版本,Qt2、Qt3、Qt4。使用 Qt3、Qt4 版本的 designer 打开 .ui 文件后,它将不能用于 Qt2。

在本书移植的 qtopia-free-2.2.0 中,Qt 的版本为 2.3.x,所以只能使用 Qt2 版本的 designer 来处理 .ui 文件。这个工具在编译 qtopia 时,在 qt2/bin/ 目录下已经生成了,为方便使用并区别于其他版本,把它复制到 /usr/local/bin 目录下,并改名为 designer-qt2。

```
$ sudo cp /work/GUI/qtopia/qtopia-free-2.2.0/qt2/bin/designer /usr/local/bin/designer-qt2
```

在桌面控制终端下执行"designer-qt2 &"启动它,然后使用它打开 helloworldbase.ui 文件,可以看到如图 25.2 所示的界面。

双击其中的文字,修改为"Hello, world!",然后拖动边框改变它的样式,结果如图 25.3 所示。

图 25.2 KDevelop 生成的 helloworld 工程的界面 图 25.3 使用 designer-qt2 修改过的 helloworld 工程的界面

3. 使用 qmake 生成 Makefile 文件

qmake 工具的用法可以参考文档 dqt/doc/html/qmake-manual.html,它读取当前目录下的 .pro 文件来产生 Makefile。

在执行它之前,需要指定 3 个环境。

（1）QTDIR：表示 Qt 的目录，即 qtopia-free-2.2.0 下的 qt2 目录。
（2）QPEDIR：表示 qpe（即 qtopia）的目录，即 qtopia-free-2.2.0 下的 qtopia 目录。
（3）QMAKESPEC：在 QMAKESPEC 指定的目录下有个 qmake.conf 文件，它定义了一些平台相关、编译器相关的信息，比如操作系统的类型、编译器的名称、编译选项、头文件目录、库目录等。qmake.conf 文件中，使用到了 QTDIR 和 QPEDIR 这两个环境变量。

本小节的目的是编译可以在 ARM 开发板上运行的 GUI 程序，在控制终端上，进入 helloworld 目录，执行以下命令：

```
$ export QTDIR=/work/GUI/qtopia/qtopia-free-2.2.0/qt2
$ export QPEDIR=/work/GUI/qtopia/qtopia-free-2.2.0/qtopia
$ export QMAKESPEC=/work/GUI/qtopia/qtopia-free-2.2.0/qtopia/mkspecs/qws/linux-arm-g++
$ $QPEDIR/bin/qmake
```

qmake 将生成一个 Makefile 文件，在这个目录下直接执行 "Make" 命令就可以编译生成可执行程序 helloworld；也可以使用 Kdevelop 来编译程序。

可以在 Makefile 中看到，它会使用$（QTDIR）/bin/uic、$（QTDIR）/bin/moc 这两个工具来生成一些 C++源文件。要想进一步了解这两个工具，可以参考以下文档：

```
dqt/doc/html/uic.html
dqt/doc/html/moc.html
```

4．使用 Kdevelop 工具编译程序

从这时起，Kdevelop 只是一个 "集成" 工具，即它只是将其他工具集成起来，通过一个图形化的操作界面方便程序员使用而已。比如编译程序时，它仍依赖于工程中的 Makefile。

使用 Kdevelop 之前，也需要设置一些环境变量：编译程序时用到的环境变量属于被称为 "Make Options"，与之对应的还有 "Run Options"，它用来设置运行程序时的一些参数（由于 helloworld 工程为交叉编译，不能在主机上运行，"Run Options" 的设置可以省略）。

"Make Options" 位置如下，需要设置 Makefile 中用到的环境变量：

```
Project --> Project Options --> Make Options
```

本程序只需要设置 QTDIR、QPEDIR 两个环境变量，如图 25.4 所示。

图 25.4　设置 "Make Options" 中的环境变量

现在编译程序很简单了，只需要按下"F8"键，或者在菜单"Build"中选择"Build Project"。在 Kdevelop 的消息窗口可以看到如下编译信息：

```
cd '/work/embedded_book_source/GUI/helloworld' && QPEDIR="/work/GUI/qtopia
/qtopia-free-2.2.0/qtopia" QTDIR="/work/GUI/qtopia-free-2.2.0/qt2" make
generating .ui/release-shared/helloworldbase.h (uic)
compiling main.cpp (g++)
compiling helloworld.cpp (g++)
generating .ui/release-shared/helloworldbase.cpp (uic)
compiling helloworldbase.cpp (g++)
generating .moc/release-shared/moc_helloworld.cpp (moc)
compiling moc_helloworld.cpp (g++)
generating .moc/release-shared/moc_helloworldbase.cpp (moc)
compiling moc_helloworldbase.cpp (g++)
linking helloworld (g++)
*** Success ***
```

可见，它只是设置好了环境变量之后，再执行"make"命令而已。

5．将可执行程序放到根文件系统中

本小节的目标是在 Qtopia 的桌面生成一个小图标，单击它时就运行 helloworld。这需要3个文件：图标文件、可执行程序、把它们两者联系起来的文件（称为桌面文件）。这3个文件在 helloworld 目录下都生成了，分别为：helloworld.png、helloworld 和 helloworld.desktop，只要将它们放入开发板根文件系统中相应的目录中即可。

（1）图标文件 helloworld.png 放到/opt/Qtopia/pics/中。

（2）可执行程序 helloworld 放到/opt/Qtopia/bin/中。

（3）桌面文件 helloworld.desktop 放到/opt/Qtopia/apps/Applications/中。

这3种文件之间的关系、桌面文件的格式，可以参考文档 qtopia/doc/html/files.html。

重启系统就可以看到桌面上多了一个名为"helloworld"的图标，单击它将得到与图 25.2 类似的界面。

25.2.4 在主机上使用模拟软件开发、调试嵌入式 Qt GUI 程序

Qtopia 中提供了一个工具 qvfb 来模拟实际的 Frame Buffer 设备，这使得可以在主机上运行为嵌入式设备开发的 GUI 程序，极大地便利了开发、调试工作。

与前两节的内容相似，要在主机上开发、运行"嵌入式 GUI 程序"也要完成以下两件事。

（1）编译、安装 Qtopia 2.2.0。

（2）开发自己的 Qt GUI 程序。

其中详细的过程与前两者完全对应，只是在对各工具的配置不同。换个角度来说，x86 也是一种"嵌入式处理器"，编译、安装、运行程序时与 ARM 处理器并无特别之处。

下面简要讲述这些过程。

1. 编译、安装 Qtopia 2.2.0

用于主机所的 qtopia-free-2.2.0 代码与用于 ARM 开发板上的代码完全一样，前面对它做的修改完全适用于主机，所以下面不再讲述对代码的修改。

（1）编译、安装 Qtopia 所依赖的库。

有两个库：uuid 和 jped，下面只给出执行的命令，不再解释过程。

① uuid 库。

```
$ cd /work/tools/e2fsprogs-1.40.2/
$ mkdir build_x86; cd build_x86
$ ../configure --enable-elf-shlibs
$ make
$ sudo make install-libs
```

② jpeg 库。

```
$ tar xzf jpegsrc.v6b.tar.gz          // 重新解压
$ cd jpeg-6b
$ ./configure --enable-shared --enable-static --prefix=/usr
$ make
$ sudo make install-lib
```

这些命令最终会在/usr/lib、/usr/include 目录下安装库文件、头文件。

（2）配置、编译、安装 qtopia。

将源文件/work/GUI/qtopia-free-src-2.2.0.tar.gz 解压所得目录命名为 qtopia-free-2.2.0_x86，然后按照进 25.2.2 小节的方法修改它。或者，也可以使用补丁文件 qtopia-free-2.2.0_100ask.patch，执行以下命令：

```
$ cd qtopia-free-2.2.0_x86
$ patch -p1 < ../qtopia-free-2.2.0_100ask.patch
```

然后，执行以下配置、编译、安装命令：

```
$ ./configure -qte '-embedded -no-xft -qconfig qpe -depths 16,32 -system-jpeg -gif'-qpe'-edition pda -displaysize 240x320'-qt2'-no-xft'-dqt'-no-xft'
$ make
$ make install
```

配置项与前面在移植 ARM 平台时的相比，少了"-xplatform linux-arm-g++"、"-no-qvfb"选项，后者表示支持 qvfb。

这些命令将在 qtopia-free-2.2.0_x86/qtopia/image/目录下生成一个 opt 目录，里面存放了所有运行 qtopia 所必需的文件，比如库文件、可执行程序、图标等（除了字库）。字库在 qtopia-free-2.2.0_x86/qt2/lib/fonts/目录下，使用以下命令复制它：

```
$ cp -rf qt2/lib/fonts qtopia/image/opt/Qtopia/lib/
```

以后运行、调试程序时，都是基于 qtopia-free-2.2.0_x86/qtopia/image/opt/Qtopia 目录。

2. 在 qvfb 上启动 qtopia

在编译 qtopia 的过程中，qvfb 工具已经在 qtopia-free-2.2.0_x86/qt2/bin/ 目录下生成了。为方便使用，可以将它复制到 /usr/local/bin 目录下。

在桌面控制终端下使用以下命令启动它，可以看见如图 25.5 左边的界面。

```
$ sudo cp qt2/bin/qvfb  /usr/local/bin/
$ qvfb &
```

图 25.3 右侧界面所示的虚拟 frame buffer 中什么都没有，因为还没有启动 Qtopia。与在 ARM 开发板上启动 Qtopia 相似，也需要设置一些环境变量。为方便使用，可以建立一个脚本，称为 qpe_x86.sh，内容如下：

```
#!/bin/sh
export HOME=/work/GUI/qtopia/qtopia-free-2.2.0_x86/qtopia/image/root
export QTDIR=/work/GUI/qtopia/qtopia-free-2.2.0_x86/qtopia/image/opt/Qtopia
export QPEDIR=$QTDIR
export PATH=$QPEDIR/bin:$PATH
export LD_LIBRARY_PATH=$QPEDIR/lib:$LD_LIBRARY_PATH
$QPEDIR/bin/qpe &
```

> **注意**
> ① qvfb 程序必须先运行；qpe_x86.sh 里设置的 HOME 环境变量可以设为其他目录，这个目录必须存在。第一次运行时，使用以下命令建立这个目录：
> ```
> $ mkdir /work/GUI/qtopia/qtopia-free-2.2.0_x86/qtopia/image/root
> ```
> ② 其中 QTDIR、QPEDIR、LD_LIBRARY_PATH 表示的目录都在 "image" 目录中，这个目录是在编译 qtopia 的最后执行 "make install" 命令时生成的，它就是最终的结果。

然后，修改脚本的属性并执行（在桌面控制终端下执行）。

```
$ chmod +x qpe_x86.sh
$ ./qpe_x86.sh
```

就可以看见如图 25.5 中间的界面了，然后使用鼠标点击桌面，按照提示设置语言、时区、时间后就可以得到图 25.5 右边的界面，这时可以在里面启动各个程序。

图 25.5 在 qvfb 上运行 Qtopia 时的启动界面

3. 使用 Kdevelop 开发、编译、运行、调试 Qt GUI 程序

依照 25.2.3 小节的方法建立"helloworld_x86"工程，它的建立、编译方法与"helloworld"工程基本一样，只是编译、运行时要设置的环境变量不一样，下面简单讲述这些过程，本节将重点放在 Kdevelop 的使用上。

（1）建立、编译"helloworld_x86"工程。

建立 helloworld_x86 工程后，使用 qmake 生成 Makefile。进入 helloworld_x86 目录，执行以下命令：

```
$ export QTDIR=/work/GUI/qtopia/qtopia-free-2.2.0_x86/qt2
$ export QPEDIR=/work/GUI/qtopia/qtopia-free-2.2.0_x86/qtopia
$ export QMAKESPEC=/work/GUI/qtopia/qtopia-free-2.2.0_x86/qtopia/mkspecs/qws/linux-x86-g++
$ $QPEDIR/bin/qmake
```

然后修改 Kdevelop 中的"Project --> Project Options --> Make Options"，将 QTDIR、QPEDIR 设为上面代码中的值。

现在可以在 Kdevelop 中，按下"F8"键编译程序了。

（2）运行 helloworld_x86。

启动方法有两种：使用命令行手工启动、通过 Kdevelop 启动。

① 手工启动 helloworld_x86。

其步骤与上面在 qvfb 上启动 Qtopia 是一样的，先运行 qvfb，然后设置环境变量，最后运行 helloworld_x86。为方便，后两个步骤写入一个脚本文件中，名字为 helloworld_x86.sh，内容如下（它与 qpe_x86.sh 内容相似）：

```
#!/bin/sh
export HOME=/work/GUI/qtopia/qtopia-free-2.2.0_x86/qtopia/image/root
export QTDIR=/work/GUI/qtopia/qtopia-free-2.2.0_x86/qtopia/image/opt/Qtopia
export QPEDIR=$QTDIR
export PATH=$QPEDIR/bin
export LD_LIBRARY_PATH=$QPEDIR/lib
./helloworld_x86 -qws &
```

要单独运行某个 Qt 程序，需要使用"-qws"把它作为一个服务来启动，还要修改脚本，如下所示：

```
$ chmod +x ./helloworld_x86.sh
```

在 qvfb 上启动 helloworld 的命令如下：

```
$ qvfb &
$ ./helloworld_x86.sh
```

这时可以看见如图 25.6 所示的界面。

图 25.6　在 qvfb 上运行 helloworld 时的界面

② 通过 Kdevelop 启动 helloworld。

这需要设置"Run Options",即运行程序时的参数。"Run Options"位置如下:

```
Project --> Project Options --> Run Options
```

需要在"Main Program"中指定"Executable"(运行的程序,设为/work/GUI/qtopia/helloworld_x86/helloworld_x86)、"Run Arguments"(运行参数,设为-qws),在"Environment Variables"中按照 helloworld_x86.sh 文件设置环境变量(注意:所有环境变量都必须展开,即它们的值不能用其他变量来定义),如图 25.7 所示。

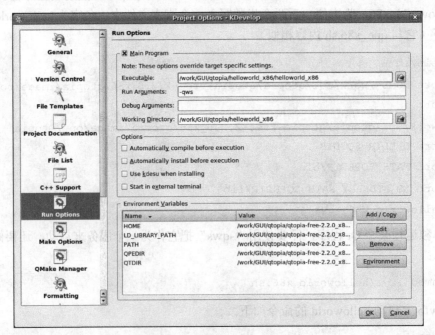

图 25.7　设置"Run Options"

与手动启动程序类似,也要先在控制终端中启动 qvfb。然后就可以在 Kdevelop 中运行

helloworld_x86，启动方法：使用快捷键"Shift + F9"，或者使用菜单"Build --> Execute Main Program"。

（3）调试"helloworld_x86"工程。

使用 Kdevelop 来调试程序并不方便，可以使用 DDD 和 GDB 来调试。

首先修改工程文件 helloworld_x86.pro，将"warn_on release"改为"warn_on debug"，如下：

```
#CONFIG        = qt warn_on release
CONFIG         = qt warn_on debug
```

然后重新生成 Makefile，方法与前面一样。不同的 helloworld_x86.pro 文件，产生不同的 Makefile。生成 Makefile 之后，执行"make distclean"清除以前的编译结果，再执行"make"生成带调试信息的可执行程序 helloworld_x86。

最后，使用 DDD 调用 GDB，启动 helloworld_x86，方法如下。

① 修改 helloworld_x86.sh 最后一行。

```
./helloworld_x86 -qws &
```

改为：

```
ddd gdb --args ./helloworld_x86 -qws &
```

② 启动 qvfb 后，在 helloworld_x86 目录下运行 helloworld_x86.sh。

```
$ qvfb &
$ ./helloworld_x86.sh
```

程序启动后，就可以看到类似图 25.8 的调试界面，可以在里面设置断点、单步执行、查看结果等。

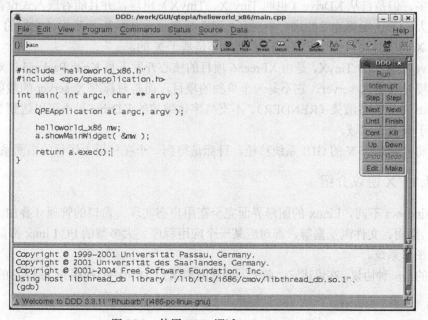

图 25.8 使用 DDD 调试 helloworld_x86

第 26 章 基于 X 的 GUI 开发

本章目标

- 理解 X Window 中各部件的作用
- 掌握搭建基于 X 的 GUI 系统的方法,移植一个桌面环境
- 掌握移植 GUI 程序的方法
- 掌握裁剪文件系统的方法

26.1 X Window 概述

在嵌入式 GUI 领域,以前人们都倾向于跨过 X,比如上节移植的 Qtopia,还有基于 GTK 的 GPE 等,它们都是直接操作硬件,这主要是基于两个方面的考虑:X 本身就很大,运行时消耗资源多。但是自从 KDrive(也叫 Tiny X、TinyX)出现,并且随着嵌入式设备的存储容量越来越大、CPU 运算速度的进一步提高,现在很多公司开始基于 X 设计它们的 GUI 系统,因为基于 X 的资源"极大"非富,很多软件都是基于 X 的。

KDrive 也被称为 TinyX,是由 XFree86 项目的核心开发人员 Keith Packard 针对内存很小的应用环境开发的 X server,它不是一个单独的项目,而是对标准 X server 的裁剪、配置。在 PC Linux 中,支持渲染(RENDER)、不支持字体缩放的 KDrive 最小可以达到 700KB,这非常适用于嵌入式领域。

本节将介绍基于 X 的 GUI 系统移植,目标是得到一个在单板上运行的桌面系统。

26.1.1 X 协议介绍

与 Windows 不同,Linux 的图形界面完全在用户态实现:窗口的管理(叠加、最大化、最小化)、桌面、文件浏览器等,都对应某一个应用程序。大多数的 PC Linux 都是基于 X 协议来实现图形系统。

X 指的是一种协议,在讲述它之前先回顾前面测试 LCD 所用的程序 fb_test,它的用法如下:

```
$ fb_test /dev/fb0
```

它调用 mmap 函数获得 LCD 的 Frame Buffer 地址后,直接在里面填充数据以显示图像。

但是当有多个程序需要操作 LCD 时，每个程序都直接操作硬件的方法并不可取。必须提供一种机制来串行化各个程序对 LCD 的访问，否则屏幕会将被画得一团糟。对键盘、鼠标等设备也有同样的问题。

X 协议就是用来处理这类问题的，它规定了这样一种操作方式：屏幕、键盘、鼠标等输入/输出设备由一个名为 X server 的程序来统一管理，其他的应用程序被称为 X client。比如当应用程序需要画一个圆时，它向 X server 提出请求：请在 (x, y) 坐标处绘制一个半径为 r 的红色的圆；剩下的工作就由 X server 操作具体硬件来完成了。X server 还负责捕捉键盘、鼠标的输入事件。比如当鼠标的左键被按下时，X server 会告诉"对这类事件感兴趣的" X client 程序：鼠标左键被按下了，请处理。

X server 和 X client 之间通过一定的协议进行通信，这也意味着它们可以位于不同的机器、不同的操作系统。实际上，在远程桌面等技术出现之前，在 UNIX、Linux 之类的系统中就可以通过 X 进行远程操作了。需要注意的是，X 中 server 和 client 的位置与传统的服务器、客户端刚好相反。X server 和 X client 指的是程序，传统的服务器、客户端指的是机器。以一个例子来说明：我们的个人电脑为 Windows 机器，通过 Xmanage 等远程控制工具登录到 Linux 服务器上去后，可以在 Xmanage 中指示 Linux 服务器执行一个程序，比如文本编辑器 Gedit。这时，登录工具 Xmanage 被称为 X server，而在 Linux 服务器上运行的 Gedit 程序反倒被称为 X client。

X 既然只是一种协议，那么它的代码实现就可以有多种方式，现在流行的有 XFree86、Xorg 两种。它们的关系如下。

（1）XFree86。
- XFree86 是由 X11R6 发展出来的最初专门给 Intel X86 结构 PC 机使用的 X Window 的系统。
- 而后 XFree86 发展成为几乎适用于所有类 UNIX 操作系统的 X Window 系统。
- XFree86 是一个开放源代码的基于 X11 的桌面基础构架。
- Red Hat 9 中使用的 X Window 系统就是 XFree86 4.3。
- XFree86 从 2004 年发布的版本 4.4 起不再遵从 GPL 许可证发行，而是遵循新的 XFree86 1.1 许可证。
- 由于 XFree86 不再遵从 GPL 许可证发行，导致许多发行套件不再使用 XFree86，转而使用 Xorg。

（2）Xorg。
- Xorg 是由 X.Org 基金会发行的开放源代码 X Window 系统实现的 X 服务。
- Xorg 遵从 GPL 许可证发行。
- Xorg 基于 XFree86 4.4RC2 和 X11R6.6 的代码。
- X.Org 基金会在 2004 年 4 月发布了 X11R6.7。
- 在 2005 年 2 月发布了 X11R6.8.2
- 在 2007 年 9 月发布了 X11R7.3。

基于 X 实现的 GUI 系统就称为 X Window System，简称为 X Window 或 X。也常把 X server（这里指一个程序）及它提供的服务简称为 X。通过 X，使得图形应用程序不需要关心硬件的细节，它们只需要告诉 X 怎样显示即可，X 监听应用程序的请求，并将这些指示转换为实际的硬件操作。但是，X 并不控制这些应用程序在屏幕上的显示位置和显示内容。

26.1.2 窗口管理器（Window manager）

图形程序常常有一个矩形状的外观，称之为窗口（Window）。由于 X 只给图形程序提供了显示的硬件实现，所以需要额外的程序来管理窗口，这个程序被称为窗口管理器（Window manager）。它也只是一个普通的应用程序，特殊之处在于它是用来管理其他窗口的。

窗口管理器控制着屏幕上的窗口：它们的样式及操作。它决定窗口的边框样式，比如最大、最小、关闭这 3 个常见的按钮就是窗口管理器提供的。通过窗口管理器，可以对窗口进行各种操作，比如移动、隐藏、改变大小、关闭等。它控制着当前哪个窗口可以接收键盘、鼠标的输入，哪个窗口处于显示器的最上层。它还控制着进行上述操作的方式：使用鼠标左键还是右键、可以使用哪些快捷键等。

除上述功能外，有些窗口管理器还提供了额外的功能。比如提供一个或多个菜单，使得用户可以通过它们来启动程序；提供虚拟桌面（virtual desktops），有多个桌面，可以在它们之间进行切换，这就像切换应用程序一样，只不过它是切换"整个桌面"；有些窗口管理器还提供了图形界面的配置工具。

26.1.3 桌面环境（Desktop environment）

通过窗口管理器，已经可以在一个桌面进行各类日常工作了，对太多数用户来说，这已经足够了。但是如果想要更多的功能，比如想在桌面上放置一样图标，单击它就可以启动程序等，这不是窗口管理器的职责。这时候，需要一个桌面管理器（Desktop manager），或称之为桌面环境（Desktop environment）。

就如它的名字所示，桌面管理器管理整个桌面，但是它不直接处理窗口。比如桌面管理器在桌面上提供一个或多个任务栏、额外的菜单、图标、其他各种工具（文件管理器、查找工具、文件编辑器）的快捷方式（借用 Windows 的概念）等。

在 PC Linux 中，主流的两个桌面管理器是 KDE（K Desktop Environment）和 GNOME（GNU Network Object Model Environment）。它们有很多不同，但是有一点是相同的：它们都必须使用一个窗口管理器。桌面管理器管理整个桌面，但是对窗口的控制仍由窗口管理器来完成。KDE 里已经集成了一个窗口管理器，而 GNOME 使用其他窗口管理器（这使得我们可以轻松更换其他窗口管理器）。

X、窗口管理器、桌面管理器，这 3 个概念在后面的移植过程中，读者会得到深入而形象理解。

26.2 交叉编译工具包 Scratchbox

在 UNIX 系统上，知名的"make"工具可以协助开发程序，但是随着程序开发复杂度的提升，已经很难用有限的"make rules"来满足多变的需求，所以 Cygnus/RedHat 的 Tom Tromey 就设计了 autoconf 与 automake 等工具，期望大幅降低异质性平台开发的困难。这也包含所谓的 cross-compile，为了克服不同平台的函数库编译落差，libtool 也被提出，立意甚好但往往让我们遇到不少问题，比方说知名的 hacker-Casey Marshall 就在与这些上万行的工具程序奋战一段时间后，写了篇短文"Avoiding libtool minefields when cross-compiling"。autoconf 与

automake 等工具最核心的想法就是希望编译过程可以简化成如下：

```
./configure --host=arm-linux \
--prefix=/usr \
--enable-shared \
--enable-Feature1 \
--disable-Feature2
```

在前面编译各种程序时，本书也都是使用这种方式。但是在更大型的软件、更复杂的编译脚本中，这种方法显得不足：如果脚本没有为交叉编译考虑周全，就需要进行大量修改。人们提出了各种解决方法，比如知名的 OpenEmbedded 项目、Scratchbox 项目等。本书使用后者。

26.2.1 Scratchbox 介绍

现在的很多程序包里并没有 Makefile，而是先通过配置命令自动产生，然后才能执行"make"命令进行编译。大多数程序的默认平台为 x86，在主机上编译程序时通常执行以下 3 个命令即可。

```
$ ./configure
$ make
$ make install
```

但是进行交叉编译时，需要更改配置参数，比如指定目标机器使得生成的 Makefile 中使用交叉编译工具，指定最终结果存放的地址以免覆盖主机的文件导致系统崩溃。常用的配置命令格式如下：

```
$ ./configure -host=arm-linux --prefix=/other/install/dir
```

如果配置文件本身有缺陷，导致生成的 Makefile 文件没有使用交叉编译工具，还需要手工修改，这在前面编译 zlib 库时碰到过。另外，在编译某些程序时，它会用到自身生成的工具，但是这些经过交叉编译得来的工具并不能在主机上运行，这需要给配置文件打补丁，在编译这个工具时使用本地编译器。

对于小型软件，或是对于从一开始就为交叉编译考虑周全的软件，这类修改很少或几乎没有。但是对于大型软件，比如 X，它最开始是为 x86 的机器设计的，要对它进行交叉编译就非常困难。X 的最近版本已经考虑了交叉编译，但是仍需要少量修改。即使如此，由于最开始时并不知道需要修改什么地方，只好先编译、等待出错、修改、再编译，如此反复才能最终编译成功，这使得效率极其低下。

问题的根源在于存在两套编译工具链，想象一下，如果开发板资源足够丰富、运算速度足够快，就可以在上面编译程序，这将不存在"交叉编译"。嵌入式硬件的性能还没有达到这个地步，但是可以在主机进行模拟，这就是 Scratchbox 的由来。

Scratchbox 是一个为编译嵌入式 Linux 软件提供便利的系统，它有以下两个主要的功能。
（1）包装交叉编译工具链，以"本地工具链"的形式运行。
比如在 Scratchbox 中执行以下编译命令：

```
> gcc -o test hello.c
```

它与在主机上执行以下命令的结果是一样的:

```
$ arm-linux-gcc -o test hello.c
```

(2) 模拟目标机的指令,使得它们可以在主机上运行。

上面两个命令产生的 ARM 程序,可以在 Scratchbox 中运行(但是不能在主机中直接运行),就好像在目标机上运行一样。

26.2.2 安装 Scratchbox 及编译工具

再次约定:在主机上执行的命令,提示符为"$";在主机中启动 Scratchbox,然后在 Scratchbox 里执行的命令,提示符为">";在单板上执行的命令,提示符为"#"。比如同是执行"ls"命令,用下面3行表示:

```
$ ls
> ls
# ls
```

从本节开始,在主机上要用到两个终端,一个用来直接操作主机,一个用来启动 Scratchbox,然后就在 Scratchbox 环境里进行操作。

1. 安装 Scratchbox

这包含两部分内容:安装 Scratchbox 本身,安装编译工具链。第一部分很简单,将/work/scratchbox 目录下的所有*.tar.gz 文件解压到/scratchbox 目录下即可。为了保持所有代码都存放在同一个分区里,将/scratchbox 设为到/work/scratchbox 的连接。执行以下命令进行安装:

```
$ cd /
$ sudo ln -s /work/scratchbox scratchbox
$ cd /scratchbox
$ for f in $(ls *.tar.gz); do tar xzf $f -C /; done
```

这些压缩文件分为以下两部分。

① Scratchbox 的核心文件,它们构建了 Scratchbox 的基本运行系统,核心文件。

```
scratchbox-core-1.0.8-i386.tar.gz
scratchbox-devkit-cputransp-1.0.3-i386.tar.gz
scratchbox-devkit-debian-1.0.9-i386.tar.gz
scratchbox-devkit-doctools-1.0.7-i386.tar.gz
scratchbox-devkit-perl-1.0.4-i386.tar.gz
scratchbox-libs-1.0.8-i386.tar.gz
```

② 编译工具。

```
scratchbox-toolchain-host-gcc-1.0.8-i386.tar.gz
```

这个文件被解压缩后,将在/scratchbox/compilers/目录下生成一个子目录 host-gcc,它表示"主机编译工具链"。在 Scratchbox 里面可以选择各种编译工具链,比如"host-gcc"或其他交叉编译工具链,使用 gcc 等命令时,实际执行的是这些被选择的工具链中的相应命令。

Scratchbox、Ubuntu 7.10 使用的 glibc 库版本不同,这导致第 2 章制作的工具链 arm-linux-gcc-3.4.5-glibc-2.3.6.tar.bz2 在 Scratchbox 里不能使用,需要在 Scratchbox 里使用 "host-gcc" 重新制作。

2. 运行 Scratchbox

第一次运行前先进行一些设置,执行以下命令,使用默认设置即可:

```
$ sudo /scratchbox/run_me_first.sh
$ sudo /scratchbox/sbin/sbox_adduser book
```

这时候运行 groups 命令,如果看到了 sbox 组名,就可以使用 Scratchbox 了。否则先退出系统,重新登录即可。

> **注意** 这时候 Scratchbox 已经启动,执行 "/scratchbox/login" 即可登录 Scratchbox。

以后启动 PC 时,要执行以下命令才能启动、登录 scratchbox:

```
$ sudo /scratchbox/sbin/sbox_ctl start
$ /scratchbox/login
```

登录 Scratchbox 后,可以看到如下信息:

```
book@100ask:/$ /scratchbox/login

You dont have active target in scratchbox chroot.
Please create one by running "sb-menu" before continuing
Welcome to Scratchbox, the cross-compilation toolkit!


Use 'sb-menu' to change your compilation target.
See /scratchbox/doc/ for documentation.


sb-conf: No current target
[sbox-: ~] >
```

Scratchbox 是一个改变根文件系统(chroot)的 Linux 系统,进入 Scratchbox 后,它的根文件系统位于原来主机的/scratchbox/users/<username>目录下。比如对于用户名 book,它在 Scratchbox 里的根文件系统就位于原来主机的/scratchbox/users/boot 目录下。

现在可以执行 sb-menu 命令设置目标(target),这将在后面实际使用时介绍。

26.2.3 在 Scratchbox 里安装交叉编译工具链

1. 使用制作好的工具链

可以使用/work/tools/目录下已经编译好的工具链:scratchbox-arm- linux-gcc-3.4.5-

glibc-2.3.6.tar.gz。使用以下命令解压即可。

```
$ sudo chown book:sbox /scratchbox/compilers -R
$ tar xzf scratchbox-arm-linux-gcc-3.4.5-glibc-2.3.6.tar.gz -C /
```

2. 自己制作工具链

也可以自己制作交叉编译工具链：启动 Scratchbox 后，选择 host-gcc 作为编译器，然后使用与第二章相似的方法通过 crosstool 来制作交叉编译工具链，然后稍做修改即可。下面分步介绍。

（1）使用 sb-menu 命令创建一个目标（target），选择选择 host-gcc 作为编译器。

依照以下步骤进行设置。

① 执行"/scratchbox/login"命令进入 Scratchbox 后，再执行 sb-menu 命令。

```
[sbox-: ~] > sb-menu
```

将会出现如图 26.1 所示的主菜单。

图 26.1 Scratchbox 的主菜单

② 选择其中的"Setup"项，进入下一级菜单，如图 26.2 所示。

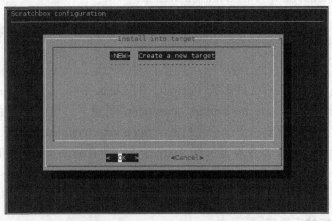

图 26.2 创建新目标（target）

③ 第一次使用时，选择"Create a new target"，出现一个提示框，输入这个新目标的名

字，取为 x86，如图 26.3 所示。

④ 选择"host-gcc"作为编译器，目前也只有一个编译器可供选择，如图 26.4 所示。

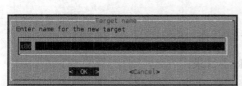

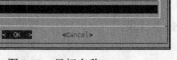

图 26.3 目标名称　　　　　　　　　　　图 26.4 选择编译器

⑤ 选择开发工具，除"cputransp"（host-gcc 是主机编译器，不需要模拟）外，其他的都选上，如图 26.5 所示。

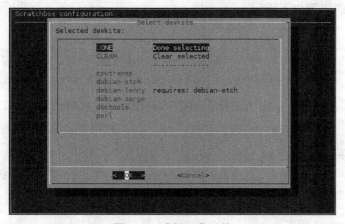

图 26.5 选择开发工具

选择完毕后，选择"Done selecting"进入下一级菜单"Select CPU-transparency method"。由于刚才没有选择"cputransp"，所以这个菜单中没有东西可选，跳过进入后一个菜单。

⑥ 选择"Yes"，表示安装刚才选择的开发工具，在随后出现的菜单中，使用空格键把"/etc"、"Devkits"都选上，然后按回车键，如图 26.6 所示。

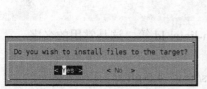

图 26.6 安装文件

⑦ 所有的准备工作已经完成，出现最后一个菜单，选择"Yes"使用这个新目标，如图 26.7 所示。

(2)修改 crosstool 脚本，编译交叉工具链。

为与前面的章节目录保持一致，先在/scratchbox/users/book 目录下建一个 work 目录，然后将工作分区挂接到这个目录上（可以先执行"cat /proc/mounts"确定挂接哪个设备）。执行以下命令：

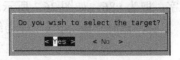

图 26.7　选择使用新目标

```
$ mkdir -p /scratchbox/users/book/work
$ sudo mount /dev/sdb1 /scratchbox/users/book/work
```

在 Scratchbox 里，即可看到根目录下有个 work 子目录：

```
[sbox-x86: ~] > ls /work
```

在进行后续操作前，先保证 book 用户有权限读写/scratchbox/compilers 目录：

```
$ sudo chown book:sbox /scratchbox/compilers -R
```

编译工具链的步骤如下所示。

① 解压。

```
[sbox-x86: ~] > cd /work/tools/create_crosstools/
[sbox-x86: /work/tools/create_crosstools] > tar xzf crosstool-0.43.tar.gz
```

② 复制补丁，比第 2 章多一个补丁 ld-2.15-scratchbox_NATIVE.patch。

```
[sbox-x86: /work/tools/create_crosstools] > cp glibc-2.3.6-version-info.h_err.patch crosstool-0.43/patches/glibc-2.3.6/
[sbox-x86: /work/tools/create_crosstools] > cp ld-2.15-scratchbox_NATIVE.patch crosstool-0.43/patches/binutils-2.15
```

③ 修改 crosstool 脚本。

进入 crosstool-0.43 目录，需要修改 3 个文件：demo-arm-softfloat.sh、arm-softfloat.dat、all.sh。

● 修改 demo-arm-softfloat.sh，修改第 7、8 两行。

```
07 TARBALLS_DIR=/work/tools/create_crosstools/src_gcc_glibc
08 RESULT_TOP=/scratchbox/compilers
```

● 修改 arm-softfloat.dat。

```
02 TARGET=arm-softfloat-linux-gnu
```

改为：

```
02 TARGET=arm-linux
```

它表示编译出来的工具样式为 arm-linux-gcc、arm-linux-ld 等，这是常用的名字。

● 修改 all.sh。

修改 PREFIX，将结果存放在/scratchbox/compilers/gcc-3.4.5-glibc-2.3.6 目录下。

```
70 PREFIX=${PREFIX-$RESULT_TOP/$TOOLCOMBO/$TARGET}
```

改为：

```
70 PREFIX=${PREFIX-$RESULT_TOP/$TOOLCOMBO}
```

④ 最后，在 crosstool-0.43 目录下执行以下命令进行编译。

```
> unset LD_LIBRARY_PATH            /* 使用 crosstool 制作工具链时，不能设置
                                      LD_LIBRARY_PATH */
> ./demo-arm-softfloat.sh
```

(3) 设置新建的交叉工具链。

还需要进行一些设置才能在 Scratchbox 中以 gcc、ld 等命令直接调用刚才生成的工具链。

① 建立编译工具的连接。

```
[sbox-x86: /] > cd /scratchbox/compilers/gcc-3.4.5-glibc-2.3.6/bin/
[sbox-x86: /scratchbox/compilers/gcc-3.4.5-glibc-2.3.6/bin] > for f in 'ls';
do ln -s $f sbox-$f; done
```

② 在/scratchbox/compilers/gcc-3.4.5-glibc-2.3.6 目录下建立一个名为 compiler-name 的文件，内容为：

```
gcc-3.4.5-glibc-2.3.6:/scratchbox/compilers/gcc-3.4.5-glibc-2.3.6:arm:lin
ux:glibc:arm
```

这些内容以 ":" 号分隔，它们的意义为。
- 编译器的名字，必须与 compiler-name 文件所在的目录名相同。
- 编译器的绝对路径。
- 目标板的处理器架构。
- sub-arch。
- 使用的 C 库是 glibc 还是 uclibc。
- 目标板的处理器的模拟器。

> **注意** 编译器的绝对路径指定了转换的路径，目标主板的处理器架构和 sub-arch 合起来再加上前缀 "sbox-" 就是：sbox-arm-linux。

所以，/scratchbox/compilers/gcc-3.4.5-glibc-2.3.6/bin/sbox-arm-linux-gcc 就是在 Scratchbox 中执行 gcc 后，真正执行的程序，它是 arm-linux-gcc 的连接。

③ 在/scratchbox/compilers/gcc-3.4.5-glibc-2.3.6 目录下建立一个名为 target_setup.sh 的文件，内容为：

```
#!/bin/sh


target=$1
source=/scratchbox/compilers/gcc-3.4.5-glibc-2.3.6/arm-linux

mkdir -p $target/lib
mkdir -p $target/usr/lib
mkdir -p $target/usr/include
mkdir -p $target/usr/bin
```

```
cp -af $source/lib/*      $target/lib/
cp -af $source/include/*  $target/usr/include/

ln -sf /bin/cpp $target/lib/
ln -sf /bin/cc  $target/usr/bin/

chmod +x $target/lib/ld-*.so
```

在创建使用 gcc-3.4.5-glibc-2.3.6 编译器的目标时,这个脚本被用来复制库文件、头文件等。

④ 在/scratchbox/compilers/gcc-3.4.5-glibc-2.3.6 目录下建立 gcc.specs 文件:

```
*cross_compile:
0
%rename cpp old_cpp
*cpp:
-isystem /usr/local/include -isystem /usr/include %(old_cpp)
```

(4) 使用新建的交叉工具链建立一个新的目标 (target)。

在 Scratchbox 里执行 sb-menu 命令,参考前面的方法建立一个目标。

① 命名为 arm,也可以取其他名字。

② 选择编译器时,选择 "gcc-3.4.5-glibc-2.3.6"。

③ 选择开发工具时,全部选上 (包括 "cputransp")。

在后面的菜单中会给出一系列的 CPU 模拟器,选中用于 ARM 的最高版本 "qemu-arm-0.8.2-sb2",如图 26.8 所示。

④ 当出现如图 26.9 所示的界面时,选择 "No"。

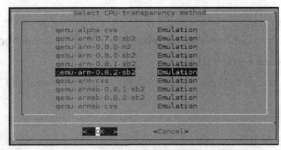

图 26.8 选择 CPU 模拟器

图 26.9 选择是否安装 rootstrap
(一个制作文件系统映象的工具)

其他的操作与前面完全一样,当创建好目标后,先测试一下,执行以下命令:

```
[sbox-arm: ~] > tar xfz /scratchbox/packages/hello-world.tar.gz      /* 解压 */
[sbox-arm: ~] > cd hello-world/
[sbox-arm: ~/hello-world] > ./autogen.sh      /* 生成 configure 脚本,配置程序,
生成 Makefile */
```

```
[sbox-arm: ~/hello-world] > make                /* 编译 */
[sbox-arm: ~/hello-world] > file hello          /* 查看文件信息,可以发现它是ARM
                                                   程序 */
hello: ELF 32-bit LSB executable, ARM, version 1 (ARM), for GNU/Linux 2.4.3,
dynamically linked (uses shared libs), not stripped
[sbox-arm: ~/hello-world] > ./hello             /* 执行 */
Hello World!
```

可见,虽然可执行程序 hello 是为 ARM 处理器编译的,但它在 scratchbox 中也可以运行。以后就可以在 Scratchbox 里进行开发了。

26.2.4 安装其他开发工具

Scratchbox 可以认为是一个全新的 Linux 安装版,里面缺乏一些开发包。比如编译 busybox 时先要执行 "make menuconfig" 进行配置,这个命令需要 ncurses 开发包;编译很多程序的时候,要用到 libtool 工具,这些工具需要自己安装。

下面的安装指令都是在 Scratchbox 的 arm 目标中执行的,这些工具的源代码在 /work/tools 目录下。

1. 安装 ncurses

```
> tar xzf ncurses.tar.gz
> cd ncurses-5.6
> ./configure --with-shared --prefix=/usr
> make
> make install
```

2. 安装 libtool

```
> tar xzf libtool_1.5.6.orig.tar.gz
> cd libtool-1.5.6/
> ./configure --prefix=/usr
> make
> make install
```

现在 Scratchbox 的开发环境基本完成。

> **注意** 每次登录 Scratchbox 后,先使用以下命令设置环境变量 GCC_EXEC_PREFIX 才能正确编译程序,否则连接器不会查找 /usr/lib 目录(后面两个反斜线是必须的):
>
> ```
> > export GCC_EXEC_PREFIX=/usr/lib//
> ```

为了避免每次都要设置环境变量 GCC_EXEC_PREFIX,在 /scratchbox/users/book/ targets 目录下建立一个文件 arm.environment,内容如下:

```
export GCC_EXEC_PREFIX=/usr/lib//
```

总结一下使用 Scratchbox 的命令。

```
$ sudo mount /dev/sdb1 /scratchbox/users/book/work     /* 挂接工作分区 */
$ sudo /scratchbox/sbin/sbox_ctl start                 /* 启动 */
$ /scratchbox/login                                    /* 登录 */
[sbox-arm: ~] > export GCC_EXEC_PREFIX=/usr/lib//      /* 如果建立了 arm.environment, 则不
                                                          需要 */
```

26.3 移植 X

本节先编译 X 的依赖软件，再介绍为交叉编译 X 所进行的修改，最后进行实验。

26.3.1 编译软件的基本知识

对于以压缩包发布的软件，在它的目录下通常都有一个配置脚本 configure，它的作用是确定编译参数（比如头文件位置、连接库位置等），然后生成 Makefile 以编译程序。可以进入该软件的目录，执行 "./configure -help" 命令查看使用帮助。

一个程序能正确编译、连接、运行需要满足 3 个条件：预处理时能找到头文件，连接时能找到库，运行时能找到库。下面分别介绍。

1. 指定头文件位置

在程序中常用两种方法来包含头文件：

```
#incldue <headerfile.h>
#incldue "headerfile.h"
```

它们的区别是，对于第二种方法，首先在源文件当前目录下查找头文件，如果找不到，再像第一种方法一样去编译命令指定、系统预设的目录去查找。这些"指定的"、"预设的"目录在什么地方呢？"指定的"头文件目录是编译程序时使用 "-I" 指定的目录，"预设的"的头文件目录是由编译器自己决定的。通过一个例子可以看到这点，执行以下命令：

```
$ mkdir -p /work/AAA/include                  /* 临时目录，测试用 */
$ mkdir -p /work/BBB/include                  /* 临时目录，测试用 */
$ export C_INCLUDE_PATH=/work/AAA/include
$ echo 'main(){}' | arm-linux-gcc -I/work/BBB/include -E -v -
```

得到以下输出内容，从中可以看到查找头文件时的路径及优先顺序：

```
...
#include "..." search starts here:
#include <...> search starts here:
```

```
    /work/BBB/include
    /work/AAA/include
    /work/tools/gcc-3.4.5-glibc-2.3.6/lib/gcc/arm-linux/3.4.5/include
    /work/tools/gcc-3.4.5-glibc-2.3.6/lib/gcc/arm-linux/3.4.5/../../../../arm-
linux/sys-include
    /work/tools/gcc-3.4.5-glibc-2.3.6/lib/gcc/arm-linux/3.4.5/../../../../
arm-linux/include
    End of search list.
    ...
```

可以总结出头文件的查找路径及优先顺序。

① 如果源文件中使用双引号来包含头文件,则首先在源文件当前目录查找头文件。
② 如果编译时使用 "-I/some/dir",则在/some/dir 中查找。
③ 如果设置了环境变量 C_INCLUDE_PATH,则在它指定的目录中查找。
④ 最后在编译器预设的路径中查找,这是不需要指定的。

所以,编译程序时如果出现了找不到头文件的错误,可以通过设置 C_INCLUDE_PATH 或给编译器设置 "-I" 选项来指定头文件目录,这可以在执行配置命令 configure 之前设置 C_INCLUDE_PATH 或 CFLAGS,如果不设置 CFLAGS,它的默认值为 "-g -O2",比如:

```
    $ export C_INCLUDE_PATH="/some/dir/1:/some/dir/2"
    $ export CFLAGS="-g -O2 -I/some/dir"          # 如果设置了 C_INCLUDE_PATH,就可以
                                                   # 不设置 CFLAGS
    $ ./configure
```

还有更好的方法,当明确知道要使用哪个动态库时,可以通过 pkg-config 命令获知要使用这个库时编译时的参数、连接时的参数。先执行以下命令体验一下:

```
    $ export PKG_CONFIG_PATH=/work/tools/gcc-3.4.5-glibc-2.3.6/arm-linux/lib/
pkgconfig
    $ pkg-config --cflags uuid
    -I/work/tools/gcc-3.4.5-glibc-2.3.6/arm-linux/include
```

最后一行是输出结果,表示使用这个库时头文件的目录。

pkg-config 程序在环境变量 PKG_CONFIG_PATH 指定的目录中找到 uuid.pc 文件(库名加上.pc),根据这个文件就可以知道使用 uuid 库时的编译参数、连接参数了。所以,使用 pkg-config 要保证两点:设置正确的环境变量 PKG_CONFIG_PATH,有相应的.pc 文件。在生成大多数的库文件时,.pc 文件也会自动生成。

配置的时候怎样使用 pkg-config 来确定这些参数?在 configure 文件中,常常可以看到类似如下字样的语句:

```
    pkg_cv_XLIB_CFLAGS=`$PKG_CONFIG --cflags "x11" 2>/dev/null`
```

其中的$PKG_CONFIG 就是 pkg-config 程序,这个语句将得到使用 libx11 库时的编译参

数，这些参数在配置结束后会被写入 Makefile 中。所以，通过 pkg-config 来确定编译参数的最终结果，也是给编译器（比如 arm-linux-gcc）传递"-I"选项。如果配置文件中对某些库没有使用 pkg-config 来确定它的编译选项，或是没有相应的.pc 文件，那就只能通过设置环境变量 CFLAGS 来指定了。

总结一下，在配置前，可以设置以下 3 项（前两项重合，可选其一）来找到头文件（第 3 项不一定能起作用）。

① 设置环境变量 CFLASG，比如：

```
$ export CFLAGS="-g -O2 -I/work/crossbuild/include -I/work/crossbuild/GTK/include"
```

② 设置环境变量 C_INCLUDE_PATH，比如：

```
$ export C_INCLUDE_PATH="/work/crossbuild/X/include:/work/crossbuild/GTK/include"
```

③ 设置环境变量 PKG_CONFIG_PATH，比如：

```
$ export PKG_CONFIG_PATH=/work/crossbuild/X/lib/pkgconfig:/work/crossbuild/GTK/lib/pkgconfig
```

在后面的移植中，本书使用后两种方法。

2. 指定连接时库的位置、名称

连接程序时，通常使用类似以下的命令：

```
$ arm-linux-gcc -o appfile 1.o 2.o -L/some/lib/dir -labc
```

它表示将生成可执行程序 appfile，这个文件由 1.o、2.o 和库 abc 组成，库 abc 位于 /some/lib/dir 目录下，它的名称为 libabc.so。

通过"-L"选项指定库的路径能够解决大部分问题，但是当库之间存在依赖关系时，比如库 abc 依赖于库 xyz，上述命令会给出"找不到库 xyz"的错误。这时可以通过"-rpath-link"或"-rpath"来指定依赖库的路径。这 3 个选项之间的作用及关系如下。

① "-L"指定连接时库的搜索路径，这些库使用"-l"来显示指定，比如"-labc"表示的库文件为 libabc.so。

② "-rpath-link"比"-L"多一项功能，它指定的目录还可以用于搜索依赖库。

③ "-rpath"比"-rpath-link"多一项功能，它指定的目录会被编译进程序中，当程序运行时，首先从这些目录中寻找库。

对于交叉编译（本地编译的连接库查找路径方法比它多几种），连接时库搜索路径及优先顺序如下。

① 使用"-rpath-link"指定的目录。
② 使用"-rpath"指定的目录。
③ 使用"-L"指定的目录。
④ 连接器的默认连接目录，这通常在交叉编译器的目录下。

由于编译、运行时库的路径并不相同，所以在后面的移植中，本书使用方法①，而不使用方法②。在编译一些程序时,配置文件也自动指定了"-rpath"目录,它在运行时也起作用。

怎样指定"-rpath-link"呢?连接器 arm-linux-ld 通常是由 arm-linux-gcc 间接启动的,而 arm-linux-gcc 并不认识"-rpath-link"选项,所以需要在前面加上关键字"-Wl,"表示这个选项用于连接器。在执行配置命令 configure 之前设置 LDFLAGS 即可,比如:

```
$ export LDFLAGS="-Wl,-rpath-link -Wl,/work/crossbuild/X/lib -Wl,-rpath-link -Wl,/work/crossbuild/GTK/lib"
$ ./configure
```

configure 文件通常会自动指定"-L"选项,它也可能使用 pkg-config 来确定"-L"选项。比如在 configure 文件中,常常可以看到如下字样的语句:

```
pkg_cv_XLIB_LIBS=`$PKG_CONFIG --libs "x11" 2>/dev/null`
```

3. 指定运行时库的位置

运行时库的查找路径及优先顺序如下。
① 编译程序时使用"-rpath"指定的目录。
② 环境变量 LD_LIBRARY_PATH 指定的目录(它可以指定多个目录,以冒号分隔)。
③ 文件/etc/ld.so.cache 中指定的目录,这个文件是 ldconfig 程序读取/etc/ld.so.conf 文件生成的。
④ 默认路径:/lib、/usr/lib。

26.3.2 编译 X 的依赖软件

要编译具备完全功能的 X,需要安装表 26.1 中的软件,表中的备注表示对于本书编译的 KDrive 是否需要这个软件。

表 26.1   X 所依赖的软件和工具

软件名(最低版本)	功能	备注
expat 1.95.8	用于解析 XML(可扩展置标语言,EXtensible Markup Language)的 C 库	需要
gperf	用于编译 xcb-ut	不需要
xcb	xcb 表示"X protocol C-language Binding",它是用来取代 xlib 的,能提供更好的性能	需要,GIT 库自带源码
freetype 2.1.8 或 freetype 2.1.9	跨平台的字体绘制引擎,为各种应用程序提供通用的字体文件访问接口	需要
fontconfig 2.2	用于字体的配置和访问,即负责字体的安装确认和匹配	需要
libpng 1.2.8	png 图形编码解码程序库	需要
zlib 1.1.4 或 zlib1.2.3	通用的压缩、解压缩函数库	需要
Mesa 6.5.2	一个三维计算机图形函数库,如果 X 要支持 GLX,则需要这个库	不需要

软件名(最低版本)	功　能	备　注
libdrm	给 X 窗口系统提供直接访问显示设备的接口。如果编译 Mesa 的话，这个库也需要	不需要
xmlto	XML 前端,如果编译 libXcomposite 和 libXtst 的 man 手册时，需要这个工具	不需要
gettext	用于系统的国际化（I18N）和本地化（L10N），可以在编译程序的时候使用本国语言支持（Native Language Support（NLS）），可以使程序的输出使用用户设置的语言而不是英文	不需要

这些软件代码所在目录为/work/GUI/xwindow/X/deps，解压后，配置、编译、安装即可。

本章编译的所有软件都安装在 Scratchbox 里的/usr 目录下（它对应主机的/scratchbox/users/book/targets/arm/usr 目录），配置时需要指定"—prefix=/usr"。它们之间也存在一些依赖关系，可以按照以下顺序编译。进入/work/GUI/xwindow/X/deps 目录后，分别执行以下命令即可编译。

1. zlib

```
> tar xzf zlib-1.2.3.tar.gz
> cd zlib-1.2.3
> ./configure --shared --prefix=/usr
> make
> make install
```

2. libpng

```
> tar xjf libpng-1.2.23.tar.bz2
> cd libpng-1.2.23
> ./configure --prefix=/usr
> make
> make install
```

3. expat

```
> tar xzf expat-2.0.1.tar.gz
> cd expat-2.0.1
> ./configure --prefix=/usr
> make
> make install
```

4. freetype

```
> tar xjf freetype-2.3.5.tar.bz2
> cd freetype-2.3.5
```

```
> ./configure --prefix=/usr
> make
> make install
```

5. libxml-2.0

libxml-2.0 并不包含在 Xorg 的依赖里边,但是在编译下面的 fontconfig 之前,必须先编译 libxml-2.0。

```
> tar xzf libxml2-2.6.30.tar.gz
> cd libxml2-2.6.30
> ./configure --prefix=/usr
> make
> make install
```

6. fontconfig

```
> tar xzf fontconfig-2.5.0.tar.gz
> cd fontconfig-2.5.0
> ./configure --prefix=/usr
> make
> make install
```

7. libdrm

```
> tar xjf libdrm-2.3.0.tar.bz2
> cd libdrm-2.3.0
> ./configure --prefix=/usr
> make
> make install
```

8. openssl

编译 X server 时用到 openssl。

```
> tar xzf openssl-0.9.8g.tar.gz
> cd openssl-0.9.8g
> ./Configure --prefix=/usr --openssldir=/usr/openssl linux-generic32 -DL_ENDIAN
> make
> make install
```

26.3.3 编译 Xorg

这节的目标如下。
- 编译库文件（统称为 Xlib），后面的窗口管理器、GUI 程序等会用到它们。
- 编译 Xfbdev，这是个 X server 可执行程序。
- 编译一些基于 X 的应用程序，比如窗口管理器、计算器等，以供实验与测试。

1. 下载源码

git_xorg.sh 里没有下载字库，可以使用主机里的字库；如果想自己编译字库，在 git_xorg.sh 中增加下面一行：

```
do_dir xorg font "${font}"                              # 下载字库
```

将 git_xorg.sh 文件放到/work/GUI/xwindow/X/Xorg 目录下，执行以下命令就可以下载到最新的代码。

```
$ chmod +x ./git_xorg.sh
$ ./git_xorg.sh
```

> **注意** 读者自行下载的代码相对于光盘中的 Xorg_git_20071119.tar.bz2 可能已经有了更新，可以先使用 Xorg_git_20071119.tar.bz2（在/work/GUI/xwindow/X 目录下，解压后即得 Xorg 目录），当掌握了移植方法后再下载最新版本。

当下载完成后，可以看到如下目录：

```
$ ls
app data doc driver drm font git_xorg.sh lib pixman proto util xcb xserver
```

这些目录的内容、作用正如它们的名字一样，如表 26.2 所示。

表 26.2　　　　　　　　　　　Xorg 源码包的结构

目录名	作　用	目录名	作　用
app	基于 Xlib 的应用程序	lib	X 的函数库（*）
data	数据，目前只有两个目录：bitmaps（表示位图的数组）、cursors（各类光标形状）	pixman	像素处理库，X 和 cairo（一个二维图形库）会用到它
doc	文档	proto	众多协议的头文件
driver	驱动,目前有两类驱动：input、video。这些驱动是应用层的模块，X 可以动态加载它们来操作不同的硬件（当然，内核中要有相应的驱动程序支撑）	util	系统工具
drm	Libdrm 库及一些内核驱动模块	xcb	用来取代 xlib 的库（*）
font	字库	xserver	X server

> **注意** xlib 和 Xorg/lib 目录下的库不是一个概念。xlib 是一个 C 语言库，X client 程序用它来与 X 进行通信，可以使用 xcb 来代替它。

2. 分析编译脚本、修改文件

本书对 Xorg 的修改都制成了补丁文件 Xorg_git_20071119_100ask.patch，执行以下命令，打上补丁（建议读者先编译，等出错时再参考补丁文件进行修改）。

```
$ cd /work/GUI/xwindow/X/Xorg
$ patch -p1 < ../Xorg_git_20071119_100ask.patch
```

这些需要修改的文件可以分为 3 类。

① util/modules/build.sh，通过它来编译所有的程序，可以修改它以便不编译某些程序，或是加入一些配置参数。
② 代码本身的错误。
③ 增加功能。

下面首先分析修改后的 build.sh 文件，了解编译过程，然后讲述其他文件的修改原因。
① build.sh 分析及修改。

与 Xorg 中各个子目录对应，在 build.sh 里分别使用一个函数来编译它们，比如 build_proto、build_app、build_xserver、build_font 等函数。以 build_lib 函数为例，它负责编译 lib 目录。build_lib 函数的内容如下：

```
build_lib() {
    build lib libxtrans
    build lib libXau
    build lib libXdmcp
    ...
}
```

它调用 build 子函数编译 lib 目录下的各个子目录。
build 函数是整个 build.sh 文件的核心，它的调用方法如下：

```
build module component
```

module 是指源文件顶层目录下的各个子目录名，比如 app、lib、xserver 等，component 是指 module 所表示的目录下的某个子目录。调用 build 函数后，它将进入 <module>/<component> 目录中编译程序。

build 函数的本质为：使用 build.sh 中指定的参数，调用具体目录下的 autogen.sh 脚本产生 Makefile 文件，然后执行"make"、"make install"进行编译、安装。本书对 build.sh 所做的修改主要是设置配置参数。修改后的代码如下，以补丁文件的格式给出以便对照。

- 修改编译 X server 时的配置参数，生成 Xfbdev。

```
if test "$1" = "xserver" && test -n "$MESAPATH"; then
    MOD_SPECIFIC="--with-mesa-source=${MESAPATH}"
```

```
      fi
+   if test "$1" = "xserver"; then
+   MOD_SPECIFIC="${MOD_SPECIFIC} --enable-kdrive --enable-xfbdev
+               --disable-ipv6 \
+               --disable-xorg \
+               --disable-xnest \
+               --disable-xvfb \
+               --disable-xevie \
+               --disable-xwin \
+               --disable-xsdl \
+               --disable-xephyr \
+               --disable-xfake \
+               --disable-kdrive-vesa \
+           --disable-dri"
+   fi
```

- 去除不需要的软件。

```
-build_doc
+#build_doc
...
-build_mesa
+#build_mesa
...
-build_driver
-build_data
+#build_driver
+#build_data
...
-build_util
+#build_util
```

- 去除编译时出错的软件(在本书中没有使用它们)。

```
-    build app xdriinfo
+#   build app xdriinfo
...
-    build app xprop
+#   build app xprop
...
-    build app xsm
```

```
+#     build app xsm
...
```

② 本身错误的代码。

这类文件的错误，多与头文件有关，共有3个文件。

- xserver/hw/kdrive/src/kaa.c。

```
-    pPixmap = fbCreatePixmapBpp (pScreen, w, h, depth, bpp);
+    pPixmap = fbCreatePixmapBpp (pScreen, w, h, depth, bpp, usage_hint);
```

- xserver/hw/xfree86/modes/xf86Crtc.c。

```
+#include "xf86Priv.h"
 #include "xf86.h"
```

- xserver/hw/xfree86/os-support/xf86_OSlib.h。

```
-#  include <sys/kd.h>
+//# include <sys/kd.h>
+#  include <linux/kd.h>
```

使用<sys/kd.h>会导致<linux/types.h>没有被包含进去，这使得在 types.h 中定义的数据类型无法使用。

③ 修改 xserver/hw/kdrive/src/kmode.c 以支持 240×320 的分辨率。

```
     /* H     V     Hz    KHz */
         /* FP       BP       BLANK    POLARITY */

+    {  240,   320,   60,   16256,
+               17,      12,      32,     KdSyncNegative,
+                1,      11,      14,     KdSyncNegative,
+    },
+
```

参考 320×240，增加对 240×320 的支持。实际上对于 Xfbdev，只用到了前面的 3 个参数：240 和 320 表示分辨率，60 表示刷新频率（设为一个比较低的值，只是用于比较，没有实际使用）。

> **注意** 由于在 util/modules/build.sh 中屏蔽了对很多程序的编译，如果读者要编译它们，有可能出错，需要自行分析、解决。

3. 编译、测试

文件修改完毕后，执行以下命令即可编译 Xorg。

```
> cd /work/GUI/xwindow/X/Xorg
> ./util/modular/build.sh -b /usr
```

> **注意**
> ① "/usr" 必须放在最后面。
> ② 可以加入 "-n" 使得编译的时候即使出错也不退出，而是继续编译下一个软件。
> ③ 可以使用 "-r module/component"，它将从 module/component 目录中的软件开始重新往下编译。

所有的结果都放在 Scratchbox 里/usr 目录下（它就是主机上的/scratchbox/users/book/targets/arm/usr 目录），里面包含了 X 的所有部件：库、应用程序、Xfbdev（就是 X server）、字库、头文件、文档等。它们加起来体积庞大，在放到单板上之前需要去除执行程序时不需要的部件，这在后面会说明。

先使用 nfs 进行试验，假设开发板的根文件系统保存在主机上的/work/nfs_root/fs_xwindow 目录中，把编译 Xorg 所得的结果全部复制到 fs_xwindow 中，即把 Scratchbox 中/usr 目录下的文件复制到单板根文件系统的/usr 目录下。

```
$ mkdir -p /work/nfs_root/fs_xwindow
$ cp -rf /scratchbox/users/book/targets/arm/usr /work/nfs_root/fs_xwindow/
```

再将 fs_mini_mdev 目录下的所有文件复制到 fs_xwindow 下。

```
$ cd /work/nfs_root
$ sudo cp -rf fs_mini_mdev/* fs_xwindow
$ sudo chown book:book fs_xwindow -R
```

通过 nfs 将/work/nfs_root/fs_x 作为根文件系统启动单板后，即可进行测试。

① 启动 X server。

在单板上使用以下命令启动 X server。

```
# Xfbdev -mouse mouse -keybd keyboard &
```

在 LCD 上可以看到如图 26.10 所示的界面，光标可以移动。这时候，输入、输出设备已经准备好，可以运行基于 X 的程序了。

图 26.10 Xfbdev 启动界面

② 启动基于 X 的应用程序。

首先设置环境变量 DISPLAY，它表示之后运行的程序在什么地方输出，从什么地方获得输入，它有以下 3 种格式。

```
hostname:D.S
host/unix:D.S
:D.S
```

hostname 是与显示器直接连接的机器的名称，也可以是 IP。第一种格式使用 TCP 端口 "D+6000" 进行通信；第二种格式使用 "Unix domain sockets" 进行通信；省略 hostname 时即为第三种格式，它表示 X client 与 X sever 位于同一台机器上，系统会为 X client 选择最有效率的方式与 X server 通信。D 表示 "Display number"，它是一组显示器、键盘、鼠标的组合，从 0 开始编号，设置 DISPLAY 环境变量时 D 不可省略。S 表示 "Screen number"，表示连接到显示器上的多个屏幕（这属于软件的范畴），也从 0 开始编号，通常设为 0（这时可以省略）。

使用以下命令设置环境变量 DISPLAY。

```
# export DISPLAY=:0
```

然后，启动 xcalc 和 xeyes。

```
# xcalc &
# xeyes &
```

LCD 上出现如图 26.11 所示的界面，可以使用鼠标、键盘操作计算器，图中的眼睛会随着光标移动。但是，这两个程序的图像重叠在一起，无法进行窗口移动、缩小等操作，这是窗口管理器的功能。

③ 启动窗口管理器。

在上面两个实验的基础上，执行以下命令启动窗口管理器。

```
# twm &
```

可以看到 xcalc 和 xeyes 这两个程序的窗口周围被加上了边框，可以按住它进行移动，单击左上角的圆点可以最小化窗口，如图 26.12 所示。

图 26.11　运行基于 X 的应用程序

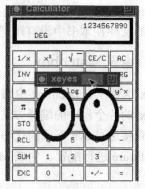
图 26.12　运行窗口管理器 twm 后的界面

26.4　移植 Matchbox

本节移植 Matchbox，它为嵌入式设备提供了一个开放源代码的基于 X Window 的 GUI

环境。相比于 KDE、GNOME 等桌面环境，它体积小巧、易于裁剪。Matchbox 的核心是一个小型的窗口管理器，还有其他一些程序：一个面板、一个桌面、一个共享功能程序库、一些小的面板应用程序。Matchbox 的风格是基于 PDA 的，这与 PC 机不同。

26.4.1 下载源代码

/work/GUI/xwindow 目录下的 matchbox_release.tar.bz2 就是本书即将使用的代码，解压即可。

```
$ cd /work/GUI/xwindow
$ tar xjf matchbox_release.tar.bz2
```

读者也可以通过以下网址自己下载所需要的软件包。

```
http://matchbox-project.org/download.html
```

假设源码目录为 matchbox_release，它下面的内容如下所示：

```
$ ls
libmatchbox-1.9.tar.gz  matchbox-common-0.9.1.tar.gz  matchbox-panel-0.9.3.tar.gz
matchbox-autobuild.sh   matchbox-desktop-0.9.tar.gz   matchbox-window-manager-1.2.tar.gz
```

其中：

① 脚本文件 matchbox-autobuild.sh 被用来编译 Matchbox。
② libmatchbox-1.9.tar.gz 是 Matchbox 的基本库，其他程序都依赖于它。
③ matchbox-common-0.9.1.tar.gz 中含有图标及一些配置数据。
如果要安装 matchbox-panel 或 matchbox-desktop，则必须先安装 matchbox-common。
④ matchbox-window-manager-1.2.tar.gz 是窗口管理器。
⑤ matchbox-panel-0.9.3.tar.gz 是控制面板。
⑥ matchbox-desktop-0.9.tar.gz 是桌面管理器。
⑦ 其他的文件在本书中没有用到，它们大多是 Matchbox 应用程序。

26.4.2 编译 Matchbox

Matchbox 也要在 Scratchbox 中编译。

Matchbox 的各个程序的编译方法与前面编译 Xorg 的依赖很相似，对于非"release"版本（比如本书直接通过 svn 下载的代码）运行 autogen.sh 进行配置、生成 Makefile；对于 release"版本运行 configure 进行配置、生成 Makefile；最后执行 make、make install 命令进行编译、安装。

脚本文件 matchbox-autobuild.sh 已经将这些步骤包装好，并设置了一些配置参数，稍做修改即可。它编译的程序是 26.4.1 小节中的②～⑥共 5 个程序包。

1. 安装所依赖的 jpeg 库

源码为 /work/GUI/xwindow/jpegsrc.v6b.tar.gz，在 Scratchbox 里编译之前先修改它的 configure 脚本的第 1562 行，否则无法自动检测出机器类型。

```
- $srcdir/ltconfig $disable_shared $disable_static $srcdir/ltmain.sh
+ $srcdir/ltconfig $disable_shared $disable_static $srcdir/ltmain.sh arm
```

然后执行以下命令编译。

```
> ./configure --enable-shared --enable-static --prefix=/usr
> make
> make install
```

2. 编译、安装 Matchbox

首先修改 matchbox-autobuild.sh。

① 将 DEST 改为"/usr",它将在配置程序时作为"—prefix"的值。

```
-DEST="/tmp/mb"
+DEST="/usr"
```

② 指定"不是编译 CVS 版本的代码",而是编译"release 版本",这两者在编译过程中有点差别:前要使用 autogen.sh 生成 configure 文件,再进行配置;后者直接调用 configure 进行配置。

```
-BUILD_CVS="y"
+BUILD_CVS="n"
```

③ 指定软件包的版本。

```
MBLIB="libmatchbox"
-MBLIB_V="1.2"
+MBLIB_V="1.9"
 MBCMN="matchbox-common"
-MBCMN_V="0.8"
-MBCMN_MV=
+MBCMN_V="0.9"
+MBCMN_MV=".1"
 MBWM="matchbox-window-manager"
-MBWM_V="0.8"
-MBWM_MV=".2"
+MBWM_V="1.2"
+MBWM_MV=
 MBPANEL="matchbox-panel"
-MBPANEL_V="0.8"
-MBPANEL_MV=".2"
+MBPANEL_V="0.9"
+MBPANEL_MV=".3"
```

```
 MBDSKTP="matchbox-desktop"
-MBDSKTP_V="0.8"
-MBDSKTP_MV=".1"
+MBDSKTP_V="0.9"
+MBDSKTP_MV=
```

④ 将所有 wget 开头的下载命令屏蔽掉，因为在当前目录中这些源码已经存在，如下所示：

```
- wget "${SRC_URL}${MBLIB}/${MBLIB_V}/${MBLIB}-${MBLIB_V}.tar.gz" || exit
+ #wget "${SRC_URL}${MBLIB}/${MBLIB_V}/${MBLIB}-${MBLIB_V}.tar.gz" || exit
```

然后，在 Scratchbox 中运行 matchbox-autobuild.sh 即可编译 Matchbox。

最后将编译结果复制到 nfs 中。

```
$ mkdir -p /work/nfs_root/fs_xwindow
$ cp -rf /scratchbox/users/book/targets/arm/usr /work/nfs_root/fs_xwindow/
```

还要将 fs_mini_mdev 目录下的所有文件重新复制到 fs_xwindow 下。上述复制命令会修改原来 fs_xwindow 目录中其他子目录的内容，比如 fs_xwindow/bin/busybox，这可能是个系统 bug。

```
$ cd /work/nfs_root
$ sudo cp -rf fs_mini_mdev/* fs_xwindow
$ sudo chown book:book fs_xwindow -R
```

另外，NFS 目录中配置文件 /usr/etc/fonts/fonts.conf 里指定了字符文件所在目录为 /usr/share/fonts 和 ~/.fonts。

```
<!-- Font directory list -->
    <dir>/usr/share/fonts</dir>
    <dir>~/.fonts</dir>
<!--
```

但是 /usr/share/font 还没有构建，可以使用第 26.3 节移植 X 时所生成的字符目录 /usr/lib/X11/fonts，执行以下命令即可。

```
$ cd /work/nfs_root/fs_xwindow
$ ln -s /usr/lib/X11/fonts usr/share/
```

26.4.3 运行、试验 Matchbox

下面以两种方法运行 Matchbox，读者可以从中理解各个部件的作用。

1. 使用脚本 matchbox-session 启动所有程序

```
# Xfbdev -mouse mouse -keybd keyboard &
# export DISPLAY=:0
```

```
# export HOME=/root
# matchbox-session &
```

matchbox-session 启动的程序有：matchbox-window-manager、matchbox-desktop、matchbox-panel；而 matchbox-panel 自己又启动了 mb-applet-menu-launcher 和 mb-applet-clock，就是下图左下角的按钮、右下角的时钟。

启动界面如图 26.13 所示。

可以继续启动其他程序，比如 xeyes、xcalc，请读者自行实验。

2. 逐个启动 Matchbox 程序以观察其作用

（1）窗口管理器 matchbox-window-manager。

启动 Xfbdev 后，先启动 xeyes 和 xcalc，然后启动 matchbox-window-manager。

```
# Xfbdev -mouse mouse -keybd keyboard &
# export DISPLAY=:0
# export HOME=/root
# xcalc &
# xeyes &
# matchbox-window-manager &
```

从图 26.14 可知，Matchbox 的窗口是占满屏幕的（不能移动、改变大小，这适用于 PDA 等掌上设备），窗口管理器在程序的上面加了个边框，可以看到程序名称，可以关闭程序，可以单击左上角的小箭头切换程序。

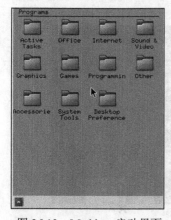
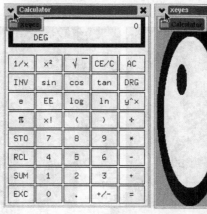

图 26.13　Mathbox 启动界面　　　　图 26.14　matchbox-window-manager 的效果

（2）桌面 matchbox-desktop。

重启系统后执行以下命令，界面如图 26.15 左边的图所示。

```
# Xfbdev -mouse mouse -keybd keyboard &
# export DISPLAY=:0
# matchbox-desktop &
```

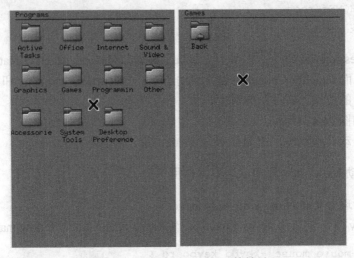

图 26.15　matchbox-desktop 的效果

单击图中各个文件夹将进入下一级界面，比如单击"Games"进入右边的图，再单击"Back"返回。现在各个文件夹是空的。

（3）面板 matchbox-panel。

执行以下命令，界面如图 26.16 左边的图所示，其中"--orientation south"表示面板将坐靠南面（即上下左右四个方向中，坐靠下面的边沿）。

```
# Xfbdev -mouse mouse -keybd keyboard &
# export DISPLAY=:0
# matchbox-panel --orientation south &
```

图 26.16　matchbox-panel 的效果

默认情况下 matchbox-panel 会启动小程序 mb-applet-menu-launcher（对应左下角的按钮）。这类小程序被称为"applet"。

通过"菜单启动器"（就是左下角的按钮）可以启动其他程序，请参考图 26.16 中间的图。

单击面板的空白位置，并按住一会儿，会弹出图 26.16 右边的图，可以在面板上增加、删除各个小程序（applet），或者隐藏面板。

26.5 移植 GTK+

26.5.1 GTK+介绍

1．GTK+概述

GTK 原意为 GIMP 工具箱（GIMP ToolKit），最初是为 GIMP（GNU 图形处理程序）开发的控件集，是一个用于创建图形用户界面的多平台工具。它包含有基本的控件和一些很复杂的控件，例如文件选择控件和颜色选择控件，可以用来创建按钮、菜单及其他图形对象。GTK 已经发展为 Linux 下开发基于 X Window 图形界面应用程序的主流开发工具之一，它遵循 LGPL 协议，所以可以用来开发任何软件：开放源码软件、自由软件、商业软件、非自由的软件。

GTK 有时候被用来泛指 GTK，但是如果跟 GTK+比较的时候，一般指的是老的 GTK 库："+"表示与老的 GKT 库相比，做了巨大的改动。

GTK+有两个主要版本分支，其区别也是非常大的，那就是 GTK+1.2 和 GTK+2.x，目前一般都是用的 GTK+2.x。为了软件包的名字不发生冲突，有些 Linux 发行版将 GTK+2.x 命名为 GTK2。

2．GTK+的结构

基于 X、使用 GTK+开发的 GUI 程序的结构如图 26.17 所示。

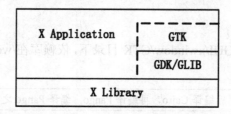

图 26.17　基于 GTK、X 的 GUI 程序结构

XLIB 被用来与 X server 通信。

Glib 是 GTK+和 GNOME 工程的基础底层核心程序库，是一个综合用途的实用的轻量级的 C 程序库。它定义很多数据结构，比如数组（长度可变）、单（双）向链表、hash 表、队列、还有关系；实现了一些函数，比如字符串的处理等；还针对可移植性封装了一些函数。它的功能与 glibc（glibc 是标准 C 库的实现）有些重合，但是注意 GLIB 与 glibc 并不相同。

GDK 是底层的图形函数库，它包含 GTK 所使用的基本图形操作函数，比如基本图元、颜色、事件处理、图像和位图、窗口、拖放函数等。GTK+不会直接与 X Window 打交道，而是通过中间层 GDK。GDK 屏蔽了不同窗口系统的差异，这可以简化编程并提高可移植性。

26.5.2 GTK+移植

1．GTK+的依赖

要编译 GTK+，必须保证一些工具、一些库已经被安装。

(1) 编译工具 pkg-config 和 make。

在 Scratchbox，这两个工具已经存在。

(2) 所依赖的库。

这些库如表 26.3 所示，其中的 Glib、Pango 和 ATK 也是由开发 GTK+ 的人员进行开发的。

表 26.3　　　　　　　　　　　　　GTK+所依赖的库

软　件　名	功　　　能	备　　　注
GLib	提供 C 语言类型、操作函数	需要
Pango	国际化文本处理库	需要
ATK	可访问性工具箱（Accessibility Toolkit）	需要
libiconv	如果系统里没有 iconv 函数，则需要这个库	不需要
libintl	如果系统里没有 gettext 函数，则需要这个库	不需要
JPEG、PNG 和 TIFF 库	支持这 3 种图形格式的库，它们是 3 个库	png 在编译 Xorg 时已经安装，jpeg 库在编译 matchbox 时也已经安装，只要编译 tiff 库
X 库	提供 X 协议的封装等	已经安装
fontconfig	用于字体的配置和访问，简言之就是负责字体的安装确认和匹配	在编译 Xorg 时已经安装
Cairo	二维图形库	需要

2．编译依赖库

GTK+的代码在/work/GUI/xwindow/GTK 目录下，依赖库在/work/GUI/xwindow/GTK/deps 目录下。

> **注意**　最先编译 Glib，然后编译 Cairo，再编译 Pango。编译 Pango 之前必须编译 Cairo。

(1) Glib。

```
> tar xzf glib-2.12.9.tar.gz
> cd glib-2.12.9/
> ./configure --prefix=/usr
> make
> make install
```

(2) Cairo。

先解压缩。

```
> tar xzf cairo-1.2.6.tar.gz
> cd cairo-1.2.6/
```

然后修改 src/cairo-type1-subset.c，加上下面一行，否则编译时会出现 "isspace 未定义" 的错误。

```
#include <ctype.h>
```

最后编译，配置时需要加上"--enable-pdf"，否则在编译 GTK+时出现找不到 cairo-pdf.h 的错误。

```
> ./configure --enable-pdf --prefix=/usr
> make
> make install
```

（3）Pango。

```
> tar xzf pango-1.16.4.tar.gz
> cd pango-1.16.4/
> ./configure --prefix=/usr
> make
> make install
```

（4）ATK。

```
> tar xjf atk-1.9.1.tar.bz2
> cd atk-1.9.1/
> ./configure --prefix=/usr
> make
> make install
```

（5）TIFF 库。

```
> tar xzf tiff-3.7.4.tar.gz
> cd tiff-3.7.4/
> ./configure --prefix=/usr
> make
> make install
```

3. 编译 GTK+

GTK+的代码在/work/GUI/xwindow/GTK 目录下，执行以下命令编译、安装。

```
> tar xjf gtk+-2.10.9.tar.bz2
> cd gtk+-2.10.9/
> ./configure --prefix=/usr
> make
> make install
```

最后，编译结果都保存在 Scratchbox 里的/usr 目录中。

26.6 移植基于 GTK+/X 的 GUI 程序

本节的目的是移植两个 GUI 程序：xterm、gtkboard。xterm 完全基于 Xlib，它是一个终端模拟器——使X应用程式视窗看起来像普通终端机一样的程序，可以在上面输入各种命令操作 Linux，就像串口终端一样。gtkboard 基于 GTK+，它是 30 多个游戏的集合。通过这两个例子，读者将学到如何将应用程序集成进 Matchbox 的 GUI 环境中。

26.6.1 xterm 移植

本节的目标是：在桌面文件夹"System Tools"下面建立 xterm 的图标，单击它时将启动 xterm。

源码为/work/GUI/xwindow/apps/xterm.tar.gz。

```
> tar xzf xterm.tar.gz
> cd xterm-229/
> ./configure --x-includes=/usr/include --x-libraries=/usr/lib --prefix=/usr
> make
> make install
```

然后将可执行文件 xterm 复制到 NFS 文件系统的/usr/bin 目录下，将图标复制到 NFS 文件系统的/usr/share/pixmaps 目录下。

```
$ cd /work/GUI/xwindow/apps/xterm-229/
$ cp xterm  /work/nfs_root/fs_xwindow/usr/bin
$ cp icons/xterm-color_32x32.xpm  /work/nfs_root/fs_xwindow/usr/share/pixmaps
```

可以想象，要通过单击一个图标启动一个程序，需要 3 个文件：图标文件、可执行程序、把它们两者联系起来的文件（称为桌面文件）。前两个文件已经复制到好了，下面建立桌面文件 xterm.desktop，将它放在 NFS 文件系统的/usr/share/applications 目录下，内容为：

```
01 [Desktop Entry]
02 Name=Xterm
03 Comment=Terminal for X Window System
04 Exec=xterm
05 Type=Application
06 Icon=xterm-color_32x32.xpm
07 Categories=System
```

第 1 行表示这是一个"桌面条目"（Desktop Entry）。

第 2 行表示显示在图标下方的名字。

第 3 行是注释，可以省略。

第 4 行表示对应的程序，单击图标时将运行它。

第 5 行表示桌面条目的类型，共有 3 种类型：Application（应用程序）、Link（连接）、Directory（目录）。这是可以扩展的，比如 Matchbox 中扩展了"PanelApp"类型。

第 6 行表示图标文件，不要使用绝对路径，系统会在（install prefix）/share/pixmaps 目录下查找。在本书中，"（install prefix）"就是/usr。

第 7 行表示"类别"，它决定了这个图标显示在哪里，下面说明。

NFS 文件系统的/usr/share/applications 目录下有很多.desktop 文件，它们表示各个应用程序及其图标。这些图标出现在 Matchbox 桌面的哪个文件夹里呢？显然，需要有相关的"文件夹"文件来描述，它们在 NFS 文件系统的/usr/share/matchbox/vfolders 目录下。分为以下 3 类。

① Root.order。
这个文件用来确定在桌面显示的文件夹及它们的顺序。

② Root.directory。
它表示整个桌面。

③ 其他的.directory 文件。

每个.directory 文件对应在桌面上显示的一个文件夹，它的结构与.desktop 文件相同，差别在于它用来描述文件夹，而.desktop 用来描述应用程序。.directory 文件里定义了一个名为 "Match" 的键值，它被用来与.desktop 文件的 "Categories" 键值比较：这决定了.desktop 文件表示的图标出现在哪个文件夹里。比如在 xterm.desktop 文件里，"Categories=System"；而在 System.directory 里："Name=System Tools"、"Match=System"，这表示 xterm 程序对应的图标出现在桌面的 "System Tools" 文件夹里。

建立 xterm.desktop 文件后，重新启动 Matchbox，单击 "System Tools" 文件夹，可以看到如图 26.18 左边所示的界面，单击 xterm 的图标得到右边界面，可以在里面执行各种命令。

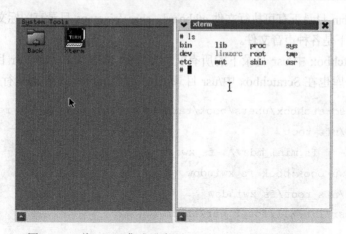

图 26.18　将 xterm 集成进桌面 "System Tools" 文件夹中

26.6.2　gtkboard 移植

本节的目标是：在桌面文件夹 "Games" 下面建立 gtkboard 的图标，单击它时将启动 gtkboard。

源码为/work/GUI/xwindow/apps/gtkboard-0.11pre0.tar.gz，先解压缩。

```
> tar xzf gtkboard-0.11pre0.tar.gz
> cd gtkboard-0.11pre0/
```

本书没有移植 SDL 库（SDL：Simple DirectMedia Layer），需要修改 src/sound.c 文件，并且在配置时增加 "--disable-sdl" 选项，修改如下：

```
+#ifdef HAVE_SDL
             if (opt_verbose) fprintf (stderr, "Using sound directory %s\n", sound_dir);
+#endif
```

然后配置、编译。

```
> ./configure --disable-sdl --prefix=/usr
> make
> make install
```

执行以下命令看看最终要安装什么文件。

```
> mkdir tmp
> make install prefix=$PWD/tmp
> ls tmp/
bin  share
> ls tmp/share/
pixmaps  sounds
```

可以看到在 bin 目录下有可执行文件 gtkboard，share/pixmaps 目录有图标文件 gtkboard.png，share/sounds/ 目录下是各种声音文件。

然后将 Scratchbox 中 /usr 目录下的所有文件复制到 NFS 文件系统 /usr 目录下（前面移植 GTK+时，GTK+库也在 Scratchbox 中 /usr 目录下），在 Scratchbox 外部执行以下命令：

```
$ cp -rf /scratchbox/users/book/targets/arm/usr /work/nfs_root/fs_xwindow/
$ cd /work/nfs_root
$ sudo cp -rf fs_mini_mdev/* fs_xwindow
$ sudo chown book:book fs_xwindow -R
$ cd /work/nfs_root/fs_xwindow
$ ln -s /usr/lib/X11/fonts usr/share/
```

最后在 NFS 文件系统 /work/nfs_root/fs_xwindow/usr/share/applications 目录下建立 gtkboard.desktop 文件，内容如下：

```
01 [Desktop Entry]
02 Name=gtkboard
03 Comment=A set of many games
04 Exec=gtkboard
05 Type=Application
06 Icon=gtkboard.png
07 Categories=Game
```

重新启动 Matchbox，单击 "Games" 文件夹，可以看到如图 26.19 左边所示的界面，单击 gtkboard 的图标，在"Game"菜单里选择各种游戏（如中图所示），右边的图是一个拼图游戏。

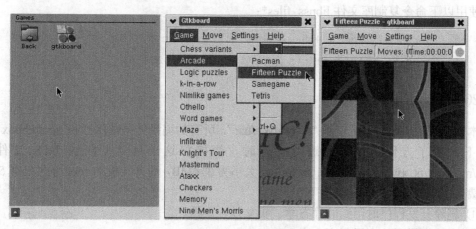

图 26.19 gtkboard 界面

启动 gtkboard 后，在串口控制台中会看到如下警告信息：

```
(gtkboard:855): Gdk-WARNING **: Error converting from UTF-8 to STRING: Conversion from character set 'UTF-8' to 'ISO-8859-1' is not supported
```

解决方法为：把编译器 lib 目录下的 gconv 文件夹复制到 NFS 文件系统的/usr/lib 目录中。可以只选取其中的两个文件（gconv-modules 和 ISO8859-1.so）。

```
$ cd /scratchbox/compilers/gcc-3.4.5-glibc-2.3.6/arm-linux/lib/gconv/
$ mkdir /work/nfs_root/fs_xwindow/usr/lib/gconv
$ cp gconv-modules /work/nfs_root/fs_xwindow/usr/lib/gconv
$ cp ISO8859-1.so  /work/nfs_root/fs_xwindow/usr/lib/gconv
```

最后，运行 gtkboard 时，会有如下警告信息：

```
(gtkboard:798): GLib-WARNING **: getpwuid_r(): failed due to unknown user id (0)
```

执行"whoami"命令，也会有类似的信息：

```
# whoami
whoami: unknown uid 0
```

原因是"不知道用户 ID 0 对应的用户名是什么"，解决方法为：在根文件系统中构建一个/etc/passwd 文件，并且将库文件 libnss_files*复制到根文件系统的 lib 目录。

/etc/passwd 文件中包含了所有用户登录名清单，为所有用户指定了主目录，在登录时使用的 shell 程序名称等，还保存了用户口令，给每个用户提供系统识别号。它是一个纯文本文件，每行采用了相同的格式：

```
name:password:uid:gid:comment:home:shell
```

本书不使用密码，上述"password"可以为空。/etc/passwd 文件内容如下：

```
root::0:0:root:/root:/bin/sh
```

使用以下命令复制库文件 libnss_files*：

```
$ cd /work/tools/gcc-3.4.5-glibc-2.3.6/arm-linux/lib/
$ cp libnss_files* /work/nfs_root/fs_xwindow/lib/ -d
```

26.6.3 裁剪文件系统

本章配置程序时，都是使用"—prefix=/usr"，所有的编译结果都保存在 Scratchbox 的/usr 目录下。为了方便，在上面进行实验时，直接将这个目录复制到 NFS 文件系统 /work/nfs_root/fs_xwindow 下。fs_xwindow 大小为 314MB，而开发板的 root 分区只有 54MB，需要裁剪。裁剪方法可以分为以下 3 类。

① 删除开发程序时用到的静态库、头文件、文档。
② 去除不需要的应用程序、库。
③ 各个程序、库含有一些符号信息（symbols，供调试用），使用 arm-linux-strip 工具去除。

下面的操作都是在基于/work/nfs_root/fs_xwindow 目录中进行的。

1. 删除开发资料

① 静态库。

```
$ cd usr/lib
$ for i in $(find -name *.a); do rm -rf $i; done
```

② 头文件。

```
$ rm -rf usr/include
```

③ 文档。

```
$ rm -rf usr/share/gtk-doc usr/share/doc usr/man usr/share/man usr/info usr/openssl/man
```

④ 开发工具。

```
$ rm -rf usr/share/glib-2.0 usr/share/build-essential usr/share/libtool usr/lib/pkgconfig
```

2. 删除不需要的应用程序和库

在编译 Xorg 时，生成了很多应用程序和库，它们没有全部用到。

本书用到的应用程序有下面 4 类，其他的程序都删除。

① busybox。
② Xorg 的程序：Xfbdev、xcalc、xeyes 和 twm。
③ Matchbox 的应用程序，它们的名字都以 mb 或 matchbox 开头。

④ 另外移植的 xterm 和 gtkboard。
执行以下命令删除不需要的应用程序。

```
$ cd usr/bin
$ for i in $(ls); \
do [ ! -L $i ] && \
    case $i in \
        busybox|Xfbdev|xcalc|xeyes|twm|mb*|matchbox*|xterm|gtkboard) ;; \
        *) rm -f $i;; \
    esac; \
done
```

对于不需要的库，可以通过 ldd 命令来反向确定。使用 ldd 命令可以查看一个可执行程序用到的动态库，将上面几个程序使用到的库记录下来后，就可以据此删除 lib/、usr/lib 目录下其他没被用到的动态库了。

主机中的 ldd 命令无法处理 ARM 程序，可以在 Scratchbox 里查看，比如对于 Xfbdev：

```
> ldd /usr/bin/Xfbdev
        libXfont.so.1 => /usr/lib/libXfont.so.1 (0x00000000)
        libfreetype.so.6 => /usr/lib/libfreetype.so.6 (0x00000000)
        libfontenc.so.1 => /usr/lib/libfontenc.so.1 (0x00000000)
        libz.so.1 => /usr/lib/libz.so.1 (0x00000000)
        libpixman-1.so.0 => /usr/lib/libpixman-1.so.0 (0x00000000)
        libXv.so.1 => /usr/lib/libXv.so.1 (0x00000000)
        libXext.so.6 => /usr/lib/libXext.so.6 (0x00000000)
        libX11.so.6 => /usr/lib/libX11.so.6 (0x00000000)
        libxcb-xlib.so.0 => /usr/lib/libxcb-xlib.so.0 (0x00000000)
        libxcb.so.1 => /usr/lib/libxcb.so.1 (0x00000000)
        libXdmcp.so.6 => /usr/lib/libXdmcp.so.6 (0x00000000)
        libdl.so.2 => /lib/libdl.so.2 (0x00000000)
        libXau.so.6 => /usr/lib/libXau.so.6 (0x00000000)
        libm.so.6 => /lib/libm.so.6 (0x00000000)
        librt.so.1 => /lib/librt.so.1 (0x00000000)
        libc.so.6 => /lib/libc.so.6 (0x00000000)
        libpthread.so.0 => /lib/libpthread.so.0 (0x00000000)
        /lib/ld-linux.so.2 => /lib/ld-linux.so.2 (0x00000000)
```

它用到了 libXfont.so.1 等 17 个库，最后的/lib/ld-linux.so.2 是连接器/加载器。手工选出这些程序使用的库是一件繁琐的事，可以使用脚本/work/tools/getlib.sh 来自动完成，在 Scratchbox 里执行。

```
$ /work/tools/getlib.sh /  /tmplib cp.log
```

getlib.sh 文件中定义了要使用的应用程序，上面的指令将生成一个名为 tmpdir 的目录，里面存放了这些应用程序所依赖的动态库。将原来 lib、usr/lib 目录下的动态库删除后，就可以使用 tmpdir 去覆盖它们了，指令如下：

```
$ cd /work/nfs_root/fs_xwindow
$ rm -f lib/*.so*
$ rm -f usr/lib/*.so*
$ cp -rfd /scratchbox/users/book/tmplib/*  /work/nfs_root/fs_xwindow/
```

不包括符号连接文件，原来 usr/lib 目录下共有 106 个库，lib 目录下共有 28 个库；挑出不使用的库后，usr/lib 目录下只有 43 个库，lib 目录下只有 11 个库。

3．删除辅助调试的信息

使用 file 命令查看某个库文件或应用程序时，会发现类似以下的内容：

```
$ file usr/lib/libX11.so.6.2.0
usr/lib/libX11.so.6.2.0: ELF 32-bit LSB shared object, ARM, version 1, not stripped
```

"not stripped" 表示还没有裁剪符号表等供调试用的信息，这使得文件非常庞大。比如对于上面的 libX11.so.6.2.0 文件，裁剪前后的大小为 10961842 字节和 973240 字节。

裁剪符号信息，可以大幅减小程序，这通过 arm-linux-strip 命令来进行，分别进入 bin、sbin、lib、usr/bin、usr/sbin、usr/lib 目录，然后执行以下命令。

```
$ cd /work/nfs_root/fs_xwindow
$ for dir in bin sbin lib usr/bin usr/sbin usr/lib; \
do \
   cd $dir; \
   for file in $(ls); do [ ! -L $file ] && arm-linux-strip $file; done ; \
   cd -; \
done
```

4．删除、替换其他文件

usr/share/locale 目录下是对各种语言的支持文件，只保留英文和中文。使用以下命令删除非 "en"、"zh" 开头的目录，这个目录的大小将从 18MB 变为 1.1MB。

```
$ cd /work/nfs_root/fs_xwindow/usr/share/locale
$ for i in $(ls);\
do \
   case $i in \
      en*|zh*)echo $i;; \
      *)rm -rf $i;; \
```

```
        esac; \
done
```

usr/share/gtk-2.0 目录下是一些源代码，可以删除。

```
$ rm -rf usr/share/gtk-2.0
```

usr/share/目录下的 dpatch、cdbs 子目录，被用来维护 debian 包，可以删除。

```
$ rm -rf usr/share/dpatch usr/share/cdbs
```

usr/lib/terminfo 目录的内容被用来描述打印机和终端的能力，大小为 6.2MB，可以删除（主机上相同的目录只有 56KB，有需要时可以考虑使用它）。

```
$ /work/nfs_root/fs_xwindow
$ rm -rf usr/lib/terminfo
$ rm -rf usr/share/terminfo
```

NFS 文件系统中的字库/usr/lib/X11/fonts 是从 Xorg 中编译出来的，它有 49MB；主机上 /usr/share/fonts/X11 目录下的字库只有 19MB。在对字库的设置、使用不清楚时，可以直接使用主机中的字库。把它们复制到 NFS 文件系统中。

```
$ rm -rf /work/nfs_root/fs_xwindow/usr/lib/X11/fonts/*
$ cp -rf /usr/share/fonts/X11/* /work/nfs_root/fs_xwindow/usr/lib/X11/fonts
```

经过上面的裁剪之后，NFS 文件系统/work/nfs_root/fs_xwindow 的大小从 314MB 变成了 55MB。如果对系统很熟悉，还有很大的裁剪余地，比如字库 usr/lib/X11/fonts 目录有 19MB，可以去掉不使用的字库（支持中文的字库可以做到 3MB 以下）。

为了让系统启动后自动运行基于 X 的 GUI 系统，需要修改 etc/init.d/rcS 文件。设置 HOME 环境变量将使得 Matchbox 运行时建立的文件夹 ".matchbox" 位于/root 目录下，里面是一些配置信息；"sleep 1" 使得在运行 Matchbox 的程序之前，确保 Xfbdev 已经初始化完毕。增加的内容如下：

```
export HOME=/root
export DISPLAY=:0
Xfbdev -mouse mouse -keybd keyboard >/dev/null 2>&1 &
sleep 1
matchbox-session >/dev/null 2>&1 &
```

现在可以使用 mkyaffsimage 工具制作 yaffs 文件系统映象，执行以下命令：

```
$ cd /work/nfs_root/
$ mkyaffsimage fs_xwindow fs_xwindow.yaffs
```

第 27 章 Linux 应用程序调试技术

本章目标

- 掌握使用 strace 工具跟踪系统调用和信号的方法
- 掌握各类内存测试工具，比如 memwatch
- 掌握使用库函数 backtrace 和 backtrace_symbols 来定位段错误

程序的调试在开发过程中占据了大部分的时间，在 Linux 中经常使用 GDB 工具来调试程序，GDB 的相关资料很丰富。本书介绍其他的调试方法，它们小巧、方便。

27.1 使用 strace 工具跟踪系统调用和信号

27.1.1 strace 介绍及移植

1. strace 介绍

strace 是一个很有用的诊断、学习、调试工具。使用时无需重新编译程序，这也使得可以用来跟踪没有源代码的程序。系统调用和信号是发生在用户空间和内核空间边界处的事件，检查这些边界事件有助于隔离错误、检查完整性、跟踪程序。

使用 strace 工具来执行程序时，它会记录程序执行过程中调用的系统调用、接收到的信号。通过查看记录结果，可以知道程序打开了哪些文件（open）、打开是否成功、对文件进行了哪些读写操作（read、wirte、ioctl 等）、映射了哪些内存（mmap）、向系统申请了多少内存等。

2. strace 移植

strace 的源码为/work/debug/strace-4.5.15.tar.bz2，在 ARM 平台上使用时要打上补丁 strace-fix-arm-bad-syscall.patch（它也在/work/debug 目录下）。

首先执行以下命令给 strace 打上补丁。

```
$ tar xjf strace-4.5.15.tar.bz2
$ cd strace-4.5.15/
$ patch -p1 < ../strace-fix-arm-bad-syscall.patch
```

然后在 strace-4.5.15 目录下执行以下命令编译 strace。

```
$ ./configure --host=arm-linux CC=arm-linux-gcc
$ make
```

上述命令将在 strace-4.5.15 目录下生成一个名为 strace 的可执行程序，将它复制到开发板根文件系统中即可使用。

27.1.2 使用 strace 来调试程序

1. strace 的用法

直接运行 strace 可以看到它的用法，如下所示：

```
# strace
usage: strace [-dffhiqrttttTvVxx] [-a column] [-e expr] ... [-o file]
              [-p pid] ... [-s strsize] [-u username] [-E var=val] ...
              [command [arg ...]]
   or: strace -c [-e expr] ... [-O overhead] [-S sortby] [-E var=val] ...
              [command [arg ...]]
```

上面的 "[command [arg ...]]" 表示要执行的程序及其参数；前面是各种选项。下面是几个常用的选项。

-f：除了跟踪当前进程外，还跟踪其子进程。
-o file：将输出信息写到文件 file 中，而不是显示到标准错误输出（stderr）。
-p pid：绑定到一个由 pid 对应的正在运行的进程。此参数常用来调试后台进程。
-t：打印各个系统调用被调用时的绝对时间，相观察程序各部分的执行时间时可以使用这个选项。
-tt：与-t 选项相似，打印的时间精度为μs。
-r：与-t 选项相似，打印的时间为相对时间。

2. strace 输出结果分析

使用 strace 的最简单的例子为：

```
# strace cat /dev/null
```

它的输出结果如下，其中的省略号表示还有其他系统调用，本书没有将它们打印出来。

```
01 execve("/bin/cat", ["cat", "/dev/null"], [/* 6 vars */]) = 0
02 ......
```

```
03 open("/lib/libcrypt.so.1", O_RDONLY)       = 3
04 ……
05 open("/lib/libm.so.6", O_RDONLY)           = 3
06 ……
07 open("/lib/libc.so.6", O_RDONLY)           = 3
08 ……
09 open("/dev/null", O_RDONLY|O_LARGEFILE)    = 3
10 read(3, "", 8192)                          = 0
11 close(3)                                   = 0
12 ...
```

第 1 行表示通过系统调用 execve 来建立一个进程，它就是 "cat /dev/null" 对应的进程。在控制台中执行各种命令，比如 "ls"、"cd" 时，都是通过系统调用 execve 来建立它们的进程的。通过 strace，可以看到程序运行的细节。

第 2~7 行打开动态连接库，如果 cat 程序是静态连接的，这几个步骤将不需要。

第 9~10 行才是 "cat /dev/null" 命令的真正处理过程，首先打开 "/dev/null" 文件，然后读取它的内容。

在 strace 的输出结果中，每一行对应一个系统调用：左起是系统调用的名字，紧接着是被包含在括号中的参数，最后是它的返回值，比如上面输出结果的第 7 行。

系统调用出错时（返回值通常是-1），在返回值的后面会打印错误记号及其注释，比如：

```
open("/foo/bar", O_RDONLY) = -1 ENOENT (No such file or directory)
```

接收到信号时会将信号记号及其注释打印出来，比如执行以下命令使用 strace 在后台启动一个 sleep 进程，然后向这个进程发送 SIGINT 信号。

```
# strace -o sleep.log sleep 100 &
# kill -INT 868              // 假设 sleep 的进程号为 868，可以使用 ps 命令查看
```

在 sleep.log 文件中可以发现如下字样，表示接收到 SIGINT 信号，它是 "Interrupt" 信号。

```
--- SIGINT (Interrupt) @ 0 (0) ---
+++ killed by SIGINT +++
```

对于系统调用的参数，有多种打印格式，往往让人一目了然。下面是一些常见的格式。

```
01 open("xyzzy", O_WRONLY|O_APPEND|O_CREAT, 0666) = 3
02 lstat("/dev/null", {st_mode=S_IFCHR|0666, st_rdev=makedev(1, 3), ...}) = 0
03 lstat("/foo/bar", 0xb004) = -1 ENOENT (No such file or directory)
04 read(3, "root::0:0:System Administrator:/"..., 1024) = 422
```

第 1 行的系统调用 open 有 3 个参数，第一个为文件名，使用字符串格式表示；第二个为 flag 标志，它由 3 个按位相或的宏组成；第三个为 mode 参数，它使用八进制表示。

第 2 行系统调用 lstat 的第二个参数的数据类型为 "struct stat"，它被展开了。lstat 是第一个参数是输入参数，第二个参数是输出参数。如果系统调用失败，相应的输出参数不会被展

开，比如第 3 行的第二个参数。

当参数是字符串指针时，这些字符串将被打印出来。默认只打印字符串的前 32 字节，其余字节使用省略号表示，这个省略号紧跟在双引号包含起来的被打印字符之后，比如第 4 行的第二个参数。

对于比较简单的指针或者数组，它们的内容被中括号包含起来，其中的各个元素使用逗号来分离，比如：

```
getgroups(32, [100, 0]) = 2
```

最后，位的集合（bit-sets）也是使用中括号包含起来的，其中的元素以空格分离，比如：

```
sigprocmask(SIG_BLOCK, [CHLD TTOU], [ ]) = 0
```

上面代码的第二个参数是两个信号 SIGCHLD 和 SIGTTOU 的集合。有时候集合的元素很多，只打印出不使用的元素比较直观，这时可以加上前缀"~"，比如下面语句中第二个参数表示信号的全集：

```
sigprocmask(SIG_UNBLOCK, ~[], NULL) = 0
```

3. 调试程序

在前面移植基于 X 的 GUI 程序时，就多次使用 strace 工具来跟踪程序，根据其中的出错信息建立了一些必需的目录，复制字库到特定的目录等。当不了解一个程序依赖于哪些目录和文件时，可以使用 strace 工具来跟踪它。

下面举几个例子来说明如何使用 strace 来调试程序。

（1）使用 strace 来定位 gtkboard 的警告信息。

在第 26 章移植 gtkboard 时，它启动之后在串口控制台中可以看到如下警告信息：

```
(gtkboard:855): Gdk-WARNING **: Error converting from UTF-8 to STRING:
Conversion from character set 'UTF-8' to 'ISO-8859-1' is not supported
```

解决方法为：把编译器 lib 目录下的 gconv 文件夹复制到开发板根文件系统的/usr/lib 目录中。

是怎么知道这个解决方法的呢？如果深入分析 gtkboard 的代码，自然可以知道解决方法，但是效率太低，可以借助 strace 来分析。

通过以下命令启动 gtkboard。

```
# strace -o gtkboard.log gtkboard &
```

然后查看 gtkboard.log 文件，发现如下字样：

```
open("/usr/lib/gconv/gconv-modules.cache", O_RDONLY) = -1 ENOENT (No such file or directory)
open("/usr/lib/gconv/gconv-modules", O_RDONLY) = -1 ENOENT (No such file or directory)
write(2, "\n(gtkboard:855): GLib-WARNING **"..., 82) = 82
```

而交叉编译工具链中 lib 目录下刚好有 gconv 目录,把它复制到开发板根文件系统的/usr/lib 目录后重新启动 gtkboard,这些警告信息消失。

(2) 使用 strace 来测量程序的执行时间。

如果发现某个程序突然执行得很慢,通常需要找出其中哪部分代码执行的时间过长。使用 strace 工具可以轻易达到这个目的。

执行以下命令,可以发现第 2 行和第 3 行的时间相差 2s 左右,符合 "sleep 2" 意图。

```
# strace -r sleep 2
……
01      0.002608 rt_sigprocmask(SIG_SETMASK, [], NULL, 8) = 0
02      0.002392 nanosleep({2, 0}, {2, 0}) = 0
03      2.005517 exit_group(0)                 = ?
```

27.2 内存调试工具

27.2.1 使用 memwatch 进行内存调试

1. memwatch 介绍

段错误与内存错误是 C 语言编程中经常碰到的问题,段错误的调试与解决在下节讲述。所以内存错误是指使用动态分配的内存时出现的各种错误,比如内存泄漏(即调用 malloc 分配的内存没有使用 free 释放掉)和缓冲区溢出(例如对越界存储动态分配的数组)是一些常见的问题。

memwatch 由 Johan Lindh 编写,是一个开放源代码 C 语言内存错误检测工具。它可以跟踪程序中的内存泄漏和错误,支持 ANSI C,提供结果日志纪录,能检测双重释放(double-free)、错误释放(erroneous free)、没有释放的内存(unfreed memory)、溢出和下溢等。

memwatch 并不是一个可以单独运行的程序,它提供一套实现动态内存管理、检测的代码,用它们来代替标准 C 库中的相关函数。它有两个文件:memwatch.h 和 memwatch.c。前者将 malloc、free 等库函数重新定义为在 memwatch.c 文件中实现的相应库函数,部分代码如下:

```
#define malloc(n)       mwMalloc(n,__FILE__,__LINE__)
#define strdup(p)       mwStrdup(p,__FILE__,__LINE__)
#define realloc(p,n)    mwRealloc(p,n,__FILE__,__LINE__)
#define calloc(n,m)     mwCalloc(n,m,__FILE__,__LINE__)
#define free(p)         mwFree(p,__FILE__,__LINE__)
```

memwatch.h 和 memwatch.c 在/work/debug/memwatch-2.71.tar.gz 压缩包中,下面会用到它们。

2. memwatch 调试实例

要使用 memwatch,需要完成以下 3 点。

① 在代码中加入头文件 memwatch.h。

② 程序的代码与 memwatch.c 一起编译、连接。

③ 使用 gcc 编译器进行编译时要定义宏 MEMWATCH、MEMWATCH_STDIO,即在编译程序时增加"-DMEMWATCH -DMEMWATCH_STDIO"标志。

实例程序在/work/debug/examples/memtest 目录下,名为 memtest.c,代码如下:

```
01 #include <stdlib.h>
02 #include <stdio.h>
03 #include "memwatch.h"
04
05 int main(void)
06 {
07     char *ptr1;
08     char *ptr2;
09
10     ptr1 = malloc(512);
11     ptr2 = malloc(512);
12
13     ptr1[512] = 'A'
14
15     ptr2 = ptr1;
16
17     free(ptr2);
18     free(ptr1);
19
20     return 0;
21 }
```

其中,第 13 行的错误为缓冲区溢出;第 15 行修改 ptr2 变量的值后,将导致第 17、18 行释放 ptr1 对应的内存两次(double-free),而原来 ptr2 对应的内存没有被释放。

下面使用 memwatch 查看是否能检查出这些错误。

① 源文件 memtest.c 是第 3 行中,已经包含了头文件 memwatch.h。

② /work/debug/examples/memtest 目录下的 Makefile 内容如下,编译程序时增加了"-DMEMWATCH -DMEMWATCH_STDIO"标志,并且 memwatch.c 也一同编译、连接了。

```
CC=arm-linux-gcc
CFLAGS=-DMEMWATCH -DMEMWATCH_STDIO


memtest: memtest.o memwatch.o
```

```
        $(CC) -o $@ $^

%.o: %.c
        $(CC) $(CFLAGS) -c -o $@ $^

clean:
        rm -f memtest *.o
```

在/work/debug/examples/memtest 目录下执行 make 命令,即可生成可执行程序 memtest,将它复制到根文件系统中然后运行,会生成一个记录文件 memwatch.log,其内容如下:

```
01
02 ============= MEMWATCH 2.71 Copyright (C) 1992-1999 Johan Lindh =============
03
04 Started at Thu Jan  1 13:50:30 1970
05
06 Modes: __STDC__ 32-bit mwDWORD==(unsigned long)
07 mwROUNDALLOC==4 sizeof(mwData)==32 mwDataSize==32
08
09 overflow: <3> memtest.c(17), 512 bytes alloc'd at <1> memtest.c(10)
10 double-free: <4> memtest.c(18), 0x1a1fc was freed from memtest.c(17)
11
12 Stopped at Thu Jan  1 13:50:30 1970
13
14 unfreed: <2> memtest.c(11), 512 bytes at 0x1a42c    {FE FE FE FE FE FE FE
FE FE FE FE FE FE FE FE FE .................}
15
16 Memory usage statistics (global):
17  N)umber of allocations made: 2
18  L)argest memory usage      : 1024
19  T)otal of all alloc() calls: 1024
20  U)nfreed bytes totals      : 512
```

第 9 行表示发生了缓冲区上溢,"memtest.c(17)"并不是表示在 memtest.c 是第 17 行发生了上溢,它表示这个错误是当程序执行到 memtest.c 的第 17 行"free(ptr2)"时才检测到的;"512 bytes alloc'd at <1> memtest.c(10)"表示这个出错的缓冲区大小为 512 字节,是在 memtest.c 的第 10 行分配的。根据这些信息查看代码,可以容易地发现是 memtest.c 的第 13 行代码导致这个错误。

第 10 行表示发生了双重释放(double-free)的错误,其中的"memtest.c(18)"表示这个错误是当程序执行到 memtest.c 的第 18 行"free(ptr1)"时才检测到的;"0x1a1fc was freed from memtest.c(17)"表示首地址为 0x1a1fc 的内存在 memtest.c 是第 17 行已经被释放过了。

第 14 行表示有一块内存没被释放（unfreed memory），"memtest.c（11），512 bytes at 0x1a42c"表示这块内存是在 memtest.c 的第 11 行分配，大小为 512 字节，首地址为 0x1a42c。

第 16~20 行是一些统计信息：第 17 行表示分配了两次内存，第 18 行表示程序结束时能够使用的最大动态内存，第 19 行表示总共分配的动态内存，第 20 行表示未释放的内存。

27.2.2 其他内存工具介绍：mtrace、dmalloc、yamd

memwatch 是使用得最为广泛的内存错误检测工具，但是还有其他相同类型的工具，它们要么功能不像 memwatch 一样强大（比如 mtrace），要么使用相对复杂（比如 dmalloc），要么只能用于 x86（比如 yamd）。

1．mtrace

mtrace 是 GNU C 库中的一个函数，它是最简单的内存泄漏检测工具，可以探测出由于不成对使用的分配、释放内存函数时引起的内存泄漏。它在 mcheck.h 文件中声明，原型如下：

```
void mtrace(void);
void muntrace(void);
```

它给 malloc、realloc、free 这 3 个库函数安装钩子函数。当程序执行这 3 个函数时，相应的钩子函数会记录分配内存、释放内存的信息，这些信息被存放在环境变量 MALLOC_TRACE 指定的文件中。如果没有设置环境变量 MALLOC_TRACE，则 mtrace 函数不起作用。这些输出信息不便于阅读，可以使用一个名字也叫 mtrace 的 perl 脚本来显示这些信息（用法为"mtrace logfile"）。

可以调用 muntrace 函数来去掉这些钩子函数。

要使用 mtrace 函数，需要确保以下 3 点。

① 程序中要包含头文件 mcheck.h。

② 在程序开头调用 mtrace 函数。

③ 执行程序之前设置环境变量 MALLOC_TRACE，它是一个文件名，用来保存输出信息。

mtrace 函数的功能很弱小，当出现更严重的内存错误（比如多次释放）时，它导致程序无法执行。另外，uClibc 库中没有 mtrace 函数。由于这些缺点，mtrace 函数很少使用。

2．dmalloc

dmalloc（Debug Malloc Library）是一个函数库，它会重新定义大部分与内存有关的函数，包括 malloc、free、memset、memcpy、strcat、strcpy 等，还会在程序的结束点（exit point）将剩余未释放的动态内存释放掉，然后将结果写进记录文件。

从 http://dmalloc.com/网站下载 dmalloc 后编译、安装，可以得到以下文件。

① 头文件 dmalloc.h。

② 动态库文件 libdmalloc.so。

③ 可执行程序 dmalloc，它被用来设置 dmalloc 的环境变量，也可以自己设置环境

变量。

④ 其他文件。

使用 dmalloc 的步骤如下。

① 首先在程序代码中包含头文件 dmalloc.h，并将动态库文件 libdmalloc.so 连接进程序中（连接时加上 "-ldmalloc" 选项）。

② 然后设置环境变量 DMALLOC_OPTIONS，有以下两种方法。

- 手工设置：比如执行以下命令。

```
# export DMALLOC_OPTIONS=log=logfile,debug=0x3
```

"log=logfile" 表示把检查结果写入名为 logfile 的文件中；"debug=0x3" 是一个十六进制代码，被称为 "debug bitmask"，它的每一个值为 1 的位用来决定 dmalloc 记录哪些数据，这些位在 debug_tok.h 中定义，部分含义如下：

none（0x0）：取消 dmalloc 所有功能（不能与其他选项共享）。
log-stats（0x1）：记录基本内存运作的总结数据。
log-non-free（0x2）：记录未被释放的内存。
log-known（0x4）：只记录有程序指针参考的未释放内存（不能与 0x2 共享）。
log-trans（0x8）：记录内存分配及释放的事件。
log-admin（0x20）：记录分配及释放内存请求的数据。
log-blocks（0x40）：记录内存区块的运作。

根据这些位的含义，可知 "debug=0x3" 表示记录基本内存运作的总结数据、记录未被释放的内存。

- 使用可执行程序 dmalloc 进行设置。

比如执行以下命令，它的功能与上面手动设置是一样的。

```
# dmalloc -p log-stats -p log-non-free -l logfile
```

③ 最后运行程序：直接运行程序，就可以在 logfile 文件中看到检查结果。

dmalloc 的更详细说明可以查看文档 docs/dmalloc.html。

3. yamd

yamd 名为 "Yet Another Malloc Debugger"，可以用来查找 C 和 C++中动态的、与内存分配有关的问题。相比于上述介绍的 memwatch、mtrace、dmalloc、yamd 等工具，使用 yamd 时不用修改源代码，只需要在编译程序时加上 "-g" 选项。

> **注意** 目前 yamd 只能用于 x86 平台。

yamd 的源码可从 http://www.cs.hmc.edu/~nate/yamd/网站下载，编译后生成一个可执行文件 run-yamd，使用它来执行要调试的程序。比如有个名为 test.c 的程序，可以使用以下命令编译、运行，然后可以看到 yamd 的输出信息。

```
$ gcc -g -o test test.c
$ run-yamd ./test
```

27.3 段错误的调试方法

27.3.1 使用库函数 backtrace 和 backtrace_symbols 定位段错误

访问没有权限或是根本不存在的内存时，会产生段错误（Segmentation fault），它很常见，比如访问空字符串等都会引起这类错误。

使用 GDB 可以找到段错误发生的地方，鉴于 GDB 的相关资料非常丰富，本书使用其他方法来调试。

使用库函数 backtrace 和 backtrace_symbols 来进行栈回溯，可以知道发生错误时函数的调用关系，这不依赖于其他工具。这两个函数的原型如下：

```
int backtrace(void **buffer, int size);
char **backtrace_symbols(void *const *buffer, int size);
```

C 语言中，A 函数调用 B 函数时，会在栈中保存一个地址，当 B 函数执行完毕之后，程序返回这个地址继续执行；而这个地址处于 A 函数中，可以根据 B 函数的返回地址反向找到它的调用者为 A。根据栈中的返回地址向上回溯栈，一级一级地找到各个调用函数，就可以得到完整的调用关系。

backtrace 函数就是利用这个原理得到这些调用关系的，它分析栈的内容，找到各级调用的返回地址，将它们保存在字符串数组 buffer 中，最大数目由参数 size 指定，它的返回值表示所确定的返回地址的数目。如果返回值小于或等于参数 size，表示栈中所有的内容都被分析了；如果栈很大，要想回溯所有内容，就需要增大字符串数组 buffer、增大参数 size。

backtrace_symbols 函数将这些返回地址转换为描述性的字符串，返回地址保存在字符串数组 buffer 中，参数 size 表示它们的数目。这些描述性的字符串的格式为：

```
程序名（函数名+偏移）  [返回地址]
```

其中的"函数名"是根据返回地址找到的函数名称，偏移是这个返回地址与这个函数的首地址之间的偏移。如果找不到函数名称，则小括号中的"（函数名+偏移）"不打印。

backtrace_symbols 函数将这些描述性的字符串保存在一个字符串数组中，作为它的返回值。需要注意，使用完毕后这个字符串数组需要释放掉，但是它的元素（即各个字符串）不需要也不能释放。

综上所述，库函数 backtrace 和 backtrace_symbols 通常一起使用，示例代码如下：

```c
void DebugBacktrace(void)
{
#define SIZE 100
    void *array[SIZE];
    int size, i;
    char **strings;

    size = backtrace (array, SIZE);
```

```
        fprintf (stderr, "\nBacktrace (%d deep):\n", size);
        strings = backtrace_symbols (array, size);
        for (i = 0; i < size; i++)
            fprintf (stderr, "%d: %s\n", i, strings[i]);
        free (strings);
}
```

这两个函数能显示正确的结果是基于以下假设的。

① 编译程序时，gcc 的优化选项是 0。

② 内联 (inline) 函数没有栈。

③ 尾调用的优化使得一个 "stack frame" 替换另一个 "stack frame" (Tail-call optimization causes one stack frame to replace another)。

> **注意** 连接程序时，使用 "-rdynamic" 选项，这使得程序包含更多的符号 (symbol)。静态 (static) 函数的符号没有导出来，所以使用这些函数进行回溯时无法找到静态函数的符号。

27.3.2 段错误调试实例

当程序发生段错误时，内核会向程序发送 SIGSEGV 信号，这个信号的默认处理行为是使程序退出。可以修改信号处理函数，在程序退出之前使用库函数 backtrace 和 backtrace_symbols 打印出函数的调用关系，这有助于找到出错的代码及出错因素。

这需要修改代码，只要将 SIGSEGV 信号的处理函数设为 DebugBacktrace 函数即可。示例代码在/work/debug/examples/segfault 目录中，源程序为 segfault.c，代码如下：

```
01 #include <stdio.h>
02 #include <signal.h>
03 #include <execinfo.h>
04
05 void A(int a);
06 void B(int b);
07 void C(int c);
08 void DebugBacktrace(void);
09
10 void A(int a)
11 {
12     printf("%d: A call B\n", a);
13     B(2);
14 }
15
16 void B(int b)
17 {
18     printf("%d: B call C\n", b);
```

```c
19        C(3);        /* 这个函数调用将导致段错误 */
20  }
21
22  void C(int c)
23  {
24      char *p = (char *)c;
25      *p = 'A';       /* 如果参数 c 不是一个可用的地址值,则这条语句导致段错误 */
26      printf("%d: function C\n", c);
27  }
28
29  /* SIGSEGV信号的处理函数,回溯栈,打印函数的调用关系 */
30  void DebugBacktrace(void)
31  {
32  #define SIZE 100
33      void *array[SIZE];
34      int size, i;
35      char **strings;
36
37      fprintf (stderr, "\nSegmentation fault\n");
38      size = backtrace (array, SIZE);
39      fprintf (stderr, "Backtrace (%d deep):\n", size);
40      strings = backtrace_symbols (array, size);
41      for (i = 0; i < size; i++)
42          fprintf (stderr, "%d: %s\n", i, strings[i]);
43      free (strings);
44      exit(-1);
45  }
46
47  int main(int argc, char **argv)
48  {
49      char a;
50
51      /* 设置SIGSEGV信号的处理函数 */
52      signal(SIGSEGV, DebugBacktrace);
53
54      A(1);
55      C(&a);
56
57      return 0;
```

```
58 }
59
```

第 1~27 行的代码定义了 A、B、C 共 3 个函数，A 调用 B，B 调用 C。在函数 C 中，第 24、25 行的代码有漏洞，如果参数 c 不是一个可用的地址值，则第 25 行的赋值语句导致段错误。在函数 B 中，故意使第 19 行调用函数 C 时传入一个非法地址。

第 30 行是信号处理函数，它通过库函数 backtrace 和 backtrace_symbols 获得并打印函数的调用关系后，退出程序（第 44 行）。这个函数是本实例的重点，读者可以在自己的应用程序代码中加入这个函数，然后使用第 52 行的函数将它设为 SIGSEGV 信号的处理函数。

segfault.c 的 Makefile 如下，可以看到，编译时选项为"-g -O0"，连接时选项为"-rdynamic"。

```
CC=arm-linux-gcc
CFLAGS=-g -O0
LDFLAGS=-rdynamic

segfault: segfault.o
        $(CC) $(LDFLAGS) -o $@ $^

%.o: %.c
        $(CC) $(CFLAGS) -c -o $@ $^

clean:
        rm -f segfault *.o
```

在 /work/debug/examples/segfault 目录下执行 make 命令生成可执行程序 segfault，把它复制到开发板根文件系统 /usr/bin 目录下。运行后可以看到如下信息：

```
# segfault
1: A call B
2: B call C

Segmentation fault
Backtrace (6 deep):
0: segfault(DebugBacktrace+0x30) [0x89b4]
1: /lib/libc.so.6 [0x4004bd10]
2: segfault(B+0x28) [0x893c]
3: segfault(A+0x28) [0x890c]
4: segfault(main+0x2c) [0x8a84]
5: /lib/libc.so.6(__libc_start_main+0xe4) [0x40034f14]
```

标号 0~5 行表示从下到上的函数调用关系：标号 5 的 __libc_start_main 函数调用第 4 行的 main 函数，main 函数调用标号 3 的 A 函数，A 函数调用标号 2 的 B 函数。B 调用 C 时出错，这导致内核发出 SIGSEGV 信号，这时正常的程序流程被打断，信号处理函数 DebugBacktrace 被强行调用，标号 1、0 的行表示处理信号时的函数调用关系。

从这几个标号可以看出，当 main 函数调用 A、A 调用 B 时，出现段错误。这些调用关系可以帮助开发人员缩小定位错误的范围，在很复杂的程序中尤其如此。

从上面的输出信息 "2: segfault（B+0x28）[0x893c]" 中可以知道，B 函数调用的某个函数的返回地址为 0x893c，这个地址前面的语句就是调用下一级函数。

单从这些调用关系还是不能直接看出是在函数 C 中出错，这时要用到 segfault 程序的反汇编代码。使用下面指令进行反汇编：

```
$ arm-linux-objdump -D segfault > segfault.dis
```

反汇编文件 segfault.dis 的部分内容如下：

```
00008914 <B>:
……
   8938:    eb000001        bl      8944 <C>
   893c:    e89da808        ldmia   sp, {r3, fp, sp, pc}
```

可以看到，返回地址 0x893c 前面的代码调用函数 C，所以可以确定是在函数 C 中出错。

参 考 文 献

[1] 杜春雷. ARM 体系结构与编程[M]. 北京：清华大学出版社，2003

[2] R.Rajsuman. SoC 设计与测试[M]. 北京：北京航空航天大学出版社，2003

[3] Jan Axelson. USB 大全[M]. 北京：中国电力出版社，2005

[4] 毛德操，胡希明. LINUX 内核源代码情景分析[M]. 浙江：浙江大学出版社，2001

[5] 徐明. GCC 中文手册[EB/OL]. http://cmpp.linuxforum.net/

[6] 詹荣开. 嵌入式系统 Boot Loader 技术内幕[EB/OL].
http://www.ibm.com/developerworks/cn/linux/l-btloader/index.html

[7] 何立民. 嵌入式系统的定义与发展历史[EB/OL].
http://www.mesnet.com.cn/htm/article_view.asp?id=1079&keyword=%C7%B6%C8%EB%CA%BD%CF%B5%CD%B3%B5%C4%B6%A8%D2%E5%D3%EB%B7%A2%D5%B9%C0%FA%CA%B7&kind=%CB%F9%D3%D0

[8] 何立民. I²C 总线的串行扩充技术[EB/OL].
http://www.symcukf.com/DataSheet/016/001/3.pdf

[9] Felix. Linux Framebuffer Driver writing HOWTO[EB/OL].
http://www.felixwoo.com/article.asp?id=78

[10] 深圳远峰公司. s3c2410 的触摸屏及模数转换[EB/OL].
http://www.embedon.com/aticle-show.asp?id=3

[11] 金步国. Linux 2.6.19.x 内核编译配置选项简介[EB/OL].
http://lamp.linux.gov.cn/Linux/kernel_options.html

[12] 杨沙洲. Linux 启动过程综述[EB/OL].
http://www-128.ibm.com/developerworks/cn/linux/kernel/startup/

[13] Charles Manning. YAFFS: the NAND-specific flash file system - Introductory Article[EB/OL]. http://www.yaffs.net/yaffs-nand-specific-flash-file-system-introductory-article

[14] Rusty Russell, Daniel Quinlan, Christopher Yeoh. Filesystem Hierarchy Standard[EB/OL].
http://www.pathname.com/fhs/

[15] M. Tim Jones. Linux 网络栈剖析[EB/OL].
http://www.ibm.com/developerworks/cn/linux/l-linux-networking-stack/

[16] 司马余. SD 和 MMC 记忆卡介面技术[EB/OL].
http://www.52rd.com/S_TXT/2006_8/TXT4761.htm

[17] Jollen. Linux 2.6 的 MMC Core[EB/OL].
http://www.jollen.org/blog/2007/01/linux_26_mmc_core.html

[18] gowdy. Linux USB FAQ[EB/OL]. http://www.linux-usb.org/FAQ.html

[19] Jonathan Corbet, Alessandro Rubini, Greg Kroah-Hartman. Linux Device Drivers 3rd[EB/OL]. http://lwn.net/Kernel/LDD3/

［20］陈汉仪. Embedded Linux GUI System[EB/OL].
http://www.study-area.org/linux/embedded/articles/Embedded_Linux_GUI/Embedded_Linux_GUI.html

［21］于明俭. 自由软件圣战 – KDE/QT .VS. Gnome/Gtk[EB/OL].
http://blog.csdn.net/xusually/archive/2007/10/17/1830101.aspx